콘크리트 구조물 진단 및 유지관리

오주 · 정병열 저

CONCRETE STRUCTURE
DIAGNOSIS AND MAINTENANCE

저자소개

오주
(공학박사, 토목구조)

SOC 시설물의 지진격리시스템 적용에 대한 연구로 서울시립대학교에서 박사학위를 취득했고, 한국건설품질연구원, UNISON R&D Center를 거쳐, 현재는 특허청 심사관으로 재직 중이다. 주 관심 분야는 SOC 시설물의 재난방재 및 유지관리 분야이고, 다수 게재된 SCI(E) 논문의 연구 성과를 인정받아 'Mariquis Who's Who in the World (2017~2020)', 'Mariquis Who's Who in America (2020)' 등 세계인명사전에 등재되었다.

주요 저서로는 〈건설기술자를 위한 콘크리트구조물 안전진단〉, 〈건설비파괴시험 입문〉, 〈교량 신축이음 설계 및 시공〉, 〈지진재난방재론〉, 〈물탱크 기술 입문〉 등이 있고, 문화체육관광부선정 우수학술도서, (사)대한토목학회 저술상 등을 수상했다.

정병열
(공학박사, 건축구조)

전남대학교에서 구조물의 신뢰성해석 연구로 박사학위를 취득하였으며 40여 년간 안전진단과 유지관리분야 건설기술 전문가로 국내외 현장에서 활동하고 있다. 한국구조물진단연구원 연구소장, 티엠에너지 연구소장, 전남대학교 겸임교원(교수), Columbia Southern University, USA. 교수, University of management and technology, USA. Programs offered, Tutor, 국가 기관 및 공단 평가위원과 자문위원으로 활동하였다. 현재는 성보 기술자문 대표로서 국토안전관리원에서 정밀안전진단과 성능평가과정, 해체공사 감리자 보수교육과정 강의를 하고 있다.

주요 저서로는 〈건설기술자를 위한 콘크리트구조물 안전진단〉, 〈한국구조물진단공학〉, 〈구조물의 진단 및 비파괴검사 기법〉 등이 있다.

머 리 말

Prologue

시설물은 개인 자산으로 그치는 것이 아니라 국가적 재산으로서 중요한 부분이므로 주어진 수명기간 동안 안전성과 사용성을 확보하기 위한 시설물의 유지관리는 그 중요성이 날로 증가하고 있다. 시설물은 인간의 생활을 담는 그릇이다. 재해로부터 뿐만 아니라 사용에 안전해야 하고, 합리적 기능을 지닌 공간이어야 한다. 더불어 주위 환경과 적절한 조화를 이루어 아름다워야 한다. 그러나 시설물의 수명과 가치는 한계가 있다.

세월이 흐름에 따라 구조물은 점차 노후화되기 마련이다. 시설물의 노후화란 부재나 부품, 재료 등의 성능 및 기능이 저하되고 낡아진 현상을 말하며, 노후화의 요인으로는 자연적 조건, 지리적 조건, 특수 환경조건, 부실공사, 사용조건, 유지관리 소홀 등이 있다. 시공상 부주의로 인한 조기 노후화는 시공자가 공사원칙만 세내로 준수한나면 대부분 방지할 수 있으나, 자연재해를 제외한 조기 노후화로 인한 사용성 및 안전성의 저하는 사용자와 소유자의 관리 소홀에 원인이 있다고 볼 수 있다.

콘크리트구조물의 내구성은 설계와 시공에 의하여 결정되는 것이지만, 실제 내용연수는 사용조건과 유지관리에 따라서 크게 좌우된다. 일반적으로 구조물의 노화현상은 매우 더디게 진행되지만 일정한 한계 이후의 단계에서는 기능이 급속히 저하되어 기능 상실까지 이어진다. 따라서 건전한 초기단계부터 점검과 진단을 계획적으로 실시하고, 노화상태에 도달하기 이전에 적절한 유지관리를 실시함으로써 시설물 전체에 대한 내구연한 동안의 수명을 확보해야 한다.

본 「콘크리트구조물 진단 및 유지관리」는 건설기술 향상을 위한 시설물 유지관리체계를 제안한 것이므로 시설물의 수명기간 동안 유지관리 길잡이가 되고 더 나아가서는 유지관리에 대한 인식을 보편화하는 데 도움이 되기를 기대한다.

2022. 6.

저 자

차 례

Contents

제1장 시설물의 유지관리

제2장 국내외 구조물 붕괴사고

제3장 구조물별 주요점검 부위 및 성능평가

제4장 콘크리트의 열화 및 성능저하

제5장 구조물별 손상유형 및 발생원인

제6장 철근콘크리트구조물의 비파괴시험

제7장 콘크리트구조물의 보수·보강 공법

제8장 구조물의 내진·면진·제진

제 1 장

시설물의 유지관리

1.1 유지관리의 도입배경 및 필요성
1.2 현행 국내시설물의 유지관리현황 및 문제점
1.3 시설물 유지관리의 개요
1.4 유지관리 방법
1.5 시설물 안전진단에 따른 관계법령 제정배경 및 주요내용
1.6 시설물의 안전 및 유지관리에 관한 특별법
1.7 안전점검
1.8 안전등급의 결정

1.1 유지관리의 도입배경 및 필요성

1950년 전쟁으로 전 국토의 70%가 파괴되고 황폐화되어 대부분의 시설물들이 손상되었다. 1960년대에 이르러 근대적 건설의 시작 이후 1970년대에는 정상적인 절차나 원칙과 안전보다는 '경제성장 우선주의'라는 사회적 강박관념 속에 외적 성장과 산업발전만을 향해 달려왔다. 그 덕분에 겨우 40년이라는 단기간에 건설 규모면에서 세계 10대 도시의 모습으로 선진대열에 버금가는 양적 성장을 한 반면, 품질면에서는 극히 열악한 양면성을 피할 수 없었던 것이 사실이다. 이러한 품질관리 소홀로 인하여 그동안 많은 건설사고가 발생되었으며, 1994년 전 세계를 놀라게 한 성수대교 붕괴에 이어 1995년 삼풍백화점 붕괴사고가 발생하였다.

성수대교와 삼풍백화점 붕괴사고는 결국 기존 시설물에 대한 제도적 관리체계의 절박성을 인식하게 되었고, 특히 기존 시설물에 대한 사고는 시공 중에 발생한 사고에 비하여 그 피해규모가 훨씬 클 뿐만 아니라 국민의 생명은 물론이고 재산의 위협과 함께 국민경제활동까지 위축시키는 국가적 차원의 위기임을 깨닫게 되었다. 따라서 기존 시설물에 대한 선진국형 유지관리 제도를 도입하고 유지관리산업을 육성·발전시킴으로써 국민의 생명과 재산을 보호하고자 하는 국가적 차원에서 '시설물의 안전관리에 관한 특별법'을 대통령 특별법으로 1995년 1월 5일 제정·공포하고 1995년 4월 20일 그에 따른 시행령을 공포하였다. 그러나 시행령이 공포된 후 1995년 6월 3일 시행규칙이 공포되었으나 불과 한달도 되지 않은 6월 29일 507명의 사망자와 1,000여 명의 부상자를 유발시킨 삼풍백화점 붕괴 대참사가 발생되었다. 이로 인하여 기존 시설물에 대한 안전관리가 전 국민적 관심사가 되었고 '시설물의 안전관리에 관한 특별법(현행, 시설물의 안전 및 유지관리에 관한 특별법)'에 의한 유지관리에 관심이 급속히 커지게 되었다.

지난 시절 급속한 경제성장 위주의 고도성장기를 거쳐 오면서 막대한 물량의 시설물이 건설되었고, 그 구조물은 제한적인 국토면적과 인구수에 따른 한계에 도달하였다. 유지관리대상 시설물의 수는 증가한 반면, 신축 구조물의 수요가 상대적으로 크게 증가하지 않아서 신규 건설시장의 비중보다는 이미 건설된 구조물의 유지관리 수요가 증가하게 되는 현상은 앞으로 더욱 커질 것으로 예상된다.

선진국의 경우 오랜 기간에 걸쳐 점진적인 건설발전을 거듭해 온 결과, 신규공사의 수요가 급속히 줄어들고 있는 반면 유지관리 시장이 확대되어 그 비중이 이미 신규공사 시장을 앞선 실정으로 유지관리체계가 안정되어 유지관리공학(maintenance engineering)이라는 공학적 학문영역으로 오래 전부터 정착·발전되어 왔다. 더불어 전문적인 유지관리기술자(maintenance engineer)들의 활동과 영역이 광범위하게 자리잡고 있는 실정이다.

한편, 우리나라의 경우 유지관리 산업이 도입된 지 20여 년에 불과하지만 유지관리공학의 인식도가 증가하고 있다. 2000년에는 유지관리시장의 비중이 10% 미만에 불과하였지만 그 이후 단기간에 증가하고 있고, 전문적인 시설물 유지관리기술자의 수요도 급속히 요구되고 있다.

표 1.1 선진국 유지관리시장의 비중

구분 / 국가별	유지관리산업 (나머지: 신규건설산업)
독 일	43%
이탈리아	54%
영 국	51%
프 랑 스	52%
미 국	40.2%
일 본	31%
한 국	8.2%

주) 46th EUROCONSTRUCT Conference Berlin 1998/ifo Institute
일본 주택리폼센터, 2000
1995년도 한국은행 산업연관표 등을 참조하여 리모델링 및 보수공사 포함 작성

1.2 현행 국내시설물 유지관리현황 및 문제점

시설물이 존재하게 되는 단계를 기획－설계－시공－유지관리로 구분한다면 그 중 가장 마지막 단계인 유지관리단계는 정비(maintenance), 수선(repair), 교체(replacement) 행위를 포함한다. 이러한 유지관리를 기능적으로 분류하면 장수명화, 성능유지 및 품질 확보 등의 기술적 기능과 시설물의 안전성 확보, 경제성 제고, 기본기능 충족 등으로 구분할 수 있다. 이러한 유지관리 목적은 크게 사전 유해요인 제거와 건설된 상태유지, 이용자의 편의와 안전성 확보 등으로 정리할 수 있다.

현재 유지관리 절차는 유지관리계획에 따라 관리주체에 의한 일상점검과 전문가에 의한 안전점검, 정밀안전진단, 긴급안전점검, 내진성능평가와 성능평가(시설물의 안전성 평가·내구성 평가·사용성 평가) 등을 통해 이상이나 결함을 발견하여 보수·보강하는 체계를 갖추고 있다. 그러나 유지관리기준 및 표준화 매뉴얼의 부재와 교육 및 전문화가 아직 미흡하고, 유지관리 의사결정 지원체계와 유지관리 대상의 관리체계 또한 미흡하다. 아울러 유지관리 기술 및 정보 부족과 유지관리업의 효율성 저하 등의 문제점도 상존하고 있다.

1.3 시설물 유지관리의 개요

시설물이란 건설공사를 통하여 만들어진 구조물 및 부대시설로서 도로, 교량, 터널, 댐, 수리시설 및 건축물 등을 통틀어 지칭하는 것으로 토목구조물과 건축구조물을 함께 칭하고 있다. 따라서, 시설물의 유지관리는 현행법상 토목과 건축구조물을 함께 다루도록 규정되어 있다.

유지관리란 시설물 생애주기의 한 과정으로 준공 이후 사용자의 편의와 안전 및 경제적 가치 향상을 위한 시설물의 안전성 및 경제성, 생산성 등을 보존하기 위해 기능과 성능의 효율적 확보와 효과적인 안전관리 및 최적의 비용에 의한 경제성 확보 등으로 운용, 조작, 정비, 수선하는 등의 행위를 포함한다. 다시 말해 건설공사를 통해 준공된 시설물의 기능을 보전하고 시설물 이용자의 편의성과 안전성을 높이기 위하여 시설물을 일상적으로 점검 및 정비하고 손상된 부분을 원상복구하며 경과시간에 따라 요구되는 시설물의 개량 및 보수·보강에 필요한 활동을 말하며, 이와 관련된 공학적 학문을 유지관리공학이라 한다.

구조물이 준공된 이후 시간의 경과에 따라 노후화가 진행되므로 설계 및 시공 당시부터 예지보전(銳智保全)을 통하여 구조물의 내구성과 사용성을 고려하고, 완공된 이후에는 구조물의 사용가치를 최적화하기 위하여 예방보전(豫防保全)을 통하여 준공 당시의 기능을 가장 합리적인 비용으로 보존하고, 유지하며, 사용하고자 해야 한다. 즉 전체 생애주기비용은 설계비와 시공비를 포함한 초기투입비와 준공 후 구조물의 유지관리에 필요한 비용을 포함한다.

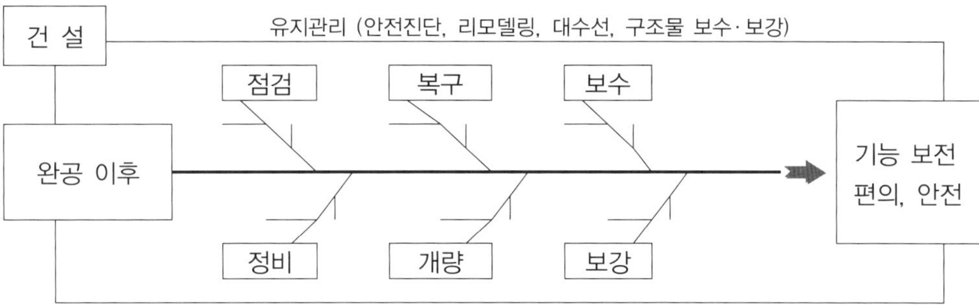

그림 1.1 유지관리개념도

1.4 유지관리 방법

구조물은 시간이 경과함에 따라 여러 가지 원인으로 성능저하가 발생하여 구조물 원래의 기능을 발휘하지 못하는 경우가 있다. 성능저하가 발생된 구조물의 현재 상태를 점검하고 평가하여 구조물의 잔존수명을 예측하는 등의 작업을 안전진단이라 한다. 콘크리트 구조물의 안전진단은 해당 구조물의 구조적 성능의 유지 및 향상뿐만 아니라 구조물로서 완수해야 할 기능과 역할의 유지, 향상, 변경 등을 목적으로 하는 경우가 많다. 구조물의 진단목적은 그림 1.2와 같이 크게 2가지로 나누어 생각할 수 있다.

일반적으로 콘크리트구조물의 기능은 준공 직후부터 시간의 경과와 함께 열화 혹은 저하되기 시작한다. 유지보전(maintenance)은 이러한 구조물의 기능을 점검 및 보수하여 준공시 수준을 목표로 기능을 유지하려는 행위를 말하고, 개량보전(modernization)은 열화 및 저하된 기능을 내진개선 등 대규모 구조개선을 통해 준공시 수준 이상으로 향상시키거나 새로운 기능을 부가하는 행위이다.

이처럼 안전진단은 시설물의 현 상태를 현장조사하여 초과하중에 대한 사용 제한 여부를 판단할 뿐만 아니라 구조물의 상태 및 내하력 평가의 기초자료를 제공하며 손상에 대한 보수·보강 방법 제시, 시설물의 상태와 노후화 정도에 대한 지속적인 기록 작성, 보수 및 성능회복의 우선순위를 결정하여 구조물의 안전성을 판단하는 것이다.

시설물의 진단은 적절한 계획과 기법, 필요한 장비 확보, 그리고 점검자의 경험과 신뢰성에 의하여 좌우되며, 육안으로 보이는 결함 발견에만 국한하지 말고 발생 가능한 문제의 예측까지도 포함시켜야 한다. 정확한 진단과 함께 다음의 사항이 고려되어야 한다.

① 점검 및 진단계획을 수립함에 있어서 각 시설물에 대한 특수한 구조적 특성을 이해

하고 특별한 문제가 없는지 검토하여야 한다.

② 점검 및 진단 중에는 신기술과 실무 경험이 적용되도록 하여야 한다.

③ 점검과 진단의 빈도 및 수준은 구조형식과 부위, 그리고 붕괴 유발 가능성에 따라 정해야 한다.

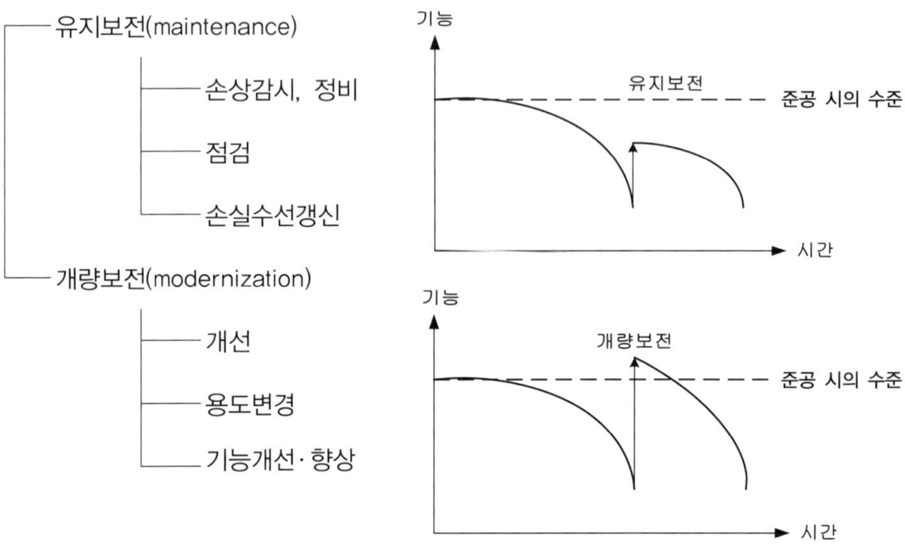

그림 1.2 구조물의 진단목적

이처럼 유지관리의 궁극적인 목적은 유지관리의 효율성을 극대화시켜 시설물의 원래 상태를 유지하는 데 필요한 비용을 절감시킴으로써 구조물의 가치를 보존시키는 것이다. 이를 위해서는 수시 또는 정기적인 안전점검과 정밀안전진단 등의 과정을 통하여 시설물에서 발생 가능한 여러 종류의 결함 등을 조기에 발견하고, 그 발생원인 및 상태에 따라 적절한 조치를 조속히 시행하여 시설물의 건강상태를 지속적으로 유지하기 위한 일련의 활동을 반복하여야 한다. 이와 같은 활동은 유지관리의 취지와 지침을 정확히 인지하고 유지관리계획서에 따라 구조물의 변형, 결함예측 부위에 대한 예견과 점검, 그리고 평가 및 대책수립, 조치 등을 종합적으로 시행하고 이에 대한 발생원인과 진행 여부, 성능, 결과 등을 유지관리대장에 기록하여 구조물이 사용 폐기처분될 때까지 반복된다. 이러한 과정에서 기록·유지되었던 모든 자료는 향후 다른 시설물들을 기획하고 설계 및 시공에 반영될 수 있는 중요한 기초자료가 된다.

점검과정은 초기점검, 정기점검, 정밀점검과 정밀진단으로 구분되었으나, 2002년 법 개정때 초기점검이 삭제되고, 이를 대신하여 건설기술관리법에 따라 공사 중 주요 공정별로 행해온 정밀점검 종합보고서로 대체되었다.

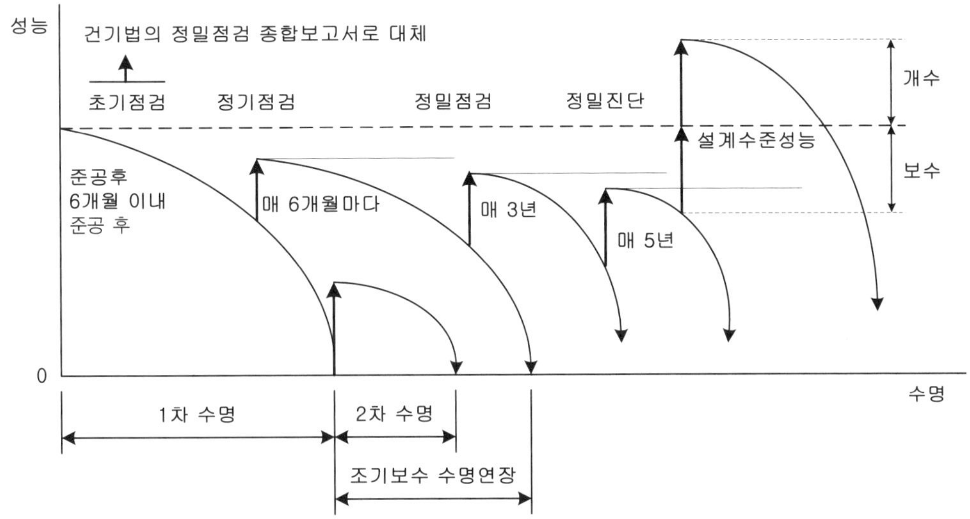

그림 1.3 유지관리의 개념도

1.5 시설물 안전진단에 따른 관계법령 제정배경 및 주요내용

1.5.1 관계법령 제정배경

그동안 우리나라의 건설산업은 기간시설물 확충과 물량 위주의 토목·건축 건설 등 신규건설사업에만 주력하여 준공 후의 관리에 소홀했고, 유지관리도 기본적인 체계가 미흡한 상태로 각각의 관리주체가 관리한 결과, 체계적인 관리를 하지 못하고 있다. 1987년 건설기술관리법을 제정하여 국가주요시설의 건설과 관련한 제반 사항을 규정하였으나 시설물의 준공 후 안전과 유지관리 분야에 대해서는 인식부족 등으로 법적 근거를 바탕으로 한 완벽한 사후관리체계를 구축하지 못했다.

1990년 이후 발생한 창선대교(1992년), 성수대교(1994년), 삼풍백화점(1995년) 붕괴 등과 같은 대형 공공시설물의 안전사고는 취약한 관리체계를 그대로 보여준 것으로, 이러한 시설물관리체계에서는 유사한 사고의 재발을 면하기 어려울 뿐 아니라 항상 국민의 생명과 재산에 위험요소가 남아있게 된다. 또한 이와 같은 일이 반복될 경우 정상적인 국민경제활동에 지장을 초래함은 물론이고 전 세계에 우리나라 건설기술의 낙후성을 보여주는 부끄러운 사태가 될 것이다.

따라서 이러한 상황을 근본적으로 개선하고 시설물의 기능을 향상시키기 위하여 안전진단 및 유지관리에 관한 업무를 체계화하고 시설물의 관리자 등에게 유지관리의 의무와 책임 부여하는 것이 절실하게 요구되었다. 시설물의 유지관리에 대한 이러한 위기의식은 1995년 1월 '시설물의 안전관리에 관한 특별법(현행, 시설물 안전 및 유지관리에 관한 특별법, 이하 '시설물안전법'이라 한다)'을 제정공포하게 되었다. 국내 유지관리에 관련된 제도 또는 법령의 변천사는 표 1.2와 같다.

표 1.2 국내 유지관리 관련제도, 법령의 변천사

연 도	법령, 제도의 변천 내용	비 고
1987. 10	건설기술관리법(건기법) 공포	
1995. 1. 5	시설물의 안전관리에 관한 특별법(시특법) 공포	법률 제4922호
1995. 4. 19	시설안전기술공단 설립	
1995. 4. 20	시특법 시행령 공포	대통령령 제14631호
1995. 6. 3	시특법 시행규칙 공포	건설교통부령 제19호
1995. 7. 7	시설물의 안전점검 및 정밀안전진단 지침 고시	건설교통부 고시 제1995-245호
1996. 8. 6	안전점검 및 정밀안전진단 대가기준 고시	건설교통부 고시 제1995-257호
1997. 7. 21	건설기술관리법 시행령에 의한 건설안전점검기관에 의한 정기·정밀안전점검 실시	대통령령 제15441호
1997. 10. 2	시설물의 안전점검 및 정밀안전진단 지침 개정	건설교통부 고시 제1997-320호
1999. 4. 15	시특법 개정(4차개정)	법률 제5969호
1999. 6. 8	시특법 시행령(3차개정)	대통령령 제16930호
1999. 12. 27	시설물의 안전점검 및 정밀안전진단 지침 개정	건설교통부 고시 제1999-409호
2001. 1	건기법 개정	
2001. 10. 15	건설공사 안전점검 지침	건설교통부 고시 제2001-274호
…	…	
2021. 3. 16	시설물의 안전 및 유지관리에 관한 특별법 일부개정	법률 제17946호

1.5.2 시설물의 안전 및 유지관리에 관한 특별법 주요내용

가. 시설물 안전 및 유지관리체계의 법제화

특별법이 제정되기 이전까지 시설물의 유지관리는 시설물의 관리자가 임의적으로 정한 기술기준이나 지침에 따라 관리해 오던 것을 특별법에 의한 대상시설물의 범위, 관리자의 의무, 안전점검 및 정밀안전진단 실시시기, 실시자의 자격 등을 규정하여 법제화하였다.

1) 대상시설물의 범위

이 법의 적용 대상 주요시설물은 도로(교량 및 터널), 철도(고속철도, 도시철도, 일반철도), 하천, 댐, 상·하수도 및 폐기물매립시설, 건축물, 항만 등 7개 분야로 구분하였다. 시설물 붕괴 시 공중의 위해 정도와 그 기능의 중요도 및 규모에 따라 1종 시설물과 2종 시설물로 구분하였으며, 대상 시설물의 범위는 표 1.3과 같이 명시하였다. 이 시설물 이외에도 노후화가 심하거나 안전에 위험이 있는 시설물은 관리주체가 소속행정기관의 장에게 1종 및 2종 시설물로 지정 요청하면 소속행정기관의 장이 이를 지정하고, 관리주체가 관리하도록 하였다.

2) 관리주체의 명시

특별법에서는 대상시설물의 관리자를 관리주체로 정의하고 있다. 관리주체란 관계법령에 의하여 해당 시설물의 관리자로 규정된 자 또는 시설물의 소유자를 말하며, 공공관리주체와 민간관리주체로 구분한다. 공공관리주체는 국가, 지방자치단체, 정부투자기관, 지방공기업 및 기타 공공법인을 의미하고 민간관리주체는 공공관리주체 이외의 민간시설물 관리자를 말한다.

3) 안전 및 유지관리활동의 의무화

특별법에서는 안전 및 유지관리활동으로 안전점검, 정밀안전진단 결과에 따른 유지관리의 3단계로 나누어 정의하였으며, 안전점검 및 정밀안전진단을 일정한 기간을 두어 정기적으로 실시하도록 의무화하였다. 그러나 이러한 안전관리체계의 새로운 도입에도 불구하고 기존 개별법에서 정한 각 시설물의 유지관리는 그 골격을 유지하도록 하였다.

국민경제의 안정적 성장과 국민 일상생활의 안전을 확보하기 위해서는 시설물을 관리하는 관리주체에게 그 시설물의 상황에 적합한 점검과 정밀안전진단 실시를 의무화하는 것이 필수적이라 할 수 있다.

표 1.3 제1·2종 시설물의 종류(시설물의 안전 및 유지관리에 관한 특별법 [별표 1])

구분	제1종시설물	제2종시설물
1. 교량		
가. 도로교량	1) 상부구조형식이 현수교, 사장교, 아치교 및 트러스교인 교량 2) 최대 경간장 50미터 이상의 교량(한 경간 교량은 제외한다) 3) 연장 500미터 이상의 교량 4) 폭 12미터 이상이고 연장 500미터 이상인 복개구조물	1) 경간장 50미터 이상인 한 경간 교량 2) 제1종시설물에 해당하지 않는 교량으로서 연장 100미터 이상의 교량 3) 제1종시설물에 해당하지 않는 복개구조물로서 폭 6미터 이상이고 연장 100미터 이상인 복개구조물
나. 철도교량	1) 고속철도 교량 2) 도시철도의 교량 및 고가교 3) 상부구조형식이 트러스교 및 아치교인 교량 4) 연장 500미터 이상의 교량	제1종시설물에 해당하지 않는 교량으로서 연장 100미터 이상의 교량
2. 터널		
가. 도로터널	1) 연장 1천미터 이상의 터널 2) 3차로 이상의 터널 3) 터널구간의 연장이 500미터 이상인 지하차도	1) 제1종시설물에 해당하지 않는 터널로서 고속국도, 일반국도, 특별시도 및 광역시도의 터널 2) 제1종시설물에 해당하지 않는 터널로서 연장 300미터 이상의 지방도, 시도, 군도 및 구도의 터널 3) 제1종시설물에 해당하지 않는 지하차도로서 터널구간의 연장이 100미터 이상인 지하차도
나. 철도터널	1) 고속철도 터널 2) 도시철도 터널 3) 연장 1천미터 이상의 터널	제1종시설물에 해당하지 않는 터널로서 특별시 또는 광역시에 있는 터널
3. 항만		
가. 갑문	갑문시설	
나. 방파제, 파제제 및 호안	연장 1천미터 이상인 방파제	1) 제1종시설물에 해당하지 않는 방파제로서 연장 500미터 이상의 방파제 2) 연장 500미터 이상의 파제제 3) 방파제 기능을 하는 연장 500미터 이상의 호안

표 1.3 제1·2종 시설물의 종류(시설물의 안전 및 유지관리에 관한 특별법 [별표 1]) (계속)

구분	제1종시설물	제2종시설물
다. 계류시설	1) 20만톤급 이상 선박의 하역시설로서 원유부이(BUOY)식 계류시설(부대시설인 해저송유관을 포함한다) 2) 말뚝구조의 계류시설(5만톤급 이상의 시설만 해당한다)	1) 제1종시설물에 해당하지 않는 원유부이식 계류시설로서 1만톤급 이상의 원유부이식 계류시설(부대시설인 해저송유관을 포함한다) 2) 제1종시설물에 해당하지 않는 말뚝구조의 계류시설로서 1만톤급 이상의 말뚝구조의 계류시설 3) 1만톤급 이상의 중력식 계류시설
4. 댐	다목적댐, 발전용댐, 홍수전용댐 및 총저수용량 1천만톤 이상의 용수전용댐	제1종시설물에 해당하지 않는 댐으로서 지방상수도전용댐 및 총저수용량 1백만톤 이상의 용수전용댐
5. 건축물		
가. 공동주택		16층 이상의 공동주택
나. 공동주택 외의 건축물	1) 21층 이상 또는 연면적 5만제곱미터 이상의 건축물 2) 연면적 3만제곱미터 이상의 철도역시설 및 관람장 3) 연면적 1만제곱미터 이상의 지하도상가(지하보도면적을 포함한다)	1) 제1종시설물에 해당하지 않는 건축물로서 16층 이상 또는 연면적 3만제곱미터 이상의 건축물 2) 제1종시설물에 해당하지 않는 건축물로서 연면적 5천제곱미터 이상(각 용도별 시설의 합계를 말한다)의 문화 및 집회시설, 종교시설, 판매시설, 운수시설 중 여객용 시설, 의료시설, 노유자시설, 수련시설, 운동시설, 숙박시설 중 관광숙박시설 및 관광 휴게시설 3) 제1종시설물에 해당하지 않는 철도 역시설로서 고속철도, 도시철도 및 광역철도 역시설 4) 제1종시설물에 해당하지 않는 지하도상가로서 연면적 5천제곱미터 이상의 지하도상가(지하보도면적을 포함한다)
6. 하천		
가. 하구둑	1) 하구둑 2) 포용조수량 8천만톤 이상의 방조제	제1종시설물에 해당하지 않는 방조제로서 포용조수량 1천만톤 이상의 방조제
나. 수문 및 통문	특별시 및 광역시에 있는 국가하천의 수문 및 통문(通門)	1) 제1종시설물에 해당하지 않는 수문 및 통문으로서 국가하천의 수문 및 통문 2) 특별시, 광역시, 특별자치시 및 시에 있는 지방하천의 수문 및 통문
다. 제방		국가하천의 제방[부속시설인 통관(通管) 및 호안(護岸)을 포함한다]

표 1.3 제1·2종 시설물의 종류(시설물의 안전 및 유지관리에 관한 특별법 [별표 1]) (계속)

구분	제1종시설물	제2종시설물
라. 보	국가하천에 설치된 높이 5미터 이상인 다기능 보	제1종시설물에 해당하지 않는 보로서 국가하천에 설치된 다기능 보
마. 배수펌프장	특별시 및 광역시에 있는 국가하천의 배수펌프장	1) 제1종시설물에 해당하지 않는 배수펌프장으로서 국가하천의 배수펌프장 2) 특별시, 광역시, 특별자치시 및 시에 있는 지방하천의 배수펌프장
7. 상하수도		
가. 상수도	1) 광역상수도 2) 공업용수도 3) 1일 공급능력 3만톤 이상의 지방상수도	제1종시설물에 해당하지 않는 지방상수도
나. 하수도		공공하수처리시설(1일 최대처리용량 500톤 이상인 시설만 해당한다)
8. 옹벽 및 절토사면		1) 지면으로부터 노출된 높이가 5미터 이상인 부분의 합이 100미터 이상인 옹벽 2) 지면으로부터 연직(鉛直)높이(옹벽이 있는 경우 옹벽 상단으로부터의 높이) 30미터 이상을 포함한 절토부(땅깎기를 한 부분을 말한다)로서 단일 수평연장 100미터 이상인 절토사면
9. 공동구		공동구

1.5.3 안전점검 및 정밀안전진단 실시

가. 안전점검

1종 및 2종 시설물을 관리하는 관리주체는 당해 시설물의 기능과 안전을 유지하기 위하여 '안전점검 및 정밀안전진단지침'에 따라 안전점검 또는 정밀안전진단을 실시하여야 한다. 안전점검은 정기적 유지관리활동의 일환으로 실시하는 일상점검과 정기점검, 긴급한 상황이 발생하여 관리주체나 관계 행정기관의 장이 필요하다고 판단할 때 실시하는 긴급점검의 3단계로 나누어진다.

일상점검은 시설물의 주요 부위를 간단한 육안검사만으로 시설물의 심한 변형이나 파손형태를 조사하는 점검이다. 정기점검(긴급점검)은 시설물의 전체 부위를 면밀하게 육안으로 검사하여 결함 또는 부식의 원인 정도 등을 추정하는 것으로 상당한 경험과 기술을 요하는 점검이다. 정밀점검의 실시빈도는 시설물의 특성에 따라 매 2년에 1회 이상(단, 건축물의 경우 3년에 1회 이상, 수중항만시설의 경우 4년에 1회 이상)으로 차별화하였으며, 정기점검은 현재의 유지관리조직체계 및 예산 등을 고려하여 반기별 1회 이상으로 규정하고 있다. 특히 정기점검 결과를 시설물대장에 전산처리하여 기록함으로써 향후 시설물의 노후화 정도를 예측하고 전산기록에 의한 시설물의 유지관리체계 개발 시 기본 자료로 활용할 수 있도록 하였다.

나. 정밀안전진단

1종 시설물은 준공 후 10년 이상 경과한 시설물은 5년에 1회 이상 정밀안전진단을 실시하게 하고 있다. 관리주체가 안전점검결과를 검토하여 필요하다고 인정하는 경우에는 2종 시설물도 정밀안전진단을 실시할 수 있다. 정밀안전진단은 정기점검의 육안검사와 구조물의 안전 및 구조적 평가에 필요한 데이터를 얻기 위하여 염분 농도 측정, 동적 응력 측정 등 여러 가지 시험 및 측정으로 다양하게 이루어지며, 진단을 실시하기 이전에 기존의 점검결과 및 설계도서 등을 면밀하게 검토하여 필요한 측정 및 시험을 하여야 한다.

표 1.4 안전점검, 정밀안전진단 및 성능평가의 실시시기

<table>
<tr><th rowspan="2">안전등급</th><th rowspan="2">정기안전점검</th><th colspan="2">정밀안전점검</th><th rowspan="2">정밀안전진단</th><th rowspan="2">성능평가</th></tr>
<tr><th>건축물</th><th>건축물 외 시설물</th></tr>
<tr><td>A등급</td><td rowspan="2">반기에 1회 이상</td><td>4년에 1회 이상</td><td>3년에 1회 이상</td><td>6년에 1회 이상</td><td rowspan="3">5년에 1회 이상</td></tr>
<tr><td>B·C등급</td><td>3년에 1회 이상</td><td>2년에 1회 이상</td><td>5년에 1회 이상</td></tr>
<tr><td>D·E등급</td><td>1년에 3회 이상</td><td>2년에 1회 이상</td><td>1년에 1회 이상</td><td>4년에 1회 이상</td></tr>
</table>

1.6 시설물의 안전 및 유지관리에 관한 특별법(시설물 안전법)

특별법이 제정되기 이전까지 시설물의 유지관리는 시설물 관리자가 임의적으로 정한 기술기준이나 지침에 따라 관리해 오던 것을 특별법에서 대상시설물의 범위, 관리자의 의무, 안전점검 및 정밀안전진단 실시시기, 실시기술자의 자격 등을 규정하여 법제화 하였다.

이 법은 시설물의 안전점검과 적정한 유지관리를 통하여 재해와 재난을 예방하고 시설물의 효용을 증진시킴으로써 공중(公衆)의 안전을 확보하고 나아가 국민의 복리증진에 기여함을 목적으로 한다.

1.6.1 안전점검의 종류

가. 정기안전점검

시설물의 상태를 판단하고 시설물이 점검 당시의 사용요건을 만족시키고 있는지 확인 가능한 수준의 외관조사를 실시하는 안전점검을 의미한다.

나. 정밀안전점검

시설물의 상태를 판단하고 시설물이 점검 당시의 사용요건을 만족시키고 있는지 확인하며, 시설물 주요부재의 상태를 파악할 수 있는 수준의 외관조사 및 측정·시험장비를 이용한 조사를 실시하는 안전점검을 의미한다.

1.6.2 국가 등의 책무

국가 및 지방자치단체는 국민의 생명·신체 및 재산을 보호하기 위하여 시설물의 안전 및 유지관리에 관한 종합적인 시책을 수립하고 시행하여야 한다. 관리주체는 시설물의 안전을 확보하고 지속적인 이용을 도모하기 위하여 필요한 조치를 하여야 한다. 모든 국민은 국가 및 지방자치단체, 관리주체가 수행하는 시설물의 안전 및 유지관리 활동에 적극 협조하여야 한다.

1.6.3 기본계획 등

국토교통부장관은 시설물이 안전하게 유지관리될 수 있도록 하기 위하여 5년마다 시설물의 안전 및 유지관리에 관한 기본계획을 수립 및 시행하여야 한다. 관리주체는 기본계획에 따라 소관 시설물에 대한 안전 및 유지관리계획을 수립하고 시행하여야 한다. 다만, 제3종시설물 중 공동주택관리법에 따른 의무관리대상 공동주택이 아닌 공동주택 등 민간관리주체 소관 시설물 중 대통령령으로 정하는 시설물의 경우에는 특별자치시장·특별자치도지사·시장·군수 또는 구청장이 수립하여야 한다.

1.6.4 시설물의 종류

가. 제1종시설물

공중의 이용편의와 안전을 도모하기 위하여 특별히 관리할 필요가 있거나 구조상 안전 및 유지관리에 고도의 기술이 필요한 대규모 시설물로서 다음 각 목의 어느 하나에 해당하는 시설물 등 대통령령으로 정하는 시설물이다.

① 고속철도 교량, 연장 500미터 이상의 도로 및 철도 교량
② 고속철도 및 도시철도 터널, 연장 1000미터 이상의 도로 및 철도 터널
③ 갑문시설 및 연장 1000미터 이상의 방파제
④ 다목적댐, 발전용댐, 홍수전용댐, 총저수용량 1천만톤 이상의 용수전용댐
⑤ 21층 이상 또는 연면적 5만제곱미터 이상의 건축물
⑥ 하구둑, 포용저수량 8천만톤 이상의 방조제
⑦ 광역상수도, 공업용수도, 1일 공급능력 3만톤 이상의 지방상수도

나. 제2종시설물

제1종시설물 외에 사회기반시설 등 재난이 발생할 위험이 높거나 재난을 예방하기 위하여 계속적으로 관리할 필요가 있는 시설물로서 다음 각 목의 어느 하나에 해당하는 시설물 등 대통령령으로 정하는 시설물이다.

① 연장 100미터 이상의 도로 및 철도 교량
② 고속국도, 일반국도, 특별시도 및 광역시도 도로터널 및 특별시 또는 광역시에 있는 철도터널
③ 연장 500미터 이상의 방파제

④ 지방상수도 전용댐 및 총저수용량 1백만톤 이상의 용수전용댐
⑤ 16층 이상 또는 연면적 3만제곱미터 이상의 건축물
⑥ 포용저수량 1천만톤 이상의 방조제
⑦ 1일 공급능력 3만톤 미만의 지방상수도

다. 제3종시설물 및 지정

제1종시설물 및 제2종시설물 외에 안전관리가 필요한 소규모 시설물로서 지정·고시된 시설물이다. 제3종시설물의 지정은 중앙행정기관의 장 또는 지방자치단체의 장은 다중이용시설 등 재난이 발생할 위험이 높거나 재난을 예방하기 위하여 계속적으로 관리할 필요가 있다고 인정되는 제1종시설물 및 제2종시설물 외의 시설물을 대통령령으로 정하는 바에 따라 제3종시설물로 지정·고시하여야 한다. 중앙행정기관의 장 또는 지방자치단체의 장은 제3종시설물이 보수·보강의 시행 등으로 재난 발생 위험이 없어지거나 재난을 예방하기 위하여 계속적으로 관리할 필요성이 없는 경우에는 대통령령으로 정하는 바에 따라 그 지정을 해제하여야 한다. 중앙행정기관의 장 또는 지방자치단체의 장은 제1항 및 제2항에 따라 제3종시설물을 지정·고시 또는 해제할 때에는 국토교통부령으로 정하는 바에 따라 그 사실을 해당 관리주체에게 통보하여야 한다.

1.6.5 시설물의 안전관리

가. 안전점검의 실시

시설물의 관리주체는 소관 시설물의 안전과 기능을 유지하기 위하여 정기적으로 안전점검을 실시하여야 한다.

① 제1종시설물 및 제2종시설물 : 정기안전점검 및 정밀안전점검
② 제3종시설물 : 정기안전점검

나. 정밀안전진단의 실시

시설물의 관리주체는 제1종시설물에 대하여 정기적으로 정밀안전진단을 실시하여야 한다.

다. 긴급안전점검의 실시

시설물의 관리주체는 시설물의 붕괴 및 전도 등이 발생할 위험이 있다고 판단하는 경우 긴급안전점검을 실시하여야 한다. 국토교통부장관 및 관계 행정기관의 장은 시설물의 구조상 공중의 안전한 이용에 중대한 영향을 미칠 우려가 있다고 판단되는 경우에는 소속 공무원으로 하여금 긴급안전점검을 하게 하거나 해당 관리주체 또는 시장·군수·구청장에게 긴급안전점검을 실시할 것을 요구할 수 있다. 이 경우 요구를 받은 자는 특별한 사유가 없으면 그 요구를 따라야 한다.

라. 시설물의 안전등급 지정

안전점검 등을 실시하는 자는 안전점검 등의 실시결과에 따라 대통령령으로 정하는 기준에 적합하게 해당 시설물의 안전등급을 지정하여야 한다.

마. 소규모 취약시설의 안전점검

국토교통부장관은 제1종시설물, 제2종시설물, 제3종시설물이 아닌 시설 중에서 안전에 취약하거나 재난의 위험이 있다고 판단되는 사회복지시설 등 대통령령으로 정하는 시설(소규모 취약시설)에 대하여 해당 시설의 관리자, 소유자 또는 관계 행정기관의 장이 요청하는 경우 안전점검 등을 실시할 수 있다.

바. 소규모 취약시설의 범위

'사회복지시설 등 대통령령으로 정하는 시설'이란 다음 각 호의 시설(소규모 취약시설)을 말한다. 다만, 지방자치단체 또는 지방공기업법에 따른 지방공기업이 관리주체인 시설은 제외한다.

① '사회복지사업법'에 따른 사회복지시설

② '전통시장 및 상점가 육성을 위한 특별법'에 따른 전통시장

③ '농어촌도로 정비법 시행령'에 따른 교량

④ '도로법 시행령'에 따른 지하도 및 육교

⑤ 옹벽 및 절토사면(깍기비탈면). 다만, '도로법' 및 '급경사지 재해예방에 관한 법률'의 적용을 받는 시설은 제외한다.

⑥ 그 밖에 안전에 취약하거나 재난의 위험이 있어 안전점검 등을 실시할 필요가 있는

시설로서 국토교통부장관이 정하여 고시하는 시설

1.6.6 재난예방을 위한 안전조치

안전점검 등을 실시하는 자는 해당 시설물에서 시설물기초의 세굴(洗掘), 부등침하(不等沈下) 등 대통령령으로 정하는 중대한 결함을 발견하는 경우에는 지체 없이 대통령령으로 정하는 바에 따라 그 사실을 관리주체 및 관할 시장·군수·구청장에게 통보하여야 한다. '시설물기초의 세굴(洗掘), 부등침하(不等沈下) 등 대통령령으로 정하는 중대한 결함'이란 시설물의 구조안전에 중대한 영향을 미치는 것으로 인정되는 결함으로서 다음과 같다.

① 시설물기초의 세굴
② 교량교각의 부등침하
③ 교량받침의 파손
④ 터널지반의 부등침하
⑤ 항만 계류시설 중 강관 또는 철근콘크리트파일의 파손·부식
⑥ 댐의 파이핑(piping : 흙·모래 등이 깎여 땅속에 관 모양의 물길이 생기는 현상을 말한다) 및 구조적 균열
⑦ 건축물의 기둥·보 또는 내력벽의 내력(耐力) 손실
⑧ 하천시설물의 본체, 교량 및 수문의 파손·누수·파이핑 또는 세굴
⑨ 시설물의 철근콘크리트의 염해(鹽害 : 염분 피해) 또는 탄산화에 따른 내력 손실
⑩ 절토사면 및 성토사면(쌓기비탈면)의 균열 및 이완 등에 따른 옹벽의 균열 또는 파손
⑪ 그 밖에 시설물의 구조안전에 영향을 미치는 것으로 인정되는 결함으로서 국토교통부령으로 정하는 결함

1.6.7 긴급안전조치 및 시설물의 보수보강

관리주체는 시설물의 중대한 결함 등을 통보받는 등 시설물의 구조상 공중의 안전한 이용에 미치는 영향이 중대하여 긴급한 조치가 필요하다고 인정되는 경우에는 시설물의 사용제한·사용금지·철거, 주민대피 등의 안전조치를 하여야 한다. 관리대상 시설물에 대한 조치명령을 받거나 시설물의 중대한 결함 등에 대한 통보를 받은 경우 대통령령으로 정하는 바에 따라 시설물의 보수·보강 등 필요한 조치를 하여야 한다. 또한, 안전점검 등을 실시한 결과 해당 시설물에 중대한 결함 등이 있거나 시설물안전법 '시설물의 안전등급 지정 등'에 따라 안전등급을 지정한 결과 해당 시설물이 긴급한 보수·보강이

필요하다고 판단되는 경우에는 해당 시설물에 위험을 알리는 표지를 설치하고, 방송·인터넷 등의 매체를 통하여 주민에게 알려야 한다.

1.6.8 시설물의 유지관리

관리주체는 시설물의 기능을 보전하고 편의와 안전을 높이기 위하여 소관 시설물을 유지관리 하여야 한다. 다만, 대통령령으로 정하는 시설물로서 다른 법령에 따라 유지관리하는 경우에는 제외한다.

도로, 철도, 항만, 댐 등 대통령령으로 정하는 시설물의 관리주체는 시설물의 성능을 유지하기 위하여 시설물에 대한 성능평가를 실시해야 한다. 국토교통부장관, 주무부처의 장 또는 지방자치단체의 장은 시설물 및 소규모 취약시설의 안전 및 유지관리 실태를 점검할 수 있으며, 시장·군수·구청장은 민간관리주체 소관 시설물에 대하여 시설물관리계획의 이행여부 확인 등 안전 및 유지관리 실태를 연 1회 이상 점검하여야 한다.

1.7 안전점검

1.7.1 안전점검 계획 및 준비

안전점검은 현장조사 및 각종 시험에 의해 시설물의 물리적·기능적 결함과 내재되어 있는 위험요인을 발견하고, 이에 대한 신속하고 적절한 보수·보강 방법 및 조치방안 등을 제시함으로써 시설물의 안전을 확보하고자 하는 것이다. 시설물의 관리주체는 소관 시설물별로 안전 및 유지관리계획을 수립하여 체계적이고 일관성 있는 안전점검이 실시될 수 있도록 하여야 한다. 안전점검의 실시를 위하여 준비해야 할 사항은 다음과 같다.

가. 안전점검 과업지시서의 작성

공공관리주체 및 민간관리주체가 소관 시설물에 대한 안전점검을 발주할 때에는 안전점검이 성실히 수행되도록 지침 및 세부지침을 준수하여 과업지시서 또는 용역설계서를 작성하여야 한다.

나. 안전점검 과업지시서의 검토

시설물의 안전점검을 실시하는 사람은 사전검토 결과 당해 시설물의 과업지시서 또는 용역설계서 내용이 지침 및 세부지침과 위배되는 경우에는 그 내용을 관리주체에게 보고하고, 과업수행계획서에 수록하여야 한다.

다. 일정계획 수립

라. 조사 및 시험 항목의 선정

안전점검을 위한 조사 및 시험 항목을 선정할 때는 시설물에 대한 구조적 특수성 검토, 최신 기술과 실무 경험의 적용여부, 자격기준에 적합한 책임기술자 선정, 경험과 기술을 갖춘 기술 인력과 소요 장비 등을 고려하여 선정하여야 한다.

표 1.5 시설물별 자료수집 시 고려사항

시설물구분	자료수집 시 고려사항
교량	· 시설물의 형식 · 하천형태 및 기초상태 · 통행제한사항 : 하중, 속도, 철도의 경우 열차 차단시간
터널	· 터널형상 · 지하수위 및 지반상태 · 통행제한사항 : 하중, 속도, 철도의 경우 열차 차단시간
댐	· 최고수위 등
항만	· 부두배면의 지반상태
상수도	· 상수도의 특성 및 처리방식 · 지하수위 및 토질·지반 상태 · 취수원의 상황
하구둑	· 하구둑의 특성 및 수리·수문 사항 · 지하수위 및 토질·지반 상태 · 방류수역의 상황 (조위자료 등)
수문	· 수문의 특성 및 수리·수문 사항
제방	· 제방의 특성 및 수리·수문 사항

표 1.5 시설물별 자료수집 시 고려사항(계속)

시설물구분	자료수집 시 고려사항
하수처리장	· 하수처리장의 특성 및 처리방식 · 지하수위 및 토질·지반 상태 · 방류수역의 상황(최고 수위 등)
건축물	· 구조형식 및 사용재료 · 기초지반의 상태, 지하수위 등 · 설계·용도·구조 또는 중량의 마감재 등의 변경 등 · 보호시설물
옹벽	· 옹벽 재료 · 옹벽 배면토 및 기초지반의 상태, 지하수위 등 · 보호시설물 · 보강토 옹벽의 경우 배면보강재에 대한 제원 등
절토사면	· 절토사면의 유형(토사사면, 연약암반사면, 파쇄암반사면, 절리암반사면) · 절토사면의 규모(높이, 연장) 및 형상(경사, 종/횡단 형상) · 지하수위 및 지반상태 · 절토사면 보호/보강/배수시설물(낙석방지울타리, 낙석방지망, 산마루 배수구 등) · 환경조건(집수지형이나 인공구조물 유무 등 절토사면의 안전에 영향을 주는 조건)
공동구	· 공동구 형상 · 지하수위 및 지반상태
배수펌프장	· 배수펌프장의 특성 및 수리·수문 사항
항만외곽시설	· 항만외곽시설물의 특성 및 해양 환경 조건

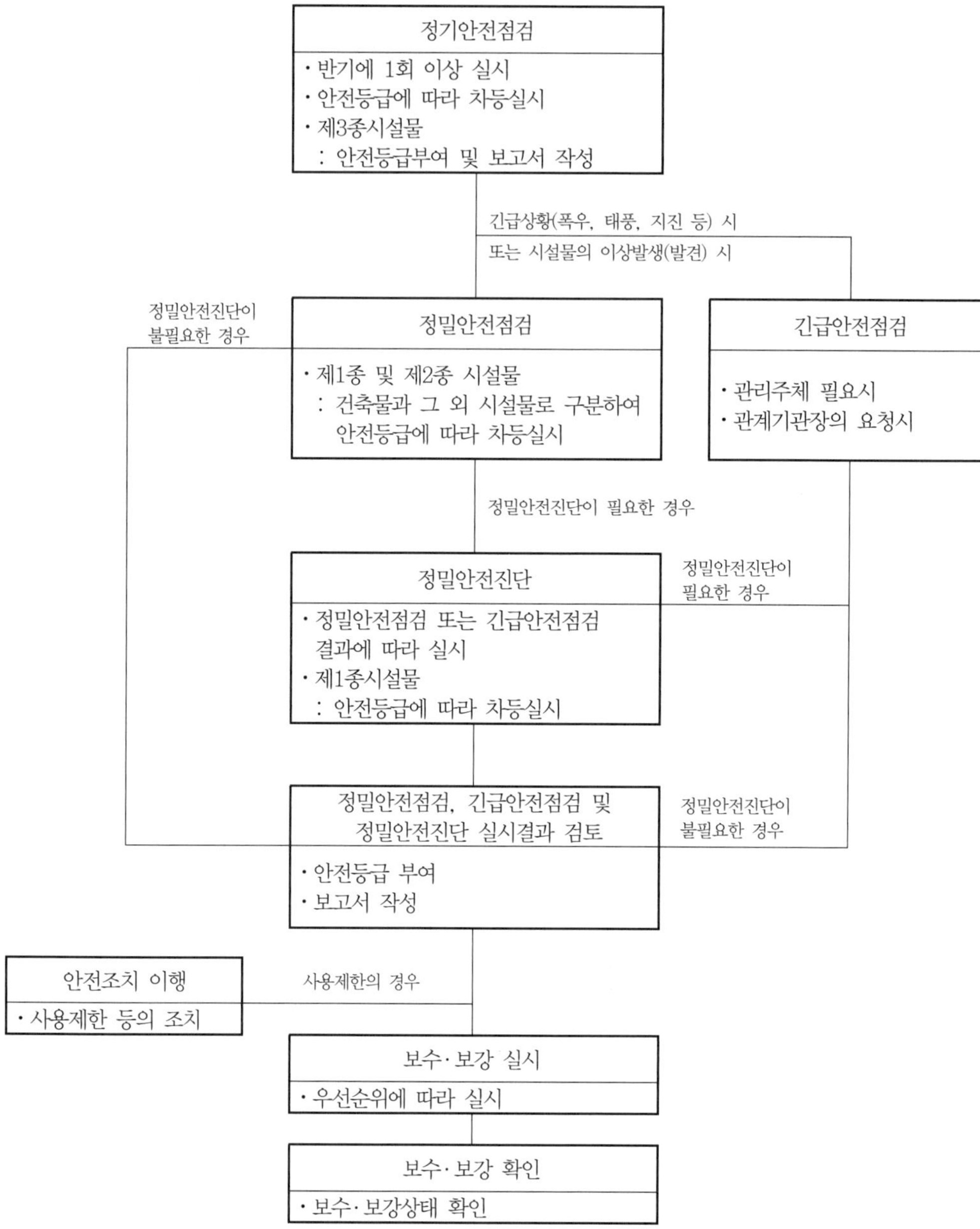

그림 1.4 안전관리 업무 흐름도

마. 장비관리

안전점검에 사용하는 장비는 '국가표준기본법' 및 '계량에 관한 법률'에 의하여 표 1.6과 같이 검·교정을 받아야 하며, 소요성능 및 측정의 정밀·정확도를 유지하도록 관리하여야 한다. 다만, '국가표준기본법' 및 '계량에 관한 법률'에 따른 검·교정 대상에 해당하지 아니하는 경우에는 그 소요성능을 갖춘 장비여야 한다.

표 1.6 법정 진단측정 장비의 교정주기

전문분야	진단장비명		교정주기(월)	비 고
공통	염분측정장비		12	
	도막두께측정장비		12	
	측량기	수준기	24	레벨
		각도측정기	24	데오도라이트
		거리측정기	24	광파측정기
교량 및 터널	내공변위측정기		12	
항만	유속계		12	
건축	진동측정기		12	

바. 실시결과의 이행

안전점검 실시결과를 통보받은 관리주체는 실시결과 구조안전에 영향을 줄 수 있는 다음과 같은 중대한 결함사항이 포함되어 있는 경우에는 통보를 받은 날부터 2년 이내에 그 결함사항에 대한 보수·보강 등의 필요한 조치에 착수하여야 한다. 특별한 사유가 없는 한 착수한 날부터 3년 이내에 이를 완료하여야 한다. 중대한 결함에 해당하는 경우는 다음과 같고, 시설물별 주요부위의 중대 결함은 표 1.7과 같다.

① 시설물기초의 세굴
② 교량교각의 부등침하
③ 교량 교좌장치(교량받침)의 파손
④ 터널지반의 부등침하
⑤ 항만계류시설 중 강관 또는 철근콘크리트파일의 파손·부식
⑥ 댐의 파이핑에 의한 누수 및 구조적 균열
⑦ 건축물의 기둥·보 또는 내력벽의 내력 손실
⑧ 하천시설물의 본체, 교량 및 수문의 파손·누수·파이핑 또는 세굴
⑨ 시설물의 철근콘크리트의 염해 또는 중성화(탄산화)에 따른 내력 손실
⑩ 절토·성토사면의 균열·이완 등에 따른 옹벽의 균열 또는 파손
⑪ 기타 구조안전에 영향을 주는 결함

표 1.7 시설물별 주요부위의 중대 결함

시설물명	주요부위의 중대한 결함
교량	· 주요 구조부위 철근량 부족 · 주형(거더)의 균열 심화 · 철근콘크리트 부재의 심한 재료 분리 · 부재 연결판의 균열 및 심한 변형 · 철강재 용접부의 불량용접 · 케이블 부재 또는 긴장재의 손상 · 교대·교각의 균열발생
터널	· 벽체균열 심화 및 탈락 · 복공부위 심한 누수 및 변형
하천	· 수문의 작동불량
댐	· 물이 흘러넘치는 부분의 콘크리트 파손 및 누수 · 기초지반의 누수, 파이핑 및 세굴 · 수문의 작동불량
상수도	· 관로이음부의 불량접합 · 관로의 파손, 변형 및 부식
건축물	· 조립식 구조체의 연결부실로 인한 내력상실 · 주요구조부재의 과다한 변형 및 균열심화 · 지반침하 및 이로 인한 활동적인 균열 · 누수·부식 등에 의한 구조물의 기능상실
항만	· 갑문시설 중 문비(門扉) 작동시설 부식 노후화 · 갑문 충·배수 아키덕트(Aqueduct) 시설의 부식 노후화 · 잔교·시설 파손 및 결함 · 케이슨구조물의 파손 · 안벽의 법선변위 및 침하

1.7.2 안전점검의 종류

가. 정기안전점검

정기안전점검은 경험과 기술을 갖춘 사람에 의한 세심한 외관조사 수준의 점검으로서 시설물의 기능적 상태를 판단하고 시설물이 현재의 사용요건을 계속 만족시키고 있는지 확인하기 위한 관찰로 이루어진다. 점검자는 육안과 간단한 측정기기로 검사하여 시설물의 결함·손상 등을 발견하고, 그 진전 상황을 지속적으로 관찰하여야 한다. 점검자는 정기안전점검 실시 결과 시설물의 구조안전에 중대한 영향을 미치는 것으로 인정되는 중대한 결함이 있는 경우에는 즉시 관리주체에게 통보하여야 하며, 관리주체는 즉시 관계행정기관의 장에게 통보하여야 한다. 관리주체는 정기안전점검 실시결과 필요할 경우 결함의 정도에 따라 긴급안전조치, 긴급안전점검 또는 정밀안전진단을 실시하는 등 필요한 조치를 취하여야 한다.

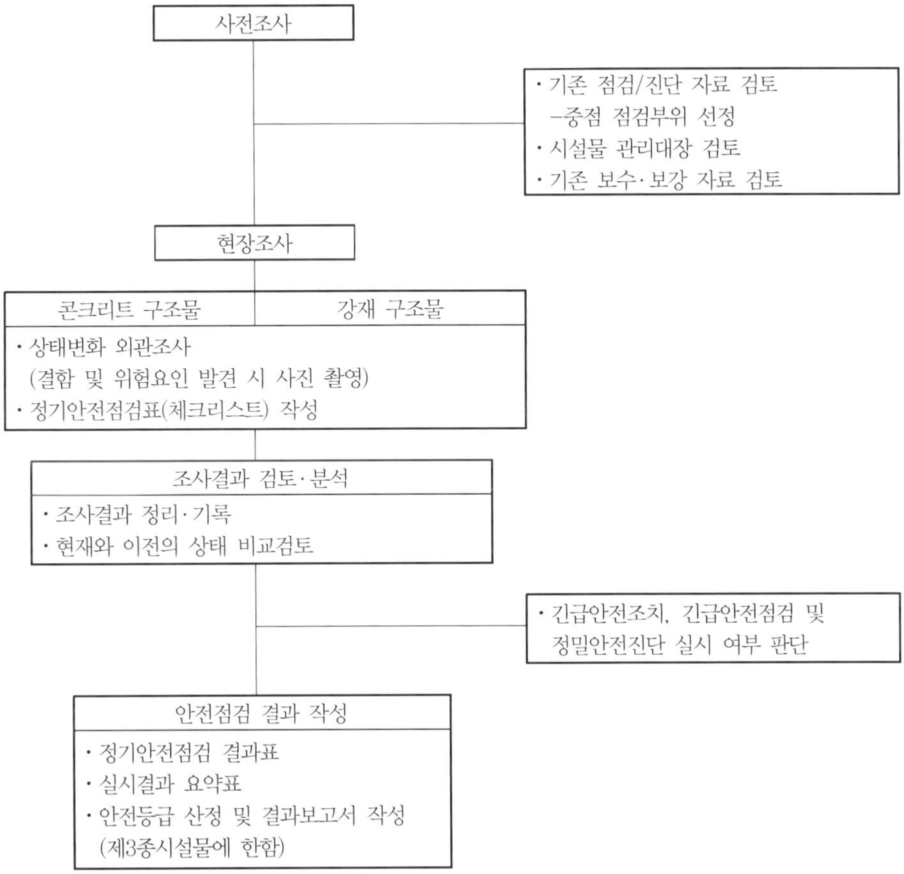

그림 1.5 정기안전점검 흐름도

나. 정밀안전점검

시설물의 현 상태를 정확히 판단하고 최초 또는 이전에 기록된 상태로부터의 변화를 확인하며 구조물이 현재의 사용요건을 계속 만족시키고 있는지 확인하기 위하여 면밀한 외관조사와 간단한 측정·시험장비로 필요한 측정 및 시험을 실시한다. 외관조사 및 측정·시험 결과와 이전의 안전점검 등 실시결과에서 발견된 결함의 진전 및 신규발생을 파악하여 시설물의 주요 부재별 상태를 평가하고 이전의 안전점검 등 실시결과의 상태평가결과와 비교·검토하여 시설물 전체에 대한 상태평가결과를 결정하여야 한다. 결함부위 등 주요 부위에 대한 외관조사망도 작성 등 조사결과를 도면으로 기록하여야 한다. 또한 내진설계 여부를 확인하고, 시설물에 중대한 결함이 발생하는 등 필요한 경우에는 해당 부위에 대하여 안전성 평가를 실시할 수 있다. 정밀안전점검 실시결과 결함이 광범위하게 발생하는 등 정밀안전진단이 필요하다고 판단될 경우에는 점검자는 관리주체에게 즉시 보고하여야 하며, 관리주체는 정밀안전진단을 실시하여야 한다.

다. 긴급안전점검

긴급안전점검은 관리주체가 필요하다고 판단한 때 또는 관계행정기관의 장이 필요하다고 판단하여 관리주체에게 요청한 때에 실시하는 정밀안전점검 수준의 안전점검이며 실시목적에 따라 손상점검과 특별점검으로 구분한다.

1) 손상점검

재해나 사고에 의해 비롯된 구조적 손상 등에 대하여 긴급히 시행하는 점검으로 시설물의 손상 정도를 파악하여 긴급한 사용제한 또는 사용금지의 필요 여부, 보수·보강의 긴급성, 보수·보강작업의 규모 및 작업량 등을 결정하는 것이며 필요한 경우 안전성 평가를 실시하여야 한다. 점검자는 사용제한 및 사용금지가 필요할 경우에는 즉시 관리주체에 보고하여야 하며 관리주체는 필요한 조치를 취하여야 한다.

2) 특별점검

특별점검은 기초침하 또는 세굴과 같은 결함이 의심되는 경우나, 사용제한 중인 시설물의 사용여부 등을 판단하기 위해 실시하는 점검으로서 점검 시기는 결함의 심각성을 고려하여 결정한다.

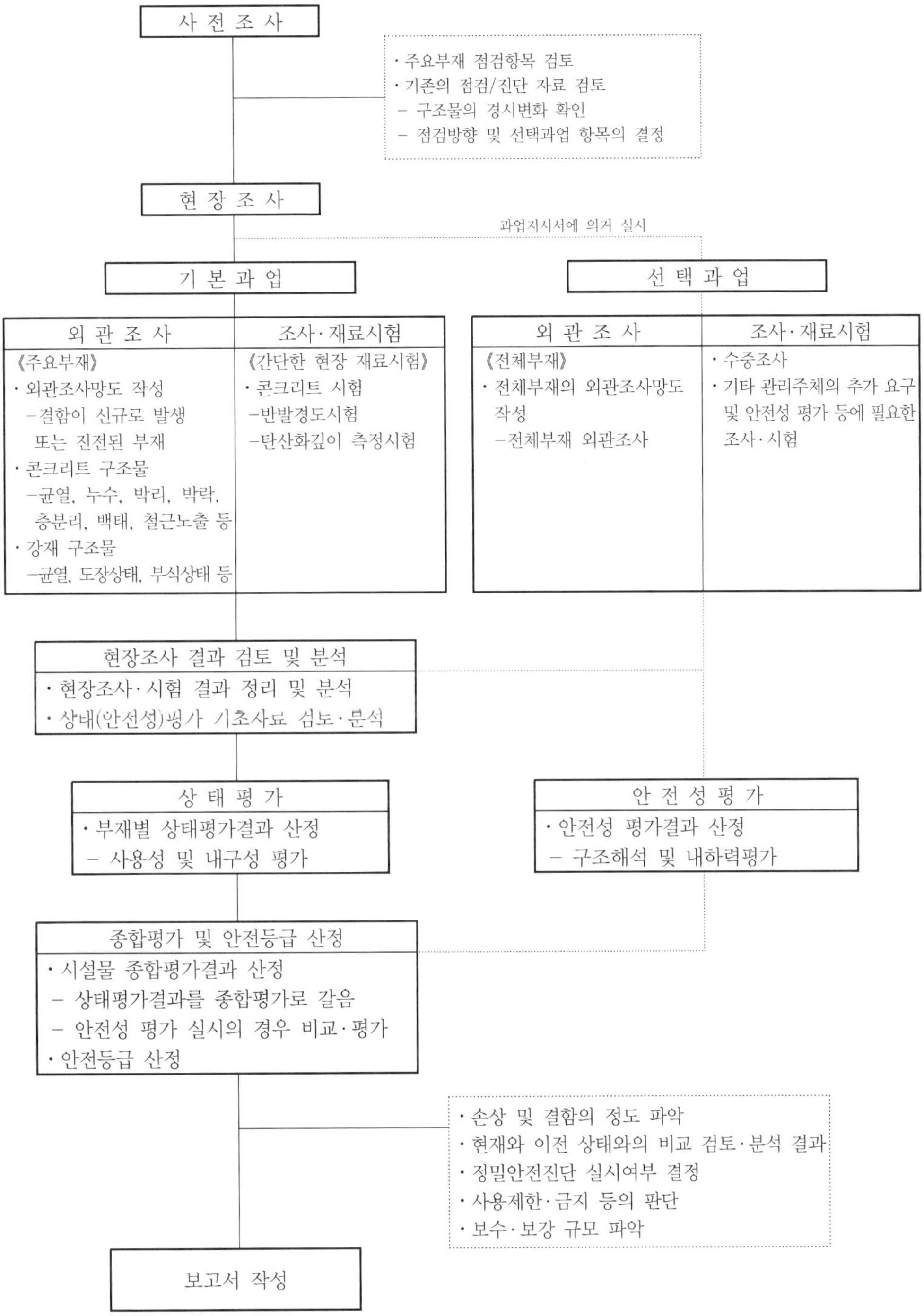

그림 1.6 정밀안전점검 및 긴급안전점검 흐름도

3) 정밀안전진단

관리주체가 안전점검 또는 긴급안전점검을 실시한 결과 시설물의 재해 및 재난 예방과 안전성 확보 등을 위하여 필요하다고 인정하는 경우에 실시하며, 제1종시설물은 정기적으로 실시한다. 정밀안전진단은 안전점검으로 쉽게 발견할 수 없는 결함부위를 발견하기 위하여 정밀한 외관조사와 각종 측정·시험장비에 의한 측정·시험을 실시하여 시설물의 상태평가 및 안전성 평가에 필요한 데이터를 확보한다. 현장조사 시 필요한 경우 교통통제 및 안전조치를 취하여야 하며 시설물 근접조사를 위한 접근장비와 필요시 수중카메라 등 특수장비 잠수부 등 특수기술자도 투입하여야 한다. 결함의 유무 및 범위에 대한 확인이 필요한 때에는 현장 재료시험과 기타 필요한 재료시험을 병행하여야 한다. 전체구조물의 표면에 대한 외관조사 결과는 도면으로 기록하여야 하며, 구조물 전체 부재별 상태를 평가하고 시설물 전체에 대한 상태평가결과를 결정하여야 한다.

정밀안전진단에서는 시설물의 결함 정도에 따라 필요한 조사·측정·시험, 구조계산, 수치해석 등을 실시하고 분석·검토하여 안전성 평가결과를 결정하여야 한다. 또한 필요한 경우에는 구조물의 사용성, 내진성능 등도 평가하여야 한다. 정밀안전진단 결과 보수·보강이 필요한 경우에는 보수·보강 방법을 제시하여야 한다. 이 경우 보수·보강 시 예상되는 임시 고정하중(공사용 장비 및 자재 등)이 현저하게 작용하는 상황에 대한 구조안전성 평가를 포함하여야 한다.

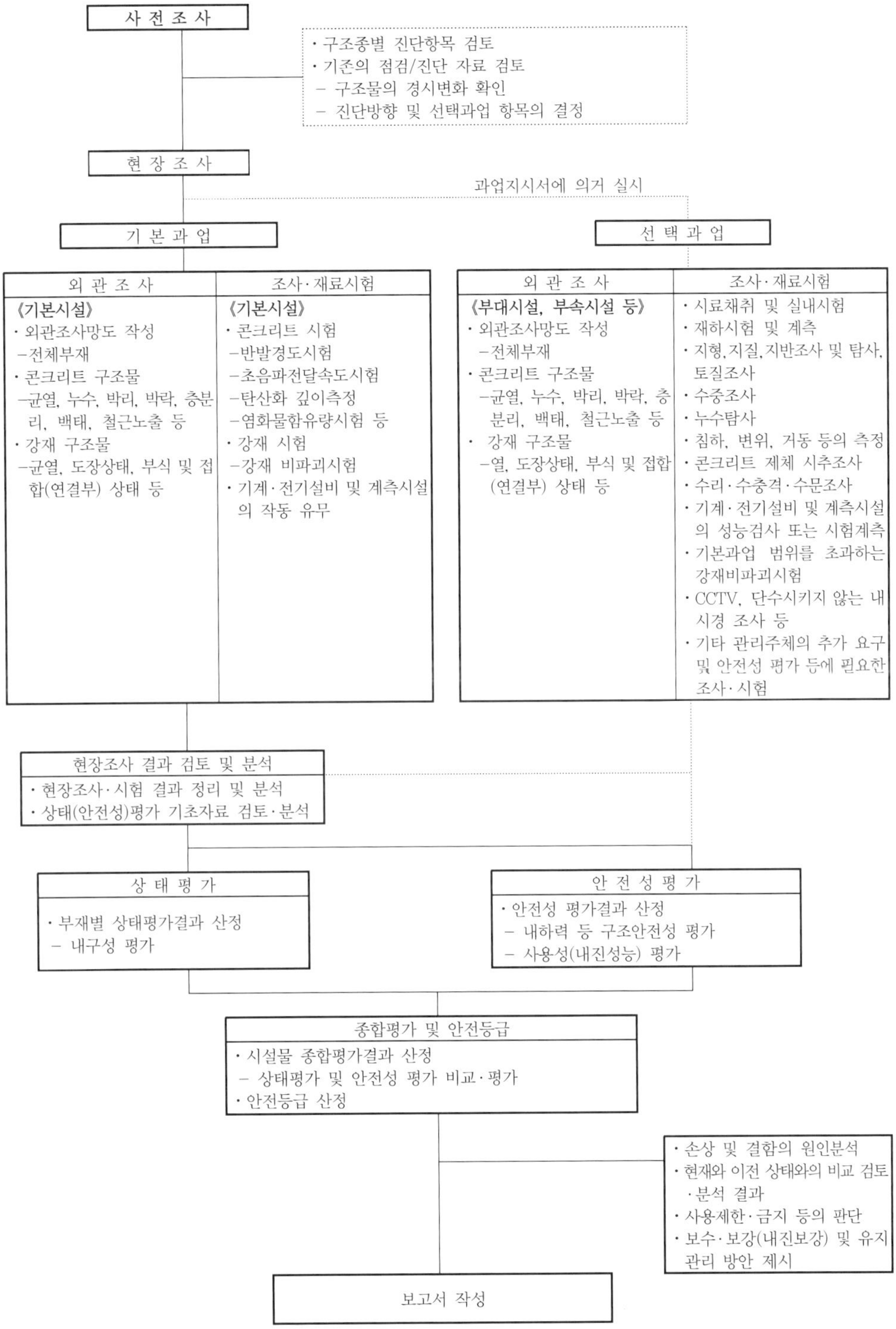

그림 1.7 정밀안전진단 흐름도

1.7.3 안전점검 및 정밀안전진단 실시 시기

관리주체는 소관시설물에 대하여 정기적으로 정기안전점검, 정밀안전점검 및 정밀안전진단을 실시하여야 하며, 시설물의 안전 및 유지관리계획 수립 시 안전점검 및 정밀안전진단 실시계획이 포함되어야 한다. 다만, 안전점검의 경우에는 '시설물의 증축 및 개축, 리모델링 등의 공사 중인 경우', '시설물의 철거예정인 경우' 중 하나에 해당하면서 시설물을 사용하지 않는 경우에는 국토교통부장관과 협의하고 실시를 생략하거나 시기를 조정 할 수 있다.

시설물 구조형태의 변경으로 인하여 제1종 또는 제2종시설물이 된 경우 정밀안전점검 실시시기는 구조형태의 변경에 따른 준공일 또는 사용승인일로부터 기산하고, 제1종시설물의 정밀안전진단 실시시기는 최초 준공일 또는 사용승인일로부터 기산한다. 다만 준공 및 사용승인 후 10년이 경과되어 제1종시설물이 된 경우에는 1년 이내에 정밀안전진단을 실시하여야 한다.

가. 정기안전점검

정기안전점검은 시설물이 제1종 또는 제2종시설물이 되거나 제3종시설물로 지정·고시된 날의 다음 반기에 1회 이상 실시하여야 하며 정밀안전점검, 긴급안전점검 및 정밀안전진단의 실시기간과 중복되는 경우에는 생략할 수 있다. D·E등급 시설물의 정기안전점검은 해빙기·우기·동절기 전 각각 1회 이상 실시하여야 하며, 해빙기 전 점검 시기는 2월·3월로, 우기 전 점검 시기는 5월·6월로, 동절기 전 점검 시기는 11월·12월로 한다.

표 1.8 정기안전점검 실시 주기

안전등급	정기안전점검
A 등급	반기에 1회 이상
B·C 등급	
D·E 등급	1년에 3회 이상

나. 정밀안전점검

해당 시설물의 안전등급에 따라 표 1.9의 실시주기에 의해서 정기적으로 정밀안전점검을 실시 완료하여야 한다. 최초로 실시하는 정밀안전점검은 시설물의 준공일 또는 사용승인일(임시 사용승인 포함)을 기준으로 3년 이내(건축물은 4년 이내)에 실시하여야 하며, 정밀안전점검 또는 정밀안전진단을 받은 경우 그 날(완료일)을 기준으로 정밀안전점검의 실시주기를 정한다. 또한 정밀안전진단 실시 완료일부터 6개월 전 이내에 그 실시주기의 마지막 날이 속하는 정밀안전점검은 생략할 수 있다. 건축물에는 그 건축물의 부대시설인 옹벽과 절토사면을 포함한다.

표 1.9 정밀안점점검 실시 주기

안전등급	정밀안전점검	
	건축물	그 외 시설물
A 등급	4년에 1회 이상	3년에 1회 이상
B·C 등급	3년에 1회 이상	2년에 1회 이상
D·E 등급	2년에 1회 이상	1년에 1회 이상

다. 정밀안전진단

제1종시설물은 준공일 또는 사용승인일 후 기준으로 산정하여 10년이 지난 때부터 1년 이내에 실시 완료하여야 하며, 다음 회의 정밀안전진단은 전회의 정밀안전진단 완료일을 기준으로 해당 시설물의 안전등급에 따라 다음 표 1.10의 실시주기에 의해서 정기적으로 정밀안전진단을 실시 완료하여야 한다. 다만, 시설물의 특성상 정밀안전진단이 1년 이상 소요되는 시설물은 국토교통부장관과 협의하여 실시 완료하여야 한다. 또한, 안전점검 또는 긴급안전점검을 실시한 결과 시설물의 재해 및 재난 예방과 안전성 확보 등을 위하여 필요한 경우에는 정밀안전진단을 실시하여야 한다.

표 1.10 정밀안점진단 실시 주기

안전등급	정밀안전진단
A 등급	6년에 1회 이상
B·C 등급	5년에 1회 이상
D·E 등급	4년에 1회 이상

1.8 안전등급의 결정

1.8.1 시설물의 상태평가 방법

상태평가는 재료시험 및 외관조사에 의해 시설물의 각 부재로부터 발견된 상태변화(결함, 손상, 열화)를 근거로 하여 시설물의 상태평가기준에 따라 실시한다. 정기안전점검에서는 점검서식에 따라 기본시설물 또는 주요부재 종류별로 평가하는 것을 원칙으로 한다. 정밀안전점검에서는 기본시설물 또는 주요부재에 대하여 점검하고, 외관조사망도를 작성하여 상세히 상태평가를 실시하며, 외관조사망도를 작성하지 않은 부위는 이전의 안전점검 등 보고서에 수록된 상태평가결과를 참조하여 책임기술자가 시설물 전체에 대한 상태평가결과를 결정한다. 정밀안전진단에서는 시설물의 전체 부재에 대하여 외관조사망도를 작성하여 부재별로 상세히 상태평가를 실시하며, 책임기술자가 시설물 전체에 대한 상태평가결과를 결정한다.

상태평가가 정확히 이루어졌는지 확인하는 동시에 기록용 문서로 이용하기 위하여 안전점검·정밀안전진단을 실시한 사람은 외관조사 결과를 안전점검·정밀안전진단 서식에 각각의 결함 형태, 크기, 양 및 심각한 정도 등을 기록하여야 한다.

상태평가 항목은 시설물의 상태평가 시 점검사항이 구조물의 특성에 따라 다를 수 있으므로 수정·보완하여 사용한다. 각 세부시설별 점검사항은 평가결과를 기초로 판단하며, 이는 점검부위별 각각의 점검사항에 대한 주요 손상상태를 파악하는 데 활용할 수 있다. 정밀안전점검 및 정밀안전진단 실시에서 시설물의 상태평가를 적용함에 있어서 기본과업과 선택과업의 내용을 적절히 혼용하여 대상 시설물에 대한 상세한 상태평가를 실시하여야 한다. 특히, 정밀안전점검에서는 선택과업인 전체부재에 대한 외관조사망도의 작성 여부 등에 대해서 관리주체와 책임기술자의 협의를 통하여 결정하여야 한다. 다만, 정밀안전점검 및 정밀안전진단에서 기계설비에 대한 조사·시험은 선택 과업으로 실시한다.

1.8.2 시설물의 안전성 평가 방법

가. 시설물의 안전성 평가

시설물의 안전성 평가는 정밀안전진단 시에 실시하고, 정밀안전점검 또는 긴급안전점검 시 일부 부재에 대하여 안전성 평가가 필요하다고 판단될 경우 선택과업으로 실시할 수 있다. 결함이 광범위하고 중대한 경우에는 정밀안전진단을 실시하여야 한다. 책임기술자는 재하시험(계측) 및 구조해석 또는 기존의 안전성 평가 자료와 함께 부재별 상태평가, 재료시험 결과 및 각종 계측, 측정, 조사 및 시험 등을 통하여 얻은 결과를 분석하고 이를 바탕으로 구조물의 안전과 부재의 내(하)력 등을 종합적으로 평가하여 시설물의 안전성 평가기준에 따라 시설물의 안전성 평가결과를 결정한다. 보고서에는 평가에 사용된 해석방법의 종류 및 해석결과에 대한 설명과 계산기록을 포함하여야 한다. 관리주체는 '지진·화산재해대책법'에 따른 내진설계 대상 시설물 중 내진성능평가를 받지 않은 시설물에 대하여 정밀안전진단을 실시하는 경우에는 해당 시설물에 대한 내진성능평가를 포함하여 실시하여야 한다.

나. 안전성 평가를 위한 조사 등

안전성 평가를 위하여 필요한 계측, 측정, 조사 및 시험은 시설물 종류 및 구조적 특성에 따라 아래 항목 중 적절한 것들을 선택하여 실시하여야 한다.

① 비파괴재하시험 : 정적 또는 동적 재하시험
② 지반조사 및 탐사 : 지표지질조사, 페이스맵핑, 시추 또는 오거보링, 시험굴착, 공내시험, 시료채취, 토질 및 암반시험, G.P.R 탐사, 지하공동, 지층분석, 탄성파탐사, 전기탐사, 전자탐사, 시추공 토모그라피탐사, 물리검층 등
③ 지형, 지질조사 및 토질시험
④ 수리·수충격·수문 조사
⑤ 계측 및 분석 : 시설물 및 시설물 주변의 지반에 대한 침하, 변위, 거동 등의 계측(경사계, 로드셀, 지하수위계, 소음 및 진동 등) 및 계측 데이터 분석
⑥ 수중조사 : 조사선, 잠수부 등에 의한 교대·교각기초, 댐, 항만, 해저송유관 등의 수중조사
⑦ 누수탐사
⑧ 콘크리트 제체 시추조사 : 시추, 공내시험, 시편채취, 강도시험, 물성시험 등
⑨ 콘크리트 재료시험 : 코아 채취, 강도시험, 성분분석, 공기량시험, 염화물함유량시험 등
⑩ 기계·전기설비 및 계측시설의 성능검사 또는 시험계측(건축물 제외)
⑪ 기본과업 범위를 초과하는 강재비파괴시험
⑫ 기타 안전성 평가를 하기 위하여 필요한 사항

1.8.3 시설물의 종합평가 방법

시설물의 종합평가는 구조물 부재의 결함 및 손상에 대하여 평가기준 및 상태평가 기법에 따라 수행한 상태평가결과와 시설물의 안전성 평가결과를 고려하여 개별시설물의 종합평가결과를 결정한다. 교량 등 각 시설물에 대한 종합평가는 상태평가만 실시하거나 또는 상태평가와 안전성 평가를 각각 실시한 후 이들 결과를 기초로 종합하여 이루어진다. 즉, 상태평가만 실시하는 경우에는 상태평가결과를 종합평가결과로 갈음하여 종합평가결과로 결정되지만 상태평가와 안전성 평가를 동시에 실시한 경우에는 두 결과를 비교검토하여 최종적인 종합평가결과를 부여하게 된다.

따라서 상태평가와 안전성 평가가 동시에 실시되는 경우가 좀더 객관적이고 정량적이며 합리적인 종합평가결과를 도출할 수 있다.

1.8.4 안전등급 지정

안전점검 등(정기안전점검은 제3종시설물에 한한다)을 실시한 책임기술자는 당해 시설물에 대하여 종합적으로 평가한 결과로부터 표 1.11과 같이 안전등급을 지정한다. 다만 안전점검 등의 실시결과 기존의 안전등급보다 상향하여 조정할 경우에는 해당 시설물에 대한 보수·보강 조치 등 그 사유가 분명하여야 한다.

표 1.11 안전등급 지정

안전등급	시설물의 상태
A (우수)	문제점이 없는 최상의 상태
B (양호)	보조부재에 경미한 결함이 발생하였으나 기능 발휘에는 지장이 없으며 내구성 증진을 위하여 일부의 보수가 필요한 상태
C (보통)	주요부재에 경미한 결함 또는 보조부재에 광범위한 결함이 발생하였으나 전체적인 시설물의 안전에는 지장이 없으며, 주요부재에 내구성, 기능성 저하 방지를 위한 보수가 필요하거나 보조부재에 간단한 보강이 필요한 상태
D (미흡)	주요부재에 결함이 발생하여 긴급한 보수·보강이 필요하며 사용제한 여부를 결정하여야 하는 상태
E (불량)	주요부재에 발생한 심각한 결함으로 인하여 시설물의 안전에 위험이 있어 즉각 사용을 금지하고 보강 또는 개축을 하여야 하는 상태

참고문헌

- 국토교통부, '시설물의 안전 및 유지관리 실시 등에 관한 지침(안전점검·진단 편, 성능평가 편)', 국토안전관리원, 2021. 12.
- 국토교통부, '시설물의 안전 및 유지관리 실시 세부지침', 국토안전관리원, 2021. 12.
- 국토교통부, '시설물의 안전 및 유지관리에 관한 특별법 시행규칙', 2022. 3.
- 국토교통부, '시설물의 안전 및 유지관리에 관한 특별법 시행령', 2021. 12.
- 국토교통부, '시설물의 안전 및 유지관리에 관한 특별법', 2021. 9.
- 김양중, '시설물유지관리의 개념 및 개요', 시설물유지관리사 교육교재, 한국구조물진단유지관리공학회, 2007.7.
- 성배경, '유지관리산업의 정체성 및 방향', 시설물유지관리사 교육교재, 한국구조물진단유지관리공학회, 2007.7.
- 시설물 저널, '미국 미시시피 강 교량붕괴 사고', 대한시설물유지관리협회, 2007.10.
- 전재열, '국내 건축물 유지관리 분야의 체계화 및 신진화 방향', 시설물 저널, 대한시설물유지관리협회, 2007.10.
- 한국시설안전기술공단, '안전점검 및 정밀안전진단과정 교육교재', 한국시설안전기술공단, 2001.
- 한국콘크리트학회, '콘크리트 진단 및 유지관리', 한국콘크리트학회, 2005.

제 2 장 국내외 구조물 붕괴사고

구조물의 사고는 시설물의 종류를 불문하고 모든 형태의 구조물에서 언제나 발생할 수 있고, 실제로 발생되어 왔다. 이러한 건설사고의 사례를 파악하여 조사하고 사고규모, 사고요인 등을 분석하여 기술적 정보를 도출하여 그 결과를 향후 신규공사에 반영함으로써 실패사례를 교훈으로 삼는 중요한 자료가 된다. 그러나 사고원인의 규명 및 분석에 장시간이 소요되어 그 결과가 이미 사고에 대한 사회적 관심이 사라진 후에 나오게 되다 보니 실제로는 철저한 규명이 잘 이루어지지 않거나 결과물의 정보가 사장되는 경우가 많아 사고 예방대책 및 교훈자료로 잘 활용되지 못하고 있다. 또 사소한 건설사고의 원인은 아예 발표되지 않고 있으며, 원인분석은 물론 사고 자체에 대한 조사도 제대로 되지 않는 경우가 많다. 그 결과 유사한 사고의 재발이 비일비재하여 결국은 '안전불감증'이란 불명예스러운 신조어를 만들어냈다. 이는 사고 사례에서 문제점을 찾아 개선하여 유사 또는 동일 사고의 재발을 방지하려던 노력이 부족했던 결과이다. 따라서 모든 사고에 대한 사회적 관심이 필요하며, 전문기술자가 시설물의 유지관리 시 사고발생 가능성 여부를 사전예측하고 예방하여야 한다.

이에 본 절에서는 국내외에서 신설 및 공용중인 건축물과 교량의 붕괴사례에 대한 현황 및 사고원인 분석에 대하여 검토하고 우리에게 주는 교훈에 대하여 논하고자 한다.

2.1 건설사고의 의미

재해(災害)는 일반적으로 지진과 풍수해 등과 같은 자연현상에 의해 발생하는 자연재해와 산업재해, 화재, 가스폭발처럼 산업사회의 발전에 의해 일어날 수 있는 인적 오류에 의한 인위적인 재해로 크게 구분된다. 국내외에서 발생한 대형 재난사고는 대부분 인적 재해이다. 따라서 인적 오류를 최소화하면 그 발생빈도를 줄일 수 있으므로 인적 재해는 발생 뒤 사후처리보다 사전에 위험발생 요인을 예방하고 관심을 가져야 한다. 본 장에서는 공용구조물을 중심으로 인적 오류에 의하여 발생한 붕괴사고를 중심으로 기술하였다.

우리나라에서 발생된 시설물에 대한 주요 대형 붕괴사고 현황은 표 2.1과 같다.

표 2.1 국내 주요 시설물 붕괴사고 사례

연 월 일	사 고 내 용	인 명 피 해		비 고
		사 망	부 상	
1961. 9. 2	서울 장충동 축대 붕괴	23	-	
1964. 5. 2	서울 도동 4층 건물 붕괴	10	27	
1970. 4. 8	서울 마포 와우아파트 1동 붕괴	33	39	
1971. 12. 25	서울 대연각호텔 화재	175	67	
1975. 3. 9	서울 신대방동 콘크리트축대 붕괴	17	-	
1981. 12. 26	서울 대한화재보험 지하식당 가스폭발	3	130	
1982. 4. 8	서울 현저동 지하철공사장 붕괴(3호선)	10	-	
1983. 6. 13	대구 금호대교 교각 붕괴	2	4	
1985. 10. 27	서울 영동5교 40m 붕괴	-	-	
1986. 8.4	독립기념관 본관 전소(3,600평)	-	-	
1988. 5. 6	대구 동천 배수펌프장 붕괴	3	6	
1989. 4. 8	올림픽대교 접속 교량 붕괴(70m)	1	2	5천만 원 피해
1991. 3. 26	팔당대교 사장교 붕괴(196m)	1	-	16억 원 피해
1991. 12 .27	우면산 배수지 상수로 탱크 붕괴	-	-	33만 가구 단수
1992. 1. 2	지하철 1호선 붕괴	1	-	
1992. 1. 9	부산지하철 1호선 옹벽 붕괴	-	-	개통 전
1992. 1. 28	평촌 신도시 한양아파트 PC조 붕괴	-	-	10층 복도
1992. 1~2	평양 통일거리 아파트 붕괴	2~300	7~800	
1992. 6. 6	과천선 지하철터널 낙반사고	3	1	
1992. 7. 30	남해 창선대교 붕괴	2	-	
1993. 1. 7	청주 우암상가아파트(5층) 붕괴	29	48	
1994. 10. 21	성수대교 상판 붕괴	32	17	
1994. 12	아현동 가스기지 폭발	12	5	건물 145동 피해
1995. 1. 18	홍성 우회도로 PC빔 교량 붕괴	1	2	
1995. 6. 29	서울 삼풍백화점 붕괴	501	937	2,500억 원 피해
1999. 7. 3	화성 씨랜드 청소년 수련원 화재사고	23	-	유치원생
2003. 2. 18	대구 지하철 화재 참사	207	138	85명 실종 포함
2004. 4. 19	부천 LG백화점 리모델링현장 비계붕괴	2	18	

2.2 국내 붕괴사고 사례

국내 건설산업은 1960년대 후반부터 70년대에 걸쳐 급속도로 진전된 산업화와 해외 건설공사에 힘입어 크게 성장해 왔다. 또한 국토개발계획에 따른 고속도로 및 고속철도의 건설, 신공항건설, 댐 및 발전소 건설 등과 수도권 주택문제 해결을 위한 200만 호 주택건설 등 신규 건설이 활발히 이루어져 왔다. 그러나 유감스럽게도 대부분의 건설사업은 짧은 기간에 완공시키는 데 관심을 두었을 뿐 시공 이후 유지관리 소홀로 인하여 많은 대형사고가 발생하였다.

와우아파트 붕괴사고(1970년)를 시작으로 청주 우암상가아파트 붕괴(1993년), 성수대교 붕괴(1994년), 삼풍백화점 붕괴(1995년) 사고 등은 부실공사와 부실관리가 얼마나 참혹한 결과를 가져올 수 있는지를 너무나 잘 알려준 초대형 사건들이었다.

■ 서울 와우아파트 붕괴

1970년 4월 서울특별시 마포구 창전동 와우지구 시민아파트 건물이 무너진 사건이다. 1969년 12월 준공된 아파트 15동 건물이 지은 지 불과 4개월 만에 붕괴되었으며, 이 사고로 33명이 사망하고 39명이 중경상을 입었다.

이 사고는 특히 완공 4개월 만에 일어난 것이어서 더욱 충격을 주었다. 조사결과 건설시공사가 무면허업자에게 하청을 주면서 준공을 앞당기기 위해 한겨울에도 공사를 계속하였으며, 공사중 건물벽에 균열이 발생하여 대피하는 소동이 발생하였음에도 보수하면 된다며 공사를 강행한 부실시공이 붕괴사고의 주원인이 되었다. 이를 계기로 전국 697개 아파트에 대한 안전검사가 실시되었으며, 그 결과 85동이 부실공사로 밝혀져 당시 붐을 일으키기 시작했던 아파트 입주에 대한 기피현상이 일어나기도 했다.

와우아파트 붕괴사고는 산비탈에 축대를 쌓고 아파트를 건설한 데다 아파트 받침기둥에 철근을 제대로 쓰지 않아 동절기 이후 해빙기에 건물의 무게를 지탱하지 못한 것이 주요 원인이었다.

사진 2.1 와우아파트 붕괴사고

■ 청주 우암상가아파트 붕괴

우암상가아파트 붕괴사고는 1993년 1월 7일 상가 화재로 인한 가스폭발 때문에 건물이 무너진 사건으로, 역시 부실공사가 큰 원인이었다. 상가에서 일어난 화재를 진화하던 중 LP가스가 폭발하여 4층 건물이 주저앉으면서 옥상에 대피해 있던 주민 29명이 사망하고 48명이 중경상을 입었다.

사진 2.2 청주 우암상가아파트 붕괴사고

붕괴사고의 1차적 원인은 가스폭발이었지만 붕괴사고 이후 조사에 의하면 지하층 및 지상 1층 부분의 콘크리트 압축강도가 부족했고, 일부 철근이 제대로 배근되지 않는 등 부실시공이 사고발생의 가장 큰 원인으로 지적되었다. 이 건물도 무면허업자가 건축비를 절감하기 위해 불량자재를 사용하여 벽체에 균열이 발생하였고, 건축과정에서 세 차례의 설계변경을 하는 등 정상적인 건설이 이루어지지 못하였다.

■ 성수대교 붕괴

1994년 10월 21일 교량이 붕괴되면서 32명이 사망하는 초유의 사태가 발생하였다. 특히 아침 출근길에 벌어진 일이라 국민들에게 충격을 주었다. 성수대교 붕괴사고가 발생한 문제 구간은 게르버 트러스(Gerber truss) 구간으로서 6개의 앵커트러스(각 72m)에 5개의 현수트러스가 매달려 있으며, 각각의 현수트러스(각 48m)는 6개의 수직재로 앵커트러스에 연결되어 있었다. 현수트러스 구간에 실리는 모든 활하중 및 사하중은 이 수직재를 거쳐 앵커트러스에 전달되므로 이 연결 수직재가 이 교량에서 가장 취약한 부분이며, 그 중 1개만 파손되어도 붕괴여유도(redundancy)가 없어 교량 전체가 붕괴될 수밖에 없는 소위 붕괴유발부재(fracture critical member)였던 것이다.

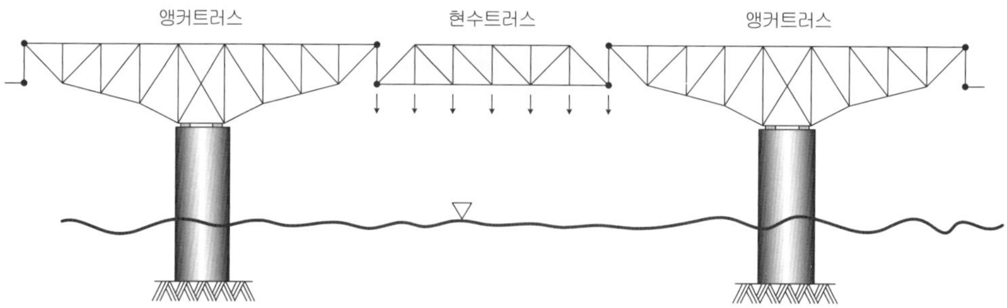

그림 2.1 성수대교 구조 개요도

성수대교의 붕괴사고는 앵커트러스 사이의 현수트러스를 매달고 있던 수직재의 용접부분이 갈라지면서 일어났다. 이렇게 중요한 부재가 용접으로 조립된 것이 근본적인 구조적 결함이었으며, 용접의 용입이 제대로 되지 않은 채 겉 부분만 용접된 부실용접이었다.

이처럼 강구조물의 제작 및 용접과정에서의 원천적인 부실시공과 준공 이후 설계하중을 초과하는 과부하의 지속과 취약한 접합부위의 방치 등 유지관리 잘못이 복합적으로 작용하여 발생한 것으로 추정되었다.

사진 2.3 성수대교 붕괴사고

■ 삼풍백화점 붕괴

성수대교 붕괴사고의 충격에서 채 벗어나기도 전인 1995년 6월 29일, 약 8개월 만에 다시 수백 명의 무고한 시민들의 생명을 일순간에 콘크리트 더미에 묻혀 사라지게 한 대참사가 발생하였다. 삼풍백화점 건물 2개 동 중 북측 건물(지상 5층, 지하 4층)의 5층의 슬래브부터 지하층까지 연쇄적으로 붕괴되면서 마치 정교하게 폭파해체하는 건물처럼 일순간에 땅속으로 꺼져버리는 취성파괴가 일어났고, 이로 인해 사망 501명, 부상 937명, 실종신고 관리자 6명의 인명피해가 발생하였다.

삼풍백화점 사고는 과거에 일어났던 수많은 참사와는 달리 설계, 시공 및 유지관리 전반에 걸쳐 상상을 초월하는 총체적 부실과 무지의 결과에서 비롯된 것이라는 데 그 문제의 심각성이 크다. 삼풍백화점은 RC라멘조 형식으로 되어 있다. 제대로 된 구조계산과 시방서에 따라 철근이 배근되고 이음부와 연결부에서 이어지고 정착된 RC라멘조의 대형 건물은 콘크리트강도가 설계강도에 못 미치더라도 어느 정도의 강도만 확보되면 고도의 부정정성(여용성)으로 인하여 이처럼 취성파괴로 붕괴되지는 않는다. 또한 정상적으로 설계된 경우 과소보강된 휨부재의 휨파괴가 먼저 일어나므로 과적하중이 작용하여도 상판이 먼저 극한휨모멘트의 내하력을 초과하여 상판부터 부분적으로 연성파괴되어 대피시간도 충분히 확보가 된다.

지붕 슬래브의 붕괴를 시작으로 일순간에 모래성처럼 붕괴하게 만든 주요 원인은 변칙시공으로 기둥 및 철근의 유효단면이 감소되어 응력집중 유발 가능성이 높은데도, 준공 후 구조검토 없이 무단으로 구조를 변경하여 하중이 초과되어 구조적 불안요인이 커진 점이다.

사진 2.4 삼풍백화점 붕괴사고

■ 신축아파트 외벽 붕괴사고

2022년 1월 11일 광주광역시에 소재한 아파트 신축공사 중 외벽이 붕괴하는 사고가 발생하여 사망 6명, 부상 1명의 피해를 입었다. 이번 붕괴사고는 콘크리트의 원재료 불량, 시공사의 시공 및 관리 부실로 인해 콘크리트 강도가 설계기준에 크게 미달해 발생한 인재(人災)로 확인되었다.

붕괴가 시작된 201동 39층의 바닥 시공방식이 설계와 다르게 무단으로 변경됐고, 36~39층 3개 층에 걸쳐 설치되어 있어야 하는 가설지지대(동바리)가 조기에 철거되는 바람에 39층(PIT) 바닥슬래브부터 23층까지 연속적인 붕괴를 초래한 것으로 드러났다. PIT층은 38층과 39층 사이에 배관 등을 설치하기 위한 별도의 공간이다. 39층 바닥슬래브에서 시작된 건물붕괴는 23층까지 진행돼 16개 층 이상의 슬래브, 외벽 및 기둥이 연속적으로 붕괴하는 대형 사고로 이어졌다.

건설사고조사위원회(2022. 3., 국토교통부)는 이번 붕괴사고의 원인을 건축 구조 및 시공, 안전성 측면으로 꼽았다. 먼저 조사 결과 당시 현장에서 39층 바닥 슬래브 시공방법과 지지방식을 당초 설계와 다르게 임의로 변경한 것으로 확인되었다. 39층 바닥슬래브 시공을 위해 콘크리트를 타설하면서 PIT층에 동바리를 설치하지 않고 대신 콘크리트 가벽을 설치하였으며, 이에 따라 PIT층 바닥에 작용한 하중이 설계상에서 예상한

사진 2.5 화정아이파크 아파트 신축공사 붕괴사고

10.84kN/m^{2}보다 2.26배 높은 24.49kN/m^{2}으로 늘어났고, 하중도 중앙부로 집중되면서 연속 붕괴를 유발한 것으로 나타났다. 특히 현장에서 PIT층에 콘크리트 가벽을 설치하는 것에 대한 논의가 이뤄졌음에도 이에 따른 구조설계 안전성 검사를 하지 않아 사고를 막지 못한 것으로 나타났다. 건축공사 표준시방서에 따르면 시공 중인 고층건물의 경우 최소한 아래 3개 층에 동바리를 설치해 위에서 내려오는 하중을 받쳐줘야 한다.

2.3 국외 붕괴사고 사례

19세기 이후 해외에서는 현수교 및 사장교와 같이 장경간 교량의 건설이 시작되었다. 이러한 추세는 사용재료 및 구조해석이론의 발달에 힘입어 설계 및 시공기술의 급속한 발전과 더불어 한 나라의 부(富)와 사회적, 시대적 요구에 부응하고 외형적으로 표현된 산출물인 것이다. 그러나 고도의 기술 및 우수한 재료로 건설한 구조물이라 할지라도 설계 및 시공, 공용중에 경험하지 못한 수많은 변수들이 산재하고 있고 또한 부주의로 인하여 교량의 붕괴는 전 세계적으로 흔하게 발생하였다.

■ 미국 Tacoma Narrows교

금문교와 오클랜드 베이교가 완공됨에 따라 미국은 현수교 건설에서 세계를 주도했고, 보다 우아하고 날렵한 장경간 설계로 교량시공의 한 획을 그었다. 1940년 11월 개통한지 4개월 후 19.5m/s의 비교적 센 바람이 불자 경간이 일정간격으로 갑자기 요동치기 시작했다. 마치 물결이 전 경간을 전파하는 것과 같이 교량상판이 아주 심하게 움직이면서 현수교 앵커가 찢어져 이완되었고, 길이 180m의 콘크리트 상판이 굉음과 함께 떨어졌다.

사진 2.6 Tacoma Narrows교 붕괴사고

이 붕괴사고 이후로 미국 현수교의 상판은 고풍속의 동적 불안정을 피하기 위해 높이가 큰 보강형 트러스로 설계되었다. 이후에 타코마교는 높이가 큰 트러스로 가설되었으며 금문교, 브롱크스 화이트스톤 및 다른 교량은 보강형 트러스를 사용하여 그 기능이 향상되었다.

사진 2.7 재완공된 Tacoma Narrows교

■ 일본 Kurushima교

1998년에 붕괴사고가 발생한 일본 Kurushima교는 일본 남쪽의 Imabari 근교의 Kurushima해협을 횡단하는 교량으로 세계에서 가장 큰 교량건설사업 중 하나였다. 이미 압출된 측경간을 지지하는 가지주(假支柱)의 단면이 해체되면서 케이블로 내려지는 도중에 3개의 케이블이 파단되어 500kN의 가지주 단면이 전복되면서 이곳에 있던 인부들이 60m 아래의 땅으로 떨어져 7명이 사망한 사고이다.

사진 2.8 완공된 Kurushima교

■ 남아공 Injaka교

1998년 6월 Injaka교의 첫 번째 세그먼트(segment) 앞에 달린 27m의 긴 추진코(launching nose)를 두 번째 가설용 받침상에 막 밀어넣을 때 갑자기 두 지간이 붕괴되면서 작업인부와 방문객 일행이 30m 아래로 떨어져 다수의 인명피해를 유발한 참사였다.

사진 2.9 Injaka교 붕괴사고

■ 포르투갈 Castelo de Pava교

2001년 3월 포르투갈의 수도인 리스본에서 북동쪽으로 289km 떨어진 Castelo de Pava마을 근교의 교량이 붕괴되었다. 지속적인 강우로 높이 50m의 높은 교각 하나가 붕괴된 것이다. 116년 전에 가설된 이 교량은 노후 정도가 심각하여 보수·보강의 필요성을 중앙정부에 수차례나 요청하였으나 예산 부족으로 묵살되었다. 그 결과 악천후에 견디지 못하고 수많은 인명피해를 초래한 붕괴 사례이다.

■ 미국 미시시피 강 교량 붕괴

2007년 8월 2일 미국 미네아폴리스 도심과 연결되는 주간고속도로 35W의 일부인 4차선 교량이 붕괴되면서 수십 대의 차량이 강물로 추락하고, 7명의 사망자와 20여 명의 실종자가 발생하였다. 지난 94년 우리나라에서 일어난 성수대교 붕괴사태를 연상시키는 이 사고는 안전불감증이 얼마나 큰 사고로 이어지는가를 잘 보여주는 사례이다. 1967년에 건설된 이 교량은 약 210m의 길이로 도시외곽과 연결해주는 역할을 하며 하루 20만 대 이상의 차량이 이용하고 있다. 2004년 미네소타주 교통국에서 안전검사를 시행했으며, 9개월 전부터 노면보수작업 등을 진행하였으나 교량의 구조와 관련된 작업은 실시하지 않았다.

이 붕괴사고의 원인은 교량 주 구조부재에 대한 부식과 피로손상이 발생되어 점검시 3차례의 위험경고가 있었음에도 이 경고에 대한 대응이 미비했다는 점이다. 이렇듯 성수대교와 공통점이 많은 이 교량은 많은 차량이 이용하는 곳임에도 불구하고 부실에 대한 경고를 무시하다가 큰 사고로 이어진 결과를 낳았다.

사진 2.10 미시시피 강 교량 붕괴사고

사진 2.11 붕괴 전 교량 모습

사진 2.12 강구조부재의 부식상태

이 밖에도 역사상 최악의 교량 붕괴 사례로는 미국의 Sheeling교(1854)와 Ashtabula교(1876)를 비롯하여 스코틀랜드의 Tay교(1878), 캐나다 Quebec교(1907) 등을 꼽을 수 있다.

2.4 지진에 의한 구조물의 피해

지구상에서 지진보다 더 무섭고 황폐하게 하는 재난은 없을 것이다. 지진으로 인한 충격은 지하에서 몇 개의 원자폭탄이 한꺼번에 폭발할 때 발생하는 충격파와 같다. 해양지대에서 발생한 지진은 파도를 60m 높이까지 상승시킬 수 있으며, 산호섬을 물속으로 침몰시킬 수도 있고 선박, 항구, 그리고 내륙지방의 건물까지 파괴할 수 있는 힘이다. 이와 같은 현상을 쓰나미(tsunami)라 한다.

90년대에 발생한 일본의 고베지진, 샌프란시스코 지진, 그리고 로스앤젤레스 지진, 시애틀 지진 등의 대규모 지진은 교량 및 건물 붕괴로 인한 물질적 피해는 물론 인적 피해까지 엄청난 규모로 전 세계를 지진의 공포에 떨게 하였다.

지진력을 흡수하거나 또는 지진력에 저항하는 가장 효율적인 방법에 대해 연구가 여전히 진행중이다. 예측불허의 사고를 미연에 방지할 수 있는 방안에 대해서는 아무도 확신할 수 없으나 일본과 미국 등 지진이 자주 발생하는 나라의 기술자들은 지진의 피해를 최소화하기 위해 오래 전부터 내진성능보강 및 지진격리장치에 대한 연구를 수행하고 있다.

지신에 대한 보강대책으로는 구조단면을 증설하는 방법과 지진격리장치 등의 사용이 있다. 이들에 대한 자세한 설명은 7장과 8장에서 하기로 하고 본 절에서는 지진에 의한 구조물의 유형별 피해 사례를 들어 설명하기로 한다.

2.4.1 구조물의 지진피해 유형별 분류

지진에 의한 구조물의 피해는 교량과 건축물을 포함한 사회기반시설물에 모두 발생할 수 있으나 그 피해 유형과 원인은 구조물의 종류에 따라 다르게 나타난다. 교량과 건축구조물의 지진피해를 유형별로 정리하면 다음과 같다.

가. 교량구조물

교량구조물에서 지진피해의 유형은 크게 교대, 교각과 같은 하부구조와 상부구조, 받침장치 등으로 분류할 수 있다.

1) 하부구조

지진 시 철근콘크리트 교각의 피해는 주로 휨과 전단에 의한 파괴로 나타나며 교각의 파괴는 교량의 붕괴와 직접적인 관계를 가진다. 따라서 횡방향 철근의 역할이 매우 중요하다. 지진 시 교각의 충분한 연성을 확보하기 위해서는 철근 배근상세가 매우 중요하며 축방향 철근의 정착길이 부족과 겹이음부의 존재 여부가 교각 파괴의 주요한 요인이 된다. 반면에 지진 시 교대의 파괴는 보통 교량의 전체적인 붕괴를 유발하지 않지만 교대 피해는 접근로가 상실되어 간접피해를 유발시킨다. 따라서 뒷채움토의 특성과 교대의 형식, 그리고 지하수의 위치 등에 의해 그 피해 정도가 달라진다.

사진 2.13 교각의 전단파괴에 의한 붕괴

사진 2.14 교각의 전단파괴

사진 2.15 주철근 단락에 의한 전단파괴

사진 2.16 주철근 단락 및 정착장 부족에 의한 전단파괴

사진 2.17 겹이음 철근 부위의 파괴

사진 2.18 교대 뒷채움토의 침하로 인한 교량접근로 폐쇄

사진 2.19 교대와 상부구조물 상대변위 발생 및 교대의 밀림

2) 상부구조

상부구조의 지진에 의한 피해는 주로 교축방향 또는 교축직각방향으로 과다한 수평변위로 인하여 상판의 낙교나 주형의 좌굴, 신축이음부 파괴, 인접경간과의 충돌 등의 형태로 나타난다. 받침의 이동단에서는 받침길이가 충분하지 않을 경우 상부구조의 낙교현상이 발생하거나 과도한 수평변위로 교량의 기능이 마비되며, 또한 고정단의 경우 받침장치 파괴로 인하여 과다한 상부구조의 변위가 발생하거나 받침장치가 파괴되지 않는 경우 주형(girder)의 심각한 변형을 유발하게 된다.

사진 2.20 상부구조의 낙교

사진 2.21 신축이음부 변형

사진 2.22 연단거리 부족에 의한 상부 슬래브 낙교

사진 2.23 과도한 상부구조의 횡방향 이동으로 인한 파손

사진 2.24 과도한 상부구조의 횡방향 이동에 의한 신축이음 압축변형

사진 2.25 상부구조물 과대변형에 의한 신축이음의 파괴

3) 받침장치 및 연결장치

받침장치는 상부구조와 하부구조 사이에서 지진 시 발생하는 수평력을 전달하게 된다. 따라서 과도한 수평력이 작용하면 받침장치가 파괴되고, 연단거리가 충분히 확보되지 않은 단순교의 경우에는 받침장치의 파괴와 상판의 낙교로 이어지게 된다. 상부구조의 낙교를 방지하기 위해 사용되는 전단키 등을 포함한 낙교방지용 수평연결장치도 받침장치와 마찬가지로 수평력을 견뎌야 하므로 지진 시 연결장치의 파괴나 좌굴현상이 발생한다.

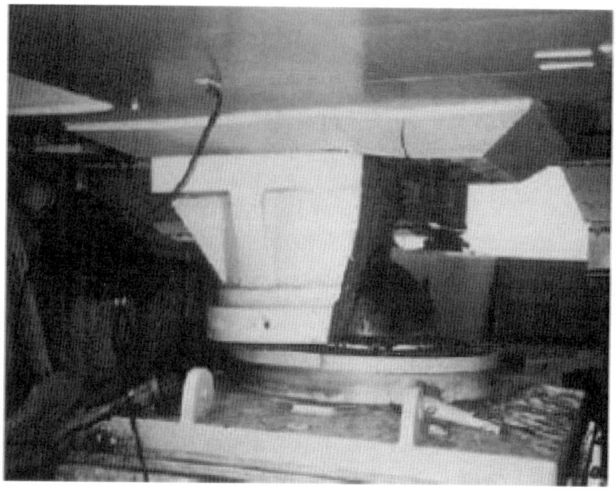

사진 2.26 지진으로 파괴된 피봇 받침

사진 2.27 낙교방지장치

나. 건축구조물 지진피해 사례

지진이 발생하게 되면 구조분야 전문가들은 건축물들의 피해를 면밀히 조사하고 피해 원인에 관하여 여러 가지로 분석하게 된다. 과거 지진에 의한 건축물의 피해 원인으로는 다음과 같은 요인을 들 수 있다.

① 잘못된 구조시스템

② 콘크리트의 강도 부족

③ 부적절한 횡보강 철근(hoop)

④ 기타

건축물에서 주로 많이 쓰이고 있는 골조형식으로는 철근콘크리트 모멘트 골조, 전단벽 구조 등이 있다. 각 형식별 지진 시 거동에 대해 알아보면 다음과 같다.

철근콘크리트 모멘트 골조는 전단벽이나 가새 등 횡력에 저항력이 큰 구조시스템에 비하여 큰 층간변위를 일으키므로 지진 시 구조물의 안정성에 문제를 일으킬 수 있다. 또한 콘크리트 기둥은 비교적 큰 띠철근의 간격을 지니므로 기둥의 전단저항능력이 부족하면 기둥의 휨모멘트 저항능력이 충분한 경우에도 기둥에 취성파괴를 일으킬 수 있고, 이는 건물의 붕괴로 이어질 수 있다. 또한 무량판구조의 경우에는 기둥머리 주위 슬래브의 뚫림전단에 의하여 취성파괴가 일어날 수 있다.

전단벽구조는 횡력저항 시스템으로서 강성이 큰 전단벽을 사용한 구조시스템으로 중·저층 건물에서는 전단벽이 건물 내에 광범위하게 산재해 있으므로 벽체 단면에 작용하는 응력은 낮지만 철근량이 부족한 경우 낮은 연성도로 인하여 문제가 발생할 수 있다. 또한 창문과 개구부 등 무분별한 개보수작업으로 벽체강도 및 하중전달체계에서 문제점을 예상할 수 있다.

사진 2.28 건축물의 완전붕괴

사진 2.29 건축물(주차빌딩)의 전도

사진 2.30 건축물의 연쇄적 전도

사진 2.31 건축물의 중간층 붕괴

사진 2.32 건축물의 내부붕괴

사진 2.33 지진에 의한 건축물 전도

사진 2.34 지진에 의한 전단벽 균열파괴

사진 2.35 띠철근 부족에 의한 기둥의 휨파괴

사진 2.36 벽체와 슬래브 연결 미비에 의한 기둥 중앙부 갈라짐 파괴

사진 2.37 필로티형 구조의 슬래브 붕락

2.4.2 국내 지진피해

2016년 경주지진, 2017년 포항지진과 같이 국내에서도 규모 5.0 이상의 지진 발생으로 인한 인적 및 물적 피해가 있었다. 경주지진은 2016년 9월 12일 20시 23분, 경상북도 경주시 남남서쪽 8km 지점에서 규모 5.8로 발생하였다. 이 지진은 1978년 대한민국 지진 관측 이래 역대 가장 강력한 지진으로서, 본 지진 후 규모 1.5 이상의 여전이 총 178회 발생하였다. 경주지진은 TNT 50만 톤(500kt)이 한 번에 폭발한 위력에 맞먹는 것이다. 이 지진을 통해 부상자 23명, 이재민 111명이 발생하였고, 건물외벽 파손, 건축 내장재 파손, 주택지붕 파손, 물탱크 파손, 울산 LNG 복합화력 발전소 4호기 고장 등의 피해를 입었다.

(a) 건물외장재 파손

(b) 상품진열대 탈락

(c) 건물 천장마감재 파손

(d) 주택지붕 파손

사진 2.38 경주지진 피해사례

포항지진은 2017년 11월 15일 14시 29분, 경상북도 포항시 북구 북쪽 9km 지점에서 규모 5.4로 발생하였다. 본 지진 후 68회의 여진이 발생하였고, 이 여진 중 6회는 규모 3.0 이상이었다. 포항지진으로 인해 아파트 외벽 파손, 필로티 구조 기둥 파손, 학교 건축물 외벽 붕괴, 물탱크 파손 등의 피해를 입었고, 부상자 135명, 이재민 1,979명이 발생되었다. 한국은행에서 집계한 포항지진 피해액은 3,323억 원으로 추정되고, 이는 경주지진보다 더 큰 피해규모이다.

(a) 건축물 벽체 파손

(b) 도로 신축이음 파손

(c) 필로티 구조 건축물의 기둥 파손

(d) 아파트 벽체 손상

사진 2.39 포항지진 피해사례

경주지진과 포항지진 시 물탱크 파손 사례가 많았다. 이로 인해 물탱크에 저장된 물이 누수되어 건물 내부와 외부가 침수되기도 하였으며, 물탱크 파손에 의해 해당 건물로의 물 공급이 차단됨에 따라 건물 세대원들이 식수 및 생활용수를 사용하지 못하는 2차 피해를 유발하기도 하였다.

사진 2.40 경주 및 포항 지진에 의한 물탱크 파손 사례

2.5 유지관리 측면에서의 교훈

국내외의 역사적 교량 붕괴사고를 뒤돌아보고 이러한 교훈을 거울삼아, 한 번 완성된 구조물은 사고 없이 물리적 수명, 경제적 수명, 기능적 수명 및 사회적 수명이 다할 때까지 항상 우리의 생활 속에서 우리와 함께 살아가야 할 구조물이 될 수 있도록 해야겠다.

최근 시설물 유지관리 분야에서는 시설물의 생애주기를 고려한 예방적 차원의 유지관리가 도입되고 있다. 예방적 보수란 예를 들어 5년 후 20억 원을 들여 보수할 시설물을 현재 2억 원의 비용을 들여 보수하면 그만큼 비용을 감소시킬 수 있다는 것이다.

2007년 미국에서 발생한 미시시피 강 교량 붕괴사고는 1994년 10월에 발생한 서울 성수대교 붕괴사고를 연상시킨다. 당시 성수대교 붕괴사고도 러시아워인 출근길에 발생하여 32명의 사망자를 발생시키고 사회적으로 큰 충격을 주었다. 이러한 성수대교 사태를 경험한 우리나라로서는 미국의 이 같은 참변을 남의 일로 넘길 수 없는 것이 현실이다.

우리나라 국토해양부에 따르면 현재 관리대상 교량만 11,148개로 고속도로 및 일반국도 교량 중 30년 이상 경과된 교량은 242개이며 20~30년 된 교량은 3,028개, 10년 미만인 교량은 7,249개이다. 안전점검 및 시설물 유지관리에 더욱 철저히 하여 제2의 성수대교 사태가 다시는 발생하지 않도록 사전예방해야 할 것이다.

완공된 교량은 공용 수명년한 동안 교량의 안전성과 그 기능성을 유지할 수 있도록 충분한 예산적 배려가 있어야 한다. 재료의 발달과 기술의 진보에 따라 세계 어느 나라를 막론하고 한두 번씩은 잊을 수 없는 사고에 직면하고 있으며, 이러한 사고의 경험으로부터 유지관리체계의 개선, 법령신설 및 기술의 진일보가 있어왔다. 사고 후 한 번 뒤를 돌아보고 토목·건축 시설물의 유지관리가 얼마나 중요한가를 인식하는 계기가 되고, 적절한 보수·보강을 실시하여 구조물의 내구연한을 증진시킬 수 있을 뿐만 아니라 귀중한 인명손실을 미연에 방지할 수 있을 것이다.

참고문헌

- 건설사고조사위원회, '현대산업개발 아파트 신축공사 붕괴사고 사고조사 보고서', 국토교통부, 2022. 3.
- 국립방재연구소, '고베지진', 1995.
- 국립방재연구소, '지진재해 수습체계 및 대응능력연구', 1998.
- 국립방재연구소, '타이완 지지지진', 1999.
- 국립방재연구소, '터키의 이즈미트 지진', 1999.
- 기상청, '9.12 지진 대응 보고서', 2017.
- 기상청, '경주지진 발생 현황', 보도자료, 2016.
- 기상청, '포항지진 분석 보고서', 지진화산국, 2018.
- 김양중, '시설물 유지관리의 개념 및 개요', 시설물유지관리사 교육교재, 한국구조물진단유지관리공학회, 2007.7.
- 김영걸, '성수대교 붕괴에서 복구, 개통까지', 제45권 제7호, 대한토목학회지, 1997.7.
- 성찬경, '파단위험부재의 중요성과 설계요령', 제7권 2호, 한국강구조학회지, 1995.6.
- 시설물 저널, '미국 미시시피강 교량붕괴사고', 대한시설물유지관리협회, 2007.10.
- 신문기사, '경주서 규모 5.8 관측사상 최강 지진', 연합뉴스, 2016.
- 신문기사, '포항지진 피해가 경주지진보다 큰 5가지 이유', 한겨레신문사, 2017.
- 신문기사, 1995. 6. 30일자 동아일보.
- 윤기용, '교량구조물의 지진피해', 방재연구, 제2권 제1호, 2000.3.
- 윤기용, '도시지진과 방재대책', 인천시 지방공무원 교육교재, 1998.
- 정동진, 배광환, 강희철, '교량붕괴의 역사가 주는 교훈(1)', 제49권 제8호, 대한토목학회지, 2001.8.
- 정동진, 배광환, 강희철, '교량붕괴의 역사가 주는 교훈(2)', 제49권 제9호, 대한토목학회지, 2001.9.
- 조효남, '삼풍백화점 건물붕괴는 건설인 모두의 책임', 제43권 제7호, 대한토목학회지, 1995.7.
- David Bennett, 'The Creation of Bridges', Fritzhenry & Whiteside, 1998.
- I-35W Over the Mississippi River at Minneapolis, Fracture Critical Bridge Inspection ; In-Depth Report, 2006.6.

제 3 장

구조물별 주요점검 부위 및 성능평가

3.1 교량구조물의 안전진단

3.1.1 개요

교량의 형식과 관계없이 동일한 기준을 적용하여 조사를 실시할 수 있는 항목으로, 구조물에 발생된 부식, 균열, 변형 등과 같은 손상을 조사하며, 추가로 교량구조물의 정밀외관조사에는 기존에 실시된 안전진단 자료 및 구조물의 손상 이력에 관련된 정보가 존재할 경우 이를 기초자료로 하여 효율적으로 활용하도록 해야 한다. 즉 조사자는 기존에 밝혀진 손상의 진행 정도 등을 고려하여 안전진단의 최종단계인 교량평가 작업 시보다 정확하고 신뢰성 있는 판단을 위한 자료가 확보될 수 있도록 해야 한다.

교량의 주요치수를 표시하는 용어로는 교장, 지간, 경간, 교하공간 등이 있다. 교장은 교량 양단에 있는 교대의 흉벽 전면 사이의 거리를 말한다. 지간은 받침부 중심간 거리, 경간은 교대 및 교각의 전면 사이의 수평거리이다. 교하공간은 교량 상부구조의 하측에 확보될 수 있는 공간의 높이를 의미한다.

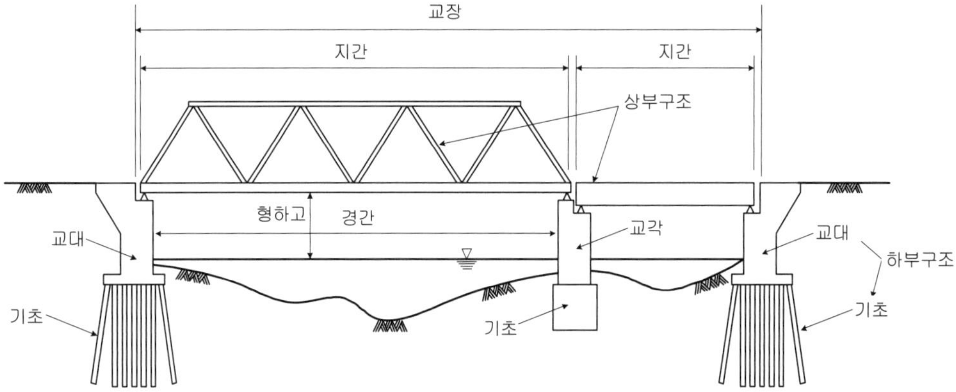

그림 3.1 교량의 주요 구성요소

교량구조물은 상부구조(superstructure) 및 하부구조(substructure), 시공방법 등에 따라 여러 가지로 형식으로 구분되고, 교량은 일반적으로 상부구조와 하부구조로 구성되어 있다. 상부구조는 그림 3.2와 같이 자동차나 보행자 등을 직접 지지하는 부분을 말하고, 하부구조는 상부구조를 지지하는 부분을 말하다. 그러나 모든 교량이 상부구조와 하부구조로 명확히 구분되는 것은 아니다. 예를 들어 라멘교와 같이 상부구조와 하부구조가 일체인 경우도 있다.

상부구조를 구성하는 주요부분으로는 바닥판, 바닥틀(세로보, 가로보), 거더, 수평 브레이싱(lateral bracing), 수직 브레이싱(sway bracing), 받침부 등이 있고, 신축이음장치, 난간, 방호책, 배수장치, 조명설비, 점검설비 등의 부속설비도 포함된다.

바닥판은 교통하중을 직접 지지하는 부분으로서 바닥판과 포장을 포함한다. 바닥틀은 가로보와 세로보로 구성되어 있으며, 바닥판을 지지하고 작용하중을 거더(girder)에 전달하는 기능을 한다. 거더는 교량의 주체를 이루는 부분으로서 상부구조에 작용하는 하중을 지지하고 그것을 하부구조에 전달하는 구조부재이다. 받침부는 상부구조와 하부구조의 접점으로서 상부구조로부터의 하중을 원활하게 하부구조에 전달하는 기능을 가지고 있다.

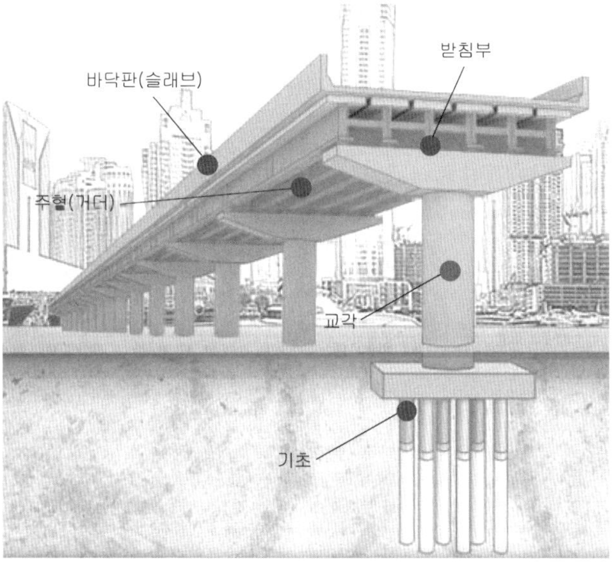

그림 3.2 교량의 주요 구조부재

하부구조는 교대(abutment), 교각(pier), 기초(footing)로 구성되어 있다. 교대는 교량의 양단에 설치되어 상부구조를 지지하고, 교각은 중간에 설치되어 상부구조를 지지한다. 그림 3.3은 교대 및 교각의 구조형태를 나타낸 것이다. 또한 교대나 교각구체 밑의 지반에 접해 있으면서 하중을 지지하고, 지반에 원활하게 상부의 하중을 분포시키는 부분을 기초라 한다. 이 기초는 일반적으로 상부구조를 지지하는 교대나 교각과 일체로 되는 경우가 많다.

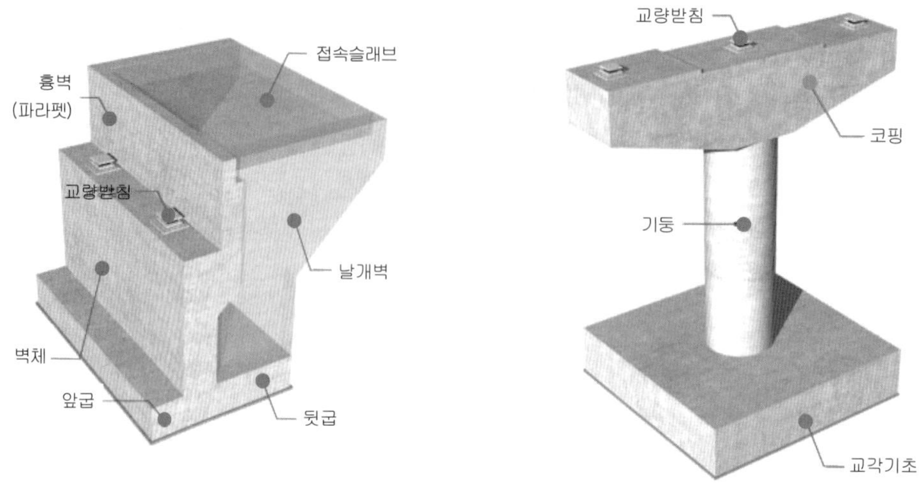

(a) 교대(abutment) (b) 교각(pier)

그림 3.3 하부구조

3.1.2 교면포장

교량구조물에서 교면포장은 주행성을 향상시키고, 차량통행으로 인하여 바닥판에 발생하는 마모 및 외기 접촉으로 인한 화학작용으로부터 보호하는 역할을 수행한다. 콘크리트포장의 경우에는 재료 자체가 투수층이므로 콘크리트 바닥판의 내구성을 위해 바닥판과 포장층 사이에 불투수층(membrane)을 사용하는 경우도 있다. 교면포장의 조사는 포장체의 균열, 요철 및 단차, 함몰에 주안점을 두어야 한다.

가. 점검부위 및 손상종류

점검부위		손상종류
공 통	아스팔트	균열, 함몰, 단차 및 요철, 블리딩, 마모
	콘크리트	균열, 마모, 박리, 파손
신축이음 전후, 구조물 경계부		단차, 파손
곡선부, 중차량 통행차로		마모, 바퀴자국
배수구 주변		물고임

교면포장은 보도 혹은 방호울타리 양측 노견에서 상세점검을 실시하고, 중차량 통행이 많은 차선 및 곡선부 외측, 급정지 구간 주변의 손상 확인을 실시하여야 한다. 신축이음

전후 및 경계부의 단차 확인 및 배수구 주변 물고임 점검(가급적 비온 직후 교면 위 물고임 및 포트홀 점검)과 부유물 퇴적 흔적에 의한 물고임 부위를 확인해야 한다. 물고임이 심한 경우에는 범위와 규모를 기록하고, 동절기나 하절기 주행차량의 제동력과 시인성에 영향을 미칠 물튀김이나 미끄럼저항성 영향 정도를 기록해야 한다.

나. 상태평가기준

등급	포장불량		배수
a	· 미세균열	· 없음	· 없음
b	· 포장 불량 2% 미만	· 포장손상이 미미하여 주행에 영향 없음	· 배수구배 및 배수시설 불량에 의한 부분적 물고임
c	· 포장 불량 2% 이상~ 10% 미만	· 포장손상으로 인하여 차량 통행에 영향 있음	· 배수구배 및 배수시설 불량에 의한 물고임 발생으로 주행성 저하
d	· 포장 불량 10% 이상	· 전반적인 재포장이 필요한 상태	· 배수불량에 의한 물고임으로 통행차량의 안전성 저하
e	-	-	-

교면포장의 상태평가기준은 아스팔트 포장과 콘크리트 포장을 포함하여 모든 교면포장에 적용된다. 포장 불량률은 균열발생부, 표면이 노화되어 마모된 부분, 기 보수된 부분 등의 면적을 전부 더한 값을 경간면적으로 나눈 비율이다.

1) 손상별 산정방법

(1) 균열률 산정방법

① 1방향 균열인 경우

균열발생 면적은 길이 당 0.25m의 폭을 차지하는 것으로 하고, 균열의 개수가 2개 이상인 경우는 각 균열 길이에 0.25m의 폭을 곱해서 합산하여 구한다. 조사단위 면적은 바닥판 한 경간의 면적을 의미하고, 균열 면적률은 아래의 식 3.1로 산정한다.

$$\frac{\Sigma \text{균열발생 면적}}{\text{조사단위 면적}} \times 100 = \frac{\Sigma \text{균열길이}(L) \times 0.25}{A(m) \times B(m)} \times 100 = (\quad)\% \qquad 3.1$$

② 2방향 균열인 경우

균열발생 면적은 균열부위를 가로, 세로의 최외측 균열을 경계로 사각형으로 구획한 후 점선 내면 면적인 (가로길이 + 0.25m) × (세로길이 + 0.25m)로 구한다. 조사단위 면적은 바닥판 한 경간의 면적을 의미하고, 균열 면적률은 아래의 식 3.2로 산정한다.

$$\frac{\Sigma 균열발생\ 면적}{조사단위\ 면적} \times 100 = \frac{\Sigma 균열발생\ 면적(m^2)}{A(m) \times B(m)} \times 100 = (\quad)\% \qquad 3.2$$

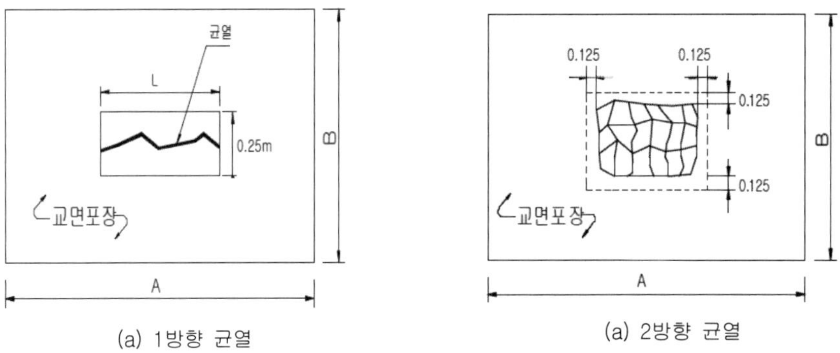

그림 3.4 교면포장 균열산정

③ 포장불량률 산정방법

교면포장 포장불량 면적은 손상부위 가로, 세로의 최외측 경계 사각형으로 구획한 후 내면 면적으로 구한다. 표면손상 면적률은 아래 식 3.3과 같이 산정하고, 조사단위 면적은 바닥판 한 경간의 면적을 말한다.

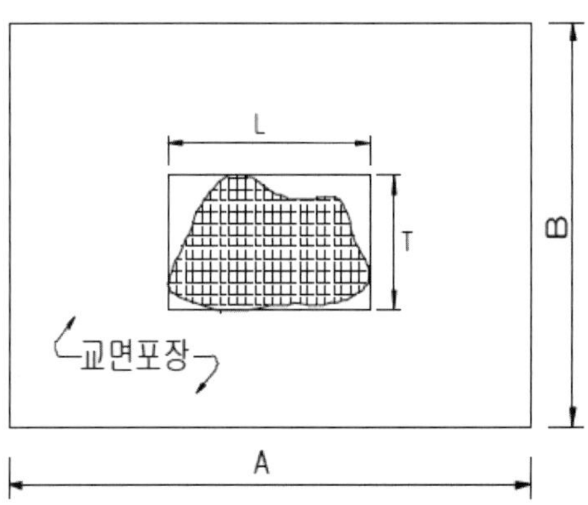

그림 3.5 교면포장 포장불량 산정

$$\text{표면손상 면적률}(\%) = \frac{\sum \text{결함 및 손상발생 면적}(L \times T)}{\text{조사단위 면적}(A \times B)} \times 100 \qquad 3.3$$

3.1.3 배수시설

배수시설은 교면의 빗물을 배수하는 교량의 부속시설로서 배수시설 상태가 불량하면 교량을 주행하는 차량의 안전성을 위협하며, 누수로 인하여 구조물의 열화를 발생시키는 주요 원인을 제공하게 된다.

가. 점검부위 및 손상종류

점검부위	손상종류
배수구(유입구) - 뚜껑(그레이팅)	· 뚜껑 파손 및 주변 파손, 누락 · 오물퇴적, 막힘 · 배수구의 설치높이가 높음 · 배수구 설치위치 불량 · 배수구 설치간격 넓음
배수관	· 관의 연결부 어긋남, 파손 · 이물질에 의한 막힘 · 지지철물의 이완 및 파손 · 배수관 길이 부족(짧음) · 유출구 위치 부적절(도로구간)

배수시설 점검 시 배수구는 보도부 혹은 노견에서 도보로 점검하며, 배수구 설치간격, 유입구 누락 여부, 그레이팅 파손 및 오물퇴적 등을 확인해야 한다. 교량이 도로 위를 통과할 경우 배수관에서 유출된 물이 통행인이나 통행차량 위로 떨어지지 않는지 확인하고, 배수관의 물이 구조물의 부식을 유발할 수 있는 위치로 배수되지는 않는지 확인해야 한다. 경사가 완만한 배수관은 점검용 망치로 두드려서 내부에 쓰레기로 막혀있는지 확인하고, 배수관 지지장치 및 연결부 상태는 흔들어 보거나 망치로 두들겨서 점검해야 한다.

배수구 점검 시 배수구에 휴지나 나뭇잎 등으로 막혀있는 경우는 드라이버 등을 사용하여 제거하고, 보도가 없는 노견에서 점검할 때는 2인 1조로 차량 진행방향과 반대방향으로 걸어가면서 점검하며 통행차량에 주의하여야 한다.

나. 상태평가기준

배수시설의 상태평가기준 범위는 'a~d'로 분류하고, 파손이나 노후화로 인하여 재설치가 필요한 상태를 'd'로 정의한다. 한 경간에 두 개 이상의 배수시설이 있는 경우에는 각 배수시설의 평가기준 중 최저값을 배수시설의 평가결과로 한다.

등급	상태등급 설명
a	· 양호
b	· 다소의 퇴적물이 있으나 배수에는 이상 없음
c	· 배수시설의 일부 파손, 길이 부족 · 많은 퇴적물, 누수 · 누수로 인하여 구조물 부식 발생 · 배수관 유출구 위치가 부적절하여 하부 통행에 따른 위험 초래
d	· 파손이나 노후화로 인하여 재설치가 필요한 상태
e	–

3.1.4 난간 및 연석

교량의 난간과 연석은 구조적 중요도는 낮지만 파손되거나 재료상 열화된 경우 통행인에게 불안감을 느끼게 할 수 있다. 특히 차량충돌 등 외부의 강한 하중에 의한 손상 시 바닥판에도 손상이 발생할 수 있으므로 주의 깊게 점검한다. 연석은 차량의 시선유도, 차량의 차도이탈방지, 사고 시 완충작용 등의 역할을 하므로 점검할 때는 다음과 같은 조사를 한다.

가. 점검부위 및 손상종류

점검부위		손상종류
난간 연석	강재, 알루미늄	· 강재의 경우 도장 손상 및 부식 · 난간과 상판 연결부의 결함, 파손 · 전체적인 처짐 및 선형 불량
	철근콘크리트	· 균열, 박리, 파손 · 철근 노출 및 부식 · 전체적인 처짐 및 선형 불량

교량 한쪽에서 눈을 방호울타리 높이 정도로 낮추어 방호울타리의 전체 선형에 급격한 변화 부분이 있는지 점검하고, 강재 방호울타리의 경우 방호울타리 기둥과 바닥판 접촉면의 부식 혹은 볼트 손상에 의한 전도 우려가 있는지 힘을 주어 밀거나 당겨서 흔들림

정도를 확인하여야 한다. 연속 받침부 방호울타리는 콘크리트의 경우에 부모멘트에 의한 균열(일반적으로 0.3mm 이상)을 점검하고, 강재 연석의 경우는 용접부 균열 점검을 하여야 한다. 방호울타리의 전체 선형에 급격한 변화부분이 있는 경우에는 받침이나 하부구조의 침하가 있을 수 있으므로 해당 부재 점검 시 참고할 수 있도록 기록 유지하고, 차량 충돌 등 외부의 강한 하중에 의한 손상일 경우 바닥판에도 영향을 줄 수 있으므로 바닥판 점검 시 고려하여야 한다.

나. 상태평가기준

등급	강 재		콘크리트
a	· 양호	· 양호	· 양호
b	· 도장 불량 10% 미만	· 고정장치 및 연결재의 이완 국부적 발생	· 경미한 손상, 0.3mm 이만 균열
c	· 도장 불량 10% 이상 · 부식으로 인한 단면 손상 10% 미만	· 파손 및 탈락 10% 미만	· 0.3mm 이상 균열 · 박리, 파손, 철근노출 10% 미만 · 철근부식 손상 길이 2% 미만
d	· 부식으로 인한 단면 손상 10% 이상	· 파손 및 탈락 10% 이상 · 낙석으로 인한 손상 발생 · 고정부 열화 및 손상으로 인한 전도 위험이 있음 (방음벽)	· 박리, 파손, 철근노출 10% 이상 · 철근부식 손상 길이 2% 이상
e	–	–	–

강재의 경우 도장 변색 및 손상이 점검길이의 10% 이상, 즉 단면 결손으로 차량이나 사용자에게 위험 가능성이 있는 상태의 기준은 'c'로 평가한다. 콘크리트는 0.3mm 이상의 균열이 발생할 경우 평가기준은 'c'로 평가하며, 보수 및 보강을 실시한다.

강재 난간 및 연석의 손상률은 아래 식 3.4 및 식 3.5에 따라 산정한다.

$$\text{도장 불량률} = \frac{\sum \text{한 경간 도장불량 길이}}{\text{조사단위 길이}} \qquad 3.4$$

$$\text{부식단면 손상률} = \frac{\sum \text{한 경간 부식단면 손상길이}}{\text{조사단위 길이}} \qquad 3.5$$

콘크리트 난간 및 연석의 손상률은 아래 식 3.6 및 식 3.7에 따라 산정한다.

표면 손상률(박리, 파손, 철근노출)

$$= \frac{\Sigma \text{한 경간 총 박리길이} + \Sigma \text{한 경간 총 파손길이} + \Sigma \text{한 경간 총 철근노출 길이}}{\text{조사단위 길이}} \quad 3.6$$

$$\text{철근부식 손상률} = \frac{\Sigma \text{한 경간 총 철근부식 손상길이}}{\text{조사단위 길이}} \quad 3.7$$

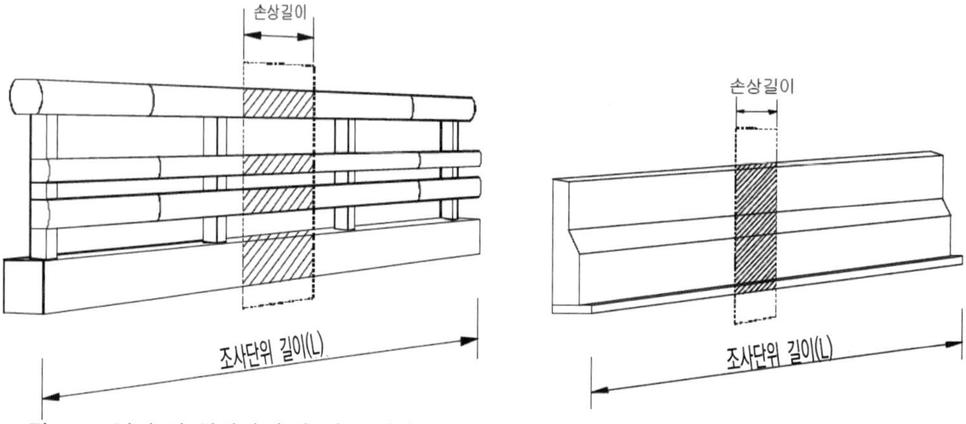

그림 3.6 난간 및 연석의 손상 및 조사단위 길이

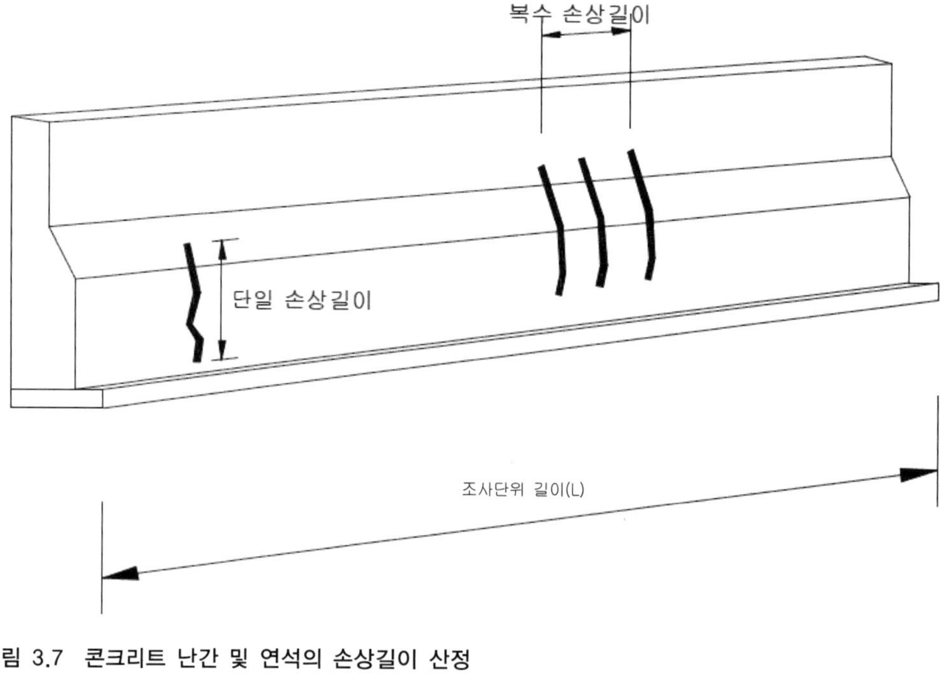

그림 3.7 콘크리트 난간 및 연석의 손상길이 산정

3.1.5 철근콘크리트 바닥판

바닥판은 교면포장으로부터 전달되는 차량의 윤하중을 거더로 직접 전달하는 역할을 한다. 바닥판은 차량의 윤하중이 직접 작용하므로 교량구성 부재 중 손상이 가장 많이 발생하는 부재로서 한 번 손상이 발생하면 급속히 악화되므로 조기에 조치하는 것이 중요하다.

현장조사를 실시할 경우 가능한 바닥판 밑면에 근접하여 점검하여야 하며, 표면에 경미한 손상만 발생한 경우라도 바닥판 내부 혹은 상부에 심각한 손상이 진행될 가능성이 있다는 것을 염두에 두고 점검하여야 한다. 넓은 범위의 단면 결손, 누수 또는 콘크리트 탈락이 의심될 때는 점검망치로 여러 부위를 타격하여 소리를 들음으로써 건전성 여부를 판단하고 원인을 분석하여야 한다.

가. 점검부위 및 손상종류

점검부위		손상종류
공통		· 균열, 박리, 박락, 층분리, 철근노출 · 재료분리(공동, 공극) · 누수 및 백태(유리석회)
거더교		· 종방향 균열, 망상균열
슬래브, 라멘 상부	받침부(단부)	· 부스러짐 · 사인장균열
	중앙부	· 휨균열
라멘 하부	측 면	· 균열(수직, 수평)

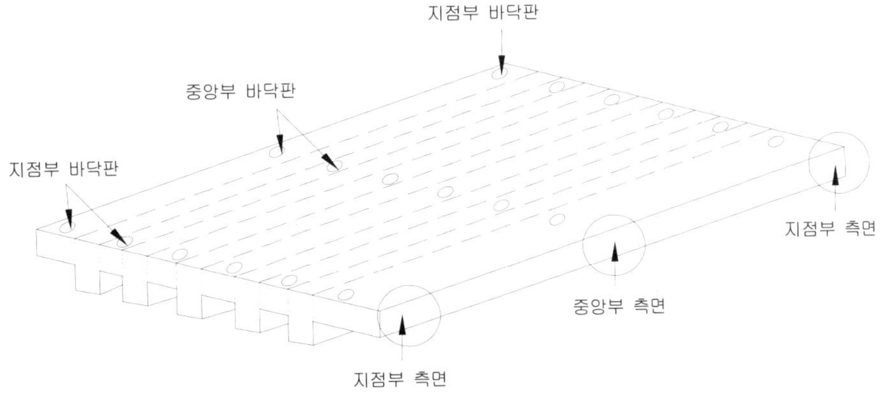

그림 3.8 거더(girder)가 있는 경우의 바닥판 점검부위

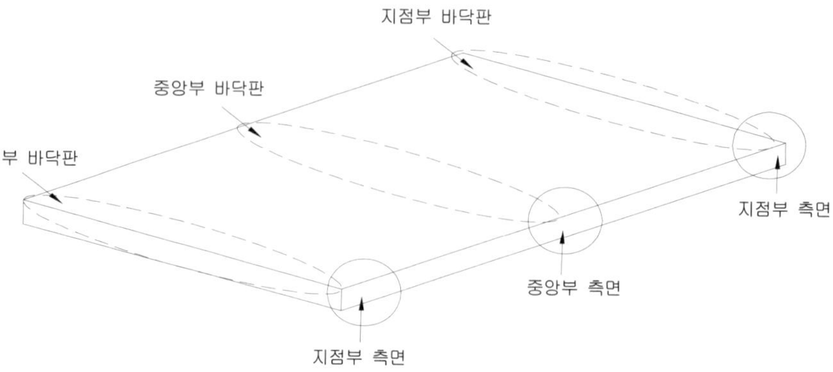

그림 3.9 거더(girder)가 없는 경우의 바닥판 점검부위

나. 점검방법 및 유의사항

보나 바닥판에 접근이 불가능한 구간은 점검장비를 이용하여 근접 점검하고, 슬래브 및 라멘교의 중앙부 횡방향 균열과 받침부 사인장균열은 단면부족 등과 같은 구조적 균열의 형태로써 균열 폭, 진전사항 등을 파악하기 위하여 균열의 시·종점을 표시하여 정기적으로 진전여부 관찰할 수 있도록 하여야 한다(그림 3.10 참조). 망상균열, 층분리, 누수나 백태 흔적이 발견될 경우 점검용 망치를 두드려서 나는 소리로 내부결함의 존재여부를 추정하여야 한다. 내부에 결함이 존재하면 외관상 건전한 부위에서도 펀칭전단파괴의 우려가 있다.

점검 시에는 균열의 발생 위치, 균열 폭, 진전 길이, 반복성(공통성) 등을 종합적으로 고려하여 발생 원인을 규명하고 보수·보강 등 적절한 조치 방법을 수립할 수 있도록 주의 깊게 조사하여야 한다. 균열 폭이 큰 균열일지라도 상당히 오래 전에 발생하여 안정된 것이 있는 반면에 미세균열이라도 윤하중의 반복 재하에 의해 점차 커지는 균열이 있으므로 균열조사 시에는 특별히 큰 균열에만 주목하지 말고 미세한 균열에도 주의하여 조사해야 한다. 누수 및 백태가 발견된 부위는 교면포장 상태가 비교적 양호할 경우 포장 하부의 콘크리트 상태불량, 방수층의 파손이 원인일 수 있으므로 포장을 제거하여 조사하는 등의 원인분석 행위가 필요할 수 있다. 환경적 요인에 의하여 열화가 심한 부분은 철근부식 환경을 확인하기 위하여 중성화시험을 실시해야 한다.

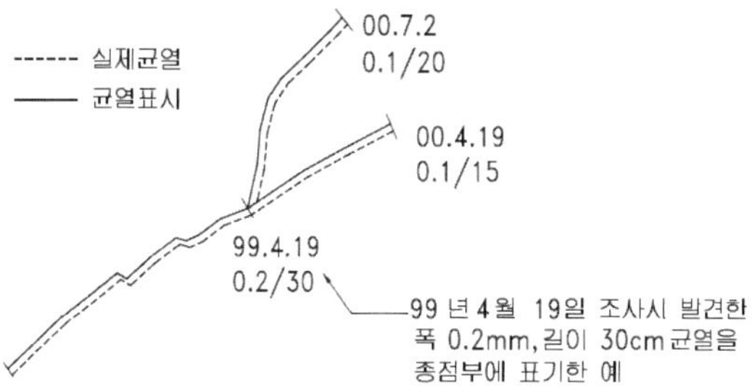

(a) 균열표시 예

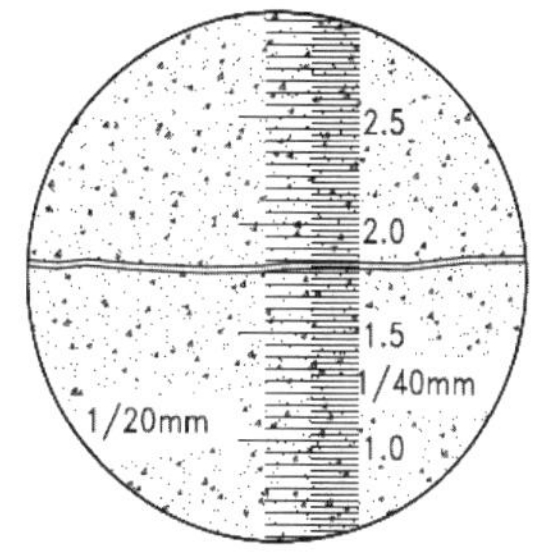

(b) 균열경 조사 예

그림 3.10 균열 조사

다. 상태평가기준

등급	균열		열화 및 손상, 철근노출
	1방향 균열	2방향 균열	
a	· 균열 폭 0.1mm 미만	· 망상균열 폭 0.1mm 미만	· 없음
b	· 균열 폭 0.1mm 이상~0.3mm 미만 · 균열률 2% 미만	· 망상균열 폭 0.1mm 이상~0.3mm 미만	· 표면손상 면적이 2% 미만
c	· 균열 폭 0.3mm 이상~0.5mm 미만 · 균열률 2% 이상~10% 미만	· 망상균열 폭 0.3mm 이상	· 표면손상 면적 2% 이상~10% 미만 · 철근부식 손상면적 2% 미만 · 데크플레이트 박리 및 누수 발생
d	· 균열 폭 0.5mm 이상~1.0mm 미만 · 균열률 10% 이상~20% 미만	· 망상균열의 진전으로 인한 콘크리트 박리 발생	· 표면손상 면적 10% 이상 · 철근부식 손상면적 2% 이상 · 데크플레이트 박리 심하고 누수로 인한 부식 발생
e	· 균열 폭 1.0mm 이상 · 균열률 20% 이상	· 망상균열에 의한 박리가 심하여 펀칭파괴 발생 가능성 있음	· 부식으로 인한 철근 단면감소가 심하여 바닥판의 안전성이 저하되는 경우

상태평가기준은 모든 교량형식의 RC 및 PC 바닥판과 RC 및 PSC 박스거더 교량의 상부플랜지의 상태평가에 적용한다. 1방향 균열의 경우 균열 폭 0.3mm 미만의 균열평가기준을 'b'로 균열 폭 1.0mm 이상의 균열과 균열률 20% 이상인 상태를 'e'로 평가한다. 2방향 균열의 경우 망상균열로 인한 박리 발생 시 평가기준을 'd', 펀칭파괴의 발생

가능성이 있으면 'e'로 평가한다. '열화 및 손상' 손상항목은 표면손상 면적과 철근부식손상 면적으로 평가하며, 철근부식에 따르는 내하력 저하의 가능성이 없으면 표면손상으로, 부식에 의한 철근의 단면감소로 인하여 내하력 저하의 가능성이 있으면 철근부식손상으로 규정한다. 표면손상은 파손, 박락, 층분리, 재료분리 등과 같이 손상이 콘크리트 부분에 국한된 경우를 말하며, 철근부식손상은 철근노출 및 노출된 철근이 부식된 경우나, 탄산화 또는 콘크리트 내의 염화물로 인해 내부철근의 부식이 발생하고, 이로 인해 콘크리트의 팽창, 균열 및 박리가 발생한 경우를 말한다.

PSC 박스거더교의 경우 상하부 플랜지와 복부판이 일체가 되어 주형으로써 거동을 하지만, 활하중을 직접 받는 상부플랜지는 콘크리트 바닥판으로, 복부판과 하부플랜지는 PSC 거더로 구분하여 상태평가를 수행한다. 균열률은 폭 0.2mm 이상의 균열을 대상으로 산정한다. 바닥판 하면이 데크플레이트로 보호된 경우 강 바닥판이 아닌 콘크리트 바닥판으로 평가한다.

라. 손상별 산정방법

1) 균열률 산정방법

(1) 1방향 균열인 경우

균열발생 면적은 길이 당 0.25m의 폭을 차지하는 것으로 하며, 균열의 개수가 2개 이상일 경우는 각 균열길이에 0.25m의 폭을 곱해서 합산하여 구한다. 균열 면적률은 아래 식 3.8로 산정한다.

$$\frac{\text{균열발생 면적}}{\text{조사단위 면적}} \times 100 = \frac{\text{균열길이}(\mathrm{L}) \times 0.25}{A(\mathrm{m}) \times \mathrm{B}(\mathrm{m})} \times 100 = (\quad)\% \qquad 3.8$$

(2) 2방향 균열인 경우

균열발생 면적은 균열발생 부위를 가로, 세로의 최외측 균열을 경계로 하여 사각형 형태로 구획한 후, 점선내면 면적인 (가로길이 + 0.25m) × (세로길이 + 0.25m)로 구한다. 균열 면적률은 아래 식 3.9로 산정한다.

$$\frac{\text{균열발생 면적}}{\text{조사단위 면적}} \times 100 = \frac{\text{균열발생 면적}(\mathrm{m}^2)}{A(\mathrm{m}) \times \mathrm{B}(\mathrm{m})} \times 100 = (\quad)\% \qquad 3.9$$

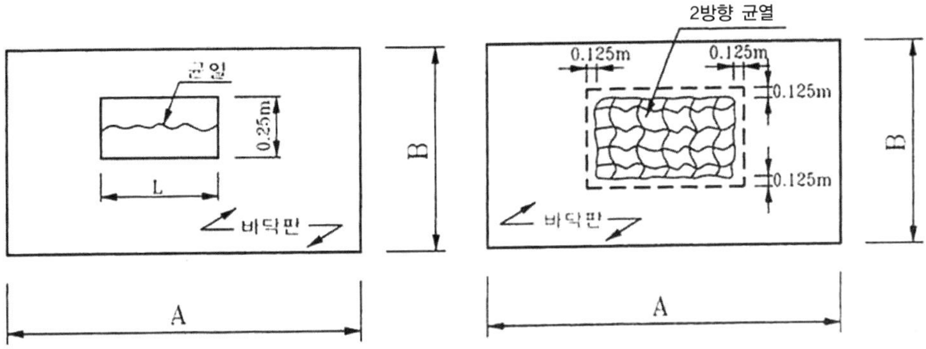

(a) 1방향 균열 (a) 2방향 균열

그림 3.11 균열산정

2) 표면손상에 대한 면적률 산정방법

표면손상 면적은 손상부위 가로, 세로의 최외측 경계로 사각형으로 구획한 후 내면 면적으로 구한다. 이때 2방향 균열과 같이 0.25m의 여유 폭을 두지 않는다. 표면손상 면적률은 아래 식 3.10과 같이 산정하고, 조사단위 면적은 바닥판 한 경간의 면적을 말한다.

$$\text{표면손상면적률}(\%) = \frac{\sum \text{손상발생 면적}(L \times T)}{\text{조사단위 면적}(A \times B)} \times 100 \qquad 3.10$$

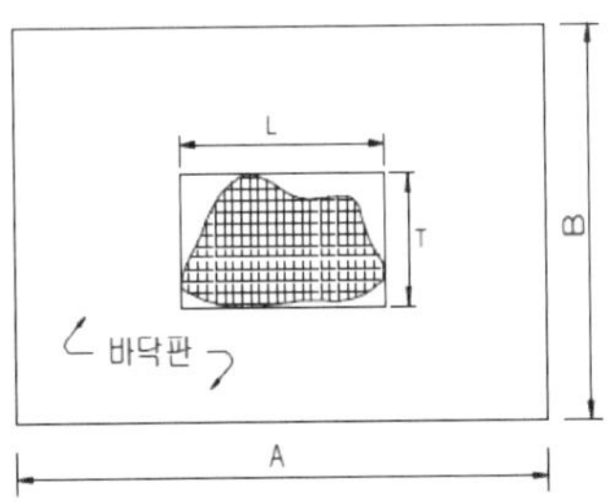

그림 3.12 표면손상 면적률 산정

3) 철근부식 손상 면적률 산정방법

철근이 완전히 노출된 경우는 노출면적으로 산정하고, 내부에서 철근부식 시에는 철근 노출 길이 당 0.25m의 폭을 차지하는 것으로 한다. 조사단위 면적은 바닥판 한 경간의 면적을 말하고, 균열 면적률은 아래 식 3.11로 산정한다.

$$\text{철근노출 면적률}(\%) = \frac{\text{철근노출 면적}}{\text{조사단위 면적}} \times 100 \qquad 3.11$$

$$= \frac{\text{철근노출 길이}(\mathrm{L}) \times 0.25}{A(\mathrm{m}) \times \mathrm{B}(\mathrm{m})} \times 100$$

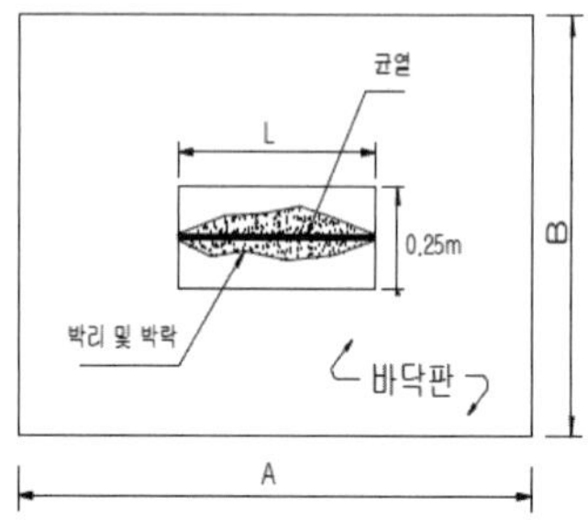

그림 3.13 철근부식 손상 면적률 산정

3.1.6 신축이음

교량의 신축이음은 온도변화, 건조수축, 활하중에 따른 상부구조의 신축을 원활하게 수용하고 상부구조 이음부에서 차량의 주행성을 확보하기 위한 중요한 부속시설이다. 신축이음은 교면에서 차량하중을 직접 받고 외부에 노출되어 있어서 변형 및 파손되기 쉽다.

가. 점검부위 및 손상종류

점검부위		손상종류
본 체	공 통	· 충격음, 본체유동 및 파손 · 누수 · 유간부족 및 유간과다 · 유간 오물퇴적
	고무재	· 고무판 마모, 강판노출 및 부식
	강 재	· 강재 연결부 이완 및 파손
후타재		· 단차(본체, 교면포장, 접속슬래브) · 균열 및 파손

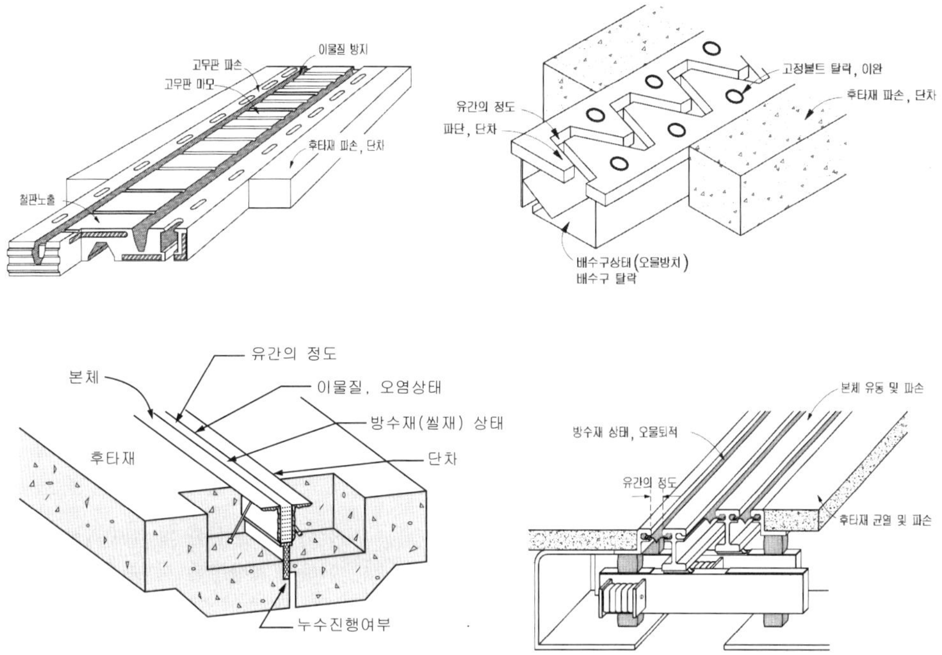

그림 3.14 신축이음 종류별 점검부위

나. 점검방법 및 유의사항

신축이음에 대한 조사 시에는 보도 또는 방호울타리 측 노견부에서 점검해야 하고, 필요한 경우 교통 유도 후 점검을 실시하여야 한다. 신축이음 조사 시 본체의 유동, 단차, 파손으로 인한 충격음 발생여부 및 고무재의 마모, 파손, 충진 씰재 노출로 차량통행 저해 및 방수기능 저하상태를 점검하여야 한다. 교각 및 교대 위에서 신축이음 하부의 방수성 및 단부보강 슬래브 상태를 점검하고, 방호울타리부 신축이음의 방수기능을 점검해야 한다. 점검기간 내 온도차이가 큰 아침과 한낮에 신축 이동량을 조사하고 적정유간을 확보하고 있는지 확인하여야 한다. 이때 온도차는 교량 구체의 온도를 측정하여 아침과 한낮의 온도차에 의한 구체 신축량과 신축유간을 비교하여 적정성을 판단할 수 있다.

신축이음 점검 시 유의사항으로는 신축이음 본체의 유동, 단차, 파손으로 인한 충격으로 다른 부재에 추가 손상이 우려되거나 주행안전성에 지장을 초래할 수 있으므로, 이때는 즉시 보고하여 대책을 수립하여야 한다. 점검자의 안전을 위하여 2인 1조로 차량 진행방향과 반대방향으로 점검을 수행하며 신축이음장치의 본체와 후타재 사이의 부착성과 일체성이 상실되면 충격과 소음 및 파손이 발생하므로 본체와 후타재의 일체거동 여부를 조사하여야 한다.

다. 상태평가기준

등급	본체	후타재
	누수, 기능 및 손상	균열, 탈락, 파손 등
a	· 이상 없음	· 양호
b	· 토사, 이물질 퇴적 · 고무판 노화	· 미세균열 발생
c	· 물받이 미설치 또는 파손으로 인한 누수 · 유간 사이 이물질로 기능 불량, 고무판 마모, 국부적인 부식 등의 열화 · 고무판 균열, 볼트 또는 너트의 부분 탈락 · 누수로 인하여 신축이음 하부의 받침 및 코핑부에 이물질 퇴적, 부식 발생	· 균열이 50cm 이하의 간격으로 발생 · 국부적인 박리, 박락, 파손
d	· 강판유동 및 연결 불량으로 이상음 발생 · 신축유간 밀착으로 인한 거동불량 · 신축유간이 넓어 차량통행에 지장 초래 · 신축이음 본체 탈락, 파손 및 작동 불능	· 신축이음의 심한 파손 및 단차로 인하여 차량통행 시 충격발생 · 파손 범위가 후타재 폭 이상으로 큼
e	–	–

상태평가기준은 모든 신축이음의 상태평가에 적용하고, 기타 부재인 신축이음의 상태평가기준 범위는 'a~d'로 한다. 신축이음 본체 하부의 전체적인 부식 및 변형이 발생하는 경우 'd'로 평가하고, 긴급 보수 및 보강을 실시하여야 한다. 후타재 균열이 30cm 이하의 간격으로 발생하거나, 전반적인 파손과 단차가 발생할 때도 'd'로 평가하여야 한다.

3.1.7 교량받침

교량받침은 상·하부구조 접속부에 있는 교량 부속물로서 교량의 구조 중 기계적 요소가 가장 강하며, 응력의 전달과 완충기능을 갖고 있으므로 견고하게 연결되어야 한다. 교량받침을 점검할 때에는 교량받침이 설계 및 시공 시 의도한 대로 작동하고 있는지 유의해야 하며, 재료에 따라 손상의 특성이 다르므로 강재, 고무재 받침에 대한 특성 등을 고려하여 점검한다.

가. 점검부위 및 손상종류

점검부위		손상종류
본체	공통	· 가동받침의 신축유간 부족 · 가동받침 전·후방의 가동장애 요소 · 받침과 주형의 밀착상태 · 수직보강재와 받침 편기상태 · 받침 물고임 및 부식
	강재받침	· 가동면 부식 · 부속물 파손(부상방지장치 및 이동제한장치)
	탄성받침	· 고무재 부풀음 및 갈라짐 · 고무판의 과도한 변형
받침 콘크리트		· 앵커볼트 파손, 절단 · 콘크리트 파손, 하부공동 및 침하 · 교각두부 균열

나. 점검방법 및 유의사항

교량받침 점검 시 눈금자가 설치되지 않은 받침은 측면을 깨끗한 헝겊으로 잘 닦고 유성펜으로 상부받침과 이동제한장치 끝부분에 수직으로 선을 그어 놓으면 다음 점검 시 온도차에 따른 가동량을 측정할 수 있다. 곡선교의 경우 곡선교 내측 단부 혹은 사교의 예각부 단부의 부반력으로 인한 받침과 거더의 들뜸상태 점검을 하여야 한다. 경사교에서 받침 경사설치로 인한 상부가동받침과 하부받침 접촉 및 받침 부속품과의 접촉으로 인한 가동장애요소를 점검해야 하고, 수직보강재와 받침이 10cm 이상 편기 시 하부플랜지의 국부변형이나 거더 복부판의 좌굴 여부도 확인하여야 한다. 받침하부에 공동이 의심되면 길이가 긴 드라이버 또는 막대로 찔러서 확인하고, 침하 흔적은 앵커볼트의 체결상태 및 인접받침의 상태를 참고하여 확인한다. 받침부의 물고임 부분은 누수부위의 확인 및 물고임 발생 원인을 분석하여야 한다. 교량받침에 손상발생 시 받침하부 교각 두부에 0.3mm 이상의 균열이 단부까지 진행된 경우 즉시 보고하고 안전성 검토 및 대책 수립이 필요하다.

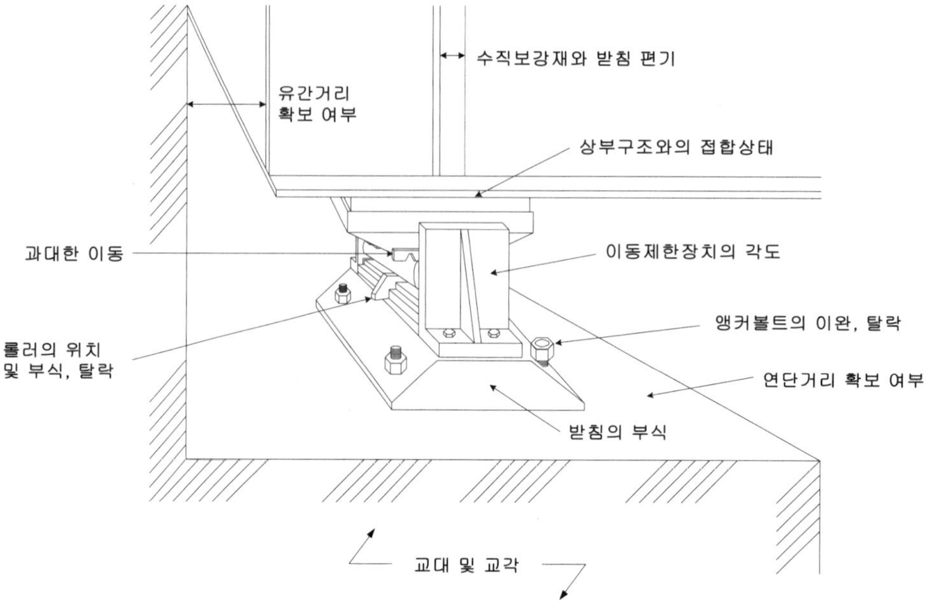

그림 3.15 교량받침 점검부위

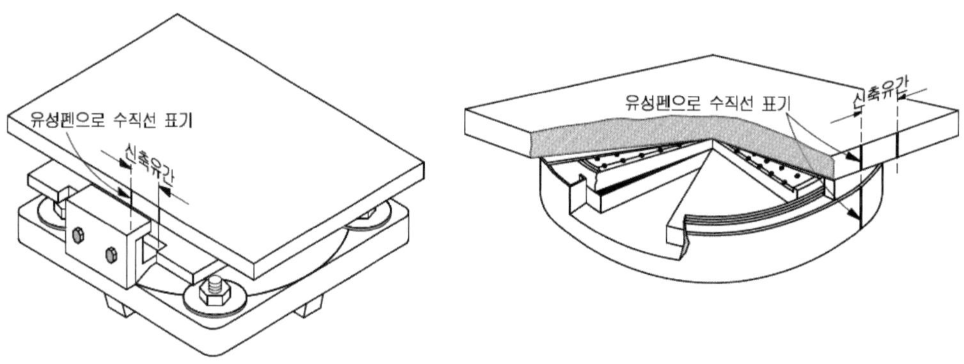

그림 3.16 교량받침 신축유간 표시

다. 상태평가기준

교량받침 점검 시 도보접근이 불가능한 부분은 접근장비를 이용하여 근접점검하고, 가동받침의 가동여부는 가동면의 윤활재가 밀린 흔적이나 먼지 부착정도로 확인 가능하다. 핀(고정)받침을 도장 보수를 시행한 경우 핀 연결부 회전유간 틈에 고화된 도장재가 손상흔적 없이 고드름 형태로 남아있는 경우 핀 회전불량으로 간주한다.

등급	받침 본체		받침대 콘크리트
	탄성받침(고무재)	강재받침	
a	· 양호	· 양호	· 양호
b	· 미세 균열, 갈라짐 등 경미한 열화	· 외부 도장탈락 및 부식 · 도장탈색, 먼지 쌓임	· 부분적 박리, 탈락 등 손상
c	· 측면 부풀음 · 받침두께의 0.3배 미만의 전단 변형	· 미끄럼판 부식 발생 · 부분적 변형, 고정장치 파손 및 이완	· 받침 콘크리트에 0.3mm 이상 균열 발생 · 박리, 탈락 등의 손상으로 지지단면 감소, 기능 장애
d	· 고무재 파손 및 단차, 균열 심화 · 받침두께의 0.3배 이상의 전단 변형 · 받침이 밀착되지 않고 떠있는 부분이 전체면적의 1/2 미만 · 받침의 신축기능 불량	· 받침 본체 부식으로 인한 받침 신축거동 장애발생 · 받침 본체 파손 · 받침이 밀착되지 않고 떠있는 부분이 전체면적의 1/2 미만	· 받침 콘트리트 파손 및 하부공동으로 받침의 탈락 및 침하 발생 가능성 있음
e	· 받침 신축기능 불량으로 인하여 받침 본체 및 거더(바닥판)의 파손발생 · 받침이 밀착되지 않고 떠있는 부분이 전체면적의 1/2 이상	· 받침 신축기능 불량으로 인하여 거더 등 주부재의 파손발생 · 받침이 밀착되지 않고 떠있는 부분이 전체면적의 1/2 이상 · 작동불능 상태	-

3.1.8 철근콘크리트 거더

거더는 상부구조의 일부로서 작용하중을 지지하며, 교량의 내하성능과 직접적으로 관련되는 주요부재이다. 주요 점검부위는 응력집중부, 단면변화부 등이 있으며 구조형식별 상부구조의 점검부위는 그림 3.17, 그림 3.18과 같다. 점검내용으로는 주로 균열, 박리, 철근노출, 누수, 처짐, 열화 등이 있다.

가. 점검부위 및 손상종류

점검부위	손상종류
공 통	· 박리, 박락, 층분리, 파손, 철근노출, 백태(유리석회)
받침부	· 부스러짐 · 복부 사인장균열
중앙부	· 횡방향 균열
가로보	· 박락(파손), 철근노출 · 경사균열(거더의 상대처짐 의심)

구조형식	점검부위	비고
단순보	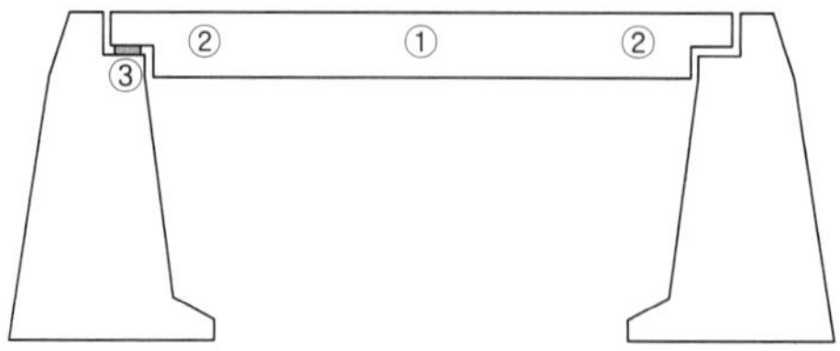	① 지간중앙부 ② 지간 1/4부 ③ 받침부
연속보 게르버보	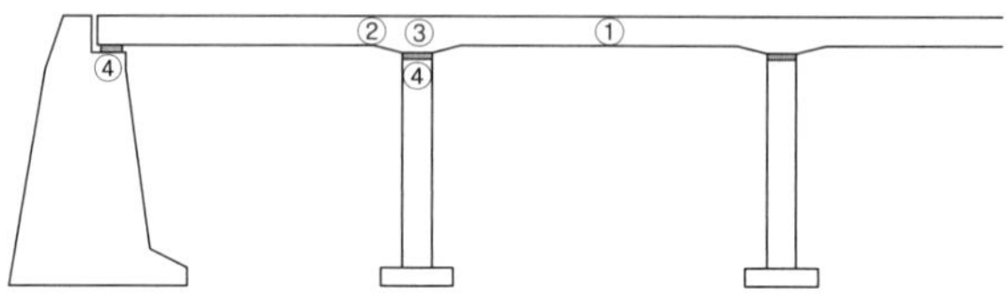	① 지간중앙부 ② 변곡점부 (지간의 약 1/4부) ③ 교각상부 ④ 받침부
라멘보	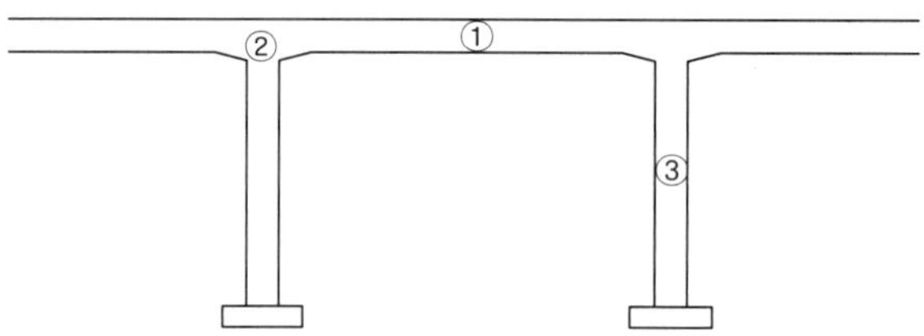	① 지간중앙부 ② 우각부 ③ 교각부

받침부나 중앙부 근처의 손상을 중점적으로 점검하고, 받침부에 발생한 복부 사인장균열은 급작스러운 파괴를 유발할 수 있으므로 정밀한 조사가 필요하다. 균열의 진행상황을 파악하기 위하여 균열의 시점과 종점을 표시해 두는 것이 필요하며, 정기적으로 진행여부를 관찰하여야 한다. 부모멘트가 발생하는 연속 받침부는 거더의 상부가 인장영역이 되고, 정모멘트가 발생하는 중앙부 거더는 하부가 인장구간이 되어 균열발생이 쉬운 부위이므로 인장균열의 발생에 유의하여 점검하여야 한다. 균열부에 녹물이 유출되면 철근부식의 징후이므로 유출여부를 조사해야 한다.

받침부 거더 복부의 사인장균열과 중앙부 휨균열은 균열폭, 진전길이 등을 조사하고 다른 거더에도 공통적으로 발생되는 손상인지를 확인하고, 공통적인 손상은 대부분 구조적인 결함이므로 주의 깊게 조사하여 발생 원인을 규명하고 보수·보강 등 적절한 조치방법을 수립할 수 있도록 해야 한다. 큰 균열이지만 상당히 오래전에 발생하여 안정된 것이 있는 반면에 미세균열이더라도 윤하중의 반복재하에 의해 점차 커지는 균열이 있으므로 균열조사 시 미세한 균열에도 주의를 기울여야 한다.

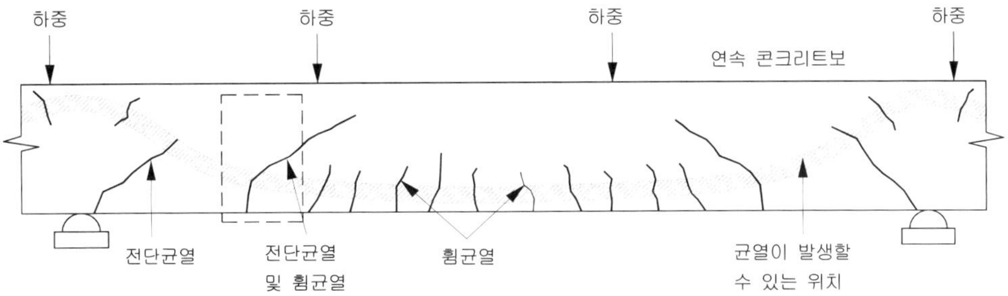

그림 3.17 균열의 유형과 발생 가능한 위치

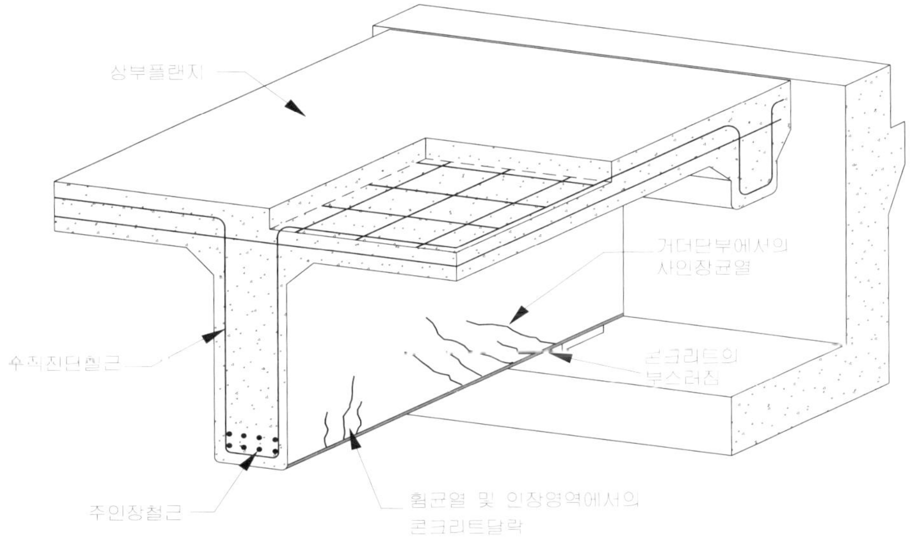

그림 3.18 철근콘크리트 거더의 점검부위

나. 상태평가기준

등급	균열	열화 및 손상
a	· 균열 폭 0.1mm 미만	· 없음
b	· 균열 폭 0.1mm 이상~0.3mm 미만	· 표면손상 면적 2% 미만
c	· 균열 폭 0.3mm 이상~0.5mm 미만	· 표면손상 면적 2% 이상~10% 미만 · 철근부식 손상면적 2% 미만
d	· 균열 폭 0.5mm 이상~1.0mm 미만 · 내하력 저하로 인한 휨균열 과다발생	· 표면손상 면적 10% 이상 · 철근부식 손상면적 2% 이상
e	· 균열 폭 1.0mm 이상 · 휨균열 과다발생 및 과대 처짐으로 인해 거더의 안전성 저하	· 지점부 콘크리트 파손으로 인한 거더의 안전성 저하

상태평가기준은 RCT 거더교, 라멘교 및 프리플렉스교의 거더와 RC박스 거더교의 거더부(복부판과 하부플랜지)의 상태평가에 적용한다. 철근콘크리트 부재의 경우 재료 및 구조적 특성상 어느 정도의 균열을 동반하는 구조체이며, 사인장균열과 휨균열 및 기타 균열을 구분하지 않고 하나의 평가기준을 적용한다.

0.1mm 미만의 균열은 콘크리트 부재에 흔히 발생할 수 있는 미세균열로서 평가기준을 'a'로 분류하였고, 1.0mm 이상의 균열은 구조적 균열로서 'e'로 분류한다. 철근콘크리트 거더에 발생한 손상의 경우 철근에 영향을 미치지 않을 경우에는 표면손상으로 철근노출 및 열화로 인해 철근부식의 가능성이 있을 경우에는 철근부식 손상으로 구분하여 서로 다른 평가기준을 적용한다.

3.1.9 프리스트레스트 콘크리트 거더 및 가로보

프리스트레스트 콘크리트(Prestressed Concrete, PSC) 거더는 고정하중과 작용하중으로 인해 부재에 발생하는 주인장응력을 상쇄시키기 위하여 PS강선(또는 강재)과 같은 긴장재로 콘크리트에 압축응력을 주도록 제작하는 교량부재이다. 점검 시 주의할 부위는 부재응력 및 변형이 크게 작용하는 지간의 중앙부, 단부, 연속지점부, 받침부 등이며, 이러한 부재에서의 손상이 부재 전체의 파손으로 이어질 위험이 크다.

PSC 거더는 콘크리트 거더와 마찬가지로 균열이 가장 중요한 손상의 요인이며, 균열의 크기 및 형태로 손상 정도를 구분한다.

가. 점검부위 및 손상종류

점검부위	손상종류
공 통	· 박리, 박락(파손), 철근노출, 백태(유리석회)
받침부	· 부스러짐 · 복부 사인장균열 · 연속교 상단 휨균열 · 격벽 개구부 모서리 균열
중앙부	· 휨균열, 거더처짐 · 쉬스관 노출 및 파손 · 박스 내부 플랜지 및 복부의 강선방향 균열 · 시공이음부 균열 및 누수
강선 정착부	· 정착부 균열 및 파손

점검 시 받침부나 중앙부 근처의 손상을 중점으로 점검하며 받침부에 발생한 복부 사인장균열은 급작스러운 파괴를 유발할 수 있으므로 정밀한 조사가 필요하다. 균열의 진

행상황을 파악하기 위하여 균열의 시·종점을 표시해 두는 것이 필요하며, 정기적으로 진행여부를 관찰하여야 한다. 부모멘트가 발생하는 연속 받침부는 거더의 상부가 인장영역이 되고, 정모멘트가 발생하는 중앙부 거더 하부가 인장구간이 되어 균열발생이 쉬운 부위이므로 인장균열의 발생에 유의하여 점검하여야 한다. 균열부에 녹물이 유출되는 것은 철근부식의 징후이므로 유출여부를 면밀히 조사하여야 한다.

받침부 거더 복부의 사인장균열과 중앙부 휨균열은 균열폭, 진전길이 등을 조사하고 다른 거더에도 공통적으로 발생되는 손상인지를 확인하고, 공통적인 손상은 대부분 구조적인 결함이므로 주의 깊게 조사하여 발생 원인을 규명하고 보수·보강 등 적절한 조치방법을 수립할 수 있도록 해야 한다.

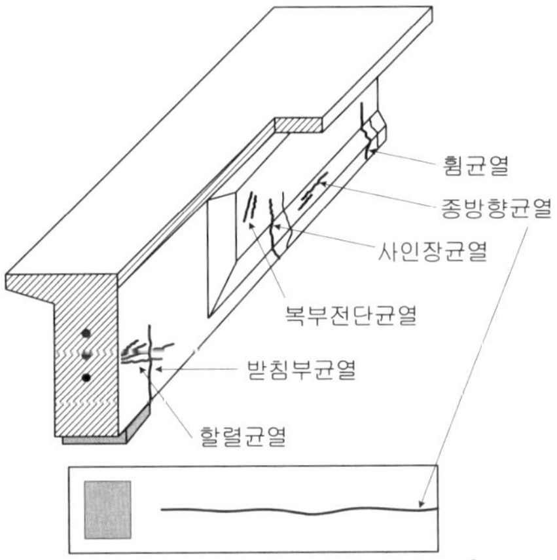

그림 3.19 PSC I빔의 점검부위

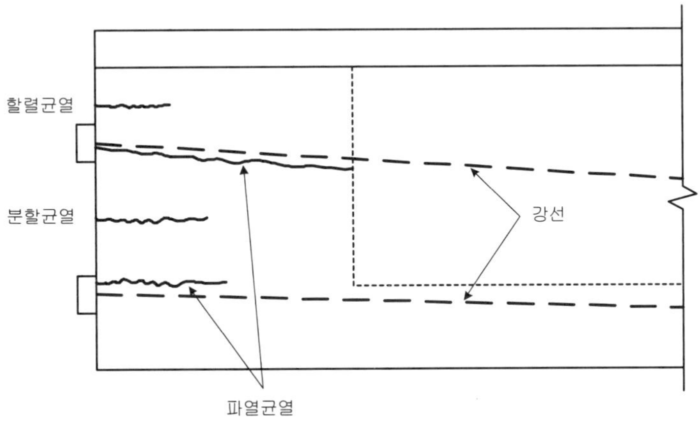

그림 3.20 정착구역의 국부균열

나. 상태평가기준

PSC 거더의 경우에는 텐던으로 인해 철근콘크리트 거더보다 균열발생 가능성이 적으므로 균열의 평가기준을 중앙부(휨) 균열, 받침부(사인장) 균열 및 정착부 균열로 구분하지 않고 하나의 평가기준을 적용한다. PSC 거더의 단부 콘크리트가 파손이 심하거나 정착부 파손으로 안정성이 저하되는 경우 평가기준을 'e'로 평가하며, 즉시 보강 또는 개축을 실시한다. PSC 부재는 균열이 발생하지 않도록 설계하므로, 균열이 없을 경우의 평가기준은 'a'로, 0.5mm 이상의 균열이 발생할 경우 내하력 저하로 인한 거더의 안전성이 우려되므로 'e'로 분류한다. PSC 박스거더의 경우 하부플랜지와 복부는 거더로 평가하며, 상부플랜지는 바닥판으로 평가한다.

등급	균열	열화 및 손상
a	· 없음	· 없음
b	· 균열 폭 0.2mm 이상	· 표면손상 면적 2% 미만
c	· 균열 폭 0.2mm 이상~0.3mm 미만	· 표면손상 면적 2% 이상~10% 미만 · 철근부식 손상면적 2% 미만
d	· 균열 폭 0.3mm 이상~0.5mm 미만 · 내하력 저하로 인한 휨균열 과다발생	· 표면손상 면적 10% 이상 · 철근부식 손상면적 2% 이상
e	· 균열 폭 0.5mm 이상 · 휨균열 과다발생 및 과대처짐으로 인해 거더의 안전성 저하	· 단부 콘크리트의 심한 파손 또는 강선 정착부 파손으로 인한 부재의 안전성 저하

3.1.10 콘크리트 가로보

콘크리트 가로보는 철근콘크리트 거더 및 PSC 거더의 점검항목과 손상항목이 같으므로 기본적으로 거더의 점검요령에 따라 조사하여야 한다. 거더의 상대적 처짐에 의해 가로보에 경사균열이 발생할 수 있으므로 유의하여야 하고, 균열 점검요령은 거더의 점검요령과 동일하다. 가로보의 균열은 거더의 종방향 휨과는 달리 횡방향 휨에 의해 발생하므로 교축방향의 균열을 휨균열로 본다.

가로보의 처짐은 가로보와 거더의 연결부에서의 2차 응력을 발생시켜 균열 및 손상의 원인을 제공하므로 처짐량이 큰 경우에는 이를 유의하여 점검하고 기록하여야 한다. 또한 균열로부터 녹물이 유출되는 것은 철근부식의 징후이므로 확인하여 기록하고, 층분리, 누수나 백태흔적이 발견될 경우 위치와 면적을 기록하고 점검용 망치로 두드려 나는 소리로서 내부결함의 존재 여부를 추정하여야 한다.

가. 점검부위 및 손상종류

점검부위	손상종류
공 통	· 박리, 박락, 층분리, 파손, 철근노출, 백태(유리석회)
철근콘크리트 가로보	· 박락(파손), 철근노출 · 경사균열(거더의 상대처짐 의심)
PSC 가로보	· 쉬스관 노출 및 파손 · 정착부 균열 및 파손

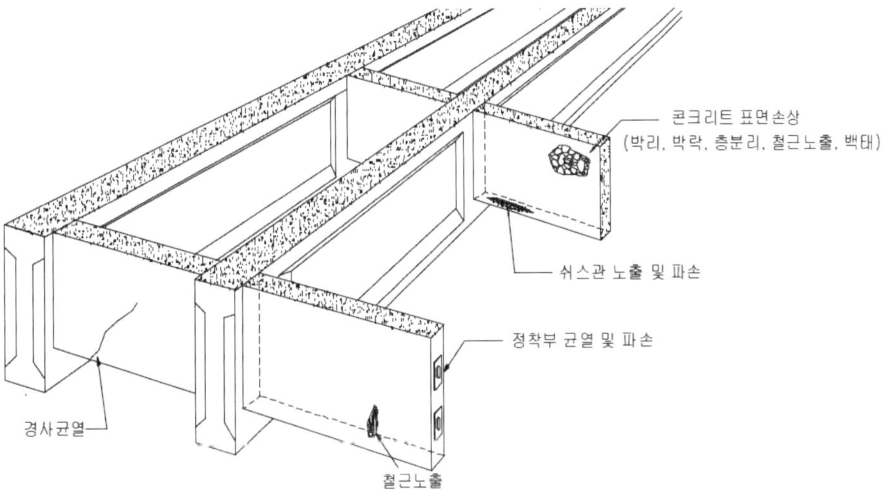

그림 3.21 가로보 손상 형태

나. 가로보의 상태평가기준

등급	균열	열화 및 손상
a	· 균열 폭 0.1mm 미만	· 없음
b	· 균열 폭 0.1mm 이상~0.3mm 미만	· 표면손상 면적 2% 미만
c	· 균열 폭 0.3mm 이상~0.5mm 미만	· 표면손상 면적 2% 이상~10% 미만 · 철근부식 손상면적 2% 미만
d	· 균열 폭 0.5mm 이상	· 표면손상 면적 10% 이상 · 철근부식 손상면적 2% 이상
e	-	-

가로보의 상태평가 기준은 콘크리트 교량의 RC 및 PSC 가로보와 라멘교의 기둥과 기둥 사이를 연결하는 중간보의 상태평가에 적용한다. 2차 부재인 철근콘크리트 가로보의 경우, 상태평가기준 범위를 'a~d'로 한다. 부재에 발생한 손상은 콘크리트 부분에 국한된 표면손상과 철근노출, 탄산화 및 염화물로 인한 철근부식 가능성이 있는 철근부식 손상으로 구분하여 평가한다.

3.1.11 교대 및 교각, 기초

교대 및 교각은 교량 상부구조의 하중을 지반으로 전달하며, 교량 전체 구조의 안전성을 위해 매우 중요한 역할을 수행하는 구조부재이다. 일반적으로 교량을 점검할 때에는 하부구조의 점검을 소홀히 하는 경우가 있는데, 교량형식에 따라 하부구조에 약간의 손상이 발생되더라도 교량 전체의 안전에 중대한 위험이 발생되므로 하부구조의 점검에는 특별한 주의를 필요로 한다. 특히 하천의 교량인 경우에는 세굴과 같이 흐르는 물에 의한 손상이 흔하게 발생하지만 물속에 발생한 손상은 점검자가 쉽게 파악할 수 없으므로 세심한 점검이 필요하다.

가. 교대의 점검부위 및 손상종류

점검부위	손상종류
공통	· 교대 회전(기울음), 침하(연직이동) · 균열, 박리, 박락, 층분리, 철근노출, 백태(유리석회)
두부(Coping)	· 두부 물고임 · 받침부 균열 및 파손 · 두부와 흉벽 경계부 균열 · 거더와 흉벽 신축유간 부족
벽체	· 수직균열 및 침하 · 구체와 날개벽 분리 · 구체부 배수구 막힘 · 수면접촉부 침식
날개벽(옹벽 포함)	· 날개벽 이동, 전도 · 석축이 있는 경우 사면붕괴

교대 점검방법은 접근 장비를 통해 근접 육안점검하고, 교대 입지조건이 성토부 혹은 연약지반에 위치한 경우 전후방으로 교대 벽체가 기울었는지 확인하여 손상이 의심될 경우 실을 매단 점검추를 늘어뜨리거나 측량기로 날개벽, 옹벽 등을 확인하여야 한다. 교대는 신축이음 하면에 위치하므로 누수 및 화학물질 등에 대한 열화 취약부위이므로 중성화시험에 의한 중성화 깊이 등을 확인해야 한다.

신축이음 유간이 벌어져 충격음이 발생하거나 닫혀 있을 경우 거더 상부 및 하부와 흉벽 사이 간격이 서로 차이가 나는지 점검하고, 교대의 전도 여부도 확인하여야 한다. 연약지반상의 교대는 뒷채움부의 침하로 인하여 접속슬래브 하부에 공동이 발생하여 흉벽이 교대 뒤쪽으로 전도되어 균열이 발생하기도 하므로 유의하여야 한다.

교대 뒷면과 날개벽 사이에 공동이 발생했거나 흙이 침하된 경우 날개벽의 전도를 의심하여 점검하고, 벽체에 수직으로 발생하는 균열은 건조수축에 의한 비구조적 균열이므로 우려할 바는 아니지만 폭이 넓은 교대에서 균열폭이 1mm 이상이면 교대기초의 부등침하도 의심하여야 한다.

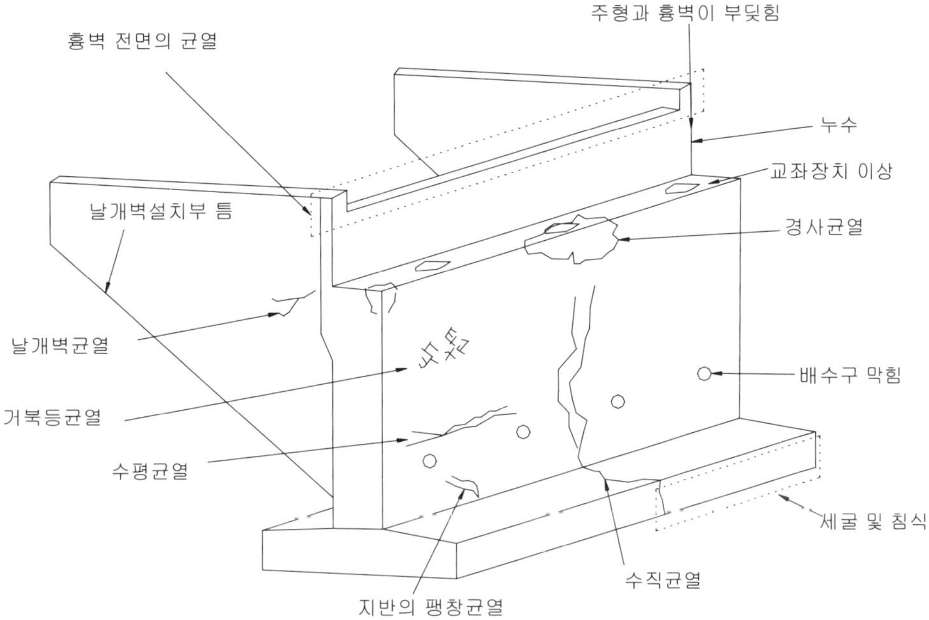

그림 3.22 교대의 점검부위

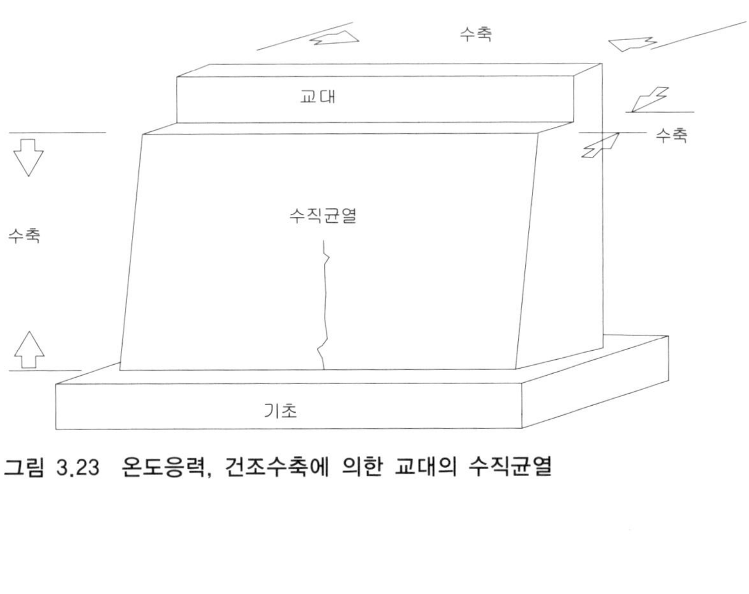

그림 3.23 온도응력, 건조수축에 의한 교대의 수직균열

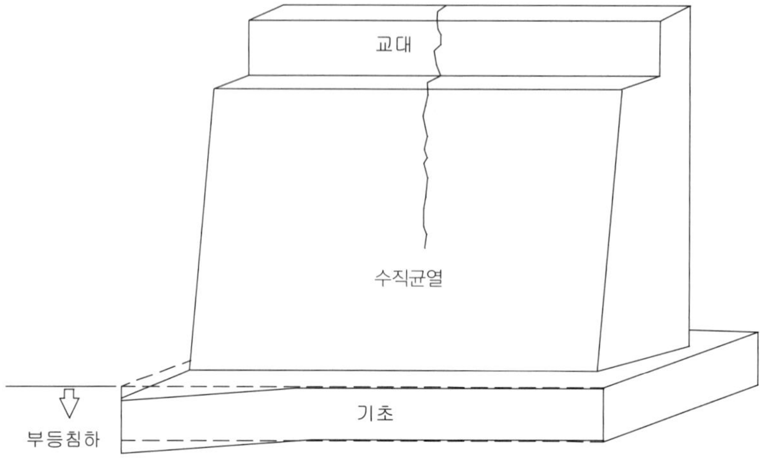

그림 3.24 부등침하로 인한 교대의 수직균열

나. 교대의 상태평가기준

등급	균열, 변위	열화 및 손상, 철근노출
a	· 구체 균열폭 0.1mm 미만	· 없음
b	· 구체 균열폭 0.1mm 이상~0.3mm 미만	· 표면 손상면적 2% 미만 · 앵커블록 내부 결로 발생
c	· 구체 균열폭 0.3mm 이상~0.5mm 미만 · 교대와 날개벽 사이에 폭 1.0mm 이상의 균열발생	· 표면 손상면적 2% 이상~10% 미만 · 철근부식 손상면적 2% 미만 · 앵커블록 내부 결로에 의한 체수
d	· 구체 균열폭 0.5mm 이상~1.0mm 미만 · 날개벽 기울음, 손상 심화(배면토 유출) · 기초의 부등침하로 인한 구체 기울음	· 표면 손상면적 10% 이상 · 철근부식 손상면적 2% 이상
e	· 구체 균열폭 1.0mm 이상 · 날개벽 전도 위험 있음 · 부등침하로 인한 교대 안전성 저하	· 코핑부 파손으로 인하여 거더의 탈락 가능성 있음 · 심한 철근부식으로 인하여 교대의 안전성이 저하됨

교대의 상태평가기준은 콘크리트로 시공된 모든 형식의 교대와 현수교의 앵커블록의 상태평가에 적용한다. 균열폭에 관한 상태평가기준은 교대 구체에서 발생한 균열에 국한하고, 열화 및 손상과 철근부식은 표면손상 면적과 부식으로 인한 철근의 단면손상 발생 면적으로 평가한다. 상부구조의 침하 및 단차가 발생하거나 받침 연단부 파손으로 거더의 탈락이 우려되는 경우 'e'로 평가하며, 즉시 보강 또는 개축을 실시하여야 한다. 타정

식 현수교의 앵커블록은 교대의 상태평가기준에 준하여 평가하며, 앵커블록을 제외한 하부구조물중에서 하중지지와 토류벽체의 기능을 동시에 갖고 있으면 교대로, 하중지지 기능만 있을 경우에는 교각으로 평가한다. 자정식 현수교의 주케이블이 정착되는 교각은 교각의 상태평가기준에 준하여 평가한다.

다. 교각의 점검부위 및 손상종류

점검부위	손상종류
공통	· 교각 기울음 및 전도 · 균열, 박리, 박락, 층분리, 철근노출, 재료분리, 백태
두부(Coping)	· 두부 물고임 · 받침부 하부 균열 및 파손
구체	· 시공이음부 균열 · 이동 또는 기울음 · 수면접촉부 침식

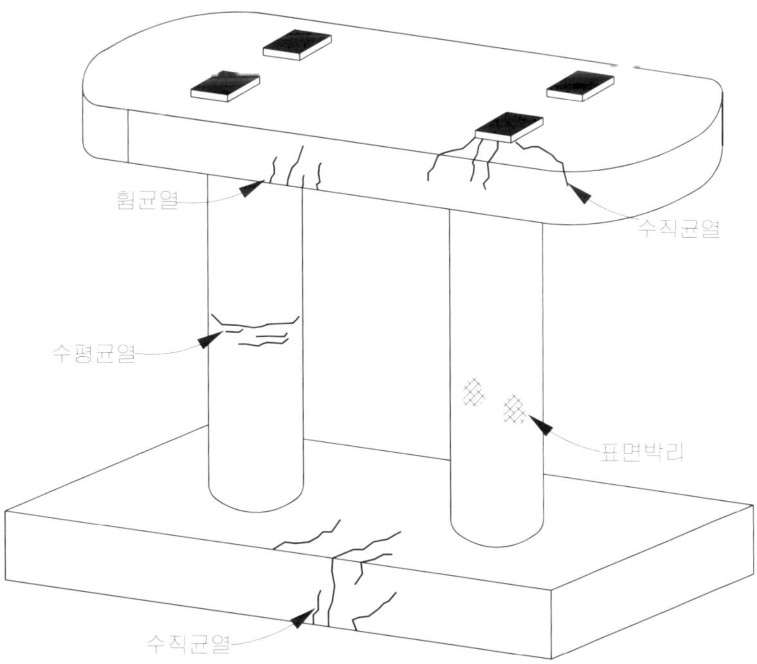

그림 3.25 교각의 점검부위

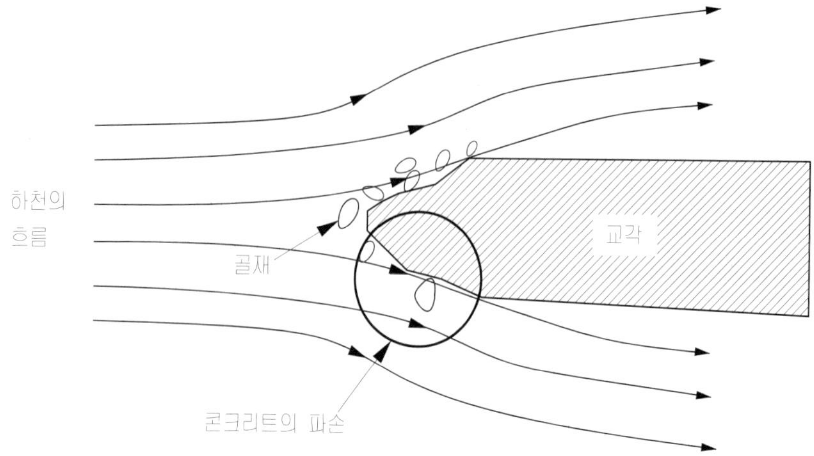

그림 3.26 유수에 의한 교각의 침식

교각은 접근장비 및 점검로에서 점검하고, 신축이음의 유간이 크게 벌어지거나 또는 닫히는 등 비정상적이거나 방호울타리 선형이 불량한 경우에는 교각 침하가 의심스러우므로 교각 구체 상부와 하부를 측량기기로 측정하여 교각의 전도 여부를 확인하고 구체에 기준점을 표시하여 침하여부를 주기적으로 확인하여야 한다. 해안가에 위치한 교량의 경우 수면접촉부 등에 철근노출이나 녹물흐름이 발생한 경우 콘크리트 염해 측정이나 중성화 시험을 실시하여야 한다.

교각두부 받침하부에 0.3mm 이상의 균열이 단부까지 진행된 경우에는 교량 안전과 직접적으로 관련이 있으므로 즉시 보고 및 대책을 수립해야 하고, 침하가 의심스러운 경우 기초 주변의 수축세굴 및 국부세굴 조사가 필요하다. 그리고 세굴이 발생하였다면 전문가로 하여금 구조물의 안전성 평가를 실시하여야 한다.

라. 교각의 상태평가기준

등급	균열, 변위	열화 및 손상, 철근노출
a	· 균열폭 0.1mm 미만	· 없음
b	· 균열폭 0.1mm 이상~0.3mm 미만	· 표면 손상면적 2% 미만
c	· 균열폭 0.3mm 이상~0.5mm 미만	· 표면 손상면적 2% 이상~10% 미만 · 철근부식 손상면적 2% 미만
d	· 균열폭 0.5mm 이상~1.0mm 미만 · 기초의 부등침하로 인한 구체 기울음	· 표면 손상면적 10% 이상 · 철근부식 손상면적 2% 이상
e	· 구체 균열폭 1.0mm 이상 · 부등침하로 인한 교각 안전성 저하	· 코핑부 파손으로 인하여 거더의 탈락 가능성 있음 · 심한 철근부식으로 인하여 교대의 안전성이 저하됨

마. 기초의 점검부위 및 손상종류

기초의 대표적인 손상은 세굴에 의해 발생한다. 세굴이란 흐르는 물의 침식작용에 의한 결과로서 하천 바닥이나 제방으로부터 파인 물질이 이동되는 현상이며, 하상재료의 구성에 따라 서로 다른 세굴양상을 보여준다. 하천에서의 세굴은 시간에 따라 장기적인 변화와 단기적인 변화로 구분할 수 있다. 장기변화는 하상의 상승이나 저하로 하천과 유역의 수리특성과 하천 단면변화와 관련이 있고, 단기변화로는 교량 등의 인공구조물에 의한 하천 내의 통수단면적이 축소되어 발생하는 세굴이 있다. 또한 국부세굴은 흐름 속에 설치된 구조물에 의한 흐름의 간섭에서 발생한다.

점검부위	손상종류
공 통	· 박리, 박락, 철근노출, 백태 · 침식, 세굴, 측방유동, 침하 · 하부구조물 기울음 및 전도
직접기초	· 콘크리트 균열 및 파손
말뚝기초	· 말뚝 노출 및 침식
케이슨기초	· 케이슨 노출 및 침식 · 충돌파손

기초의 수중부위 점검은 갈수기 동안의 관찰 및 침식의 흔적조사를 실시하고, 보트 등 접근장비에 의한 수면상 노출부위를 근접육안 점검하여야 한다. 기초 일부가 노출된 부위는 표면 침식상태를 점검하고, 수심이 얕은 구간 혹은 탁도가 흐린 구간은 긴 쇠막대를 이용하여 기초하부를 찔러서 국부세굴 및 구조체의 손상 여부를 확인해야 한다. 우물통이나 확대기초 위에서 상류측과 하류측 등의 수심을 측정하여 세굴 여부를 개략 조사할 수 있다. 육안상 세굴상태가 심하여 침하가 예상되면 대책수립을 위한 정밀조사가 필요하고, 우물통 기초 위에서 사진을 촬영할 때는 수중으로 추락하지 않도록 주의하여야 한다.

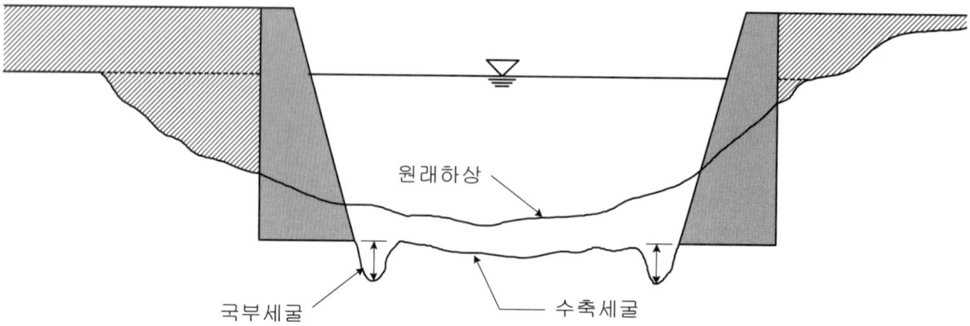

그림 3.27 수축세굴과 국부세굴

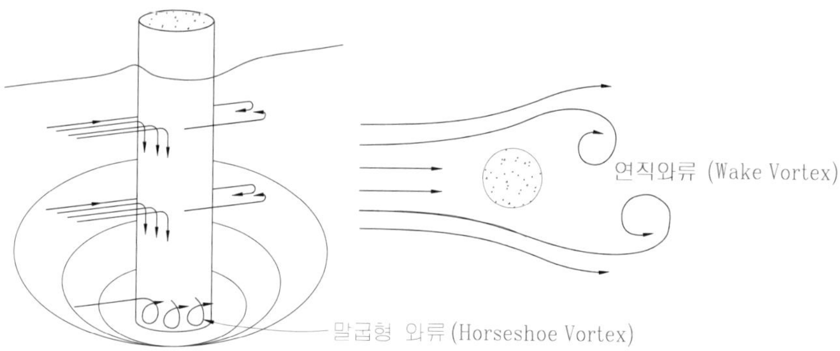

그림 3.28 원형기초의 국부세굴

바. 기초의 상태평가기준

기초의 상태평가기준은 케이블 교량의 주탑기초를 포함하여 모든 하부구조물의 기초 상태평가에 적용된다. 기초 자체의 손상항목에는 직접기초(파일두부)의 파손, 파일의 손상 및 결함 등이 있으며, 지반의 안정성 항목으로는 기초의 근입장 부족, 측방유동, 세굴 등에 의한 기초의 부등침하가 중요한 평가항목이 된다. 기초의 침하는 20mm 미만 발생하면 평가기준은 'c', 20mm 이상 발생하면 'd'로 평가한다. 지반의 안정성 평가항목의 경우 세굴이 진행하여 기초 하부의 국부적인 노출이 발생하면 평가기준은 'c'로 평가하고, 기초하부의 전반적인 노출 및 부등침하가 발생하면 'd'로 평가하며, 부등침하로 인한 상부구조물의 안전에 위해가 발생할 경우 'e'로 평가한다.

등급	기초(직접, 말뚝, 케이슨) 손상	지반의 안정성
a	· 없음	· 없음
b	· 직접기초(확대기초)에 폭 0.3mm 미만의 균열 발생	· 매립된 직접기초(확대기초)의 상부가 세굴 등에 의해 노출됨
c	· 직접기초(확대기초)에 폭 0.3mm 이상의 균열 및 단면손상 발생 · 침식, 충돌 등에 의한 말뚝 및 케이슨 기초의 단면손상 발생	· 침하가 20mm 미만 발생 · 세굴이 직접기초(확대기초)의 하단까지 진행되어 말뚝 및 케이슨 기초가 부분적으로 노출됨
d	· 직접기초(확대기초)의 파손으로 인한 철근노출 발생 · 침식, 충돌 등에 의한 말뚝 및 케이슨 기초의 철근노출 발생	· 침하가 20mm 이상 발생 · 세굴에 의해 말뚝 및 케이슨 기초가 전반적으로 노출됨 · 기초의 부등침하 및 측방유동에 의해 교대 및 교각이 기울음
e	· 기초의 파손 및 침식으로 인한 하부구조물의 안전성 저하	· 기초의 부등침하 및 측방유동에 의한 교대 및 교각의 기울음으로 인해 상부구조 단차 및 파손 발생

3.2 건축물의 안전진단

3.2.1 개요

건축물의 안전과 경제적인 유지관리를 위해서는 건축구조물의 안전점검 및 안전진단은 매우 중요하다. 우리나라는 지난 1994년과 1995년에 발생한 성수대교 붕괴, 삼풍백화점 붕괴사고로 건축물 등의 시설물에 대한 안전관리체계 확립 및 강화의 필요성이 크게 대두되었다.

건축물에 대한 안전점검은 사람의 건강관리와 같다. 안전점검은 붕괴사고를 미연에 방지하고 건축물의 노후화를 예방하며 지연시켜주는 건축물 관리의 기본적인 활동이다. 건강관리에 있어 자신의 맨 처음의 건강상태로부터 지금까지의 변화된 상태를 아는 것이 중요하듯이, 건축물의 안전점검도 초기상태로부터 현재까지의 변화된 상태를 정확히 파악하는 것이 중요하며 초기상태는 초기점검을 통하여 알 수 있다.

건축물의 안전점검은 자연조건에 순응하는 지혜와 실천으로부터 유래하였다. 우리 선조들은 건축물을 관리하는 데 있어서 입춘단장, 장마대비, 풍수해복구, 월동채비 등을 절기에 맞춰 정기적으로 실시하는 지혜로운 활동을 실천하였다. 오늘날 일상점검은 우리 선조들의 이러한 지혜로부터 유래하였다고 볼 수 있다.

아울러 건축물의 안전 및 유지관리 활동은 체계적으로 이루어져야 한다. 토목구조물은 비교적 단순한 구조형식을 가진 반면, 건축구조물은 다양한 형식의 고차원적 부정정구조 형식의 부재조합이고, 수직과 수평적으로 연결되어 있다보니 토목구조물과는 다른 구조적 성능과 특징을 지닌다. 따라서 안전점검 및 안전진단기법에 있어서도 두 구조물 사이에는 다소 차이가 있다. 현재 시설물에 대한 유지관리는 '시설물의 안전 및 유지관리에 관한 특별법'과 '시설물의 안전 및 유지관리 실시 세부지침'에 따라 각 시설물을 종류별로 구분한 지침이 마련되어 있으며, 이에 따라 진단을 실시하고 있다. 건축물의 안전과 유지관리 활동은 안전 및 유지관리 계획, 안전점검, 유지보수 관리로 이루어진다. 특히 '시설물의 안전 및 유지관리에 관한 특별법'에서 규정하고 있는 1종 및 2종 시설물은 전문가(전문기관)의 정기점검과 정밀안전진단을 받도록 규정되어 있다. 본 절에서는 '시설물의 안전 및 유지관리 실시 세부지침' 중 건축구조물의 안전진단 및 평가기법에 대해 기술하기로 한다.

3.2.2 시설물의 구조형식별 조사항목

건축물의 상태평가 시 점검사항은 구조물의 형식에 따라 다를 수 있으므로 수정·보완하여 사용한다. 각 구조형식별 점검사항은 평가결과를 기초로 판단하며, 이는 점검부위별 각각의 점검사항에 대한 주요 손상상태를 파악하는 데 활용할 수 있다. 정밀안전점검 및 정밀안전진단 실시에서 시설물의 상태평가를 적용함에 있어 기본과업과 선택과업의 내용을 적절히 혼용하여 대상 시설물에 대한 상세한 상태평가를 실시하여야 한다. 특히, 정밀안전점검에서는 선택과업인 전체 부재에 대한 외관조사망도의 작성 여부 등에 대해서 관리주체와 책임기술자의 협의를 통하여 결정하여야 한다. 다만, 정밀안전점검 및 정밀안전진단에서 전기 및 기계설비에 대한 조사 및 시험에 대해 선택 과업으로 실시할 경우에는 관리주체와 협의하여 조사·시험 수준을 결정하며, 환기구 상태(덮개 등)의 조사결과는 관리주체의 유지관리방안 제시에 활용한다.

표 3.1 계절별 주요 조사항목

구분	계절별 주요 조사항목
해빙기	· 석축 · 옹벽의 이상 유무 · 건축물의 부동침하 상태 · 건축물 주변지표면 상태 · 변위 · 변형 발생유무 · 균열 · 손상 발생유무
우 기	· 건축물 지하실의 방수상태 · 배수로상태(건물주변, 옥상 등) · 건축물 외부 부착물상태 · 석축 · 옹벽의 이상 유무 · 건축물 주변 지표면 상태 · 변위 · 변형 발생유무 · 균열 · 손상 발생유무

가. 정밀안전점검의 조사 항목 및 내용

1) 철근콘크리트 구조

철근콘크리트 구조의 점검항목은 다음 표와 같으며, 여기서 철근콘크리트 구조에는 라멘구조, 벽식구조, 프리캐스트 콘크리트(PC) 구조, 무량판구조 등의 구조형식을 포함한다.

구분	조사항목	조사내용
부재상태 및 내구성	콘크리트 강도 및 규격	콘크리트 압축강도 및 부재규격
	균열	균열폭, 면적률
	콘크리트 탄산화	탄산화 깊이
	표면 열화	박리, 박락 및 층분리, 누수 및 백태, 철근노출
변위 · 변형	기울기	건축물 기울기
	부동침하	부동침하에 의한 구조 및 부재의 기울기

2) 철골구조

구분	조사항목	조사내용
부재상태 및 내구성	강재의 강도 및 규격	강재의 강도(도서검토) 및 부재규격
	용접 접합상태	용접부 결함(균열 및 언더컷 등)
	볼트 접합상태	볼트 누락, 풀림, 이완
	강재의 부식도	도장 및 부식상태
	내화피복	내화피복 두께 및 손상
변위 · 변형	기울기	건축물 기울기
	부동침하	부동침하에 의한 구조 및 부재의 기울기

3) 철골 · 철근콘크리트 구조

구분	조사항목	조사내용	
부재상태 및 내구성	SRC	콘크리트 강도 및 규격	콘크리트 압축강도 및 부재의 규격
		균열	균열폭, 면적률
		콘크리트 탄산화	탄산화 깊이
		표면 열화	박리, 박락 및 층분리, 누수 및 백태, 철근노출
	STL	강재의 규격	강재강도 및 부재규격
		용접 접합상태	용접부 결함(균열 및 언더컷 등)
		볼트 접합상태	볼트 누락, 풀림, 이완
		강재의 부식도	도장 및 부식상태
		내화피복	내화피복 두께 및 손상
변위 · 변형		기울기	건축물 기울기
		기초 침하	부동침하에 의한 구조 및 부재의 기울기

4) 조적조

구분	조사항목	조사내용
부재상태 및 내구성	콘크리트 강도 및 규격	콘크리트 압축강도 및 부재의 규격
	조적벽체 규격	조적벽체량 및 두께
	균열	균열폭, 면적률
	콘크리트 탄산화	탄산화 깊이
	표면 열화	박리, 박락 및 층분리, 누수 및 백태, 철근노출
변위 · 변형	기울기	건축물 기울기
	부동침하	부동침하에 의한 벽체 등의 기울기

5) 기타시설(환기구 덮개, 점검로, 외벽 마감재)

구분		조사항목	조사내용
환기구 덮개	부재상태 및 내구성	철물 규격	지지구조 철물 및 연결재의 규격
		용접 및 볼트상태	지지구조 철물 및 연결재의 용접 및 볼트상태
		탈락	지지구조 철물 및 연결재의 탈락 유무
		부식도	지지구조 철물 및 연결재의 부식 유무
		걸침턱 및 추락방지시설	걸침턱, 추락방지시설의 상태 및 유무
	변위 · 변형	처짐변형	환기구 덮개의 처짐 및 변형 유무
점검로	부재상태 및 내구성	철물 규격	지지구조 철물 및 연결재 규격
		용접 및 볼트상태	지지구조 철물 및 연결재의 용접 및 볼트상태
		탈락	지지구조 철물 및 연결재의 탈락유무
		부식도	지지구조 철물 및 연결재의 부식유무
	변위 · 변형	처짐변형	지지구조 철물 및 연결재의 처짐 및 변형유무
외벽 마감재	부재상태 및 내구성	균열발생 상태	균열 폭 및 면적률, 발생 형태
		붙임모르타르 상태	들뜸, 박락, 노후정도
		연결철물 시공 상태	지지구조 철물 및 연결재 노후상태 등
		균열방지 조치 상태	하중분산(조적턱, 앵글선반 등), 신축줄눈
	변위 · 변형	기울기 및 배부름	면외방향 기울기 및 배부름 발생 유무

나. 정밀안전진단의 조사항목

1) 철근콘크리트 구조

철근콘크리트 구조의 조사항목은 다음 표와 같으며, 여기서 철근콘크리트 구조에는 라멘구조, 벽식구조, PC구조, 무량판구조 등의 구조형식을 포함한다.

구 분	조사항목	조사내용
구조안전성	부재내력	기둥, 보, 내력벽, 슬래브 등 주요부재의 내력검토(도서)
부재상태 및 내구성	콘크리트 강도 및 규격	콘크리트 압축강도 및 부재의 규격
	철근배근 상태	철근배근 간격, 피복두께
	균열	균열폭 및 면적률
	콘크리트 탄산화	탄산화 진행깊이
	철근부식	철근부식상태 및 부식환경
	표면 열화	박리, 박락 및 층분리, 누수, 백태, 철근노출
	염화물함유량(필요시)	염화물이온 함유량
	실내시험(필요시)	코어강도, 단위중량 등
변위 · 변형	기울기	건축물 기울기
	부동침하	부동침하에 의한 구조 및 부재의 기울기

2) 철골구조

구 분	조사항목	조사내용
구조안전성	부재내력	기둥, 보, 슬래브 등의 주요부재의 내력검토(도서)
	접합부 내력	기둥-기둥, 보-보, 기둥-보, 주각부 등의 주요부위의 내력검토(도서)
부재상태 및 내구성	강재의 규격	강재강도 및 부재규격
	용접 접합상태	용접부 결함
	볼트 접합상태	볼트 누락, 풀림, 이완
	강재의 부식도	도장과 강재부식
	접합재 부식도	용접 및 볼트접합부 부식
	내화피복	내화피복 두께 및 손상
변위·변형	기울기	건축물 기울기
	부동침하	부동침하에 의한 구조 및 부재의 기울기

3) 철골 · 철근콘크리트 구조

구 분		조사항목	조사내용
구조안전성		부재내력	기둥, 벽, 보, 슬래브 등의 내력검토(도서)
부재상태 및 내구성	SRC	콘크리트 강도 및 규격	콘크리트 압축강도 및 부재의 규격
		철근배근 상태	철근배근 간격, 피복두께
		균열	균열폭 및 면적률
		콘크리트 탄산화	탄산화 진행깊이
		철근 및 접합재 부식	철근 및 접합재 부식상태 및 부식환경
		표면 열화	박리, 박락 및 층분리, 누수, 백태, 철근노출
		염화물 함유량(필요시)	염화물이온 함유량
		실내시험(필요시)	코어강도, 단위중량 등
	STL	강재의 규격	강재강도 및 부재규격
		용접 접합상태	용접부 결함
		볼트 접합상태	볼트 누락, 풀림, 이완
		강재의 부식도	방청과 강재부식
		접합재 부식도	용접 및 볼트접합부 부식
		내화피복	내화피복 두께 및 손상
변위 · 변형		기울기	건축물 기울기
		부동침하	부동침하에 의한 구조 및 부재의 기울기

4) 조적조

구 분	조사항목	조사내용
구조안전성	부재내력	내력벽, 보, 슬래브 등의 내력검토(도서)
부재상태 및 내구성	콘크리트 강도	콘크리트 압축강도
	부재의 규격	내력벽, 보, 슬래브, 조적벽체 등의 규격
	철근배근 상태	철근배근 간격, 피복두께
	균열	균열폭 및 면적률
	콘크리트 탄산화	탄산화 진행깊이
	철근 및 접합재부식	철근 및 접합재 부식상태 및 부식환경
	표면 열화	박리, 박락 및 층분리, 누수, 백태, 철근노출
	염화물함유량(필요시)	염화물이온 함유량
	실내시험(필요시)	코어강도, 단위중량, 조적벽체 개체강도 등
변위 · 변형	기울기	건축물 기울기
	부동침하	부동침하에 의한 구조 및 부재의 기울기

5) 기타시설(환기구 덮개, 점검로, 외벽 마감재)

구분		조사항목	조사내용
환기구 덮개	부재상태 및 내구성	철물 규격	지지구조 철물 및 연결재의 규격
		용접 및 볼트상태	지지구조 철물 및 연결재의 용접 및 볼트상태
		탈락	지지구조 철물 및 연결재의 탈락 유무
		부식도	지지구조 철물 및 연결재의 부식 유무
		걸침턱 및 추락방지시설	걸침턱, 추락방지시설의 상태 및 유무
	변위 · 변형	처짐변형	환기구 덮개의 처짐 및 변형 유무
점검로	부재상태 및 내구성	철물 규격	지지구조 철물 및 연결재 규격
		용접 및 볼트상태	지지구조 철물 및 연결재의 용접 및 볼트상태
		탈락	지지구조 철물 및 연결재의 탈락유무
		부식도	지지구조 철물 및 연결재의 부식유무
	변위 · 변형	처짐변형	지지구조 철물 및 연결재의 처짐 및 변형유무
외벽 마감재	부재상태 및 내구성	균열발생 상태	균열 폭 및 면적률, 발생 형태
		붙임모르타르 상태	들뜸, 박락, 노후정도
		연결철물 시공 상태	지지구조 철물 및 연결재 노후상태 등
		균열방지 조치 상태	하중분산(조적턱, 앵글선반 등), 신축줄눈
	변위 · 변형	기울기 및 배부름	면외방향 기울기 및 배부름 발생 유무

3.2.3 현장조사 요령

가. 정기안전점검 요령

정기안전점검은 건축물의 관리주체나 진단기관 또는 유지관리업체에서 정기적으로 수행하는 순찰 수준의 점검이며, 건축물의 구조적 특성과 용도, 계절적 특성에 따른 제반 관리사항을 각 건축물의 특성에 맞게 점검할 필요가 있다.

1) 점검항목

① 건축물의 평면, 입면, 단면, 용도 등의 변경사항

② 구조부재의 변경사항

③ 하중조건, 기초·지반 조건, 주변 환경조건 등의 변동사항

④ 균열발생 상태

- 균열발생 위치
- 균열의 유형 및 형상(종류)
- 균열의 크기(폭, 길이 등)
- 균열의 진행상황

- 균열부위의 누수여부

⑤ 구조물 또는 부재의 전반적인 상태

- 구조물 또는 부재의 변위·변형 상태 : 부동침하, 편심·집중 하중상태, 과다적재 하중상태, 진동·충격 상태, 이상 체감 등
- 콘크리트의 표면열화 상태 : 박리, 박락, 층분리, 백태(백화), 누수 등
- 철근의 노출 및 부식 상태
- 강재구조물의 열화 상태 : 균열, 도장 및 내화피복 등 마감, 부식, 접합부, 변형·변위 등의 상태

⑥ 외벽마감재(치장벽돌, 타일, 석재 등) 상태 : 균열, 연결철물, 붙임모르타르, 변위·변형 등의 상태

⑦ 보수·보강 실태 조사 및 기록

⑧ 계절별 주요 점검항목(표 3.1 참조)

2) 점검방법

① 정기안전점검은 원칙적으로 육안과 간단한 측정기기로 검사하여 건축물에 내재되어 있는 결함·손상 등을 발견하고, 그 진전 상황을 지속적으로 관찰함과 동시에 초기점검에서 도출된 붕괴유발 부재 등에서 문제점이 발견되면 관리주체에게 즉시 통보하여 관리주체가 간단한 보수·보강이나 정밀안전진단을 실시하도록 한다.

② 도면, 계산서, 과거의 점검·보수기록, 환경 및 사용상태 등의 유지관련 자료를 통해 정비상황을 파악한다.

③ 정기안전점검은 매 반기마다 전체 건축물을 수평 혹은 수직, 구조의 중요도에 따라 부재별로 분할하여 실시할 수 있다.

④ 전술한 (1)항의 점검항목에 대한 점검결과를 표준서식에 상세히 기록하고, 필요할 경우에는 개략도면으로 표시한다.

⑤ 정기안전점검에서 이상이 발견된 사항은 사진으로 촬영하여 보존하여, 보고서의 설명자료로 이용할 수 있도록 한다.

- 사진자료는 매 정기안전점검 때마다 가능한 한 같은 위치에서 얻는 것을 원칙으로 한다.
- 사진자료는 전술한 점검항목의 내용을 확인할 수 있는 정도이어야 한다.

나. 정밀안전점검 요령

1) 점검항목

정밀안전점검 항목에는 전술한 정기안전점검에서 기술한 항목을 포함하고 그 이외에 다음에 해당하는 내용을 추가한다.

① 주요구조부재의 규격 확인

② 비파괴검사에 의한 콘크리트의 강도

③ 콘크리트의 탄산화 깊이

④ 건축물의 내진설계 및 내풍설계 여부의 확인(구조계산서 확인)

⑤ 기타 책임기술자가 필요하다고 판단하는 사항

2) 점검방법

① 정밀안전점검에서 면밀하고 지속적인 조사가 필요한 구조부재나 부위를 선정하는 것은 이전에 실시한 안전점검 및 정밀안전진단에서 밝혀진 것이나 예비조사의 결과를 분석하여 결정한다.

② 건축물에서 구조적인 조건의 변경(제 하중, 구조변경, 구조물의 큰 변형, 부재의 손상이나 보강 등)이 구조 안전성에 영향을 미칠 것으로 판단되는 경우에는 선택과업으로 일부 부재에 대해 내력을 다시 계산하여 부분적인 안전성을 평가한다.

③ 정밀안전점검 실시결과, 건축물의 재해·재난예방 및 안전성 확보 등을 위하여 긴급보수 및 사용제한이 필요하다고 판단되는 경우나 결함·손상이 광범위하고 정도가 심각한 경우에는 관리주체가 정밀안전진단을 실시하도록 조치한다.

④ 정밀안전점검은 원칙적으로 면밀한 육안조사와 간단한 비파괴검사를 중심으로 실시한다.

⑤ 점검 대상부위는 필요할 경우 마감재(돌, 타일, 도배지, 단열재, 수장재, 천장재, 마루재 등)를 부분적으로 제거하고 실시한다.

⑥ 점검결과에서 중대한 결함이 발견된 경우에는 규정에 의한 조치를 취한다.

⑦ 정밀안전점검의 결과는 표준서식에 기록하고, 필요한 경우에는 개략도면에 표시하고, 이들에 대한 분석·평가를 실시한다.

⑧ 보고서에는 외관조사 및 상태평가 등의 내용을 종합적으로 검토·분석한 결과를 기재하여야 한다.

⑨ 정밀안전점검에서 이상이 발견된 사항은 사진으로 촬영하여 보존하여, 보고서의

설명자료로 이용할 수 있도록 한다.

⑩ 사진자료는 매 정기안전점검 시에 가능한 한 같은 위치에서 얻는 것을 원칙으로 한다.

⑪ 사진자료는 전술한 점검항목의 내용을 확인할 수 있는 정도이어야 한다.

다. 정밀안전진단 요령

1) 사전조사

설계도서 등의 검토와 외관조사 및 간단한 시험·조사 기구를 사용하여 실시하는 건축물의 전반에 걸친 개황조사이다. 이 결과에 의해서 정밀조사의 범위 및 방법을 결정하고, 진단의 전체적인 상세계획을 수립한다.

① 조사항목은 전술한 정밀안전점검의 점검항목과 같다.

② 조사방법

- 조사 부위의 선정은 이전에 실시한 안전점검·정밀안전진단 실시결과에 의해서 선정된 주요 감시대상 부재나 부위 또는 설계도서 검토결과, 문제되는 부위 및 열화된 부위, 이런 현상이 예상되는 부위로 한다.
- 이전에 실시된 안전점검·정밀안전진단의 실시결과로부터 현재까지의 변경사항 등을 종합적으로 정리·검토하여 분석·평가의 기초 자료로 삼는다.
- 사전조사 시에는 건축물 구조체의 변위·변형 여부와 외형상 나타나는 구조물의 결함·손상과 열화 현상의 범위 및 그 정도에 대하여 면밀한 육안조사를 통하여 정성·정량적인 자료를 얻어 표준서식에 기록하고, 개략도면에 표시하여 분석·평가에 이용한다.

2) 정밀조사

사전조사의 결과에서 수립된 계획에 의하여 체계적이고 정밀하게 실시하며, 정밀한 육안조사와 재료시험, 재하시험(필요시), 계측 및 공간좌표측정(필요시) 등으로 이루어진다. 조사의 결과는 구조물의 상태·안전성·종합평가와 기능장애 및 성능저하의 원인을 규명하고 적절한 보수·보강 방법을 제시하는데 이용한다.

① 조사항목

정밀조사에서 필요한 조사항목은 전술한 정밀안전점검의 항목과 이전에 실시한 안전점검·정밀안전진단 이후에 변화된 정도를 판단하기 위하여 필요한 검사 등의 항목을 선택과업으로 포함한다. 사전조사의 설계도서 및 안전점검·정밀안전진단 자료의 검토 및 현장조사 결과에 대한 분석에서 필요하다고 판단되어 선정한 현장시험 또는 실내시험 등을 선택과업으로 포함한다.

- 철근배근상태
- 철근 및 강재의 부식(강구조의 접합부 포함)
- 강재 접합부 검사
- 구조부재의 내력조사 및 평가
- 구조부재에 대한 실내시험 및 재하시험(필요시)
- 구조물에 대한 계측 및 공간좌표측정(필요시)
- 구조물의 진동량 측정(필요시)
- 지반지질조사 및 토질시험(필요시)
- 구조물에 대한 재해석, 내진성·내풍성능 평가 및 재평가(필요시)

② 조사방법

이전에 실시된 안전점검·정밀안전진단과 사전조사의 결과에서 기록된 사항을 종합적으로 정리·검토하여 진단의 분석·평가의 기초 자료로 삼는다. 건축물에 대한 조사대상은 사전조사의 결과를 토대로 하여 구조체의 결함·손상 및 열화된 부위 및 이런 현상이 예상되는 부위 그리고 감시대상 부재나 부위를 중심으로 선정하고, 기타 부위에 대해서는 구조물의 전체적인 안전성을 파악할 수 있는 대표성이 있는 층과 평면에서 선정한다.

- 육안조사

콘크리트 및 철골구조물의 결함·손상 및 열화에 대하여 발생 위치, 유형, 크기 등과 그 원인, 발생이나 발견 시기 등을 정밀하게 조사하고 규명 혹은 추정하여 표준서식에 상세히 기록하고, 개략도면에 표시한다. 건축물에서 발견된 각종 안전성과 재료의 열화 등에 관련한 문제점에 대해서는 다음에 진행되는 안전점검에서 그 진행 여부를 확인, 감시할 수 있도록 현장의 대상 부위에 발주처와 협의하여 필요시 표시하여야 하며, 표시한 날짜와 그 크기(폭, 길이 등)를 기록하여 남겨 둔다.

- 재료시험, 지반조사, 진동량 측정
- 재하시험

구조물의 재하시험은 구조부재의 내력 검토에서 반드시 필요하다고 판단할 경우에만 선택과업으로서 실시하며, 반드시 필요한 경우라 함은 부재가 변형을 동반하고 균열이 발생하여 육안조사 결과, 그 부재의 내력을 재하시험에 의하여 거동을 파악하여야만 평가할 수 있을 때로 한다.

• 건축구조물에 대한 계측 등의 조사

육안조사에서 건축구조물에 변위나 변형이 발생된 것으로 판단되어 정밀계측이 필요하다고 인정되거나, 장경간의 보·트러스 및 프리스트레스 구조나 쉘 및 케이블구조, 막 구조 등과 같이 특수구조물로서 안전성 평가가 구조형상의 변위·변형에 의하여 결정될 요소가 큰 경우에는 주요 구조부에 대한 공간좌표측정 등의 정밀측량을 선택과업으로서 정기적으로 실시한다. 대상 시설물의 사전조사 과정에서 위험한 요소의 판단, 정밀조사 부위의 선정은 물론 계측기를 이용한 진단요소 등을 결정하도록 한다. 정밀안전점검과 정밀안전진단 시 계측관리에 따른 적용과 구조물의 현황파악을 위하여 그림 3.29와 같이 계측관리를 하면 보다 효율적인 구조물의 유지관리를 할 수 있을 것이다.

구조물의 각종 열화 현상이나 구조부재의 내력 감소 등의 원인 규명이나 추정과 앞으로의 진행 가능성 등을 판단하기 위하여 적절한 추적조사를 선택과업으로서 실시한다. 정밀안전진단 실시결과에서 중대한 결함이 발견된 경우에는 규정에 의한 조치를 취한다.

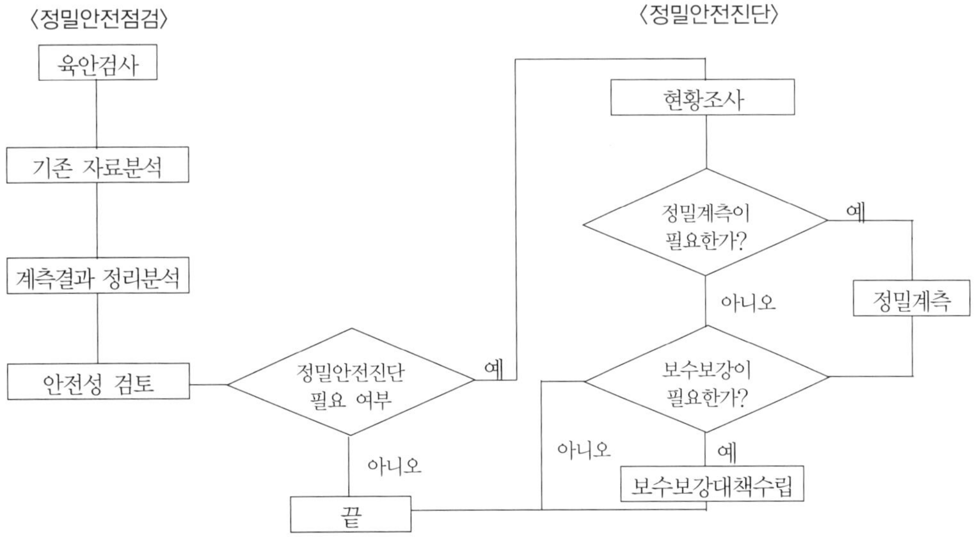

그림 3.29 계측자료 활용의 흐름도

3.2.4 재료시험 항목 및 수량

가. 정밀안전점검

표 3.2 구조형식별 정밀안전점검의 재료시험 항목

<table>
<tr><th colspan="2">구 분</th><th>기본과업</th><th>선택과업</th></tr>
<tr><td colspan="2">공통</td><td>· 변위 · 변형 조사</td><td>· 콘크리트 강도(국부파괴시험법)</td></tr>
<tr><td colspan="2">철근콘크리트 구조</td><td>· 부재의 규격조사
· 콘크리트 비파괴강도
· 콘크리트 탄산화 진행 깊이</td><td>· 염화물함유량 조사</td></tr>
<tr><td colspan="2">철골구조</td><td>· 강재의 규격조사</td><td>· 강재용접부(볼트접합부) 결함조사
· 강재의 부식 등
· 강재의 강도</td></tr>
<tr><td rowspan="2">철골 · 철근 콘크리트</td><td>SRC</td><td>· 부재의 규격조사
· 콘크리트 비파괴강도
· 콘크리트 탄산화 진행 깊이</td><td></td></tr>
<tr><td>STL</td><td>· 강재의 규격조사</td><td>· 강재용접부(볼트접합부) 결함조사
· 강재의 부식 등
· 강재의 강도</td></tr>
<tr><td colspan="2">조적조</td><td>· 부재의 규격조사
· 콘크리트 비파괴강도
· 콘크리트 탄산화 진행 깊이</td><td></td></tr>
</table>

표 3.3 구조형식별 정밀안전점검 재료시험 평가방법

<table>
<tr><th>구 분</th><th>재료시험 항목</th><th>평가 방법</th></tr>
<tr><td rowspan="4">기본과업</td><td>· 변위 · 변형 조사</td><td>· 건축물 및 부재의 기울기 평가</td></tr>
<tr><td>· 부재의 규격조사</td><td>· 콘크리트 및 강재의 규격조사</td></tr>
<tr><td>· 콘크리트 강도
−비파괴시험법 : 반발경도시험</td><td>· 외관상 건전부위와 불량부위에 대한 비교평가 필요함</td></tr>
<tr><td>· 콘크리트 탄산화 깊이 측정</td><td>· 현장측정
· 탄산화속도계수 산정</td></tr>
<tr><td rowspan="5">선택과업</td><td>· 콘크리트 강도(국부파괴시험법)</td><td>· 콘크리트 강도 평가의 기준
· 필요시 콘크리트 물성시험 등</td></tr>
<tr><td>· 콘크리트 염화물함유량 시험</td><td>· 시료채취 및 평가</td></tr>
<tr><td>· 강재용접부 등 결함조사</td><td>· 강재용접부와 볼트접합부 등의 균열 및 언더컷 등 평가</td></tr>
<tr><td>· 강재의 부식 등 조사</td><td>· 강재부식 및 접합부 부식평가
· 내화피복 손상 등 평가</td></tr>
<tr><td>· 강재의 강도</td><td>· 사용강재의 강도평가</td></tr>
</table>

나. 정밀안전진단

표 3.4 구조형식별 정밀안전진단의 재료시험 항목

구 분		기본과업	선택과업
공 통		· 변위 · 변형 조사 · 균열깊이 조사	
철근콘크리트 구조		· 부재의 규격조사 · 콘크리트 비파괴강도 · 철근배근 상태조사 · 철근부식도 조사 · 콘크리트 탄산화 진행 깊이 · 염화물함유량 조사(필요시)	· 코어 실내시험
철골구조		· 강재의 규격조사 · 강재용접부(볼트접합부) 결함 조사 · 강재용접부 및 접합부(자분탐상법, 염료침투시험법 등) 조사	· 강재용접부(볼트접합부) 결함조사 (초음파탐상법, 방사선탐상법 등) · 강재의 부식 등 · 강재의 강도
철골 · 철근 콘크리트	SRC	· 부재의 규격조사 · 콘크리트 비파괴강도 · 철근배근 상내소사 · 철근부식도 조사 · 콘크리트 탄산화 진행 깊이 · 염화물함유량 조사(필요시)	· 코어 실내시험
	STL	· 강재의 규격조사 · 강재용접부(볼트접합부) 결함 조사 · 강재용접부 및 접합부(자분탐상법, 염료침투시험법 등) 조사	· 강재용접부(볼트접합부) 결함조사 (초음파탐상법, 방사선탐상법 등) · 강재의 부식 등 · 강재의 강도
조적조		· 부재의 규격조사 · 콘크리트 비파괴강도 · 철근배근 상태조사 · 철근부식도 조사 · 콘크리트 탄산화 진행 깊이 · 염화물함유량 조사(필요시)	· 조적벽체 개체강도 · 코어 실내시험

표 3.5 구조형식별 정밀안전진단 재료시험 평가방법

구 분	재료시험 항목	평가 방법
기본과업	· 변위 · 변형 조사	· 건축물 및 부재의 기울기 평가
	· 부재의 규격조사	· 콘크리트 및 강재의 규격조사
	· 콘크리트 비파괴강도 –반발경도시험법, 초음파법	· 외관상 건전부위와 불량부위에 대한 비교평가 필요함
	· 철근탐사시험 –철근배근상태 –철근피복두께	· 구조검토를 위한 철근조사 · 콘크리트의 강도 및 물성시험 등을 위한 철근 위치 탐사
	· 철근부식도시험	· 주요부재의 철근 대상 · 철근부식확률 평가
	· 콘크리트 탄산화 깊이 측정	· 현장측정 · 탄산화속도계수 산정
	· 콘크리트 염화물함유량 시험	· 시료채취 및 평가
	· 자분탐상법, 염료침투시험법에 의한 강재용접부 결함조사	· 현장측정 · 자분을 이용한 결함 조사
선택과업	· 강재용접부 등 결함조사	· 강재용접부와 볼트접합부 등의 균열 및 언더컷 등 평가
	· 강재의 부식 등 조사	· 강재부식 및 접합부 부식 평가 · 내화피복 손상 등 평가
	· 강재의 강도	· 사용강재의 강도 평가
	· 콘크리트 강도(국부파괴시험법)	· 콘크리트 강도 평가의 기준 · 필요시 콘크리트 물성시험 등

3.2.5 상태평가기준 및 방법

가. 상태평가기준

1) 상태평가결과 산정기준

상대평가결과와 그 점수에 대한 산정기준은 표 3.6과 같다.

표 3.6 상태평가결과 및 점수 산정기준

구 분	평가 항목	상태평가결과 및 점수의 산정방법	비고
철근콘크리트 라멘조, 철골 · 철근 콘크리트조, 철근콘크리트 벽식구조, 프리캐스트 콘크리트조, 무량판조, 조적조	강도	· 부재 평가점수 : 단위부재의 측정결과에 대한 평균값 · 부재 대푯값 : 측정부재 전체에 대한 평균값	
	균열	· 부재 평가점수 : 단위부재의 조사한 균열 폭 및 면적률에 해당하는 평가점수의 평균값 · 부재 대푯값 : 결함 · 손상부재를 포함해 평가대상부재수의 최소범위에 대한 결함 · 손상 부재의 평가점수의 평균값	–최소범위 기둥, 벽 : 각 전체 부재의 20% 보, 슬래브 : 각 전체 부재의 30%
	탄산화	· 부재 평가점수 : 단위부재의 측정결과에 대한 평균값 · 부재 대푯값 : 측정부재 전체에 대한 평균값	
	염화물 함유량	· 부재 평가점수 : 단위부재의 측정결과에 대한 평균값 · 부재 대푯값 : 측정부재 전체에 대한 평균값	
	철근 부식	· 부재 평가점수 : 단위부재의 측정결과에 대한 평균값 · 부재 대푯값 : 측정부재 전체에 대한 평균값	
	표면 노후	· 부재 평가점수 : 단위부재의 조사결과 및 면적률에 해당하는 평가점수에 대한 평균값 · 항목 평가점수 : 결함 · 손상부재를 포함해 평가대상 부재수의 최소범위에 대한 결함 · 손상 부재의 평가점수의 평균값 · 부재 대푯값 : 항목 평가점수의 최저값	–최소범위 기둥, 벽 : 각 전체 부재의 20% 보, 슬래브 : 각 전체 부재의 30%
철골조, 철골 · 철근 콘크리트조	강재규격 및 강도 (도서 검토)	· 부재 평가점수 : 단위부재의 측정결과에 해당하는 평가점수 · 부재 대푯값 : 측정부재 전체에 대한 평균값	
	접합 상태	· 부재 평가점수 : 단위부재의 측정결과에 해당하는 평가점수 · 부재 대푯값 : 측정부재 전체에 대한 평균값	용접접합 볼트접합
	강재 부식도	· 부재 평가점수 : 단위부재의 측정결과에 해당하는 평가점수 · 부재 대푯값 : 측정부재 전체에 대한 평균값	
	접합재 부식도	· 부재 평가점수 : 단위부재의 측정결과에 해당하는 평가점수 · 부재 대푯값 : 측정부재 전체에 대한 평균값	용접접합 볼트접합
	내화 피복	· 부재 평가점수 : 단위부재의 측정결과에 대한 평균값 · 부재 대푯값 : 측정부재 전체에 대한 평균값	
공 통	변위 변형	· 수평기울기 : 측정결과의 최저값에 해당하는 평가점수	
		· 수직기울기 : 측정결과의 최저값에 해당하는 평가점수	처짐 및 부동침하에 의한 구조 및 부재의 기울기

2) 상태평가 항목별 기준

각 평가항목에 대한 평가기준은 그 상태에 따라 'a~e'의 5단계로 구분하고, 각 평가기준에 해당하는 평가점수는 각 표와 같다.

① 콘크리트 강도

표 3.7 콘크리트 강도에 대한 상태평가기준

평가기준	평가내용	평가점수(대푯값)
a	$100\% \le \alpha_c$	1
b	$100\% \le \alpha_c$ (경미한 손상 있음)	3
c	$85\% \le \alpha_c < 100\%$	5
d	$70\% \le \alpha_c < 85\%$	7
e	$\alpha_c < 70\%$	9

여기서, α_c = (측정강도 ÷ 설계기준강도)×100%

② 콘크리트 균열

표 3.8 콘크리트 균열에 대한 상태평가기준

평가기준	평가점수(대푯값)	평가내용		
		최대 균열 폭 : CW(단위:mm)	면적률 20% 미만	면적률 20% 이상
a	1	CW < 0.1	a	a
b	3	0.1 ≤ CW < 0.2	b	c
c	5	0.2 ≤ CW < 0.3	c	d
d	7	0.3 ≤ CW < 0.5	d	e
e	9	0.5 ≤ CW	e	e

여기서, 면적률(%) = $\frac{\text{균열발생면적}}{\text{점검단위면적}} \times 100 = \frac{\text{균열길이(L)} \times 0.25}{\text{점검단위면적}} \times 100$

균열발생면적 산정은 균열길이 당 25cm의 폭을 차지하는 것으로 계산
(단, 벽체 및 슬래브 등의 판재에만 적용)

③ 콘크리트 탄산화

표 3.9 콘크리트 탄산화에 대한 상태평가기준

평가기준	평가내용	평가점수(대푯값)
a	Ct* ≤ 0.25D**	1
b	0.25D < Ct ≤ 0.5D	3
c	0.5D < Ct ≤ 0.75D	5
d	0.75D < Ct ≤ D	7
e	D < Ct	9

* Ct : 콘크리트 탄산화 깊이(cm)
** D : 측정된 철근의 피복두께(cm)
여기서, 상태평가결과가 'e'이면서 콘크리트 내부의 철근부식에 대한 상태평가결과가 'e'이면 중대한 결함으로 본다.

④ 콘크리트 내부의 염화물함유량

표 3.10 콘크리트 염화물함유량에 대한 상태평가기준

평가기준	평가내용(염화물 이온 함유량 : cL (단위:kg/m³)	평가점수(대푯값)
a	cL ≤ 0.15	1
b	0.15 < cL ≤ 0.3	3
c	0.3 < cL ≤ 0.6	5
d	0.6 < cL ≤ 1.2	7
e	1.2 < cL	9

여기서, 상태평가결과가 'e'이면서 콘크리트 내부의 철근부식에 대한 상태평가결과가 'e'이면 중대한 결함으로 본다.

⑤ 철근부식

표 3.11 콘크리트 내부의 철근부식에 대한 상태평가기준

평가기준	평가점수(대푯값)	평가내용			강재의 부식환경	
		자연전위(mV)	철근의 부식상태	상태계수(α)	부식환경 조건	부식환경 계수(β)
a	1	E > 0	녹이 발생하지 않았거나 약간의 점녹이 발생한 상태	1	건조환경	1.0
b	3	−200 < E ≤ 0	점녹이 광범위하게 발생한 상태	3	습윤환경	1.1
c	5	−350 < E ≤ −200	면녹이 발생하였고 부분적으로 들뜬 녹이 발생한 상태	5	부식성 환경	1.2
d	7	−500 < E ≤ −350	들뜬 녹이 광범위하게 발생하였거나, 20% 이하의 단면결손이 발생한 상태	7	고부식성 환경	1.3
e	9	E ≤ −500	두꺼운 층상의 녹이 발생하였거나, 20% 이상의 단면결손이 발생한 상태	9	−	−

* 철근부식의 대푯값 = $\alpha \times \beta$ (근거 : ASTM 및 준ASTM(일본))

여기서, 상태평가결과가 'e'이면서 누수를 동반하는 경우 중대한 결함으로 본다.

⑥ 표면노후

• 박리(scaling)

표 3.12 콘크리트 박리에 대한 상태평가기준

평가기준	평가점수(대푯값)	평가내용		
		박리깊이 : sc (단위:mm)	면적률 10% 미만	면적률 10% 이상
a	1	sc = 0	a	a
b	3	0 < sc < 0.5	b	c
c	5	0.5 ≤ sc < 1.0	c	d
d	7	1.0 ≤ sc < 25	d	e
e	9	25 ≤ sc	e	e

• 박락(spalling) 및 층분리(delamination)

표 3.13 콘크리트 박락 및 층분리에 대한 상태평가기준

평가기준	평가점수 (대푯값)	평가내용		
		박락, 층분리깊이 : sd (단위:mm)	면적률 20% 미만	면적률 20% 이상
a	1	sd = 0	a	a
b	3	0 < sd < 15	b	c
c	5	15 ≤ sd < 20	c	d
d	7	20 ≤ sd < 25	d	e
e	9	25 ≤ sd (혹은 조골재 손실)	e	e

• 누수(leakage) 및 백태(efflorescence)

표 3.14 콘크리트 누수 및 백태에 대한 상태평가기준

평가기준	평가내용	평가점수 (대푯값)
a	누수 및 백태 발생 없음	1
b	누수부위가 건조한 상태의 경미한 누수흔적이 있거나, 백태발생 면적률 5% 미만	3
c	누수부위가 습윤한 상태의 현저한 누수흔적이 있거나, 백태발생 면적률 5%~10% 미만	5
d	누수의 진행이 관찰가능하거나, 백태발생 면적률 10~20% 미만	7
e	누수의 진행이 확연하거나, 백태발생 면적률 20% 이상	9

• 철근노출

표 3.15 콘크리트 부재에서 철근노출에 대한 상태평가기준

평가기준	평가내용	평가점수(대푯값)
a	ra * = 0	1
b	0 < ra < 1.0%	3
c	1.0 ≤ ra < 3.0%	5
d	3.0 ≤ ra < 5.0%	7
e	5.0% ≤ ra	9

* ra : 철근노출 면적률(%) = $\frac{\text{철근노출면적}}{\text{점검단위면적}} \times 100 = \frac{\text{철근노출길이(L)} \times 0.25}{\text{점검단위면적}} \times 100$

⑦ 변위 · 변형

표 3.16 부재의 변위 · 변형에 대한 상태평가기준

평가기준	평가기준 (보 및 슬래브의 처짐, L : 경간길이(cm))	평가점수(대푯값)
a	L / 480 이하	1
b	L / 480 이하(경미한 손상)	3
c	L / 240 이하	5
d	L / 150 이하	7
e	L / 150 초과	9

여기서, 상태평가결과가 'd'이하이면서 과다한 균열을 동반하는 경우 중대한 결함으로 본다.

⑧ 기울기(부동침하)

표 3.17 건축물의 기울기에 대한 상태평가기준

평가기준	평가내용		평가점수(대푯값)
	기울기(각변위)	내 용	
a	1/750 이내	예민한 기계기초의 위험 침하 한계	1
b	1/500 이내	구조물의 균열발생 한계	3
c	1/250 이내	구조물의 경사도 감지	5
d	1/150 이내	구조물의 구조적 손상이 예상되는 한계	7
e	1/150 초과	구조물이 위험할 정도	9

여기서, 상태평가결과가 'd'이하이면서 균열의 심한 변화를 동반하는 경우 중대한 결함으로 본다.

⑨ 강재규격 및 강도

강재규격 및 강도에 대한 상태평가결과 판정은 하나의 부재에서 조사·시험한 부재규격의 평가결과와 강재강도의 평가결과 중에 낮은 평가결과를 택하는 것으로 한다.

• 부재단면의 규격

표 3.18 부재단면의 규격에 대한 상태평가기준

평가기준	평가내용	평가점수(대푯값)
a	100% ≤ s*	1
b	95% ≤ s < 100%	3
c	90% ≤ s < 95%	5
d	75% ≤ s < 90%	7
e	s < 75%	9

*s = (측정 단면적 ÷ 설계 단면적)×100%

• 강재강도

표 3.19 강재강도에 대한 상태평가기준

평가기준	평가내용	평가점수(대푯값)
a	100% ≤ α_S	1
b	95% ≤ α_S < 100%	3
c	90% ≤ α_S < 95%	5
d	75% ≤ α_S < 90%	7
e	α_S < 75%	9

여기서, α_S = (측정강도 ÷ 설계기준강도)×100%

⑩ 강재 접합부

• 용접부 결함

표 3.20 강재용접부 결함에 대한 상태평가기준

평가기준	평가내용	평가점수(대푯값)
a	결함이 없는 최상의 상태	1
b	국부적인 미세결함이 있는 양호한 상태	3
c	부분적으로 결함이 있는 보통의 상태	5
d	광범위하게 결함이 발생되어 내력저하의 우려가 있는 불량한 상태	7
e	내력저하가 심각히 우려되는 매우 불량한 상태	9

여기서, 상태평가결과가 'd'이하이면 중대한 결함으로 본다.

• 볼트 접합부

표 3.21 강재 접합볼트 누락, 풀림 및 이완상태 등에 대한 상태평가기준

평가기준	평가내용	평가점수(대푯값)
a	결함이 없는 최상의 상태	1
b	TL < 5%	3
c	5% ≤ TL < 10%	5
d	10% ≤ TL< 30%	7
e	30% ≤ TL < 100%	9

여기서, 상태평가결과가 'd'이하이면 중대한 결함으로 본다.

$$\text{TL : 토크치 부족률}(\%) = \frac{\text{부족토크치}}{\text{설계토크치}} \times 100$$

$$\text{또는, 접합볼트너트 결함률}(\%) = \frac{\text{볼트너트 누락 또는 풀림 개수}}{\text{설계상 볼트너트 수}} \times 100$$

⑪ 강재부식

표 3.22 강재부식에 대한 상태평가기준

평가기준	평가내용		평가점수(대푯값)
	도장하였을 때	도장하지 않았을 때	
a	부식이 전혀 없거나 또는 평활면의 도막은 다소 울퉁불퉁함을 일으키고 부풀어 있는 상태	안정화된, 얇고 치밀한 검은색의 녹이 피막을 형성한 상태	1
b	도막의 울퉁불퉁함이나 부풀은 것이 모서리에 연속적인 부식이 심하게 발생했거나 평활면에 부식이 발생한 정도	부식이 상당히 진전되었지만 두께 허용치를 만족할 때	3
c	판두께의 감소가 평균하여 10% 미만		5
d	판두께의 감소가 평균하여 10% 이상 15% 미만		7
e	판두께의 감소가 평균하여 15% 이상		9

⑫ 접합재 부식도

• 용접접합부 부식

표 3.23 강재 용접접합부 부식에 대한 상태평가기준

평가기준	평가점수(대푯값)	평가내용		강재의 부식환경	
		부식 정도	상태계수(α)	부식 환경조건	부식환경 계수(β)
a	1	부식이 전혀 없거나 또는 용접재의 도막은 다소 울퉁불퉁함을 일으키고 부풀어 있는 상태	1	건조환경	1.0
b	3	도막의 울퉁불퉁함이나 부풀은 것이 모서리에 연속적인 부식이 심하게 발생했거나 용접재에 부식이 발생한 정도	3	습윤환경	1.1
c	5	용접재 두께의 평균 감소율 5% 미만	5	부식성 환경	1.2
d	7	용접재 두께의 평균 감소율 5% 이상 10% 미만	7	고부식성 환경	1.3
e	9	용접재 두께의 평균 감소율 10% 이상	9		

여기서, 상태평가결과가 'd'이하이면 중대한 결함으로 본다.
용접부식의 대푯값 = $\alpha \times \beta$

• 볼트접합부 부식

표 3.24 볼트접합부 부식에 대한 상태평가기준

평가 기준	평가점수 (대푯값)	평가내용		강재의 부식환경	
		부식 정도	상태계수 (α)	부식 환경조건	부식환경계수 (β)
a	1	부식이 전혀 없거나 얇고 치밀한 검은색의 녹이 피막을 형성한 상태	1	건조환경	1.0
b	3	볼트 또는 접합판재에 부분적으로 들뜬 녹이 발생한 상태	3	습윤환경	1.1
c	5	볼트 또는 접합판재 두께의 평균 감소율 5% 미만	5	부식성 환경	1.2
d	7	볼트 또는 접합판재 두께의 평균 감소율 5% 이상 10% 미만	7	고부식성 환경	1.3
e	9	볼트 또는 접합판재 두께의 평균 감소율 10% 이상	9		

여기서, 상태평가결과가 'd'이하이면 중대한 결함으로 본다.
볼트접합 부식의 대푯값 = $\alpha \times \beta$
접합판재 두께 : 설계 두께값

⑬ 강재 내화피복

표 3.25 강재 내화피복에 대한 상태평가기준

평가기준	평가내용	평가점수(대푯값)
a	100% ≤ cf	1
b	100% ≤ cf(경미한 손상 있음)	3
c	85% ≤ cf < 100%	5
d	70% ≤ cf < 85%	7
e	cf < 70%	9

여기서, cf = (측정 두께 ÷ 설계기준 두께)×100%
또는 (부재손상면적 ÷ 부재전체면적)×100% 중 최저등급

나. 상태평가결과 산정방법

상태평가결과 판정은 각 평가항목·부재·층별 중요도를 고려하여 부재단위, 층단위, 건축물 전체단위에 대하여 실시한다. 상태평가결과 판정은 표 3.26의 절차에 따라 실시하고, 상태평가결과의 판정 시에는 책임기술자 또는 관련분야 전문가가 판단한 근거를 포함하는 소견을 첨부해야 한다.

표 3.26 상태평가결과 판정 절차

순서 \ 구분	평가단계	평가방법
1	부재단위 평가	· 개별부재에 대해 결함정도에 따라 평가점수 부여 · 개별부재에 대해 평가항목의 중요도 반영 · 부재단위(벽, 기둥, 보, 슬래브 등)별로 각 평가항목에 대해 평가점수 종합, 결과 판정
2	층단위 평가	· 각 평가항목 및 부재의 중요도를 고려해 층 단위의 평가점수를 종합, 결과 판정
3	전체 건축물 상태평가	· 상기 1, 2단계 및 각층의 중요도를 고려해 전체 건축물의 평가점수를 종합, 결과 판정

3.2.6 안전성 평가기준 및 방법

대상 시설물의 구조해석 및 구조안전성 검토는 설계 당시에 적용된 기준에 의해 실시하고, 그 결과에 따라 안전성 평가를 실시할 수 있다. 2차 이상의 정밀안전진단을 실시할 경우, 전회차 진단 시와 구조 또는 용도 등의 변경사항이 없을 시에는 전회차 자료를 활용할 수 있다. 또한, 건축물이 부대시설물인 경우에는 부재별 상태평가, 재료시험 결과 및 각종 계측, 측정조사 및 시험 등을 통하여 얻은 결과를 분석하여 구조적으로 취약한 시설물을 선정하여 안전성 평가를 실시한다.

건축물에 대한 안전점검 및 정밀안전진단 과정에서 실시한 조사·시험 및 상태평가결과를 반영한 구조응력해석과 부재단면의 내력검토의 결과에 따라 구조안전성 평가가 객관적으로 이루어져야 한다. 필요한 경우에 구조에 대한 사용제한이나 보강을 합리적으로 이행하도록 하고 그 자료를 체계적으로 관리할 수 있도록 하여야 한다. 내진성능 평가는 '기존 시설물(건축물)의 내진성능 평가 및 향상요령' 등을 참조할 수 있다.

본 장에서는 건축물의 안전점검 및 정밀안전진단 시에 객관적인 안전성 평가를 수행할 수 있는 합리적인 안전성 평가기준에 관해서 기술한다.

가. 안전성 평가기준

1) 정밀안전점검

정밀안전점검에서 안전성 평가는 설계변경, 사용용도의 변경으로 인한 하중의 변화, 부재내력의 손실 등에 의해 구조에 문제점이 발견된 경우에는 일부 부재에 대하여 안전성 평가를 제한적으로 선택과업으로서 실시하며, 이때의 안전성 평가기준은 정밀안전진단에 따른다.

2) 정밀안전진단

정밀안전진단에서 수행하는 안전성 평가는 건축구조물이 안전성을 확보하고 있는 수준에 따라 'A~E'등급의 5단계로 구분하고, 각 안전성 평가기준에 해당하는 평가점수는 표 3.27과 같다. 안전성 평가결과의 판정 시에는 책임기술자 또는 관련분야 전문가가 판단한 근거를 포함하는 소견을 포함시켜야 한다.

표 3.27 정밀안전진단의 안전성 평가기준

평가기준	평가점수		평가내용
	범위	대푯값	
A	$0 \le x < 2$	1	구조물의 내력이 설계목표치를 만족하고, 부분 및 전반적으로 문제점이 거의 없는 최상의 상태
B	$2 \le x < 4$	3	구조물의 내력이 설계목표치를 만족하나, 경미한 손상이 발생된 대체로 양호한 상태
C	$4 \le x < 6$	5	구조물의 내력이 부분적으로 부족하나, 전반적으로 구조물의 안전성이 확보되어 있는 보통의 상태
D	$6 \le x < 8$	7	전반적으로 구조물의 내력이 부족하여 구조물의 안전성 확보가 곤란하고 불량한 상태
E	$8 \le x \le 10$	9	전반적으로 구조물의 내력부족이 현저하여 붕괴가 우려되는 심각한 상태

3) 부재내력에 대한 평가기준

부재별 안전성 평가는 구조해석을 수행하여 구조물을 구성하고 있는 기둥, 벽, 보, 슬래브 등의 각 부재의 내력비(이하 '안전율(SF)'이라 함)로 평가한다. 평가기준은 'a~e'의 5단계로 구분하고, 안전성 평가기준은 표 3.28과 같다.

표 3.28 부재내력에 대한 안전성 평가기준

평가기준	평가내용	대푯값
a	100% ≤ SF	1
b	100% ≤ SF (경미한 손상 있음)	3
c	90% ≤ SF < 100%	5
d	75% ≤ SF < 90%	7
e	SF < 75%	9

여기서, 안전성 평가결과가 'd' 이하이면 중대한 결함으로 본다.
SF : 안전율 = (부재강도 ÷ 소요강도)×100%
부재강도는 설계도서 검토 및 현장조사 결과로부터 분석 · 판단한 부재단면의 내력을 말함

나. 안전성 평가결과 산정방법

안전성 평가결과 판정은 평가항목·부재·층별·중요도를 고려하여 부재단위, 층 단위, 건축물 전체단위에 대하여 실시한다. 건축물의 안전성 평가결과 판정절차는 표 3.29와 같다.

표 3.29 안전성 평가결과 판정절차

구분 순서	평가단계	평가방법
1	부재단위 평가	· 상태평가 항목별 결과 검토 및 반영 · 부재 치수 및 적용하중, 절점 및 지지점 등의 평가, 구조 응력 해석 또는 재하시험 대상 부재의 단면내력 검토 및 안전율에 따라 부재 단위별로 평가점수 부여하여 안전성 평가결과 판정
2	층 단위 평가	· 부재의 중요도를 고려해 층 단위 평가점수를 종합하여 안전성 평가결과 판정
3	전체단위 평가	· 상기 1, 2단계 및 각 층의 중요도를 고려, 전체 건축물의 평가점수를 종합하여 안전성 평가결과 판정

3.2.7 종합평가기준 및 방법

가. 종합평가기준

시설물의 상태평가와 안전성 평가를 실시한 경우에는 각각의 결과로 부여된 상태평가 결과와 안전성 평가결과를 종합적으로 비교·검토하여 그 시설물에 대한 종합평가결과를 결정하며, 다음의 표 3.30과 같은 시설물의 종합평가기준에 의해 결정한다. 건축시설물이 복합시설물의 부대시설물에 해당하는 경우의 건축물 종합평가는 세부지침에 준하여 평가하며, 결과 판정 시 표 3.31과 같이 환산하여 평가한다. 또한, 종합평가결과의 판정 시에는 상태평가 및 안전성 결과 판정에 대한 관련분야 전문가 소견을 종합하여 책임기술자가 판단한 근거를 포함하는 소견을 포함시켜야 한다.

표 3.30 건축시설물의 종합평가기준

종합평가기준	평가점수	
	범위	대푯값
A	$0 \le x < 2$	1
B	$2 \le x < 4$	3
C	$4 \le x < 6$	5
D	$6 \le x < 8$	7
E	$8 \le x \le 10$	9

표 3.31 종합평가기준에 따른 환산식

종합평가기준	환산식	종합평가기준	환산식
A	$4.5 + 0.25 \times (2 - x)$	D	$1.5 + 0.50 \times (8 - x)$
B	$3.5 + 0.50 \times (4 - x)$	E	$1.0 + 0.25 \times (10 - x)$
C	$3.5 + 0.50 \times (4 - x)$	x : 건축물 평가점수	

나. 종합평가결과 산정방법

상태 및 안전성 평가결과를 종합하는 구체적인 방법과 절차는 다음의 안전점검 및 정밀안전진단의 각 평가체계에 따라 실시한다.

1) 정밀안전점검

① 철근콘크리트구조

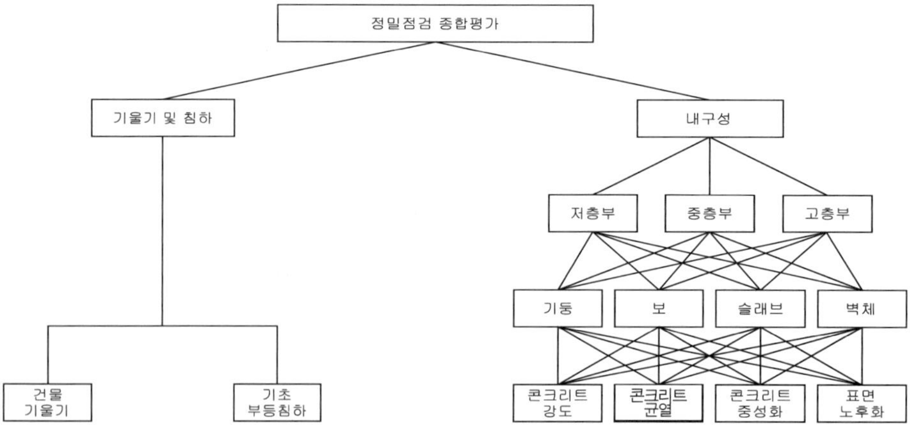

그림 3.30 정밀안전점검의 철근콘크리트구조에 대한 종합평가결과 판정체계

② 철골구조

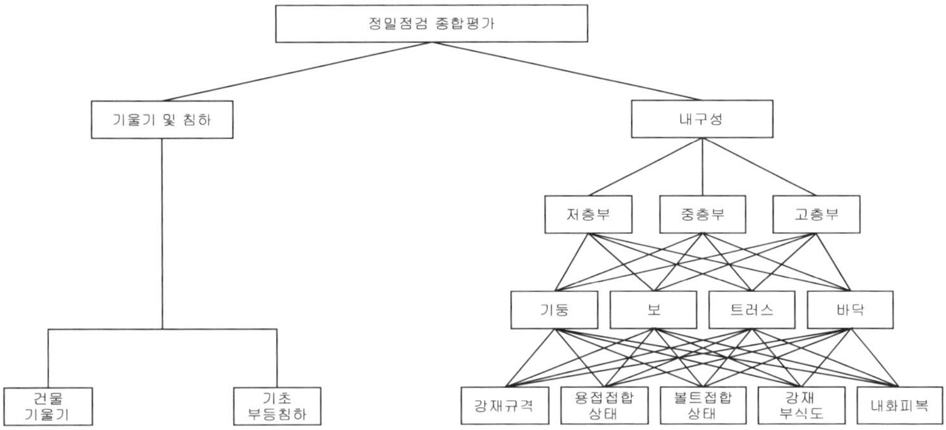

그림 3.31 정밀안전점검의 철골구조에 대한 종합평가결과 판정체계

2) 정밀안전진단

① 철근콘크리트구조

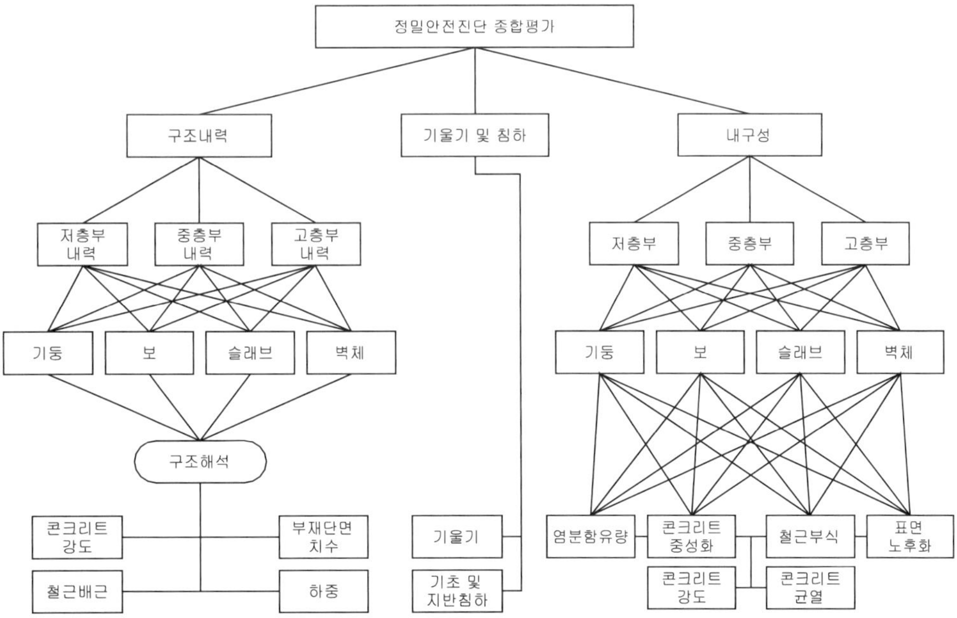

그림 3.32 정밀안전진단의 철근콘크리트구조에 대한 종합평가결과 판정체계

② 철골구조

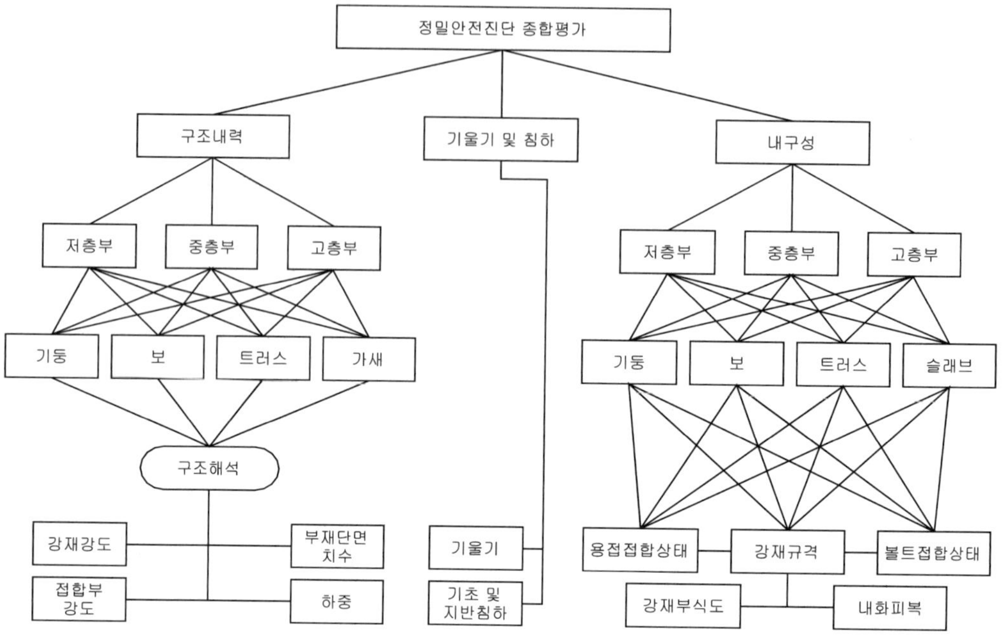

그림 3.33 정밀안전진단의 철골구조에 대한 종합평가결과 판정체계

3.3 화재피해 안전진단

3.3.1 개요

산업화 도시화에 따른 건축물의 밀집과 고층화의 환경에서 화재 발생은 인명 및 재산 피해에 치명적인 결과를 가져올 수 있고, 이는 두말할 것도 없이 막대한 국가적 손실을 초래한다. 따라서 화재발생을 사전에 억제할 수 있도록 구조물의 방화·내화구조 및 피난 계획, 소화설비, 소화활동설비 등에 대한 방재 연구와 더불어 화재발생 후 화재의 육안 조사와 구조물의 재사용 여부 또는 보강 필요성, 자산의 평가에 대한 과학적인 근거를 위해 신뢰성 있는 안전성 평가에 대한 연구가 필요한 실정이다.

콘크리트 구조는 화재 대비에 비교적 우수한 것으로 알려져 있는데, 수많은 구조물이 심한 피해를 입은 후 보수·보강되어 재사용되고 있다. 그러나 국내에서는 화재피해를 입은 구조물에 대한 안전진단 및 성능평가, 보수·보강에 대해서는 고려하지 못하고 있다. 화재로 인한 파괴메커니즘은 부재에 사용된 콘크리트의 강도, 단면 크기, 콘크리트의 재료, 부재의 구속 조건, 콘크리트 내 함수율, 하중의 종류, 철근량 등 다양한 변수에 지배되며, 취성파괴를 수반하는 등 바람직하지 않은 파괴 양상을 보이기도 한다. 특히 박락은 열에 노출된 콘크리트 표면이 파손되어 떨어져 나가는 현상을 일컫는 것으로 기둥 피복이 손실됨으로 인하여 철근이 노출되는 현상을 야기하고 극한 상태에서의 강도 약화를 유발하며, 이러한 현상들은 부재단면의 강성과 강도의 감소를 초래하여 건물의 구조적 기능에 결정적인 결함을 초래한다.

따라서 본 절에서는 화재 메커니즘, 화재피해 사례, 화재조사 및 진단 방법에 대하여 종래 문헌들을 바탕으로 정리하여 기술한다.

3.3.2 화재의 메커니즘

콘크리트는 화재로 인해 열을 받게 되면 시멘트 경화물과 골재가 각각 다른 팽창수축 거동을 하고 그에 따라 콘크리트 조직은 연화되며, 단부의 구속 등에 의해 나타난 열응력 등에 따라 균열이 발생하고 콘크리트가 열화되어 박락한다. 가열온도의 상승에 따라 콘크리트 중의 시멘트수화물이 화학적으로 변질하고 약 600℃까지 시멘트 페이스트 부분은 수축하나, 골재는 팽창하는 상반된 거동을 나타낸다. 또한 콘크리트 중의 자유수는 수분 팽창하여 내부응력이 점차 증대하고, 내부조직이 파괴되어 강도 및 탄성 등의 역학적 성질이 저하한다. 저하율은 사용재료의 종류, 배합, 재령 등에 따라 다르고, 그림 3.34, 그림 3.35와 같이 300℃까지는 강도의 저하현상이 그다지 나타나지 않으나 500℃를 넘으면 50% 이하로 되고 탄성계수도 가열에 의해 저하하여 500℃에서는 거의 반감한다. 가열에 따라 저하된 강도는 화재피해 후 어느 기간이 경과하면 그림 3.36과 같이 회복하고 수열온도가 500℃ 이내에 있다면 재사용이 가능한 상태까지 복원된다. 한편 탄성계수도 어느 정도 복원되지만 그 정도는 그림 3.37에서 보는 바와 같이 극히 미소하다.

그러나 화재피해를 입은 콘크리트 부재의 전단면이 이와 같은 고온도에 동시에 도달하는 경우는 거의 없으며, 보통은 표면이 가장 높고 깊이방향으로 서서히 저하하는 온도구배를 가진다. 화재의 규모, 콘크리트의 종류, 단면의 형상 및 최대치수, 부위 등에 따라 각각 다르므로 부재의 깊이방향에 대하여 온도저하나 균열 등의 피해 정도도 달라진다. 화재를 입은 콘크리트의 표면에는 일반적으로 크고 작은 균열이 발생한다. 시멘트 경화물은 유리수 외에 다량의 결정수를 가지고 있어서 100℃ 이상에서는 이들이 분리 및 소실됨에 따라 수축하고, 약 700℃에서 완전하게 탈수하여 불가역 변화 상태로 된다. 콘크리트의 약 75%는 골재가 차지하고 있으므로 콘크리트의 고온 시의 성질은 골재의 성질에 의존하는 경우가 있다. 콘크리트는 약 1200℃ 이상에서 장시간 가열하면 표면으로부터 점차 용융한다.

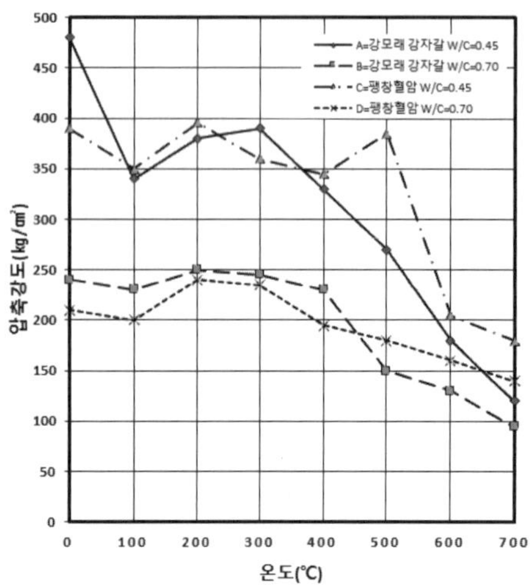

그림 3.34 콘크리트의 가열온도에 따른 압축강도 변화

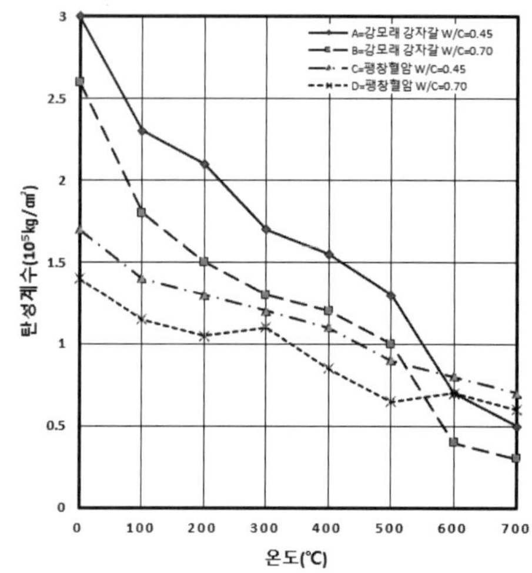

그림 3.35 콘크리트의 가열온도에 따른 탄성계수 변화

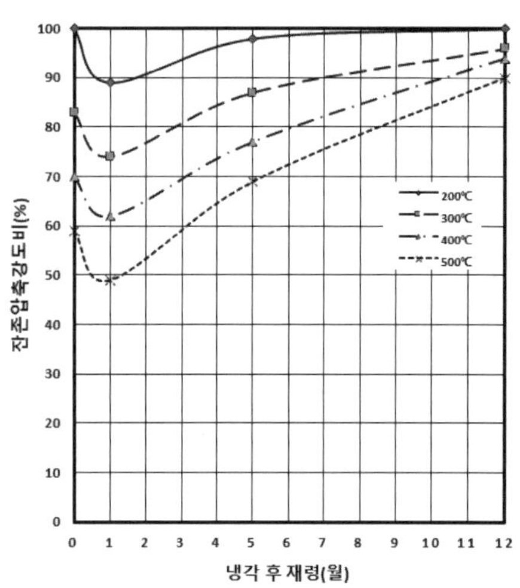

그림 3.36 가열된 콘크리트 압축강도의 자연회복

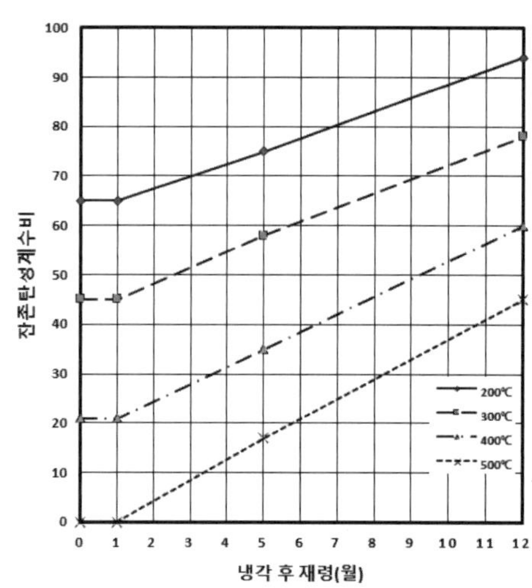

그림 3.37 가열된 콘크리트 탄성계수의 자연회복

한편, 콘크리트는 500~580℃의 가열에서 콘크리트 중의 유리알칼리성분인 수산화칼슘($Ca(OH)_2$)이 열분해하여 알칼리성을 소실해 가는 화학적 피해를 입는다. 이러한 현상에 따라 철근을 방식하는 능력이 저감하여 철근콘크리트 구조물의 내구성이 현저하게 소실된다.

콘크리트 부재는 화재 초기에 표면부 콘크리트 박락을 발생시켜 철근을 노출시키는 특이한 파괴현상을 유발하는데, 이를 콘크리트의 폭열(spalling failure)이라 부른다. 폭열은 콘크리트에 화재 등으로 발생한 급격한 온도 변화와 열로 인하여 내부에 갇혀있던 수분이 외부로 빠져나가지 못하고 팽창 한계점에 도달한 후 폭발하며 부재 표면의 콘크리트가 탈락되거나 박리되는 현상을 뜻한다. 폭열의 주요 원인은 온도상승에 따른 콘크리트 골재 자체의 화학적 성질 변화, 콘크리트 중의 모세간극 내 자유수 수증기압의 증대, 가열에 의한 시멘트 페이스트부와 골재의 상반된 거동, 콘크리트 내부와 철근간의 동일하지 않은 팽창으로 인하여 발생하는 구속응력의 증대, 콘크리트 내부에 대한 승온 속도의 차이에 따라 발생하는 내부열응력의 증대 등이다. 콘크리트의 폭열 발생 메커니즘은 그림 3.38과 같이 도식화 할 수 있다.

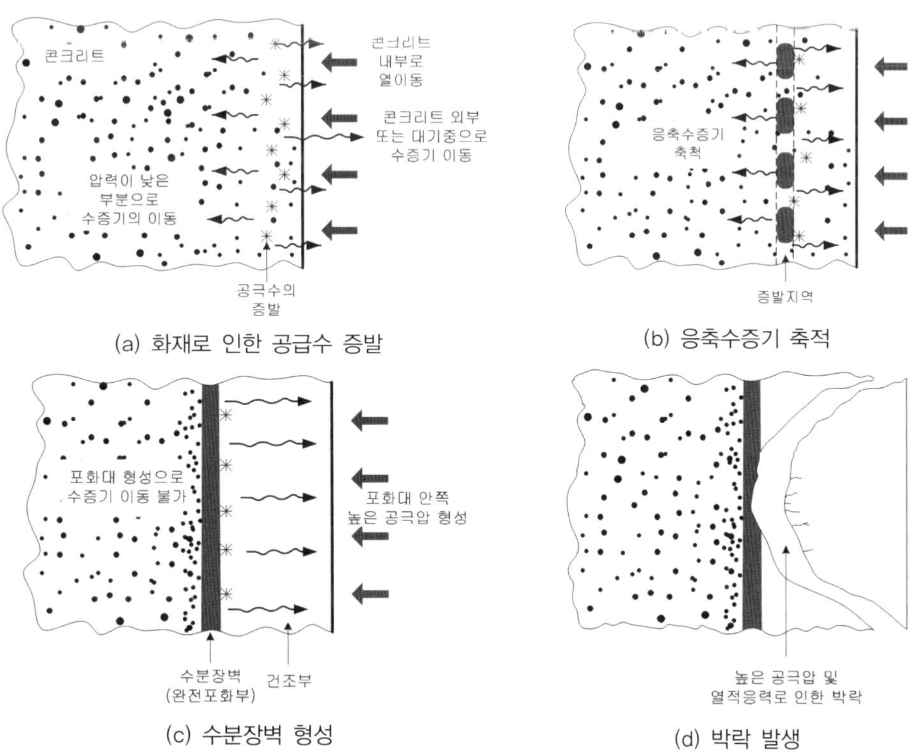

그림 3.38 콘크리트 폭열 발생 메커니즘

3.3.3 화재피해 사례

철근콘크리트조와 내화피복철골조 등의 내화건축물에서의 화재는 대체로 화재에 노출되어도 구조체 그 자체는 연소되지 않으며, 열에 의한 변형도 작다. 화재발생 후 표면적으로는 벽과 천장의 콘크리트가 그을리거나 변색되는 정도이며, 구조적으로는 국부적인 손상에 머물고 건물 자체는 화재 전의 상태로 잔존한다. 따라서 내화건축물은 화재 후에도 대부분 비교적 간단한 보수만으로 재사용을 도모하기도 한다. 드물게는 화재의 규모에 따라 구조체가 큰 화재피해를 받는 경우도 있으므로 화재 규모, 화재피해의 상황 등에 따라 적절한 보수 또는 보강대책을 강구하는 것이 요구된다.

일반적으로 화재는 연소에 필요한 공기가 자유롭게 공급되는 모닥불과 같은 '연료지배형 화재'와 내화조 건축물처럼 구획된 공간의 한정된 개구부로부터 공기가 공급되는 '환기지배형 화재'로 크게 구분된다. 이 구획된 공간에서의 화재시간과 온도곡선은 일반적으로 그림 3.39와 같다.

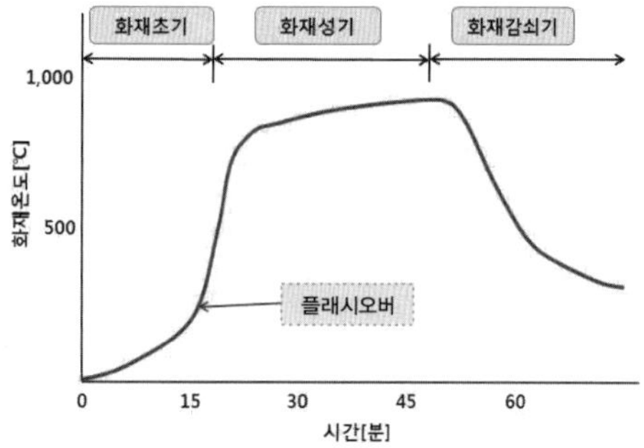

그림 3.39 내화건축물 화재시간과 온도곡선

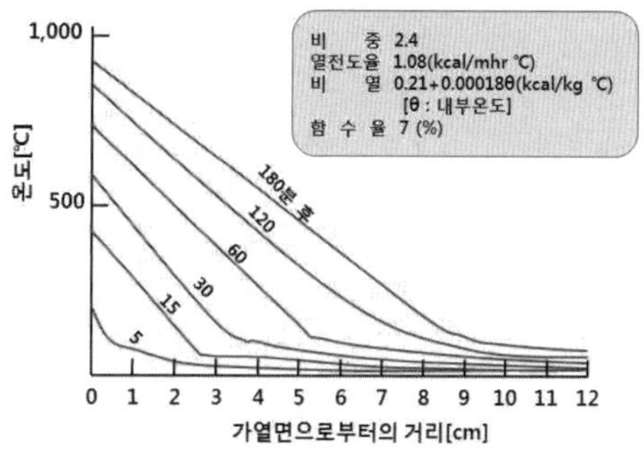

그림 3.40 화재 시의 콘크리트 내부온도

화재초기에는 실내 상부에 형성된 고온 연기층의 복사열에 의해서 열분해가 촉진되고, 대량으로 발생한 가연성 가스에 착염되어 온도가 급속히 상승하여 플래시오버에 도달한다.

화재성기에서 화재온도는 시간과 함께 점증하고 실내 가연물이 연소되는 정점에서 최고온도를 나타낸다. 그 후 화재온도는 점점 낮아지고 화재감쇠기가 된다. 이처럼 구획된 공간의 화재에서는 구조체가 화재피해를 받게 된다. 그림 3.40은 ISO 가열온도곡선에 따른 표준화재에 3시간 노출된 120mm의 보통콘크리트 내부온도분포의 시뮬레이션 결과를 나타낸 것으로, 화재시간과 온도에 따른 상관관계를 도시한 것이다. 구조체의 화재피해에 대해서는 화재시간과 온도 관계를 명확히 하여 부재단면의 내부온도(수열온도)

분포를 아는 것이 중요하다. 구조물의 구조구체 화재피해는 구조체의 종류별로 다르기 때문에 철근콘크리트조와 철골조로 나누어서 화재피해를 구분하여야 한다.

사진 3.1은 마드리드 윈저 빌딩(중앙부 철근콘크리트조, 외주부 철골조)의 화재 후 모습이다. 이 빌딩은 스페인 마드리드의 상업중심가에 위치한 사무용 건물로, 2005년 2월 21층에서 화재가 발생하여 발화층의 상하층이 연소되고 진화하는 데까지 거의 하룻밤이 걸렸다. 그 결과 건물은 붕괴되고 약 1,000억 원(건물재축, 해체비용 제외)의 손해가 발생했다. 건물이 붕괴된 주요 원인은 층간 구획의 미흡과 구조체의 내화처리 부족이었다.

사진 3.1 화재 후의 마드리드 윈저 빌딩

일본의 예로는 1989년 8월에 발생한 초고층 집합주택(동경도 강동구, 철골철근콘크리트구조)의 화재가 있다. 지상 28층인 이 건물은 24층에서 화재가 발생하여 3시간 후에 진화되었다. 초고층 집합주택으로서는 일본 최초의 화재로 이 사고는 다양한 교훈을 남겼다. 화재로 인한 가열에 의해서 손상된 것은 출화원의 1개 가구였으나, 화재로 인한 열기와 연기 및 소방 활동 시의 방수피해 복구에 소요된 비용은 약 1,000억 원 이었다.

가. 철근콘크리트조 건축물의 화재피해

사진 3.2는 화재실의 철근콘크리트조 건축물 내부 모습이며, 사진 3.3은 철근콘크리트 보의 폭열 상황을 나타낸 것이다. 철근콘크리트 부재는 철골부재와는 다른 단면이 많다. 그림 3.39에 나타난 것처럼 화재 시의 콘크리트 부재는 부재 전체가 쉽게 고온이 되는 것은 아니기 때문에 화재로 가열을 받아도 폭열이 생기지 않는다면 갑자기 내력을 잃지 않는다. 또한, 철골부재와 같이 열팽창에 의한 피해도 증가하지 않는다. 화재 가열 부분이 다른 부위와 일체를 이루고 있기 때문에 전체를 교체하는 것은 극히 어려우므로, 화재 시 가열을 받아서 열화한 부분을 제거하는 등의 부분적 보수가 일반적이다.

사진 3.2 화재실의 모습

사진 3.3 철근콘크리트 보의 폭열

나. 철골조 건축물의 화재피해

사진 3.4와 사진 3.5는 화재를 받았던 철골부재의 변형상태를 나타낸다. 내화피복된 철골조 부재는 목재 및 콘크리트와는 다르게 화재 시 가열을 받아도 수열온도가 그다지 높지 않다면 단면적의 감소와 재질의 변화가 발생되기 어려우므로 그 재료성능은 이전 상태로 회복된다. 이러한 점에서 재사용이 충분히 가능한 재료라고 말할 수 있다. 그러나 철골부재는 비교적 얇고 열용량이 작기 때문에 온도상승이 쉽고 화재 시는 물론 화재 후에도 변형이 남기 쉬운 구조이다. 내화피복을 한 철골부재는 화재 후에도 큰 변형이 생기지 않지만, 내화피복을 하지 않은 부재는 큰 변형이 남는 경우가 많으며, 건물붕괴에 도달하기도 한다. 철골조의 경우는 철근콘크리트 구조물과 달리 피해를 입은 부재를 교체하는 것이 비교적 용이하다는 특징도 있다.

사진 3.4 화재에 의한 철골 기둥의 좌굴

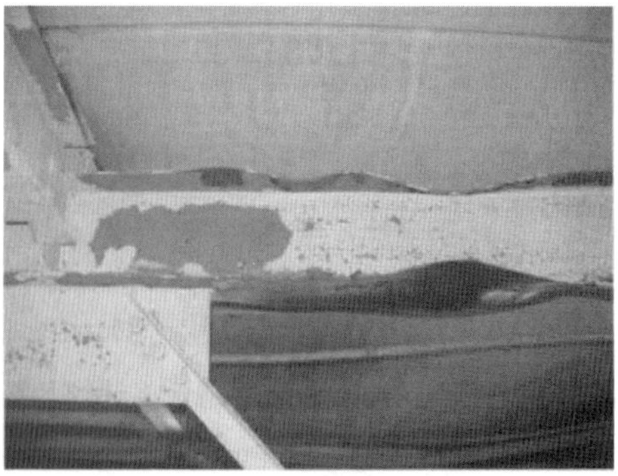

사진 3.5 화재에 의한 철골 보의 좌굴

다. 토목구조물의 화재피해

교량에서의 화재는 교량하부에 주차된 차량 또는 적치된 발화물질의 연소, 주행차량의 충돌, 전복사고 및 교량상부에 매달린 가스관에서 누출된 가스 폭발 등 여러 가지 원인에 의해 발생된다. 교량에 인접해서 화재가 발생하면 구조물이 손상되고 심할 경우 교량이 붕괴되어 막대한 경제적 손실로 이어진다. 실례로 서울 외곽순환 고속도로 상에 있는 부천고가교의 하부에서 발생한 유조차에 의한 화재로 강박스 거더에 심한 균열과 변형이 발생되어 상부구조를 철거하게 되었다. 현재 가설이 완료되어 운행되고 있지만 일일교통량이 20여만 대에 이르는 부천고가교의 공사기간 동안 극심한 교통체증을 경험하였고, 이로 인한 경제적 손실 또한 컸을 것이라 짐작된다(사진 3.6 참조).

2007년 4월 미국 캘리포니아에서는 교량에서 유조차 전복사고로 화재가 발생하여 교량이 붕괴되는 사고가 발생하였다. 이로 인해 일평균 28만 명이 이용하는 도로가 폐쇄되어 출퇴근 시 교통체증과 함께 물류, 운송업계에 막대한 피해를 초래하는 등 심각한 사회적 손실을 야기시켰다(사진 3.7 참조).

철도시설물은 토공구간을 제외하고 고가교량, 지하 박스구조물, 지하터널, 정거장 구조물 등 대부분 콘크리트구조물로 이루어져 있다. 일반적으로 콘크리트구조물은 강재에 비하여 내화성능이 우수하다고 할 수 있으나, 대구지하철화재와 같은 지속시간이 긴 화재에서는 콘크리트구조물도 손상을 입을 수밖에 없으며, 때로는 구조물의 붕괴와 같은 심각한 재난을 당할 수도 있다.

철도와 같은 공공시설물에서 화재 발생에 따른 구조물의 손상은 발생 빈도가 매우 낮기 때문에 이에 대한 국내에서의 체계적인 연구문헌이나 자료가 부족하여 효율적인 대처가 부족한 현실이다.

대구지하철1호선 중앙로역에 발생한 화재(2003년 2월 28일)는 승객이 전동차에 기름을 붓고 불을 지르는 방화로 인한 화재였으며, 인적 및 물적 심각한 피해를 초래하였다.

사진 3.6 부천고가교 화재

사진 3.7 캘리포니아 교량 화재

이 화재에 의한 손상은 지하 3층 승강장층에 집중적으로 발생하였다. 특히 승강장의 슬래브는 사진 3.8과 같이 콘크리트 박리·박락, 철근노출에 의한 처짐 및 횡방향 균열이 발생하였다. 또한 중앙기둥 및 거더의 헌치부도 사진 3.9와 같이 콘크리트 박리·박락 및 철근노출이 주로 발생하였다.

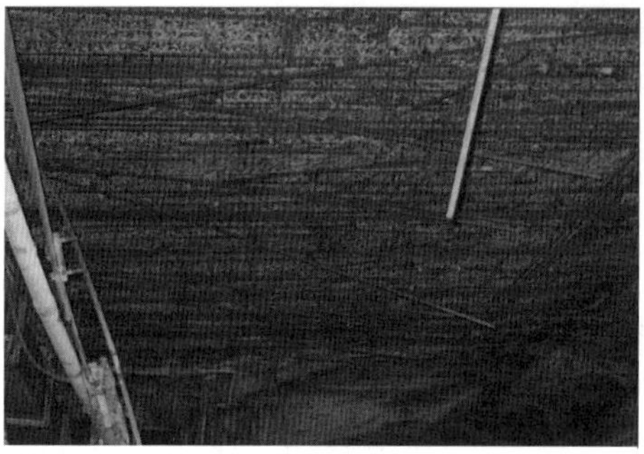

사진 3.8 슬래브 화재피해

사진 3.9 중앙기둥, 거더의 화재피해

3.3.4 화재피해 조사

화재피해 진단은 구조물의 화재에 의한 피해 정도를 조사하고, 그 구조물의 재사용 가능 여부 및 어느 정도의 보수·보강을 해야 재사용이 가능한지에 대해 진단하는 행위이며, 화재피해 진단은 다음의 절차에 의한다.

진단하는 구조물의 구조상, 방화상의 특징과 발생한 화재의 정도를 사전에 파악하는 '예비조사' 후에 이러한 정보를 바탕으로 현지에서 행하는 화재의 규모 및 구조물의 화재피해를 육안에 의해서 파악하는 '1차 조사', 1차 조사에서 판단하기 어려운 부재의 강도저하 등을 시험분석에 의해 확인하는 '2차 조사'를 실시한다. 이러한 조사결과를 토대로 구조물 및 부재의 화재피해에 따른 피해 정도를 추정하고 구조물 및 부재의 재사용이 가능한지를 진단한다. 이 결과를 바탕으로 최적의 보수·보강 계획을 세우게 된다. 예비조사는 구조물의 구조와 종류에 관계없이 실시되지만, 1차 조사 이후는 구조물의 종류에 따라 다르다.

가. 예비조사

예비조사는 화재현장에서의 현지조사에 앞서 실시하고, 건물 개요와 화재상황을 파악하기 위한 정보를 수집하는 조사이다. 예비조사에서는 건물개요, 설계도서, 관련 법규 및 화재상황 등을 주로 조사한다.

나. 1차 조사(육안조사)

1차 조사는 외관조사로서 육안으로 수행하고, 예비조사에서 얻어진 사실과 구조부재의 그을음 부착상태 등 부재에 남아있는 화재의 흔적으로부터 화재의 발달상황을 파악하고, 조사범위를 상세히 한정하는 것에서부터 시작한다.

화재피해 진단을 보다 정확하게 실시하기 위해서는 발생한 화재의 발달상황을 파악하는 것이 중요하다. 화재피해는 건물의 실별, 부재별 및 동일 부재의 부분별로 상이하다. 따라서 효율적이고 정확하게 조사하기 위해서는 화재 자체의 거동을 파악하는 것이 중요하다. 화재 거동이 파악되면 조사범위를 한정하고, 나머지 조사를 생략하는 것이 가능하게 된다. 이런 이유로 당사자와 소방서로부터의 정보 또는 화재현장에서 화재가 남긴 흔적 등을 토대로 화재의 발달상황을 추정한다. 상세히 조사하는 부분이 결정되면, 그 부분의 부재의 수열온도와 수열시간을 추정한다.

1) 철근콘크리트조

철근콘크리트조의 조사는 화재가열에 의한 부재의 열화 깊이를 판단하기 위해 실시한다. 철근콘크리트 부재의 1차 조사는 그을음의 부착상태와 주변 부재의 변색 및 변형 상태 등을 확인하고, 열화 깊이를 추정한다. 표 3.32는 열을 받은 콘크리트 부재의 수열온도 추정에 대한 근거이다.

- 콘크리트의 변색 : 표 3.32 참조
- 균열의 유무, 폭, 길이, 부유 및 박리의 유무
- 보, 바닥 부재 등의 휨과 변형
- 폭열과 탈락의 유무, 크기 및 깊이
- 철근의 노출상황

표 3.32 콘크리트 부재의 수열온도 추정근거

변색 상황	추정온도범위(℃)
그을음의 부착	300 미만
핑크색	300 ~ 600
회백색	600 ~ 950
담황색	950 ~ 1200
용융상태	1200 이상

화재피해 부재의 최고 수열온도는 보통 주위 마감재 등의 변색 및 변형 상태로부터 추정하고, 추정된 수열온도의 최대치를 화재 최고온도의 기준으로 하는 경우가 많다.

2) 철골조

철골조 구조물의 경우는 부재의 재료성능 저하, 부재 변형상태에 의해 설계조건의 변화 등을 조사한다. 철골부재의 1차 조사는 그을음 부착상태와 주위 부재의 변색 및 변형 상태를 확인하고, 도료의 변색 상태에 의한 수열온도를 추정한 후 부재의 변형 상태를 확인한다. 표 3.33은 열을 받은 철골부재의 수열온도에 대한 추정근거이다.

표 3.33 철골부재의 수열온도 측정근거

철골부재의 표면상황	추정온도범위(℃)
그을음의 부착	300 미만
방청도료의 변색	150 ~ 450
방청도료의 백아화	340 ~ 450 이상
그을음의 연소소실	500 이상

다. 2차 조사

2차 조사는 1차 조사만으로는 손상의 정도를 판단할 수 없는 경우, 판단근거가 되는 데이터를 얻기 위해 현장 측정과 구조체를 구성하는 재료의 강도시험 등을 수반하여 조사한다. 보통은 1차 조사에 의해 2차 조사항목과 조사범위, 측정방법을 결정한 후 수행한다.

1) 철근콘크리트조

철근콘크리트조의 2차 조사는 주로 콘크리트 강도저하, 중성화 깊이를 주로 간이조사와 상세조사에 의해 실시한다. 그림 3.41은 가열냉각 후의 콘크리트 강도를 나타낸다. 간이조사에는 강도저하와 관련하여 화재피해를 입은 부분과 건전(정상상태)부분과의 반발경도를 비교하여 화재피해에 의한 손상상황을 파악하는 콘크리트 반발경도시험, 중성화 깊이 측정에서는 콘크리트 표면을 페놀프탈레인 용액에 의한 착색에 의해서 판단하는 방법이 있다. 상세조사에는 재료와 부재의 역학적 특성을 재료시험에 의해 조사하는 것과 화재 시에 수열온도와 잔존강도를 재료분석에 의해 추정하는 2가지 방법이 있다. 전자에는 콘크리트 코어 및 철근의 발취시험, 진동시험, 재하시험 등이 있고 후자의 수열온도와 잔존강도의 추정에는 UV스펙트럼법 등의 분석장치를 이용하는 방법이 있다. 표 3.34는 철근콘크리트조의 화재조사 항목을 나타낸 것이다.

표 3.34 철근콘크리트조의 화재조사 항목

조사항목 / 조사수단	화재상황	콘크리트			철근의 역학적 성질	부재	
		압축강도	영계수	수열온도		내력	강성
육안관찰(균열, 변형, 박락, 폭열 등)	○						
콘크리트 변색상황				○			
중성화 깊이의 측정				●*			
반발경도시험		●					
코어 압축시험		●					
영계수			●				
철근의 인장시험					●		
재하시험						●	
진동시험							●

○ : 1차 조사, ● : 2차 조사, * : 500℃ 이상의 추정이 가능

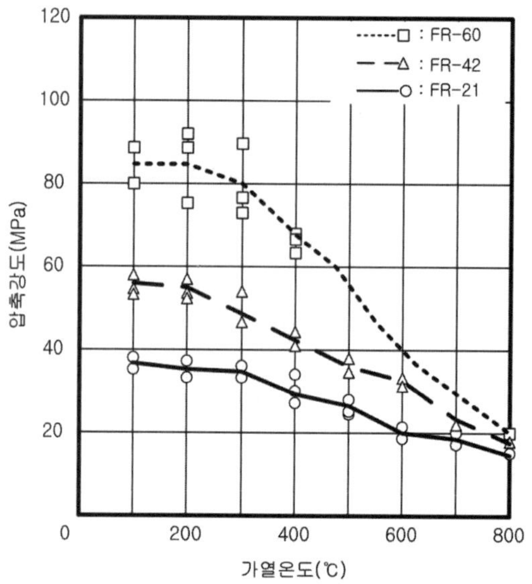

그림 3.41 가열냉각 후의 콘크리트 강도

2) 철골조

철골조의 2차 조사는 주요 부재의 강도저하와 부재 및 구조물에 작용하는 여러 가지 외력을 안전하게 지지할 목적으로 부재에 접합시킨 골조로서 라멘, 트러스, 아치 등의 변형을 주안점으로 시행한다. 그림 3.42는 SS400의 가열이력 후의 강도, 그림 3.43은 가열이력 후의 고력볼트의 항복점을 나타낸 것이다. 일반 강재는 수열온도 700℃ 전후의 변태점을 초과하지 않으면 제성능이 가열 전의 상태로 복귀한다. 그러나 고장력강과 고력볼트는 보다 낮은 열 이력에 의해서 성능이 저하되며, 고력볼트의 경우는 350℃를 초과하면 초기 성능을 만족할 수 없게 된다. 부재의 변형과 관련된 설계조건의 만족여부는 구조설계상의 판단에 따른다.

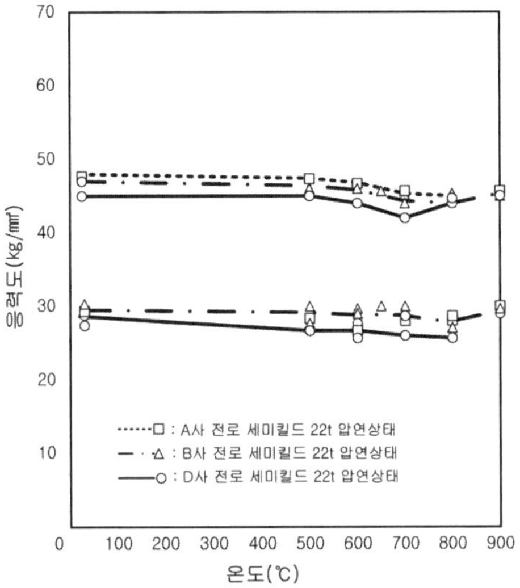

그림 3.42 SS400의 가열이력 후의 강도

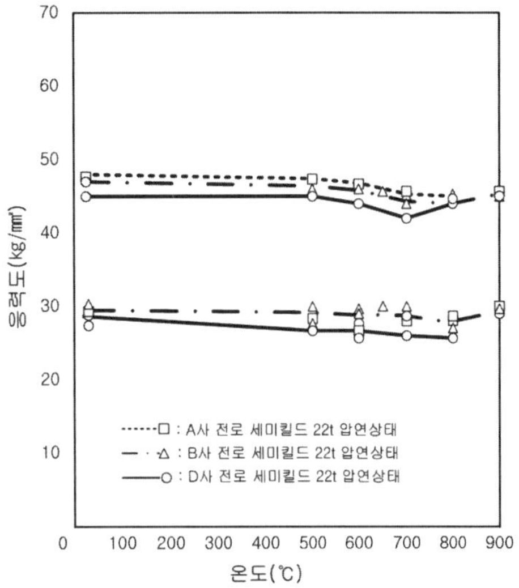

그림 3.43 가열이력 후의 고력볼트의 항복점

3.3.5 화재피해 진단

화재피해 진단은 예비조사, 1차 조사 및 필요에 따라 시행한 2차 조사의 결과를 토대로 구소물 부재의 화재에 의한 손상 정도를 추정하여 재사용에 대한 판단을 한다. 판단 기준으로는 구조물의 손상도에 의한 A~C의 피재도(표 3.35 참조)와 부재의 손상도에 의한 Ⅰ~Ⅴ의 화재피해 등급을 설정하고 있다(표 3.36 참조).

표 3.35 구조물의 피재도

A	구조체에 화재의 영향이 없는 경우
B	구조체에 화재의 영향을 받고 보수•보강에 의해 재사용이 가능한 경우
C	구조체에 도괴의 위험성이 있고 명확히 재사용이 불가능한 경우

표 3.36 RC조 화해 등급과 보수 · 보강 방법

화해등급	화해상황	보수 · 보강의 기본	보수 · 보강 방법의 예
I등급	피해가 없음 ① 피해가 전혀 없음 ② 마감재료 등이 잔존함	보수 없음	보수 없음
Ⅱ등급	마감재 부분에 육안 피해가 있는 상태 ① 구체에 그을음이 부착 ② 콘크리트 표면의 수열온도가 500℃ 이하 ③ 상판, 보의 박리 없음	마감재만 보수	① 콘크리트 표면의 세정 ② 각종 마감 재료의 교환
Ⅲ등급	손상이 철근 위치에 도달하지 않은 경우 ① 미세한 균열 ② 피복 콘크리트의 수열온도가 500℃를 초과 (부철근까지 500℃ 이하) ③ 기둥 폭열이 약간 있음	강도 · 내구성이 저하한 경우, 콘크리트 표면에서 철근까지 콘크리트를 제거하고, 현장 타설 콘크리트 또는 모르타르로 피복함	① 열이력 500℃이상의 콘크리트를 절삭하고 재생 ② 재생한 부분이 큰 경우 박리방지를 위한 핀을 박고 섬유메시와 와이어메시 등을 배치함 ③ 수열온도가 500℃ 이하에서 균열이 있는 경우, 에폭시수지를 주입하고 내구성을 확보함
Ⅳ등급	주철근의 부착성능에 지장이 있는 경우 ① 표면에 수 mm 폭의 균열 ② 철근의 일부 노출	부재내력이 저하되므로 콘크리트 표면에서 철근까지의 콘크리트 부분을 절삭하여 탈락시키고, 주철근을 완전하게 노출시켜서 콘크리트로 피복하며, 상황에 따라 보강도 함	① 철근까지의 콘크리트를 전부 절삭하고(주철근을 완전히 노출) 소정의 두께까지 콘크리트를 재생 ② 철근까지의 콘크리트의 박리를 방지하기 위해 핀을 박고 섬유메시, 와이어메시 등을 배치함 ③ 쇼트콘크리트 공법, 모르타르 보강
Ⅴ등급	주철근의 좌굴 등의 치명적인 손상이 있는 경우 ① 구조부재로서 손상이 큼 ② 광범위한 폭열 있음 ③ 철근의 노출이 큼 ④ 휨 정도가 현저함	보강, 교체, 증설	① 열화한 부재를 철거하고 동일한 사양으로 복원 ② 부재강도를 위해 새로운 부재를 설치(철골부재 등 보강, RC벽의 증설) ③ 탄소섬유, 강판, 앵글, 평강 등으로 보강

3.3.6 보수·보강 방안

화재가 발생한 구조물의 보수·보강은 보통 화재 전의 상태로 돌아가는 것을 목표성능으로 하며 보수방법은 구조의 종류에 따라 다르게 적용한다. 그림 3.44는 철근콘크리트 부재에서의 단면 보수의 한 예이다. 철근콘크리트 부재는 화재에 의해서 강도가 저하한 표면부분을 제거하고, 그 부분에 모르타르를 시공한다. 부재표면에서의 피재 깊이가 깊은 경우는 강재 핀을 삽입하고, 그 위에 금속 강을 설치하여 모르타르를 시공한다. 사진 3.10과 사진 3.11은 화재가 난 철골부재와 보수 예이다. 철골부재의 경우 변형이 없는 부재는 재사용하고, 변형이 있는 부재는 보수하지 않고 교체하는 경우가 많다.

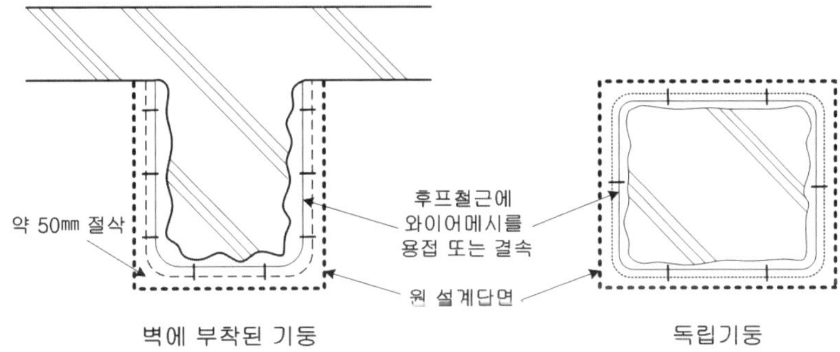

그림 3.44 철근콘크리트 부재의 보수 예

사진 3.10 화재실의 철골 슬래브재

사진 3.11 보수 후 철골 트러스재

3.4 시설물의 성능평가

3.4.1 개요

시설물의 성능평가는 '시설물의 안전 및 유지관리에 관한 특별법(이하 '법'이라 함)'에 따라 2018년에 새로이 제정된 지침이다. 성능평가의 목적은 현장조사 및 각종시험에 의해 시설물의 성능을 종합적으로 평가하여 시설물의 객관적인 현재의 상태와 장래의 성능 변화를 파악 및 예측하고, 이를 통해 관리주체가 보수 및 개량, 교체 등의 최적시기 결정 등 합리적 유지관리 전략을 마련하는 데에 목적이 있다.

성능평가는 제1종 시설물에 대한 성능평가와 제2종 시설물에 대한 성능평가로 구분하여 실시하여야 한다. 관리주체는 성능평가 대상시설물에 대한 '시설물관리계획' 및 '중기관리계획'에 따라 체계적이고 일관성 있는 성능평가가 실시될 수 있도록 하여야 한다. 성능평가는 상기 '법'에 따라 정밀안전점검 및 정밀안전진단을 포함하여 실시하거나 최근 1년 이내에 실시한 정밀안전점검 및 정밀안전진단 결과를 활용할 수 있다. 정밀안전점검 및 정밀안전진단을 포함하거나 그 결과를 활용하여 성능평가를 실시하는 경우 제1종 시설물은 정밀안전진단을 포함하고, 제2종 시설물은 정밀안전점검을 포함하거나 그 결과를 활용하여 성능평가를 실시하여야 한다.

관리주체가 제2종 시설물에 대한 정밀안전진단을 실시하는 경우에는 정밀안전진단을 포함하거나 그 결과를 활용하여 '제1종 성능평가'를 실시할 수 있다. 정밀안전점검 및 정밀안전진단 실시결과를 활용하여 성능평가를 실시하는 경우 성능평가 착수일 기준으로 1년 이내 정밀안전점검 및 정밀안전진단 실시결과를 활용하여야 한다.

3.4.2 성능평가의 종류

가. 제1종 성능평가

제1종 성능평가는 정밀한 외관조사와 각종 측정 및 시험 장비에 의한 측정, 시험을 실시하여 시설물의 안전성능 및 내구성능, 사용성능 평가에 필요한 데이터를 확보한다.

현장조사 시 필요한 경우 교통통제 및 안전조치를 취하여야 하며 시설물 근접조사를 위한 접근장비와 필요시 수중카메라 등 특수장비와 잠수부 등 특수기술자도 투입하여야 한다.

결함의 유무 및 범위에 대한 확인이 필요한 때에는 현장 재료시험과 기타 필요한 재료시험을 병행하여야 한다. 대상시설물의 표면에 대한 외관조사 결과는 도면으로 기록하여야 하며, 구조물 전체 부재별 상태를 평가하고 시설물 전체에 대한 안전성능 및 내구성능, 사용성능 평가결과를 결정하여야 한다.

제1종 성능평가 결과 보수·보강이 필요한 경우에는 보수·보강 방법을 제시하여야 한다. 이 경우 보수·보강 시 예상되는 임시 고정하중(공사용 장비 및 자재 등)이 현저하게 작용하는 상황에 대한 구조안전성능평가를 포함하여야 한다. 제1종 성능평가의 전체적인 업무흐름은 그림 3.45과 같다.

나. 제2종 성능평가

제2종 성능평가는 시설물의 현 상태를 정확히 판단하고 최초 또는 이전에 기록된 상태로부터의 변화를 확인하며 구조물이 현재의 사용요건을 계속 만족시키고 있는지 확인하기 위하여 면밀한 외관조사와 간단한 측정 및 시험 장비로 필요한 측정 및 시험을 실시한다.

외관조사 및 측정·시험 결과와 이전의 성능평가 실시결과에서 발견된 결함의 진전 및 신규발생을 파악하여 시설물의 주요 부재별 상태를 평가하고 이전의 성능평가 실시결과와 비교 검토하여 시설물 전체에 대한 안전성능 및 내구성능, 사용성능 평가결과를 결정하여야 한다. 또한 결함부위 등 주요 부위에 대한 외관조사망도 작성 등 조사결과를 도면으로 기록하여야 한다.

제2종 성능평가 실시결과 결함이 광범위하게 발생하는 등 제1종 성능평가가 필요하다고 판단된 경우에는 점검자는 관리주체에게 즉시 보고하여야 하며, 관리주체는 제1종 성능평가를 실시하여야 한다. 제2종 성능평가의 전체적인 업무흐름은 그림 3.46와 같다.

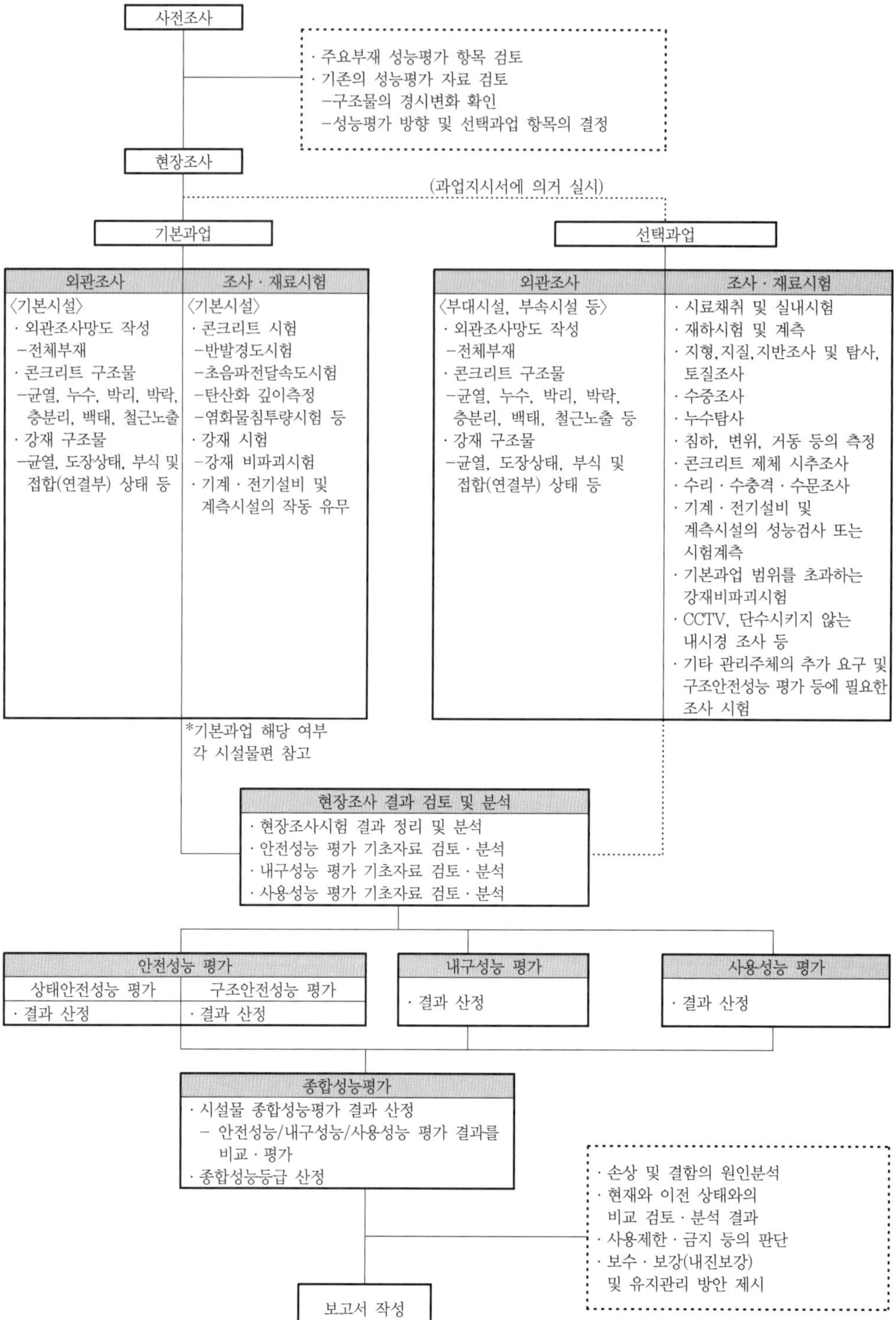

그림 3.45 제1종 성능평가 흐름도

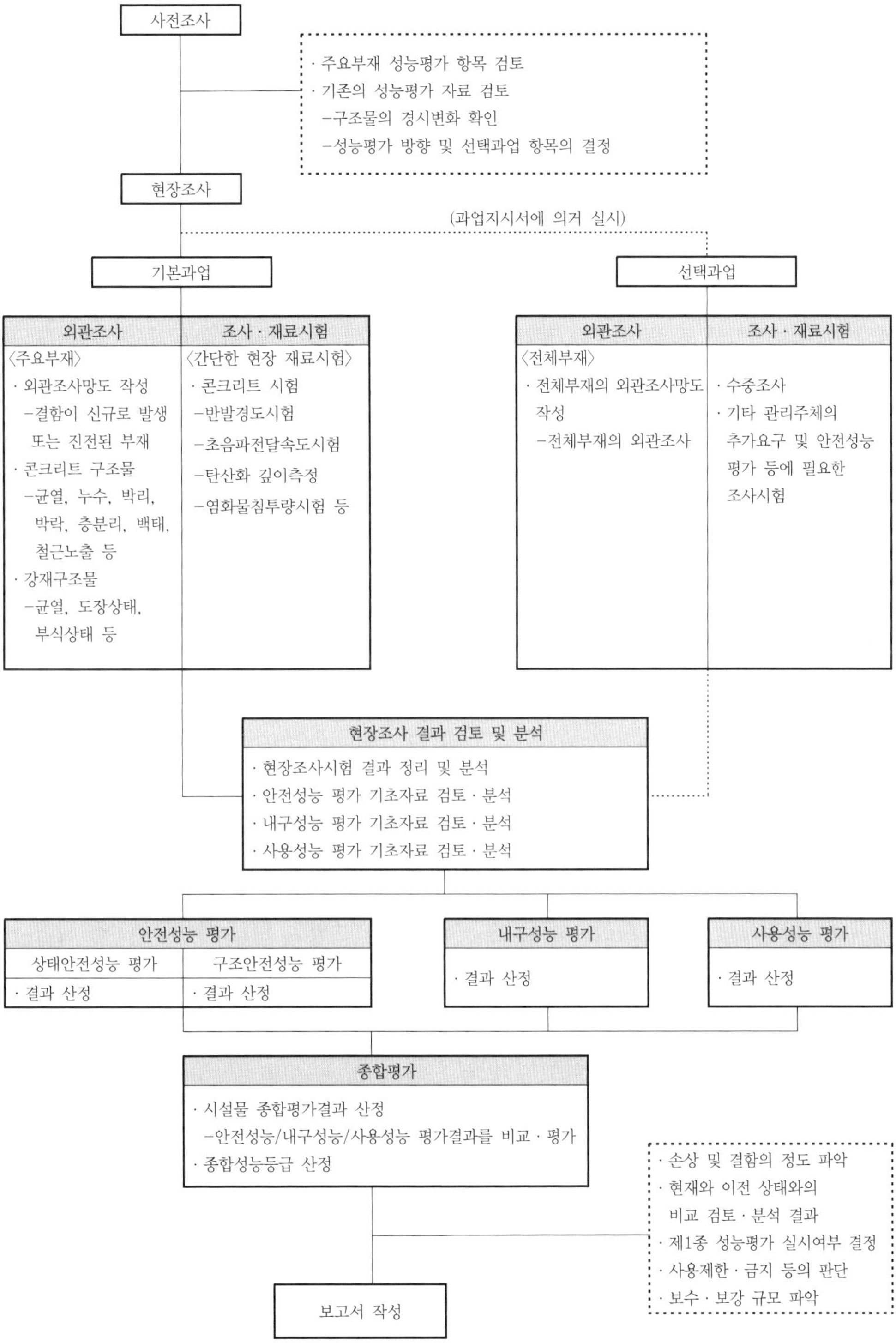

그림 3.46 제2종 성능평가 흐름도

3.4.3 성능평가 실시 시기

관리주체는 성능평가 대상시설물에 대하여 성능평가를 실시하여야 하고, 실시 주기의 산정은 이전 성능평가를 완료한 날을 기준으로 표 3.37과 같이 기산한다.

표 3.37 부재별 중요도 산정

안전등급	정밀안전점검		정밀안전진단	성능평가
	건축물	그 외 시설물		
A등급	4년에 1회 이상	3년에 1회 이상	6년에 1회 이상	5년에 1회 이상
B · C등급	3년에 1회 이상	2년에 1회 이상	5년에 1회 이상	
D · E등급	2년에 1회 이상	1년에 1회 이상	4년에 1회 이상	

가. 정밀안전점검

최초로 실시하는 정밀안전점검은 시설물의 준공일 또는 사용승인일(구조형태의 변경으로 시설물로 된 경우에는 구조형태의 변경에 따른 준공일 또는 사용승인일을 말한다)을 기준으로 3년 이내(건축물은 4년 이내)에 실시한다. 다만, 임시 사용승인을 받은 경우에는 임시 사용승인일을 기준으로 한다.

나. 정밀안전진단

최초로 실시하는 정밀안전진단은 준공일 또는 사용승인일(준공 또는 사용승인 후에 구조형태의 변경으로 제1종 시설물로 된 경우에는 최초 준공일 또는 사용승인일을 말한다) 후 10년이 지난 때부터 1년 이내에 실시한다. 다만, 준공 및 사용승인 후 10년이 지난 후에 구조형태의 변경으로 인하여 제1종 시설물로 된 경우에는 구조형태의 변경에 따른 준공일 또는 사용승인일로부터 1년 이내에 실시한다.

다. 성능평가

최초로 실시하는 성능평가는 성능평가 대상시설물 중 제1종 시설물의 경우에는 최초로 정밀안전진단을 실시하는 때, 제2종 시설물의 경우에는 '법'에 따라 하자담보책임기간이 끝나기 전에 마지막으로 실시하는 정밀안전점검을 실시하는 때에 실시한다. 다만, 준공 및 사용승인 후 구조형태의 변경으로 인하여 성능평가 대상시설물로 된 경우에는 정밀안전점검 또는 정밀안전진단을 실시하는 때에 실시한다. 다만, 증축 및 개축, 리모델링 등을 위하여 공사 중이거나 철거예정인 시설물로서, 사용되지 아니하는 시설물에 대해서는 국토교통부장관과 협의하여 안전점검 등 및 정밀안전진단, 성능평가의 실시를 생략하거나 그 시기를 조정할 수 있다.

3.4.4 성능평가 내용

가. 제1종 성능평가 과업

1) 기본과업

제1종 성능평가의 기본과업은 시설물의 구분 없이 기본적으로 실시하고, 정밀안전진단을 포함 및 결과를 활용하여 성능평가를 실시할 수 있는 과업을 말한다. 기본과업의 현장조사 및 시험 항목은 최소필요 조건으로 특별한 사유가 있는 경우에는 이를 고려하여 추가 또는 축소할 수 있다.

① 자료수집 및 분석

- 준공도면, 구조계산서, 특별시방서, 수리·수문 계산서, 유지관리 지침서
- 시공·보수도면, 제작 및 작업도면
- 재료증명서, 품질시험기록, 재하시험 자료, 계측자료
- 시설물관리대장
- 시설물의 내구성능(염해·동해환경, 해안거리 등) 및 사용성능(사용자 편의성, 시설물의 수요 및 용량 등)에 대한 자료
- 기존 정밀안전점검 및 정밀안전진단, 성능평가 실시결과
- 보수·보강이력 및 유지관리 결과보고서

② 현장조사 및 시험

- 대상시설물의 외관조사 및 외관조사망도 작성
  - 콘크리트 구조물 : 균열, 누수, 박리, 박락, 층분리, 백태, 철근노출 등
  - 강재 구조물 : 균열, 도장상태, 부식 및 접합(연결부) 상태 등
- 시설물의 내구성능 및 사용성능을 측정하기 위한 현장 재료시험
  - 콘크리트 시험 : 비파괴강도(반발경도시험, 초음파전달속도시험 등), 탄산화 깊이 측정, 염화물침투량시험 등
  - 강재 시험 : 강재 비파괴시험(시험량, 시험부위 등 세부사항은 시설물편 참조)

- 기계·전기설비 및 계측시설의 작동유무 등

③ 안전성능 평가

- 상태안전성능
  - 외관조사 결과분석
  - 현장시험 및 재료시험 결과 분석
  - 대상 시설물(부재)에 대한 상태안전성능 평가
  - 시설물 전체의 상태안전성능 결과에 대한 책임기술자의 소견
- 구조안전성능
  - 조사, 시험, 측정 결과의 분석
  - 기존의 구조계산서 또는 구조안전성능 평가자료 분석
  - 내하력 및 구조안전성능 평가
  - 시설물의 구조안전성능 결과에 대한 소견

④ 내구성능 평가

- 외관조사 결과분석
- 현장시험 및 재료시험 결과 분석, 내구성능 관련 수집자료 검토
- 사용재료(콘크리트 및 강재 등)에 대한 내구성능 평가
- 시설물의 내구성능 평가 결과에 대한 책임기술자의 소견

⑤ 사용성능 평가

- 사용성능 관련 수집자료 검토
- 사용환경 및 기능 등에 대한 사용성능 평가
- 시설물의 사용성능 평가결과에 대한 책임기술자의 소견

⑥ 종합평가

- 안전성능, 내구성능, 사용성능 평가결과 분석
- 전체적인 평가에 대한 책임기술자의 소견
- 시설물의 종합성능등급 지정

⑦ 유지관리 전략 제안

- 시설물의 성능목표 및 성능평가 실시결과 검토·분석
- 성능목표에 따른 보수·보강 방법 및 전략 제시

⑧ 보고서 작성

- 외관조사망도 작성 등 보고서 작성

2) 선택과업

선택과업은 시설물의 여건에 따라 실시하여야 하는 과업으로서 제1종 성능평가의 목적을 달성하기 위하여 대상시설물의 특성 및 현지여건 등을 감안하여 실시하여야 한다.

① 자료수집 및 분석

- 구조·수리·수문 계산(계산서가 없는 경우)
- 실측도면 작성(도면이 없는 경우)

② 현장조사 및 시험

- 시료채취 및 실내시험
- 재하시험 및 계측
- 지형, 지질, 지반조사 및 탐사, 토질조사
- 수중조사(하천교량의 정밀안전진단을 성능평가에 포함하여 실시할 경우, 수중조사 실시에 관한 사항은 정밀안전진단 과업내용에 따른다.)
- 누수탐사
- 침하, 변위, 거동 등의 측정(안전점검 실시결과, 원인 규명이 필요하다고 평가한 경우 필수)
- 콘크리트 제체 시추조사
- 수리·수충격·수문조사
- 시설물조사에 필요한 임시접근로, 가설물의 안전시설 설치 및 해체 등
- 조사용 접근장비 운용
- 조사부위 표면청소
- 마감재의 해체 및 복구
- 기계·전기설비 및 계측시설의 성능검사 또는 시험계측(건축물 제외)
- 기본과업 범위를 초과하는 강재비파괴시험
- CCTV 조사, 단수시키지 않는 내시경 조사 등
- 기타 관리주체의 추가 요구 및 안전성능, 내구성능, 사용성능 평가에 필요한 추가적인 조사·시험

③ 안전성능 평가

- 구조·지반·수리·수문 해석(구조계의 변화 또는 내하력 및 구조안전성능이 저하가 예상되는 경우 필수)
- 구조안전성능 평가 등 전문기술을 요하는 경우의 전문가 자문
- 내진성능 평가

- 제시한 보수·보강 방법에 따라 보수·보강 시 예상되는 임시 고정하중에 대한 구조안전성능 평가

④ 내구성능 평가

- 기본과업의 평가 외 내구성능 평가

⑤ 사용성능 평가

- 기본과업의 평가 외 사용성능 평가

⑥ 유지관리 전략 제안

- 자료검토 및 전문가 자문을 통한 성능목표 설정 및 제안
- 내진보강 방안 제시
- 시설물 관리방안 제시

나. 제2종 성능평가

제2종 성능평가의 기본과업은 시설물의 구분 없이 기본적으로 실시하고, 정밀안전점검을 포함 및 결과를 활용하여 성능평가를 실시할 수 있는 과업을 말한다. 기본과업의 현장조사 및 시험 항목은 최소필요 조건으로 특별한 사유가 있는 경우에는 이를 고려하여 추가 또는 축소할 수 있다.

1) 자료수집 및 분석

① 준공도면, 구조계산서, 특별시방서, 수리수문계산서, 유지관리 지침서

② 시공 및 보수 도면, 제작 및 작업 도면

③ 재료증명서, 품질시험기록, 재하시험 자료, 계측자료

④ 시설물관리대장

⑤ 시설물의 염해·동해 환경, 해안거리 등 내구성능 및 사용자 편의성, 시설물의 수용 및 용량 등 사용성능에 대한 자료

⑥ 기존 정밀안전점검 및 정밀안전진단, 성능평가 실시결과

⑦ 보수 및 보강 이력 및 유지관리 결과보고서

2) 현장조사 및 시험

① 대상시설물의 외관조사 및 외관조사망도 작성

- 콘크리트 구조물 : 균열, 누수, 박리, 박락, 층분리, 백태, 철근노출 등
- 강재 구조물 : 균열, 도장상태, 부식 및 접합(연결부) 상태 등

② 시설물의 내구성능 및 사용성능을 측정하기 위한 현장 재료시험

- 콘크리트 시험 : 비파괴강도(반발경도시험, 초음파전달속도시험 등), 탄산화 깊이 측정, 염화물침투량시험 등
- 강재 시험 : 강재 비파괴시험
- 기계·전기설비 및 계측시설의 작동유무 등

3) 안전성능평가

① 상태안전성능

- 외관조사 결과분석
- 현장시험 및 재료시험 결과 분석
- 대상 시설물(부재)에 대한 상태안전성능 평가
- 시설물 전체의 상태안전성능 결과에 대한 책임기술자의 소견

② 구조안전성능

- 조사, 시험, 측정 결과의 분석
- 기존의 구조계산서 또는 구조안전성능 평가자료 분석
- 내하력 및 구조안전성능 검토
- 시설물의 구조안전성능 검토결과에 대한 소견

③ 내구성능 평가

- 외관조사 결과분석
- 현장시험 및 재료시험 결과 분석, 내구성능 관련 수집자료 검토
- 사용재료(콘크리트 및 강재 등)에 대한 내구성능 평가
- 시설물의 내구성능 평가 결과에 대한 책임기술자의 소견

④ 사용성능 평가

- 사용성능 관련 수집자료 검토
- 사용 환경 및 기능 등에 대한 사용성능 평가
- 시설물의 사용성능 평가 결과에 대한 책임기술자의 소견

⑤ 종합평가

- 안전성능, 내구성능, 사용성능 평가의 결과 분석
- 전체적인 평가에 대한 책임기술자의 소견
- 시설물의 종합성능등급 지정

⑥ 유지관리 전략 제안

- 시설물의 성능목표 및 성능평가 실시결과 검토·분석
- 성능목표에 따른 보수·보강 방법 및 전략 제시

⑦ 보고서 작성

- 외관조사망도 작성 등 보고서 작성

제2종 성능평가 또는 안전성능평가 시 필요한 부위의 구조, 지반, 수리·수문 해석 등 구조안전성능 평가 또는 구조안전성능 검토를 위한 자료인 구조계산서 및 구조안전성능 평가 자료 등이 없거나 부족한 경우, 이전 성능평가 결과보고서 및 설계도서, 외관조사 및 재료시험 결과 등을 검토하여 구조적인 취약부에 대한 구조, 지반, 수리·수문 해석 등의 구조안전성능 평가를 실시한다. 보수·보강 방법을 제시한 경우 보수·보강 시 예상되는 임시 고정하중에 대한 구조안전성능 평가를 실시해야 한다.

4) 내구성능 평가

- 기본과업의 평가 외 내구성능 평가

5) 사용성능 평가

- 기본과업의 평가 외 사용성능 평가

6) 유지관리 전략 제안

- 자료검토 및 전문가 자문을 통한 목표성능 설정 및 제안

다. 성능평가 요령

시설물의 성능평가 실시에 관한 기초자료를 얻기 위해 사전조사와 현장조사를 실시해야 하고, 성능평가를 실시하려는 자는 해당 시설물의 설계·시공 및 감리와 관련된 자료와 유지관리에 관련된 자료 등 성능평가 실시에 필요한 기초자료를 확보하거나 관리주체에게 요청하여 자료를 확보하여야 한다. 관리주체는 원활한 성능평가가 실시되기 위해 성능평가를 실시하는 자가 기초자료를 요청할 때에는 적극적으로 협조하여야 한다. 당해 시설물의 중요도 및 특성에 따라 보완 또는 추가가 필요한 경우는 새로 세부서식 등을 작성하여 성능평가 및 시설물관리에 사용할 수 있다.

1) 사전조사

① 설계도서 등의 관련서류 사전검토

성능평가 용역을 수주하여 실시하는 사람은 당해 시설물의 설계도서 등 유지관리 자료와 과업지시서 등이 법령 및 '시설물의 안전 및 유지관리의 실시 등에 관한 지침' 등에 부합되는지의 여부를 검토하여 용역 착수일로부터 15일 이내에 관리주체에게 서면으로 보고하고 그 방침을 받아 용역 업무를 진행하여야 한다. 다만, 용역업무의 특수성 등으로 인하여 별도로 기간을 정할 경우에는 그 기간으로 하고, 사전검토의 주요 내용은 다음과 같다.

- 대상시설물의 성능평가 실시범위
- 유지관리 자료 보유 현황
- 과업의 범위는 기본과업 항목 및 선택과업 항목
- 기본과업 재료시험 수량
- 기타 법령, 지침 및 세부지침과의 부합여부

② 과업수행계획서 작성

설계도서 등의 사전검토를 거쳐 관리주체의 방침을 받은 결과를 반영한 과업수행계획서를 작성하여 관리주체에게 서면으로 보고하고 승인을 받아 용역 업무를 진행하여야 한다. 과업수행계획서는 다음에 열거한 순서대로 해당되는 사항을 일목요연하게 작성하여야 한다.

1. 과업의 목적
2. 과업의 개요
   1) 대상 시설물 현황 및 개요
   2) 과업범위
   3) 과업기간
3. 과업 수행방법
   1) 성능평가
      (가) 조사 및 시험·측정
      (나) 안전성능 평가

(다) 내구성능 평가
(라) 사용성능 평가
(마) 종합평가
(바) 유지관리 전략 제안
2) 조사·시험관련 진단측정 장비
4. 과업수행 일정
5. 과업수행 조직
1) 과업수행 조직체계
2) 인원투입 계획
6. 안전관리계획
7. 사전검토 보고서 내용

③ 서류관리

설계도서 등의 사전검토 보고서와 과업수행계획서에 관한 일체의 서류는 성능평가 실시결과 보고서에 수록하여야 한다.

2) 현장조사

현장조사는 대상시설물에 관한 기초자료를 얻고, 시간이 경과함에 따라 구조물의 안전성능(결함 및 손상, 열화, 하중변화 등), 내구성능(염해·동해환경, 해안거리 등), 사용성능(사용자의 편의성, 시설물의 수요 및 용량 등)의 변화를 추적하기 위하여 수행한다.

시설물 현장에서의 측정은 도면이 없거나 도면상에 나타난 자료를 명확하게 확인하기 위하여 필요하며, 측정의 정확성은 원하는 목적을 달성할 수 있는 정도로 하여야 한다.

3.5 종합성능등급의 결정

3.5.1 시설물의 안전성능 평가방법

안전성능은 상태안전성능과 구조안전성능으로 구분하여 평가를 실시하고, 책임기술자는 상태안전성능과 구조안전성능에 대한 외관조사와 각종 시험 및 측정 결과를 종합적으로 검토하여 안전성능에 대한 안전성능 등급을 지정하여야 한다.

가. 시설물의 상태안전성능 평가방법

상태안전성능 평가는 재료시험 및 외관조사에 의해 시설물의 각 부재로부터 발견된 결함, 손상, 열화 등 상태변화를 근거로 하여 상태안전성능 평가기준에 따라 실시한다. 제2종 성능평가에서는 대상시설물에 대하여 점검하고, 외관조사망도를 작성하여 상세히 상태안전성능 평가를 실시하며, 외관조사망도를 작성하지 않은 부위는 이전의 성능평가 보고서에 수록된 상태안전성능 평가결과를 참조하여 책임기술자가 대상시설물에 대한 상태안전성능 평가결과를 결정한다. 제1종 성능평가에서는 대상시설물에 대하여 외관조사망도를 작성하여 부재별로 상세히 상태평가를 실시하며, 책임기술자가 대상시설물에 대한 상태안전성능 평가결과를 결정한다.

상태안전성능 평가가 정확히 이루어졌는지 확인하는 동시에 기록용 문서로서 이용하기 위하여 외관조사 결과를 성능평가의 서식에 각각의 결함의 형태, 크기, 양 및 심각한 정도 등을 기록하여야 한다.

나. 시설물의 구조안전성능 평가방법

책임기술자는 재하시험(계측) 및 구조해석 또는 기존의 구조안전성능 평가자료와 함께 부재별 상태, 재료시험 결과 및 각종 계측, 측정, 조사 및 시험 등을 통하여 얻은 결과를 분석하고 이를 바탕으로 시설물의 안전과 부재의 내하력 등을 종합적으로 평가하여 '시설물의 안전 및 유지관리의 실시 등에 관한 지침'의 구조안전성능 평가기준에 따라 시설물의 구조안전성능 평가결과를 결정한다. 결과보고서에는 구조안전성능 평가에 사용된 해석방법의 종류 및 해석결과, 입력자료에 대한 설명과 계산 기록을 포함하여야 한다.

① 비파괴재하시험 : 정적 또는 동적 재하시험

② 지반조사 및 탐사 : 지표지질조사, 페이스 맵핑, 시추 또는 오거보링, 시험굴착,

공내시험, 시료채취, 토질 및 암반시험, G.P.R 탐사, 지하공동, 지층분석, 탄성파탐사, 전기탐사, 전자탐사, 시추공 토모그라피탐사, 물리검측 등

③ 지형·지질 조사 및 토질시험

④ 수리·수충격·수문 조사

⑤ 계측 및 분석 : 시설물 및 시설물 주변의 지반에 대한 침하, 변위, 거동 등의 계측(경사계, 로드셀, 지하수위계, 소음 및 진동 등) 및 계측 데이터 분석

⑥ 수중조사 : 조사선, 잠수부 등에 의한 교대 및 교각 기초, 댐, 항만, 해저송유관 등의 수중조사

⑦ 누수탐사

⑧ 콘크리트 제체 시추조사 : 시추, 공내시험, 시편채취, 강도시험, 물성시험 등

⑨ 콘크리트 재료시험 : 코어채취, 강도시험, 성분분석, 공기량시험, 염화물침투량 시험 등

⑩ 기계·전기설비 및 계측시설의 성능검사 또는 시험계측(건축물 제외)

⑪ 기본과업 범위를 초과하는 강재비파괴시험

⑫ 기타 구조안전성능 평가를 위하여 필요한 사항

3.5.2 시설물의 내구성능 평가방법

시설물의 내구성능에 대한 평가는 시설물의 재료적 내구성능을 확인하기 위한 시험결과와 외부환경에 대한 내구성능 저하인자 등을 종합적으로 검토하여 실시한다. 내구성능 평가를 위해 필요한 시험항목 및 수량, 외부환경 인자 검토사항 등은 시설물의 특성 및 평가 목적에 따라 이를 조정할 경우에는 결과보고서에 그 사유를 기재하여야 한다. 책임기술자는 내구성능을 확인하기 위한 시험결과, 부재의 열화 정도 등을 통하여 시설물의 사용환경과 시설물의 물리적 상태를 함께 검토하여 내구성능 등급을 지정하여야 한다.

3.5.3 시설물의 사용성능 평가방법

시설물의 사용성능에 대한 평가는 시설물의 설계 당시와 준공 이후 사용자·관리자의 사용상 편의성, 수요, 용량 등에 대한 현장조사, 설계도서 및 관리기준 등을 종합적으로 검토하여 평가를 실시하여야 한다. 책임기술자는 현장조사, 설계도서 및 관리기준 등의 검토결과와 시설물의 준공 이후 사용성능과 관련된 평가지표의 변동 유무를 확인하여 평가에 반영하고 사용성능 등급을 지정하여야 한다. 사용성능 평가를 위하여 시설물 유형,

준공시기 및 사용환경이 유사한 시설물의 자료를 참고하여 반영할 수 있으며, 필요한 경우 자료를 획득할 수 있는 시험 및 측정 등을 추가로 실시할 수 있다.

3.5.4 시설물의 종합평가방법

책임기술자는 성능평가를 통해 실시 결과에 따라 결정된 안전성능, 내구성능, 사용성능 등급을 종합하여 종합성능등급을 결정하여야 하고, 최종적으로 안전성능, 내구성능, 사용성능 등급과 함께 종합성능등급의 결과를 작성하여 보고서에 수록한다. 이전 안전성능, 내구성능, 사용성능 및 종합성능등급을 변경하는 경우에는 성능평가 실시결과와 유지관리(보수·보강 등) 이력 등을 검토하여 변경된 사유를 성능평가 결과보고서에 기재하여야 한다.

3.5.5 종합성능등급 지정

가. 안전성능등급

등급	안전성능 수준
A (우수)	외관상 결함, 손상 또는 붕괴 등의 요인에 대한 문제점이 없는 성능 수준
B (양호)	일부 부재에서 경미한 결함이 발생하였으며, 결함의 진행 여부를 지속적으로 관찰하고 보수 여부를 결정해야 하는 성능 수준
C (보통)	광범위한 부재에서 결함이 발생하였으나 전체적인 시설물의 안전에는 지장이 없으며, 간단한 보수 또는 보강이 필요한 성능 수준
D (미흡)	심각한 결함에 대한 긴급한 보수 · 보강이 필요하며 사용제한 여부를 결정해야 하는 성능 수준
E (불량)	심각한 결함으로 인하여 시설물의 안전에 위험이 있어 즉각 사용을 금지하고 보강 또는 개축이 필요한 수준

나. 내구성능등급

등급	내구성능 수준
A (우수)	외부 환경조건 등으로 인한 내구성능 저하가 발생할 가능성이 낮은 성능 수준
B (양호)	일부 부재에서 내구성능의 저하 가능성이 조사되었으며, 외부 환경 등의 조건을 고려하여 보수 여부를 결정해야 하는 성능 수준
C (보통)	광범위한 부재에서 내구성능의 저하 가능성이 조사되었거나 주의가 필요한 수준으로 진행되어 간단한 보수가 필요한 성능 수준
D (미흡)	광범위한 부재에서 내구성 저하가 진행되어 긴급한 보수 또는 교체가 요구되는 성능 수준
E (불량)	광범위한 부재에서 내구성능의 저하가 심각하게 진행되어 즉각 사용을 금지하고 보수 또는 교체가 필요한 성능 수준

다. 사용성능등급

등급	사용성능 수준
A (우수)	현재 수요 등을 만족하고 장래 수요 및 외부조건 변화 등을 수용할 수 있는 성능 수준
B (양호)	현재 수요 등을 만족하나 장래 수요 및 외부조건 변화 등에 대한 관찰 및 주의가 필요한 성능 수준
C (보통)	장래 수요 및 외부조건 변화에 대해 기능발휘 또는 사용상 편의에 일부 문제점이 있어 일부 개선이 필요한 성능 수준
D (미흡)	대부분의 기능이 요구되는 기능에 미치지 못하거나 운영 및 사용상 편의가 심각하게 우려되는 수준으로서 광범위한 부분에서 개선이 필요한 성능 수준
E (불량)	기능 발휘 또는 사용상 편의를 기대할 수 없어 개선 또는 개량이 필요한 성능 수준

라. 종합성능등급

등급	종합성능 수준
A (우수)	외관상 결함, 손상 등의 요인에 대한 문제점이 없고 내구성능 저하 가능성이 낮으며 외부 환경조건 변화 등을 수용할 수 있는 성능 수준
B (양호)	일부 부재에서 경미한 결함이나 내구성 저하 가능성이 조사되었으며, 외부 환경조건 등을 고려하여 진행 여부를 지속 관찰하고 보수 여부를 결정하여야 하는 성능 수준
C (보통)	광범위한 부재에서 결함이나 내구성 저하 가능성이 조사되었고 기능 또는 사용상의 편의에 일부 문제점이 있으나, 전체적인 시설물의 안전에는 지장이 없으며, 간단한 보수 또는 보강 및 개선이 필요한 성능 수준
D (미흡)	성능이 기준에 미치지 못하여 시설물의 지속적인 사용이 어려운 수준으로 긴급한 보수 · 보강 또는 개선이 필요하며 사용제한 여부를 검토해야 하는 성능 수준
E (불량)	심각한 결함 또는 내구성능 저하로 인하여 시설물의 안전에 위험이 있거나 기능을 발휘하지 못하는 수준으로 즉각 사용을 중단하고 보강 또는 개축을 하여야 하는 성능 수준

마. 안전성능 및 내구성능, 사용성능 등급 및 종합성능등급 작성방법

(예시)

종합성능등급		
안전 성능	내구 성능	사용 성능

A		
A	A	A

참고문헌

- 건물의 화해진단 및 보수 · 보강방법, (사)일본건축학회, 2004
- 건설공사 안전관리 업무수행 지침, 국토교통부, 2021. 9.
- 건설공사 안전점검 지침, 국토해양부, 2010.12.
- 건설기술관리법, 건설교통부, 2001.1.
- 건설기술진흥법, 국토교통부, 2021.3.
- 건축물의 안전점검 및 진단, 시설안전기술공단, 1996.12.
- 건축물의 안전점검 및 진단, 시설안전기술공단, 1996.12.
- 건축물의 화재피해 진단 및 보수, (사)일본건축학회 방화위원회 화해진단보수 소우원회, 58권 5호, 2008년 10월
- 교량 유지관리매뉴얼, 국토교통부 · 한국시설안전공단, 2014. 12.
- 권영진, 이차돈, 홍성걸, 신영수, 이경구, '철근 콘크리트 구조물의 화재조사 · 진단방법 및 유지관리방안(일본 콘크리트공학협회 기준을 중심으로)', 콘크리트학회지, 제14권제5호, 2002. 9.
- 시설물유지관리사 교육교재, 한국구조물진단학회, 2007.
- 시설물의 안전 및 유지관리 실시 세부지침(성능평가 편), 국토교통부 · 국토안전관리원, 2021. 12.
- 시설물의 안전 및 유지관리 실시 세부지침(안전점검 · 진단 편), 국토교통부 · 국토안전관리원, 2021. 12.
- 시설물의 안전 및 유지관리에 관한 특별법, 국토교통부, 2021. 9.
- 이성민, '화재를 입은 콘크리트구조물의 손상평가방법 및 보수보강 대책', 한국철도학회지, 제8권제1호, 2005. 3, pp.25~32.
- 이정배, 김일곤, 차철준, '콘크리트 교량의 화재 피해사례 및 손상분석', 콘크리트학회지, 제23권제3호, 2011. 5, pp.32~38.
- 정밀안전진단과정 교육교재(건축), 한국시설안전기술공단, 2003.
- 정밀안전진단과정 교육교재(교량 및 터널), 한국시설안전기술공단, 2003.
- 콘크리트진단기술, 일본콘크리트공학협회, 2001.
- 한국구조물진단공학, 한국구조물진단학회, 2006.
- 황학주, '최신 교량공학', 동명사, 1998.

제 4 장

콘크리트의 열화 및 성능저하

4.1 콘크리트의 균열

콘크리트구조물의 균열 원인은 크게 구조적 균열과 비구조적 균열로 나눌 수 있다. 구조적인 균열은 설계 시 하중과 안전율을 계산할 때에 착오를 범하거나 예상하지 못했던 과다한 하중으로 인하여 발생하는 것이 대부분이며, 비구조적 균열은 일반적으로 콘크리트의 골재분리, 건조수축, 온도변화, 동결융해, 철근부식, 화재 등이 원인을 제공하고 있다. 콘크리트 균열의 크기 및 형태는 영향 인자에 따라 달라지고, 대부분의 균열은 시간이 흐르면서 진행속도가 빨라지고, 콘크리트 단면 탈락 및 박리를 유도하기 때문에 콘크리트 열화현상을 촉진시킨다.

콘크리트의 내구성과 밀접한 관계가 있는 균열을 방지하기 위해서는 콘크리트 취급 시 철저한 품질관리가 이루어져야 하지만 콘크리트는 재료의 보관, 혼합, 운반, 타설, 양생 등의 복잡한 과정을 거쳐야 하기 때문에 요구하는 품질의 콘크리트를 생산하기 어렵고, 품질의 차이가 많으므로 균열의 발생은 피할 수 없는 현상이다.

여기서 열화란 당초 콘크리트가 가지고 있는 성능이 저하되는 현상으로서 콘크리트의 열화에 의하여 균열이 발생하며, 설계기술의 발달에 따라 상대적인 부재단면의 감소로 인하여 콘크리트구조물의 품질저하와 성능저하 현상이 증대되고 있다.

4.1.1 균열

철근콘크리트구조물에 발생하는 균열은 구조물의 형상 및 치수와 관련되어 복잡하게 발생한다. 또한 콘크리트는 시멘트, 물, 골재 등으로 조성된 복합재료로서 각기 다른 환경에서 시공되기 때문에 구조물에서 발생되는 균열은 사용 재료 및 시공환경과도 밀접한 관련이 있다. 따라서 발생된 균열의 원인을 한 가지로 추정하여 분류한다는 것은 쉽지 않다. 그러나 균열을 분류하여 발생원인을 추정하는 작업은 발생된 균열의 보수에 도움을 주며 나아가 차후 동일한 형상의 균열발생을 억제할 수 있는 균열저감대책을 수립하는 데 많은 도움을 줄 수 있다.

가. 균열발생에 따른 문제점

콘크리트에 균열이 발생하는 경우 콘크리트가 부담했던 인장력을 철근이 모두 부담하게 되어 균열이 발생되지 않은 단면보다 균열이 발생된 부위의 철근이 높은 응력상태가 된다. 1차 균열(주균열) 주변에서는 철근과 콘크리트 사이의 부착응력이 증대되어 철근과 콘크리트 부착면에서 2차 균열(내부균열)이 발생하여 콘크리트와 철근의 일체거동을 해치게 된다(그림 4.1). 또한 철근은 공기중에 노출되어 부식발생의 원인을 제공하게 되고 구조물의 내구성이 저하된다. 균열발생에 따른 문제점은 다음과 같다.

① 부식 환경에 철근 노출

② 철근의 부식 촉진 및 단면 감소

③ 철근의 단면 감소로 인한 내하력 감소

④ 구조물의 수명 단축

콘크리트에 균열이 발생하는 경우 균열 주변의 철근 및 콘크리트에 응력변화가 발생된다. 콘크리트 휨부재에 균열이 발생되는 경우 균열에 영향을 미치는 인자에 대한 모식도는 그림 4.2와 같다. 그림에서 보는 바와 같이 콘크리트와 철근의 부착이 나쁠수록 균열폭과 균열간격이 커지게 된다. 또한 철근비가 많을수록 균열폭이 감소하게 된다.

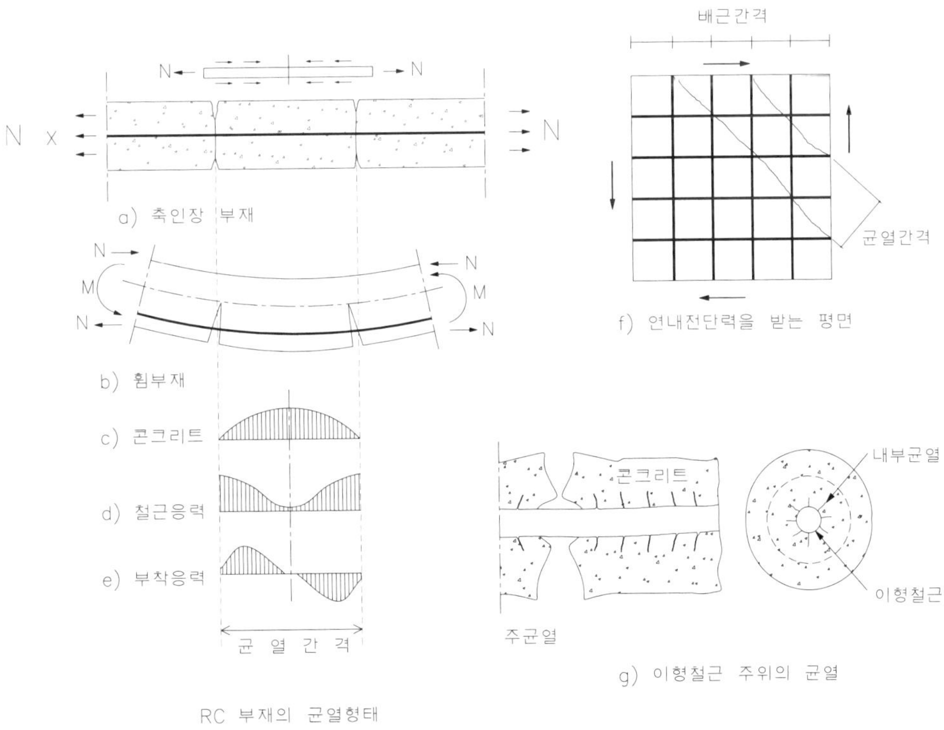

그림 4.1 철근콘크리트 부재의 균열 모식도

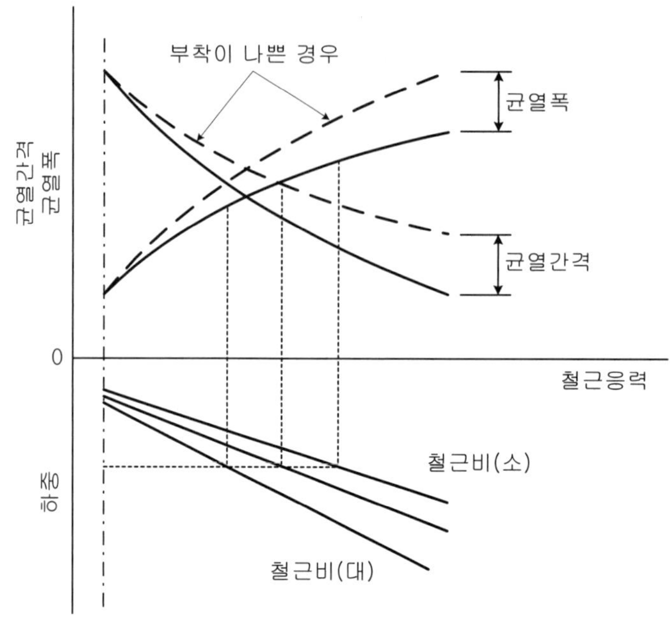

그림 4.2 철근응력과 균열폭 및 간격과의 관계

나. 균열의 발생시기

표 4.1 발생시기 및 원인에 따른 균열의 분류

요인 / 시기	재료조건	시공조건	구조 · 외력조건	사용 · 환경조건
초기 (1일 이내)	· 이상 응결시멘트 사용 · 점토분이 많은 골재 사용 · 단위수량이 많은 콘크리트(침하, 블리딩) · 소성수축, 경화수축	· 급속한 타설속도 · 거푸집의 부풀음 · 동바리의 침하 · 초기양생 불량 · 초기재하, 진동, 충격 · 급속한 건조 (일조, 바람, 습도)		
중기 (1~10일)	· 건조수축(단위수량, 시멘트량) · 매스콘크리트의 수화열로 인한 온도응력	· 1회 타설 규모 · 습윤 양생조건 · 동바리 제거 · 진동	· 매스콘크리트의 수화열로 인한 온도응력(기 타설된 콘크리트의 구속조건)	

표 4.1 발생시기 및 원인에 따른 균열의 분류(계속)

요인 / 시기	재료조건	시공조건	구조 · 외력조건	사용 · 환경조건
장기 (10일 이상)	· 장기건조수축(단위수량, 시멘트량) · 강도부족 (배합, 관리불량, 불순물 함유량) · 철근부식(중성화, 염화물 함유) · 알칼리-골재 반응 (pop-out)	· 콜드 조인트 · 피복두께 부족 (위치의 불량) · 강도부족(관리불량, 양생불량) · 철근 피복두께 부족(거푸집 정밀도, 배근정밀도 불량) · 슬래브 상부철근 피복(철근 위치, 유지불량)	· 부등침하(지반침하, 내하력 부족, 기초불량) · 단면, 철근량 부족(구조계획) · 극단적인 철근량 변화(구조설계) · 모서리 부분 응력집중 · 단면이 큰 곳과 작은 곳의 경계부분 · 형상이 복잡한 구조물 · expansion joint의 부적당한 위치, 간격	· 초과하중 재하 · 구조물의 온도응력 (내 · 외부 온도차) · 철근의 부식과 팽창 (해안지대, 부식성 가스) · 산, 염류의 화학작용 · 동결융해

다. 일반적인 콘크리트구조물의 균열발생 원인

콘크리트의 균열발생 원인은 재료조건, 시공조건, 사용환경조건, 구조·외력조건 등 어느 한 가지 원인으로 발생되는 것보다는 여러 가지 원인이 복합적으로 작용하여 발생한다. 표 4.2는 균열 발생원인 및 종류별 특징을 나타낸 것이다.

표 4.2 균열발생 원인 및 종류별 특징

구 분			원 인	발생시기	형 태	특 징
재료	사용재료	시멘트	이상응결	수시간~1일	표면	폭이 좁고 짧은 균열이 비교적 빨리 불규칙하게 발생
			수화열	수 일	표면관통	콘크리트 단면에서 1, 2주 지난 후부터 직선상의 균열이 등간격으로 규칙적 발생 표면에 발생하는 것과 부재를 관통하는 것이 있음
			이상팽창	수십일 이상	표면그물모양	방사형의 그물 모양 균열

표 4.2 균열발생 원인 및 종류별 특징(계속)

구 분			원 인	발생시기	형 태	특 징
재료	사용재료	골재	점토성분	수시간~1일	표면그물 모양	콘크리트 표면의 건조에 따라 불규칙하게 그물 모양의 균열이 발생
			저품질	수시간~1일	표면	불규칙한 짧은 균열발생
			반응성	수십일 이상	표면그물 모양	콘크리트 내부에서부터 그물 모양으로 발생하며 다습한 곳에 많이 발생
	콘크리트		염 분	수십일 이상	표면그물 모양	표면이 침식되고, 팽창성 물질이 형성되어 전면에 균열이 발생
			침하·블리딩	수시간~1일	표면	타설 후 1~2시간이 지나서 철근의 상부와 벽, 상판의 경계 등에서 단속적으로 발생
			건조수축	수십일 이상	표면그물 모양 관통	2~3개월 후부터 발생하여 점차 성장
시공	콘크리트	배합	혼화제의 불균일 분산	수십일 이상	그물모양	팽창성인 것과 수축성인 것이 있으며, 부분적으로 발생
			장시간 비비기	수시간~1일 수십일 이상	그물모양 표면관통	전면에 그물 모양 또는 길이가 짧고 불규칙한 균열 발생
		운반	펌프 압송시 배합변경	수시간~1일 수십일 이상	그물모양 표면관통	침하·블리딩, 건조수축의 경우와 유사한 균열 발생
		타설	타설 순서가 바뀜	수시간~1일 수십일 이상	관통	아래 철근의 배근에서 배근의 이동 또는 피복 두께 부족의 원인이 됨
			급속한 타설	수시간~1일	표면	거푸집 변형에 의한 균열과 침하·블리딩의 경우와 유사한 균열이 발생하기 쉬움
		다짐	불충분한 다짐	수시간 이상	표면	슬래브에서는 주변을 따라 원형으로 발생하며 배근 및 배관 표면에 발생
		양생	경화 전 진동·재하	수시간~1일 수일 이상	표면	외력에 의한 균열과 유사한 형태
			초기양생중의 급격한 건조	수시간~1일	표면그물 모양	타설 직후 표면의 각 부분에 짧은 균열이 불규칙하게 발생
			초기 동해	수일~수십일 이상	표면그물 모양	가는 균열 탈형하면 콘크리트면이 하얗게 됨
		이어치기	이어치기면의 부적합	수시간~1일 수십일 이상	관통	이어치기면에서 균열이 발생

표 4.2 균열발생 원인 및 종류별 특징(계속)

구 분			원 인	발생시기	형 태	특 징
시공	철근	배근	배근의 이동 피복두께 부족	수십일 이상	표면	슬래브에서는 주변에 따라 원형으로 발생하며 배근 및 배관 표면에 발생
	거푸집	거푸집	거푸집의 변형	수시간~1일	표면	거푸집이 움직이는 방향으로 평행하게 부분적으로 발생
			누수 (거푸집이나 지반으로부터)	수시간~1일	표면	누수의 흐름에 따라 균열이 표면에 발생
			거푸집 조기 제거	수일	표면	콘크리트 강도 부족에 의한 균열로서 건조수축이 미치는 영향도 커지게 됨
		지주	거푸집 지지틀의 침하	수시간~수일	표면	상판과 보의 단부 상단 및 중앙부 하단 등에 발생
사용 및 환경	물리적	온도·습도	외부 온도· 습도 변화	수십일 이상	표면관통	건조수축균열과 유사하며 발생한 균열은 습도변화에 따라 변동
			부재 양면의 온도·습도차	수십일 이상	표면	저온 또는 저습한 표면에 휨방향과 직각으로 발생
			동결·융해의 반복	수십일 이상	표면그물 모양	표면이 부풀어 올라서 부슬부슬 떨어지게 됨
			화재 표면 가열	수십일 이상	표면그물 모양	표면 전체에 가는 그물모양 균열 발생
	화학적	화학작용	산, 염분에 의한 화학작용	수십일 이상	표면그물 모양	표면이 침식되고 팽창성 물질이 형성되어 전면에 균열 발생
			중성화에 의한 내부 철근의 녹	수십일 이상	표면그물 모양	철근을 따라 큰 균열이 발생. 콘크리트의 피복이 떨어져 나가고 녹이 유출됨
			염화물에 의한 내부 철근의 녹	수십일 이상	표면그물 모양	철근을 따라 큰 균열이 발생 콘크리트의 피복이 떨어져 나가고 녹이 유출됨
일반대책			▸표면처리공법, 주입공법, 충전공법, 침투성 방수제 도포공법			
조사방법			▸정기점검 : 육안으로 균열의 방향 및 양상을 관찰하고 균열 진전 유무를 기록 ▸정밀점검 : 모르타르 패드를 이용한 균열의 진전 확인 ▸조사항목 : 위치, 빈도, 깊이, 길이, 폭, 진행성 여부			

라. 균열의 형태 및 분류

보수·보강의 여부 및 공법 선택을 위하여 균열의 원인을 추정하고 그에 따라 균열을 분류해야 한다. 균열발생의 원인 추정은 표본조사 및 상세조사의 결과와 표 4.2 및 원인에 따른 균열의 형태를 나타낸 그림 4.3~4.7을 조합하여 발생원인을 추정한다.

그 중 그림 4.3~4.5는 재료조건, 시공조건, 사용·환경조건, 구조·외력조건에 따른 원인별 균열의 전형적인 형태를 나타낸 것이다.

짧고 불규칙한 균열이 비교적 빨리 발생한다.

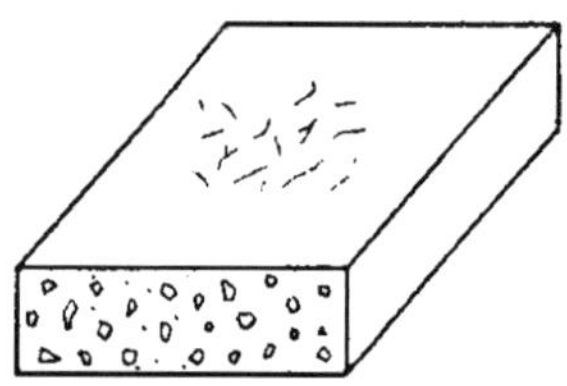

[시멘트의 이상 응결]

큰 단면(한 변이 80cm 이상)인 벽체, 두꺼운 지하 외벽 등에 내부구속에 따른 종방향 표면균열이나 외부구속에 따른 벽체에 수직한 관통균열이 일정 간격으로 발생한다.

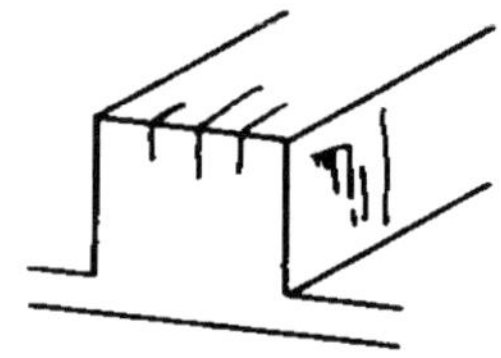

[시멘트의 수화열]

콘크리트의 건조에 따라 불규칙적인 그물눈 모양의 균열이 발생한다.

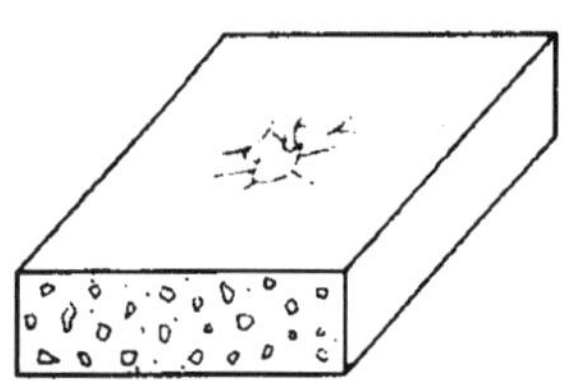

[점토분이 많은 골재]

기둥·보에서는 재축방향에 평행하게, 벽/옹벽에서는 방향 없이 마구 갈라지는 형으로 나타난다.

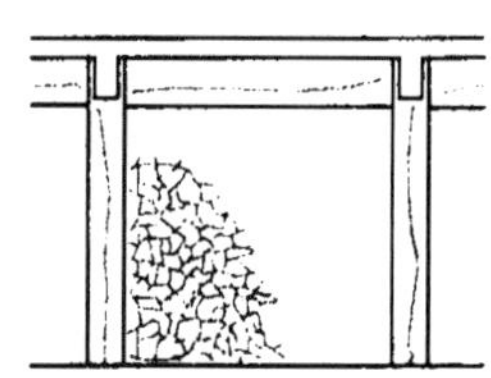

[알칼리-골재 반응]

콘크리트 내에 염화물이 함유되었을 경우 철근의 부식으로 균열이 발생한다.

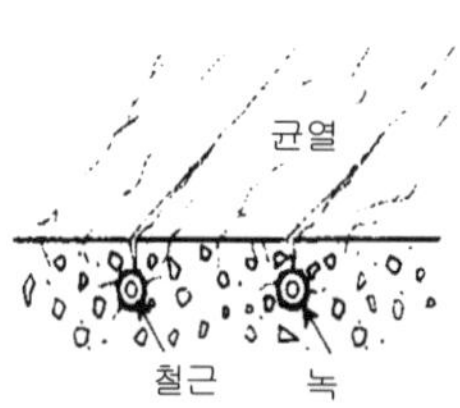

[콘크리트 내의 염화물]

상부 철근 위에 발생하는 것으로서 콘크리트를 친 다음 1~2시간에 철근을 따라 발생한다.

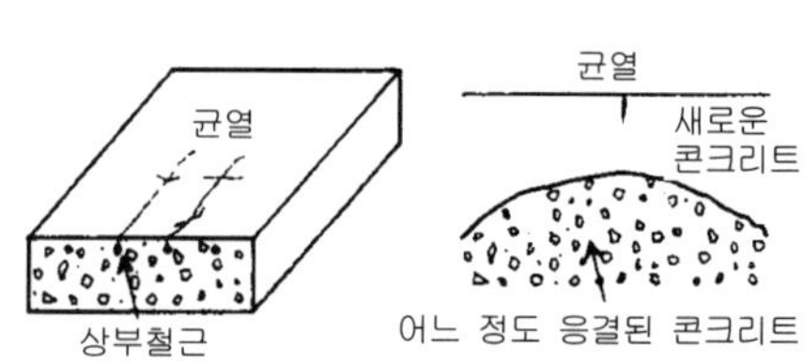

[콘크리트의 침하·블리딩]

그림 4.3 시공조건에 의한 균열형태

팽창성과 수축성이 있는데, 모두 부분적으로 발생한다.

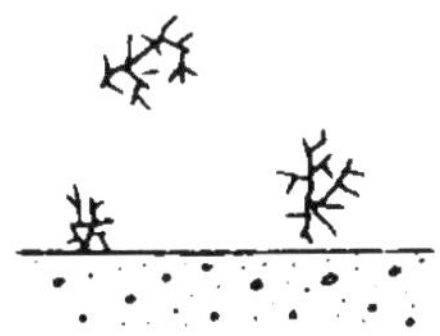

[혼화재의 불균일한 분산]

운반시간이 너무 길어 발생하는 균열로서 전체 면에 그물눈 모양으로 발생한다.

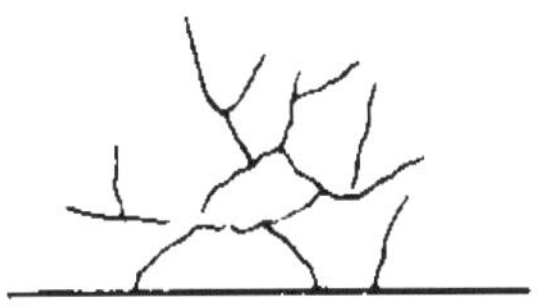

[장시간 비비기]

급속하게 콘크리트를 타설하면 콘크리트의 침강으로 균열이 발생한다.

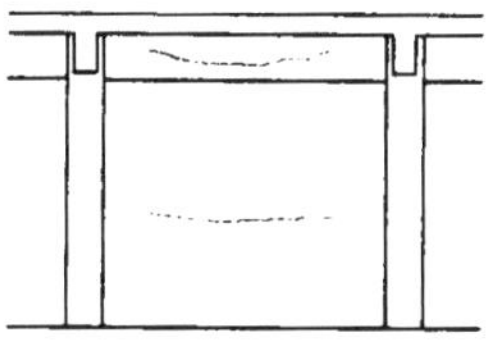

[급속한 타설]

콘크리트 다짐을 충분히 하지 않으면 내부에 공보나 벌집 같은 것이 생겨 그로 인해 균열이 발생한다.

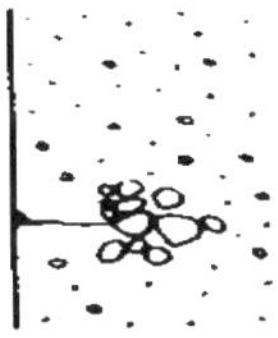

[불충분한 다짐]

콘크리트가 경화 중 공사 자재의 적재 및 공사용 기계의 진동에 의해 균열이 발생할 수 있다.

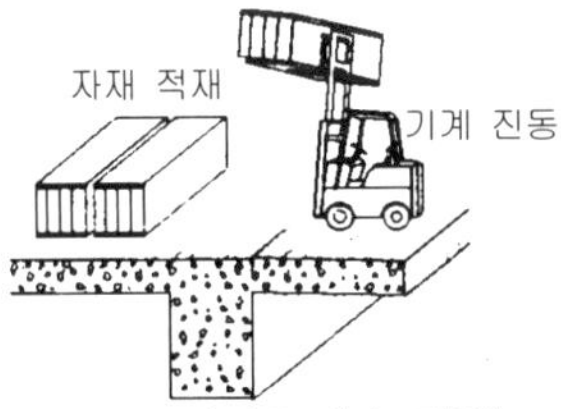

[콘크리트 경화중 재하·진동]

콘크리트 타설 직후 건조한 바람이나 고온저습한 외기에 노출될 경우 급격한 수분의 손실로 소성 수축 균열이 발생한다.

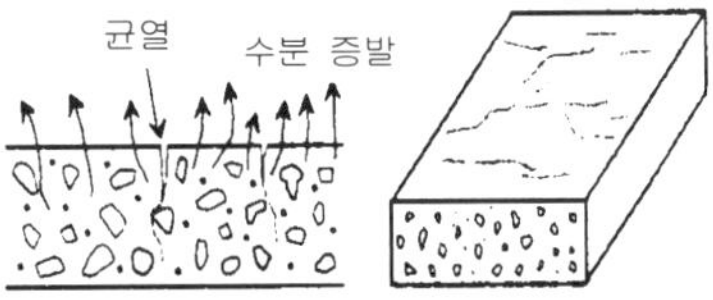

[초기 양생중 급속한 건조]

조기건조나 습윤양생이 부족하면 짧고 불규칙한 균열이 나타난다.

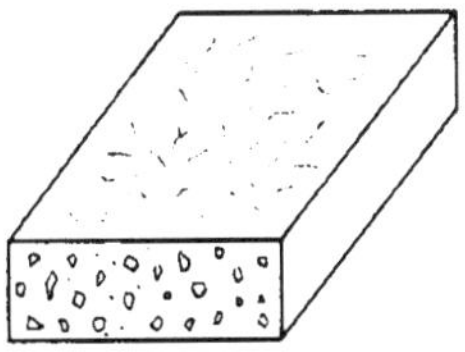

[양생 불량]

이어치기 처리가 적절하지 않으면 신구 콘크리트 경계에 균열이 발생한다.

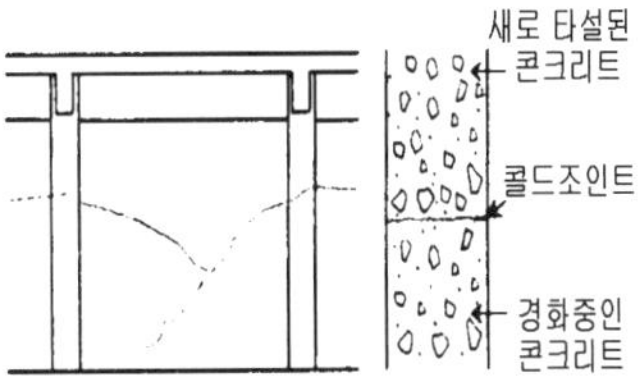

[부적당한 이어치기]

그림 4.3 시공조건에 의한 균열형태(계속)

피복두께가 부족하면 내부철근이 녹슬기 쉽고 철근을 따라 균열이 발생한다.

[철근의 피복두께 부족]

전선관 및 설비배관의 편심배치시 피복두께가 부족하여 배관의 배치선을 따라 균열이 발생한다.

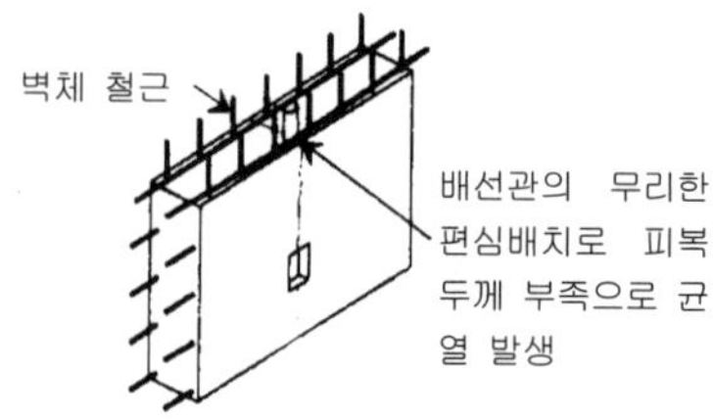

[배근·배관의 피복두께 부족]

슬래브 윗면 등에서 피복두께가 부족하면 경화 초기에 철근을 따라 균열이 발생한다.

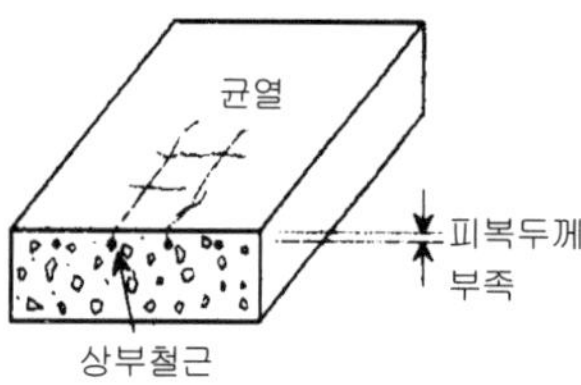

[슬래브 상부철근의 피복두께 부족]

거푸집이 부풀어 오르면 거푸집 면에 따라서 균열이 발생한다.

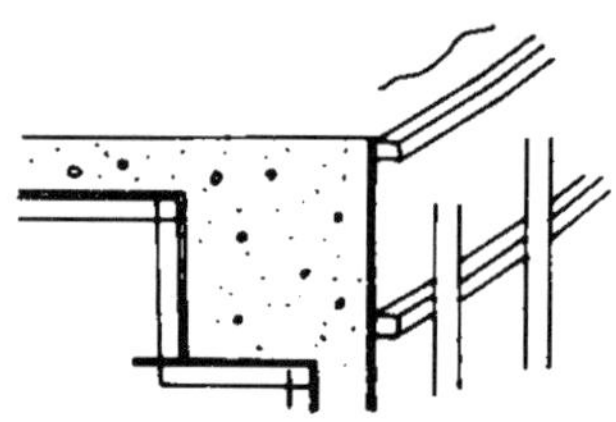

[거푸집의 부풀음]

콘크리트가 상당히 경화하기 전에 거푸집 및 동바리를 조기에 제거하면 해로운 균열이 나타난다.

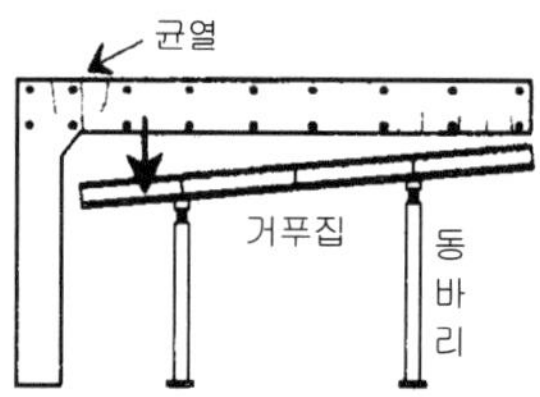

[거푸집·동바리의 조기 제거]

동바리가 침하하면 수평부재에 휨응력이 작용하여 균열이 발생한다.

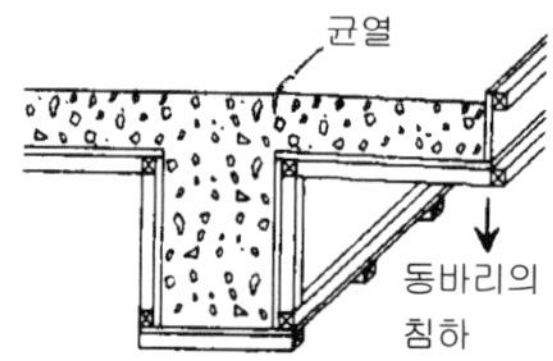

[동바리의 침하]

그림 4.3 시공조건에 의한 균열형태(계속)

기상작용으로 건물이 신축하여 옥상슬래브 및 외벽면에 균열이 생긴다.

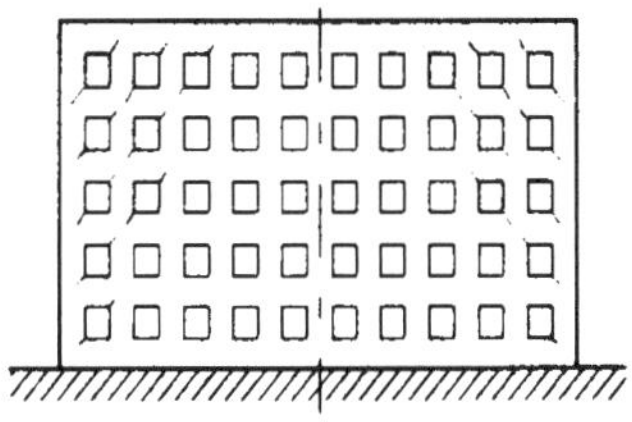

[환경 온도·습도의 변화]

외측이 고온 또는 고습, 내측이 저온 또는 건조한 경우, 균열은 구속 부재 간의 거의 중앙 혹은 구속 부재 인접부 부근의 저온 혹은 건조한 쪽에 발생한다.
초기 단계에서는 균열이 관통하지 않지만, 반복작용으로 시간이 경과하면 관통하는 경우가 있다.

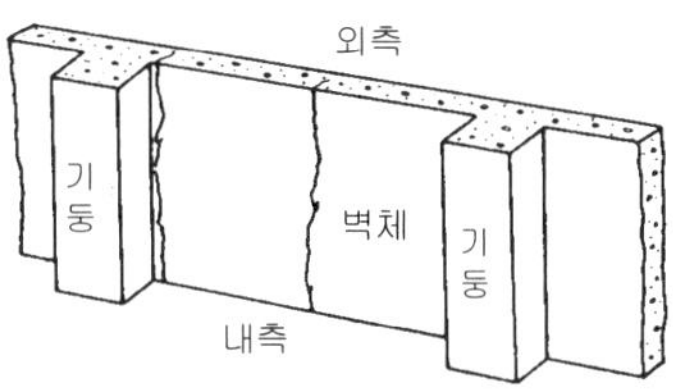

[부재 양면 온도·습도의 차이]

습기에 노출이 심한 부재의 모서리 부분에서 망상균열이나 박리·박락 등의 현상이 나타난다.

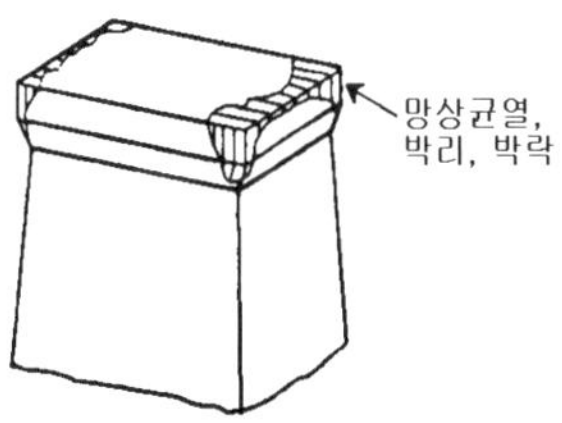

[동결융해의 반복]

급격한 온도상승과 건조에 따라 그물눈 모양의 미세한 균열과 함께 보, 기둥에 거의 등간격의 굵직한 균열이 발생한다. 또 부분적으로 폭열하여 떨어지는 일이 있다.

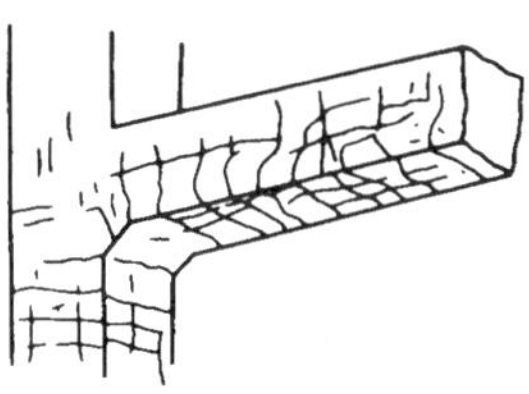

[화재, 표면가열]

콘크리트 표면이 침식되어 대부분은 철근 위치에 균열이 생기고 일부 균열 표면이 떨어지기도 한다.

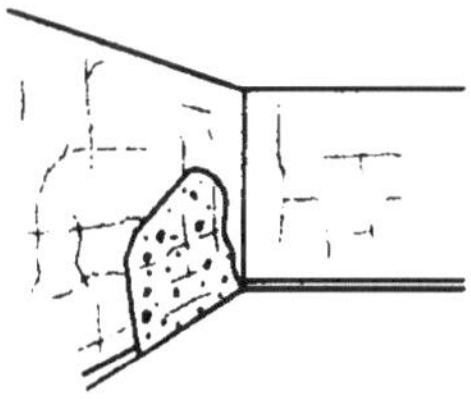

[산·염류의 화학작용]

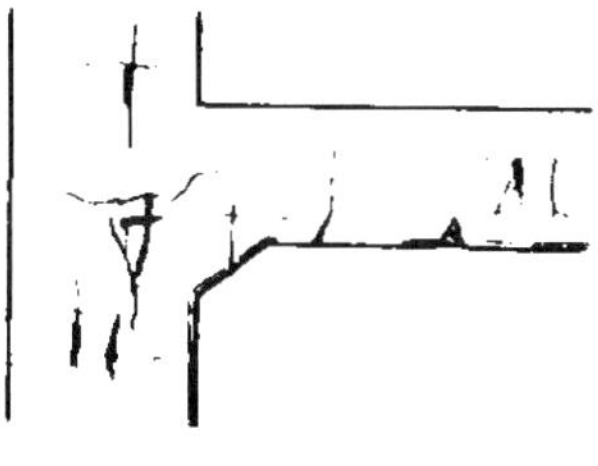

균열은 철근을 따라 발생한다. 균열부분에서는 녹이 유출하여 콘크리트 표면을 더럽히는 일이 많다. 철근의 부식이 현저할 때에는 콘크리트가 떨어지기도 한다.

[중성화로 인한 내부철근의 녹, 침입 염화물에 의한 내부철근의 녹]

그림 4.4 사용·환경조건에 의한 균열형태

보통 휨모멘트를 받는 부재에는 미세한 균열(폭 0.1~0.2mm)이 발생할 수 있지만, 0.2mm를 초과하는 경우 혹은 전단력으로 인한 균열의 발생은 정상적으로 일어나는 균열이 아니므로 상세하게 검토하여야 한다.

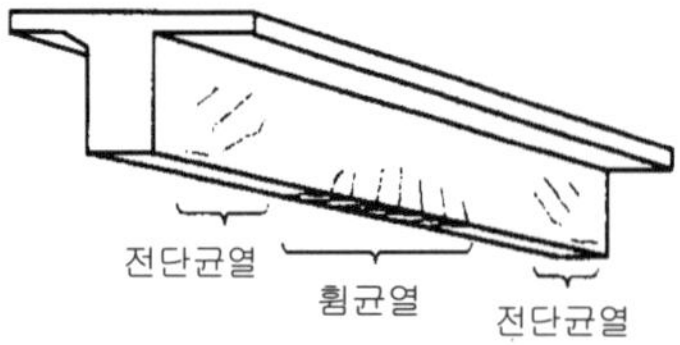

[하중]

그림과 같은 균열은 지진 시 수평력으로 인한 대표적인 것이다.

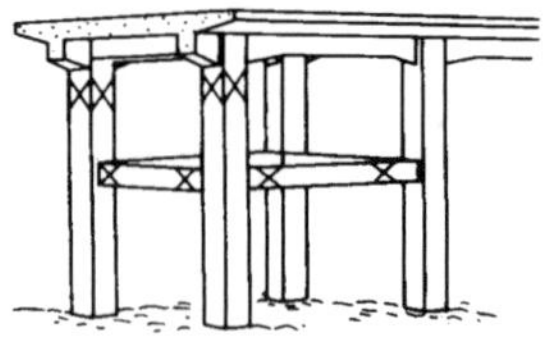

[설계하중을 넘는 하중]

배력 철근량의 부족으로 균열이 발생하는 일도 있다.

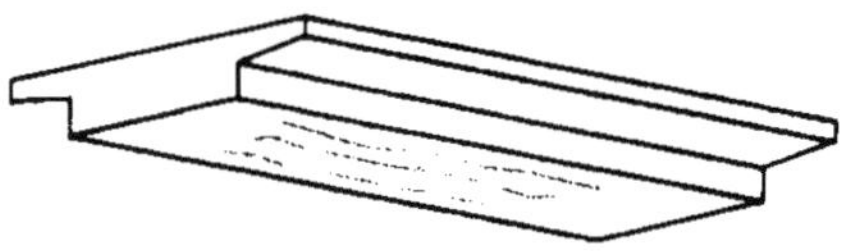

[단면·철근량의 부족]

익스팬션 조인트의 위치나 간격이 부적당하면 조인트 중간의 취약 부위에서 균열이 발생한다.

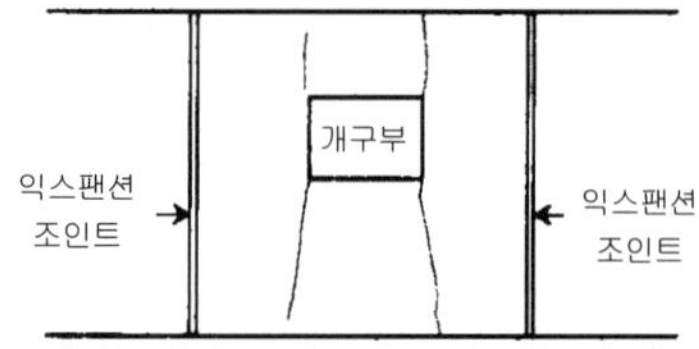

[익스팬션 조인트의 부적당한 위치]

벽부재에 있어서 개구부의 유무·구속정도에 따라 균열의 발생현상이 달라진다.

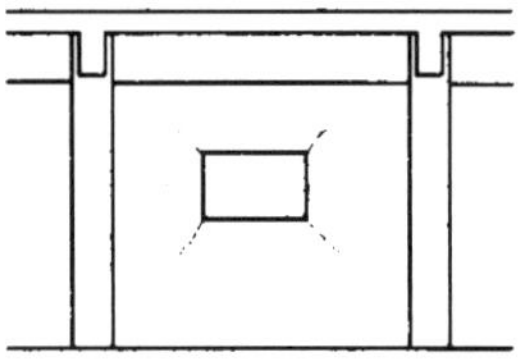

[모서리 부분의 응력집중]

단면의 크기가 갑자기 변화하는 곳에서는 응력집중에 의해 균열이 발생하기 쉽다.

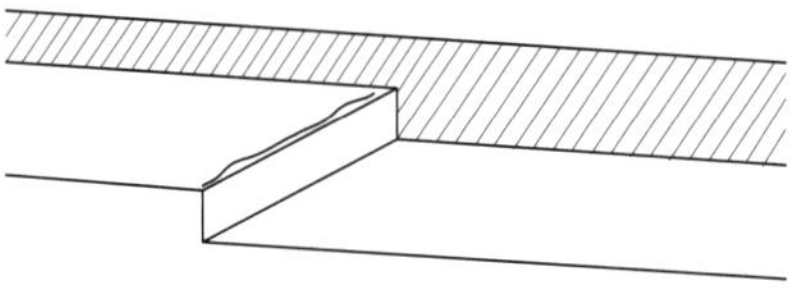

[단면 크기의 변화 부분]

건물의 평면구조가 복잡한 경우는 단면이 급격히 변화하는 곳에서 균열이 발생한다.

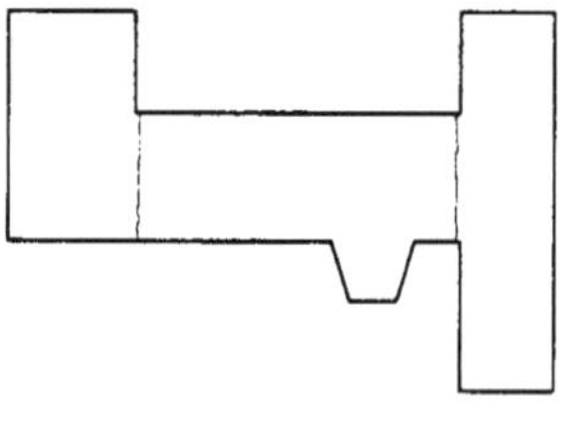

[형상이 복잡한 구조물]

부정정구조물에서는 지지점의 부등침하에 따라서 균열이 발생하는 일도 있다.

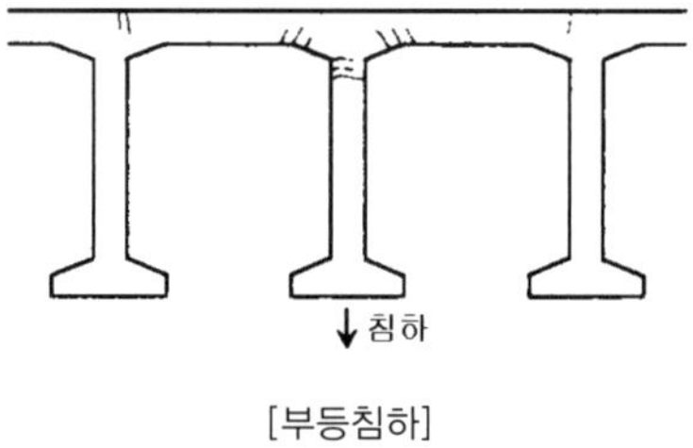

[부등침하]

그림 4.5 구조·외력조건에 의한 균열형태

마. 구조적 균열과 비구조적 균열

1) 구조적 균열(structural crack)

구조적 균열은 사용하중작용으로 인하여 구조물에 발생되는 균열로서, 부재단면의 내하력 부족으로 발생되는 균열이다.

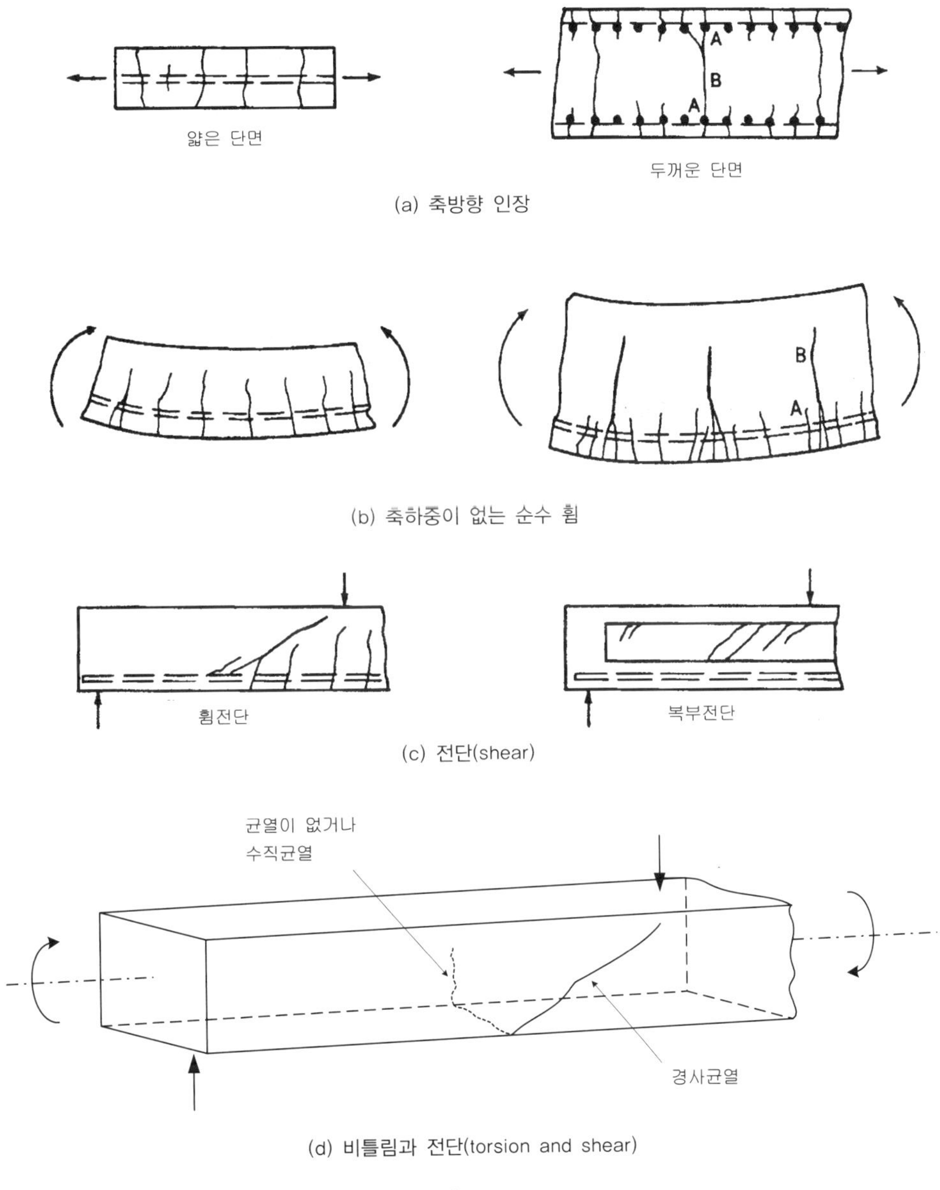

(a) 축방향 인장

(b) 축하중이 없는 순수 휨

(c) 전단(shear)

(d) 비틀림과 전단(torsion and shear)

그림 4.6 콘크리트구조물에서의 구조적 균열

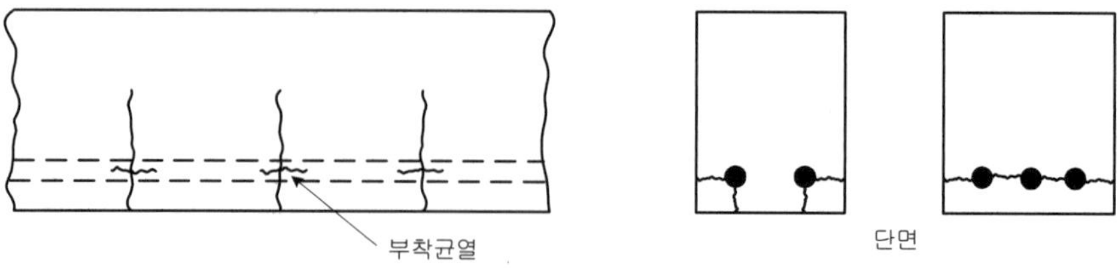

(e) 부착균열

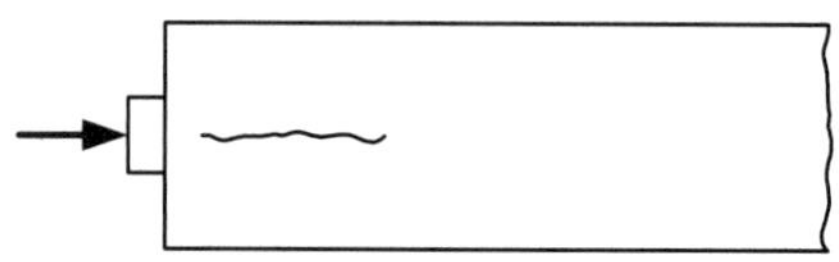

(f) 집중하중

그림 4.6 콘크리트구조물에서의 구조적 균열(계속)

2) 비구조적 균열(nonstructural crack)

비구조적 균열은 구조물의 안전성 저하는 없으나 내구성과 사용성 저하를 초래할 수 있는 균열로서 일반적으로 주철근과 평행하게 발생된다.

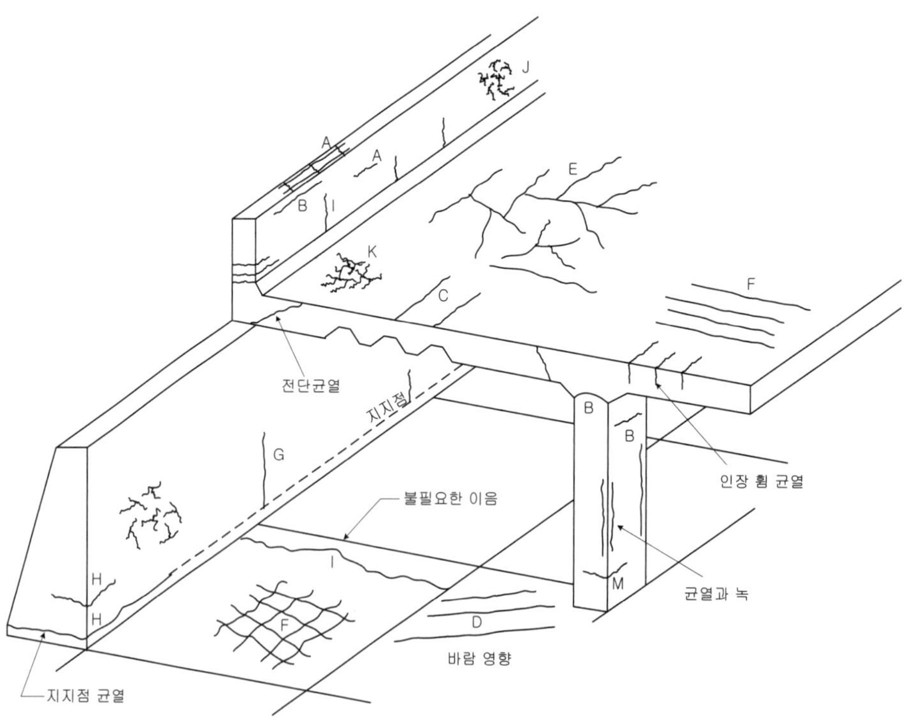

그림 4.7 콘크리트구조물에서 비구조적 균열의 예

표 4.3 비구조적 균열의 분류

균열 형태	문자	소분류	일반적 위치	주원인 (구속 제외)	2차원인 인자	발생시점
소성침하	A	철근위치	깊은 단면	과도한 블리딩	급속 초기 건조상태	수십 분에서 3시간
	B	아치모양	기둥상단			
	C	깊이변화	슬래브 흄			
소성수축	D	대각선	도로와 슬래브	초기 급건조	저속 블리딩	30분에서 6시간
	E	random	철근콘크리트 슬래브			
	F	철근위치	철근콘크리트 슬래브	초기 급건조 및 표면 가까이 철근		
초기온도수축	G	외부구속	두꺼운 벽	과도열 방출	급냉각	1일에서 2~3주
	H	내부구속	두꺼운 슬래브	과도 온도 차이		
장기건조수축	I		얇은 슬래브 및 벽	비효율적 조인트	과도한 수축 비효율적 양생	수주 혹은 수개월
미세균열	J	거푸집면	콘크리트면	비침투성 거푸집	부배합 및 양생불량	1일에서 1주 때로는 더 소요
	K	콘크리트 마감 (floated)	슬래브	과도한 흙손질		
철근부식	L	자연적	기둥과 보	불충분한 피복	불량한 품질 콘크리트	2년 이상
	M	염화칼슘	precast 콘크리트	과도한 염화칼슘		
알칼리-골재 반응	N		(습윤 위치)	알칼리-골재 및 고알칼리 시멘트		5년 이상

3) 진행성 균열과 고정균열

콘크리트구조물에 발생하는 균열은 진행성 균열과 고정균열로 분류할 수 있으며, 그 형태별 원인 및 조치사항은 표 4.4와 같다.

표 4.4 진행성 균열과 고정균열의 원인 및 조치

원 인	균열의 형태		조 치
	진행성	고 정	
급격한 하중의 재하		○	하중재하 조절 및 제한
철근량의 부족	○		현재의 내하력을 고려하여 통과하중을 제한하고, 재설계하여 부족한 만큼 보강함
온도응력 (온도상승에 따른 과도한 팽창 또는 부적합한 신축이음)	○		적합한 신축이음으로 재설계하는 것이 바람직함
철근의 부식	○		녹 제거 후 방청처리 및 무수축 모르타르 마감
기초 침하	○	○	기초가 계속 침하하는 중인가를 측정 후 조치
알칼리-골재 반응	○		습기가 존재하는 한 콘크리트의 품질은 계속 나빠질 것이므로 균열보수는 효과적이지 못함
시공상의 오류(양생 불량, 거푸집 등)		○	균열보수
설계오류(팽창계수가 다른 콘크리트와 재료의 연결, 응력 집중, 잘못된 이음설치)	○		적절한 신축이음 장치

4.2 콘크리트 열화 메커니즘

콘크리트구조물의 내구성 저하요인에는 동결융해작용에 의한 성능저하, 콘크리트의 탄산화(중성화)에 의한 철근의 녹 발생, 건조수축에 의한 성능저하, 건습반복, 온도변화 등의 기상작용에 의한 성능저하, 콘크리트에 대한 물리·화학적 침식, 염화물에 의한 콘크리트 내부의 철근 및 PSC강재의 녹 발생, 하중작용, 지진 등에 의한 균열의 발생과 확대, 반복하중에 의한 콘크리트 균열부의 성능저하 및 철근의 피로, 지속하중에 의한 크리프변형, 알칼리-골재 반응, 황산염에 의한 팽창 등이 있으나 본 절에서는 콘크리트의 염해, 중성화, 동결융해, 알칼리-골재 반응, 화학적 침식 등을 중심으로 고찰한다.

4.2.1 염해(salt injury)

가. 염해 발생 메커니즘

콘크리트구조물의 염해란 콘크리트 내부에 염화물이온의 존재에 의한 강재부식이 촉진되어 부식생성물의 체적팽창이 콘크리트에 균열이나 박리를 일으키고, 강재의 단면감소에 의하여 구조물의 성능이 저하되며, 구조물이 소정의 기능을 다 할 수 없게 되는 현상이다. 이처럼 열화를 촉진하는 염화물이온은 해수나 동결방지제처럼 구조물의 외부환경에서 공급되는 경우와 콘크리트 제조 시 재료에서 공급되는 경우가 있다.

철근콘크리트구조물에 있어서 성능저하의 주원인은 염소이온의 침입에 의한 철근의 부식이다. 이는 상기에 언급했듯이 해사나 배합수 등에 의해 직접 콘크리트 중에 유입되는 것과 해양환경 상태에서의 비래염분이나 해수의 직접적인 접촉 또는 동절기 융빙제의 살포 등으로 인하여 염소이온 등이 콘크리트 중으로 침투되고 확산되는 것으로 나눌 수 있다.

염해는 주로 철근의 부식과 밀접한 관련이 있으며, 염해에 의한 콘크리트에 매립된 철근의 부식은 pH 9 이하가 되지 않아도 철근 부위에 소정의 염화물이 존재하면 염소이온이 강재표면의 부동태피막을 파괴하게 되고, 그 결함 부분에서 수분과 결합하여 국부전지를 만들어 철근의 부식반응이 진행되며, 이들의 반응생성물로 수산화 제1철 또는 수산화 제2철의 녹을 발생시킨다.

염소의 국부적인 침식에 의하여 생성된 애노드(anode)와 캐소드(cathode) 면적의 분리는 부식형태에 상당한 영향을 미친다. 애노드 부분에 인접한 콘크리트면에서 양의 철이온 농도가 증가하여 pH는 떨어지고, 음극반응의 산물인 수산기이온의 생성은 철의 캐소드 부분 근방에서 일어난다. 애노드에서 국부적인 pH의 강하 때문에 $FeCl_2$의 가용성 화합물이 형성될 수 있으며, 이 화합물은 애노드로부터 퍼져나가서 부식이 계속 될 수 있다. pH와 용존 산소의 농도가 더 높은 지역으로부터 약간 떨어진 곳에서 가용성 화합물은 분해되고, 수산화철은 침전되기 때문에 염소이온은 애노드에서 철이온과 훨씬 더 자유롭게 반응한다. 염소이온은 이 과정에서 소비되지 않으며, 철근 주변에서 철이온의 농도가 높기 때문에 부식은 억제되지 않고 계속하여 철이온이 용출되어 산소와 반응하기 때문에 더 많은 산화물과 수산기를 형성한다. 따라서 부식이 철근을 따라 측면으로 퍼지는 대신 국부적인 애노드 지역에 한정되어 깊은 공식을 나타내며, 결과적으로 철근은 심각한 상태가 된다. 또한 양극에서 발생된 수소이온(H^+)은 철근 표면의 pH를 낮춤으로써 부식에 영향을 미치게 된다. 활발한 부식반응이 일어나고 있는 철근 부위에서의 pH는

4.8~6.0 사이이다. 이들의 부식반응은 다음과 같다.

$$F_e + 2Cl^- \rightarrow FeCl_2 + 2e^-$$

$$FeCl_2 + 2H_2O \rightarrow Fe(OH)_2 + 2H^+ + 2Cl^-$$

이 식에서 볼 수 있듯이 염소이온은 반응에 참가하지 않고 촉매 역할을 수행함으로써 끊임없이 부식반응이 진행된다. 이러한 염소이온에 의하여 콘크리트 중의 철근부식 메커니즘은 그림 4.8과 같다.

철근부식의 결과 철근의 직경 감소와 산화철의 팽창성으로 인하여 피복 콘크리트에 균열의 발생과 함께 철근과 콘크리트의 부착력 감소 등이 나타난다.

위와 같은 철근부식 이외에도 해수 중에는 황산마그네슘, 중탄산암모늄 등이 함유되어 있기 때문에 이들에 의한 콘크리트의 화학적 침식이 발생된다. 특히 황산염은 시멘트 화학조성의 하나인 C_3A 수화물과 반응하여 에트린가이트를 생성하므로 그 팽창압에 의하여 콘크리트를 붕괴시키는 반응을 일으키기도 한다. 에트린가이트 생성 시 227%의 체적 팽창을 나타내기 때문에 콘크리트에 팽창균열을 발생시킨다.

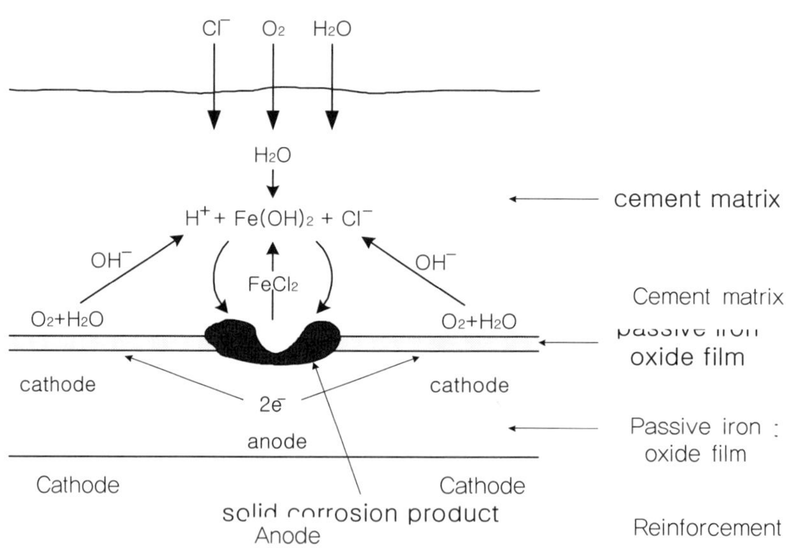

그림 4.8 염소이온에 의한 콘크리트 중의 철근부식 메커니즘

Solid corrosion product

나. 염해에 의한 성능저하기구

염화물이온이 콘크리트의 역학적 성질에 미치는 영향은 일반적으로 염화물이온의 침입에 의하여 발생되는 철근부식을 중요하게 다루고 있다. 염해에 의한 영향은 다음과 같다.

① 녹물의 용출에 따른 콘크리트 표면의 오염
② 철근 주변의 콘크리트 균열 발생으로 철근부식이 가속화되어 내하력 저하, 반복하중을 받는 부재에서의 피로 특성 등 부재 구조특성이 변화됨
③ 피복 콘크리트 탈락
④ 철근 단면적 감소(유효철근량 감소)

염해에 의하여 성능이 저하된 콘크리트구조물에 대한 성능저하 예측을 실시할 경우 콘크리트 표면의 염화물이온 및 콘크리트 중의 염화물이온을 성능저하 요인으로 하고, 한계 염화물이온 농도에 도달한 부위의 깊이 또는 철근의 부식량 등을 성능저하지표로 하는 것이 좋다. 염해에 의한 성능저하 예측의 개요는 표 4.5와 같다.

표 4.5 염해에 의한 성능지하 예측 개요

성능저하에 의하여 영향을 받는 요소	성능저하 지표	성능저하 증상	성능저하 요인		점검사항
			내적요인	외적요인	
미관변형 내철근 부식성 내하성	염화물이온 농도 염화물침투 깊이 염화물침투 깊이율	균열 녹물 변색	· Cl^- 농도 · 콘크리트배합 · 피복콘크리트	· 표면의 Cl^- 농도 · 융빙제 사용량 · 수분의 공급 · 용존산소량	· Cl^- 농도 · 한계 Cl^- 농도 도달깊이
	철근의 부식량	콘크리트 구조물의 단면결손 철근의 단면결손	· 애노드 · 캐소드 · 면적비 · 용존산소, 확산계수	· 수분의 공급 · 용존산소량	· 자연전위 · 변색 정도 · 부식에 의한 균열 · 부식면적 · 단면결손 · 기타(분극저항, 콘크리트 저항)

다. 염해에 있어서 열화과정

철근부식 혹은 허용균열폭 이상의 커다란 균열이 일어나면 특수한 부식을 제외하고 염해에 의한 콘크리트구조물의 성능저하는 부식량을 지표로 하여 그림 4.9와 같은 과정으로 모델링할 수 있다.

콘크리트구조물의 염해는 강재의 부식이 시작하기까지의 잠복기, 부식 개시로부터 부식균열 발생까지의 촉진기, 부식균열의 영향으로 부식속도가 대폭적으로 증가하는 가속기 및 강재의 대폭적인 단면감소가 일어나는 성능저하기로 구분하여 생각할 수 있다.

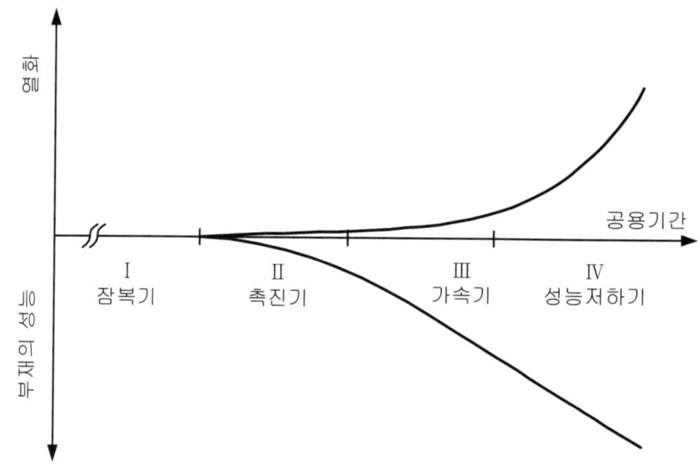

그림 4.9 염해에 의한 콘크리트구조물의 성능저하도

각 시기는 각각 다음과 같이 설명된다.

- 상태 I (잠복기) : 콘크리트 내부로 외부 염화물이온의 침입 및 철근 근처에서 부식 발생 한계량까지의 염화물이온 축적단계
- 상태 II (촉진기) : 물과 산소의 공급상태에서 일어나는 연속적인 부식 진행단계
- 상태 III (가속기) : 축방향 균열발생 이후의 급속한 부식단계
- 상태 IV (성능저하기) : 부식 감량이 확대되고 부재의 내하력에 영향을 미치는 단계

라. 염해방지대책

염화물에 의한 철근의 부식방지 대책으로는 콘크리트 내부에 함유된 염화물과 외부로부터 침투하는 염화물에 의한 철근부식의 방지대책으로 구분할 수 있으며, 철근콘크리트의 염해를 방지하는 일반적인 방법으로 다음과 같이 분류할 수 있다.

- 수분, 산소 및 Cl^- 등의 부식성 물질을 콘크리트로부터 제거한다.

- 부식성 물질이 피복콘크리트 내부로 침입 및 확산을 방지한다.
- 피복콘크리트 중의 반응성 물질이 강재표면에 도달하는 것을 방지한다.
- 방식성능이 높은 강재를 사용한다.
- 외부로부터 전류에 의하여 강재의 전위변화에 의한 방식처리를 한다.
- 방청제를 사용한다.

우리나라의 경우 올림픽을 전후로 주택 100만 호 신축 등의 건설경기 활성화로 인한 골재 부족으로 바닷모래를 제대로 세척하지 않고 사용함으로써 염해에 대한 피해가 속출하고 있다. 이처럼 해사에 의한 피해가 주된 원인인 경우에는 무엇보다 해사 사용 시 담수로 충분히 세척하여 가장 주된 염화물 혼입경로를 차단하고 콘크리트 자체를 밀실하게 제조하는 것이 가장 기본이라 할 수 있다. 표 4.6은 최근 염해방지 대책으로 사용되고 있는 주된 방법을 정리한 것이다.

표 4.6 염해방지 대책

분 류	항 목	내 용	비 고
환경으로부터의 부식성 물질 제거	–	온도습도 제어, 탈염 및 탈수	해양환경 및 제설제 사용 시 곤란
피복콘크리트를 통과하는 침입, 침투의 억제	밀실성 증가	최대 W/C비 확보 최소 시멘트량 확보	부식방지의 기본
	피복두께 증가	최소 피복 확보	
	균열폭	허용 균열폭	
	콘크리트 표면라이닝	합성수지재료에 의한 라이닝, 도장	보수용으로 사용될 수 있음 보수 가능한 부분에만 사용
	수지함침 콘크리트	MMA, 투수성 에폭시, 실런트 등에 의한 함침	MMA의 경우 미국에서 실적 있음
	레진콘크리트, 폴리머시멘트콘크리트, 내부식 콘크리트	불포화 폴리에스테르, 에폭시 등의 레진콘크리트 SBR 등의 PCC 및 왁스 사용	철근 또는 프리스트레스트 콘크리트의 실적은 의외로 적음
강재표면으로의 도달 억제	수지도장 강재	에폭시 수지 도장 철근	정전분체도장 200±50μm
	도금 강재	아연도금 철근	
방식성 강재	내염성 철근	Cu-W계 등	해양환경이나 융설제 사용 시 주의
전위제어	전기방식법	외부전원방식, 유전양극방식	보수용으로도 사용 가능
방청제	방청제	현재는 아질산계	해양환경이나 융설제 사용 시 곤란
전기화학적 반응	탈염공법, 전착공법	염소이온 제거 또는 저감	보수용

4.2.2 중성화(carbonation)

가. 중성화 발생 메커니즘

굳은 콘크리트는 표면으로부터 공기중의 탄산가스를 흡수하여 콘크리트 내부에서 수화반응으로 생성된 수산화칼슘이 탄산칼슘으로 변화하면서 알칼리성을 잃게 되는 현상을 중성화라 한다. 중성화는 콘크리트의 표면에서부터 시작되어 피복 콘크리트 부분을 거쳐, 내부의 철근방향으로 진행된다. 중성화면이 철근표면에 도달하게 되면(학설에 따라서는 2mm 전부터) 철근표면을 감싸고 있던 부동태피막이 파괴되면서 철근표면에서 부식이 시작된다. 이러한 콘크리트의 중성화현상은 일반적인 환경에서도 진행되어 철근부식 환경으로 만드는 등 콘크리트의 수명에 관계되는 가장 기본적이고 중요한 문제이다. 여기에서는 철근콘크리트구조물에 있어서 중성화현상의 발생 메커니즘, 중성화와 수명, 그리고 중성화 진행속도와 피복두께의 관계 등에 대해 간략히 나타낸다.

시멘트의 수화반응에서 시멘트량의 약 1/3이 생성되는 수산화칼슘($Ca(OH)_2$)은 pH 12~13 정도의 강알칼리성을 나타내며 또 이것이 시멘트수화물 전체의 pH를 결정하고 있다. 수산화칼슘은 대기중에 포함되어 있는 약산성의 탄산가스(약 0.03%)와 접촉하여 다음과 같은 반응에 의하여 탄산칼슘과 물로 변화한다.

$$Ca(OH)_2 + CO_2 \rightarrow CaCO_3 + H_2$$

탄산칼슘으로 변화한 부분의 pH가 8.5~10 정도로 낮아지는 것을 중성화라고 한다(넓은 의미로는 탄산화를 포함). 시멘트 페이스트에 있어서의 탄산화반응은 수산화칼슘뿐만 아니라 각종 수화생성물 및 미수화물에서도 일어나지만 중성화에 관해서는 수산화칼슘의 영향이 가장 크다. 중성화는 콘크리트의 표면에서 내부를 향하여 진행하며 콘크리트는 탄산가스와 반응한 중량만큼 무거워지고 치밀해진다. 그리고 중성화가 진행함에 따라 약간의 극히 미세한 균열이 발생하지만 문제가 될 정도는 아니다. 따라서 중성화에 의하여 물리적 열화가 생기는 것은 콘크리트 내부 철근의 부식에 의한 것이다.

콘크리트 pH가 11 이상에서 내부철근은 표면에 부동태를 형성하므로 산소가 존재해도 녹슬지 않지만 중성화에 의하여 pH가 11보다 낮아지면 철근에 녹이 발생하고 또 이러한 녹에 의하여 철근은 약 2.5배까지 체적이 팽창한다. 그리고 이 녹의 팽창압력에 의하여 콘크리트 내부에 균열을 발생시키며 철근 부착강도 저하, 피복콘크리트 박리, 철근 단면적 감소에 의한 저항모멘트 저하 등 물리적 열화의 진행과 함께 결국에는 철근콘크리트구조물 전체의 위기를 초래한다.

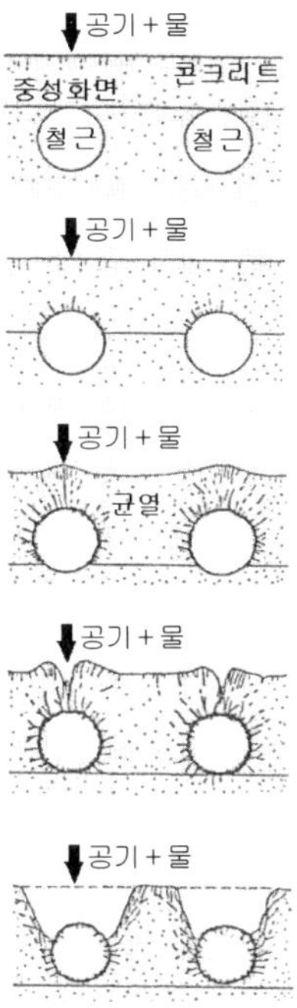

STEP 1
정상, 재료 및 강도의 변화는 거의 없다
(약간의 건조수축에 의한 균열)

STEP 2
녹 발생에 의한 팽창압이 콘크리트 내부에 발생하여 미세한 균열이 발생한다.

STEP 3
철근의 윗면이 팽창한다. 균열이 표면까지 연장되면서 수분의 침입이 격화되어 동해 등의 다른 열화도 유발시키며 녹물이 보인다.

STEP 4
철근 윗면의 피복이 부서져 떨어지고, 철근의 노출이 시작된다.
철근단면적이 감소한다.

STEP 5
철근 윗면이 거의 없어지고 철근은 공기 중에 직접 노출된다.
내구성능은 없다.

그림 4.10 중성화에 의한 콘크리트 성능저하 메커니즘

철근콘크리트구조물은 특별한 성능저하의 요인이 없는 경우에도 앞에서 설명한 바와 같이 대기중의 탄산가스에 의하여 콘크리트가 중성화되고, 콘크리트 중의 철근이 부식되어 구조내력의 저하 및 콘크리트의 균열, 박리, 탈락, 그리고 미관, 기능상의 장애를 일으키면서 안전성을 저하시킨다.

일반적으로 중성화에 의한 구조물의 열화과정은 콘크리트 중성화에 의한 내부철근 부식으로 녹물이 발생하거나 피복콘크리트에 균열과 박리·박락이 발생하며, 최종적으로 철근부식에 의한 단면결손으로 부재내력이 저하된다. 이러한 열화과정은 다음과 같이 정의할 수 있다.

- 상태 Ⅰ : 중성화의 진행상태가 철근 위치까지 도달하지 않은 상태(잠복기)
- 상태 Ⅱ : 중성화 깊이가 부분적으로 철근 위치까지 도달하여 녹물과 미세균열이 발생하는 단계(촉진기)
- 상태 Ⅲ : 중성화의 깊이가 대부분 철근 위치까지 도달하여 철근피복에 박리·박락이 발생하는 단계(가속기)
- 상태 Ⅳ : 철근부식이 진행되어 철근의 단면결손으로 부재내력에 영향을 미치는 시기(성능저하기)

표 4.7 중성화에 의한 성능저하 예측 개요

성능저하에 의해 영향을 받는 요소	성능저하 지표	성능저하 증상	성능저하요인		성능저하 예측법	점검사항
			내적 요인	외적 요인		
미관 변형 내철근 부식성 내하성	알칼리성 저하도 중성화깊이	균열 녹물 변색	콘크리트 배합 피복 콘크리트	CO_2 농도 온도 습도 강우	$X=R\sqrt{t}$ X : 중성화깊이 t : 경과년수 R : 상수	중성화 깊이 변색의 정도 화학분석 균열 녹
	철근부식량	콘크리트 구조물의 단면결손 철근의 단면결손	애노드, 캐소드 면적비 용존산소 확산계수	수분공급 용존 산소량	부식속도에 대해서는 분극저항의 예측 등이 시도되고 있음	자연전위 변색 정도 부식균열 부식면적 단면결손 분극저항

나. 중성화 진행속도의 평가

중성화의 판별방법으로서 공시체의 파단면에 1%의 페놀프탈레인-알코올 용액을 분무하여 변색 여부를 관찰하는 방법이 가장 일반적이며, 무색이면 중성화된 것이고, 적색으로 변화하면 비중성화(알칼리) 부분으로 구분한다. 중성화시험 시 콘크리트공시체는 코어공시체나 연마된 공시체를 그대로 사용하는 것은 좋지 않다. 특히 코어공시체 등은 표면에 공시체를 채취할 때의 미립분이 붙어 있어 중성화 부분의 판별이 어려워진다. 따라서 콘크리트공시체 등은 압축강도시험기 등을 이용하여 쪼갠 뒤 그 파단면에 분무하여 시험하는 것이 정확한 결과를 얻을 수 있다.

중성화 진행속도는 콘크리트 표면으로부터 중성화 부분과 비중성화 부분의 경계면까지의 거리와 경과한 시간의 함수로서 나타낸다. 중성화깊이와 경과년수와의 관계는 일반적으로,

$$X = R\sqrt{t}$$

여기서, X : 기준이 되는 콘크리트 중성화깊이(mm)

t : 경과년수(년)

R : 시멘트, 골재의 종류, 환경조건, 혼화재료, 표면마감재 등의 정도를 나타내는 상수

로 나타내며, 상수 R은 실험에 의하여 구할 수 있다.

이 식은 중성화 속도를 나타내는 가장 기본적인 가정으로 인식되고 있다. 그리고 이 식이 물-시멘트비 60% 이하에서 실험식과 다소 차이가 있어 콘크리트의 종류를 인자로 한 중성화율에 의한 보정을 행하여 상기 식을 수정한 중성화 속도식이 일반적으로 사용되고 있다.

① 물-시멘트비가 60% 이상인 경우

$$t = \frac{0.3(1.15 + 3W)X^2}{R^2(W - 0.25)}$$

② 물-시멘트비가 60% 이하인 경우

$$t = \frac{7.2X^2}{R^2(4.6W - 1.76)^2}$$

여기서, W : 물-시멘트비

X : 중성화깊이(mm)

t : 기간(년)

R : 중성화율($= r_c \times r_a \times r_s$)

$r_c \times r_a \times r_s$: 시멘트, 골재, 혼화제의 종류에 관한 계수

다. 중성화와 콘크리트의 수명

철근콘크리트구조물의 실태조사에 의하면 일반환경에서 철근의 부식은 중성화깊이와 피복두께의 상관관계에 의해 결정된다고 알려져 있다. 중성화와 철근콘크리트의 수명관계를 그림 4.11에 나타낸다. 이 그림은 콘크리트의 중성화에 의한 철근의 부식과 철근콘크리트구조물의 내구성 개념을 나타낸다. 여기서 t_0는 중성화깊이가 철근의 표면에 도달하는 시점이며, t_1은 그 결과 철근이 부식하여 콘크리트에 균열을 발생시키는 시점, t_2는 부재내력이 한계에 도달하는 시점을 나타내고 있다.

지금까지는 철근콘크리트구조물의 수명을 t_0의 시점으로 판단하여 왔으나(중성화 수명설), 한편으로는 부재내력이 한계에 도달하는 시점인 t_2를 수명으로 보는 설도 있다(구조내력 수명설). 그러나 최근에는 t_0의 시점은 부재내력상 너무 안전하고 t_2는 너무 위험한 영역에 속하여 철근이 부식되어 균열을 발생시키는 시점인 t_1을 철근콘크리트의 수명 산정점으로 정의하고 있다.

따라서 철근콘크리트구조물의 물리적 내력의 한계는 t_1과 t_2이지만 t_0에 도달하는 기

간은 피복두께, 사용재료, 콘크리트의 품질, 환경조건 및 마감재 등의 조건에 따라 비교적 쉽게 예측이 가능한데 비해 t_0에서 t_1 혹은 t_2까지의 기간의 예측은 매우 곤란하다. 콘크리트의 내·외부의 조건이 열악한 경우에는 극히 단시간에 도달할 수도 있어, t_0까지의 거리, 즉 피복두께의 확보가 콘크리트의 수명 확보에서 극히 중요함을 알 수 있다.

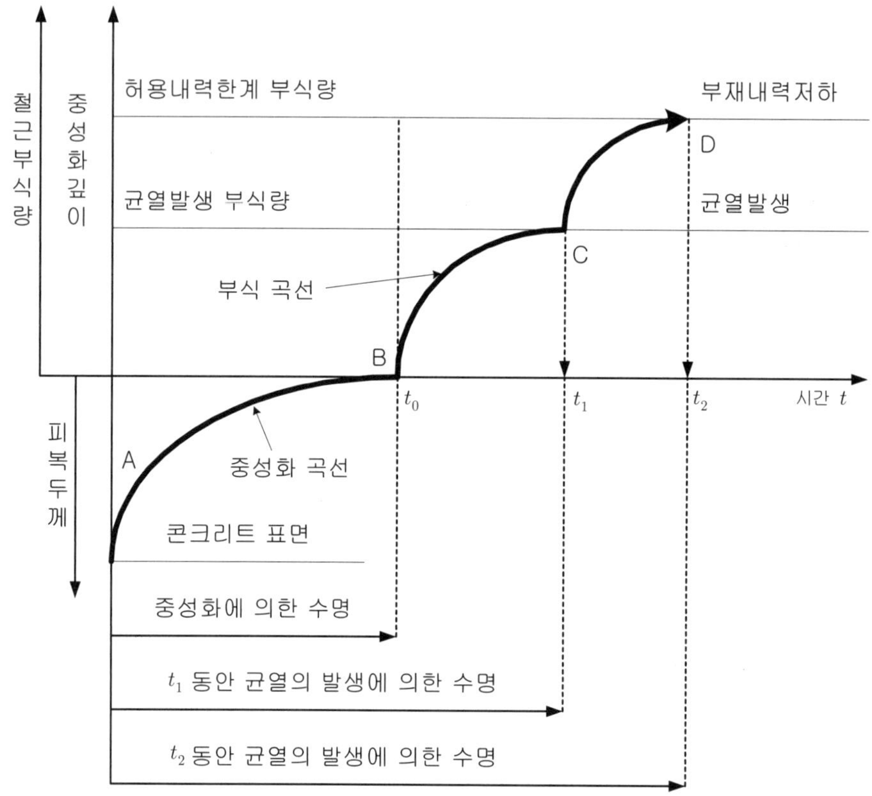

그림 4.11 중성화 진행에 따른 구조물의 수명

라. 중성화 대책

중성화 대책으로는 시공 중과 준공 후 중성화가 진행된 시점에서의 대책으로 구분할 수 있다. 먼저 구조물 시공중의 대책으로는 다음과 같다.

재료적 측면에서 양질의 골재를 사용하고 가능하면 물-시멘트비를 적게 한다. 그리고 콘크리트를 충분히 다짐타설하여 결함을 발생시키지 않는다. 콘크리트 타설 완료 후 양생은 습윤양생을 실시하며, 철근의 피복두께를 충분히 확보하고 중성화 억제 효과가 큰 투기성이 작은 마감재를 사용한다.

중성화가 진행된 시점에서의 대책으로는 첫째, 중성화가 진행되어 있으나 철근부식까지 이르지 않았을 경우에는 투기성이 작은 마감재를 새로 시공하여 중성화를 억제하는 대책을 강구한다. 둘째, 중성화가 철근까지 진행되고 있어서 철근이 부식하기 시작한 경우에는 철근부식을 억제하는 방법, 즉 투수성이 적은 마감재를 새로 시공한다. 마지막으로 중성화가 진행되어 철근부식에 의한 피복콘크리트에 균열과 박리가 발생한 경우에는 피복콘크리트를 제거하여 철근에 발생한 녹을 털어내고 방청처리를 한 후 철근부식 억제를 위한 마감재를 시공한다.

4.2.3 동결융해(freezing and thawing)

콘크리트에 함유되어 있는 수분이 동결되면 수분의 팽창으로 인하여 수분이 콘크리트 내부에서 이동하면서 생기는 동결융해작용의 반복에 따라 콘크리트가 파괴되는 것을 동해라고 한다. 동해에 의한 콘크리트구조물의 성능저하 예측을 위해서는 콘크리트의 물-시멘트비, 공기량 및 외기온도, 물의 공급 정도 등을 성능저하 요인으로 하여 콘크리트의 동해깊이를 성능저하의 지표로 하는 것이 좋다. 콘크리트구조물은 동결융해작용을 받으면 콘크리트 중의 수분이 동결팽창하고, 이들의 반복작용에 의하여 콘크리트 표면의 조직이 파괴되어 균열, 박리(scaling), 떨어져 나감(pop-out) 등이 발생되며, 표면부터 성능이 저하된다. 이 표면층은 일반적인 동결융해시험에서의 성능저하기구와 같이 생각할 수 있으며, 그 깊이는 서서히 커지고 구조물의 미관 등에 영향을 미친다. 이 단계에서 콘크리트 표면조직이 느슨해지기 때문에 콘크리트 중의 함수율이 높아지게 되고, 동해의 진행이 빠르게 된다. 더욱이 동해가 현저하게 진행될 경우 콘크리트 유효단면이 크게 감소하여 내하력에 영향을 미치며, 콘크리트 피복의 감소로 인하여 철근과의 부착강도 저하 및 변형의 증대 등이 문제된다. 해안에서는 콘크리트 피복두께의 감소와 콘크리트 조직의 느슨함 때문에 염화물이온의 침투속도가 빠르게 되고, 철근의 부식도 촉진되어 내구성이 현저하게 저하되는 것으로 판단된다. 또한 콘크리트구조물의 위치, 장소, 환경조건, 콘크리트의 품질 및 수분공급의 용이 등에 의하여 동해의 정도, 범위 및 변형이 다르게 된다. 이와 같이 동해를 고려할 경우, 동해에 의한 성능저하는 물론이고 동해를 간접요인으로 해서 콘크리트구조물에 작용하는 영향도 고려하여 성능저하 예측을 검토하는 것이 필요하다.

한랭지의 경우 공사중 콘크리트 내부의 수분이 밤 사이에 동결하여 얼음의 팽창압이 발생하고 낮 동안 일사 등으로 융해가 반복된다. 이와 같은 기상조건에 따라 콘크리트 내의 수분이 동결융해를 반복하여 콘크리트의 역학적 성질이 열화된다. 0℃에서 얼음의 밀도는 약 0.92g/cm^{3}로 존재하므로 물이 얼 경우 물의 체적은 1.09배 증가한다. 얼음의 선팽창계수는 5.3×10^{-6}으로 콘크리트의 다른 구성재료와 비교하면 매우 크다.

콘크리트의 파괴는 주로 모세관수가 빙결할 때의 체적 증가에 따른 수압이 원인으로 내부조직이 파괴되어 강도와 탄성계수가 저하된다. 빙결시의 수압은 시멘트 페이스트의 함수상태, 시멘트 페이스트의 투수성, 동결속도, 공기포의 간격 및 크기, 공기량, 골재 종류 등의 요인에 따라 영향을 미친다.

동결융해에 따른 콘크리트의 열화를 개선하기 위해서는 적당한 크기, 간격 및 적정량의 공기를 시멘트 페이스트에 주입하여 동탄성계수의 저하를 최대한 막아야 한다. 콘크리트의 동결융해 발생 원인을 정리해 보면 다음과 같다.

- 콘크리트는 다공질이기 때문에 습기나 수분을 흡수하며, 결빙점 이하의 온도에서는 흡수된 수분이 동결하면서, 수분의 동결팽창(9%)에 따른 정수압으로 콘크리트 조직에 미세한 균열이 발생하게 된다. 또한 이러한 동결융해의 반복작용으로 콘크리트의 내구성이 저하되기 때문에 사용재료, 배합설계 등에 유의하여야 한다.
- 동결의 진행 및 형태로 먼저 표면의 공극수가 동결되면 체적이 약 9% 가량 커지기 때문에 팽창력이 발생하여 동결부 주위에 응력상태를 형성하게 된다. 이러한 작용이 내부로 진전되면서 철근부식 및 중성화 촉진 등과 같은 복합적인 내구성 저하요인이 된다.

표 4.8 동해 주요원인

구 분	주요한 영향의 요인	세 목	발생한 변화현상
내적원인	골재의 품질	연속의 혼입 골재 종류별 (천이대, 열팽창률)	연속의 흡입-팝아웃 콘크리트의 내동해성 저하
	콘크리트 품질	공기량 조직의 치밀함(W/C) 균열	콘크리트의 내동해성 저하 공기량 → 팽창열화 조직의 치밀함 → 스켈링
	양생		콘크리트의 내동해성 저하
	마무리 시공		스켈링
외적원인	지역조건		
	부위조건	일사 수분과의 접촉방향	

표 4.9 동해에 의한 성능저하 예측 개요

<table>
<tr><th rowspan="2">성능저하에 따른 영향</th><th rowspan="2">성능 저하 지표</th><th rowspan="2">성능 저하 증상</th><th rowspan="2">수준</th><th colspan="2">성능저하요인</th><th rowspan="2">성능저하 예측법</th><th rowspan="2">점점사항</th></tr>
<tr><th>내적 요인</th><th>외적 요인</th></tr>
<tr><td rowspan="4">미관
변형
강도
내철근 부식성
내하성</td><td rowspan="4">동해 깊이
강도 저항</td><td rowspan="4">pop -out
미세 균열
스케 일링
변형</td><td>골재 동해 받을 가능성</td><td>흡수율 안전성 손실 중량</td><td></td><td>(골재의 물리검사)
동해받을 가능성
흡수율
안전성 손실 중량의 결과에 대한 판정</td><td>(골재 물성시험)
흡수율
안전성 손실 중량</td></tr>
<tr><td>con'c 동해 받을 가능성</td><td>공기량
기포간격계수
세공경
분포</td><td>동결융해횟수
최저온도
물의 공급</td><td>(동결융해실험)
동해받을 가능성
상대동탄성계수
-80% 이상 : 안정
-80% 미만 : 불안정</td><td>(콘크리트의 동결융해시험)
-상대동탄성계수
-길이변화율</td></tr>
<tr><td>동해 발생 유무</td><td rowspan="2">공기량
기포간격계수
시공경
분포</td><td rowspan="2">동결융해횟수
최저온도
물의 공급</td><td>(실구조물 콘크리트 물성조사)
동해발생 유무
-표면강도
-초음파전파속도
-투기, 투수성
(동해 유무는 각 방법을 조합하여 종합적 평가)</td><td>-육안조사
-반발경도법
-초음파전파속도
-투기, 투수시험</td></tr>
<tr><td>동해 길이율</td><td>(동해깊이율 조사)
내구성, 주변환경에서의 영향성, 기능성, 내하성의 한계</td><td>-스케일링깊이
-코어채취
(세공경분포측정)</td></tr>
</table>

가. 동해발생 메커니즘

수분은 동결할 때 외부의 구속 없이 자유롭게 팽창할 수 있다고 한다면 9%의 체적팽창이 발생한다. 시멘트 페이스트 내부에서는 온도저하에 따라 먼저 큰 공극의 수분이 동결하며, 그 다음에 작은 공극 중의 수분이 동결한다. 작은 공극 중의 수분이 동결하는 과정에서 큰 공극 중에 발생한 얼음결정에 의하여 팽창이 구속된다. 이 팽창을 완화할 수 있을 만큼의 자유공극이 존재하지 않을 때에는 큰 정수압이 공극의 벽에 작용하여 이것이 인장강도에 달한 경우에 균열이 생기는 것으로 생각된다. 이러한 현상이 반복됨에 따라서 콘크리트 표면으로부터 서서히 열화한다.

이 공극에 작용하는 정수압은 최저온도, 동결속도, 기포의 간격 등에 의해 달라진다. 콘크리트 내부의 수분은 미세직경에 의해 동결점이 강하하여 동결하는 과정에서 과냉각

현상도 부가된다. 이와 같이 경화된 콘크리트가 동결융해작용에 의해 성능을 잃어가는 메커니즘에 대한 연구는 진행되어 왔으나 아직까지 명확하게 규명되어 있지 않은 실정이다. 동해에 의한 콘크리트의 동해깊이 증가에 따른 성능저하는 그림 4.12와 같이 모델화 할 수 있다.

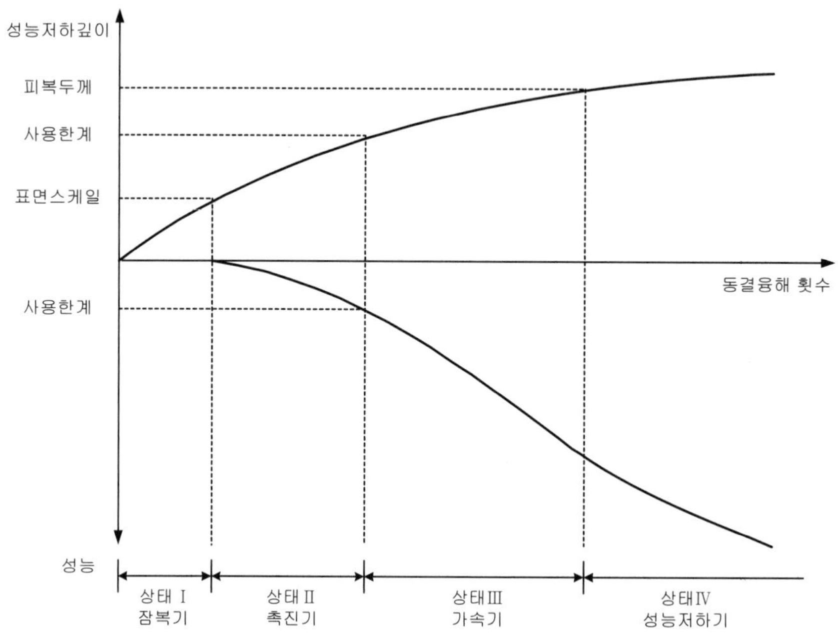

그림 4.12 동해에 의한 성능저하 과정

- 상태 I : 동해깊이가 작고 강성에는 큰 변화가 없으며 철근의 부식이 없는 단계
- 상태 II : 동해깊이가 증가하여 미관 등에 의한 주변 환경에 영향을 미치며, 철근부식이 발생하는 단계
- 상태 III : 동해깊이율(동해깊이/피복두께)이 1.0까지 도달하고, 변형과 철근의 부식이 현저하게 되는 단계
- 상태 IV : 동해깊이율이 1.0 이상이 되고, 변형이 급속히 증대되는 동시에 철근의 부식이 급속히 진행되어 부재의 내하력에 영향을 미치는 단계

나. 동해열화의 형태와 진행

콘크리트가 동해를 받으면 손상을 입게 되는데, 이러한 동해에 의한 손상은 pop-out, 균열, 박리(scaling), 박락(spalling) 등의 형태로 나타나게 된다.

박락(Spalling)은 콘크리트 표면에서 시멘트 페이스트 내부의 공극수가 동결할 때 공극수의 수압이 상승하여 페이스트의 조직을 파괴함으로써 표면이 조그만 덩어리나 입자가 되어 조직의 붕괴, 탈락되는 현상으로서 이것은 동결융해의 반복작용에 의해 나타나는 손상형태 중 가장 쉽게 볼 수 있는 현상이다.

Pop-out은 흡수율이 큰 골재를 사용하면 콘크리트 표층부의 함수율이 높은 골재가 동결하여 팽창함으로써 그 팽창압에 의해 골재 주위의 바깥 부분 모르타르가 탈락되어 표면이 파이는 현상을 말한다. 파임부의 직경은 10mm 이하부터 굵은골재 최대치수의 2배 이상이 되는 경우도 있다. 그림 4.13은 콘크리트 표면에서 pop-out이 발생되는 현상을 나타낸 모식도이다.

박리(Scaling)는 콘크리트 표면부의 시멘트 페이스트 또는 모르타르가 동결융해작용에 의해 벗겨져서 표면이 거칠어지는 현상으로서 주로 동해의 초기단계에서 나타난다. 그러나 심한 경우에는 표면 안쪽의 골재입자가 노출되고 탈락되며 부분적으로 붕괴를 일으키게 되는데, 이러한 현상은 물-시멘트비가 높고 강도가 낮은 콘크리트일수록 발생하기 쉽다.

동해는 외기에 노출되어 빗물 등에 자주 젖는 돌출 부위가 가장 우려되는 부위이다. 따라서 건축구조물보다 도목구조물이 동해를 받는 경우가 많다. 건축물에서는 개구부의 하부, 파라펫, 발코니 하단부, 현관의 포치 등에서 동해의 흔적을 쉽게 발견할 수 있다. 토목구조물에서는 콘크리트 교량의 돌출부나 난간의 경우가 대표적이며 옹벽, 도로 경계블록, 뿜칠모르타르 등도 동해를 받기 쉬운 부분이다.

일반적으로 미세균열, 스케일링은 콘크리트의 페이스트 부분이 열화하는 것이며, 콘크리트의 품질이 떨어지는 경우나 적절한 공기가 연행되지 않은 경우에 많이 발생한다. 한편 pop-out은 골재의 품질이 나쁜 경우에 자주 관찰된다.

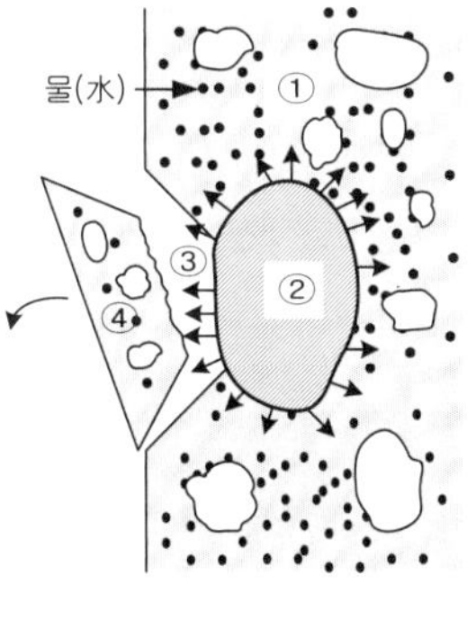

〈손상과정〉
① 콘크리트가 수분을 흡수
② 흡수율이 큰 골재가 수분을 흡수하여 포화수분상태
③ 수분동결 시 체적팽창에 의해 압력발생
④ 표면부가 탈락하여 분화구 모양의 손상

그림 4.13 콘크리트 표면의 pop-out 현상

다. 동결융해대책

콘크리트의 동결융해 저항성을 확보하기 위해서 가장 간단하고 효과적인 방법은 AE제(공기혼화제)를 사용하여 콘크리트 내부의 연행공기(entrained air)를 형성하여 이것의 볼베어링 작용 등에 의해 아직 굳지 않은 콘크리트의 유동성 및 수밀성을 증가시키는 방법이다. AE제를 사용함으로써 무엇보다도 동결융해작용에 대한 저항성이 증대한다는 장점이 있다. 이것이 AE제를 사용함으로써 콘크리트의 강도가 다소 저하된다는 점에도 불구하고 많이 사용되는 가장 큰 목적이다.

AE제를 사용함으로써 콘크리트의 동결융해 저항성이 향상되는 이유는 콘크리트에 미세한 다량의 연행공기가 도입되어 이 연행공기가 내부수분을 동결시켜 체적이 팽창함에 따라 발생되는 팽창압을 완화시키는 작용을 하기 때문이다. 팽창압을 완화시키기 위해서는 연행공기 간격이 가까울수록 좋지만 너무 많은 연행공기가 도입되면 강도가 현저히 저하되므로 적당량의 연행공기를 도입할 필요가 있다. 일반적으로 콘크리트의 동결융해 저항성을 개선하기 위해서는 콘크리트 내에 도입하는 공기량은 4% 정도 이상이어야 한다고 알려져 있다. 그 외에 동결융해 피해를 줄이기 위해서는 물-시멘트비를 저감시키고, 동결이 가능한 수분함량을 최소화하기 위해 단위수량을 저감시킨다. 또한 균일한 시공 및 철저한 양생, 폴리머 등으로 표면을 덧씌움으로써 동해의 피해를 줄일 수 있다.

4.2.4 알칼리-골재 반응(alkali-aggregate reaction)

알칼리-골재 반응(Alkali-Aggregate Reaction, AAR)이란 콘크리트 내의 알칼리이온이 골재 중의 비결정질 실리카 혹은 열역학적으로 불안정한 실리카 성분과 결합하여 알칼리-실리카 겔(alkali-silica gel)을 형성하고 이 겔이 주위의 수분을 흡수하여 콘크리트 내부에 국부적인 팽창압력을 발생시켜 구조물에 균열을 발생시키는 것을 말한다.

알칼리-골재 반응에 의한 구조물의 피해는 1930년대 후반 미국에서 최초로 발견된 이후로 최근 중동, 영국 및 일본 등 세계 각국에서 그 피해 사례가 계속 보고되어 현재는 쇄석골재를 사용하는 거의 모든 나라가 알칼리-골재 반응의 발생위험 지역이라 할 수 있다.

국내에서도 일부지역의 골재가 반응성 골재로 판별되었고, 최근 알칼리-골재 반응에 의한 실제 구조물의 피해 사례가 보고된 바 있다. 천연골재의 고갈과 함께 쇄석의 종류가 다양화되고, 그 사용량도 증가하고 있으므로 알칼리-골재 반응의 위험성이 외국의 경우와 같이 높아질 가능성을 내포하고 있다.

알칼리-골재 반응은 시멘트 중의 알칼리성분(Na_2O, K_2O)이 시멘트 페이스트의 모세관 공극 중의 수산화칼슘을 함유한 고알칼리성의 공급용액과 골재 중에 함유된 반응성 실리카질 광물에 의해 발생하는 화학반응으로서, 반응생성물의 형성과 알칼리-실리카 겔의 흡수에 따라 콘크리트 내부에서 국부적인 체적팽창이 생기므로 콘크리트 균열 및 박리현상 등이 유발되어 이것과 다른 성능저하 요인이 상승적으로 작용하면 콘크리트의 내구성이 현저하게 저하된다.

알칼리-골재 반응(AAR)은 알칼리-실리카 반응(Alkali-Silica Reaction, ASR)과 알칼리-탄산염 반응(Alkali-Carbonate Reaction, ACR), 알칼리-실리케이트 반응(Alkali-Silicate Reaction, ASR) 등 3종류가 알려져 있으나 대부분의 알칼리-골재 반응은 알칼리-실리카 반응(ASR)을 말하고 있다. 본 절에서는 알칼리-실리카 반응을 일으키는 반응성 골재의 종류와 기본적인 메커니즘에 관하여 개략적으로 기술한다.

가. 알칼리-골재 반응의 종류

1) 알칼리-실리카 반응(alkali-silica reaction)

1930년 후반에 미국의 Stanton에 의해 최초로 발견된 이후 1970년대에는 유럽 각국에서, 1983년에는 일본에서도 발견되었으며, 전 세계에 걸쳐 보고되며 알칼리-골재 반응 중 가장 많은 부분을 차지하고 있다.

콘크리트 내의 알칼리이온이 골재 중의 비결정질 실리카 혹은 열역학적으로 불안정한 실리카 성분과 결합하여 알칼리-실리카 겔(alkali-silica gel)을 형성하고, 이 겔이 주위의 수분을 흡수하여 콘크리트 내부에 국부적인 팽창을 발생시켜 균열을 발생시킨다. 이 반응은 그후 전혀 다른 알칼리-골재 반응의 일종인 알칼리-탄산염 반응과 구별된다.

알칼리-실리카 반응성 골재의 종류는 약 40여 종으로 다양하다. 수산황화칼슘을 함유한 수용액과 반응하는 것은 비결정질 또는 유리질(오팔, 크리스트바라이트, 트리디마이트, 호산유리 등)이거나 또는 결정질(석영)이더라도 미세한 결정입자나 변형된 결정격자를 가진 것이다.

2) 알칼리-탄산염 반응(alkali-carbonate reaction)

돌로마이트질 석회암이 알칼리이온과 반응하여 그 생성물이 팽창하거나 암석 중에 존재하는 점토광물이 수분을 흡수·팽창하여 콘크리트에 균열을 발생시킨다. 이 반응은 ASTM 시험법으로는 검출되지 않으며, 알칼리-실리카 반응에서 나타나는 현상과는 다음과 같은 차이가 있다.

- 알칼리-탄산염 반응에 의한 피해 구조물에서는 겔(gel)이 발견되지 않는다.
- 반응고리를 가진 골재입자는 적으며, 그 외관도 알칼리-실리카 반응에 의한 것과 다르다.
- 알칼리-실리카 반응에서는 유효한 포졸란도 이 반응에서는 팽창억제의 효과가 없다.

3) 알칼리-실리케이트 반응(alkali-silicate reaction)

캐나다 노바스코샤 지방의 특정 골재와 반응한 것으로 보고되었으며, 알칼리-실리카 반응에 비해 반응이 장기간에 걸쳐 진행된다. 반응 중에 생성되는 겔의 양도 적은 것이 특징이며, 매우 완만한 팽창을 한다. 또한 골재의 반응고리 형성이 드물고 겔의 양이 적은 것으로 구분하지만 실제로 국내에서는 보고된 경우가 거의 없고 발생한다고 하더라도 알칼리-실리카 반응과 명확히 구분하는 것은 매우 어려운 일이다.

나. 알칼리-실리카 반응 발생 메커니즘

알칼리-실리카 반응이 발생되기 위해서는 일정량의 반응성 골재가 존재해야 하고, 콘크리트 중 반응에 충분한 수산화알칼리용액이 존재해야 한다. 또 수분의 공급이 필수적이다. 이 세 가지 조건이 구비되지 않았을 경우에는 반응하지 않지만 조건이 구비되었을 경우 반응이 발생하며, 이때 온도가 상승하면 반응은 더욱 촉진된다. 그림 4.14는 알칼리-실리카 반응이 일어나기 위한 조건을 도시한 것이다.

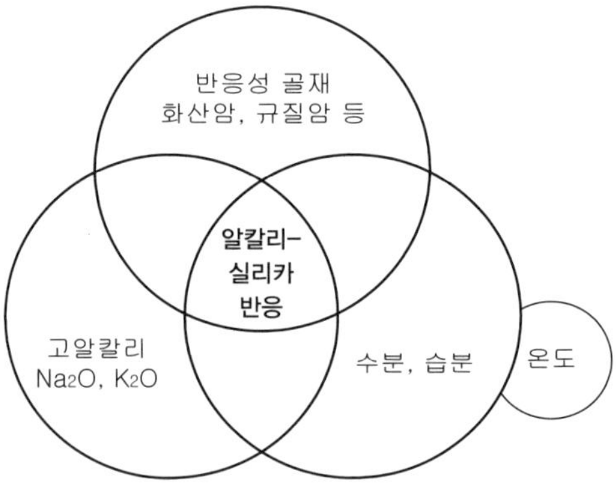

그림 4.14 알칼리-실리카 반응이 일어나기 위한 조건

그림 4.14에 나타낸 바와 같이 골재 중에 함유된 유해한 반응성 광물과 시멘트 및 기타 재료에서 공급되는 일정량 이상의 알칼리량, 반응을 촉진하는 수분 등 3가지 조건이

모두 갖추어졌을 때 발생하며, 이를 가장 불리한 조건(pessimum condition)이라 한다.

시멘트 페이스트 중의 알칼리성분(수산화나트륨, 수산화칼륨)과 골재 중의 반응성을 지닌 실리카(SiO_2) 성분 사이에서 일어나고, 반응에 의하여 겔상의 반응생성물(알칼리-실리카 겔)이 생성되는 현상을 말한다. 이 알칼리-실리카 겔은 생성 초기에는 점성이 낮기 때문에 콘크리트 내부를 이동할 수 있지만 수화가 진행됨에 따라 콘크리트의 공극 중에 농축되기도 하고 표면으로 흘러나오기도 한다. 공극 등에 농축된 겔은 수분을 흡수함에 따라 팽창하게 되고, 그 팽창압으로 콘크리트에 균열 등 손상의 원인을 발생시킨다.

알칼리-골재 반응에 의한 콘크리트 열화 정도는 시멘트의 종류와 그 알칼리량, 반응성 골재의 종류와 함유량, 그리고 콘크리트의 배합(단위시멘트량, 물-시멘트비, 공기량, 혼화재료의 종류와 그 치환율) 등 콘크리트에 관련된 요인과 부재의 단면형상, 철근배근량, 구속조건 등 콘크리트구조체에 관한 요인 및 수분, 알칼리 공급상태, 일사조건, 강우 등 구조물이 놓인 사용 및 환경조건에 관한 요인에 따라 크게 달라진다는 것으로 알려져 있으며, 알칼리-실리카 반응의 메커니즘은 다음의 반응식과 같이 진행된다.

$$SiO_2 + 2NaOH + nH_2O \rightarrow Na_2SiO_2 \cdot n \cdot H_2O \rightarrow \text{팽창}$$

$$Na_2SiO_2 \cdot nH_2O \rightarrow Ca(OH)_2 + H_2O \rightarrow CaSiO_3 \cdot nH_2O + 2NaOH \rightarrow \text{팽창}$$

상기 화학식과 같이 시멘트 중의 나트륨, 칼슘이온이 골재 중의 이산화규소와 반응하여 규산칼슘이나 규산나트륨을 생성시켜 콘크리트구조물의 팽창 균열을 동반하여 균열의 형태는 거북등 균열(alligator crack)의 형상으로 나타나는 것이 특징이다.

다. 알칼리-실리카 반응에 의한 구조물의 손상

알칼리-실리카 반응에 따른 콘크리트의 손상 특징은 다음과 같으며 표 4.10과 같이 정리할 수 있다.

① 이상팽창을 일으킨다.

② 표면에 불규칙한 거북등 모양의 균열이 발생한다.

③ 알칼리-실리카 겔(백색)이 표면으로 흘러나오기도 하고 균열 및 공극에 충전되기도 한다. 철근콘크리트의 경우는 주로 철근이 배열된 방향으로 균열이 생기기 쉽다.

④ 골재입자 주변에 흑색~회백색의 육안으로 관찰할 수 있는 반응 테두리가 생성된다. 콘크리트의 균열 원인으로는 온도, 건조수축 등의 재료적 특성과 하중 및 부등침하 등의 외력에 의한 것, 철근부식, 동결융해 등 화학적·환경적 요인 등이 있으

며, 이에 의한 균열의 형태는 잘 알려져 있다. 그러나 알칼리-실리카 반응에 의한 균열은 상기의 원인에 의한 해석으로는 설명되지 않는다. 주로 거북등 균열형상으로 나타나지만 그 외에도 여러 형태로 나타난다. 알칼리-실리카 반응에 의한 균열은 무근콘크리트 혹은 철근콘크리트구조물일 경우 균열발생 수는 적지만 매우 큰 폭의 균열이 발생한다.

콘크리트 중에 철근이 적절하게 배치되어 있는 경우에는 알칼리-실리카 반응이 구조물의 내하력에 미치는 영향은 작다고 보고되고 있다. 알칼리-실리카에 의한 성능저하 모델로는 콘크리트의 팽창을 지표로 하는 것이 좋으며, 알칼리-골재 반응에 의한 성능저하 예측의 개요를 표 4.11에 나타내었다.

알칼리-실리카 반응에 의한 콘크리트의 팽창은 그림 4.15에 나타낸 것과 같이 모델링할 수 있다. 팽창과정은 팽창상태 Ⅰa(잠복기), 팽창상태 Ⅰb(진전기), 팽창상태 Ⅱ(구속기) 및 팽창상태 Ⅲ(종료기)의 4단계로 구분되고, 각각의 구분은 다음과 같은 특징을 가진다.

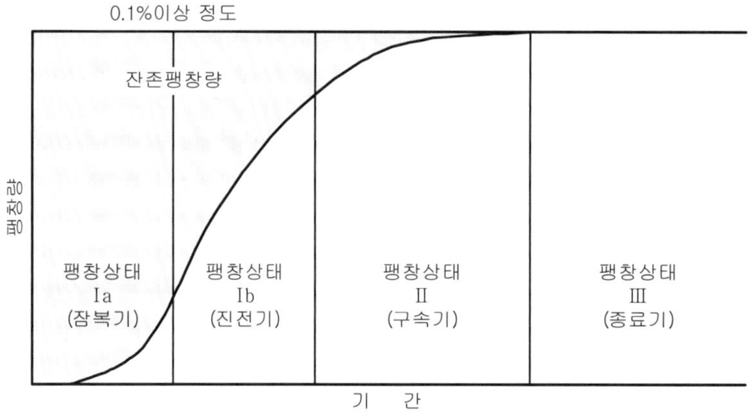

그림 4.15 알칼리-실리카 반응에 의한 콘크리트 팽창과정

- 팽창상태 Ⅰa : 알칼리-실리카 반응에 의한 팽창이 현저하지 않은 시기로서 콘크리트가 유지되는 데 있어 잠재적인 팽창능력은 최고로 큰 시기이고, 잔존팽창량은 최대로 표시하며, 경우에 따라서는 Ⅰa를 지나 당초부터 Ⅰb상태로 되는 경우도 있다.
- 팽창상태 Ⅰb : 알칼리-실리카 반응에 의한 팽창이 현저히 크고, 팽창속도는 최대

를 나타내는 시기로서, 잔존팽창량은 아직 크다.

- 팽창상태 Ⅱ : 알칼리-실리카 반응에 의한 팽창속도가 저하되고, 구속하는 시기에 있어서 잔존팽창량은 작다.
- 팽창상태 Ⅲ : 알칼리-실리카 반응에 의한 팽창도 거의 구속되고, 잔존팽창량은 대략 0으로 되는 시기

알칼리-실리카 반응에 의하여 발생되는 팽창에 의한 콘크리트구조물의 성능저하 진행과정은 다음과 같다.

- 상태 Ⅰ : 알칼리-실리카 반응에 의한 팽창이 아직 현저하지 않은 단계
- 상태 Ⅱ : 수분과 알칼리의 공급하에 있어서 팽창이 계속적으로 진행하는 단계
- 상태 Ⅲ : 알칼리-실리카 반응에 의한 팽창이 현저하게 나타나고, 팽창속도가 최대를 나타내는 단계로서 균열발생 이후 균열발생이 진행하는 단계
- 상태 Ⅳ : 균열밀도가 증대하고 강재부식 등이 진전되어 부재의 내하력에 영향을 미치는 단계

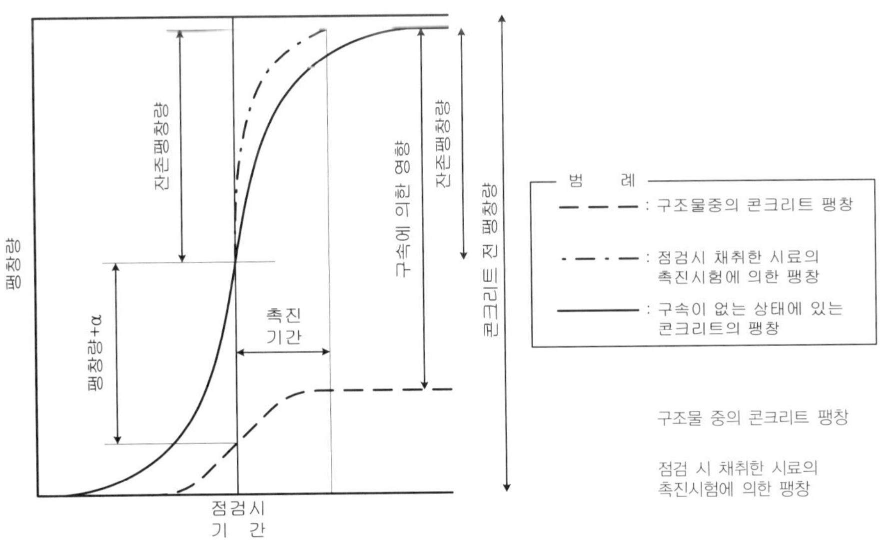

그림 4.16 알칼리-실리카 반응에 의한 콘크리트 팽창

표 4.10 알칼리-실리카 반응에 의한 구조물의 손상 특징

개 소	손상 정도	손상의 특징
콘크리트	균열	구속을 받지 않은 콘크리트(무근콘크리트)에서 서로 120° 각도로 발생하는 망상의 균열 발생. 그러나 같은 균열은 동해로도 발생. 한편, 철근량이 많은 RC와 PC의 보와 기둥에는 구속에서 생기는 주응력의 방향을 반영한 방향성이 강한 균열 발생
	변위 · 변형	콘크리트의 팽창과 콘크리트구조물 전체의 이동 차이로 변위, 변형 발생
	겔유출	알칼리-실리카 반응에 의해 열화된 콘크리트의 균열에는 백색 겔이 유출됨
	변색	알칼리-실리카 반응이 진행하여 콘크리트 표면이 다갈색으로 변색됨
	팝아웃	온도가 높은 조건하에서 골재의 팝아웃 발생
	피복콘크리트 박리 · 박락	교량의 보단부 등의 철근 구속이 작은 부분과 현저한 균열손상이 생긴 곳에서는 피복콘크리트의 박리 · 박락 발생 가능성 있음
	콘크리트의 강도저하	알칼리-실리카 반응이 장기간에 걸쳐 진행되어 철근 내측 콘크리트에도 균열이 발생하여 콘크리트 강도가 저하됨
철 근	철근부식	알칼리-실리카 반응에 의해 발생한 균열은 철근부식을 촉진시킬 가능성이 있음. 그러나 알칼리-실리카 겔에 의한 균열 충진효과 및 부동태피막의 보호효과에 의해 철근부식이 억제된다는 보고도 있음
	철근의 항복 및 파단	알칼리-실리카 반응에 의해 콘크리트가 팽창하면 콘크리트에는 압축응력, 철근에는 인장응력이 발생함. 알칼리-실리카 반응에 의해 과대한 팽창이 생겨 과소철근비의 구조물에서는 철근의 항복과 파단이 발생할 가능성 있음

표 4.11 알칼리-실리카 반응에 의한 성능저하 예측

성능저하에 의한 영향	성능저하 지표	성능저하 증상	수준	성능저하요인 내적 요인	성능저하요인 외적 요인	성능저하 예측법	점검사항
미관 변형 강도 내철근 부식성 내화성	팽창 균열	팽창 균열 (구속 방향, 거북등 모양)	골재 반응성	반응성 골재		반응성골재의 존재: 반응환, 겔, 현미경 관찰, XRD, 용해실 리카량의 정량, 화학법	겔 반응환 현미경관찰 XRD 화학법
			팽창의 가능성	반응성 골재 반응성 골재량 (패시멈) 알칼리량 수분량		모르타르바법 콘크리트법	모르타르바법 콘크리트법
			팽창량	반응성골재 반응성 골재량 (패시멈) 알칼리량 수분량 부재치수 보강 강재량 구속조건 배수조건	물의공급 알칼리의 공급 구속조건	개방팽창률 잔존팽창률 유해재현 콘크리트 팽창률	균열 폭, 수, 구속방향 거북등 모양 변형 초음파전달속도 개방팽창률 잔존팽창률 재현콘크리트 팽창률 급배수조건

라. 알칼리-골재 반응 방지대책

알칼리-골재 반응의 진행에 필수적인 3대 요소는 유해한 반응성골재의 존재와 일정량 이상의 알칼리량 및 반응을 촉진하는 수분의 공급이다. 따라서 시험을 통해 반응성골재를 사용하지 않아야 하며, 부득이 반응성골재를 사용하는 경우에는 알칼리 성분이 낮은 시멘트를 사용하거나 기타 재료로부터 알칼리 공급을 차단하여 콘크리트 중의 총 알칼리량을 허용치 이내로 해야 한다. 그러나 알칼리는 염화물과 같이 외부환경에서 공급되는 경우도 많으므로 반응성 골재를 판별하여 제외시키는 것이 가장 확실한 예방책이라 할 수 있다.

콘크리트의 치밀도를 증대시키는 것은 내부 수분의 이동 및 알칼리이온의 이동을 방지하므로 알칼리-실리카 반응 억제 방법의 하나이다. 또한 콘크리트에 적당한 공기량을 도입하는 것도 생성된 겔의 팽창압력을 흡수하는 유효한 방법이 될 수 있다. 그리고 시공시 초기결함이 발생하지 않도록 하고, 수분의 침입을 방지하기 위하여 구조물의 표면에 방수처리 및 충분한 배수시설을 실시하는 것도 필요하다. 상기의 내용을 정리하면 알칼리-골재 반응에 의한 균열을 억제하기 위한 대책으로는 다음과 같다.

① 장기간에 걸쳐 사용실적이 없거나 신뢰할 수 없는 재료는 시험에 의해 알칼리반응성이 없는지 검수하고 확인된 골재를 사용한다.

② 반응성이 없다는 것이 확인되지 않은 골재를 사용할 경우 포틀랜드시멘트의 등가알칼리량이 0.6% 이하의 저알칼리시멘트를 사용하거나 시멘트, 물, 혼화재료 등으로부터 콘크리트에 도입되는 알칼리 총량을 콘크리트 $1m^3$당 3㎏ 이하로 제한한다. 콘크리트의 강도발현 및 중성화, 기타 내구성에 문제가 없는 경우에는 알칼리-골재 반응 억제효과가 확인된 고로시멘트, 플라이애시 등의 시멘트를 사용한다.

③ 물이나 흙에 직접 접하는 부재 또는 해수, 염분의 작용에 노출된 부재에는 항상 수밀성이 높은 마감을 실시한다.

4.2.5 화학적 침식

콘크리트구조물의 화학적 침식이란 콘크리트의 시멘트수화물이 어떤 종류의 화학물질(부식성 물질)과 반응하여 용출됨에 따라 조직이 다공질화되거나 반응에 의하여 팽창을 일으켜 구조물의 성능이 저하하는 현상을 말한다. 이와 같은 화학적 침식은 산, 알칼리, 염류를 사용하는 각종 공업과 동식물성 기름, 유기산 및 당류를 사용하는 식품공업, 온천지대, 산성 하천유역 및 하수도, 하수처리시설 등의 콘크리트구조물에서 나타나고, 성능저하의 상황은 각각 다르게 나타난다. 부식성 물질에는 산, 동식물성 기름, 황산염, 기타의 염류, 부식성 가스, 당류 및 강알칼리 등이 있다.

일반적인 환경에서 이들 화학적 부식이 문제가 되는 경우는 거의 없다. 온천지대나 산성하천유역에 시공되는 구조물 등이 대표적인 사례이고, 하수도관련 시설이나 화학공장, 식품공장 등의 특수환경상태에 있는 구조물에서는 종종 화학적 부식이 문제된다. 콘크리트의 화학적 침식발생 메커니즘은 다음의 2가지로 크게 구분 가능하다.

- 콘크리트의 시멘트수화물과 화학반응을 일으켜 본래 물에는 잘 녹지 않는 시멘트수화물을 가용성 물질로 변환시켜 콘크리트를 열화, 붕괴시키는 것으로서 대다수의

산, 어떤 종류의 동식물기름, 무기염류, 황화수소 및 아황산가스 등 부식가스가 여기에 해당한다.

- 황산염으로 대표되는 것으로 콘크리트 중의 시멘트수화물과 반응하여 새로운 화합물을 만들 때 팽창을 동반하는 것이다. 이때 팽창압에 의해 콘크리트가 열화된다.

그림 4.17은 콘크리트구조물의 환경과 부식물질 및 열화원인에 대한 모식도를 나타낸 것으로, 그림과 같이 콘크리트의 화학적 부식은 어떤 화학반응에 의해 콘크리트에 변화를 가져오는 것을 말한다.

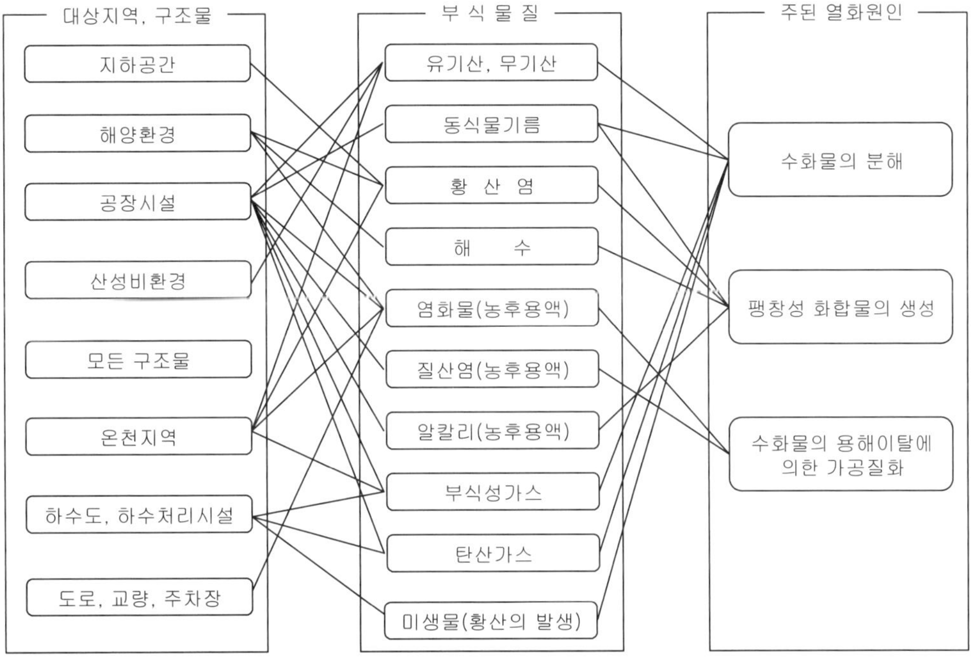

그림 4.17 콘크리트구조물의 환경과 부식물질 및 열화원인

가. 산에 의한 성능저하

시멘트수화물은 모든 산과 반응하여 분해한다. 수산화칼슘은 더욱 반응하기 쉽고, 또한 칼슘실리케이트 수화물 및 칼슘알루미네이트 수화물도 산과 반응하여 쉽게 분해한다. 성능저하의 진행에는 산의 종류 및 농도 외에 기온, 건습반복의 유무, 충격 및 마모작용 유무 등의 환경조건도 작용한다. 산에 의한 성능저하는 화학공장 및 도금공장 등에서 사용되는 고농도의 유기산으로부터 온천 및 산성 하천 등 비교적 저농도의 산까지 광범위하다. 일반적인 산은 다소 정도의 차이는 있으나 시멘트수화물 및 수산화칼슘을 분해하여 침식한다. 침식의 정도는 무기산(황산, 염산, 질산, 탄산 등)쪽이 유기산(수산, 글루콘산, 초산, 의산, 유산, 스테아린산 등)보다 심하다.

나. 동식물성 기름에 의한 성능저하

동식물성 기름에 의한 성능저하는 일반적으로 잘 알려져 있지 않지만 콘크리트는 여러 동식물성 기름에 의해 성능이 저하된다. 동식물성 기름의 주성분은 고급지방산이고 글리세린의 에스테르에서 소량의 유리지방산을 함유하는데, 유리지방산은 콘크리트를 직접 침식시킨다. 지방산 글리세린 에스테르는 가수분해하여 시멘트경화체 중의 수산화칼슘과 반응하여 지방산칼슘을 생성한다. 이때 팽창을 수반하므로 콘크리트에 균열을 유발하고 성능저하가 계속 진행되면 붕괴한다. 그 팽창량은 수화반응에 의하여 다량의 수산화칼슘을 생성하는 시멘트일수록 크다. 동식물성 기름에 의한 성능저하는 점성에도 영향을 받아 점도가 낮은 기름일수록 콘크리트 중에 침투하기 쉽고 성능저하 정도도 심해진다.

다. 염류 및 염화물에 의한 성능저하

염류에 의한 화학적 부식의 대표적인 것은 황산염에 의한 화학적 부식이다. 황산염에 의한 시멘트콘크리트의 열화기구는 일반적인 황산염, 황산마그네슘 및 해수에 의한 작용으로 분류할 수 있다. 물에 녹은 황산염은 시멘트수화물 중 수산화칼슘($Ca(OH)_2$)과 반응하여 석고를 생성하여 콘크리트를 열화시키고, 이 석고는 시멘트경화체 중의 칼슘알루미네이트 수화물 및 수화되지 않은 칼슘알루미네이트 페라이트상과 반응한다. 그때 에트린가이트 등을 생성하여 큰 팽창압을 일으키기 때문에 콘크리트의 팽창균열 및 조직붕괴를 유발한다. 또한 황산염은 시멘트경화체 중의 수산화칼슘과 반응하여 이수석고를 생성한다. 이수석고는 수용성이기 때문에 용출하여 다공화되어 침식이 가속된다. 황산염은 각종 공업원료 및 비료로서 널리 사용되고, 온천 및 하천수에도 함유되어 있으며, 또 해수 중에도 포함되어 있어 해수에 의한 콘크리트의 성능저하에도 영향을 미친다. 황산염에 의한 성능저하의 징후는 산에 의한 성능저하와 다르고 침적기간이 비교적 장기간에 걸쳐 이루어졌을 때 나타나는 경향이 있다.

황산염 이외에 콘크리트를 성능저하시키는 염류로는 고농도의 염화물, 질산염 등이 알려져 있다. 염화물은 시멘트경화체 중의 수산화칼슘과 반응하여 수용성의 염화칼슘을 생성하여 용출하며, 이 반응에 의해 조직은 다공화된다. 염화물의 콘크리트 자체에 대한 침식작용은 동일 농도의 황산염일수록 심하게 되지만 염소이온이 침투하여 철근에 도달하면 철근부식을 유발하기 때문에 콘크리트구조물의 성능저하는 보다 심각하게 된다. 질산염도 염화물과 마찬가지로 경화체 중의 수산화칼슘과 반응하여 수용성의 질산칼슘을 생성하여 조직의 다공화를 촉진한다.

라. 부식성 가스에 의한 성능저하

콘크리트를 침식하는 부식성 가스에는 황화수소(H_2S), 이산화유황(SO_2), 불화수소(HF), 염화수소(HCl) 및 질소산화물(NO_x) 등이 있다. 황화수소는 햇빛 또는 박테리아 등에 의해서 산화되어 황산으로 변화하여 강산으로서 콘크리트를 침식하기도 하고 또는 직접 시멘트경화체 중의 수산화칼슘과 반응하여 수용성의 염을 생성하여 조직을 다공화시킨다.

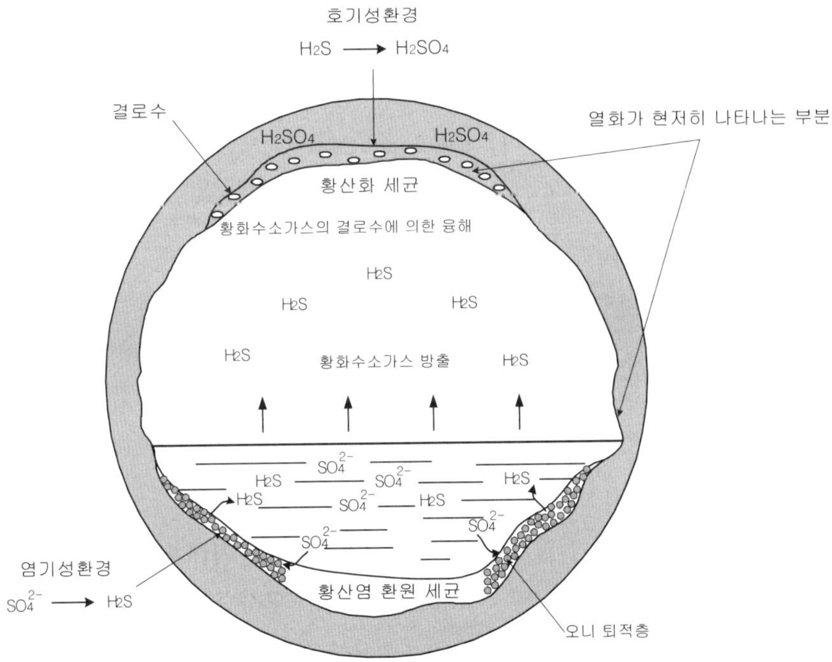

그림 4.18 하수도시설 콘크리트의 열화과정

황화수소는 화학공장 및 제철공장 등에서 발생하는 것 이외에도 온천의 분출가스에 함유된 것도 있으며, 최근에는 그림 4.18과 같이 하수도 및 하수처리시설의 성능저하 원인으로도 제기되고 있다. 또한 이산화황은 물에 녹아 아황산이 되고, 아황산은 다시 물에 녹아 있는 용존산소와 반응하여 황산을 생성한다. 그리고 불화수소, 염화수소 및 질소산화물 등의 가스도 마찬가지로 물에 녹으면 산을 생성하여 콘크리트를 침식한다.

최근 탄산가스에 의한 수화물의 분해에 의한 강도저하 우려 혹은 탄산화에 의해 시멘트의 종류나 재령에 따라 경화체가 다공질화된다고 하는 문제가 외국에서 지적되고 있다. 따라서 중상화에 의한 철근부식 외에 탄산가스와의 반응에 의한 수화물의 분해도 콘크리트의 중요한 화학적 침식의 하나라고 생각할 수 있다.

마. 강알칼리에 의한 성능저하

콘크리트는 그 자체가 강한 알칼리성이기 때문에 보통의 알칼리수용액에는 침식되지 않지만, 매우 높은 고농도의 수산화나트륨 및 탄산나트륨 수용액에는 침식된다. 그 원인으로는 시멘트경화체 중의 칼슘알루미네이트 수화물 및 석고 등의 pH 14 정도의 강알칼리 수용액에서 용해되고, 건습이 반복되는 경우에는 수산화나트륨이 탄산화한 탄산나트륨의 건조에 의해 수용액에서 석출할 때 팽창을 수반하는 점 등이 지적되고 있다. 정기적으로 강한 알칼리로 세정하는 공장바닥 등에서 주로 이러한 종류의 성능저하가 나타난다.

바. 당류에 의한 성능저하

설탕, 과당, 당밀 등의 당류 수용액도 콘크리트 침식의 원인이 된다. 당은 시멘트경화체 중의 수산화칼슘과 반응하여 가용성의 탄산칼슘염을 생성하여 용출에 따라 조직을 다공화한다. 3%의 설탕수용액에 1년간 침적된 콘크리트의 강도가 13% 저하되었다는 보고가 있다.

사. 화학적 침식의 방지대책

화학적 침식의 정도, 침식 메커니즘의 종류에 따라 적절한 방지대책을 강구해야 한다. 어느 정도의 화학적 침식은 시멘트 콘크리트의 개질에 따라 대응이 가능하지만 화학적 침식이 강한 경우에는 표면피복(라이닝, 코팅)이 필요하다.

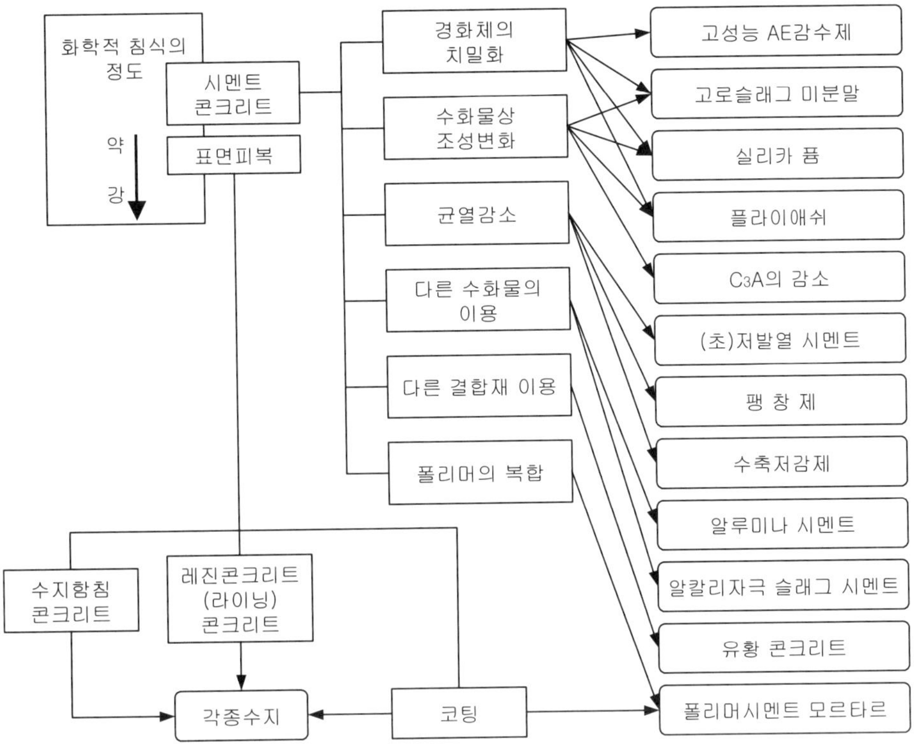

그림 4.19 콘크리트 화학적 침식에 대한 방지책

화학적 콘크리트 부식에 의한 콘크리트구조물의 성능저하 예측에는 화학적 부식물질의 종류와 농도, 물-시멘트비를 성능저하 요인으로 하고 피해면적, 피해깊이, 강도저하율, 철근부식량 등을 성능저하 지표로 하는 것이 좋다.

콘크리트구조물의 성능에 미치는 영향으로는 표면성능저하에 따른 미관의 훼손과 피복 콘크리트의 손상, 철근부식, 콘크리트 강도저하, 부재의 내하력 저하 등이다. 이러한 콘크리트의 화학적 침식에 의한 성능저하 예측의 개요를 표 4.12에 나타내었다.

표 4.12 콘크리트 화학적 침식에 의한 성능저하 예측 개요

성능저하에 의한 영향	성능 저하 지표	성능 저하 증상	성능저하요인		성능저하 예측법	점검사항
			내적 요인	외적 요인		
미관 변형 내철근 부식성 내하성	피해 깊이 비율 강도 저하율 상대 동탄성 계수	표면 성능 저하 단면 결손	성능저하를 일으키는 화학 물질의 이동성 이동물질과의 반응성	성능저하를 일으키는 화학물질의 농도	실험데이터와 점검데이터에 기초한 예측이 시도되고 있다.	외관조사 -육안관찰 -사진촬영 (피해면적측정) -피해깊이측정 초음파전파속도측정에 의한 강도와 동탄성계수의 추정 슈미트해머에 의한 압축강도추정 채취시료에 의한 화학분석

성능저하의 외적 요인은 콘크리트 표면에 접촉한 화학적 부식물질의 종류와 농도에 있으며, 농도가 크면 성능저하도 빠르게 진행되는 경향이 있다. 내적 요인은 물-시멘트비, 투수계수 등이 크면 성능저하가 빠르게 되는 경향이 있다. 또한, 부재치수와 피복두께가 크면 철근부식과 상대적인 내부 강도저하가 지연되어 내하력 등의 저하도 지연된다. 성능저하 예측은 실험데이터, 점검데이터의 회귀분석 등으로 행하는 것이 가능하다. 또한, 평균 피해깊이와 성능저하 깊이는 시간에 따라 거의 직선적이며, 경우에 따라서 가속도를 보이는 진행도 있다. 성능저하의 진행과정을 다음과 같이 나타낸다.

- 상태 Ⅰ : 콘크리트 중의 화학적 부식물질의 침투 및 일부 표면성능저하의 발생단계(잠복기)
- 상태 Ⅱ : 상당한 면적의 표면이 침식되고 피복콘크리트의 성능저하가 일어나는 단계(전진기)
- 상태 Ⅲ : 현저한 표면의 성능저하, 균열발생에 따른 급속한 성능저하의 진행단계(가속기)
- 상태 Ⅳ : 피복콘크리트의 결손, 철근의 노출과 부식, 부재로서의 내하력에 영향을 미치는 단계(성능저하기)

참고문헌

- 강승수, '철근콘크리트 교량 상부구조의 균열평가', 전남대학교 산업대학원, 2007.8.
- 교량유지관리 매뉴얼개발, 건설교통부, 2002.
- 김진근, 매스콘크리트의 수화열 및 온도응력에 대한 해석, 1999.11.
- 문한영, 김성수, '최신 토목재료학', 구미서관, 1996.
- 시설물유지관리사 교육교재, 한국구조물진단학회, 2007.
- 이재봉, '콘크리트 내 철근의 부식 및 방식', 한국도로공사 세미나, 1997.7.
- 이종득, '철근부식진단', 일광, 1996.5.
- 전기방식 기술 SEMINAR, 한국가스공사, 1996.11.
- 정밀안전진단과정 교육교재(교량 및 터널), 한국시설안전기술공단, 2003.
- 최신 콘크리트 공학, 한국콘크리트학회, 2005.
- 최재진, '재미있는 콘크리트 탐색', 도서출판 발언, 2006.
- 추영수, 콘크리트의 균열조사 및 보수보강지침, 건설도서, 1992.
- 콘크리트 건설재요령, 한국콘크리트학회, 2000.5.
- 콘크리트 기술 세미나, 전남지방공업기술원, 1995.
- 콘크리트 내구성 평가절차 수립, 건설교통부, 1999. 12.
- 콘크리트 염해 및 탄산화로 인한 내구성 저하 방지대책연구, 한국콘크리트학회, 2001.10.
- 콘크리트구조물의 균열제어 지침서, 한국과학기술원, 1996.2.
- 콘크리트구조물의 균열평가기법 및 보수보강 전문시방서 개발, 한국시설안전기술공단, 1999.12.
- 콘크리트구조물의 성능저하 원인, 김우, 한국콘크리트학회, Vol.7, No.6, 한국콘크리트학회 연구소위원회 발표집, 1995.12.
- 콘크리트구조설계기준(KDS 14 20 00), 국토교통부, 2021. 2.
- 콘크리트진단 및 유지관리, 한국콘크리트학회, 2005.
- 콘크리트편람, 일본콘크리트공학협회, 1994.
- 콘크리트구조공사표준시방서(KCS 14 20 00), 국토교통부, 2021. 2.
- 한국구조물진단공학, 한국구조물진단학회, 2006.
- ACI Committee 318, 'Building code Requirements for Reinforced Concrete', American Concrete Institute, Detroit, 2004.
- Cement Concrete의 균열발생원인 조사 및 보수방법, 기술정보, 1986.8.
- 岸谷孝一；鐵筋コンクリートの耐久性, 鹿島出版會, 1981.

- 鄭 載東；コンクリトの中性化に關する研究の現狀と課題，セメント・コンクリート，No. 496, 1988.
- 和泉意登志，喜多達夫，前田照信 ； コンクート構造物の シリーズ 中性化，1986.
- 日本建築學會；建築工事標準仕樣書 同解說 JASS 5，鐵筋コンクリート工事，1997，嵩 英雄・和泉意登志 ： 經年RC構造物におけるコンクリートの中性化と鐵筋の腐植，第6回コンクリート工學年次論文集．1984.7.
- 內田祥三．田 稔 ； 鋼の耐久試驗，建築雜誌，第516，1928.
- 田稔 ； コンクリートの中性化と鐵筋の腐食，セメント・クリト，No. 272，1969.
- 近藤蓮一譯，コンクリトの炭山化−鐵筋の防食に對する影響と作用−，セメント・コンクリート，No. 314，1973.4.
- 押田文雄，和泉意登志・嵩 英雄 ： コンクリートの中性化に及ぼすセメントの種類，調合および養生條件の影響(その1)，(その2)，日本建築學會大會學術講演梗槪集，1985.10.
- 和泉，押田，嵩，西原 ： コンクリートの中性化に及ぼすセメントの種類および養生條件の影響について，第7回コンクリート工學年次論文集，1985.

제 5 장

구조물별 손상유형 및 발생원인

5.1 토목구조물(교량)

5.1.1 균열 및 손상 원인

콘크리트구조물에 발생하는 가장 큰 문제 중의 하나가 바로 균열이다. 콘크리트구조물에 발생하는 균열은 심각한 구조적 문제를 일으킬 수도 있으며, 내구성 저하와 외관 손상은 물론, 균열로 인한 철근의 부식을 발생시킬 수도 있다. 콘크리트에 균열을 발생시키는 요인은 다양하지만, 일반적으로 구조물에 가해지는 하중 및 콘크리트의 부피변화로 인한 인장응력 발생에 기인한다. 콘크리트구조물의 균열은 재료분리, 건조수축, 중성화, 동결융해 등에 의해 발생할 수 있으며 구조상 안전성을 위협하고 마감재를 손상시킬 수 있다. 여기서는 교량시설물을 상하부구조로 분류하여 각 부분에 발생 가능한 균열 및 박리·박락, 철근노출 등 손상 유형별 발생 원인을 정리하였다.

가. 상부구조물

원인 \ 형태		균열	박리 · 박락	철근노출	누수	열화	공동
설계 요인	설계상의 배려 부족	○					○
	적용기준의 변천	○					
시공 요인	재료의 품질 불량	○	○			○	
	시공 불량	○	○	○	○		○
외적 요인	교통하중의 변화	○					
	받침부의 변위	○	○				
	화재, 낙하물	○	○				
	부식, 침식작용	○	○		○	○	

나. 하부구조물

원인 \ 형태		균열	박리 · 박락	철근노출	누수	열화	공동
설계 요인	설계상의 배려 부족	○					○
	적용기준의 변천	○					
	지반조사의 오류	○		○			
시공 요인	재료의 품질 불량	○	○			○	
	시공 불량	○	○	○	○		○
외적 요인	화재 · 홍수 · 충돌	○	○	○	○		
	인접공사	○		○			
	교통하중의 변화	○					
	지하수위, 하상변화	○		○			
	화학작용	○	○		○	○	

5.1.2 콘크리트 주형

주형은 상부구조의 일부로서 작용하중을 지지하며 교량의 내하성능과 직접적으로 관련되는 주요 교량부재이다. 콘크리트 주형의 점검에서는 균열, 열화, 지지상태, 처짐 등을 점검한다. 철근콘크리트 주형은 강재 주형에 비해 자중과 휨강성이 크기 때문에 진동, 충격에 대한 저항성이 우수하며 일반적으로 활하중의 영향이 바닥판에 비하여 훨씬 적지만 주형은 현장에서 시공하는 경우가 대부분이고 구조형식도 다양하여 부재에 변형이 생기는 경우 그 원인을 규명하기 어렵다. 콘크리트 주형에 발생하는 손상으로는 균열, 박리, 철근노출, 누수, 동결융해와 염화물에 의한 손상 등이 있다.

주형은 바닥판에 작용하는 하중을 하부구조물(교대, 교각)에 전달하는 교량의 주요 구조부재이다. 따라서 주형은 작용하중 하에서 휨모멘트를 받게 되며, 그 결과 주형에는 처짐과 응력이 발생한다. 휨모멘트에 의해 주형은 중립축을 기준으로 상부는 압축응력을 하부는 인장응력을 받게 된다.

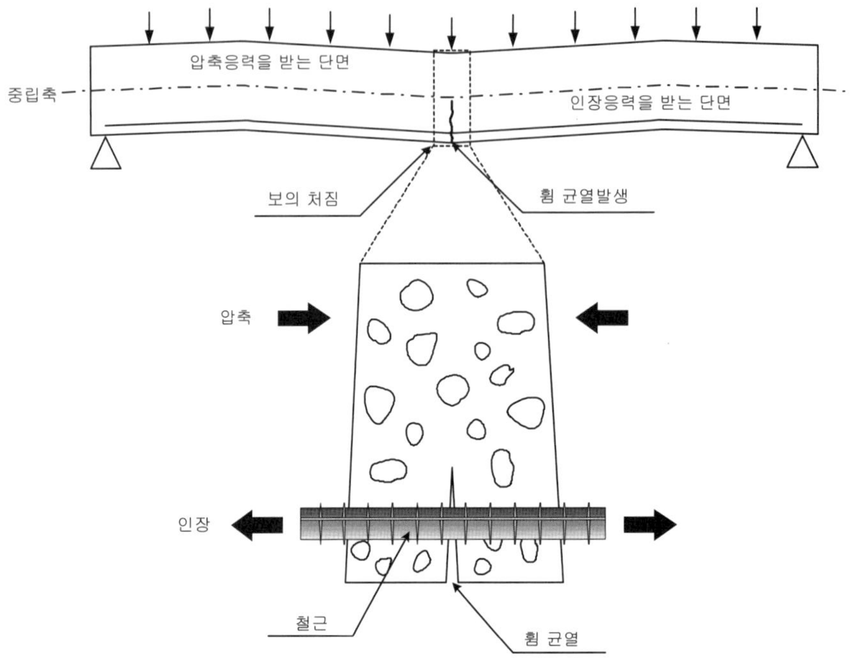

그림 5.1 철근콘크리트 보의 응력상태와 휨인장균열

콘크리트의 인장강도는 압축강도의 약 10분의 1 정도로 인장응력에 취약하므로 보에 콘크리트 인장강도 이상의 인장응력이 발생하면 콘크리트에 균열이 발생하게 된다. 이때 콘크리트에 발생하는 균열을 휨균열 또는 휨인장균열이라 한다.

RC T형보 지점부 근처에서는 전단응력에 의한 사인장균열이 발생할 수 있으나 단순보의 경우 최대 전단응력이 발생하는 위치는 지점부이며, 일반적으로 사인장균열은 지점부 근처에서 45° 각도로 진행된다. 연속보의 경우 휨모멘트 분포가 단순보와 다르기 때문에 균열의 발생위치도 단순보와는 다르게 나타난다. 콘크리트 연속보의 경우 보의 지점부 상단과 보의 중앙부 하단에 휨인장응력이 발생하게 된다. 따라서 연속보의 경우에는 최대 부모멘트가 발생하는 지점부 상단과 최대 정모멘트가 발생하는 중앙부 하단이 휨균열에 취약한 부위이다.

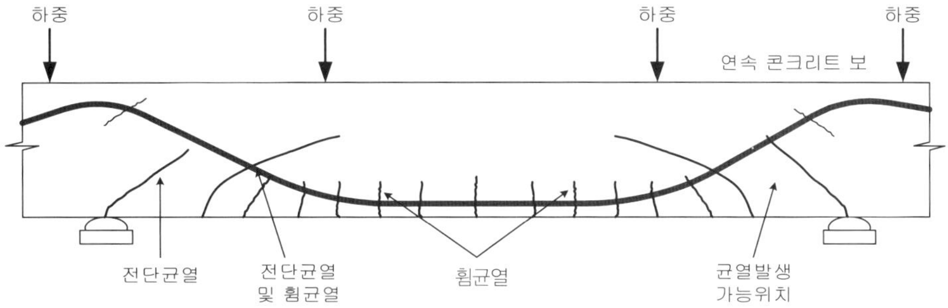

그림 5.2 균열의 유형과 발생 가능한 위치

가. 철근콘크리트 T형교

철근콘크리트 T형교는 슬래브교의 단점을 보완한 상부구조형식으로 과거에 많이 건설되었던 교량형식이다. 슬래브교에서는 전체 하중에 대한 자중이 차지하는 비율이 높으며 지간길이가 증가함에 따라 그 비율은 더욱 커진다. 이에 대한 보완대책으로 전단면을 유효하게 이용하고 자중을 경감하는 방법으로서 RC T형교가 고안되었다. RC T형교는 바닥판과 주형을 완전 일체형으로 설계, 시공하는 교량형식으로서 슬래브교에 비하여 내하성능이 우수하다.

구조요소로는 바닥판과 주형, 그리고 가로보가 있다. 바닥판은 주형의 상부 플랜지로서 작용하며 집중하중을 전체 주형으로 분배하는 역할을 한다. 주형의 지점부 상부플랜지는 인장영역이므로 균열이 발생할 뿐만 아니라 강도저하현상이 나타날 수 있다. 가로보는 주형을 횡방향으로 보강하거나 외측주형의 비틀림을 제어하기 위해 사용된다. 또 부분적으로 재하된 바닥판의 처짐을 균일하게 하고, 외측 주형에 대해서는 활하중에 의한 하중효과를 감쇠시킨다.

보는 바닥판에 작용하는 하중을 교각이나 교대에 전달하는 교량의 주요 구조부재이다. 따라서 보는 작용하중 하에서 휨모멘트와 전단력을 받게 되며 그 결과로 보에는 처짐과 응력이 발생한다. 휨모멘트에 의하여 발생하는 단순보의 응력은 중립축을 기준으로 상부는 압축응력이고, 하부는 인장응력이다. 단순보에서는 지간중앙에서 처짐과 휨인장응력이 최대가 된다. 특히 지점부와 중앙부 사이에는 전단응력에 따른 전단균열이 발생할 수 있다.

그림 5.3에서 휨균열은 구조물의 내하력 부족과 주철근 주변의 내부공동에 의해 발생하고, 휨전단균열은 구조물의 내하력 부족에 의해 주로 발생하며 이 균열이 진전되어 슬래브와 헌치 부분까지 진전되기도 한다. 복부전단균열은 주로 지점부에 인장철근이 많은

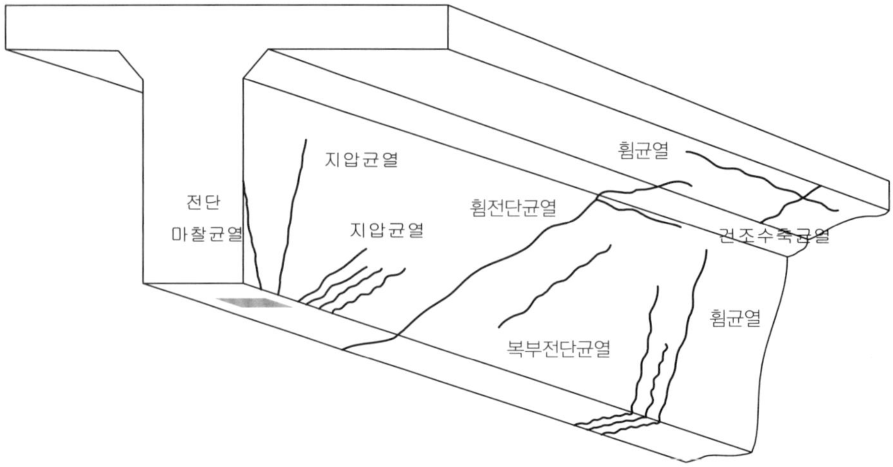

그림 5.3 RC T형 보 균열 발생유형과 발생 가능한 위치

경우와 높이가 큰 보에서 수평전단철근이 부족한 경우 발생하는 구조균열이다.

보 지점부 콘크리트 주형 파손의 원인은 지압응력과 전단응력이며 받침장치의 결함이 있는 경우에 발생할 수 있다. 받침장치 위치에서 수직 및 경사균열이 조합되어 발생하는 지압균열은 주로 반력이 과다한 경우에 발생한다. 그리고 받침높이가 낮아 하부구조 상단부와 주형하면이 맞닿은 경우와 교각 두부 연단부 파손과 동시에 발생되는 경우가 많다.

또 지압균열 주변에서 받침의 거동이 불량한 경우 온도에 의한 상부구조 신축의 구속으로 발생하는 전단마찰균열이 발생하기도 한다.

그 외 슬래브의 내하력 부족으로 발생되는 휨균열과 콘크리트의 건조수축에 의해 발생되는 균열 등이 발생한다.

여기서 슬래브 내하력 부족에 의한 휨균열은 구조균열이고, 건조수축에 의한 균열은 비구조균열이다.

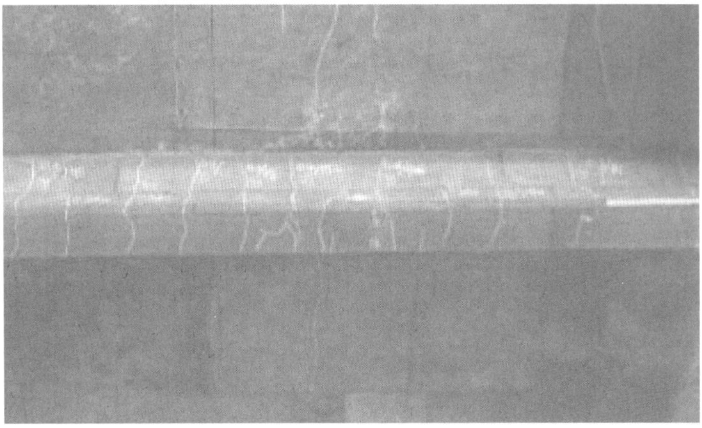

사진 5.1 철근콘크리트 보에 발생한 휨균열

나. 프리스트레스트 콘크리트(PSC)교

프리스트레스트 콘크리트(PSC) 주형은 사하중과 작용하중으로 인하여 부재에 발생하는 주인장응력을 상쇄시키기 위하여 강선 또는 강봉과 같은 긴장재로 콘크리트에 압축응력을 주도록 제작하는 교량부재이다.

PSC주형은 설계하중이 작용하는 경우 주형의 인장부 콘그리트에 균열이 발생하지 않도록 시공되었으나 초과하중의 작용과 긴장력의 상실 등으로 공용 중에 인장균열이 발생할 수 있다. 또한 PSC주형은 현장에서 제작되기 때문에 편심 등의 제작오차가 발생할 수 있으며, 긴장력을 도입하는 경우 긴장력의 편심으로 인하여 횡방향 균열이 발생하기도 한다. PSC부재는 콘크리트가 압축력을 받고 철근 대신에 긴장재가 인장응력을 받도록 설계하기 때문에 철근콘크리트 부재와 설계개념이 비슷하다. 그러나 PSC부재는 인장구역에 미리 압축력을 도입하기 때문에 전단면이 압축에 유효한 것으로 설계한다. PSC보에 일반적으로 발생하는 균열의 형태는 그림 5.5에 나타낸 것과 같이 휨균열, 횡방향균열, 사인장균열, 전단균열, 할렬균열 등이 발생한다.

휨균열은 부재에서 최대 휨모멘트가 작용하는 부위에 발생할 수 있다. 철근콘크리트 보와 마찬가지로 PSC보에서도 부재에 발생하는 주인장응력이 미리 긴장되어 콘크리트에 작용하는 인장강도보다 크게 되면 휨인장균열이 발생한다. 일반적으로 PSC보의 휨균열은 설계하중을 초과하는 과대하중이 작용하는 경우에 발생하고, 작용하중이 제거되면 균열은 긴장재의 인장력에 의하여 줄어들게 된다. 복부가 얇은 PSC I형보의 측면에 나타난 횡방향 균열의 원인은 제작상의 결함인 경우가 많다. PSC I형보는 4~5개의 긴장재 다발을 배치하게 되는데 긴장재를 배치한 후 콘크리트를 타설할 때 편심이 있으면 긴장재의 긴장력에 의하여 부재의 횡방향으로 휨모멘트가 작용하게 된다. 이때 작용하는 횡방향 휨모멘트는 부재의 한쪽 측면에 인장응력을 작용시켜 횡방향 균열을 발생하게 한다. 보의 측면에 발생하는 횡방향 균열은 중앙부에 나타나기 쉽다.

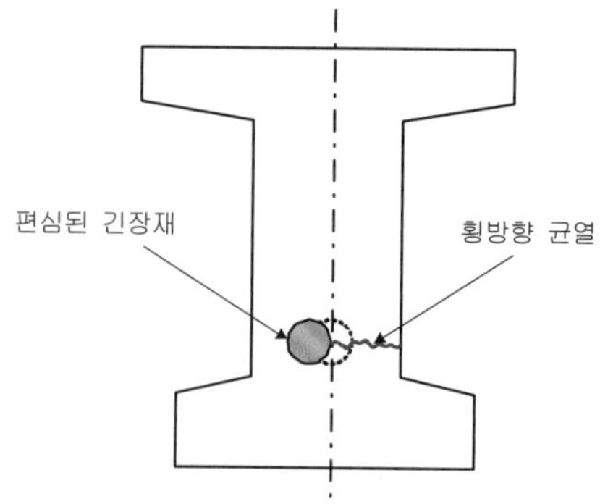

그림 5.4 편심된 긴장재 배치에 의한 PSC보의 횡방향균열

PSC보에 발생하는 사인장균열의 원인은 부재에 작용하는 인장응력이다. 사인장 방향의 균열은 휨전단균열과 복부전단균열로 구분되는데, 휨선단균열은 휨균열 발생 후 휨응력과 전단응력의 조합으로 사인장 방향으로 균열이 발생하게 된다. 복부전단균열은 복부가 얇은 PSC I형보의 지점부에서 주로 발생한다.

할렬균열의 발생원인은 주로 긴장재의 정착부에 작용하는 인장응력이다. 긴장재 정착구는 긴장력이 도입되면 콘크리트에 쐐기를 박는 것과 같은 영향을 주기 때문에 정착구 주위의 콘크리트는 할렬인장응력을 받게 된다. 따라서 PSC보의 제작에서는 정착부의 할렬균열을 억제하기 위해 나선형 철근을 배근하여 정착구와 긴장재를 둘러싸게 한다.

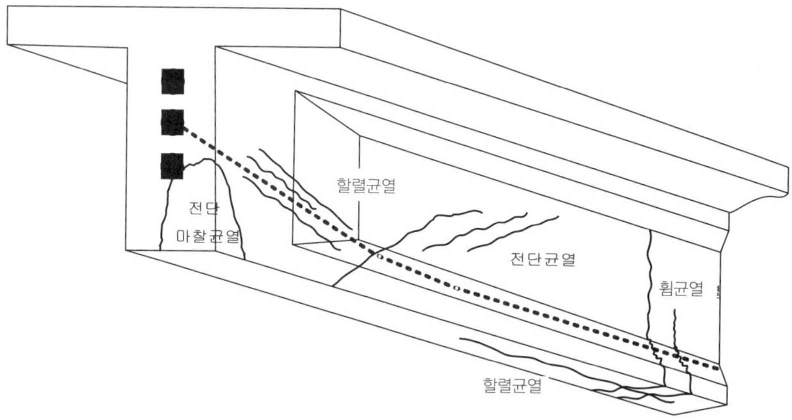

그림 5.5 PSC보 균열 발생유형과 발생 가능한 위치

사진 5.2 PSC보의 횡방향균열(편심된 긴장재 배치)

사진 5.3 PSC에 발생한 휨균열 및 할렬균열

다. PC I형교

PC I형교의 경우 1차부재가 프리캐스트 합성 I형 거더교로서, I형 단면의 프리캐스트 PSC주형을 소정의 위치에 설치한 후 가로보와 바닥판 콘크리트를 현장타설하여 가설한다. PC I형교는 단면의 대부분이 중립축으로부터 멀리 있기 때문에 재료의 효율적인 사용이 가능한 형식이다.

다경간 교량의 경우 온도변화, 콘크리트의 크리프, 건조수축, 프리스트레스에 의한 부재 탄성변형 등의 영향을 고려하기 위하여 신축이음장치를 설치하고 있으나 신축이음장치는 유지관리 측면이나 주행성에서 좋지 않을 뿐만 아니라 배수불량으로 인하여 하부구조에도 악영향을 미치기 때문에 지점부 바닥판 및 가로보를 연속적으로 타설함으로써 교량을 연속화시키기도 한다.

PC I형교의 지점부에서 발생하는 콘크리트의 파손원인은 지점부에 작용하는 응력집중과 받침장치의 불량이 주요원인이다. 손상 정도는 응력집중의 정도, 철근의 배근, 콘크리트의 품질, 긴장재 정착구와 콘크리트의 부착력에 영향을 받는다.

일반적으로 주형의 지점부는 상부구조로부터 전해지는 하중과 주형의 자중에 의한 사하중을 받침장치를 통하여 교각이나 교대로 전달하는 구조 부위이므로 응력이 집중된다. 지점부에 응력이 집중되어 콘크리트 압축, 전단 또는 인장강도를 초과하면 콘크리트는 균열과 함께 부분적으로 파괴될 수 있다.

PSC I형 보의 지점부는 긴장재의 정착구가 있어 구속철근을 배근하기 어렵고, 조밀하게 배근된 철근과 정착구 등으로 인하여 다짐이 불량할 수도 있다. 따라서 응력이 집중되면 콘크리트에 작용하는 압축응력 또는 전단응력이 콘크리트강도를 초과하여 균열이나 압축파괴를 일으키게 한다. 지점부 콘크리트에 미세하게 발생한 균열은 수분이 침투할 수 있는 경로를 제공하게 되어 수분으로 인한 콘크리트의 열화나 동해를 발생시켜 결과적으로 콘크리트의 박리 및 파손의 원인이 될 수 있다.

응력이 집중되는 지점부는 받침장치의 기능이 불량할 경우 주형의 수평이동을 구속시키게 되어 주형과 구체 사이에 발생하는 마찰력이 주형에 전단력으로 작용하여 구조부재에 부분적인 손상을 발생시킬 수 있다. 이때 작용하는 마찰력에 의한 전단응력이 교각이나 교대에 불리하게 작용하는 경우에는 교각의 두부 콘크리트가 파손될 수도 있다. 지점부 콘크리트의 파손 진행과정은 그림 5.6, 그림 5.7과 같다. 받침장치가 불량하게 시공된 경우에는 주형의 지점부가 받침장치를 통하지 않고 교대나 교각의 구체에 직접 접촉하여 지점부의 부분적인 전단 또는 압축파괴를 발생시킬 수 있다.

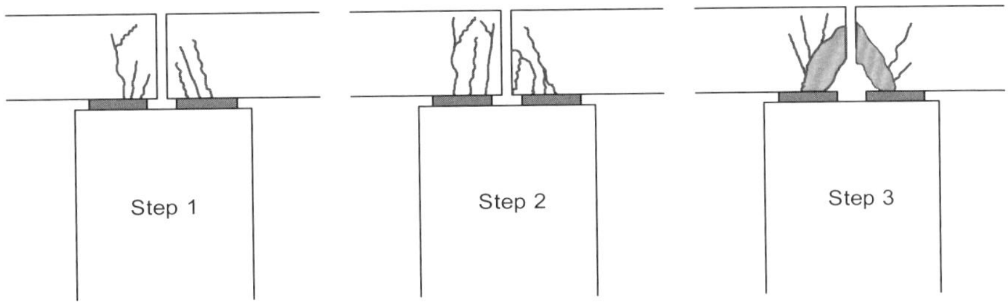

그림 5.6 주형 지점부의 파손 진행과정

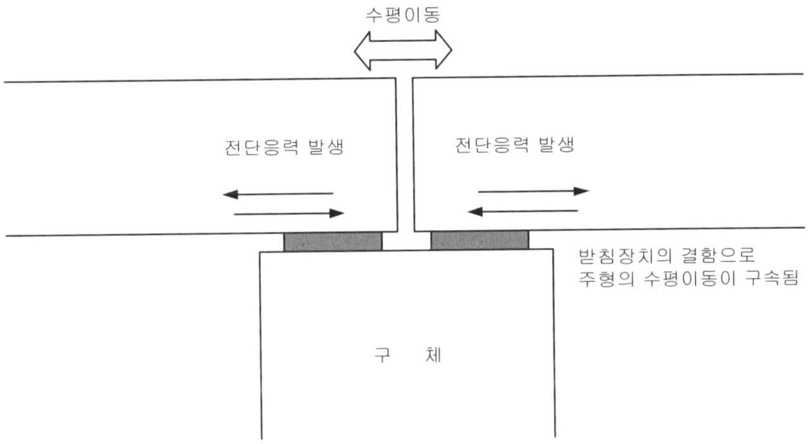

그림 5.7 지점부 전단응력에 의한 콘크리트 파손

사진 5.4 받침장치 시공불량으로 인한 상부구조물 파손

사진 5.5 PSC주형 지점부 파손

라. 콘크리트 슬래브교

슬래브교는 마주보는 두 변이 자유단이고, 다른 2변이 지지된 판구조의 교량형식으로서 단지간의 소규모 교량에 적용되고 있다. 단면형태에 따라 속찬 슬래브교와 중공형 슬래브교로 구분되며, 지지형식에 따라 단순지지 및 연속지지, 고정형식 등으로 분류한다.

슬래브는 바닥판과 주형이 일체로 된 철근콘크리트 부재이다. 슬래브에 나타나는 콘크리트 균열의 가장 큰 원인은 사하중과 차량하중 등 공용하중에 대한 내하력 부족이다. 그밖에 미세한 균열은 콘크리트의 건조수축, 장기처짐, 알칼리-골재 반응 등 콘크리트 재료의 특성에 관련된 원인이 있을 수 있다. 본 절에서는 슬래브 콘크리트에 발생하는 균열 발생원인을 구조적 결함과 재료적 특성으로 구분하여 설명한다.

슬래브교의 상부구조에 사하중과 윤하중(차량하중)이 작용하면 슬래브에는 휨모멘트와 전단력이 작용하게 된다. 휨모멘트는 바닥판의 중립축을 기준으로 상부에는 압축응력을 하부에는 인장응력을 발생시킨다. 이때 바닥판에 콘크리트 인장강도 이상의 응력이 작용하면 콘크리트에는 휨인장균열이 발생하게 된다. 단순지지된 슬래브교에서 최대 휨인장균열은 그림 5.8과 같이 지간 중앙부에서 교축에 직각방향으로 발생하게 된다.

사각(Skew) 슬래브교에 나타나는 휨인장균열의 방향은 그림 5.9와 같이 지간의 중앙부에서 사각과 평행하게 발생하거나 사각에 직각방향으로 발생할 수 있다. 슬래브에 나타난 사인장균열은 지점부에 작용하는 전단응력이 주원인으로서 균열의 진전은 그림 5.8과 같이 바닥판의 하단에서 상단으로 45° 각도로 진행한다. 이러한 사인장균열의 진행은 바닥판의 측면에서 관찰이 가능하며 사인장균열은 슬래브의 전단파괴 징후이므로 균열의 진행을 측정하여 기록하여야 한다.

콘크리트 바닥판에 발생한 미세한 거북등 균열(망상균열)의 원인은 주로 콘크리트 건조수축이며 교량의 재령 초기에 발행하기 쉽다. 이는 콘크리트 양생과정 동안 수분이 증발하면서 부피가 감소하게 되어 콘크리트 표면에 인장응력으로 인한 미세한 균열이 발생하는 것이다.

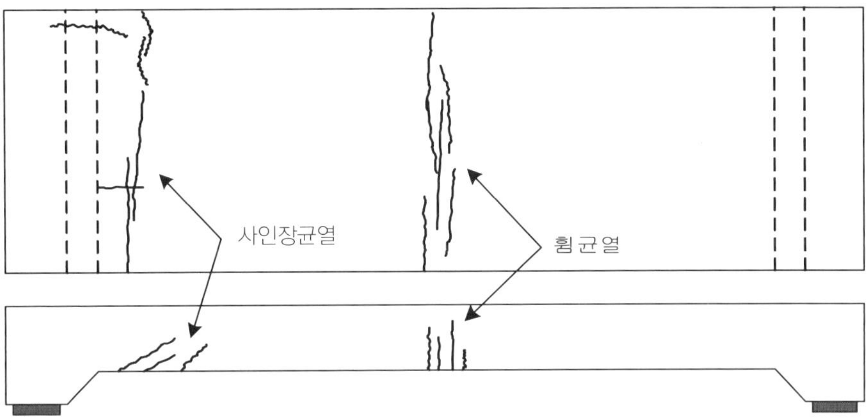

그림 5.8 슬래브교에 발생하는 휨균열과 사인장균열

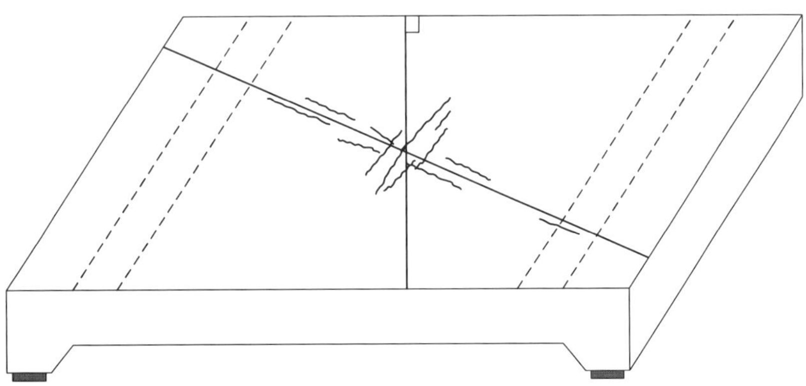

그림 5.9 사교에 발생하는 휨인장균열의 형태

마. 콘크리트 상자형교

콘크리트 상자형 단면은 가설 시나 공용 중에 비틀림 강성과 안정성이 좋고 미관이 뛰어나 최근에 많이 사용되고 있다. 상자형교의 기본적인 단면형상은 종방향으로는 등단면과 변단면, 횡방향으로는 1실, 다실, 1주형, 다주형 단면 등으로 분류할 수 있으며, 국내에서는 RC형태로 거의 사용되지 않고 대부분이 PSC형태로 사용된다.

PSC 상자형교에서는 철근과 고강도 텐던을 조합하여 사용하므로 RC와 PSC설계 개념을 동시에 적용하여야 한다. 즉 텐던 삽입방향으로는 PSC개념 설계를 하고 직각방향으로는 RC개념의 설계를 적용한다. 상부구조는 일반적으로 바닥판, 하부 플랜지, 격벽 및 가로보, 텐던 정착돌기 등으로 구성된다. 격벽 및 가로보는 텐던의 정착과 교축 직각방향의 강성을 확보하고 하중분배를 좋게 하는 데 사용되며 교량에 따라 그 수가 다르다. 또한 정착돌기는 텐던의 정착을 위하여 설치된 것으로 텐던 긴장력이 집중되므로 텐던 정착이 행해진 격벽과 더불어 국부적인 균열이 가장 많이 발생하는 부분이다.

1) 균열의 유형

가) 시공 시 균열

① 건조수축균열

시공 후 콘크리트 내부의 수분이 증발하여 재료의 수축이 일어나면서 발생하는 균열로 균열폭과 각 균열 사이의 간격이 일정한 특징을 갖고 있다.

② 침하균열

콘크리트 타설 직후에 비중이 큰 재료는 작은 재료에 비해 침하가 크게 일어나므로 철근, 골재, 거푸집 등에 의해 장애를 받아 침하가 균등하지 못하면 콘크리트 결합력이 어느 정도 생긴 상태에서 장애물 상면에 균열이 발생한다. 또한 단면의 높이가 다른 지점에서도 콘크리트를 동시에 타설하면 침하량의 차이에 의한 균열이 발생할 수 있다.

③ 프리스트레스 도입 직후 부재 상연에서 발생하는 균열

④ 프리스트레스 도입 직후 쉬스관(sheath pipe)의 배치를 따라 발생하는 균열

⑤ 바닥판과 하부 플랜지에 배치된 PS강재를 동시에 긴장하였을 경우 발생하는 균열

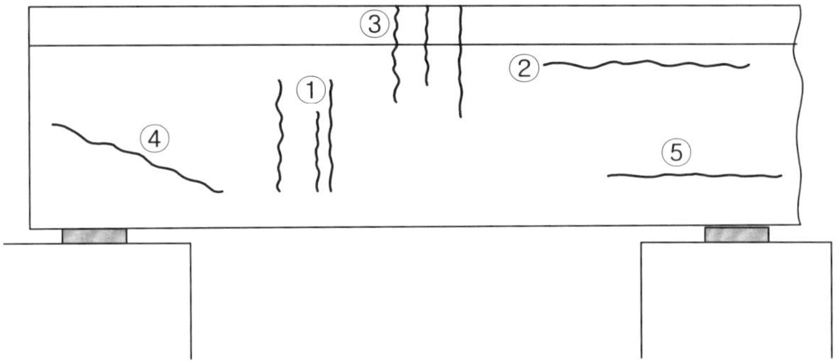

그림 5.10 시공 시 균열

나) 사용하중에 의한 균열

① 직접적인 인장에 의한 균열

② 휨균열

③ 전단균열

④ 휨 - 전단균열

⑤ 휨 - 비틀림에 의한 균열

⑥ 온도에 의한 균열

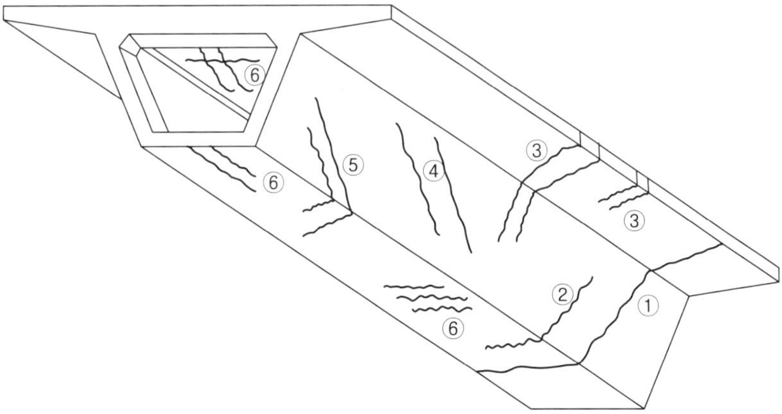

그림 5.11 사용하중에 의한 균열

다) 정착부의 국부균열

① 파열균열

긴장재에 의한 압축응력은 압력구(pressure bulb) 형태로 복부에서 분산된다. 압력구 내에서는 인장대(tension tie)와 압축대(compression strut)가 생기는데, 이것을 텐던과 정착장치를 감싸는 나선형의 인장철근으로 지지하며 만약 철근이 부족하면 텐던을 따라 균열이 발생한다.

② 분할균열(splitting crack)

정착장치가 다수이면 그 사이에 분할력이 발생한다. 압축구(compression bulb)가 퍼져나가 균등한 응력분포가 될 때 압축구 내에 압축대와 인장대가 생기고 또한 정착판 사이에 인장응력들이 생기는데 적절히 보강하지 않으면 균열이 발생할 수 있다.

③ 할렬균열

푸아송 효과로 인하여 콘크리트의 하중작용점 주위가 부풀어 오르는 현상으로 할렬력이 생기는데 이 힘은 결국 정착단 표면에서 인장응력을 유발하고 적절하게 보강되지 않으면 콘크리트가 할렬파괴된다.

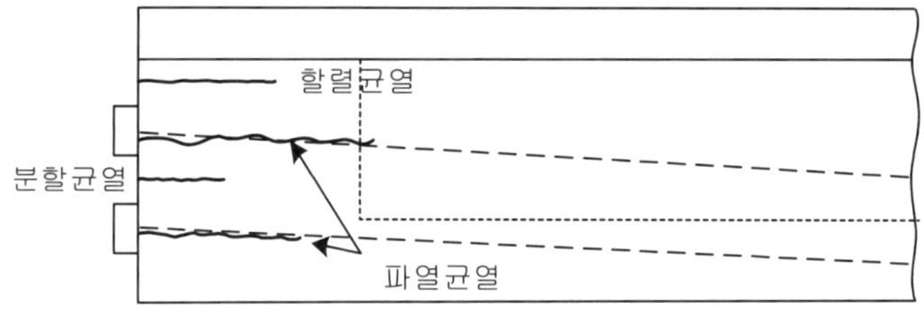

그림 5.12 정착부의 국부균열

라) 기타 균열

① 바닥판과 복부의 강성이 크게 다른 경우에 발생하는 온도차에 의한 균열

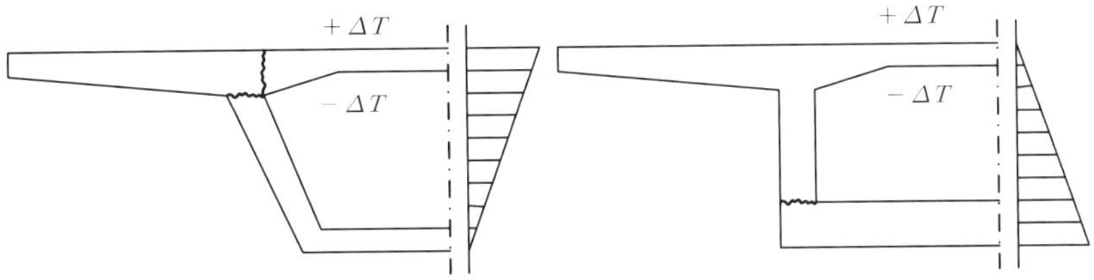

② 구조계산상의 모멘트 영점 부근의 수직균열

상하면의 온도차, 부등침하, 계산상 가정오차 등의 예상하지 못한 요인으로 인한 균열

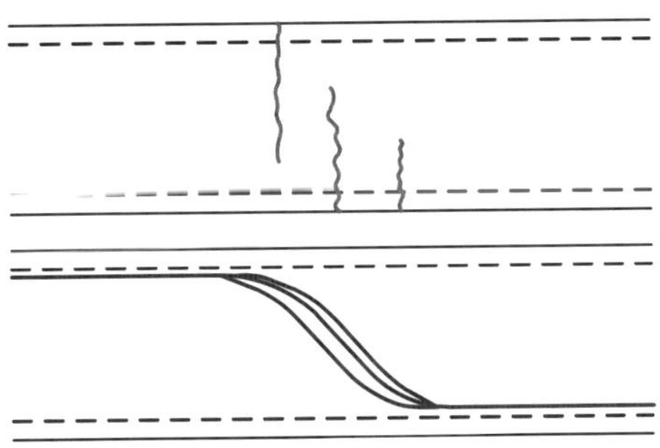

③ 받침이 복부로부터 떨어진 위치의 하부 플랜지 밑에서 지지된 간접 지지방식인 경우 발생하는 균열

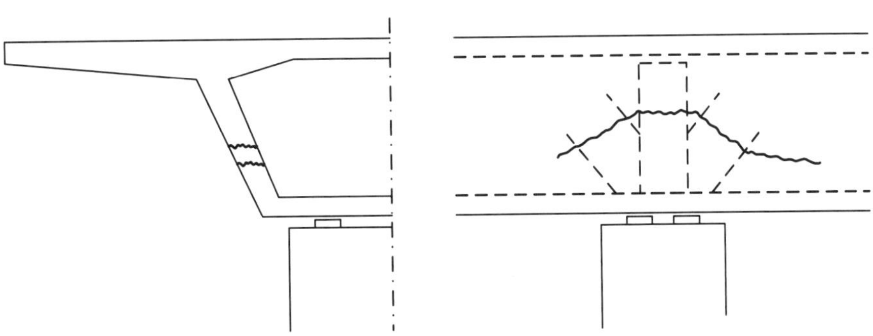

④ PS강재의 절곡 분력에 의한 균열

⑤ 정착돌기 내의 텐던 꺾임에 의한 응력집중으로 발생하는 손상

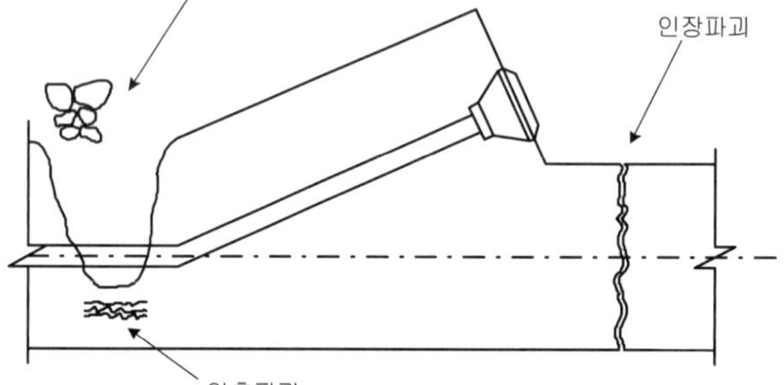

⑥ 정착돌기 뒷부분의 하부 플랜지 내와 복부에 30~45° 의 각도로 발생하는 균열

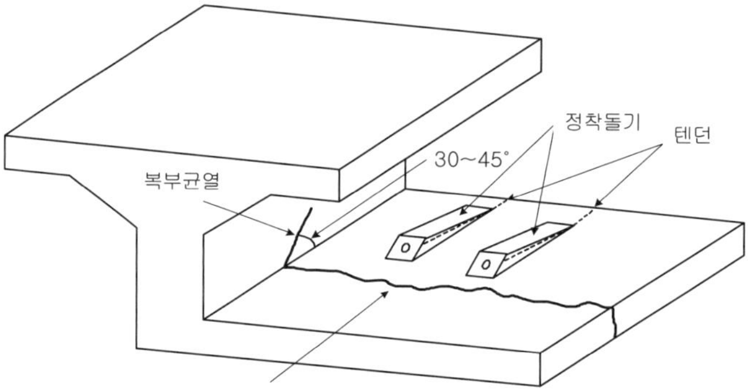

⑦ 바닥판 및 하부 플랜지의 절리현상

다수의 텐던이 배치된 경우에 텐던의 과다한 압축력과 그라우팅 시 쉬스관 내의 팽창력에 의하여 발생한 균열

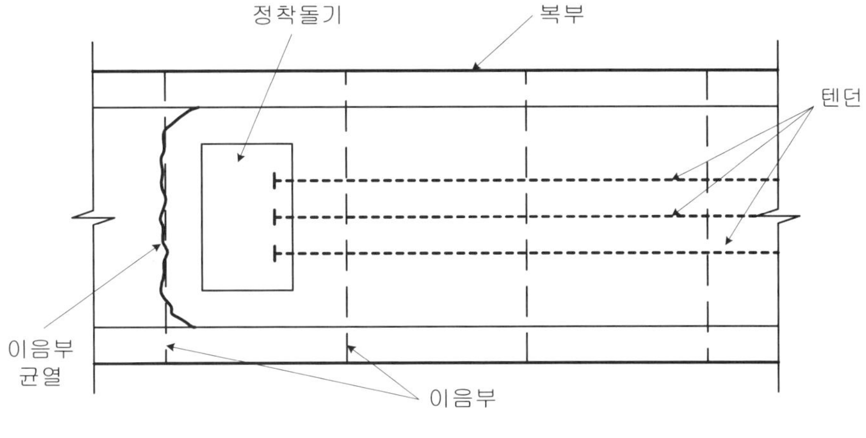

⑧ 정착돌기 뒤에 시공이음부가 있는 경우 균열이 이음부에서 발생하여 복부로 진전

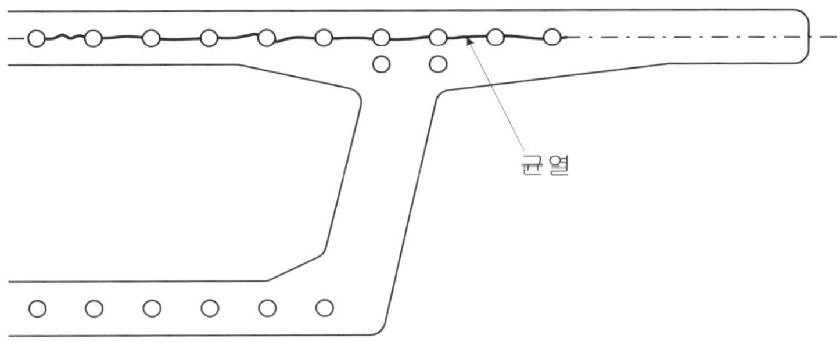

5.1.3 콘크리트 바닥판

가. 손상 및 열화유형

철근콘크리트 바닥판의 손상과 열화는 그 원인에 따라 여러 형태가 있다. 바닥판에 있어서 콘크리트 압축파괴 또는 철근의 인장파단에 의하여 파괴되는 경우는 극히 드물고, 주로 콘크리트의 인장면에 생긴 균열이 시간이 지남에 따라 점진적으로 발달하여 거북등 균열(망상균열)이 형성되면서 부분적으로 콘크리트가 함몰 또는 탈락되는 경우가 대부분이다.

바닥판에서 흔히 관찰되는 열화와 손상은 균열, 함몰, 백태, 박리, 철근노출 및 부식 등이 있으며, 손상의 원인으로는 과적차량, 노면단차, 차량궤적 등 하중에 따른 영향과 바닥판 구조형식, 콘크리트 품질 및 강도, 시공오차 등 구조물의 상태에 따른 영향, 기상조건, 염화물 등 환경적인 영향 등으로 구분된다.

나. 손상의 종류 및 원인

1) 균열

차륜하중이나 충격 등이 철근콘크리트 바닥판에 작용하면 바닥판 인장측의 콘크리트에 발생되는 응력이 콘크리트 인장강도를 초과하는 경우 미세균열이 발생하는데, 그 원인은 다음과 같다.

- 부재내하력 부족(작용하중 증대)
- 바닥판 단부 등의 구조적 취약부에 작용하는 과대응력
- 지지구조의 불안전(주형의 강성 부족 등)
- 피복두께 부족, 마감처리 불량 등 시공상의 결함
- 동결융해, 화학작용, 염해, 알칼리-골재 반응 등의 환경적 작용
- 지진, 화재, 충돌 등의 재해

2) 함몰

차량 주행 시 바닥판의 진동에 의하여 균열이 열리고 닫히는 개폐운동을 하게 되며, 이러한 과정이 반복되어 콘크리트를 구성하는 재료가 결합력을 상실하여 일부가 탈락되는 현상이다.

3) 백태

누수로 인하여 콘크리트 내부로 침투한 수분은 시멘트 성분인 수산화칼슘을 용해하고, 용해된 수산화칼슘은 미세한 균열을 통하여 침출되어 대기와 접하게 된다. 이때 대기와 접한 수산화칼슘 용해물은 수분이 증발하면 흰색을 띄는 탄산칼슘으로 변화하는데 이를 백태(efflorescence)라고 한다.

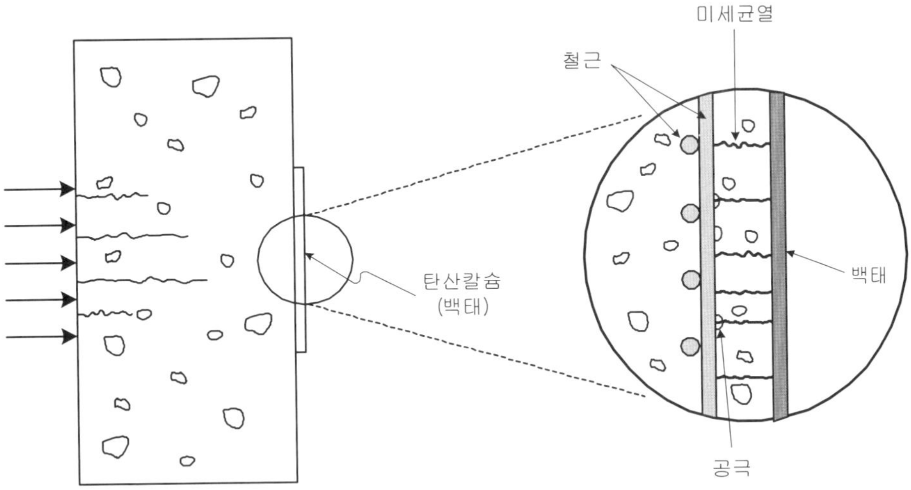

그림 5.13 백태의 발생경로

사진 5.6 바닥판 균열 및 백태

콘크리트 부재에 백태가 발생했다는 것은 구조적 손상은 아니지만 콘크리트 성분의 일부가 밖으로 유출되었다는 것을 의미하므로 콘크리트에는 그만큼 공극이 발생하게 된다. 콘크리트 내부의 공극 증가는 콘크리트강도 감소와 함께 철근의 부식을 유발시키고 촉진하는 환경을 제공하기도 한다. 이때 균열부의 백태 및 수분은 균열이 발생하지 않은 바닥판에도 생길 수 있으며, 균열폭이 확대되어 철근부식에 의한 녹물, 콘크리트 탈락이 발생할 수 있다.

4) 박리

콘크리트 내부에 있는 철근이 부식되면 철근 표면에 발생한 부식물의 영향으로 부피가 팽창하고, 이때 발생하는 팽창압이 콘크리트를 철근으로부터 밀어내어 콘크리트의 균열 발생과 함께 박리를 유발시킨다. 완전히 부식된 철근은 부식되지 않은 철근의 약 2.5배 정도로 부피가 팽창한다. 콘크리트 균열과 철근부식에 의해 발생하는 박리는 콘크리트의 피복두께와 품질상태 등 시공상의 결함, 콘크리트와 철근의 부착력, 철근의 두께, 철근의 부식 정도에 영향을 받는다. 콘크리트 내부에 있는 철근의 부식원인은 크게 콘크리트의 중성화, 수분의 침투, 염화물의 영향 등이다. 철근과 콘크리트의 부착력이 저하되어 콘크리트의 피복부가 탈락하는 현상인 박리는 철근부식과 피복두께 부족, 다짐불량과 같은 시공상의 결함 외에도 동결융해, 화학작용, 염해, 알칼리-골재 반응과 같은 환경작용도 원인이 될 수 있다.

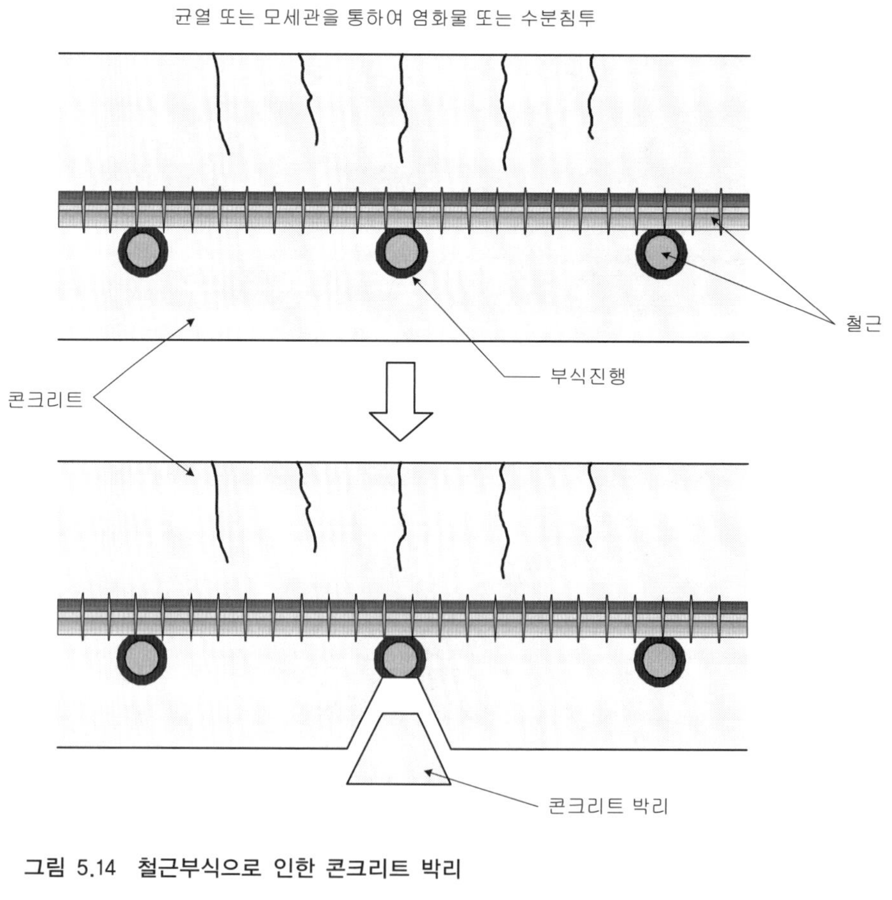

그림 5.14 철근부식으로 인한 콘크리트 박리

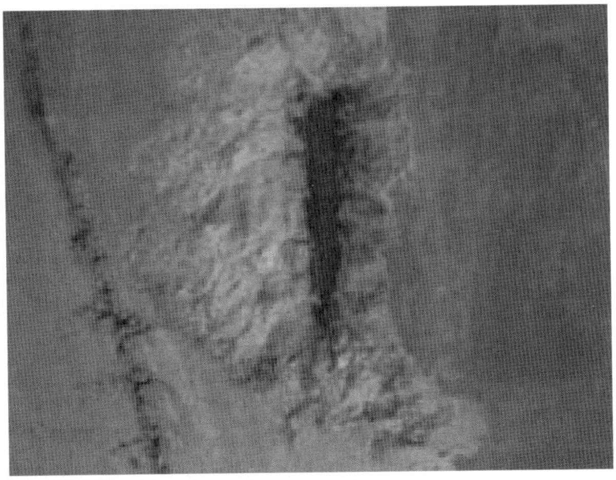

사진 5.7 철근부식으로 인한 콘크리트 박락

콘크리트 균열과 철근부식에 의하여 발생하는 박리는 콘크리트의 피복두께와 품질상태, 콘크리트와 철근의 부착력, 철근의 두께, 그리고 철근의 부식정도에 영향을 받는다. 콘크리트 내부에 있는 철근의 부식 원인은 크게 콘크리트의 중성화, 수분의 영향, 염화물의 영향으로 다음과 같은 손상유형을 보인다.

- 바닥판에 위치한 기능이 불량한 배수구와 배수구 주위 콘크리트의 미세한 균열을 통하여 콘크리트 내부로 침투한 수분은 철근을 부식시키고, 부식 팽창압에 의해서 콘크리트가 균열과 함께 탈락되는 경우가 있다. 이때 이미 노출된 철근뿐만 아니라 박리되지 않은 콘크리트 내부의 철근도 부식될 수 있다.
- 콘크리트 내부에 있는 철근이 수분의 영향을 직접 받지 않았다하더라도 콘크리트 피복두께의 부족과 콘크리트의 열화로 인하여 콘크리트 내부로 수분이 침투하여 철근이 부식되고 콘크리트 박리가 발생하는 경우가 있다. 콘크리트 표면이 외관상 누수의 영향이 없는 경우에도 콘크리트의 중성화 또는 염화물에 의해 철근이 부식할 수도 있다.
- 방수층이 따로 없는 콘크리트 바닥판 측면이 장기적으로 빗물에 노출되어 철근이 부식되고 부식 팽창압에 의해 콘크리트 박리가 발생하는 경우로서 바닥판 측면에 가까운 철근부터 부식이 진행된다.

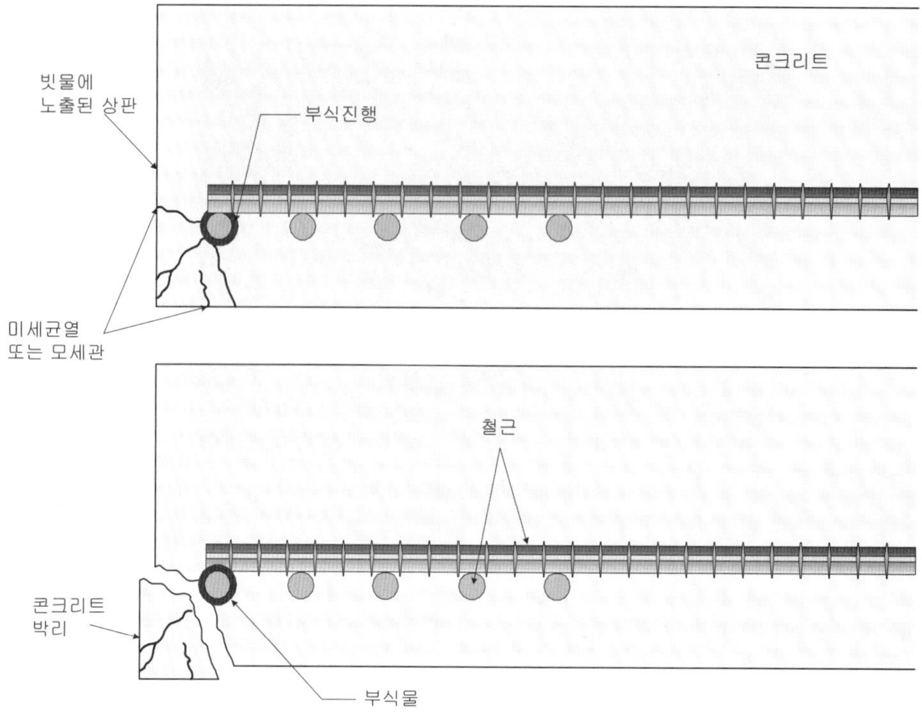

그림 5.15 바닥판 측면의 콘크리트 박리

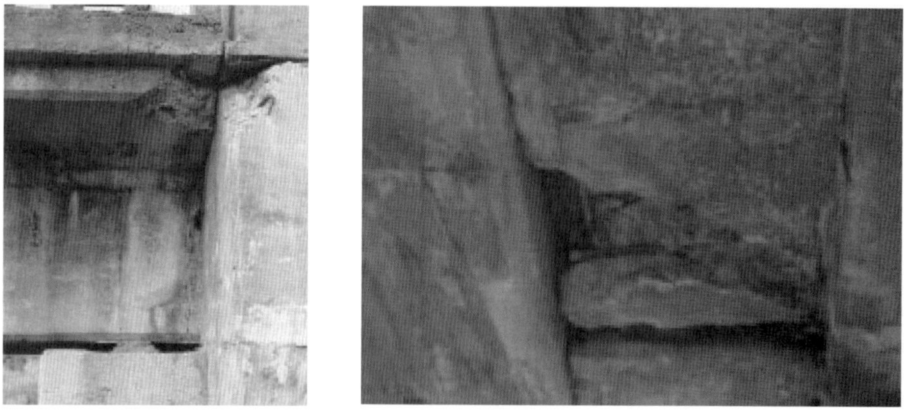

사진 5.8 바닥판 측면 콘크리트 파손

5) 철근 노출 및 부식

박리 또는 파손으로 인하여 피복콘크리트가 탈락되어 철근이 노출되는 현상이며, 발생 원인은 바닥판과 같은 구조적 취약부, 피복두께 부족 및 마감처리 미비 등의 시공불량, 그리고 동결융해, 화학작용, 염해, 기상작용 등이며 다음과 같은 손상유형을 나타낸다.

- 바닥판을 시공할 때 배근한 철근과 거푸집 사이에 소요 콘크리트 피복두께를 확보하기 위한 공간을 제대로 마련하지 못하여 콘크리트 피복두께가 소요두께보다 부족한 경우이다. 시공된 콘크리트 피복두께가 시방서에서 규정한 소요두께보다 부족한 경우에는 콘크리트 내부에 있어야 할 철근이 외부에 직접 노출되거나 콘크리트 표면에 있는 미세한 균열을 통하여 침투한 수분에 의하여 부식하게 되어 콘크리트 박리를 발생시킨다.

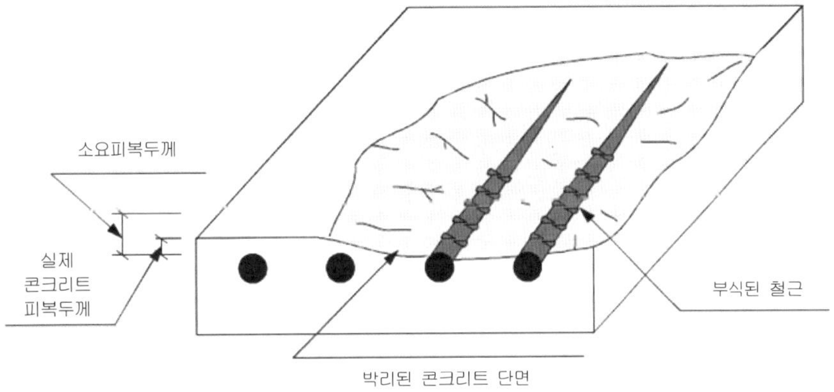

그림 5.16 피복두께가 부족한 콘크리트 부재의 철근노출

- 시공과정에서 콘크리트 다짐이 불량하여 철근의 노출이 발생한 경우이다. 바닥판을 시공할 때 콘크리트의 굵은골재가 배근된 철근과 거푸집 사이를 제대로 통과하지 못하면 콘크리트 표면에 커다란 공극이 발생할 수 있으며, 이 공극은 철근과 거푸집의 간격이 소요콘크리트 피복두께보다 부족하게 시공된 경우에도 발생할 수 있다. 콘크리트 표면에 큰 공극이 있으면 수분이나 염화물이 침투하여 철근을 부식시키고 부식과 함께 콘크리트 박리가 발생한다.

사진 5.9 피복두께 부족에 의한 철근노출

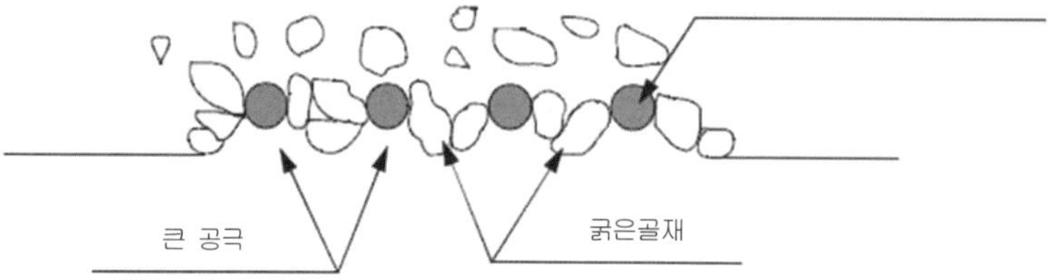

그림 5.17 다짐이 불량한 콘크리트 부재의 철근노출

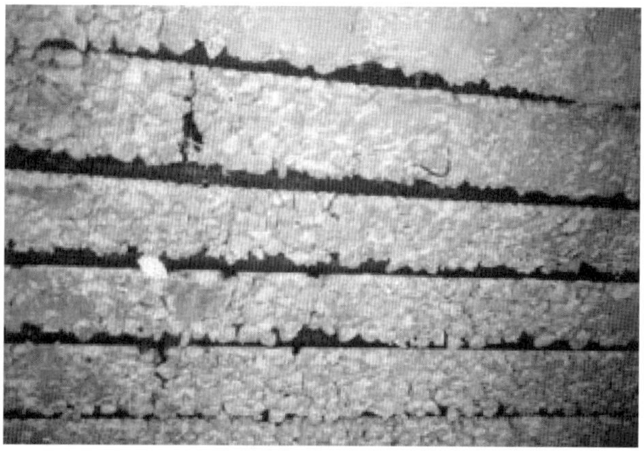

사진 5.10 다짐불량에 의한 골재분리 및 철근노출 부식

6) 동결융해

콘크리트 경화과정에서 수분을 함유하거나 미세한 공극에 의해 수분이 침투하여 동결됨으로써 높은 팽창압력이 발생하고, 이로 인하여 콘크리트 인장균열이 생기는 현상이다.

다. 철근콘크리트 바닥판의 파손 진행과정

교량부재 중에서 바닥판은 차량의 윤하중을 직접 받아 주형에 전달하고 차량의 주행성과 직접적으로 연관이 있는 구조부재이다. 따라서 바닥판 콘크리트에 발생하는 균열의 직접적인 원인은 차량의 윤하중과 충격하중이다.

강교나 콘크리트교의 바닥판은 주철근 배근이 슬래브교의 바닥판과 다르기 때문에 균열의 형태도 다르게 된다. 일반적으로 바닥판에서는 주철근이 교축에 직각방향으로 배근되어 있고, 배력철근은 교축방향으로 배근되어 있다. 철근콘크리트 바닥판에 윤하중(차량하중)이 작용하면 바닥판 콘크리트에는 휨모멘트와 전단력이 작용하게 된다. 휨모멘트는 바닥판의 중립축을 기준으로 상부에 압축응력과 하부에 인장응력을 발생시킨다. 이때 바닥판 하부에 콘크리트 인장강도 이상의 응력이 발생하면 주철근방향으로 콘크리트 균열이 발생하고, 교축방향의 강성은 감쇠되어 주철근방향의 휨모멘트 분담률이 증가하게 되며, 그 결과 교축방향으로 콘크리트 균열이 발생한다.

위와 같이 발생한 콘크리트 균열은 윤하중의 반복작용을 받아 점차 균열폭과 깊이, 길이가 발달하게 된다. 이와 같은 균열이 발달하는 동안 균열 사이에 추가로 새로운 균열이 발생하여 점차 거북등 모양의 균열로 발전하게 되고, 이로 인해 교면의 방수층이 파손되어 누수와 함께 백태가 발생할 수 있다. 바닥판에 발생한 거북등 균열이 계속 진전되면 심할 경우 부분적인 바닥판 함몰의 원인이 되며, 바닥판의 함몰은 교량을 통과하는 차량의 주행성을 급격히 감쇠시킨다(그림 5.19).

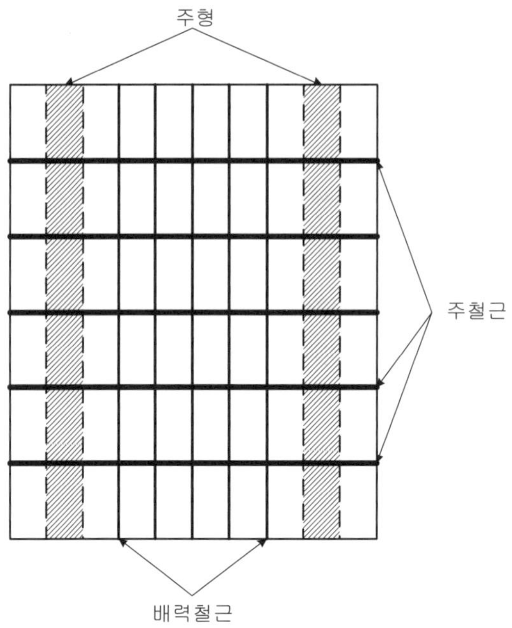

그림 5.18 콘크리트 바닥판의 철근배근 방향

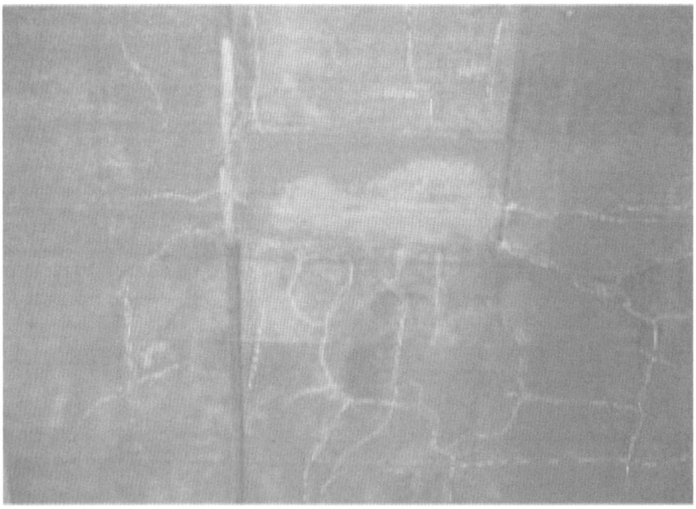

사진 5.11 콘크리트 바닥판에 발생한 거북등 균열(망상균열)

사진 5.12 콘크리트 바닥판에 발생한 망상균열 및 백태

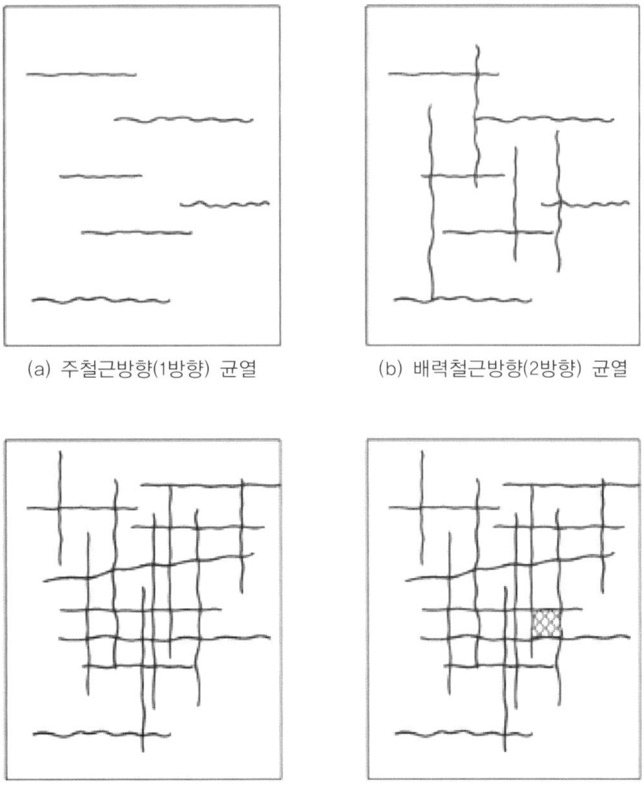

(a) 주철근방향(1방향) 균열

(b) 배력철근방향(2방향) 균열

(c) 거북등 균열

(d) 탈락 및 함몰

그림 5.19 콘크리트 바닥판에 발생하는 균열의 진행

라. 바닥판의 손상 메커니즘

철근콘크리트 바닥판은 교량에 있어서 손상빈도가 가장 높은 부위로서 특히 강교의 바닥판에서 균열, 백태, 파손 등이 빈번하게 확인된다. 여러 가지 원인에 의하여 발생되는 바닥판의 손상 초기에는 상판 하면에 콘크리트 균열이 보이고 시간의 경과와 함께 상판 하면의 균열이 격자형으로 되어 흰 칼슘화합물(유리석회), 백태가 보이고 더 진행되면 콘크리트 박리 등으로 진전하여 일부 콘크리트가 탈락하여 노면이 함몰하는 현상, 소위 골재화현상이 상판의 최종 손상형태이다. 이와 같은 손상은 과적 대형차량의 통행에 의한 피로현상에 의한 것으로 아스팔트포장에 스며든 빗물이 손상을 가속시키게 된다.

이러한 바닥판의 함몰과 같은 파손에 이르는 손상은 일본의 건설성연구소에 의하여 그 파괴 메커니즘이 보고되있으며 내용은 다음과 같다. 그림 5.20은 주철근방향이 교축 직각방향인 현장타설 철근콘크리트 바닥판의 균열진전 과정을 도식화한 것이다.

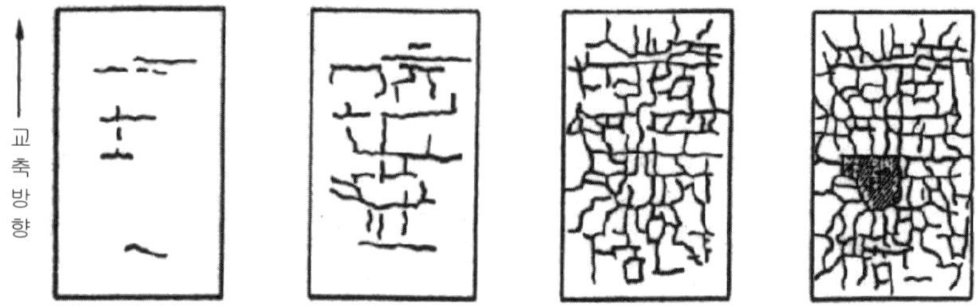

그림 5.20 철근콘크리트 바닥판 하면의 균열진전

주형에 의하여 지지되는 철근콘크리트 바닥판은 주형이 콘크리트의 건조수축 등을 구속하여 교축 직각방향으로 균열이 먼저 발생되고 여기에 활하중에 의한 휨모멘트에 의한 변형이 부가되어 양방향으로 균열이 진전된다. 균열이 발생된 바닥판은 전단 및 비틀림 강성이 저하되고 균열폭, 균열수가 증가함에 따라 조밀한 격자모양의 균열형태를 나타내게 된다. 이러한 손상이 윤하중의 반복에 의하여 관통균열로 진전되고 균열마찰, 우수의 침투 등에 의하여 결국에는 함몰 또는 펀칭전단이 발생한다. 이러한 바닥판의 손상은 그림 5.21과 같은 피로손상기구 과정에 의하여 진행된다.

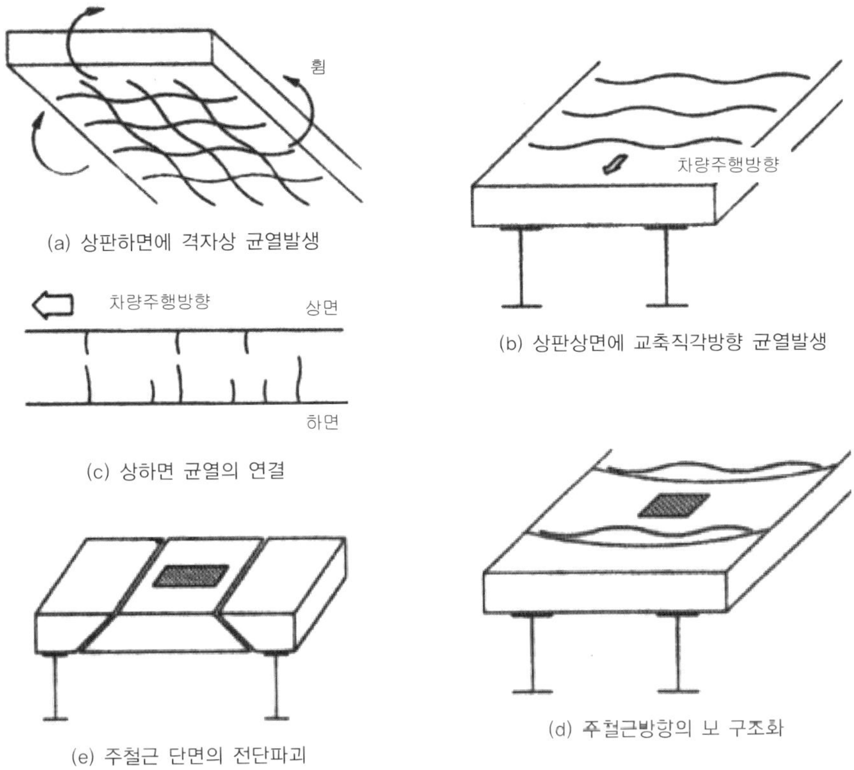

그림 5.21 철근콘크리트 바닥판의 피로손상기구

1) 제1단계(교축 직각방향에 초기 균열)

철근콘크리트 바닥판은 주형에 의하여 지지되는데 전단연결재에 의하여 구속되어 콘크리트에 발생되는 건조수축 등에 의하여 교축방향으로 인장응력이 발생한다. 따라서 공용되기 이전에 균열이 발생되는 경우가 있으며, 이러한 인장 잔류변형 상태에 윤하중에 의한 휨변형이 가해지면 바닥판 하면에 교축 직각방향으로 균열이 발생하게 된다.

2) 제2단계(상판하면에 휨균열망 형성, 상면에도 균열)

활하중이 재하되면 바닥판 하면의 교축방향에서도 균열이 발생되는데, 이것은 교축 직각방향의 균열에 의해 바닥판은 등방성에서 이방성으로 변화되어 교축방향으로의 하중분배 성능을 저해시켜 주철근 방향에서의 하중분담률이 증가하기 때문이다(그림 5.21(a)). 또한 바닥판 상면에서도 휨모멘트의 반복작용에 의하여 교축 직각방향의 균열이 주형 부근에서 상판 중앙으로 진전되고 하면의 균열과 만나 관통균열이 된다(그림 5.21(b)).

3) 제3단계(빗물의 침투)

철근콘크리트 바닥판 위의 아스팔트포장은 침수성과 수분 보유성이 높아 약 1시간 동안 비가 내리면 아스팔트는 포화상태가 되는데, 증발속도가 느리기 때문에 약 1주 후에도 잔류하는 경우가 많다. 이처럼 수분이 잔류하게 된 바닥판에 관통균열이 존재할 경우 균열에 수분이 침투되어 서서히 하면으로 이동함으로써 유리석회를 하면에 침착시킨다. 일반적으로 선상으로 유리석회가 발생한 경우에는 관통균열에 따른 것으로 판단할 수 있으며, 면상으로 곰팡이처럼 퍼지고 있는 경우는 바닥판 콘크리트가 치밀하지 않은 다짐 불량상태로 추정할 수 있다.

4) 제4단계(교축 직각방향 균열의 균열면 상호 마찰)

교축 직각방향으로 관통균열이 형성된 후, 차량의 주행이 계속되면 균열면에 작용하는 전단력과 휨모멘트의 교체 반복에 의하여 균열면에서 상하방향과 수평방향의 마찰로 움직임이 발생하여 균열면에 마찰이 진행된다. 그 결과 서서히 균열폭이 커지고 교축방향으로의 하중분배 효과가 떨어져서 판구조에서 교축 직각방향으로 보를 늘어놓은 상태로 변화한다(그림 5.21(d)). 빗물이 침투하고 있는 균열에서는 그 마찰속도가 매우 빨라지는데 유리석회에 황색의 침착물이 있는 경우 상호마찰이 진행되고 있는 것으로 판단할 수 있다.

윤하중이 이들 균열 바로 위로 오면 균열이 닫히고 면에서 수직으로 압력이 발생하고 마찰운동과 연동하여 골재를 강제 진동시키기 때문에 골재 주위에서 모르타르와의 부착이 끊겨 콘크리트가 서서히 분쇄되어 골재화현상이 나타난다.

5) 제5단계(파괴, 함몰)

교축 직각방향에서 그림(5.21(d))와 같이 보 구조화가 형성되면 그 보폭에서의 전단강도 부족으로 전단력에 의한 피로현상이 발생하여 내하력을 상실하게 되고(그림 5.21(e)) 차량 주행에 의해 파괴 부위의 콘크리트가 작게 부서져 낙하가 발생하게 되며, 결국 구멍이 커지게 된다. 물의 침투가 있는 경우에는 압축측 콘크리트의 골재화가 진행되고 포장이 망 형상으로 파손되거나 포트홀(pothole)이 형성되는데, 이를 방치하면 함몰하게 된다.

한편 철근콘크리트 바닥판은 최소두께를 적용하는 한 전단력이 문제되는 경우는 거의 없다. 실제로 재하실험에 의하여 바닥판을 전단력으로 파괴시키기 위해서는 설계하중의 5~10배 전단력이 필요한 것으로 보고되고 있다. 단, 바닥판에는 건조수축과 온도수축으로 균열이 발생하고 이것과 휨모멘트에 의한 인장균열의 영향이 더해져서 전단력은 바닥판의 손상에 더 큰 영향을 주게 된다.

5.1.4 교대 및 교각

교대와 교각은 교량 상부구조의 하중을 지반으로 전달하며, 교량 전체 구조의 안전성을 위해 아주 중요한 역할을 수행하는 구조부재이다. 일반적으로 교량 점검 시 하부구조는 점검을 소홀히 하는 경우가 있는데, 교량 형식에 따라서는 하부구조의 사소한 손상이 교량 전체의 안전에 중대한 위험으로 연결될 수 있으므로 하부구조의 점검에 특별히 주의를 필요로 한다.

가. 손상유형

교대와 교각은 상부하중을 지지하는 구조체로서 견고한 지반상에 위치하여야 하며, 하부구조가 파괴되면 교량 전체에 심각한 피해를 초래할 수 있다. 일반적으로 하부구조의 구체는 콘크리트로 구성되며 기초에는 직접기초, 말뚝기초, 케이슨 기초 등이 있다.

교대 및 교각의 손상은 초기침하 및 콘크리트의 균열로 나타나고, 그 후에는 시간의 진행에 따른 기상작용, 교통하중 등으로 인한 콘크리트의 노화현상으로 연결되는 것이 일반적이다. 교대, 교각은 환경영향을 비교적 많이 받으므로 철근의 피복두께 부족, 콘크리트의 타설이음 불량, 구조물의 연결부 불량 등에 의하여 손상을 받기 쉽다. 또한 하부구조는 대체로 단면이 큰 구조이므로 다량의 콘크리트 타설시 주의가 요구된다. 받침부는 최근 대형화하는 경향이 있는데 지간의 장대화에 따라 큰 반력을 받으므로 이때의 하부구조는 받침 부근의 지압, 전단균열, 휨인장응력으로 인한 콘크리트 균열이 발생하기 쉽다.

나. 손상종류 및 발생원인

교대에 발생하는 수평균열의 원인은 외적 하중, 시공결함, 콘크리트의 건조수축 등이 있다. 여기에서는 외적 하중으로 인하여 교대에 작용하는 휨인장응력이 콘크리트 인장강도를 초과하여 발생하는 대형 인장균열에 대하여 설명하기로 한다.

교대에 발생하는 대형 수평균열은 교대에 작용하는 수평력에 의하여 발생할 수 있다. 교대의 수평균열을 발생시킬 수 있는 외적 하중으로는 상부구조나 기초로부터 교대로 전해지는 수평력과 지진에 의한 수평력이다. 교대가 인장응력에 취약한 이유는 일반적으로 교대는 압축부재로 설계하기 때문에 철근을 사용하지 않거나 최소한의 배력철근만을 사용하기 때문이다. 상부구조로부터 교대에 전해지는 외적 하중은 건조수축이나 온도변화에 의해 발생하는 상부구조의 신축이나 수평이동이 받침장치 등의 결함으로 인하여 교대에 직접 전달되어 교대의 상부에 수평력으로 작용할 수 있다. 인장균열이 발생할 수 있는 위치는 최대 휨인장응력이 작용하는 교대의 하단이지만 교대 하부는 상부에 비하여 단면이 크게 되어 교대의 중앙부 등에 발생할 수도 있다. 받침장치에 결함이 있는 경우에는 상부구조의 수평이동에 따라 교대의 두부 콘크리트도 전단력에 의하여 부분적으로 파손될 수 있다.

하부구조는 특히 충돌에 의한 파손이 많으며, 급류 하천에 있는 교각의 경우 전석, 유목 또는 선박에 의한 파손이 발생하며 육교의 교각은 자동차의 충돌에 의한 파손이 주를 이룬다. 이러한 원인에 의한 파손은 대규모인 경우가 많고 보수에도 많은 비용이 소모된다.

교대의 수평 시공이음 시 발생하는 수평균열은 교대의 시공에 많은 양의 콘크리트가 소요되어 단기간에 치기를 끝내지 못한 경우가 있다. 이때 구 콘크리트 표면을 적절하게 처리하지 않았거나 시간이 많이 경과한 후에 새로운 콘크리트를 타설하면 불필요한 시공이음이 발생할 수 있다. 시공이음이 있는 콘크리트 표면은 블리딩(bleeding)으로 인하여 부착력이 감소되어 외적 하중이 작용하게 되면 시공이음부를 따라 수평균열이 발생한다.

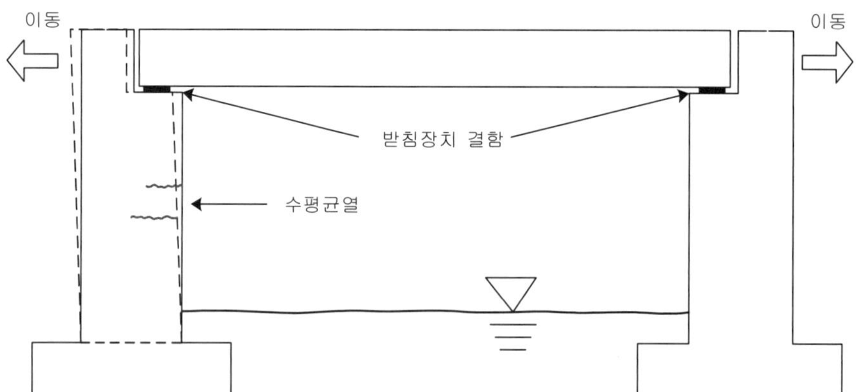

그림 5.22 상부구조의 수평이동으로 인한 교대 수평균열

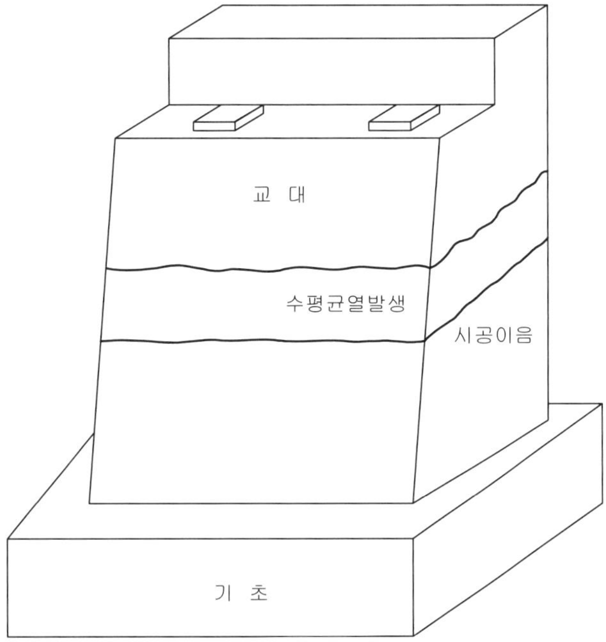

그림 5.23 교대 시공이음으로 인한 수평균열

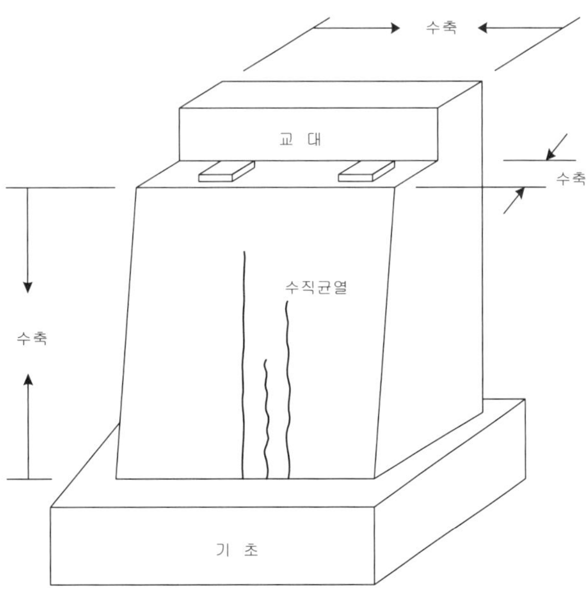

그림 5.24 콘크리트 건조수축으로 인한 교대의 수직균열

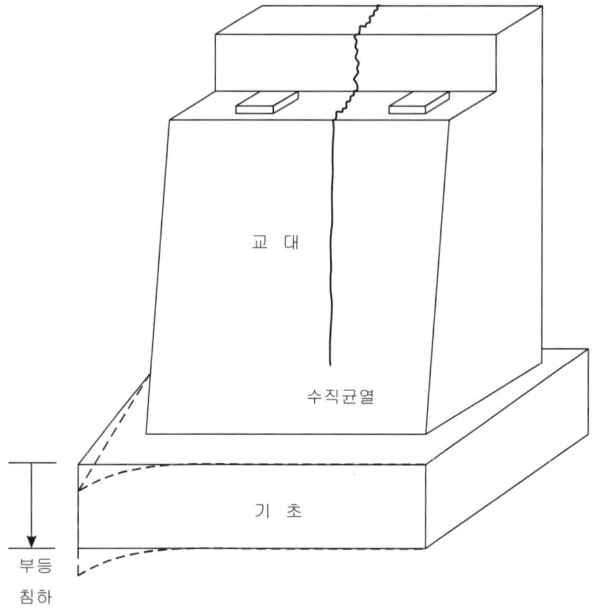

그림 5.25 부등침하로 인한 교대의 수직균열

다. 기타 교대의 손상

교대에 받침이 놓이는 부위는 응력이 집중되기 때문에 상부구조의 하중을 교대로 전달할 수 있는 충분한 연단거리를 확보해야 하고 구속철근을 배치해야 한다. 연단거리가 부족한 경우, 이로 인해 주형을 지지하는 콘크리트 교대의 두부 파손이 진행되고 경우에 따라서는 두부손상이 심화되어 상부구조의 붕괴위험까지 유발하기도 한다. 또한 받침장치 아래에 있는 콘크리트 균열과 파손의 원인은 받침장치가 작동하지 않은 경우에도 발생할 수 있다.

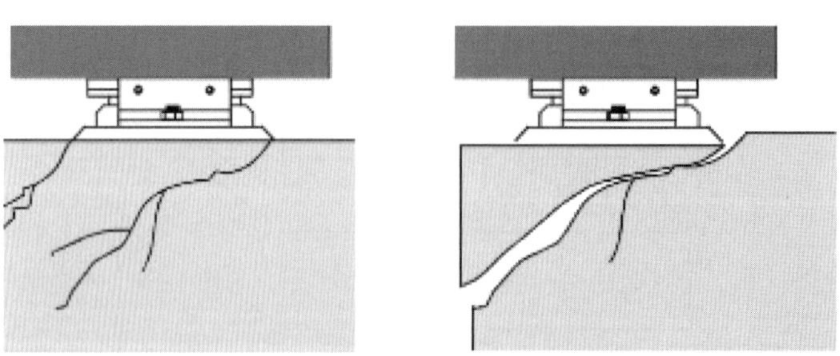

그림 5.26 받침결함으로 인한 교각 두부 파손

사진 5.13 교각 두부 파손

5.1.5 받침장치

받침장치는 상하부구조 접속부에 있는 교량 부속장치로서 교량의 구조 중 기계적 요소가 가장 강하며, 응력의 전달과 완충의 기능적 역할을 하므로 응력전달기능을 위해서 견고하게 연결되어야 한다. 받침점검을 할 때에는 받침의 설계 및 시공 시 의도한 대로 작동 여부에 유의해야 하며, 재료에 따라 그 손상의 특성이 다르므로 강재, 고무재 받침에 대하여 서로 다른 판정기준을 적용해야 한다.

가. 손상유형

받침의 손상은 다양한 원인에 의하여 발생할 수 있으며 받침 구성재료에 따라 서로 다른 손상유형을 나타낸다. 받침에 발생하는 손상은 크게 받침 본체에 나타나는 손상과 받침대와 같은 접합부에 발생하는 손상으로 구분된다. 대부분의 교량받침은 접근이 용이하여 시각적인 상태조사로 문제를 찾아내는 것이 가능하다. 그러나 일부의 경우에 있어서는 교량받침을 부분적으로 또는 완전히 볼 수 없는 경우도 있으며, 시각적인 상태조사뿐만 아니라 다른 여러 가지 구조적인 거동에 관하여 주의를 기울여야 하는 경우도 있다. 예를 들어, 접근이 용이하지 않는 곳에 교량받침이 설치되어 있거나 교량받침의 구조상 내부의 중요한 교량받침 부위를 점검하기 어려운 경우에는 시각적인 상태조사보다는 교량구조물의 거동을 조사하고, 하부구조와 상부구조의 응력징후 등을 살펴보는 것이 교량받침의 기능장애를 찾아낼 수 있는 유일한 방편인 경우도 있다.

고무재 받침에서는 흔히 고무재의 열화와 균열, 파손 등의 손상이 나타난다. 열화되거나 파손된 고무재 받침장치는 받침으로서의 역할을 완전하게 수행할 수 없으므로 조치가 필요하다. 반면, 강재 받침은 고무재 받침에 비하여 복잡한 기계적 장치로 구성되어 있기 때문에 다양한 유형을 나타낸다. 흔히 강재 받침에 나타나는 손상은 상부로부터 흘러내려온 빗물 등의 수분으로 인한 녹이나 부식이며, 너트 또는 볼트가 이완되는 손상도 흔히 발생한다. 또한 예상치 못한 신축량의 발생으로 이동제한장치에 파손이 발생하기도 한다.

지점부에 발생하는 과도한 지압응력은 받침대에 균열을 발생시키기도 하며, 받침의 작동이 불량한 경우에는 받침부 앵커볼트가 이완되거나 절단되는 손상이 발생하기도 한다. 받침에 발생하는 대표적인 손상의 종류와 원인은 표 5.1과 같다.

표 5.1 받침손상의 종류 및 발생원인

손상부위	발생원인 / 손상종류	형식선정 및 배치의 오류	설계오류	제작시공 오류	유지관리 불충분
받침본체	부상방지 장치 파손	○	○		
	이동제한 장치 파손	○	○		
	롤러 어긋남 및 낙하		○		
	핀 및 롤러 어긋남		○	○	
	받침 하부 어긋남		○		
	너트 느슨해짐			○	○
	탭 볼트, 세트 볼트 누락		○		○
	경사면 녹 발생				○
	각 부재 부식				○
	고무계 받침 열화균열		○		○
결합부	앵커볼트의 절단, 인발	○	○	○	
	충전 모르타르 균열	○	○	○	
	받침부 콘크리트 압괴, 박리	○	○	○	

교량받침은 종류별로 다양한 손상이 발생할 수 있으며, 대표적인 교량받침의 손상을 원인별로 분석하면 다음과 같다.

1) 누수와 부식

교량받침 부식은 강우와 대기 중의 수분 등에 의한 원인도 있지만, 주된 원인은 주로 신축이음장치 등을 통한 누수이며, 이로 인하여 각종 이물질이 상부구조로부터 교량받침으로 전달된다. 교량받침이 오랜 시간동안 이물질과 수분 등에 노출되면 교량받침의 각종 부위가 부식에 의한 손상을 받는다. 특히 구조재로 거동하는 탄소강의 부식과 가동받침에서의 윤활제의 침식은 교량받침의 기능저하를 초래한다. 예를 들면 상시에 청결한 상태를 유지해야 하는 가동단 받침의 접촉면에서 윤활제의 침식과 마찰면의 부식은 접촉면 마찰계수의 증가를 가져온다. 마찰계수의 증가는 궁극적으로 교량의 원활한 가동을 방해하고, 하부구조에 추가하중으로 작용함으로써 교량에 구조적인 부담과 교량받침 부근에 균열을 초래할 수도 있으며, 마찰면에서 홈과 변형 등을 유발시킬 수 있다. 사진 5.14는 강재 및 모르타르의 부식에 의한 교량받침 손상의 예를 나타낸 것이다.

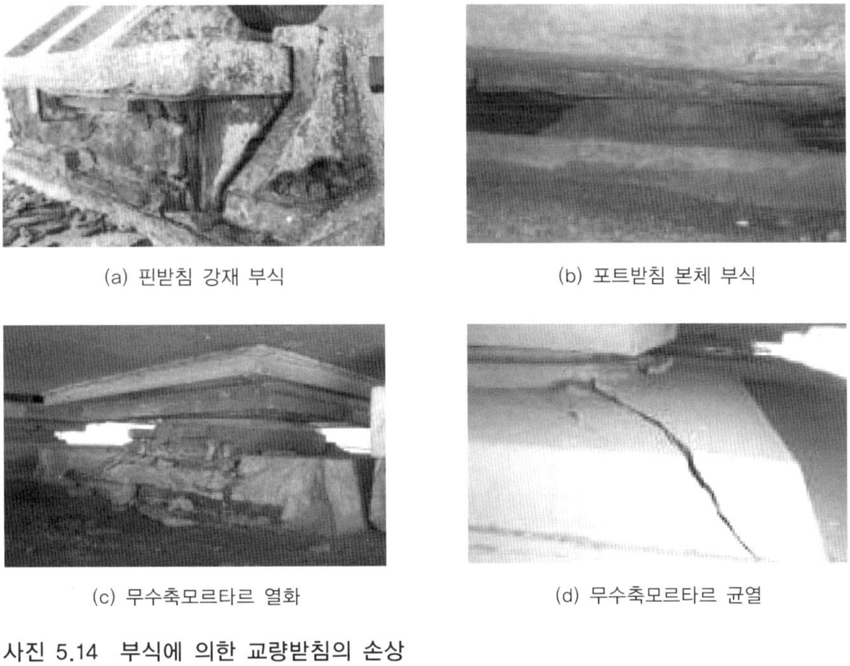

(a) 핀받침 강재 부식

(b) 포트받침 본체 부식

(c) 무수축모르타르 열화

(d) 무수축모르타르 균열

사진 5.14 부식에 의한 교량받침의 손상

2) 경사

비틀림과 뒤틀림 등을 포함한 상부구조의 과도한 시공오차로 인하여 교량받침의 소울판(sole plate)과 하부판이 수평으로 설치되지 않을 수 있다. 이러한 받침경사가 교량받침 자체의 허용편심량을 초과할 경우 마찰계수의 증가와 응력집중 등을 포함하여 교량받침 자체와 받침의 거동에 심각한 손상을 줄 수 있다. 또한 응력집중이 가해지는 하부판 가장자리의 받침대 콘크리트는 과도한 응력집중에 의하여 파손될 수 있다. 예를 들어 PSC 교량의 잘못된 강선배치와 과도한 긴장력 등에 의하여 교량 상부구조의 비틀림과 뒤틀림 등이 발생할 수 있으며, 이것은 시간이 지나면서 크리프와 건조수축 등으로 진전될 수 있다. 이와 같이 경사에 의하여 발생된 교량받침의 손상은 사진 5.15와 같다.

(a) PSC 교량의 경사진 교량받침

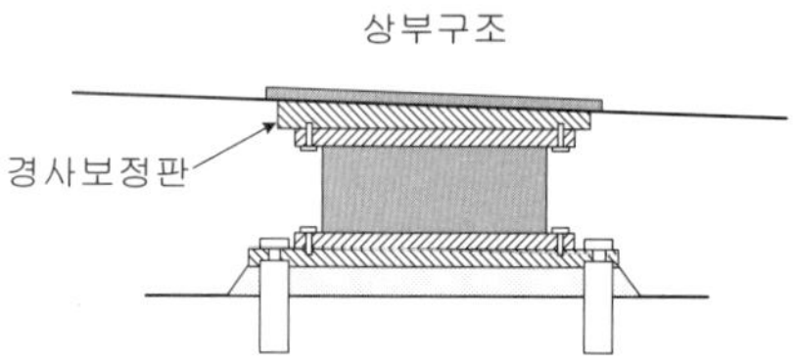

(b) 경사보정판으로 보수한 교량받침

사진 5.15 경사에 의한 교량받침의 손상

3) 하중

교량받침의 설치와 유지보수가 적절하게 행해졌다할지라도, 교량받침 설계시 고려했던 설계하중을 초과한 과다하중이 교량받침에 가해질 경우에 교량받침의 구조적인 손상이 발생할 수 있다. 예를 들어 곡선교나 사교와 같은 교량형식은 차량의 제동하중 등에 의하여 지점에 부반력이 발생하기 쉬우므로 교량과 교량받침 설계시 이에 대한 세심한 고려가 필요하다. 특히 상부구조물이 강재인 경우에 상부구조물 자중이 콘크리트 상부구조물에 비해 매우 작으므로 외부하중에 의해 지점에서의 강재 상부구조물의 들뜸이 생길 가능성이 콘크리트 상부구조물에 비하여 상대적으로 크다. 교량받침에 작용하는 전단력은 일반적으로 하부판과 하부구조의 접착면에서 마찰력과 앵커볼트의 전단력으로 지탱한다. 그러나 상부구조의 들뜸이 발생할 경우에 교량받침에 작용하는 전단력을 앵커볼트만으로 견뎌야 하는 경우도 발생할 수 있으며, 접촉면의 마찰계수가 현장상황에 따라 변할 수 있으므로 교량받침의 전단설계 시 교량형식과 하중조건 등에 대한 세심한 배려가 필요하다. 사진 5.16은 과다하중에 의하여 교량받침이 손상된 예를 나타낸 것이다.

(a) 부반력에 의한 상부판이 들뜬 받침

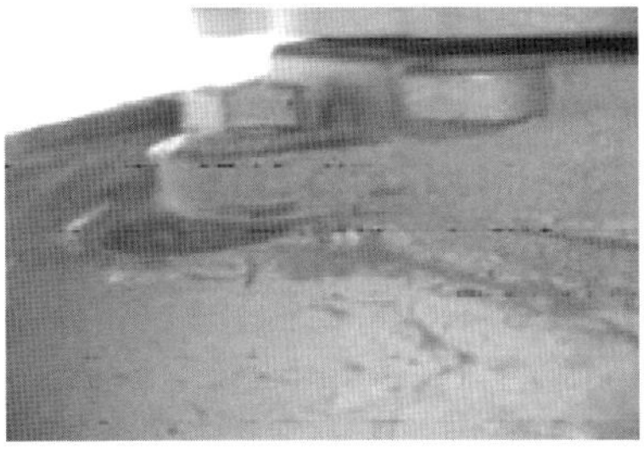

(b) 앵커볼트의 전단파괴

사진 5.16 과다하중에 의한 교량받침 손상

4) 이동량

교량받침은 종방향과 횡방향으로 신축과 회전변위를 수용할 수 있어야 한다. 가동받침 설계 시 고려하는 교량받침의 이동량은 상부구조의 온도변화에 의한 신축량, 콘크리트의 크리프 및 건조수축, 프리스트레스에 의한 탄성변형량, 상부구조에 작용하는 활하중에 의한 지점의 이동량, 그리고 설치 및 부가여유량이다. 또한 지진에 의한 받침의 이동량과 낙교방지에 대한 검토도 해야 한다. 근래에는 교량의 영구변위량의 경우 교량받침 설치 시 프리세팅량을 도입함으로써 받침이 상시에 과대변위를 받지 않도록 하기도 한다. 그러나 교량받침이 노후화, 시공오차, 설계오차 등으로 배치된 받침의 일부가 초기 설치 때에 고려했던 건전한 거동을 하지 않을 수 있다. 이는 교량받침의 허용가동량을 초과한 과대이동량을 유발시킬 수 있으며, 궁극적으로 교량받침의 이탈이나 추가하중 유발 등을 포함한 부가 교량받침의 손상을 가져올 수 있다. 사진 5.17은 과대변위에 의해 교량받침이 손상된 예이다.

(a) 여유량 부족으로 가동이 중지된 받침

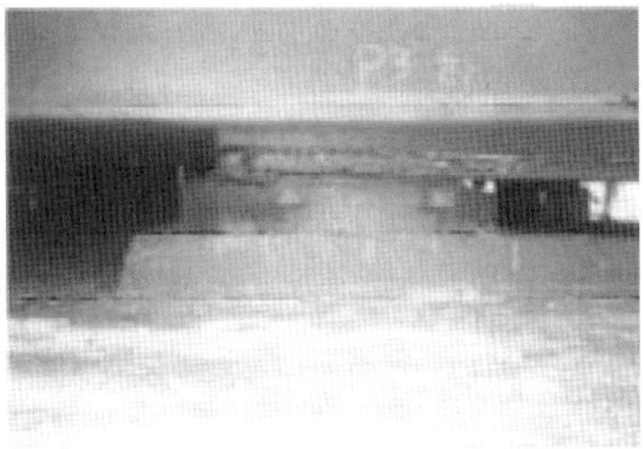

(b) 받침 수평이탈

사진 5.17 과다변위에 의한 교량받침 손상

5) 기타

이 밖에도 교량받침은 교량받침과 교량의 형식뿐만 아니라 여러 가지 복합적 요인에 의하여 손상받을 수 있으며, 대표적인 교량받침의 손상을 나열하면 다음과 같다.

- 고무받침의 균열 및 환경적 요인에 의한 재료물성의 변화에 의한 손상
- 하부구조의 침하 등에 의한 손상
- 품질관리 미숙으로 무수축 모르타르의 균열에 따른 손상
- 설계 및 시공오차에 의하여 발생한 교량받침에서의 국부응력집중에 의한 손상
- 각종 교량받침부품의 노후화에 따른 손상

나. 주요점검 항목

1) 받침의 구성

일반적으로 기존 교량에 가장 많이 사용된 받침은 포트받침(pot bearing)과 탄성받침(elastic rubber bearing)이다. 여기에서는 포트받침과 탄성받침의 구성요소와 주요점검 항목에 대해 설명하기로 한다.

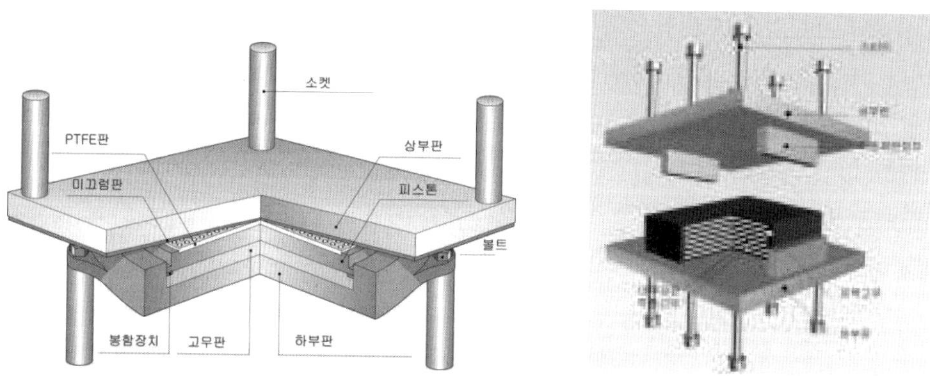

(a) 포트받침 (b) 탄성받침

그림 5.27 받침구조

포트받침은 PTFE(불소수지판)와 스테인리스판의 미끄럼으로 신축을 수용하고 피스톤 내부의 고무판에 의해 회전을 허용한다. 받침높이가 낮고 수직하중이 클수록 경제적인 장대교량에 적합한 받침이 된다. 이에 반해 탄성받침은 고무의 신축 및 회전으로 상부구조물의 변형을 수용하고, 형상이 매우 간단하여 임의의 형상으로 제작하기가 쉽다.

2) 점검항목

받침의 주요점검 부위는 다음과 같다.

- 받침본체 손상
- 받침과 인접한 상·하부구조 손상
- 받침의 설치 위치, 방향 및 기능장애
- 받침의 앵커, 볼트 및 용접부
- 받침의 연단거리 및 유간거리

받침의 상태평가를 위한 점검항목은 표 5.2와 같다.

표 5.2 점검항목

부 위		점검항목
받침 본체	포트받침	압괴, 균열, 경사, 들림, PTFE판, 미끄럼판, 봉함장치, 고무판
	탄성받침	균열, 부품, 들림, 전단변형, 경사
	기타	이동제한장치, 부반력장치, 도장
설지부	하부구조	균열, 깨짐, 박리, 공동
	상부구조	변형, 균열
기타	앵커, 볼트	파손, 풀림
	설치 위치, 방향성	정상여부
	연단거리, 유간거리, 이동여유량	부족
	용접	용접장 부족, 파단, 균열
	부식	발생 정도
	기능장애	발생유무

다. 손상유형에 따른 발생원인

받침손상은 다양한 원인에 의해 발생하며, 받침종류에 따라 서로 다른 손상유형을 나타낸다. 앞에서 언급한 바와 같이 받침에 발생하는 손상은 크게 받침 본체, 설치부 및 기타 부위로 구분하여 나타낼 수 있다.

포트받침은 탄성받침에 비해 복잡한 기계적 장치로 구성되어 있으며 다양한 손상유형을 나타낸다. 포트받침에 나타나는 손상은 상부로부터 흘러 내려온 빗물 등의 수분으로 인한 녹이나 부식이며, 너트 또는 볼트가 이완된 손상이 자주 발생한다. 또한 과도한 신축량 발생으로 이동제한장치의 파손이나 과도한 부반력 발생으로 인하여 부반력 방지장치가 파손되기도 한다. 일반적으로 받침부 파손은 받침의 형식 선정, 배치 및 시공 등의 부적절함에 의하여 주로 발생하며, 직교에서 보다 사교나 곡선교에서 파손비율이 높은 편이다. 다음 표 5.3은 받침의 파손유형 및 원인을 나타낸 것이다.

표 5.3 받침의 파손유형 및 원인

결함 내용		원 인
편기 설치	· 지점보강재 절취 및 국부변형 발생 · 신축 이동여유량 부족 · 롤러가 저판을 벗어남, 탈락	· 받침설치 시 상부구조 제작 및 가설단계별 이동량 확인 검토 미흡 · 하부구조 시공 시 측량오차 발생 · 신축이동량이 작은 규격제품 선정
경사 설치	· 상부하중 편심작용 · 상부구조의 편측이동	· 경사교에서 sole plate의 재단불량 · 시공 정밀도 부족
부품 누락	· 앵커볼트, side block, 하부받침누락 · Sole Plate 등 용접누락 및 용접상태 불량	· 시공불량 및 확인 소홀 · 작업 여유공간 부족
작동 불량	· 몸체, 미끄럼면의 부식 등 상태불량으로 정상거동 미흡 · 고무받침 이탈 및 갈라짐 · PTFE(불소수지판) 이탈	· 신축이음부 누수로 인한 부식발생 · 형식의 선정 및 배치상의 결함 · 유지관리 시 가동면에 도장 등 장애물 도포 · 먼지, 오물 등 불순물 퇴적
받침 모르타르 및 교각	· 균열, 탈락 및 함몰 발생 · 교각 두부의 연단부 파손	· 채움 모르타르 충진불량 · 모르타르 강도 부족 · 거푸집 설치 미흡 등 시공 정밀도 부족 · 연단거리 부족

탄성받침에서는 흔히 고무재의 열화와 균열, 파손 등의 손상이 나타난다. 열화되거나 파손된 탄성받침은 받침으로서의 역할을 충분히 수행할 수 없으므로 조치가 필요하다.

받침부에 발생하는 과도한 지압응력은 받침대에 균열, 압괴 및 박리를 발생시키며 받침작동이 불량한 경우에는 받침부 앵커볼트가 이완되거나 절단되는 손상이 발생한다.

1) 받침본체

받침본체는 포트받침과 탄성받침으로 구분하고, 기타에 이동제한장치, 부반력장치, 도장으로 구분하여 받침본체의 손상유형과 원인을 표 5.4와 표 5.5에 구분하여 보여준다.

표 5.4 포트받침 본체의 손상과 원인

점검항목		손상원인	그 림
포트받침	압괴(壓壞)	· 초과하중에 의한 받침 및 지지부의 붕괴	5.29(c)
	균열	· 초과하중에 의한 받침 본체의 균열	5.29(c)
	경사	· 상부구조의 과도한 경사로 인한 받침 기능상실	5.28(a)
	들림	· 상부구조의 들림에 의한 받침의 하중전달 기능상실 · 상부구조의 일부 들림에 의한 받침본체에 응력집중 발생 · 하부구조의 침하	5.29(d)
	PTFE판	· PTFE판의 구김, 밀림, 돌출	5.29(e)
	미끄럼판	· 먼지, 이물질 혼입, 마모 · 부식, 구김, 이탈	5.29(a)(f)
	봉합장치/ 고무판	· 봉합장치(황동링)/고무판 파손	5.29(b)(g)

표 5.5 탄성받침 및 기타장치의 손상과 원인

점검항목		손상원인	그 림
탄성받침	균열	· 과도한 압축변형에 의한 균열 · 받침불량	5.28(b)
	부품	· 과도한 압축하중에 의한 영구변형 · 받침불량	5.28(c)
	들림	· 상부구조의 들림에 의한 받침의 하중전달 기능상실 · 상부구조의 일부 들림에 의한 받침본체에 응력집중 발생 · 과도한 전단변형에 의한 들림 발생 · 하부구조의 침하	5.28(d)
	전단변형	· 과도한 전단변형 발생	5.28(e)
	경사	· 상부구조의 과도한 경사로 인한 받침 기능상실	5.28(f)
기 타	이동제한장치	· 과도한 변위에 의한 파손	5.28(h)
	부반력장치	· 과도한 부반력에 의한 파손	5.28(g)
	도장	· 도장의 박리	5.28(h)

(a) 포트받침 경사

(b) 탄성받침 균열

(c) 탄성받침의 복부팽창

(d) 탄성받침 들림

(e) 탄성받침의 과도한 전단변형

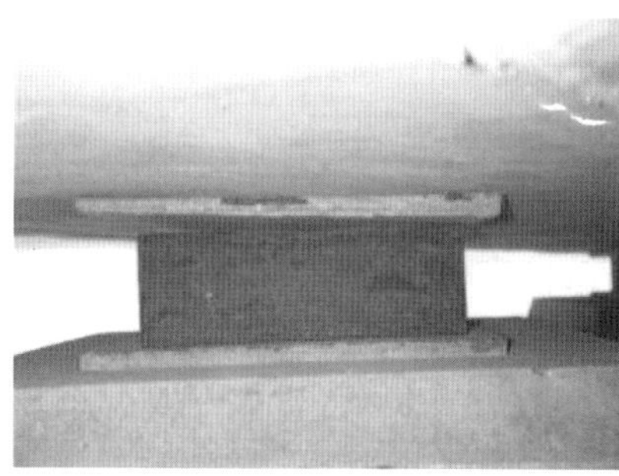

(f) 탄성받침의 경사 및 이격발생

(g) 부반력장치 파손

(h) 이동제한장치의 도장박리

그림 5.28 받침본체 손상(I)

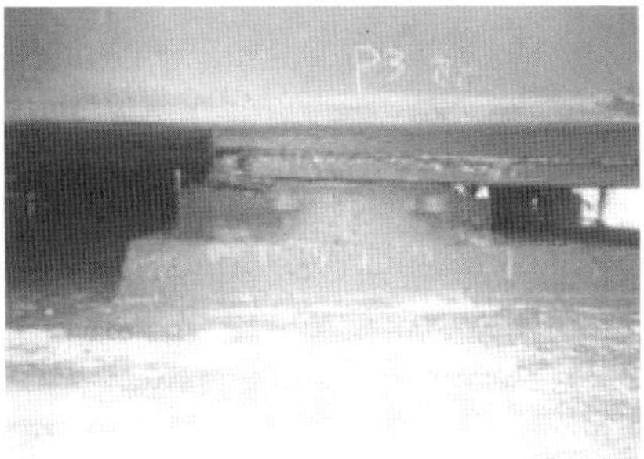

(a) 미끄럼판 이탈

(b) 고무판 파손

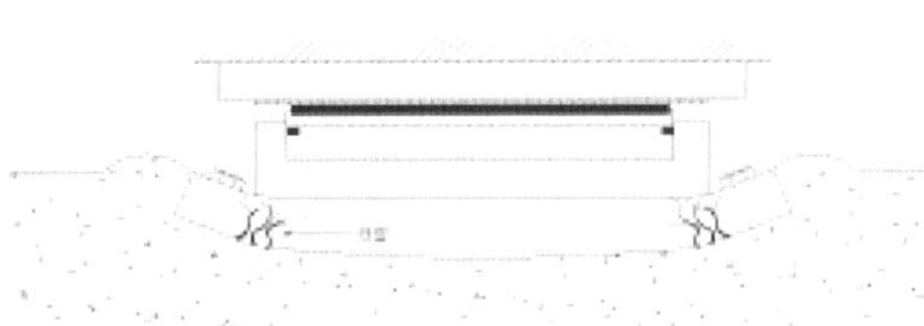

(c) 포트받침의 압괴 및 균열

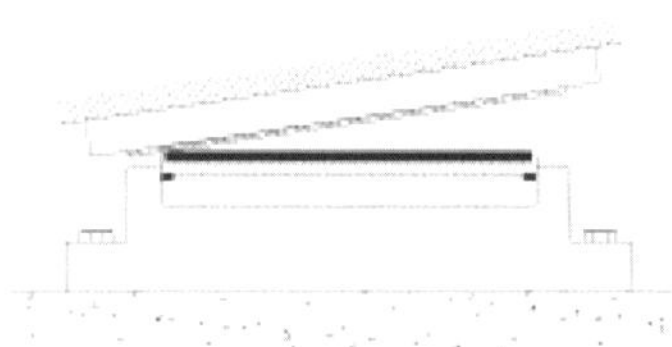

(d) 포트받침의 들림

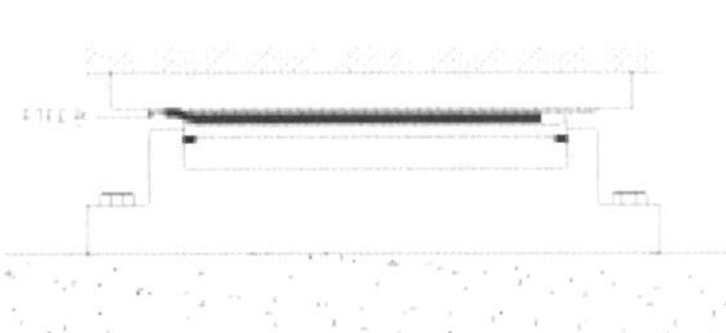

(e) PTFE판 밀림

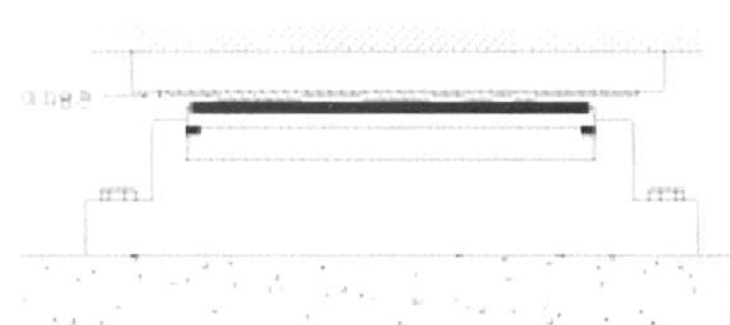

(f) 미끄럼판 손상

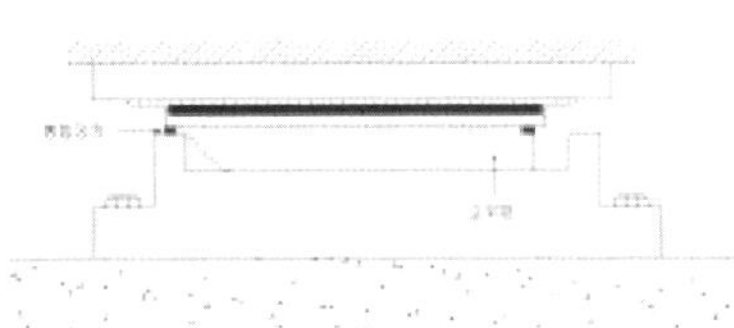

(g) 포트받침의 봉함장치 및 고무판 손상

(h) 이동제한장치 파손

그림 5.29 받침본체 손상(II)

2) 설치부

받침설치부는 하부구조, 상부구조 및 앵커볼트로 구분되며, 손상유형과 원인은 표 5.6과 그림 5.30에 나타냈다.

표 5.6 설치부의 손상과 원인

점검항목		손상원인	그 림
하부구조	균열	· 콘크리트 시공 및 품질관리 불량 · 동결/융해 및 중성화 등 환경적 요인 · 초과하중 및 지지조건 등 설계시 고려하지 못한 요인	5.30(a)
	깨짐		5.30(b)
	박리		5.30(c)
	공동	· 충진 모르타르 시공 및 품질관리 불량	5.30(g)
상부구조	변형/균열	· 받침 기능장애 및 받침하부의 침하	5.30(d)
앵커 볼트	파손	· 앵커볼트의 본수, 매입길이에 대한 검토 불충분 · 부반력을 받는 받침의 정착장치 미비 · 모르타르 충전불량	5.30(e)
	풀림	· 시공시 조임 불량 및 진동	5.30(f)

3) 기타

기타 손상은 설치 위치, 방향성, 연단거리, 유간거리, 여유이동량, 용접, 부식 및 기능장애로 구분하며, 각각의 손상유형과 원인을 표 5.7과 그림 5.31에 나타냈다.

표 5.7 기타 손상과 원인

점검항목		손상원인	그 림
설치위치 방향성	정상유무	· 시공불량	5.31(a)
연단거리 유간거리 이동량	부족	· 연단거리, 유간거리, 이동량에 대한 검토 불충분 · 시공 불량	5.31(b)
용접	부족, 파단, 균열	· 용접 불량 · 받침기능 장애에 따른 추가하중	5.31(c)
부식	발생 정도	· 도장계 선정의 잘못, 방청불량 및 방수, 배수장치의 손상에 의한 누수 및 침수 · 받침 설치부의 청소 불충분	5.31(d)
기능장애	발생 유무	· 퇴적물	5.31(e)

(a) 하부구조 균열

(b) 하부구조 깨짐

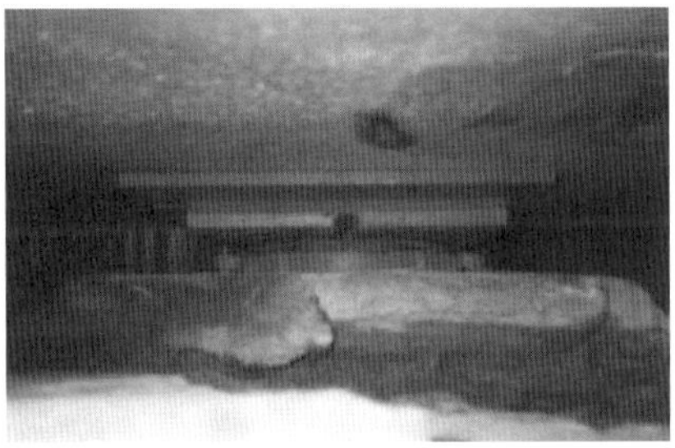

(c) 하부구조 박리

(d) 상부구조 변형 및 균열

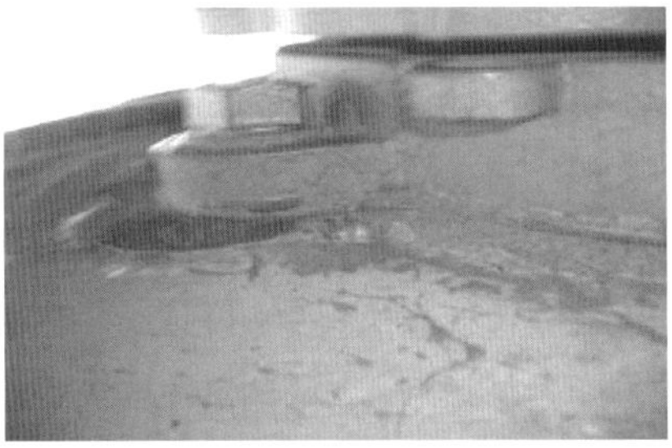

(e) 앵커볼트 파손

(f) 앵커볼트 풀림

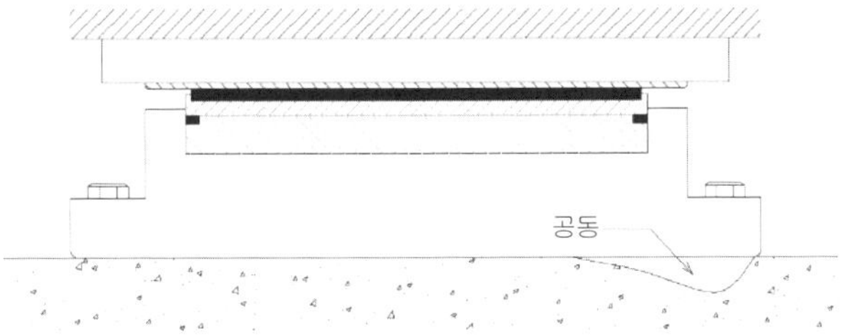

(g) 하부구조 공동

그림 5.30 설치부 손상

(a) 설치 위치 불량

(b) 여유이동량 부족

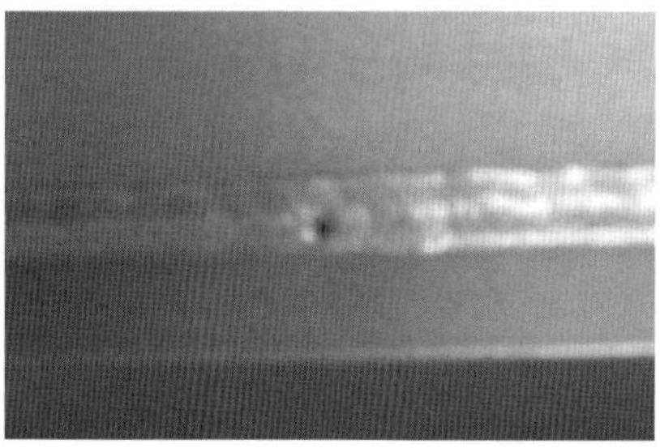

(c) 용접불량(pin hole)

(d) 부식

(e) 퇴적물에 의한 기능장애

그림 5.31 기타 손상

5.1.6 신축이음장치

교량의 신축이음장치는 온도변화, 건조수축, 활하중에 따른 상부구조의 신축을 원활하게 수용하고 상부구조 이음부에서 차량의 주행성을 확보하기 위한 중요한 부속시설이다. 신축이음장치는 교면에서 차량하중을 직접 받고 외부에 노출되어 있어서 변형 및 파손되기 쉽다. 신축이음장치의 점검에서는 재료의 열화, 방수재의 기능, 외부충격에 의한 파손 등을 중점적으로 점검해야 한다.

가. 손상유형 및 원인

신축이음장치의 손상은 손상 부위의 요철 또는 단차로 인하여 차량의 주행성에 영향을 주며, 차량 주행 시 교량의 바닥판 및 상부구조에 충격을 주어 구조부재의 손상을 가속화시킨다. 신축이음의 결함 또는 손상으로 인하여 발생하는 누수는 상부구조는 물론 하부구조의 부식을 발생시키는 주요 원인으로 작용한다. 신축이음의 유간이 정상보다 작은 경우에는 상부구조의 신축을 방해하여 구조부재의 추가 손상을 유발한다.

신축이음장치의 종류는 재료에 따라 맹형, 혼성형, 고무계, 강재 등으로 구분 가능하며, 종류에 따른 주요 손상유형은 다음과 같다.

표 5.8 신축이음의 종류에 따른 손상유형

종 류	손상유형
맹형	· 포장균열에 의한 신축이음 탈락 · 신축이음의 토사유입에 의한 방수재 손상 · 신축이음 주변의 포장 함몰
혼성형	· 우각부 콘크리트 균열 및 탈락 · 앵글의 변형 및 앵글과 커버 접속부 파손 · 앵커의 절단 및 실재 탈락
고무계	· 설계압축량 산정 오류 및 윤하중에 의한 고무 파손 · 접착재 불량에 의한 고무 탈락 · 신축이음 틈새가 벌어져 차량통과 시 소음발생
강재	· 앵커길이 부족 및 강도 부족에 의한 앵커 파손 · 앵커매립부 콘크리트의 파손 · 신축이음 설치 불량에 의한 차량소음 발생 · 토사 또는 이물질 유입에 의한 신축량 감소
공통	· 앵커볼트의 이완 · 볼트 홀 충전물의 박리 · 후타설재의 균열, 함몰 · 후타설재 전후의 요철 · 상판 단부의 파손 · 포장 덧씌우기로 인한 신축이음 기능 상실

신축이음장치의 결함, 열화, 손상의 주요 원인은 다음과 같다.

표 5.9 신축이음부의 손상원인

구 분	손상유형
종류와 형식	· 부적절한 신축이음 종류 및 형식 선정
설계	· 바닥판 단부의 강도 부족 · 신축이음장치 본체의 강도 부족 · 신축이음장치 앵커부의 강도 부족 · 후타설재의 선택 오류 · 신축량 산정의 오류
시공	· 바닥판 유간의 시공오차 · 신축이음장치 본체의 시공불량 · 신축이음장치 앵커부의 시공불량 · 후타설재의 시공 불량
유지관리	· 차륜하중 및 반복하중 증대 · 상판의 노후화에 의한 박리 · 신축장치 전후의 노면 요철 · 노면의 청소 불충분 · 화재, 지진 등의 이상사태 발생 · 포장 덧씌우기로 인한 신축이음 기능 상실

표 5.10 신축이음장치 파손유형 및 원인

결함내용		원 인
누수	· 강재 커버의 부식 초래 · 콘크리트 거더의 열화 촉진 · 신축이음장치 파손 · 받침장치 부식	· 고무재 및 실재의 파손, 탈락 · 배수 및 방수시설의 미설치 · 보도부, 난간부의 신축이음장치 시공 소홀
유간부족 및 폐쇄	· 교대 흉벽 변위 발생 · 상부구조 단부의 변형 및 파손 · 누수	· 상부구조의 제작, 가설시 오차발생 · 슬래브 단부와 교대 흉벽의 접속부 콘크리트 타설 시 거푸집 설치 및 해체방법 미숙
유간과다	· 단차발생 · 충격에 의한 접속콘크리트 파손	· 수평변위량 미고려로 인한 필요 이상의 유간 발생
신축이음 장치파손	· 실재, 후타재의 탈락 및 파손 · 본체 유동 및 탈락 · 후타재 균열 및 파손 · 슬래브 단부 파손	· 차량의 스파이크나 제설장비에 의한 손상 · 형식 및 제품 선정상의 오류 · 보강철근의 배근 및 후타재 시공 부적절 · 단부 슬래브 강성 부족
평탄성 불량	· 단차발생 · 접속부 아스콘 포장 침하 · 후타재 파손	· 시공시 신축이음 장치와 포장면의 평탄성 확보 미흡 · 접속부 아스콘 포장 변형 및 침하 · 후타재 타설 후 교통 조기 개방

나. 중점점검 부위

1) 고무계 신축이음장치

고무계 신축이음장치는 과거 소규모 교량에 적용했던 신축이음으로서 본체와 후타재가 별도로 없는 경우가 대부분이다. 고무재료는 교량의 공용년수가 증가하면서 재료의 노화가 발생하기 쉽고 노면에 노출되는 경우 쉽게 파손되는 단점이 있다. 고무계 신축이음장치의 점검에서는 재료의 노화, 파손, 누수 여부 등에 대한 점검을 하여야 한다.

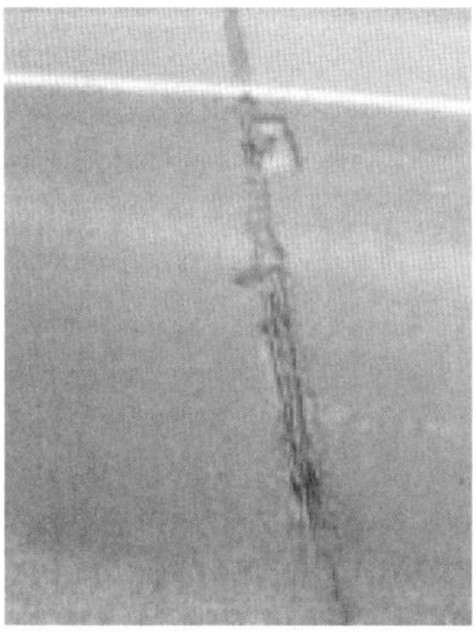

사진 5.18 고무재 파손 및 탈락

사진 5.19 포장에 의한 신축기능 불량

2) 강재 신축이음장치

강재 신축이음장치는 바닥판의 단부에 설치하며, 신축이음 본체를 후타재 또는 바닥판에 앵커를 직접 이용하여 고정한다. 강재 신축이음장치의 점검 시에는 본체의 파손, 작동상태, 유간 등을 점검한다. 또한 신축이음장치 내부에 유입된 이물질로 인하여 신축의 방해가 있는지, 방수재(실재) 파손으로 인하여 누수가 발생하는지 조사하여야 한다. 유간이 좁은 신축이음장치는 상부구조의 팽창에 의한 이동을 방해하여 상부구조에 손상을 발생시키는 원인이 될 수 있다.

강재 신축이음장치 점검은 차량통행 시 이상음이 발생하는지 조사하고, 이상음의 원인이 앵커 등 고정불량으로 인한 경우에는 조치를 취해야 한다.

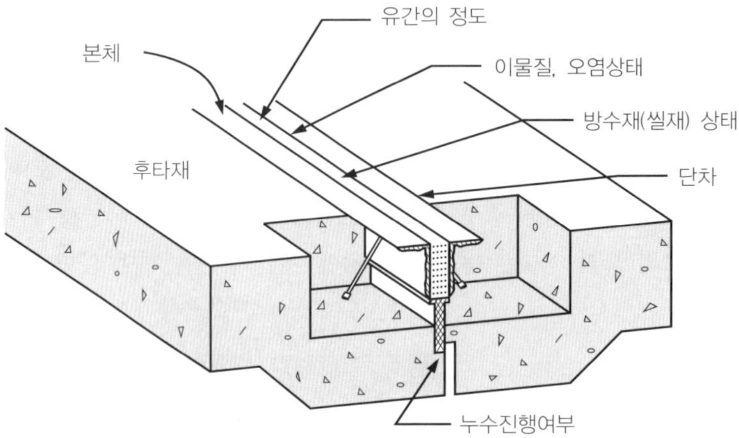

그림 5.32 신축이음 중점점검 부위

사진 5.20 신축장치의 단차

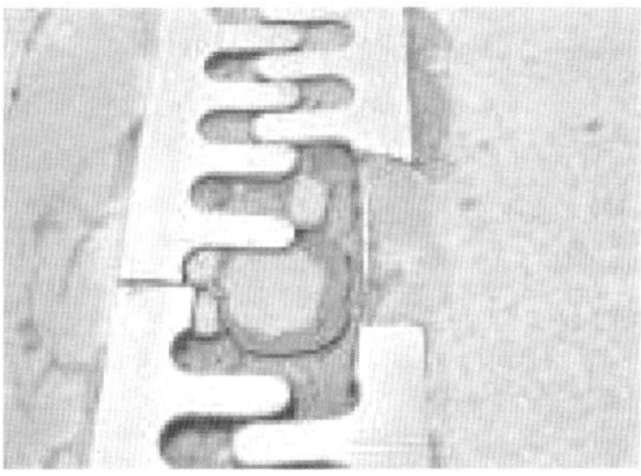

사진 5.21 신축장치 파손

사진 5.22 방수재 노화 및 탈락

사진 5.23 강재 신축이음장치 탈락

3) 후타재

신축이음의 후타재는 일반적으로 현장에 타설하는 콘크리트로 되어 있으며, 상부구조에 신축이음장치를 고정하는 역할을 한다. 후타재 점검 시에는 요철, 단차, 재료의 파손 등을 조사해야 한다. 파손 또는 요철이 있는 후타재는 차량 주행성을 감소시키고 반복적으로 작용하는 차량의 충격으로 인하여 신축이음장치의 파손은 물론 상부구조의 손상을 발생시키는 원인이 될 수 있다.

사진 5.24 후타재 파손에 의한 앵커노출

사진 5.25 후타재 보수단면 재손상

5.1.7 교면포장

교면포장은 교량 상부에서 차량의 주행성을 향상시키고, 차량통행으로 인한 교량 바닥판에 발생하는 손상 및 외기 접촉으로 인한 화학 작용으로부터 보호하는 역할을 수행한다. 교면포장은 차량의 바퀴가 직접 맞닿는 부분으로서 포장 자체의 손상뿐만 아니라 교면에 설치되는 신축이음, 배수구 등이 설치되는 곳에서의 손상도 함께 점검해야 한다.

교면포장의 손상유형으로는 포장면에 발생하는 균열(crack), 소성변형과 포장면에 파손되는 포트홀(pot hole), 단차(faulting) 등이 있다. 포장에 발생하는 균열은 교통의 반복하중에 의해 노면 성상에 변화가 생기고 결국에는 균열이 진행되어 파손에 이르게 된다. 그러므로 포장의 파손 현상과 그 원인을 이해하는 것은 중요하다.

교면포장의 손상원인은 시공적 요인과 재료적 요인으로 구분할 수 있다. 포장에서 주로 발생하는 균열은 미세균열, 선상균열, 거북등균열 등이 있다. 보다 구체적으로 미세균열은 아스팔트 혼합물의 품질이 불량하거나 아스팔트의 다짐온도가 부적절할 때 생기며, 주로 시공초기에 생기는 균열을 의미한다. 선상균열은 신·구 포장면의 이음부나 경계부에 주로 발생하고, 다짐이나 포설불량에 의해 생기는 균열을 의미한다. 거북등균열은 포장두께의 부족, 혼합물의 품질불량 및 배합 잘못 등의 요인에 의해 발생되고, 우수가 침투되거나 차량이 반복하여 통행하게 되면 포장면의 일부가 거북등 모양으로 균열이 발생하게 된다. 포장 균열 발생의 주요 원인으로는 아스팔트와 콘크리트의 품질불량(피로저항 포함), 시공불량, 포장 및 바닥판의 노화, 손상이 있다. 또한, 중차량에 의한 신축장치 후타재 부근 파손, 포장이음부로 체수에 의한 손상이 있고, 콘크리트 포장의 경우 건조수축에 의한 균열, 강바닥판의 경우 교량의 진동특성에 의한 국부적 응력집중 또는 얇은 상판의 변위 등에 의해 균열이 발생한다.

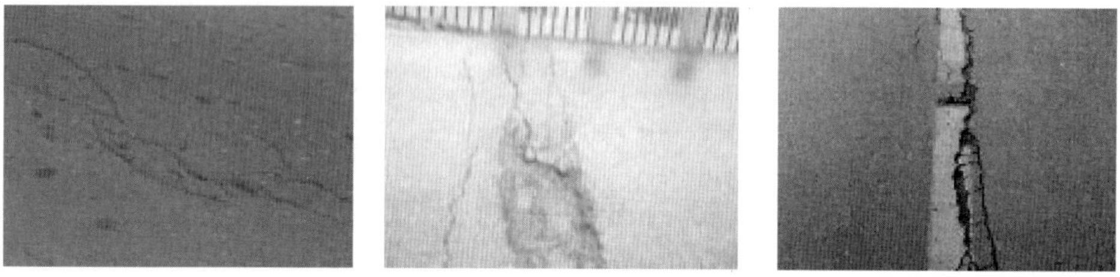

사진 5.26 교면포장 균열 형태

소성변형은 원칙적으로 차륜의 통과 빈도가 가장 많은 위치에 발생하는 요철(凹凸)형의 패임을 의미하는 것으로 중차량의 빈번한 통행, 아스팔트 및 콘크리트 배합불량 등에 의해 발생한다.

교면포장의 단차(faulting)는 차량의 주행성을 저해하는 주된 요인이며, 교대의 접속슬래브와 신축이음장치의 접속부분, 매설물 주변 등에 생기는 요철을 말한다. 자세히는 구조물과 성토부의 부등침하, 구조물 이음부 불량, 포장 혼합물 품질불량이나 다짐부족, 중차량 통행에 의한 함몰 등이 주요 원인이다.

포트홀(Pot hole)은 포장표면에 생기는 국부적인 패임을 의미하고, 포트홀 발생원인으로는 아스팔트 및 콘크리트의 배합불량, 중차량 통행에 의한 파손, 포장 균열 및 손상부에 체수 발생 후 아스팔트 패임, 패팅 보수부위 접착력 불량 등이 있다.

기타 포장 손상으로는 마모와 물고임 등이 있다. 마모는 주로 도로의 내리막 구간이나 곡선구간에서 반복되는 통행차량의 바퀴하중으로 인해 아스콘과 부착된 미끄럼 방지 포장의 부착력이 약화되어 떨어져 나가면서 발생한다. 물고임은 교면포장 포설시 배수구 불량, 배수구 위치 부적절, 배수구의 막힘 등의 원인으로 생긴다.

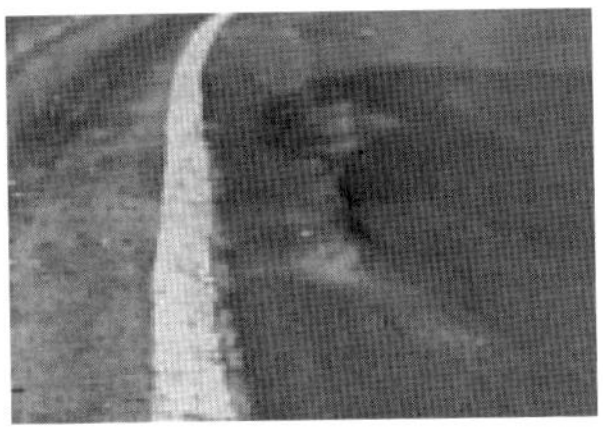

(a) 소성변형

(b) 단차

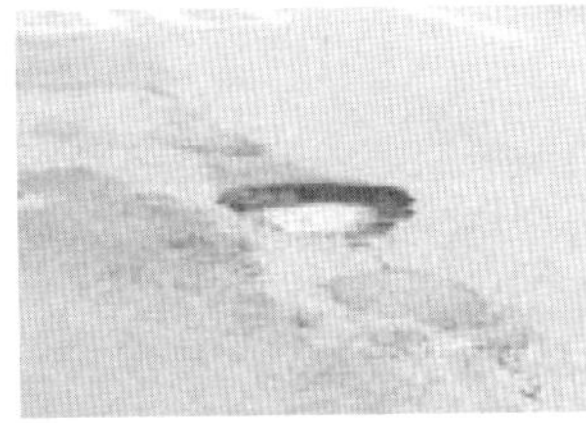

(c) 포트홀

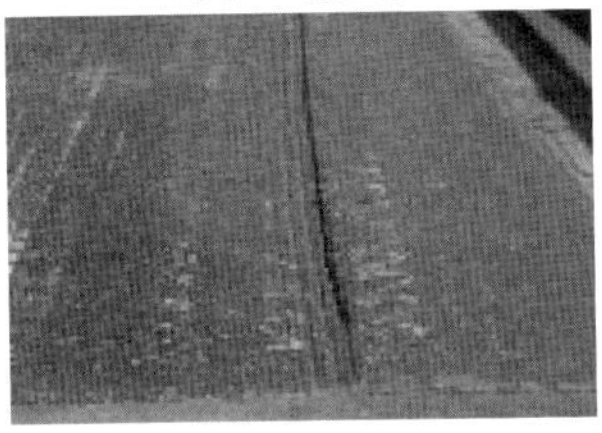

(d) 바퀴자국

(e) 마모

(f) 물고임

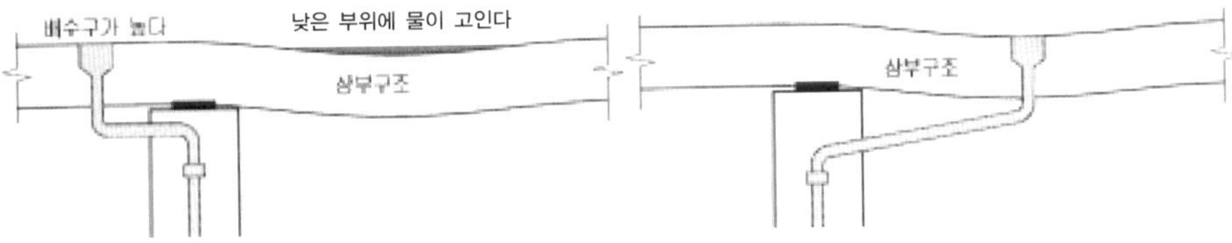

(f) 교면포장 물고임 및 보수방안

그림 5.33 교면포장 주요 손상

5.1.8 배수시설

배수시설은 교량의 노면으로 유입되는 빗물이나 세척수 등을 집수하여 교량하부에 설치된 집수정으로 배출시키기 위한 시설이다. 배수시설은 크게 배수구와 배수관으로 구분 가능하고, 배수구는 우수가 유입되는 배수구와 이물질을 걸러내기 위한 그레이팅과 같은 뚜껑으로 구성된다.

배수구와 배수관 및 배수시설의 주요 손상은 다음과 같다. 배수구에서는 빗물이나 세척수가 유입되는 배수구의 설치위치 불량, 배수구 설치간격 넓음, 오물 퇴적 및 막힘, 배수구의 설치높이가 높음, 뚜껑 파손 및 주변 파손, 누락 등에 의해 교량 포장면에 물이 고이는 현상을 유발하기도 하는데, 이로 인해 배수구에 손상이 발생한다. 배수관은 배수구와 연결하여 교량 하부에 설치하는 관으로서 배수관의 연결부 어긋남, 파손, 막힘, 유출구 위치 부적절 등의 손상이 주로 발생한다. 배수관 막힘의 경우 배수관 직경 부족, 배수관의 경사가 완만하여 부적절한 경우와 배수관의 골곡부의 굴곡이 과도하게 큰 경우 등 배수 단면 부족에 의한 이물질 퇴적 및 배수관 내부 오물 퇴적 등에 의해 발생한다. 배수관 파손은 배수관의 부식 및 파손, 연결부 상태불량, 배수관 고정 장치의 탈락 등에 의해 주로 발생한다.

사진 5.27 배수구 및 배수관 형태

배수구의 상부를 덮어 이물질의 유입을 막는 뚜껑으로 사용되는 그레이팅의 파손은 주행차량의 하중에 의한 그레이팅 허용응력을 초과하거나 부식에 의해 손상이 발생하고, 그레이팅 내구 연한이 초과되어 기능이 상실되는 경우도 있다. 또한 통행차량이나 보행자의 오물 투기 및 청소 불량으로 인해 그레이팅 상부에 오물이 퇴적되기도 한다.

(a) 그레이팅 파손　(b) 오물퇴적　(c) 막힘

(d) 배수관 파손　(e) 배수관 길이 부족　(f) 유출구 위치 부적절

사진 5.28 배수구 및 배수관 손상 유형

5.2 건축구조물

5.2.1 개요

일반적으로 건축물의 수명이 반영구적이라 생각하여 그 관리를 소홀히 함으로써 수명을 다하지 못하고 건축물로서의 그 기능을 상실하는 경우가 많다. 건축물도 인간의 수명과 같이 그 사용재료에 따라 내구연한을 갖고 건설된다. 마치 인간이 수명이 다할 때까지 정기적인 진료 등을 통하여 질병을 사전에 발견하고 적절한 치료를 받음으로써 수명연한 동안 건강하게 살아가는 것과 같이 건축물도 안전점검, 안전진단 등을 통하여 건축물의 내구성, 방수성, 안전성, 기밀성, 미관 등에 결함이 있는 경우에는 보수(repair : 기능을 회복시킴을 목적으로 하는 행위)하고, 내력(internal force : 구조물, 부재, 접합부 등이 외력에 견딜 수 있는 힘)의 손상으로 구조물의 안전성에 문제가 있을 경우에는 보강(rehabilitation : 내력을 회복시킬 목적으로 하는 행위)하여 건축물의 내구연한 동안 그 기능을 안전하게 수행하도록 하여야 한다. 더욱이 보수·보강은 고도의 기술을 갖춘 전문가의 진단을 통해 건축물에 내재되어 있는 위험, 결함요소를 보다 정확히 찾아내어 적절한 보수·보강설계를 하고, 이에 따라 전문적이고 성실한 보수·보강시공 전문기술자에 맡겨 시공함으로써 그 효력을 배가시킬 수 있으므로 전문가의 선택은 보수·보강효력의 승패를 좌우하는 중요한 요소라 할 수 있다.

한편 건축물의 내구연한 판정기준은 확실하지 않지만 내력에 의한 경우에 철근 또는 철골철근콘크리트조로서 건축용도에 따라 40~65년 정도로 보고 있다. 이에 대하여 건축설비(전기설비, 배수·위생설비, 가스설비 등)는 대략 15년을 내용연수로 보고 있다. 국내 건축물 설비의 대부분이 매립형으로 설계·시공되어 있어 설비의 내용연수가 지나면 교체가 어렵고, 비용도 많이 소요되므로 15~20년이 지난 건축물은 철거하여 재건축하는 경우가 많다. 따라서 국가적 자원낭비 및 환경오염, 경제적 손실 등을 고려하여 설계 당시 건축설비의 교체와 리모델링이 쉽도록 설계하고, 이에 대한 국민적 의식도 함께 하고 있는 추세이다. 그리고 철골조의 경우에는 천재지변, 용도변경, 주위환경 및 기후 등에 의하여 성능저하 및 내력저하 현상이 발생하는데, 건물 전체 혹은 부재의 변형, 접합부의 느슨해짐, 어긋남, 강도저하, 좌굴현상, 균열발생 등 형상이 변화하는 거시적인 현상과 철골부재의 표면도장의 열화나 녹발생이라는 재질변화의 현상이 있다. 이와 같이 철골조는 콘크리트구조에 비하여 강재가 주요 구조재이므로 그 상태조사나 진단이 복잡하지 않고 일반적인 보수·보강 방법도 건축표준시방서에 언급되어 있다. 또한 비교적 단순한 편이므로 이 장에서는 콘크리트 건축물을 대상으로 서술하고자 한다.

5.2.2 건축물의 노후화 및 열화현상

노후화란 시간이 흐르면서 인위적이나 자연적 원인으로 인하여 건축물 전체 또는 일부의 성능이나 기능이 저하되는 것을 말하며, 열화는 시간의 경과에 관계없이 물리적, 화학적 및 생물적 요인으로 인하여 성능이 저하되는 것을 의미한다.

가. 구조체의 열화

철근콘크리트조 건축물에서는 다양한 원인에 의한 균열이 발생할 수 있다. 원인에 따라 분류하자면 재료의 성질로 인한 균열, 시공부실로 인한 균열, 사용 및 환경조건으로 인한 균열, 구조적인 결함과 부동침하 및 진동 등과 같이 외력에 의한 균열이 있다.

표 5.11 구조내력상 지장이 없는 벽체와 개구부의 건조수축 균열

균열 유형	개구부 주변 경사균열	개구부 수직균열	역팔자 모양의 균열	수직방향의 균열
원인	기둥과 보에 의하여 주변이 둘러싸인 벽에 개구부가 있으면 모서리에서 경사균열이 발생하기 쉽다.	출입구와 같은 개구부 상부에는 수직방향의 균열이 일어나기 쉽다. 모르타르가 두꺼운 경우에도 발생한다.	큰 벽에는 기초가 고정되어 있어서 상부구조가 수축하기 때문에 끝부분에 온도팽창에 의하여 경사균열이 일어나기 쉽다.	큰 벽에서는 건조수축작용으로 수직방향으로 인장균열이 생긴다.

표 5.12 구조내력상 지장이 있는 벽체와 개구부의 건조수축 균열

균열 유형	불규칙한 경사균열	건축물 모서리 역팔자 균열	철근노출을 동반한 균열	거북등 모양의 미세균열
원인	현장에서 콘크리트 타설 시 시간간격이 있는 경우 이어치기 부분에 발생한 cold joint에 의한 균열	큰 벽에서는 부등침하에 의해 역팔자형태의 균열이 발생 가능	철근 소요피복두께가 작은 경우 철근부식에 의한 균열은 철근의 노출을 동반하는 경우가 많음	재료의 배합 불량, 불순물이 많은 골재, 긴 운반시간, 장시간의 반죽 등의 경우에 발생함

표 5.13 기둥의 균열

균열 유형	띠철근 방향과 평행한 균열	상하로 편중된 균열	기둥과 평행방향의 균열	거북등 형태의 균열
	철근부식 균열	철근부식 균열	철근부식 균열	재료 배합 불량
원인	철근의 피복두께 부족이 원인으로 띠철근을 따라 균열과 박리가 발생	철근이 상하의 한쪽으로 몰려서 피복두께가 부족하여 균열과 박리가 발생	콘크리트 중에 염화물을 다량 함유하여 주근에 따라 균열이 발생	불순물이 많은 골재, 긴 운반시간과 장시간의 반죽으로 인한 균열
손상 정도	정밀진단 필요	정밀진단 필요	철근의 보강	균열의 범위조사

균열 유형	불규칙한 모양의 균열	기둥 각부 가로방향의 균열	이어치기 부분의 균열	X-형태의 균열
	모르타르 박리형 균열	건조수축형 균열	콜드조인트 균열	지진에 의한 전단균열
원인	모르타르가 두꺼운 경우에 모르타르 마감이 구조체로부터 떨어지고 불규칙한 모양의 균열이 발생	기둥의 각부에 가로방향 균열이 발생	시공을 불연속적으로 진행할 경우, 앞서 타설한 콘크리트가 먼저 굳어서 나중 타설한 콘크리트 사이에 균열을 일으킴	철근량 부족, 콘크리트 강도 부족 또는 주로 지진력 등에 따라 설계값 이상의 외력이 작용하여 생김
손상 정도	구조내력상 지장 없음	구조내력상 약간의 문제	보수 및 보강 필요	구조내력상 중대한 결함

표 5.14 보의 균열

균열 유형	전단 및 휨균열	철근 노출 균열	중앙부 팔자형 균열	거북등 형태의 균열
	보의 끝부분은 전단균열, 보의 중앙은 밑에서 위로 향하는 휨균열	보의 스터럽근이나 하부 철근이 노출되고 녹이 유출됨	모르타르의 피복이 구조체로부터 들뜨게 됨	거북등 모양의 미세균열이 표면에 발생(회반죽피복의 경우)
원인	지진 및 적재하중에 의한 하중과다가 원인이며 이 밖에도, 콘크리트 강도 부족이나 철근량 부족	경과년수가 오래된 건축물에서 나타나고, 철근이 부식되었을 때도 발생	피복모르타르가 들뜬 상태로서 모르타르가 특히 두껍게 피복되었을 때 발생하기 쉬움	시공 직후의 양생 불량이나 바람에 지나치게 많이 노출될 때 주로 피복부의 건조수축에 의해 발생
조치	정밀진단 필요	보강 필요	구조내력상 지장은 없음	구조내력상 지장 없으나 안전조치 필요

표 5.15 슬래브의 균열

균열 유형	주변부의 균열(상부)	중앙부의 균열(하부)	모서리부의 경사균열 균열이 상하로 관통함	너비방향의 평행한 균열 균열이 상하로 관통함
원인	설계 이상의 적재하중에 의한 응력 과대로 항복균열 -철근량 부족 -철근의 배근불량 -콘크리트 강도 불충분	설계값 이상의 적재하중 -철근량 부족 -철근의 배근 불량 -콘크리트 강도 불충분	슬래브 주변이 구조체로 고정되어 있을 때 축팽창에 의함	건조수축에 의함 -물시멘트비가 큰 부배합인 콘크리트에서 많음 -두께가 얇은 슬래브에서 비교적 크게 나타남
손상도	정밀진단을 요함	정밀진단을 요함	보수 필요	신속한 보수 요함

표 5.16 건축물의 균열

균열 유형	역팔자형의 균열	침하방향 경사균열	기둥, 벽, 보에서 불규칙한 경사균열	건축물 전체의 벽에서 경사균열이나 X형의 균열이 발생
원인	-부등침하 -양쪽 부위의 침하에 의한 균열	-부등침하 -건축물 단부의 지반침하 -종류가 다른 기초를 잘못 사용한 경우	-부등침하 -종류가 다른 기초를 잘못 사용한 경우	-지진의 횡력에 의한 균열이 발생했을 때
손상도	정밀진단을 요함	정밀진단을 요함	정밀진단을 요함	정밀진단을 요함

나. 비구조체의 결함발생

비구조체란 건축법상 주요 구조부에 해당되지 않는 칸막이벽과 창호틀 같이 외부의 하중을 직접 전달하지 않는 부분을 말한다. 따라서 이 부분의 결함이 갖는 의미는 구조적으로 직접적인 위험부담은 없더라도 결함 부위를 통한 2차적인 내부마감재의 손상과 단열성능이 저하되고 더욱 심각한 경우에는 구조 부위로 침투하여 내력을 저하시킬 가능성이 있기 때문에 무시해서는 안 된다.

누수 및 결로현상의 경우에 누수의 원인은 구조체에 결함이 있는 경우 실링재와 방수재료의 열화, 개구부 주변의 틈새와 균열, 파라펫 방수층 부분의 균열, 차양과 벽면의 접합부 마무리 등 여러 가지 원인이 있지만 설계와 시공상의 부주의도 문제가 크다.

일반적으로 옥상부분에서의 누수는 파라펫 주변의 균열이나 틈새와 옥상 평면부분의 방수층 파괴와 부실이 원인이 되어 발생한다. 특히 지붕 및 옥상의 형태나 구성이 단순한 부위는 하자가 적게 나타나지만 설계 및 시공 단계에서 조형적인 측면을 강조한 부분과 옥상의 치올린 부분에서 많은 누수가 발생한다. 외벽에서의 누수는 균열, 콘크리트의 이어치기 부분, 재료분리현상, 창문틀 주위의 틈새 등이 원인이다.

결로는 실내 대기중의 수증기가 온도 차이가 심한 벽면이나 창유리 등에 접촉되었을 때 물방울이 맺히는 현상이다. 결로는 벽면이나 천장 자체의 오염 외에도 외기에 접한 부분의 벽면결로가 내부에 피해를 줄 수 있다. 결로의 피해 중 가장 큰 것은 결로면에 발생한 습기가 원인이 되어 곰팡이가 증식되는 것이다. 욕실타일 줄눈의 곰팡이는 욕실의 환경여건에서 쉽게 발생되는데, 목욕 중에 발생하는 수증기가 비교적 낮은 온도의 타일면에 부착하여 결로되고, 환기가 제대로 되지 않으면 곰팡이가 증식하게 된다. 실내에 증식된 곰팡이는 사람의 활동이나 청소를 통해 확산되어 공기오염을 일으킴으로써 천식이나 비염 등 질병을 일으키기도 한다.

백화는 콘크리트나 모르타르 도장 부위의 석재 및 콘크리트 표면에 생기는 하얀 결정체로서 주로 도막 부위의 균열 틈새에서 표면으로 나타난다. 백화가 생기는 이유로는 시멘트가 굳는 과정에서 수산화칼슘이 습한 공기나 물과 접촉하여 생긴 수분에 용해되지 않은 탄산칼슘이 스며나오기 때문이며, 시멘트가 굳은 후 내부에 발생한 백화성분이 빗물이 스며들었다가 건조되는 과정에서 나오기도 하는데 건조와 습윤상태가 반복하면서 발생된다.

들뜸과 박리는 부분적으로 부착력을 잃고 바탕에서 들떠있는 현상을 말한다. 서로 다른 재료가 맞닿은 면이나 동질의 재료라 하더라도 시공시간 차이에 의해 건조수축 및 온도변화에 의한 재료의 균열이 발생하고, 그 부위에 빗물이 침투되거나 동결융해가 반복되면서 취약 부분에 들뜸이 발생한다. 또한 철재의 부식은 방치하면 구멍이 뚫리는 등 중대한 결함으로 진행되며 자외선, 열, 산성비나 염분 때문에 도막표면이 약화된다. 철재계단 등에서 부식이 발생하기 쉬운 장소는 물이 고이기 쉬운 부위, 용접부위, 모서리 부분 등 도막의 두께가 얇은 부위와 염분에 노출되기 쉬운 부위이다.

다. 구조안전상 위해 행위

1) 구조변경을 할 경우

증축은 현행 건축법에 의하면 '건축'행위의 부류에 속하는 것으로서, 기존 건축물이 있는 대지 안에서 건축물의 건축면적 및 연면적 또는 높이를 증가시키는 것을 말한다. 구체적으로는 기존 건축물의 수직방향 혹은 수평방향으로 건축면적이나 연면적 또는 높이 증가는 물론 기존 건축물이 있는 동일 대지 안에 별개의 동으로 건축물을 축조하거나 일정 규모가 넘는 공작물을 축조하는 것도 증축에 속하기 때문에 관할관청에 증축신고를 해야 한다. 이는 건축물의 규모가 커짐에 따라 증가한 건폐율, 용적률과 높이가 건축법상의 규정에 부합하는지를 검토하기 위한 것이지만 한편으로는 증축에 따른 방화와 피난 또는 구조상의 지장 여부를 사전에 검토함으로써 증축으로 인해 야기될 수 있는 안전사고를 방지하는 것도 목적이 될 수 있다.

건축물을 설계할 때는 구조설계를 통하여 건축물의 사용기간 중에 받을 수 있는 모든 외력 또는 하중에 대하여 충분히 저항할 수 있도록 설계하중을 설정하게 된다. 그러나 추가하중(적재하중, 고정하중, 이동하중 등)이 설계하중을 훨씬 상회하는 무단 증축을 하게 되는 경우에는 구조부재와 지반과 같은 하부구조를 취약하게 만들어서 건축물의 붕괴로 이어질 수 있다.

건축물에 대한 개조행위는 주로 공간의 확장을 위한 벽체의 이동이나 철거 또는 새로이 벽체를 설치하는 경향을 보이고 있다. 이 과정에서 벽체에 연결된 기둥이나 보, 슬래브 등 건축법상의 주요 구조부를 훼손하는 경우가 있는데, 이는 구조안전상 큰 문제가 될 수 있다.

개조와 관련지어 생각할 수 있는 행위로서 '대수선'이 있다. 대수선은 건축물의 주요 구조부에 대한 수선 또는 변경과 건축물의 외부형태 변경으로서 대통령령에서 정하는 것을 말하는데, 건축법 시행령에서 정의한 대수선은 근본적으로 '해체하여 수선하거나 변경하는 행위'로 볼 수 있다. 이를 구체적으로 살펴보면 표 5.17과 같다.

표 5.17 대수선 행위

<table>
<tr><td>내력벽</td><td>벽면적 30m² 이상</td><td rowspan="6">해체하여 수선 또는 변경하는 것</td></tr>
<tr><td>기둥</td><td>3개 이상</td></tr>
<tr><td>보</td><td>3개 이상</td></tr>
<tr><td>지붕틀</td><td>3개 이상</td></tr>
<tr><td colspan="2">방화벽 또는 방화구획을 위한 바닥 및 벽</td></tr>
<tr><td colspan="2">주계단 · 피난계단 또는 특별피난계단</td></tr>
<tr><td colspan="3">미관지구 안에서 건축물의 외부형태(담장을 포함한다)를 변경하는 것</td></tr>
</table>

이와 같이 대수선을 신고대상으로 규제함은 준공 후 임의로 수선 또는 변경하는 것을 막고, 수선 또는 변경을 하더라도 구조상 안전의 위해, 외부형태의 적법 여부를 사전에 검토하고 준공 후에도 건축물의 상태를 적법하게 관리할 수 있도록 한 것으로 볼 수 있다. 여기에서 수선이란 낡은 것을 고친다는 뜻이며 대수선은 형태상의 변화 또는 구조의 안전상 위험할 정도의 수선으로 증축 또는 개축에 해당하지 않는 것을 말한다.

표 5.18 수선·대수선 및 개축의 예

구분	내력벽	기둥	보	지붕틀	행위판별	비 고
Ⅰ	$25m^2$	–	2개	–	수선	2개소 이하로 대수선에 해당하지 않을 때
Ⅱ	$30m^2$	3개	–	–	대수선	한 곳이라도 대수선에 해당
Ⅲ	$25m^2$	2개	2개	2개	개축	3개소 이상이므로 개축에 해당

2) 과하중의 물체를 설치하거나 이동시킬 경우

구조계산서에 반영되지 않은 대형 냉각탑과 같은 중량물을 슬래브에 직접 설치함으로써 초과 적재하중을 발생시키거나 대형 중량물을 이동 또는 설치할 때 바닥판에 구조적인 손상을 가할 수 있다. 예를 들면, 아파트의 거실바닥을 대리석으로 교체하거나 발코니와 거실의 창틀을 제거하고 발코니 새시 전면에 대형 페어글라스를 하거나 또는 방과 접한 전후면 발코니쪽 창틀을 철거한 후 모르타르를 충진하여 바닥을 높인 경우, 방과 방 사이의 벽을 철거하여 큰방으로 개조하는 경우에 전체적으로 구조적인 문제들을 확인해야 한다.

3) 지반굴착을 하는 경우

건축물의 인접지역에서 신축공사를 위하여 말뚝을 항타하는 경우에는 구조물에 토압을 가중시킬 뿐만 아니라 항타진동에 의하여 구조체에 손상을 입힐 수 있으며, 건축물의 인접지반을 굴착하는 경우에는 토사유출에 의한 건축물이 기울거나 지하수위가 내려가 건축물이 침하될 수 있다. 또한 건축물 측면에 성토를 높게 하는 경우에도 토압이 작용하여 구조물에 영향을 줄 수 있으며, 기초지반을 굴착하는 경우에는 기존 구조물의 하중을 지지하는 기초를 손상시키게 되어 구조물이 침하되거나 누수를 동반한 균열을 발생시켜서 구조안전에 치명적인 손상을 줄 수 있다. 말뚝기초가 설치되어 있는 기초지반을 추가로 굴착하는 경우에 말뚝의 지지력이 저하되어 건축물이 침하될 수도 있다.

5.2.3 콘크리트구조물의 주요 균열

일반적으로 균열 발생의 원인은 설계나 시공 시에 시방서 규정을 준수하지 않거나 신재료 및 신기술을 적용하면서 설계나 시공 경험이 부족한 경우 또는 충격이나 폭발의 발생 또는 기타 예기치 못한 설계값을 초과하는 추가하중이 적재되는 경우 등이다. 이 중 현장에서 자주 나타나는 원인으로는 시멘트와 같은 재료의 함량 부족, 굳지 않은 콘크리트의 급속한 표면 건조, 다짐 부족으로 인한 재료분리 및 철근 하부의 침하, 이음부의 결함과 같은 것이 있다. 표 5.19는 균열 발생의 원인을 재료, 시공, 사용환경 및 구조와 외력의 조건으로 나누어 분류하였다.

표 5.19 균열 발생원인

<table>
<tr><th>대분류</th><th>중분류</th><th>소분류</th><th>원 인</th></tr>
<tr><td rowspan="3">재료</td><td rowspan="2">사용재료</td><td>시멘트</td><td>시멘트 이상응결, 시멘트 수화열, 시멘트 이상팽창</td></tr>
<tr><td>골재</td><td>골재에 함유되어 있는 불순물, 저품질의 골재, 반응성 골재</td></tr>
<tr><td colspan="2">콘크리트</td><td>콘크리트 안의 염화물, 콘크리트의 침하 및 블리딩, 콘크리트의 건조수축</td></tr>
</table>

표 5.19 균열 발생원인(계속)

대분류	중분류	소분류	원 인
시공	콘크리트	비비기	혼화재료의 불균일한 분산, 장시간 비비기
		운반	펌프압송 시 배합의 변경, 물 추가
		다짐	부적당한 다져넣기 순서, 급속한 다져넣기, 불충분한 다짐
		양생	경화 전 진동과 재하, 초기 양생중의 급격한 건조, 초기동해
		이어치기	부적당한 이어치기의 처리
	철근	배근	배근의 흐트러짐, 피복 두께 부족
		거푸집	거푸집의 부풀음, 누수, 거푸집의 조기 제거
		지보공	지보공의 침하
사용환경	물리적	온도 · 습도	온도 · 습도의 변화, 부재 양면의 온도 · 습도 차이, 동결융해의 반복, 화재에 의한 가열
	화학적	화학작용	산 및 염류의 화학작용, 중성화에 의한 내부철근의 녹, 침입염화물에 의한 내부철근의 녹
구조외력	하중	영구하중 장기하중	설계하중을 초과한 영구하중 및 장기하중
		동적하중 단기하중	설계하중을 초과하는 동적 하중 및 단기하중
	구조설계		단면 및 철근량 부족
	지지조건		구조물의 부등침하, 동결

최근 시공중이거나 사용중인 시설물에서 열화현상이 발생하여 안전성, 내구성, 미관 등에 큰 영향을 주어 사회적인 문제로 대두되고 있으며, 이는 시설물의 설계, 시공, 유지관리 일련의 과정에서 열화에 대비한 제반 기술이 확보되지 않았기 때문인 것으로 보고 된다. 시설물의 효과적인 유지관리를 위하여 시설물에 발생되는 주요 열화현상과 열화원인 및 이에 따른 대책 마련을 설계측면, 시공측면, 유지관리측면에서 설명하였다.

가. 사용하중 초과에 의한 균열

1) 지하주차장 바닥균열

- 차량주행 통로 부위의 진동하중 고려 미흡
- 초과하중 차량 진입
- 시공 시 시공장비 하중 고려 미흡

2) 창고 및 주방 등 바닥균열

창고 및 주방 등의 바닥균열은 설계하중을 초과한 과적이 주요 원인이다.

3) 기계실 바닥 균열

- 기계실 방진설비 미비에 의한 진동하중 발생
- 장비 교체 시 하중 초과

4) 지붕층 슬래브 균열

지붕층 슬래브에 발생한 균열은 방수 보수공사 시 기존 방수 보호모르타르 또는 보호콘크리트를 제거하지 않고 추가시공으로 하중 초과 때문인 경우가 많다.

5) 대책

① 설계측면

- 진동발생 예상 부위의 진동하중 고려
- 방진설비계획
- 지하 1층 주차장의 지붕슬래브 설계 시 시공장비 하중 고려

② 시공측면

- 방진시공 철저
- 거푸집 존치기간 확보로 초기 처짐 예방
- 시공하중 관리 철저

③ 유지관리측면

- 보수·보강 시 경량화공법 및 자재 선정
- 용도변경 시 사용하중 검토

나. 일반균열

1) 장변방향 슬래브 중앙 부위 균열

- 거푸집 동바리 존치기간 미준수로 초기처짐에 의한 사용중 균열 발생
- 지붕의 경우 온도응력에 의한 균열 발생

2) 전기배선용 배관 부위 균열

- 배관의 위치가 하부철근 아래에 위치하였거나 슬래브 두께에 비하여 배관이 굵은 경우 발생
- 배관자재가 집중되어 배치

3) 캔틸레버형 부재균열

- 캔틸레버 상부 철근 침하·전단보강 철근 부족
- 거푸집 동바리 존치기간 미준수

4) 헌치보 헌치 부위 균열

- 철근배근 방법 미흡
- 전단보강 철근 부족
- 헌치길이 부족

5) 전단균열

- 구조계산 시 하중 산정 미흡
- 구조계산 시 가정 조건 부적정

6) 노출구조물 표면 균열

- 보양 미흡에 의한 건조수축 균열
- 철근의 피복두께 부족에 의한 철근부식 균열

7) 대책

① 설계측면
  - 온도철근 배근
  - 배관 위치 및 관경 판단
  - 전단 보강 철근 검토
  - 헌치보 등 특수 부위 구조해석 철저

② 시공측면
  - 거푸집 존치기간 준수
  - 콘크리트 보양 철저

- 피복두께에 맞는 스페이서 사용

③ 유지관리측면

- 초기균열 발견 시 철저한 보수
- 균열 부위로의 우수 침투 방지

사진 5.29 접합부 균열

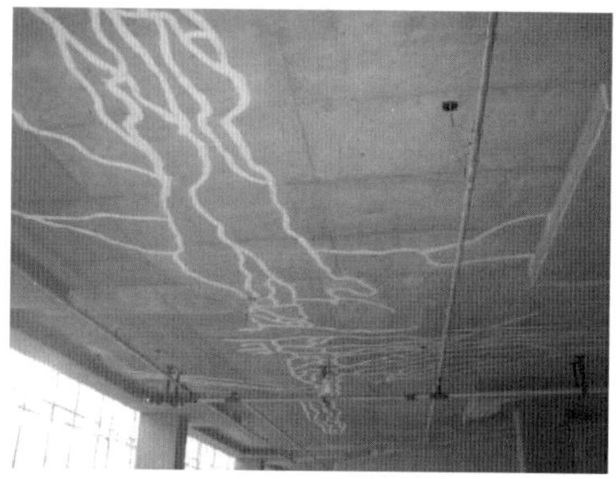

사진 5.30 슬래브 균열

다. 누수

1) 지붕층 누수

- 방수재 끝마무리 부실
- 시트방수 시 시공 불량으로 자재 파손
- 보호재 하중 초과로 균열 누수

2) 화장실 및 주방 누수

- 배관 주변 방수 불량
- 주방 배관 주변 수축·팽창에 의한 균열 누수

3) 커튼월 부위 누수

- 실란트 시공 불량에 의한 탈락
- 실란트 재질 불량에 의한 응집 파괴

4) 건식 외벽돌 붙임 부위 누수

- 실란트 시공 불량

• 앵커철물의 강도 부족으로 처짐에 의한 파손 부위로 우수 유입

5) 대책

① 설계측면

- 부위별 특성에 맞는 방수공법과 재질 선정
- 시트재의 물성에 맞는 시트 접착제 선정

② 시공측면

- 모재에 맞는 실란트 선정
- 시트방수 시공 시 시공 부위 보호 철저
- 시트시공 후 자외선 노출시간 단축
- 실란트 시공지침 준수(백업재 선정 철저)
- 실란트 시공 적정 두께 확보
- 앵커철물 강도 확인 후 시공

③ 유지관리측면

- 실란트 보수공사 시 기존 실란트 완전 제거 후 보수공사

사진 5.31 슬래브에서의 누수

사진 5.32 보에서의 누수

5.2.4 주요결함 위치

콘크리트 건축물의 주요부에 나타나는 균열 형태와 위치 및 원인을 알아보면 다음과 같다.

가. 슬래브(slab)

1) 슬래브의 휨균열

슬래브 휨균열의 특징은 그림 5.34와 같으며 슬래브 상부에는 보의 주변 내측에, 경우에 따라서는 보폭 단부의 고정단을 따라 균열이 발생한다. 슬래브 하부에는 슬래브 중앙부에 배근방향과 직각방향으로 균열이 발생한다. 슬래브 휨균열의 발생원인은 슬래브의 휨변형에 의한 것으로 콘크리트 강도 부족 또는 철근량 부족, 배근 위치 불량, 슬래브에 설계 이상 하중적재에 의한 과대하중, 진동, 부재강성 부족, 동바리(support) 침하 및 변형, 동바리의 조기제거, 양생중에 과하중 등 시공불량과 구조적 원인에 의해 발생한다.

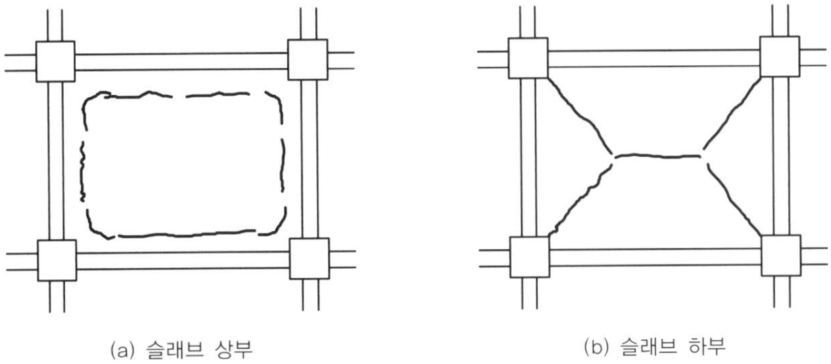

그림 5.34 슬래브의 균열

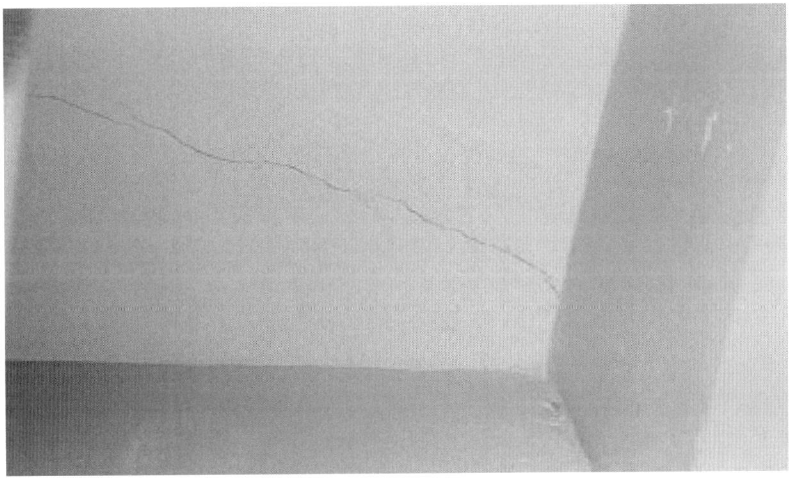

사진 5.33 슬래브 하부의 모서리 균열

2) 건조수축에 따른 균열(일반적인 평면형의 경우)

이 균열의 특징은 그림 5.35와 같으며 주변의 변형구속이 원인이 되어 모서리 쪽으로 비스듬히 균열이 발생한다. 건물의 평면형이 경간으로 긴 경우 중앙 슬래브에 장변방향과 직각으로 균열이 발생하는 경우가 있고, 중앙부의 균열은 보에 접근할수록 작아진다. 또한 이 균열은 슬래브 상하부를 관통하는 경우가 많다. 발생원인은 콘크리트 건조수축에 의한 균열로 변형 구속이 큰 개소와 물-시멘트비가 큰 콘크리트에 많이 발생하고 두께가 얇은 슬래브에 비교적 큰 균열이 나타난다.

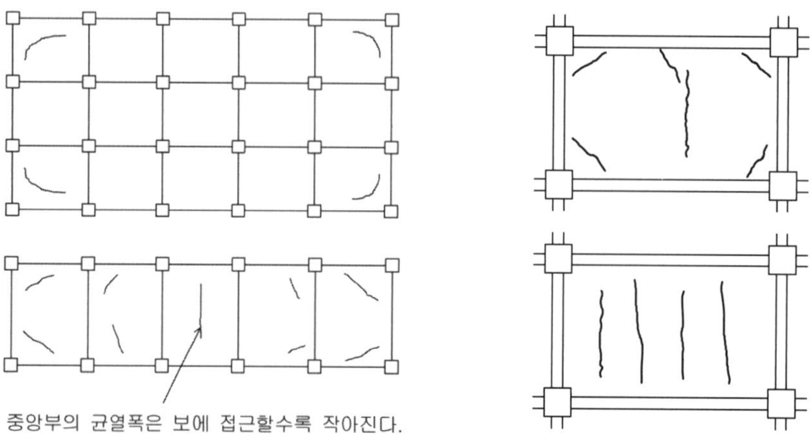

그림 5.35 건조수축에 따른 슬래브 균열

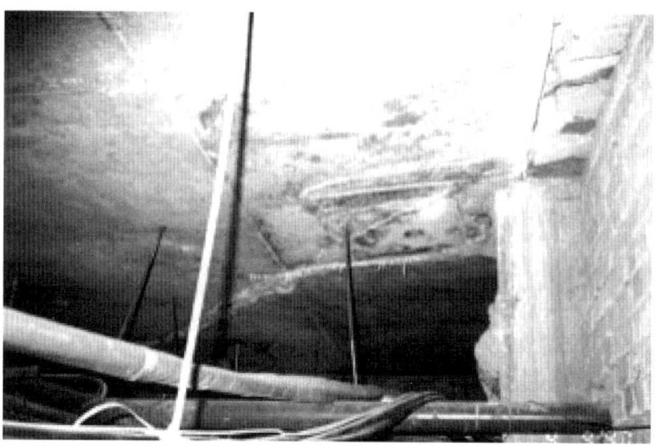

사진 5.34 슬래브 균열 부위 누수 및 백태

3) 슬래브 개구부의 응력집중 등에 의한 균열

슬래브 개구부 균열의 특징은 그림 5.36과 같으며 주로 슬래브 개구부의 모퉁이에서 비스듬히 균열이 발생하기 쉽다. 이 균열의 원인은 모서리부에 발생하는 응력집중이다.

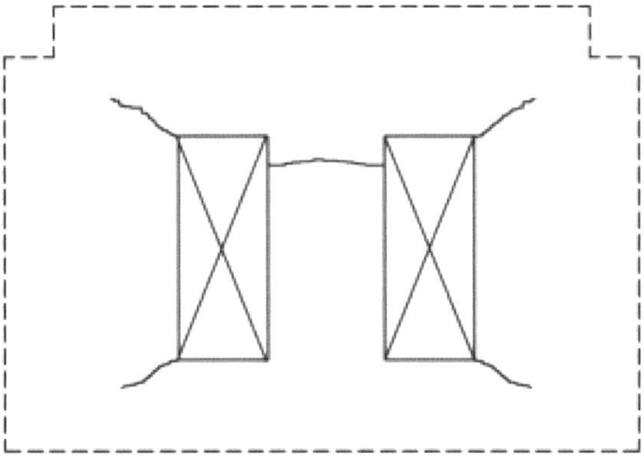

그림 5.36 슬래브 개구부 주위의 균열

사진 5.35 개구부 모서리 균열

4) 캔틸레버의 균열(한 변 지지 슬래브의 균열)

그림 5.37과 같이 한쪽변이 지지된 슬래브인 경우 윗면의 고정단 가까이에 거의 일직선의 휨균열이 발생한다. 이러한 균열의 원인으로는 철근량 부족, 인장측 상부근의 위치 불량과 내려앉음, 과하중(방수층이 지나치게 두껍거나 설계 외에 과하중이 가해짐), 콘크리트강도가 충분히 나오지 않은 상태에서 동바리의 변형(침하) 또는 조기제거, 양생중인 콘크리트에 시공 시 과하중 또는 진동변형에 의한 미세균열의 발생과 그 후의 수축균열 유발 등이 있다.

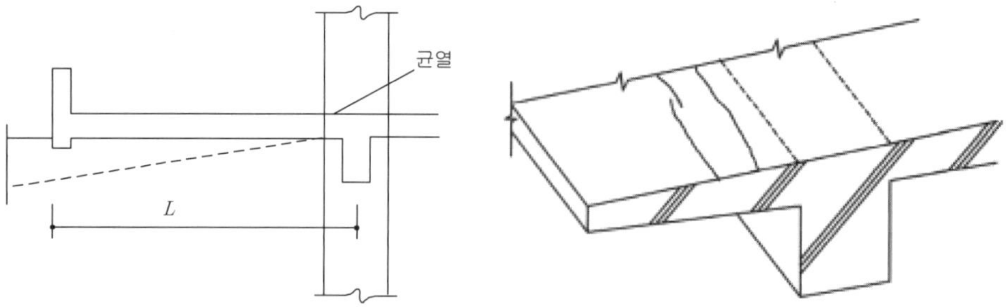

그림 5.37 캔틸레버(cantilever) 슬래브의 단부 균열

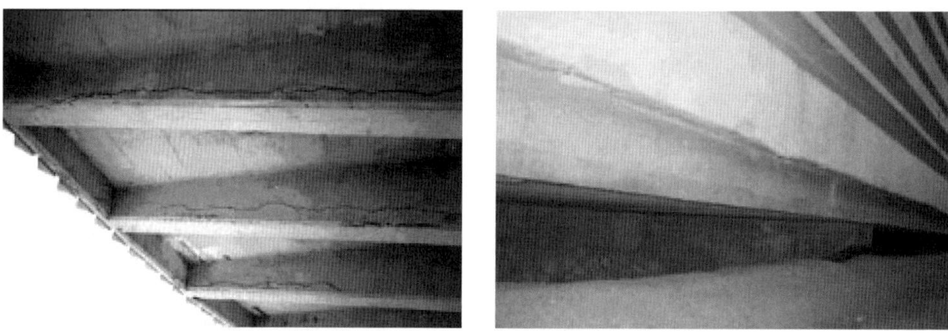

(a) 주철근에 따라 발생한 균열　　(b) 캔틸레버 보 균열

사진 5.36 캔틸레버 부분에 발생한 균열

5) 차양의 모서리 균열

일반적인 차양은 지지부에 일직선의 균열이 발생하고, 다른 부분에는 균열이 보이지 않는데 반하여 모서리 부분의 균열은 그림 5.38과 같이 방사선으로 많은 균열이 발생할 수 있다.

발생원인은 과하중, 철근배근 불량, 특히 시공 시에 상부철근의 내려앉음, 배근법의 문제, 동바리 조기 제거, 콘크리트가 충분한 강도를 발휘하지 않았을 때 과하중이 가해짐, 시공중 과하중으로 인하여 동바리에 변형이 발생한 경우 등이 있다.

대표적인 균열형식은 그림 5.39와 같고, ①~④의 순서로 균열이 발생하고 ③~④의 균열이 생길 때면 ①과 ② 균열의 폭이 커진다.

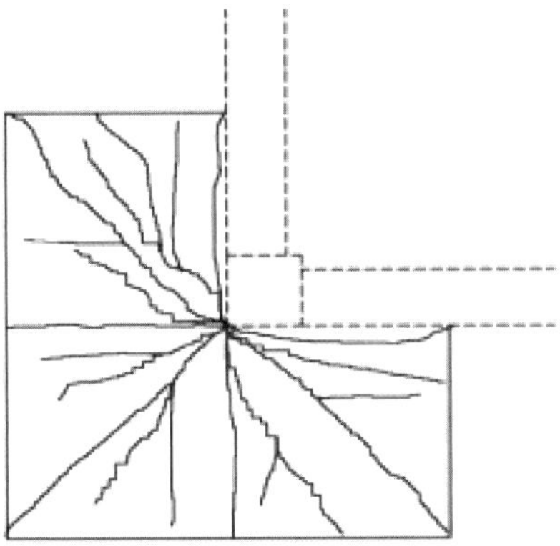

그림 5.38 모서리부분 균열 예(상부)

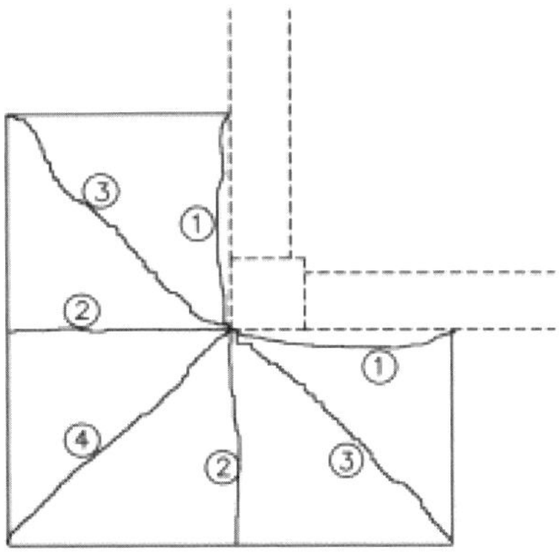

그림 5.39 모서리부분 균열특징(상부)

6) 슬래브 거북등 균열

슬래브 하면에 거북등 모양의 미세한 균열이 발생한다. 이와 같은 균열의 발생원인은 재료의 조합 불량과 혼합한 콘크리트를 장시간 운반할 경우, 그리고 혼합 시 장시간 비빔을 할 경우에 발생한다(그림 5.40).

7) 철근배근 모양 균열

이 균열은 주로 피복두께가 충분하지 않거나 철근의 부식팽창에 의한 균열로서 주로 철근배근을 따라 균열이 발생한다(그림 5.41).

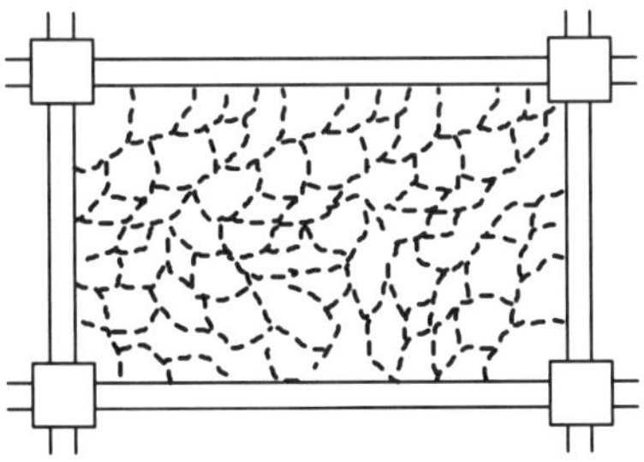

그림 5.40 거북등 모양 균열

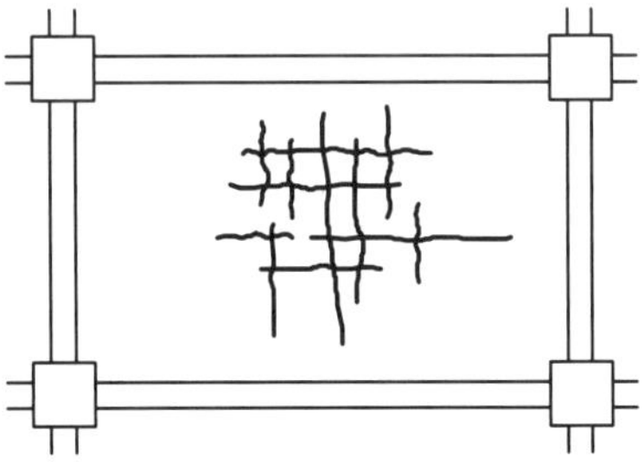

그림 5.41 철근배근 모양 균열

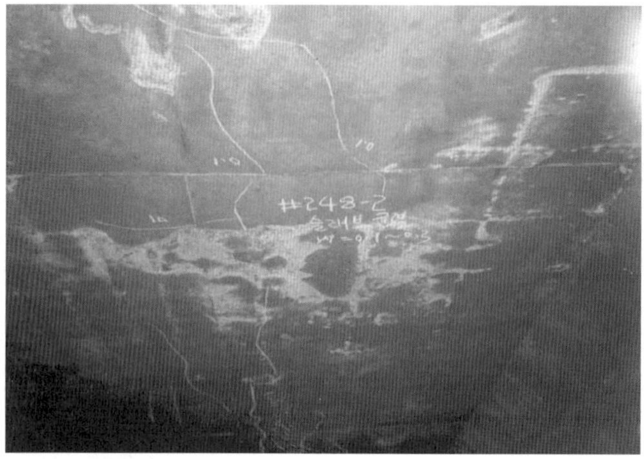

사진 5.37 슬래브 균열(철근에 따라 균열발생)

8) 차양의 수축균열

특징은 보방향과 보직각방향으로 발생하기 쉬우며, 자유단에서 고정단쪽으로 발생한다. 얇은 판일수록 많이 발생하고, 또 차양의 길이가 연속하여 길수록 많이 발생한다. 이 균열의 발생원인은 콘크리트의 건조수축이다.

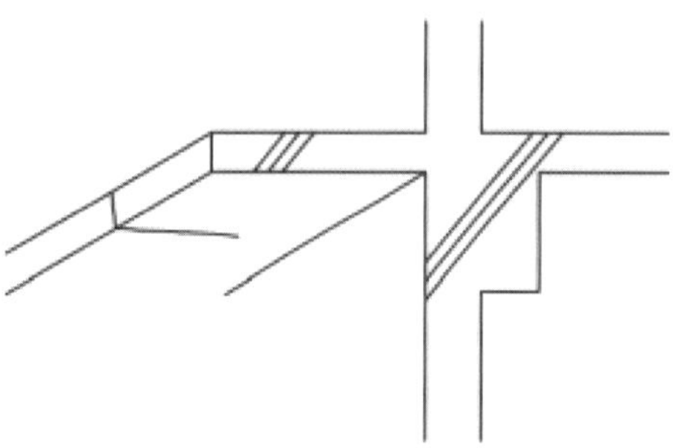

그림 5.42 차양의 수축균열

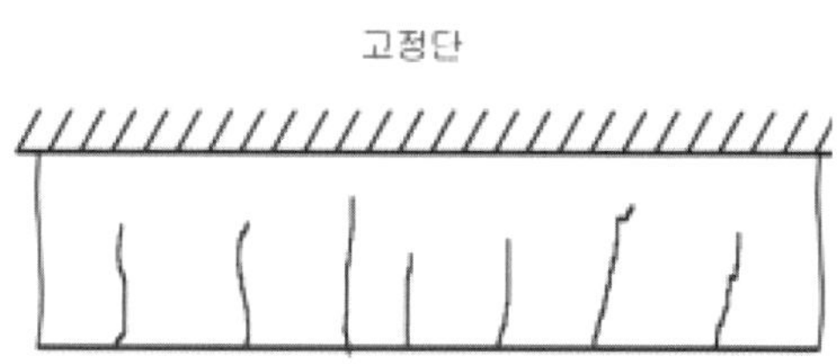

그림 5.43 차양의 수축균열 평면도

9) 차양에 개구부가 있는 경우의 균열

그림 5.44와 같이 차양에 개구부가 있는 경우에는 슬래브 단면이 변하여 그곳의 응력집중으로 균열이 발생한다.

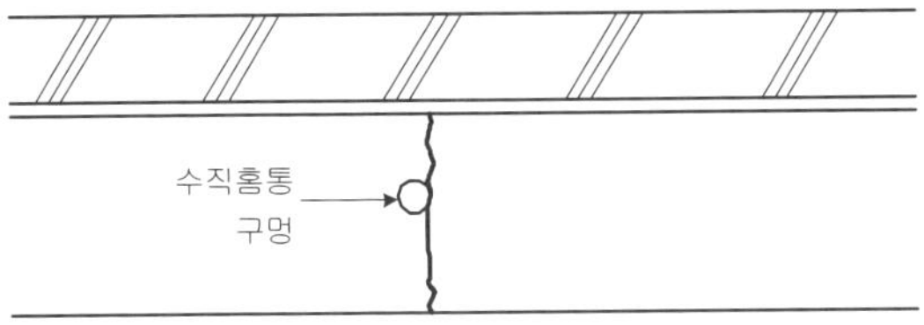

그림 5.44 차양의 개구부 균열

나. 보(beam)

1) 보의 구조균열

보의 지점부와 중앙부에 발생하는 균열은 주로 구조균열일 확률이 크다. 표 5.20과 같이 보 중앙 하단에 휨균열이 발생하고, 양 고정단의 상부면에 휨균열이 발생하며 단부에서 거의 수직으로 발생하며, 휨 전단균열 형태의 경사균열이 발생하는 경우가 있다. 또한 보 단부에 휨균열이 집중하고 상하 양쪽에 균열이 발생한다.

이와 같은 균열의 발생원인은 보에 과하중, 콘크리트의 강도 부족, 철근단면 부족, 동바리가 내려앉을 경우와 강도가 충분히 나오기 전에 동바리를 제거할 경우, 그리고 콘크리트 타설시 거푸집이 배부름이나 이동 등이 있다. 그 외에도 지진 등의 수평하중 등에 의해 발생하는 경우도 있다. 표 5.20은 균열 유형별 발생 원인을 정리한 것이다.

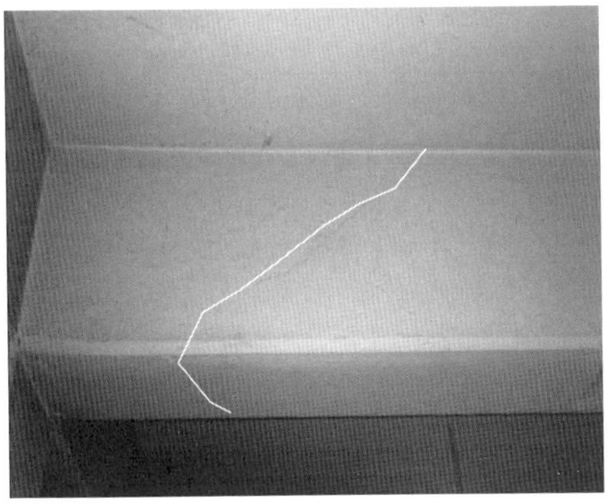

(a) 전단균열

(b) 휨균열

사진 5.38 보에 발생한 균열

표 5.20 보 균열 유형 및 발생원인

균열 유형	발생원인
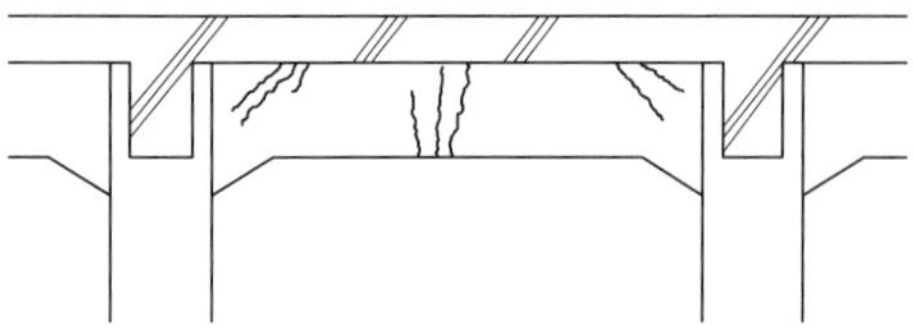	적재하중에 의한 응력과다 콘크리트 강도 부족 콘크리트 단면 부족 동바리의 침하
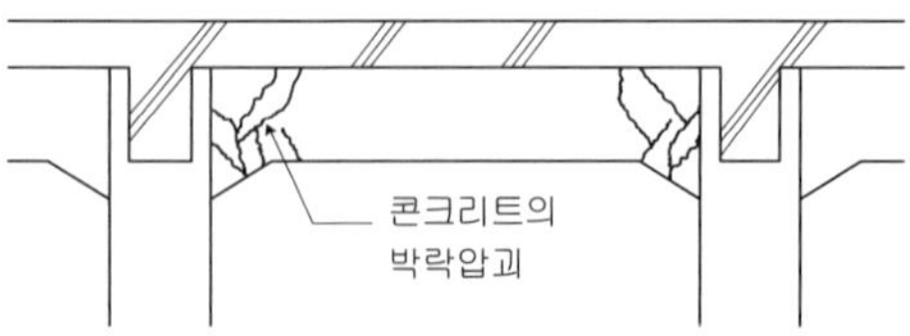	적재하중에 의한 응력과다 콘크리트 강도 부족 콘크리트 단면 부족
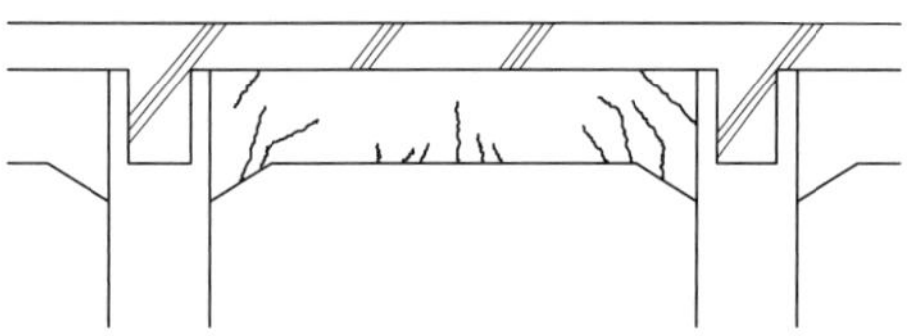 보 단부 전단균열	지진 및 적재하중에 의한 응력과다 콘크리트 강도 부족 철근량 부족
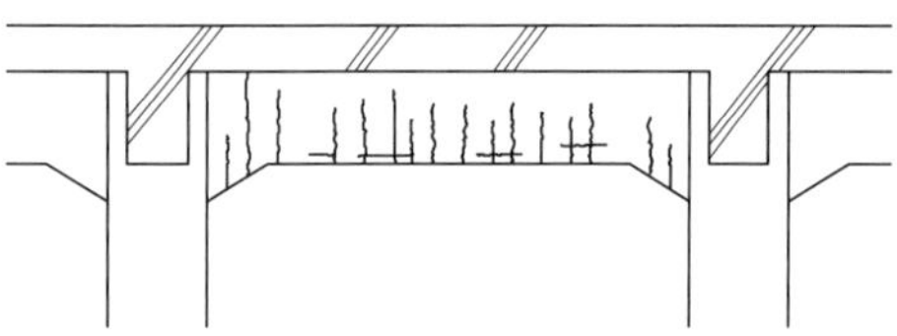 보의 늑근 및 하부근에서의 균열	피복두께 부족 경년이 긴 건물에 나타남 철근의 부식 팽창
 '인(人)'자 모양의 균열	마감모르타르의 들뜸에 의한 균열 모르타르를 너무 두껍게 바름

2) 재료 및 환경적 원인에 의한 균열

콘크리트는 불균질 재료이기 때문에 콘크리트의 재료와 주변 환경요인에 의하여 균열이 많이 발생한다. 재료적 요인으로는 반응성 골재의 사용, 진흙분의 유입, 배합수 과다 등 여러 가지 원인에 의하여 균열이 발생한다. 재료 및 환경적 요인에 의한 보에서의 균열발생 유형을 표 5.21에 정리하였다.

표 5.21 재료 및 환경적 요인에 의한 보 균열 유형과 발생원인

균열 유형	발생원인
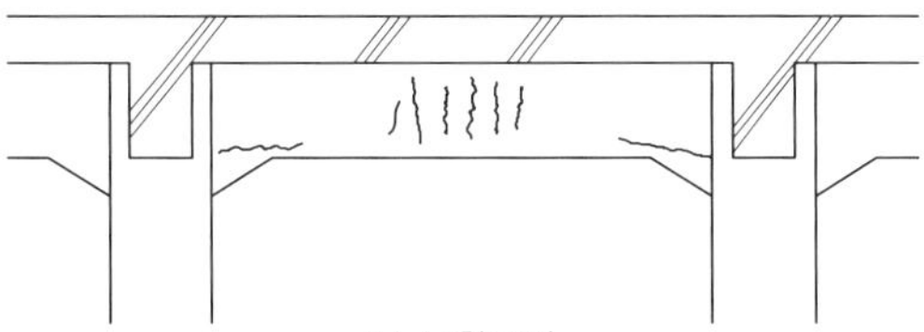 보 부착균열	철근의 녹 발생 콘크리트 피복두께 부족
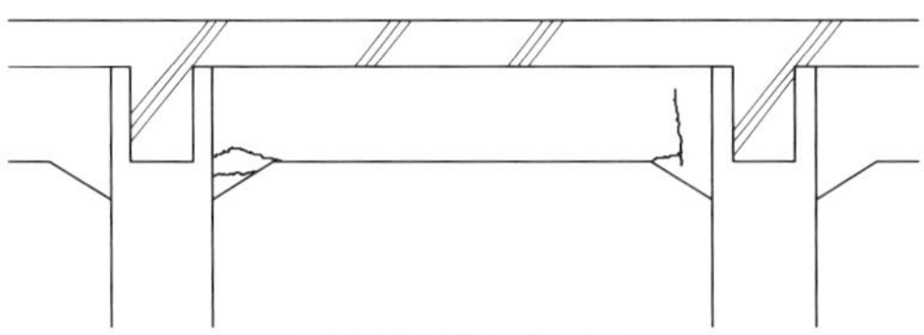 피복콘크리트의 박락	이어치기부의 뒷처리 결함
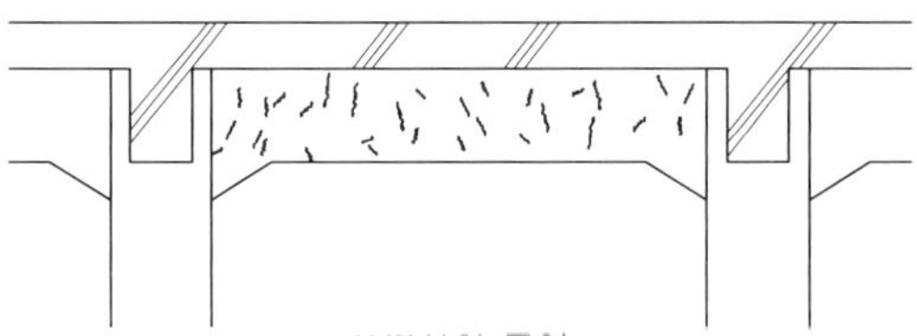 복열상의 균열	반응성 골재의 사용에 의한 균열
 구조체 자체 거북등 모양의 미세균열	재료조합 불량 진흙분이 많은 골재 사용 장시간의 비비기 긴 운반시간
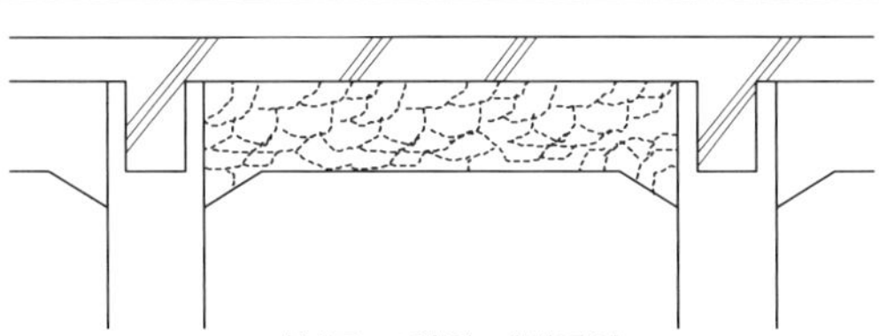 거북등 모양의 미세균열	마감부의 건조수축에 의한 균열 시공 직후의 양생 불량 지나친 바람
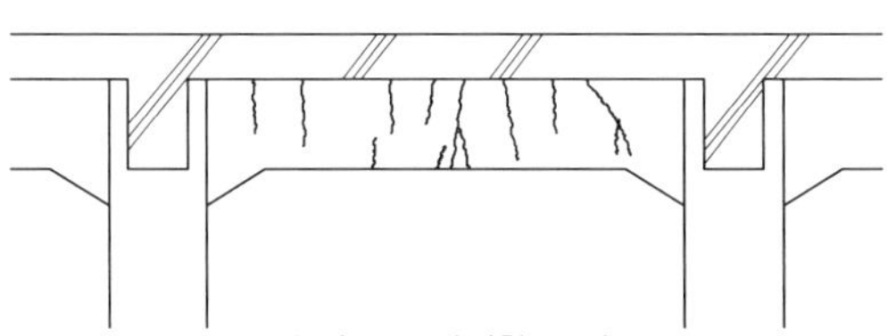 수직으로 미세한 균열	마감부의 건조수축에 의한 균열

3) 보·기둥의 침하에 따른 균열

그림 5.45와 같이 보나 기둥의 양단부 부분에 상·하면에 균열이 발생하는 경우에 균열의 발생원인은 중앙부 침하에 의하여 추가모멘트가 발생한 것으로서 침하는 직접기초에서 접지내력 부족이나 말뚝기초에서 지지력 부족 혹은 지지력이 일정하지 않은 경우나 이종기초 등에 의하여 침하가 발생한다.

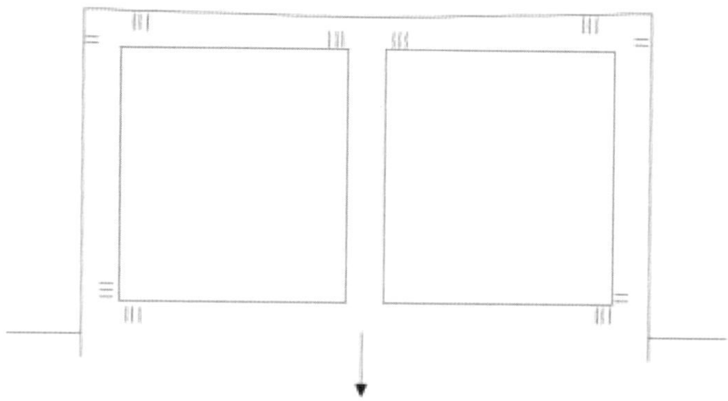

그림 5.45 중앙부 부동침하에 의한 라멘의 균열

다. 기둥(column)

1) 기둥의 주두, 주각 등에 발생하는 휨균열

그림 5.46과 같이 주두부, 주각부에 집중적으로 발생하는 균열은 휨균열로서 심한 경우 콘크리트 일부가 박락하기도 한다. 이는 기둥폭에 비해 기둥의 유효높이가 큰 경우에 많이 발생한다. 이 같은 균열의 발생원인은 지진 등의 수평외력에 의하여 주두부, 주각부에 큰 응력이 발생한 경우이다.

2) 기둥의 전단균열

그림 5.47과 같이 기둥의 중앙부에 X자형으로 발생하는 균열은 전단균열로서 주로 전단스팬비(H/D)가 작은 기둥에서 많이 발생한다. 이와 같은 균열의 발생원인은 지진력 등의 수평외력에 의하여 발생하고 그 외에도 띠철근 부족, 콘크리트강도 부족, 내진요소의 부적절한 배치, 설계 시에 기둥의 유효높이 산정의 잘못 등에 의해 발생되기도 한다.

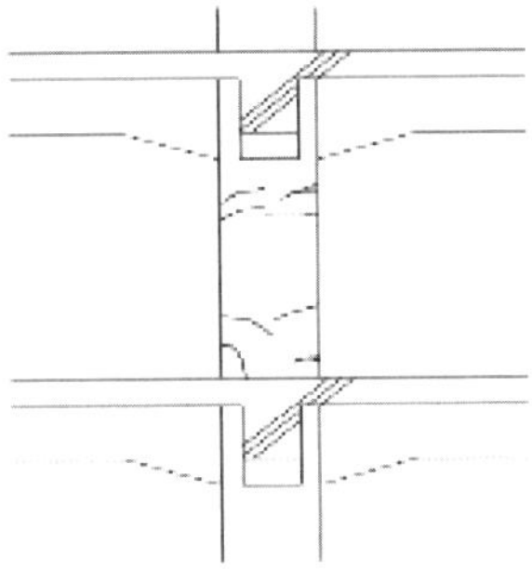

그림 5.46 기둥의 휨균열

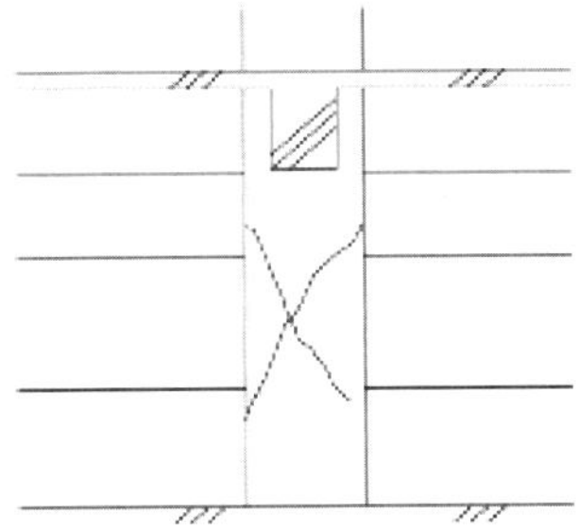

그림 5.47 X자형의 전단균열

3) 기둥에 모르타르 등 마감의 균열

그림 5.48과 같이 모르타르 마감이 구조체에서 분리되어 人자 모양의 균열이 발생한다. 이 균열은 모르타르 두께가 너무 두껍거나 두께가 불규칙한 경우에 발생한다.

4) 기둥의 주근에 따라 생긴 균열

그림 5.49와 같이 기둥의 띠철근 주근 위치를 따라 발생한 균열로서, 기둥우각부에서 발생하고, 녹의 유출이 보이는 경우도 있다. 균열의 원인은 콘크리트의 피복두께 부족, 철근의 부식에 따른 팽창 등에 의해 발생한다.

5) 기둥에 불규칙하게 발생한 수직균열

그림 5.50과 같이 기둥에 수직으로 불규칙한 균열이 발생한다. 이는 콘크리트의 압축강도 부족, 콘크리트 조합 불량, 시멘트 불량, 골재 불량 등이 발생 원인이다.

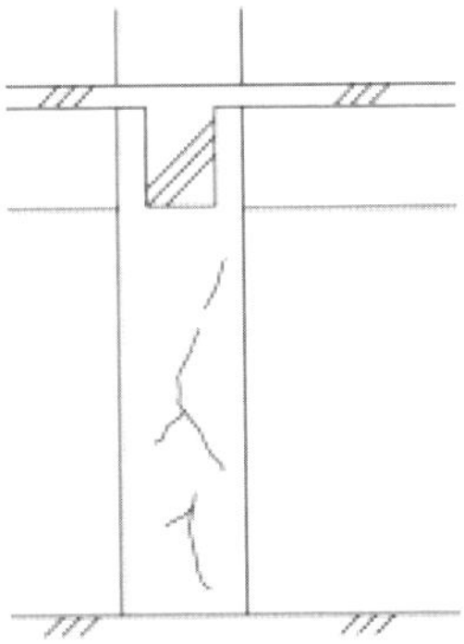

그림 5.48 마감에 발생한 균열

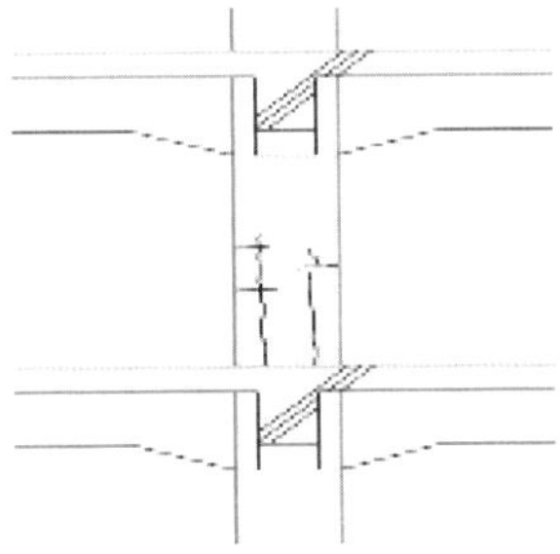

그림 5.49 기둥의 부착균열

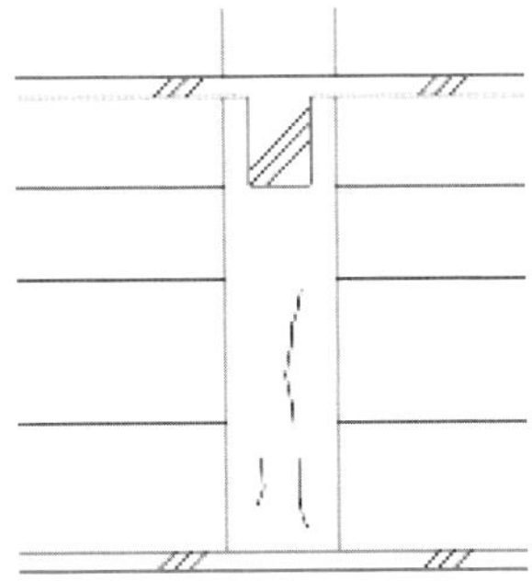

그림 5.50 콘크리트의 압축강도 부족에 의한 균열

6) 그 외 균열

상기의 유형과 같은 균열 외에도 기둥 구조체에 발생하는 거북등 모양의 미세균열과 주두에서 주각으로 경사지게 발생하는 균열이 있다. 거북등 모양의 미세균열은 재료조합 불량, 진흙 성분이 많은 골재 사용, 장시간 운반할 경우, 그리고 비빔시간이 너무 긴 경우에 발생한다. 경사균열은 주로 부등침하, 직접기초에서 접지 또는 내력 부족, 말뚝기초에서 지지력 부족이나 불균일 지지력, 이종기초를 사용한 경우에 발생한다.

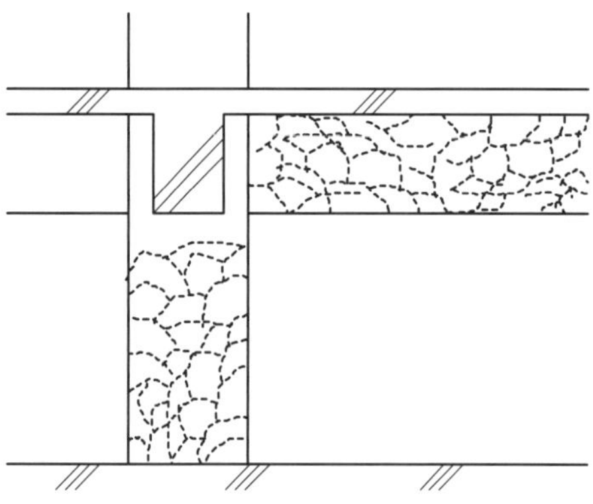

그림 5.51 거북등 모양의 미세균열

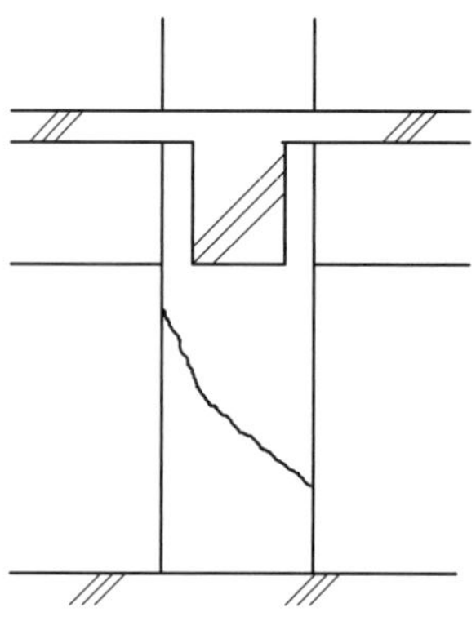

그림 5.52 경사균열

사진 5.39 기둥 피복두께 부족한 부분 파손

라. 벽(walls)

1) 벽면의 수축균열

슬래브의 경우와 같이 벽면에서도 그림 5.53처럼 모서리 부근에 경사균열이 발생한다. 이 균열의 발생원인은 벽 외곽의 보와 기둥의 구속력이 크기 때문이며, 콘크리트의 건조 수축으로 구속력이 약한 얇은 벽체나 슬래브에 균열이 발생한다.

2) 벽면의 전단균열

그림 5.54와 같이 벽면 중앙부에 X자형의 균열이 발생하는 경우가 있는데, 이는 지진 등의 수평외력에 의해 일어난다. 건축물의 내진벽 등은 이 같은 균열에 대해 주의할 필요가 있다.

3) 벽의 수직균열

벽에 발생한 수직균열은 벽의 중앙부나 기둥의 인접부에서 수직으로 발생하며, 초기단계에는 균열이 관통하지 않지만 반복작용으로 시간이 경과하면 균열이 관통하는 경우도 있다. 이와 같은 균열의 발생원인은 건물 내·외부의 온도차와 습도차, 즉 외측이 고온 또는 다습하고, 내측이 저온 또는 건조한 경우에 균열은 구속 부재간의 중앙부 혹은 구속부재 인접부 부근의 저온 혹은 건조한 쪽에 발생한다. 그리고 물시멘트비가 큰 조합의 콘크리트에서 비교적 많이 발생한다.

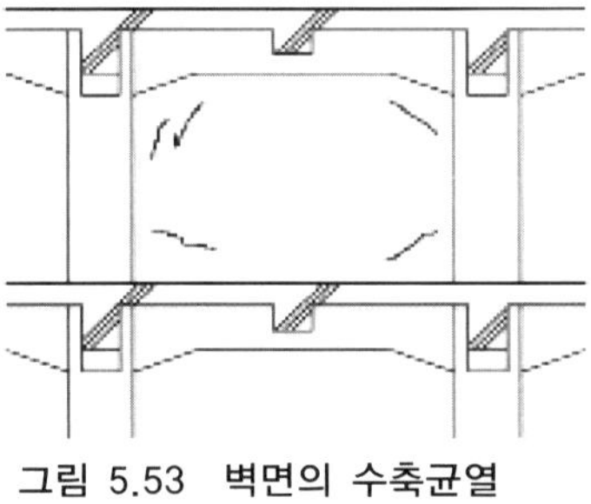

그림 5.53 벽면의 수축균열

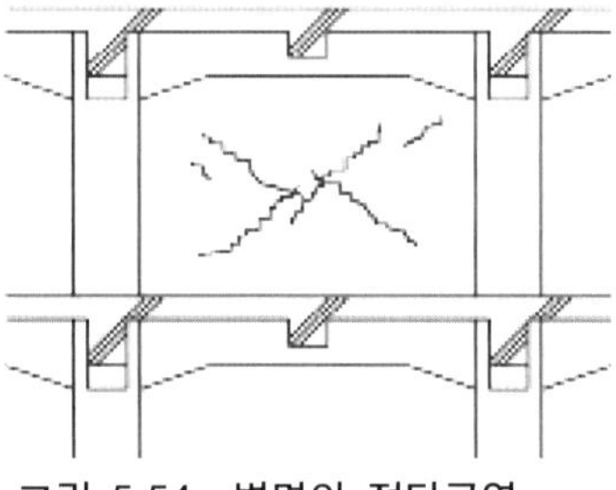

그림 5.54 벽면의 전단균열

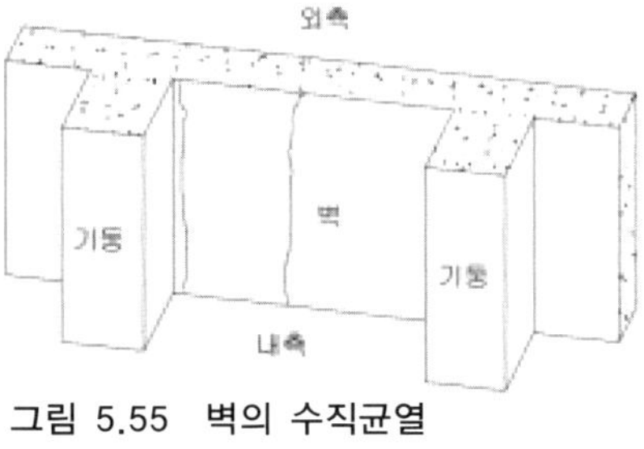

그림 5.55 벽의 수직균열

4) 벽 개구부 주위의 균열

슬래브의 개구부와 같이 개구부 모서리에서 45° 방향으로 균열이 발생하며, 개구부와 개구부 거리가 가까우면 개구부를 연결한 균열도 발생한다. 그림 5.56과 같이 벽에 가로방향으로 큰 개구부가 있는 경우에는 벽면의 중앙에 수직으로 균열이 발생하기 쉽다. 이와 같은 개구부 균열은 주로 콘크리트의 건조수축이 원인인 경우가 많고, 개구부의 모서리에 응력집중이 발생하여 균열이 발생하기도 한다.

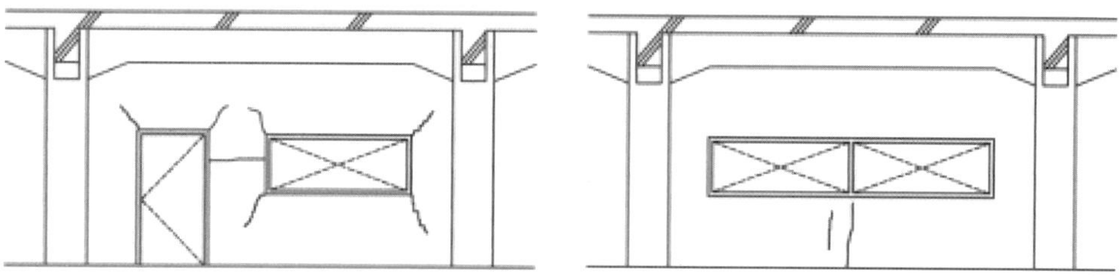

그림 5.56 벽체 개구부 균열

5) 1방향 대각선 균열

그림 5.57과 같이 벽면에 1방향의 대각선 균열이 발생하는데, 이는 부등침하 등의 원인에 의해 발생한다.

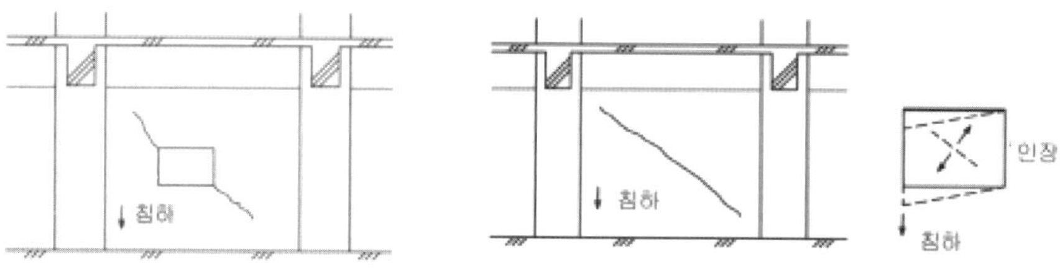

그림 5.57 벽체에서의 1방향 대각선 균열

6) 벽면의 수축균열

온도와 습도의 차이가 심한 경우 건물 한쪽 벽체면 우각부에 경사균열이 발생한다. 지중부는 건조수축이 적기 때문에 수축변형이 비교적 작고 중간층은 공중(空中)에서 건조하기 때문에 수축한다. 또한 최상층은 직사광선을 받고 있기 때문에 낮에는 팽창하고 밤에는 수축한다. 따라서 건물의 구조체는 그림 5.58과 같이 화살표 방향으로 변위가 발생하게 되어 균열이 발생하기 쉽다.

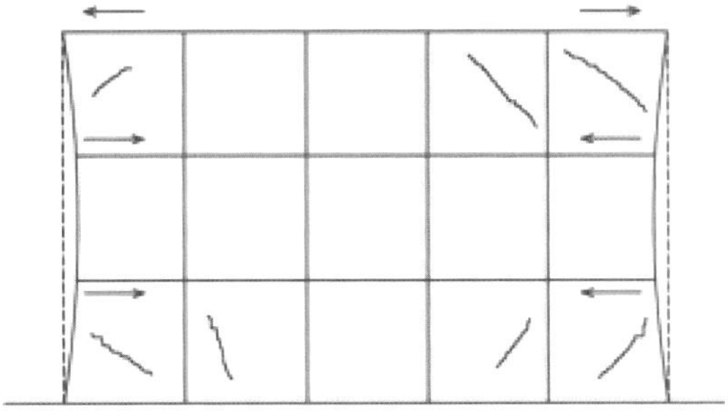

그림 5.58 벽면의 수축균열

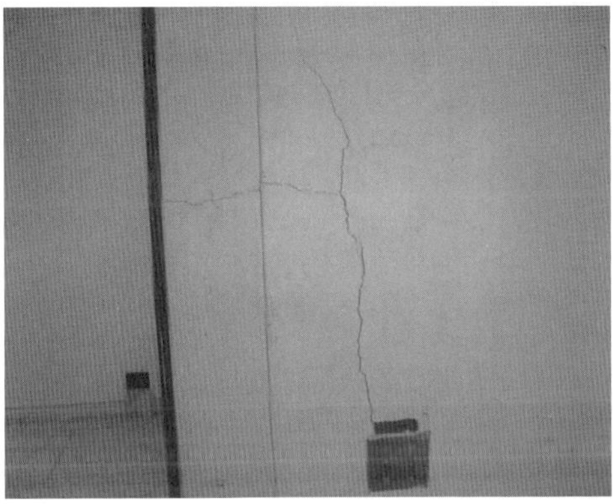

(a) 수직균열

(b) 대각선균열

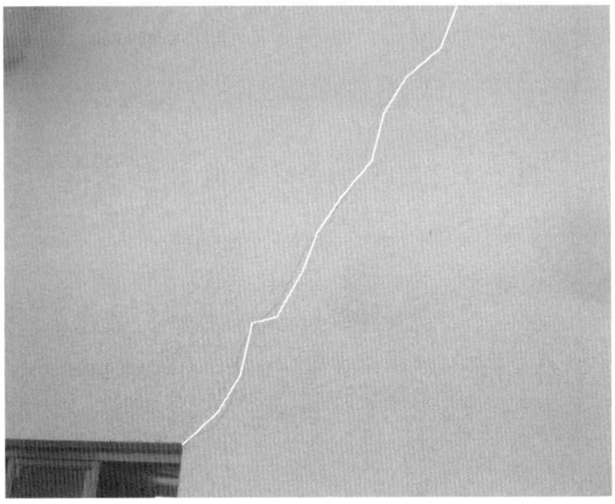

(c) 개구부 균열

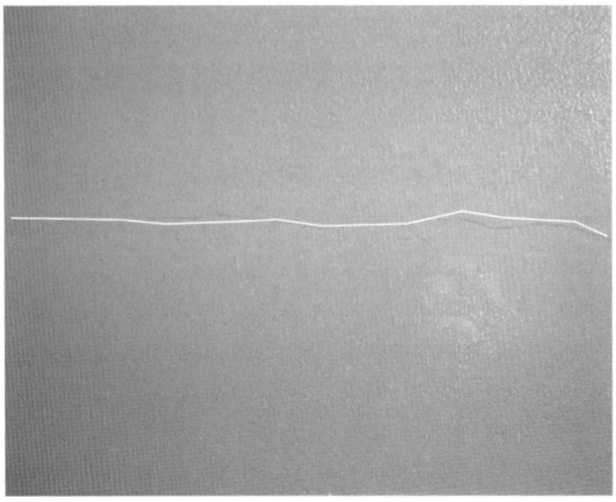

(d) 수평균열

사진 5.40 벽체에 발생한 균열 형태

7) 기초의 부등침하에 따른 균열

기초지반의 부등침하에 의하여 여러 가지 형상의 균열이 발생하게 된다. 이와 같은 원인으로 발생하는 형상은 그림 5.59~그림 5.61과 같다. 그림 5.59는 건물 개구부에서 하부로부터 균열이 발생하고, 양단 상면에 八자형의 균열이 발생한다. 연약지반(압밀층에 점토층 등을 함유한 지반)에 긴 건물이 있는 경우 중앙부에 부등침하가 발생할 때 이러한 균열이 발생하며, 그림과 같은 형태를 보인다.

그림 5.60과 그림 5.61은 하부 기초가 단단한 지반에 지지되어 있지 않는 경우로서 압밀 차이로 부등침하가 발생하여 건물이 중앙부에서 절단되는 변형으로 균열이 발생한다. 이 균열은 건물을 증축하는 경우나 형식이 다른 종류의 기초를 사용하고 적절한 조치가 없는 경우에 많이 발생하는 것이 특징이다. 또한 그림 5.61과 같이 A부분과 B부분이 말뚝의 길이나 간격 등에 의하여 내력에 현저히 차이가 있는 경우에도 부등침하가 발생하여 균열 발생의 원인이 된다.

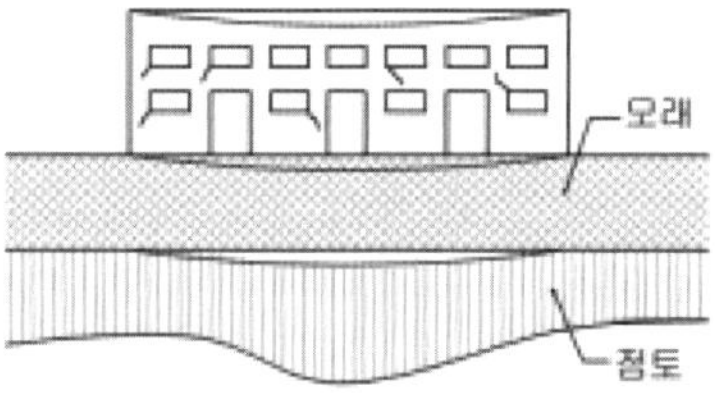

그림 5.59 기초의 부등침하에 의한 균열

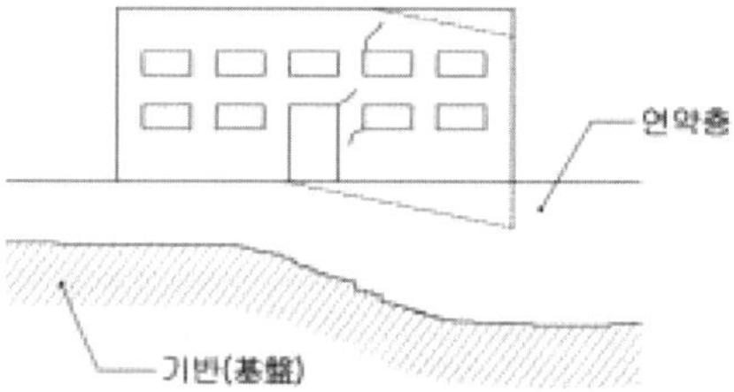

그림 5.60 기초의 압밀침하 등에 의한 경우

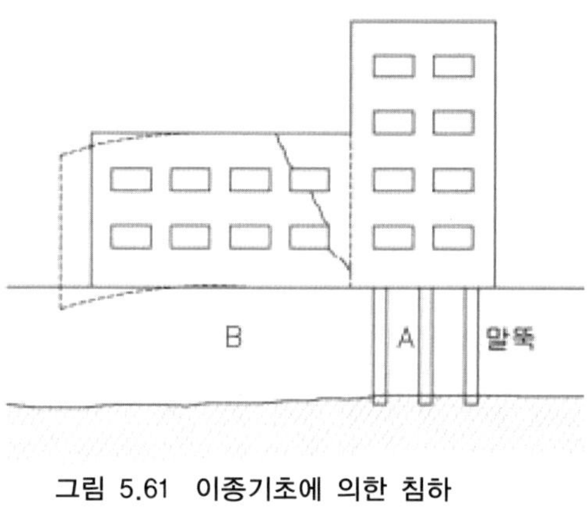

그림 5.61 이종기초에 의한 침하

사진 5.41 부등침하에 의한 기둥 균열

마. 기타

1) 파라펫(parapet)의 균열

파라펫 균열은 주로 옥상의 슬래브 경계부에 수평균열이 발생하고, 길이방향의 직각으로 건조수축에 의한 균열이 발생하며, 이는 채양의 경우와 같은 형태로 발생한다. 이와 같은 균열은 옥상의 누름콘크리트가 직사광선에 의해 낮에는 그 팽창에 의해 발생한 수평력이 원인이 되어 파라펫의 옥상 슬래브 경계부에 수평균열이 발생한다.

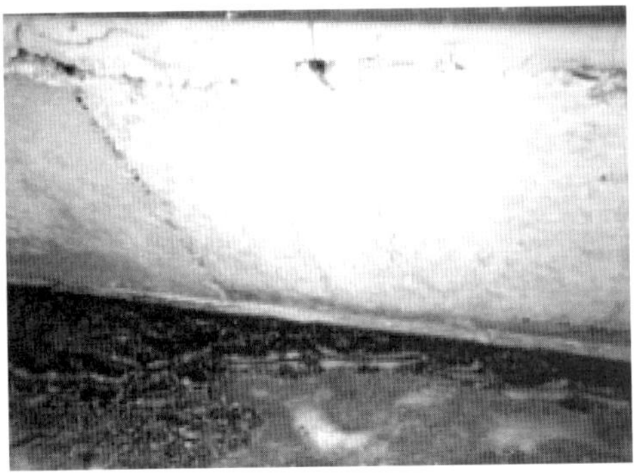

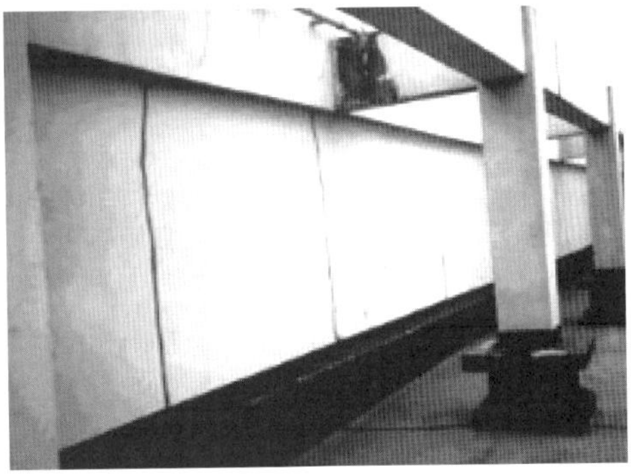

사진 5.42 파라펫 건조수축 균열

2) 계단실 벽면부의 균열

계단실 벽면부의 각층 슬래브 위치에서 수평균열이 주로 발생하는데 이는 콘크리트의 이어치기 부분의 적절하지 못한 조치로 인하여 발생한다. 또한 지진 등의 수평외력에 의하여 슬래브면에서 양쪽 외부의 수평변형으로 균열이 발생하기도 한다.

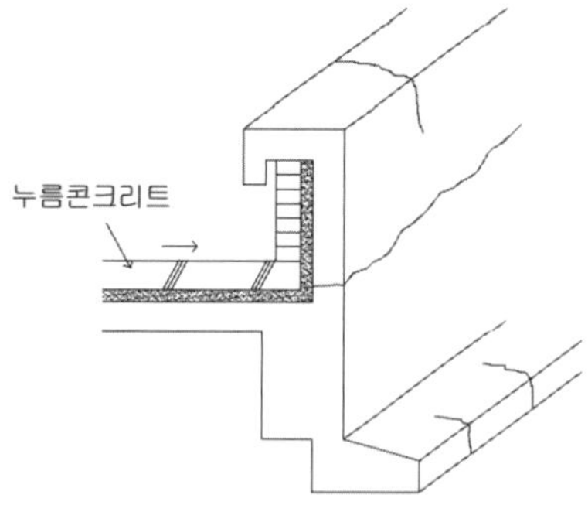

그림 5.62 파라펫의 균열

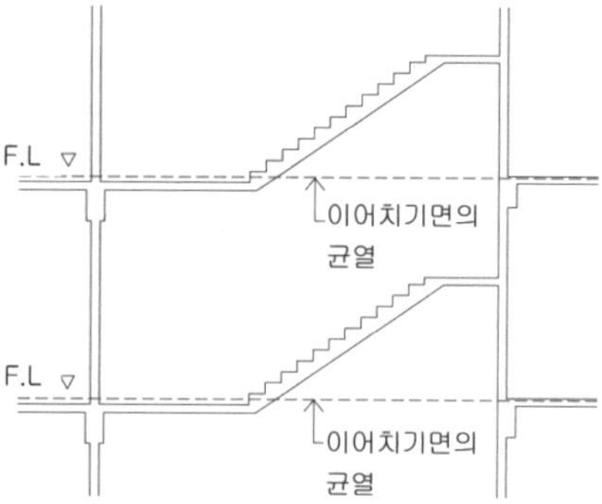

그림 5.63 계단실 등의 벽면균열

3) 화재에 의한 주철근 팽창으로 발생한 기둥 및 보의 균열

건물에 화재가 발생한 경우 열에 의한 선팽창으로 주철근이 좌굴하기도 하고, 배부름이 발생하기도 하는데 이와 같은 단계에서 주철근을 따라 균열이 발생한다. 이 균열이 기둥의 패널존(panel zone)까지 도달하는 경우도 있다. 또한 그림 5.64와 같이 기둥에 전단균열이 발생하는 경우도 있으며, 기둥의 주근을 따라 균열을 동반하는 경우도 있다.

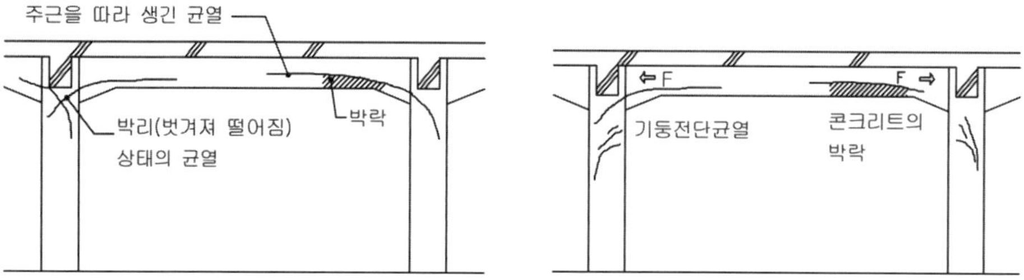

그림 5.64 화재에 의한 주근 팽창

참고문헌

- 건축구조재료 노후화 유형분류 및 평가기법에 관한 연구, 한국시설안전기술공단, 1999.
- 건축물의 유지관리와 공정관리, 남화토건주식회사, 2003.12.
- 관련시설물 정밀안전진단보고서, 한국시설안전기술공단, 1995~2006.
- 교량 및 그 외 구조물 손상 사례집, 한국시설안전기술공단 역, 1982.
- 교량 유지관리 매뉴얼, 2014. 12, 국토교통부·한국시설안전기술공단
- 교량 지지용 탄성받침-KS F 4420, 한국표준협회, 1998.
- 교량 지지용 포트받침-KS F 4424, 한국표준협회, 1996.
- 교량구조물의 손상 사례집, 건설교통부, 1997.10.
- 교량점검 매뉴얼, 한국시설안전기술공단, 1999.12.
- 교량점검편람, 건설교통부, 1999.11.
- 교좌장치에 관한 연구, 한국도로공사,1993.
- 김상대, 건축물의 보수·보강 이해와 실제(발표자료), 고려대학교 건축공학과
- 도로교 지승편람(개정안), 일본도로협회, 2001.
- 시설물별 안전취약요소 발굴 및 대책방안, 한국시설안전기술공단, 2006.
- 시설물유지관리사 교육교재, 한국구조물진단학회, 2007.
- 시설물의 손상 및 보수·보강 사례, 한국시설안전기술공단, 2006.
- 시설물의 안전 및 유지관리실시 세부지침(성능평가 편), 국토교통부·국토안전관리원, 2021.12.
- 시설물의 안전 및 유지관리실시 세부지침(안전점검·진단 편), 국토교통부·국토안전관리원, 2021.12.
- 안전점검 및 정밀안전진단과정 교육교재, 한국시설안전기술공단, 2007.
- 안전점검을 통한 시설물 손상 및 보수 사례, 1998, 서울특별시동부건설관리사업소
- 일본도장공업회 편, 콘크리트토목구조물의 보수매뉴얼, 기보당출판, 1995.
- 추영수, 콘크리트의 균열조사, 보수보강지침, 도서출판 건설도서, 1992.10.
- 콘크리트 건설 제요령, 한국콘크리트학회, 2000.5.
- 콘크리트 진단기술(기초편), 일본콘크리트공학협회, 2003.
- 콘크리트구조물의 균열·누수 보수·보강 전문시방서 개발, 한국시설안전기술공단, 1999.
- 콘크리트기술 세미나, 전남지방공업기술원, 1995.5.
- 콘크리트내구성 평가절차 수립, 한국시설안전기술공단, 1999.

- 콘크리트의 균열조사 보수보강지침, 일본콘크리트공학협회, 2003.
- CEN prEN 1337-10 Structural Bearings-Inspection and Maintenance, 1997.
- CEN prEN 1337-9 Structural Bearings-Protection, 1998.
- Guide Specification for Seismic Isolation Design, AASHTO, 1999.
- L.G. Silano & A.C. Henderson, Bridge Inspection and Rehabilitation, John Wiley & Sons, 1993.
- Standard Specification for Highway Bridges, AASHTO, 1996.

제 6 장

철근콘크리트구조물의 비파괴시험

6.1 서론

최근 국내 대형시설물의 붕괴사고 이후 시설물의 안전에 대한 관심이 높아지면서 '시설물의 안전 및 유지관리에 관한 특별법'이 제정되어 국가적 차원에서 유지관리가 이루어지고 있다. 시설물 유지관리의 핵심은 육안조사에 의하여 발견된 결함에 대한 원인을 규명하고자 하는 경우 육안조사는 한계가 있으므로 이를 극복하기 위한 수단으로 각종 시험들을 통하여 상세한 자료를 획득하게 된다. 토목, 건축구조물은 일정한 수명의 예측하에 설계 및 시공되어 설계수명기간 동안 그 기능을 충분히 발휘하게 된다. 그러나 설계오류와 시공중에 발생한 품질변동, 시간의 경과에 따른 열화, 예기치 못한 하중조건의 변화 등은 설계수명 기간 내에 구조물에 대한 상태 파악의 필요성을 가지게 한다. 이러한 구조요소 상태와 재료의 품질 상태를 파악하기 위하여 현장조사 및 비파괴시험을 실시한다. 콘크리트의 강도, 내구성, 균열 및 내부결함조사는 전체적인 구조물 유지관리계획 및 진단계획의 일부로서 콘크리트의 성능저하 정도 및 품질평가를 위해 수행된다. 골재와 시멘트경화체의 복합구조재료인 콘크리트는 재료 자체의 특성과 철근 배근 등에 의하여 균일한 물성을 가지고 있지 않으므로 비파괴 방법을 이용한 강도 및 품질평가에 많은 주의를 기울여야 한다.

6.1.1 비파괴시험의 종류

비파괴시험이란 재료나 구조물 등의 검사에 있어서 시험 대상에 대한 손상 없이 조사대상물의 성질과 상태 또는 내부구조를 알아보기 위한 조사법 전체를 통틀어 말한다. 현재까지 개발되어 콘크리트에 적용되는 비파괴시험법은 적용 목적에 따라 콘크리트의 강도 추정을 목적으로 하는 비파괴시험 방법과 콘크리트강도 이외의 물성 또는 내부상태를 조사하기 위한 목적을 가진 비파괴시험 방법으로 분류할 수 있다. 또한 적용 방법에 따라 국부파괴법과 접촉식 및 비접촉식법으로 나눌 수 있으며, 각각의 시험법에 대하여 간단히 정리하면 표 6.1과 같다.

6.1.2 사용목적에 따른 비파괴시험 항목

철근콘크리트구조물에서 비파괴시험은 그 사용목적에 따라 내구성 상태를 파악하기 위한 비파괴검사와 구조체의 상태를 파악하기 위한 시험으로 구분할 수 있다. 내구성 상태를 파악하기 위한 시험은 철근콘크리트구조체를 형성하고 있는 철근과 콘크리트의 열화상태를 파악하기 위한 조사이며, 구조체의 상태를 파악하기 위한 조사는 콘크리트의 역학적 성질 및 철근의 배근상태를 파악하기 위한 조사이다.

가. 내구성을 파악하기 위한 검사내용

① 중성화 조사
② 염화물함유량 조사
③ 균열깊이 조사
④ 코어채취에 의한 콘크리트 내부 조사
⑤ 철근부식상태 조사
⑥ 배합비 분석
⑦ 피복두께 조사

나. 구조체의 상태를 파악하기 위한 검사내용

① 콘크리트강도 조사
② 철근배근상대 조사
③ 철근강도 조사

표 6.1 비파괴시험법의 종류

구 분		시 험 방 법	장 점	단 점
국부 파괴법	관입저항법	화약 또는 스프링을 사용하여 콘크리트에 핀을 박아 그 깊이로부터 압축강도를 평가	표면의 강도를 어느 정도 측정할 수 있음	· 화약 사용으로 위험 · 시험 후 보수 필요
	인발법	콘크리트 속에 묻힌 볼트 등의 뽑힘 내력으로부터 압축강도를 평가	콘크리트 압축강도와 상관성이 좋음	· 사전준비 필요 · 시험 후 보수 필요
	내시경법	대상물을 천공하여 내시경을 통해 관찰	장비 취급과 작동이 쉽고 선명한 영상을 제공하여 사진촬영이 가능함	· 장비가 고가이며 대상물에 천공하여야 함

표 6.1 비파괴시험법의 종류(계속)

구 분		시 험 방 법	장 점	단 점
접촉식 방법	표면타격법	강구 또는 해머를 사용하여 콘크리트 표면을 타격하고, 그 들어간 깊이·직경·면적 등을 측정하여 압축강도를 평가	측정이 비교적 용이하고 피측정물의 형상과 치수에 관계없이 사용 가능	· 측정 부위가 콘크리트 표면에 제한적임 · 동일 개소 반복 적용 불가능
	초음파법	콘크리트를 통과하는 초음파 진동의 속도와 파형을 측정하여 압축강도·성질 등을 평가	피측정물의 형상과 치수에 제약이 적음	· 배합비, 함습률, 골재의 종류에 따라 음속이 다름 · 강도추정 정도 낮음
	자기법	자기장을 이용하여 철근의 피복두께, 철근직경, 배근 간격을 탐지	휴대가 간편하고 시공정밀도 검사가 용이함	· 과다 철근배근시 해석 난해
	전위법	자연전위 분포상태로 철근이 부식될 가능성이 있는 영역을 지정함	휴대가 가능하며 측정이 용이함	· 철근을 노출시켜 전극을 연결해야 함
	AE법	재하에 따른 콘크리트의 균열 발생음 계측	재하시험 시 병용이 용이하고 휴대가 간편함	· 시험계획과 결과 해석에 있어 광범위한 지식이 필요함
비접촉식방법	전자파법	전자파 펄스를 측정하여 철근의 위치를 파악함	탐사 부위의 단면을 화상으로 확인 가능	· 철근배근이 조밀한 경우 탐사 곤란
	적외선법	구조물에서 발산하는 적외선을 탐지	콘크리트의 균열, 내부 공극 탐지가 용이	· 장비 고가 · 전문기술 필요
	방사선법	X선 또는 γ선의 투과 사진을 촬영	철근상태, 위치, 콘크리트의 밀도 등을 파악함	· 방사선 안전성 제고
	공진법	특정형태, 치수의 콘크리트 시험체의 공진 주파수 측정	콘크리트 내부를 빠르고 쉽게 조사 가능	· 대상물 형상, 치수에 제한이 있음

6.1.3 내구성능을 파악하기 위한 조사

가. 내구성 저하에 의하여 구조물에 발생하는 현상

철근콘크리트구조물의 내구성능이 저하되면 콘크리트의 강도저하 및 철근부식에 따른 손상이 발생된다. 콘크리트의 강도저하를 직접적으로 나타내는 현상이 콘크리트 표면에 발생되는 백태현상이며, 철근부식이 진행되면 철근열을 따라 발생되는 균열 및 박리현상이 발생하게 된다. 철근콘크리트구조물의 내구성이 저하되는 경우에 나타나는 현상을 정리하면 표 6.2와 같다.

표 6.2 내구성 저하에 의하여 발생되는 현상

성능저하현상		정 의
균 열	철근에 인접	철근의 위치라고 파악되는 부위에 발생하는 균열, 일반적으로 연직 또는 수평, 직선형의 패턴을 나타낸다. 철근은 주근 외에 보조철근도 포함
	망 상	망상의 균열
	기 타	규칙성, 불규칙성에 관계없이 상기 이외의 균열
탈 락	박 리	콘크리트 중의 일부 재료가 콘크리트로부터 분리되는 현상
	박 락	콘크리트 중의 일부 재료가 콘크리트로부터 떨어져 나가는 현상
팝 아 웃		콘크리트 내부의 부분적인 팽창압에 의해 콘크리트 표면의 일부가 원추형으로 파괴된 상태
백 화		경화한 콘크리트 표면에 생긴 백색의 물질로 시멘트 중의 석회질이 물에 녹아 표면에 용출되어 생성되는 상태
표면열화		동해, 마모 및 산에 의한 침식 등에 의해 취약해진 콘크리트의 표면열화를 포함
파 손		물리적 충격에 의하여 콘크리트가 손상을 입은 상태

나. 내구성 평가 절차

- 1차 조사 : 감춰진 결함 발견 및 의심되는 성능저하의 원인을 분류하기 위해 실시한다.
- 2차 조사 : 성능저하 원인의 구체적인 원인규명 및 보수공법을 결정하기 위해 실시한다.
- 3차 조사 : 보수가 필요한 경우 보수범위를 결정하기 위하여 실시한다.

각 단계별 조사항목은 손상원인별로 추가할 수 있으며, 업무의 효율성을 위해서는 1차~3차 조사를 동시에 수행하는 경우도 있다.

다. 손상형태에 대한 내구성 검사항목 선정

내구성 평가를 위한 검사항목은 구조물의 위치, 공용기간 등에 따라 달라질 수 있지만 각각의 열화현상에 대한 모든 시험을 할 수 없으므로 가장 대표적인 시험방법을 통해 내구성을 평가하도록 하여야 한다.

표 6.3 내구성 저하현상에 대한 조사방법

추정되는 손상상태 / 내구성 시험항목	염해	중성화	알칼리-골재 반응	동해	기타
정밀외관 조사	◎	◎	◎	◎	◎
코어채취 조사	◎	◎	◎	◎	◎
중성화깊이 조사	◎	◎	○		○
철근부식상태 조사	◎	◎	○	○	◎
피복두께 및 철근 위치 측정	○	○	○	○	○
슈미트 해머에 의한 반발도시험	○	○	○	○	○
초음파 전달속도의 측정	○		○	○	
염화물이온 함유량 측정	◎	○	○	○	○
압축강도 및 정탄성계수 시험	○	○	◎	○	○
XRD 및 SEM 분석	△	○	◎	○	◎
경화콘크리트의 배합 추정	○	○		△	
알칼리-골재 반응 관련시험			◎		
동해 관련시험				◎	

주) ◎ : 적극적으로 실시하는 것이 바람직한 시험항목
○ : 실시함에 있어 유용한 정보가 얻어지는 항목
△ : 실시하는 것이 바람직하지만 실험방법에 따라 생략해도 좋은 시험항목

표 6.3과 같이 코어를 채취하는 경우 내구성 저하상태를 전체적으로 평가할 수 있으므로 정밀조사를 위해서는 코어를 채취하는 것이 가장 효과적인 방법이라 할 수 있다. 그러나 코어를 채취하는 경우 구조물에 손상을 유발시키므로 필수적인 위치에서만 코어를 채취하고 나머지 구간에 대해서는 특정상태를 파악하기 위한 비파괴시험을 실시하는 것이 좋다.

6.2 콘크리트구조물의 내구성 평가시험

6.2.1 콘크리트 중성화 측정시험

중성화는 콘크리트 내부의 화학성분과 이산화탄소가 반응하여 발생한다. 중성화로 인한 콘크리트구조물의 열화는 일반적으로 장기간에 걸쳐 서서히 진행되는 경우가 대부분이고, 중성화의 진행속도는 이산화탄소의 확산속도에 따라 결정된다. 중성화속도는 대기

중의 탄산가스 농도, 온도, 습도 및 콘크리트 마감재 등에 따른 외적 원인과 콘크리트 자체의 성능, 품질과 같은 내적 원인에 따라 영향을 받는다.

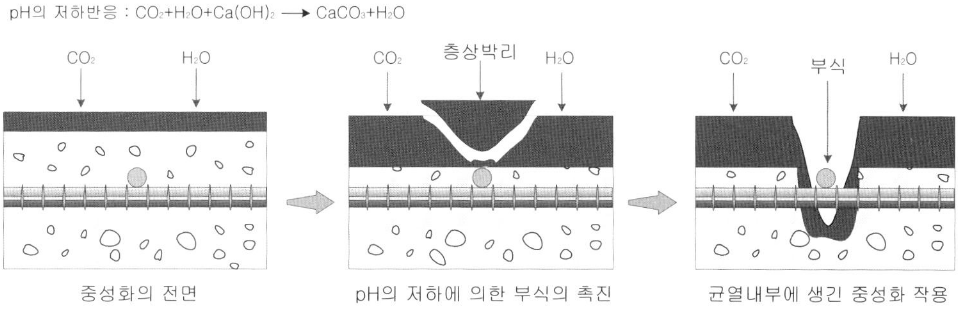

그림 6.1 중성화에 의한 철근 부식 메커니즘

콘크리트는 중성화에 의해 직접적으로 성능이 저하되는 것은 아니며, 단지 중성화가 문제되는 이유는 중성화가 피복두께를 넘어 철근의 표면에 도달하게 되면 철근표면을 감싸고 있던 부동태피막이 파괴되면서 철근표면에 부식이 시작되기 때문이다. 이와 같이 중성화에 의한 철근콘크리트 성능저하 과정은 그림 6.2와 같다.

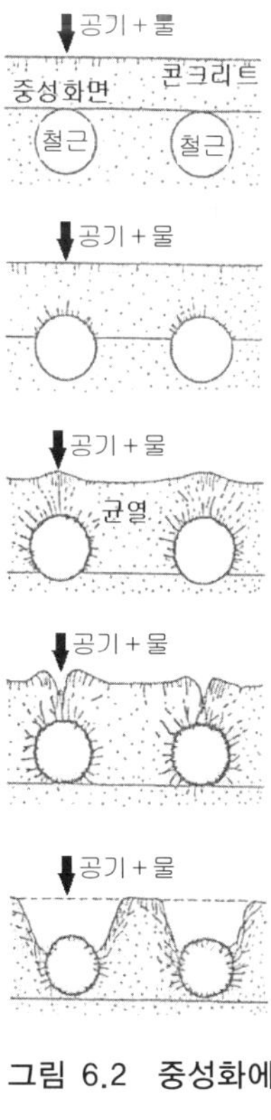

STEP 1
이 정도까지는 정상이며, 재료 및 강도상의 변화는 거의 없다(약간의 건조수축에 의한 균열).

STEP 2
녹의 발생에 의한 팽창압이 콘크리트 내부에 발생하여 미세한 균열이 발생한다.

STEP 3
철근부식에 의하여 윗면이 팽창한다. 균열이 표면까지 연장되어 공기와 수분의 침입이 쉽게 되어 동해 등 다른 열화도 유발시키며 녹물이 보인다.

STEP 4
철근 윗면의 피복이 부스러져 떨어지고, 철근 노출이 시작된다. 부식에 의하여 철근단면적이 감소한다.

STEP 5
철근 윗면이 거의 없어지고 철근은 공기 중에 직접 노출되며, 내구성능이 떨어진다.

그림 6.2 중성화에 의한 콘크리트 성능저하

중성화시험은 콘크리트 내에 매립된 철근을 부식시킬 수 있는 중성화의 영향을 파악하기 위하여 페놀프탈레인 용액에 의한 중성화깊이를 측정하는 시험법이다. 중성화는 대부분의 공용 구조물에서 발생하며, 중성화가 피복두께 이상으로 진행되어 철근이 부식에 이를 때까지는 육안으로 판단할 수 없으므로 페놀프탈레인 1% 용액의 색변화 측정에 의해 판단할 수 있다. 중성화깊이를 측정할 때 사용하는 시약은 KS M 8238에서 규정한 페놀프탈레인 용액을 이용하고, 페놀프탈레인 용액은 95% 에탄올 90mL에 페놀프탈레인 분말 1g을 녹여 증류수를 첨가하여 100mL로 한 것이다. 중성화시험 방법은 제작된 콘크리트 공시체를 이용하는 경우와 일부 콘크리트를 파취하여 시험하는 경우, 코어 공시체를 채취하여 이용하는 경우, 그리고 드릴법이 있다.

콘크리트 일부를 파취하여 시험하는 경우에는 철근의 부식상태 확인을 동시에 하는 경우가 많다. 따라서 철근의 위치를 파악한 후에 파취할 위치를 결정하는 경우 콘크리트 파취시 분진의 비산방지책을 강구해야 하고 시험 종료 후 콘크리트면에 콘크리트가루가 부착되어 있으면, 측정에 지장이 있으므로 완전히 제거하고 시험하여야 한다.

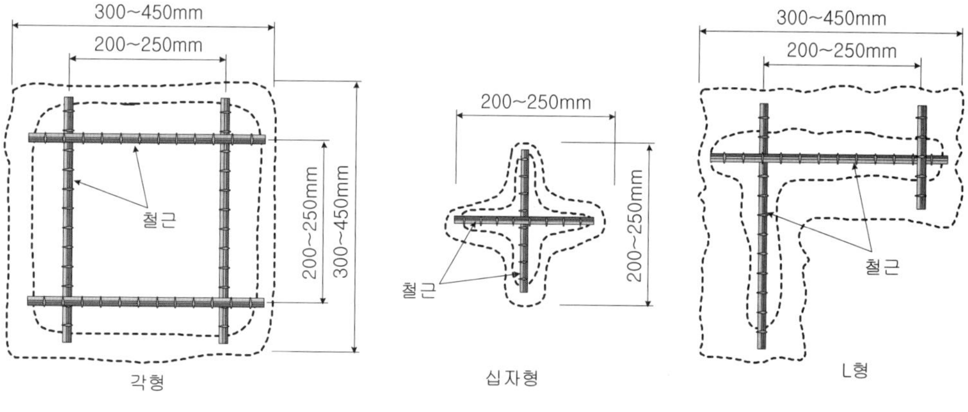

그림 6.3 콘크리트 일부 파취의 예

압축강도 시험과 병행하여 시험하는 경우 KS F 2422에 따라 시험을 실시하고, 탄산화시험만으로 코어를 사용하는 경우에는 코어 지름은 KS F 2422에 따라 굵은골재 최대치수의 3배 이상을 채취하며, 코어길이는 철근의 피복두께 정도로 하는 것이 적절하다. 또한 코어는 구조물의 어디서 채취한 것이고, 표면 측인지 등의 정보를 기입해 두어서 측정결과 분석시 참고해야 한다. 마지막으로 드릴법은 ϕ10mm의 드릴링에 의해 채취되는 콘크리트 가루를 페놀프탈레인용액을 적신 원형 시험지에 뿌려서 변색되는 시험을 중성화깊이로 정하는 시험법이다.

콘크리트 피복두께와 중성화 측정 깊이를 고려한 철근콘크리트구조물에서의 중성화 진행 상태평가 등급은 다음 표 6.4와 같다. 중성화를 고려한 잔존수명 예측은 아래 식으로 예측 가능하며, 표 6.5는 중성화 진행 속도식을 비교해 놓은 것이다.

표 6.4 중성화 진행상태에 따른 상태평가 등급

구분 \ 등급	a	b	c	d	e
중성화 깊이(C)	미진행	$D_c/2 > C$	$D_c > C \geq D_c/2$	$D_c > C \geq D_c/2$	$C \geq D_c$
피복두께(D_c)	–	–	$D_c > 40\text{mm}$	$D_c \leq 40\text{mm}$	–

$$C = A \times \sqrt{t}$$

여기서, C : 중성화깊이(mm)

A : 중성화속도계수(mm/$\sqrt{\text{년}}$)

t : 재령(년)

현장에서는 실측자료를 기초로 하여 중성화속도계수를 산정하여 잔존수명을 예측할 수 있다.

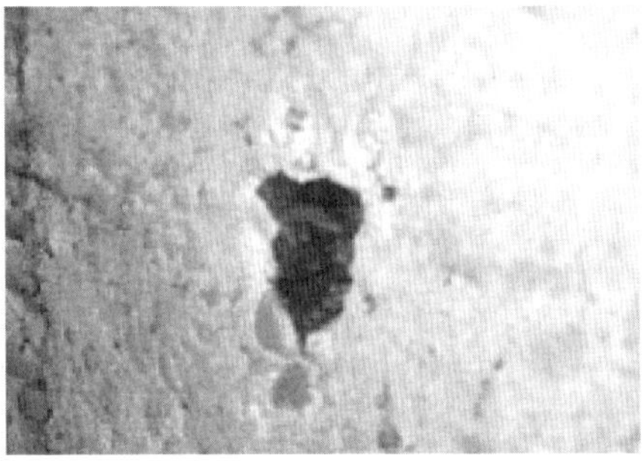

(a) 콘크리트 표면 중성화 조사

(b) 코어를 이용한 중성화 조사

사진 6.1 콘크리트 중성화 조사

사진 6.1은 콘크리트 표면 쪼아내기와 코어를 채취하여 콘크리트 표면에 페놀프탈레인 2% 용액을 뿌려 중성화 정도를 시험한 것이다. 페놀프탈레인 용액을 살포 후 보라색으로 변한 부분은 중성화 진행이 없는 부분이나 색깔의 변화가 없는 부분은 중성화가 진행되고 있음을 알 수 있다.

표 6.5 중성화속도식 비교

종류	중성화 속도식	비 고
하마다식 (浜田式)	$t=\dfrac{0.3(1.15+3x)/(x-0.25)^2}{R}C^2$	x : 물-시멘트 비 R : 시멘트, 골재, 활성제의 종류에 따른 계수
키시타니식 (岸谷式)	$t=\dfrac{0.3(1.15+3x)}{R^2(x-0.25)^2}C^2\ (x>0.6)$ $t=\dfrac{7.2}{R^2(4.6x-1.76)^2}C^2\ (x\leq 0.6)$	x : 물-시멘트 비 R : 시멘트, 골재, 활성제의 종류에 따른 계수
시로야마식 (白山式)	$t=\alpha\beta\gamma\delta\epsilon\dfrac{500C^2}{(x-38)^2}$	x : 물-시멘트 비 $\alpha\beta\gamma\delta\epsilon$: 시멘트, 공정도, 마감재, 실내외 등에 따른 계수
요다식 (依田式)	$t=\alpha\beta\gamma\dfrac{262}{(100x-18)^2}C^2$ (실내) $t=\alpha\beta\gamma\dfrac{155}{(100x-36)^2}C^2$ (실외)	x : 물-시멘트 비 $\alpha\beta\gamma$: 마감재, 실내외 등에 따른 계수

주) t =경과년수(년), C =중성화깊이(cm)

6.2.2 염화물 함유량(수용성) 시험

콘크리트에 포함되는 염화물은 콘크리트 성능에 크게 영향을 미치므로 염화물 함유량 시험은 중요하다. 경화콘크리트에서 염화물의 분석방법 자체는 굳지 않은 콘크리트와 다를 것이 없다. 그러나 굳지 않은 콘크리트는 염화물이 블리딩수에 녹아 있는 상태이므로 용이하지만 경화콘크리트는 염분을 증류수로 용출하여 시험하여야 한다.

실제로 철근의 부식에 관여하는 염화물은 이른바 수용성 염분이고, 콘크리트 중에 함유되어 있는 염분의 전량을 아는 것도 중요하다. 그러나 경화콘크리트 내부의 염소화합물은 콘크리트 타설 시 골재, 혼합수, 혼화재 등의 재료 또는 경화된 표면에서 바닷물, 빗물 등에 의해 NaCl, KCl, $CaCl_2$, $MgCl_2$, $FeCl_3$, $3CaO \cdot Al_2O_3 \cdot CaCl_2 \cdot 10H_2$ 등의 다양한 종류가 존재할 뿐만 아니라, 이들 염소화합물은 염화나트륨, 염화칼슘, 염화칼륨 등과 같이 물에 쉽게 용해되어 이온상태로 강재의 부식에 직접 관여하는 것과 $3CaO \cdot Al_2O_3 \cdot CaCl_2 \cdot 10H_2$와 같이 시멘트 성분과 결합하여 강재부식에 직접 관여하기 어려운 형태의 것으로 분류된다.

사진 6.2 염화물 함유량 시험

콘크리트가 중성화되거나 염화물이 침투하게 되면 철근 주위의 산소 차단 역할을 하는 부동태피막이 파손되고, 강재표면이 활성화되면 철근의 부식이 시작된다. 일반적으로 부재 단면이 작으면서 철근량이 많고 슬럼프가 큰 콘크리트를 사용하는 구조물에서는 염분에 의한 철근부식이 일어나기 쉽다. 따라서 철근의 부식방지를 위해서 염화물이온량을 원칙적으로 제한할 필요가 있으며, 재령 28~42일까지의 경화콘크리트에서 최대 수용성 염소이온농도시험은 KS F 2713(콘크리트 및 콘크리트의 재료의 염화물분석 시험방법) 또는 KS F 2715(모르타르 및 콘크리트의 수용성 염화물 시험방법)에 따라 시행하고 콘크리트 구조설계기준(2007년)에 준하여 다음 표 6.6의 값으로 검토할 수 있다.

표 6.6 철근부식 방지를 위한 최대 수용성 염소이온 비율

부재의 종류	콘크리트 속의 최대 수용성 염소이온(Cl^-), 시멘트의 중량에 대한 비(%)
프리스트레스트 콘크리트	0.06
염화물에 노출된 철근콘크리트	0.15
건조상태이거나 습기로부터 차단된 철근콘크리트	1.00
기타 철근콘크리트	0.30

6.2.3 시멘트 함유량(콘크리트 배합 추정)

골재의 품질과 입도가 적당하면 어느 정도까지는 단위시멘트량을 적게 해도 수밀하고 내구적인 콘크리트를 만들 수 있으나 골재를 충분히 부착시키지 못할 정도로 단위시멘트량을 지나치게 적게 하면 소요의 반죽질기에 대한 시멘트풀이 너무 묽어서 경화한 콘크리트의 공극이 커지므로 강도는 물론 수밀성과 내구성에 문제가 될 수 있다.

단위시멘트량은 소요강도, 내구성, 수밀성 등을 갖는 콘크리트를 얻도록 시험에 의하여 정해야 한다. 이들에 대한 시험을 할 경우 단위시멘트량과 강도, 수밀성 및 내구성 등과의 관계를 정하기보다는 물-시멘트비와 강도, 수밀성 및 내구성과의 관계를 정하는 것이 편리하다. 따라서 시험의 결과로 정한 물-시멘트비와 단위수량으로 단위시멘트량을 정하도록 규정한 것이다.

철근콘크리트에 사용되는 콘크리트는 소요되는 콘크리트강도를 얻을 뿐만 아니라 철근이 녹스는 것을 방지하고 콘크리트와 철근과의 부착을 충분히 하기 위해서 적당한 물-시멘트비의 시멘트풀로 철근을 완전히 둘러싸야 하며, 콘크리트가 충분히 수밀해야 하므로 규정에 적합한 양의 시멘트를 사용해야 한다.

따라서 콘크리트가 수밀성을 갖기 위해 단면이 얇은 철근콘크리트 부재에서 AE제를 사용하지 않는 경우 단위시멘트량은 300kg/m^3 정도가 필요하다. 또한 포장 콘크리트에서 280~350kg/m^{3}을 표준으로 하고 있으며, 댐 내부 콘크리트의 경우 140kg/m^3 정도로 하고 있다.

6.2.4 자연전위법에 의한 철근부식 조사

콘크리트는 알칼리성이 매우 높아서 철근을 부식으로부터 보호하는 작용을 하지만, 염소이온의 침투나 중성화(carbonation)가 발생하는 경우에는 철근의 부동태(passivation)가 파괴되면서 부식이 발생한다. 철근부식은 철근의 단면손실과 콘크리트의 팽창·균열 등을 유발하여 부착강도 감소 및 구조내력 감소를 일으키므로 구조물의 상태를 평가하는 데 있어서 철근부식 정도를 조사하는 것은 매우 중요한 요소가 된다.

콘크리트 중의 철근부식은 전기화학적 반응에 의하여 진행되므로 철근부식 조사에 전기화학적 방법을 적용한다. 정상적인 콘크리트는 강알칼리성으로 철근은 부동태피막으로 둘러싸여 -100~-200mV(CSE)의 전위를 나타내지만 염화물 침투와 중성화로 철근이 활성상태가 되어 부식이 진행되면 전위는 부(-)방향으로 진행된다.

철근의 부식을 조사하는 가장 정확한 방법은 철근 위치까지 콘크리트를 파쇄하여 육안으로 확인하거나 구조물로부터 강재를 채취하여 재료시험을 하는 방법을 들 수 있다. 육안검사를 통해 부식형태와 부식수준을 파악할 수 있으며, 구조물로부터 강재를 채취하여 재료시험을 하는 경우에는 부식면적률, 부식수준, 부식에 의한 강재의 단면감소, 중량변화율, 인장강도 등을 측정하여 부식상황을 정확히 평가할 수 있다. 그러나 이 방법은 부재파손으로 인한 구조물 손상 등의 영향을 고려해야 하기 때문에 일반적으로 철근부식도 조사에는 비파괴검사방법 자연전위법을 이용하고 있다. 진단기관에서 주로 사용하고 있는 장비는 사진 6.3과 같이 CANIN과 TR-01이며, 이의 사용목적은 비슷하지만 결과를 표시하는 형식에서 차이가 있다.

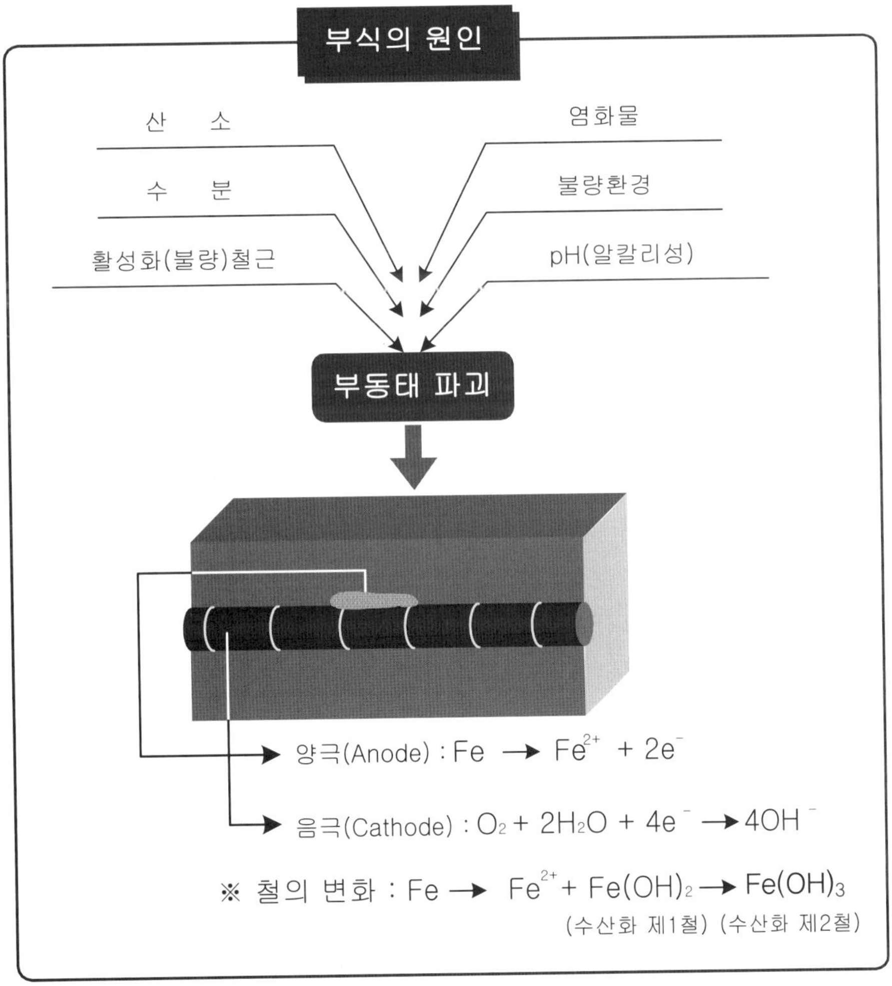

그림 6.4 철근의 부식 메커니즘 모식도

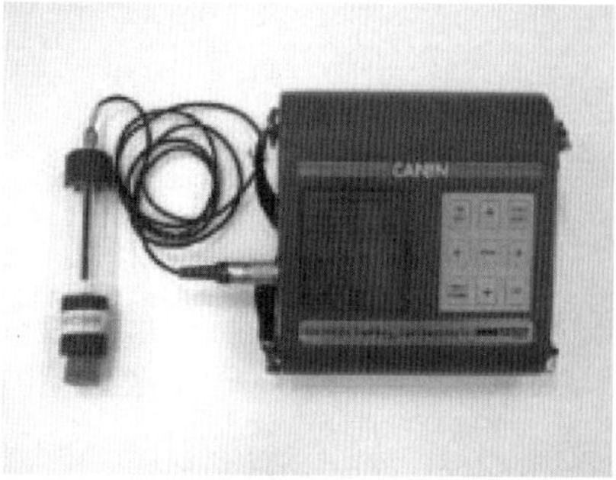

(a) CANIN

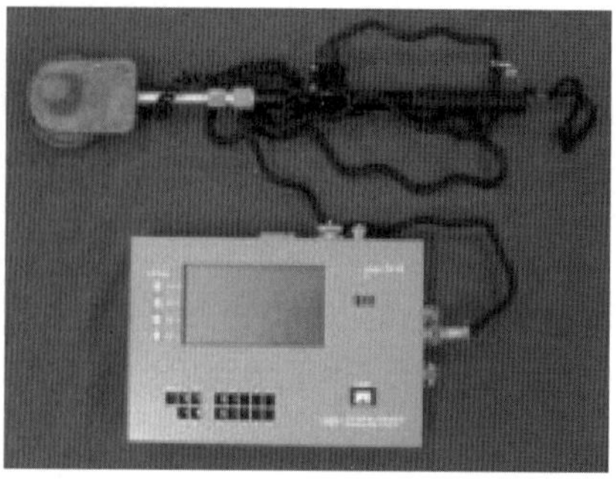

(b) TR-01

사진 6.3 철근부식도 측정 장비

철근부식에 대한 육안조사방법은 철근의 부식이 의심되거나 부식유발 가능성이 있다고 판단되는 손상부(백태, 균열 등)에서 철근 위치까지 코어시료를 채취하여 육안으로 철근의 부식도를 파악하는 방법이며, 이에 대한 판정기준은 표 6.7과 같다.

자연전위법에 의한 조사방법은 철근탐사기로 철근을 찾아 콘크리트를 철근 위치까지 파쇄하여 철근을 노출시킨 후 노출된 철근에 장비의 단자 한쪽을 물려 전기를 방출하고, 다른 단자는 미리 찾은 철근을 따라 일정간격으로 전위차를 측정하는 것이다. 이때 철근의 깨어내기 장소는 가능한 측정면 또는 그 부근이 바람직하며, 깨어내기 작업을 할 때는 철근에 손상이 가지 않도록 주의해야 한다. 그리고 측정 부위의 철근이 철근접속용 리드선에 연결 철근과 결속되어 있는지 여부를 검사해야 한다. 이때 국부적으로 철근을 노출시킨 경우 철근의 부식면적, 부식깊이 등의 부식상황을 관찰·기록하여 부식 정도를 파악해야 한다.

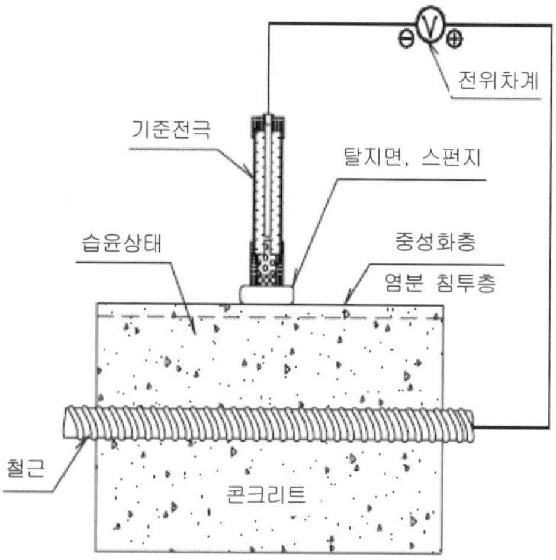

그림 6.5 자연전위장치 및 측정방법

통형 기준전극을 사용할 경우에는 자연전위의 측정은 그림 6.5와 그림 6.6에 나타낸 바와 같이 탈지면 등에 물을 적시고 충분히 짜내서 콘크리트 표면에 대고 그 위에 통형의 기준전극을 설치하여 철근 바로 위 또는 격자상에서 한 점씩 측정하여 기록한다.

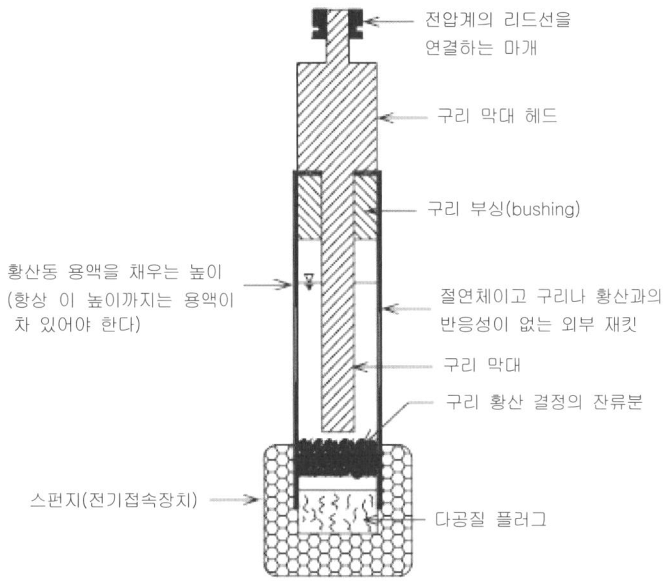

그림 6.6 동-황산동 반전지의 단면

이와 같은 방법으로 측정된 전위값으로 철근이 부식환경에 노출된 정도를 파악할 수 있으며, 국부적으로 철근을 노출시킨 경우 육안조사를 통해 철근부식도를 평가할 수 있다.

표 6.7 철근부식 정도의 육안판정 기준

발 청 도	철근표면의 발청상태
Ⅰ	눈에 띠는 녹이 없으며, 거의 전면에 검은 흑피가 남아 있다.
Ⅱ	부분적으로 뜬 녹이 있으며, 작은 면적의 반점상이다.
Ⅲ	비교적 넓은 면적에 녹이 있으며, 부분적으로 층상의 녹이 있다.
Ⅳ	대부분의 범위에 층상의 두꺼운 녹이 있다.
Ⅴ	단면결손이 심하다.

(a) CANIN

(b) TR-01

사진 6.4 철근부식 시험기를 사용한 측정

철근콘크리트구조물에서 녹물 유출이나 철근방향의 균열 발생은 철근의 부식이 상당히 진전된 단계에서 나타나는 현상이다. 이때 콘크리트 중의 철근부식은 전기화학적 현상이므로 초기단계의 철근부식을 비파괴적으로 검출할 수 있는 유일한 방법이 전기화학적 방법이다.

KS F 2712에서는 콘크리트 중의 철근부식 활성도를 결정하기 위한 목적으로 현장 또는 실험실 콘크리트 중에 도막되지 않은 철근의 반전지 전위(half-cell potentials)를 측정하는 방법에 대하여 규정하고 있다.

ASTM C 876에서는 자연전위법과 철근의 부식 관계에 대한 판정기준을 작성하여 검사에 적용하고 있으나 표 6.8은 ASTM 기준에 약간의 수정을 가하여 실구조물에 적용하고 있으며 최근의 자료에 의하면 ( ) 안의 값이 더 타당한 것으로 알려지고 있다.

표 6.8 준 ASTM에 의한 자연전위와 부식 확률평가

부식성 등급	자연전위 E (mV)	부식 확률
Ⅰ	E > ± 0 (−100)	부식 없음(0%)
Ⅱ	(−100) 0 ≥ E > −200	10% 이하의 확률로 부식 발생
Ⅲ	−200 ≥ E > −350	50%의 확률로 부식 발생
Ⅳ	−350 ≥ E > −500	90% 이상의 확률로 부식 발생
Ⅴ	−500 ≥ E	100%의 확률로 부식 발생

시험 예를 보면 다음과 같다.

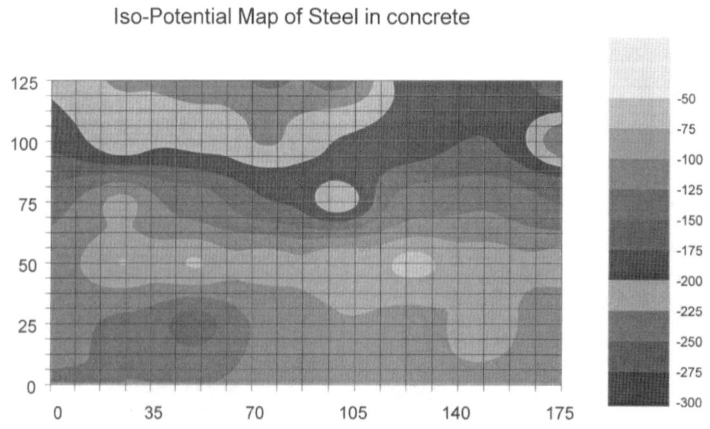

그림 6.7 Half-Cell에 의한 철근부식도 측정결과(Contour)

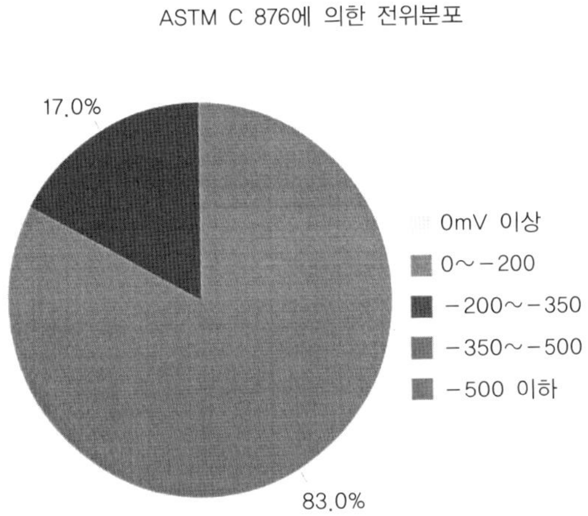

그림 6.8 전위분포도(Diagram)

6.2.5 초음파전달속도법에 의한 균열깊이 측정

본 시험은 콘크리트에 발생된 균열을 초음파 시험기를 이용하여 송신 탐촉자로부터 발신된 초음파가 발생된 균열을 따라 수신 탐촉자까지 도달된 시간을 측정하여 콘크리트의 균열깊이를 측정하는 데 있다. 경화된 콘크리트는 건전부와 균열부에서 측정되는 초음파 전달시간에 차이가 있어 전달속도가 다르다. 이러한 전달속도의 차이를 분석함으로써 균열의 깊이를 평가할 수 있다. 이처럼 전달시간을 기초로 균열깊이를 추정하는 방법은 Tc-To법, BS법, T법이 주로 이용된다. 이들 방법은 그림 6.9와 같이 송신 탐촉자로부터 발신된 초음파가 균열선단을 향해 직진하여 균열 선단에서 회절한 후 수신 탐촉자를 향해 직진하는 경로를 거치는 것으로 가정하고, 그 기하학적 조건으로부터 균열깊이를 역산하여 구한다. 따라서 전달시간을 정확히 측정해야 하고 균열깊이를 추정할 때 가정한 전파경로를 따라 초음파를 포착할 수 있어야 한다.

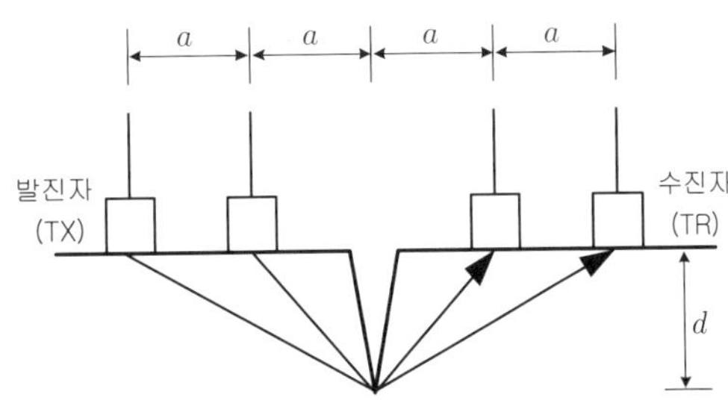

그림 6.9 초음파의 전달경로

측정부의 상황에 따라 측정방법을 결정하고 철근탐사 등을 통해 철근의 영향이 적은 장소와 측정면의 위치가 균열이 없는 부분을 측정점으로 결정하여 시험을 실시한다. 측정면은 그라인더 등으로 요철을 제거하고 측정 균열 내부의 먼지나 물은 깨끗하게 제거한 후 실시해야 한다. 측정거리는 일반적으로 균열로부터 100mm 이상으로 하는 것이 바람직하다.

시험에 영향을 미치는 요인으로는 탐촉자 설치간격의 측정거리 오차, 탐촉자가 콘크리트 측정면에의 밀착도와 철근 유무, 균열의 길이, 폭, 형상 등에 의해 영향을 받을 수 있으므로 시험시 주의해야 한다.

사진 6.5 초음파 속도법에 의한 균열깊이 측정

가. Tc-To법

Tc-To법은 측정 대상인 콘크리트구조물의 균열부와 건전부에서 측정하고, 각 시험데이터를 비교하여 균열깊이를 산출하는 방법이다. 균열부분을 중심으로 그림 6.10과 같이 등간격으로 배치하여 발진자(TX)로부터 발신된 초음파가 콘크리트 내를 전파하여 균열 선단부를 거쳐 수진자(TR)에 도달하기까지의 시간 Tc를 구한다. 그리고 비교대상으로서 건전부를 대상으로 동일한 방법으로 거리 L과 초음파 전파시간 To를 구하여 균열깊이를 구하며, 그 상관관계식은 다음과 같다.

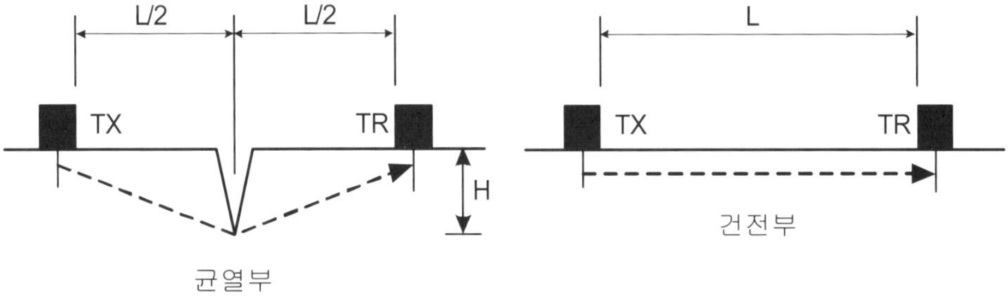

그림 6.10 Tc-To법 측정도

$$균열깊이(H) = X\sqrt{\left(\frac{T_c}{T_0}\right)^2 - 1}$$

여기서, $T_0 = \frac{2X}{V}$: 균열이 없는 건전부의 초음파 전달속도

$T_c = \frac{2\sqrt{X^2 + H^2}}{V}$: 균열면 주위의 초음파 전달속도

$X = \frac{L}{2}$

나. BS법

BS법은 균열부분을 중심으로 발진자와 수진자를 일정간격으로 설치하고, 각각 전파시간을 구하는 방식이다. 단, 균열로부터 발진자와 수진자까지의 거리는 균열로부터 탐촉자 단부까지의 거리로 하고, 발진자와 수진자의 간격은 150mm, 300mm로 한다.

간격이 150mm인 경우 전파시간 t_1, 300mm 간격인 경우의 전파시간 t_2를 구하고 균열깊이 d를 아래 식으로 구한다.

$$d = 150\sqrt{\frac{4t_1^2 - t_2^2}{t_2^2 - t_1^2}}$$

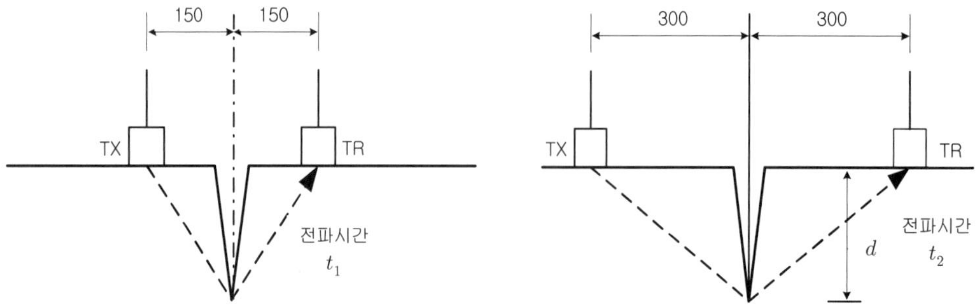

그림 6.11 BS법 측정도

다. T법

T법은 수진자를 순차적으로 이동시켜 균열에 의한 초음파 전파시간 지체를 나타낸 그래프상으로부터 데이터를 읽는 방식이다. T법에서는 균열로부터 거리 a만큼 떨어진 위치에 발진자를 고정시키고 수진자를 발진자로부터 일정간격으로 이동시켜 각 점에서의 전파시간을 측정한다. 측정하여 얻어진 전파거리와 전파시간의 관계를 그래프상에 나타내어 주시(走時)곡선을 작성하고, 이 그래프로부터 균열에 기인하는 불연속 위치를 구하고 지연시간 T를 산출하며, 균열깊이 d는 다음 식으로 구한다.

$$d = \frac{T\cot\alpha\,(T\cot\alpha + 2a)}{2(T\cot\alpha + a)}$$

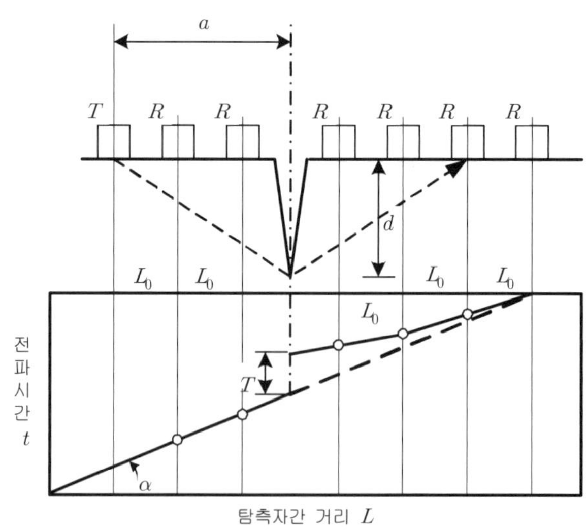

그림 6.12 T법 측정도

6.3 콘크리트구조물의 상태파악조사

6.3.1 콘크리트 압축강도 평가

비파괴강도 평가는 최소한 2개 이상의 방법을 적용하여 평가하는 것을 원칙으로 한다. 비파괴강도 평가는 세부 평가대상을 구조부재별, 즉 바닥판 및 주형과 같은 상부구조와 교대, 교각과 같은 하부구조 등을 경간별로 구분하여 측정·분석한다. 비파괴강도 조사결과가 설계기준강도와 15% 이상의 편차를 보일 경우 코어강도를 기준으로 전체 비파괴강도의 측정결과를 보정한다. 재료에 대한 비파괴강도 시험을 실시할 경우 각 구조부재별로 최소 5개소 이상을 실시하는 것을 원칙으로 한다. 강도 및 내구성 평가를 위한 시료를 채취한 곳에는 반드시 보수용 모르타르를 이용하여 보수해야 한다.

6.3.2 반발경도법

본 시험은 스프링 작동식 해머를 측정 대상 콘크리트 표면에 타격하여 얻어진 반발경도로부터 콘크리트 압축강도를 추정하는 데 목적이 있다. 콘크리트의 균질성 평가나 콘크리트의 압축강도 추정, 거푸집이나 동바리 제거시기를 결정할 때 이용할 수 있다. 본 시험에 의한 콘크리트 압축강도의 측정범위는 일반적으로 10~60MPa 범위 내에서 적용하는 것으로 한다.

반발경도법은 슈미트 해머(schmidt hammer)를 사용하여 콘크리트 표면의 반발경도를 측정한다. 슈미트 해머에 의한 시험결과는 원칙적으로 콘크리트의 품질균등성을 평가하기 위하여 사용하며, 시험결과를 콘크리트강도 추정식에 사용할 수 있다. 이때 강도추정은 사용자에 의해 미리 작성된 반발도와 강도의 관계를 이용하거나 신뢰성 있는 국내외 연구 결과를 이용한다.

슈미트 해머는 해머를 콘크리트 표면에 타격하여 반발되는 거리, 즉 반발도를 측정하는 장비이다. 이 반발거리는 콘크리트의 표면반발경도에 의하여 결정되며, 슈미트 해머는 그 목적에 따라 적절한 기종을 선택하여야 한다. 일반적으로 사용하는 NR형 슈미트 해머는 15MPa 이상의 강도에 적용 가능하며, 콘크리트강도가 그 값 이하인 경우에는 P형 슈미트 해머를 사용한다.

다음의 표 6.9는 슈미트 해머의 각 형식별 용도에 대하여 기술한 것이다. 현재 가장 많이 사용되고 있는 것은 N형(NR형)의 슈미트 해머로서 본 절에서도 슈미트 해머 NR형을 기준으로 설명하려 한다. 슈미트 해머 N형의 구조는 사진 6.6(a)와 같다. 슈미트 해머는 정기적으로 점검해야 하는데 자주 사용하는 경우 반년에 한 번, 그 외에는 1년에 한 번 정도의 점검 및 보정을 실시하는 것이 좋다.

표 6.9 슈미트 해머의 종류 및 형식별 용도

종류	적용대상	충격에너지 (kgf·m)	강도측정범위 (MPa)	자중 (kg)	용도 및 비고
N형	보통콘크리트	0.225	15~60	1.0	· 보통 건축물과 교량구조물 · 반발도 직독식
NR형	보통콘크리트	0.225	15~60	1.4	· N형과 동일, 기록장치가 부착 · 반발도 자기기록식
L형	경량콘크리트	0.075	10~60	1.2	· N형 축소판, 경량 또는 인조석의 작고 충격에 민감한 부분시험 · 반발도 직독식
LR형	경량콘크리트	0.075	10~60	1.2	· L형과 동일 · 반발도 자기기록식
P형	저강도콘크리트	0.090	5~15	2.7	· 무게가 가벼운 건축자재, 회반죽 건축물 및 포장재와 같이 경도와 강도가 낮은 물질 · 전자식
M형	매스콘크리트	3.00	60~100	12.0	· 콘크리트 도로포장, 비행장활주로, 댐, 암반 등 매스콘크리트 · 반발도 직독식

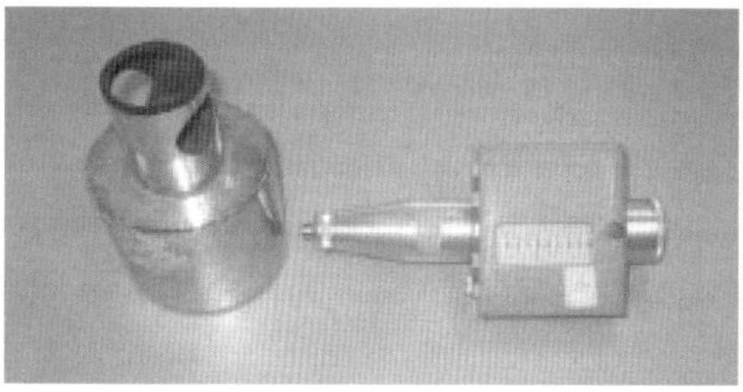

(a) NR형 및 Anvil

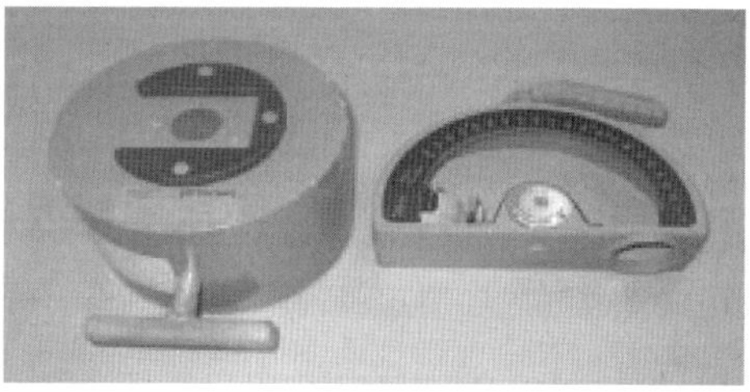

(b) P형 및 Anvil

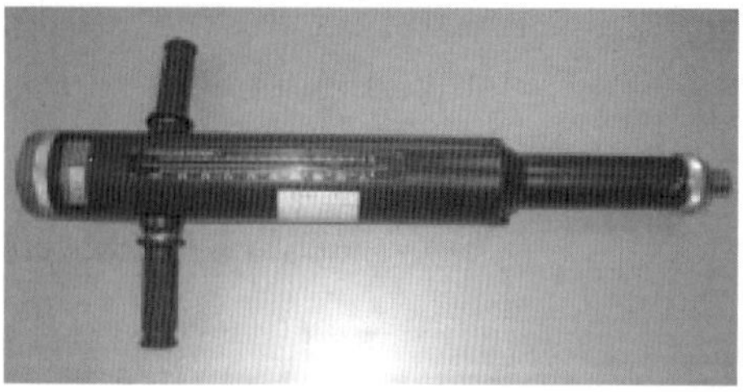

(c) M형

사진 6.6 반발경도 측정기

손쉽게 반발도를 검정하는 방법으로는 특수제작된 금속 앤빌(Test Anvil)에 슈미트 해머를 타격하여 기준값의 정확성 여부를 확인하는 것이다. 반발경도를 측정하고자 하는 콘크리트는 최소 100mm 이상의 두께를 확보하고, 구조요소 내에 고정된 부위이어야 한다. 이보다 작은 경우에는 견고하게 고정되어 있어서 타격에너지에 의한 구조적 처짐 발생이 크지 않아야 한다. 측정점 선정 시 표면에 불순물이나 공극이 많거나 거친 표면과 골재가 노출되어 골재를 타격할 가능성이 있는 부위는 피하고, 연마석이나 그라인더 등으로 측정 부위를 평탄하게 하여 측정한다.

또한 측정 부위의 건습 정도와 중성화는 콘크리트 표면 반발도에 영향을 미치므로 측정 시 이를 보정하기 위하여 측정 24시간 전에 측정 부위를 습윤시켜 타격을 실시하기도 하고, 6개월 이상 재령이 경과된 콘크리트에서는 표면을 1mm 이상의 깊이로 연마하여 타격을 실시하기도 한다.

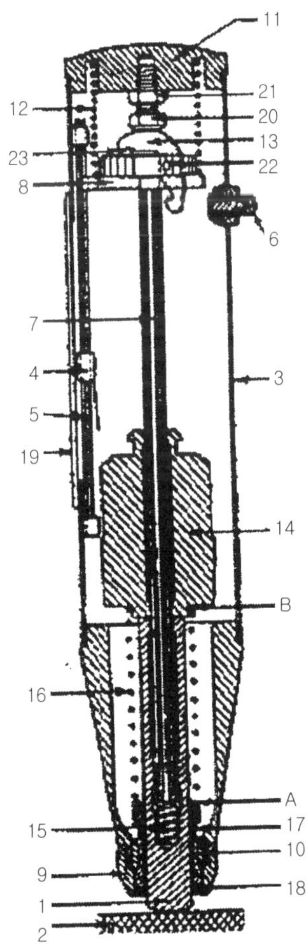

1. 플랜저
2. 콘크리트 표면
3. 하우징
4. 시짐
5. 스케일
6. 푸시버튼
7. 애머가이드바
8. 디스크
9. 캡
10. 링
11. 커버
12. 압축스프링
13. 이고정
14. 해머
15. 소스프링
16. 임팩트스프링
17. 가이드슬리브
18. 펠트워셔
19. 스케일커버
20. 조정나사
21. 록너트
22. 핀
23. 이고정스프링

A. 가이드슬리브측 스프링설치구멍
B. 해머측 스프링설치구멍

그림 6.13 슈미트 해머(N형)의 내부구조

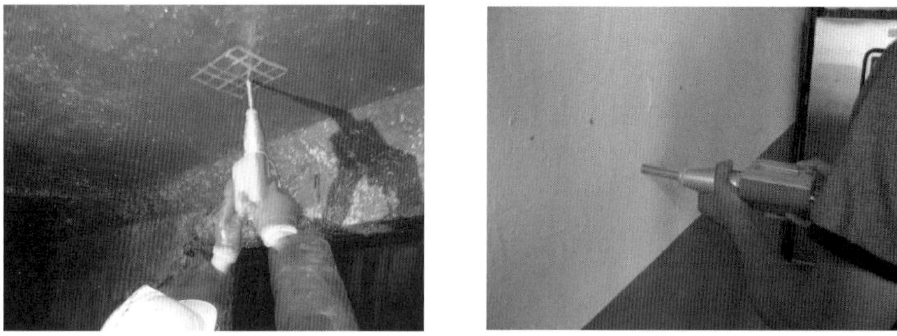

(a) 상향타격　　(b) 수평타격

사진 6.7 슈미트 해머(NR형)에 의한 반발경도시험

반발경도법에 의한 측정을 시행할 때 주의할 점은 다음과 같다.

- 측정 표면에 대하여 해머는 수직으로 타격되도록 하고 결과분석 시 해머의 중력방향에 대한 경사를 고려하여야 한다.
- 1개소의 측정에 대해 콘크리트 부재의 모서리에서 60mm 이상 들어간 곳을 타격지점으로 선정하고, 30mm 이상의 간격을 유지하도록 종, 횡으로 5개의 선을 그어 직교되는 25개 타격점으로 한다.
- 반향이나 파인 부위의 형상을 판단하여 이상하다고 판단되는 반발도 값 또는 그 오차가 평균의 ±20%를 벗어나는 값을 제외하고, 나머지 값의 평균으로 그 개소의 반발도를 나타낸다.

표 6.10 반발경도 보정치

R \ a	보 정 치				비 고
	+90°	+45°	−45°	−90°	
10			+2.4	+3.2	
20	−5.4	−3.5	+2.5	+3.4	상향 수직타격 +90°
30	−4.7	−3.1	+2.3	+3.1	
40	−3.9	−2.6	+2.0	+2.7	하향 수직타격 −90°
50	−3.1	−2.1	+1.6	+2.2	
60	−2.3	−1.6	+1.3	+1.7	

주) 보정은 다음 식에 의한다.

$R = R_0 + \Delta R$

R : 보정한 값, R_0 : 측정값, ΔR : 보정값

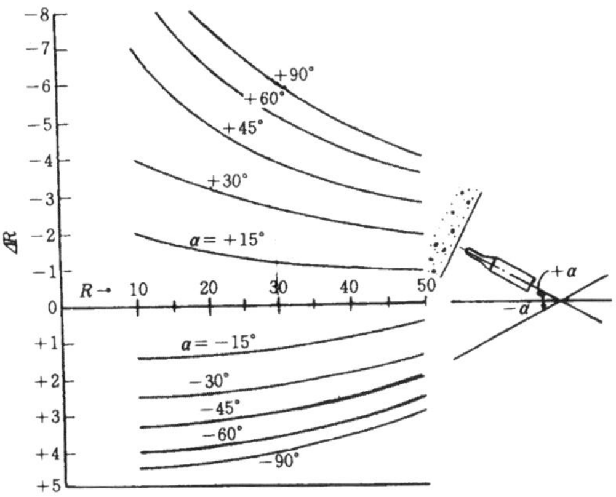

그림 6.14 타격방향이 수평이 아닌 경우의 보정치(ΔR)

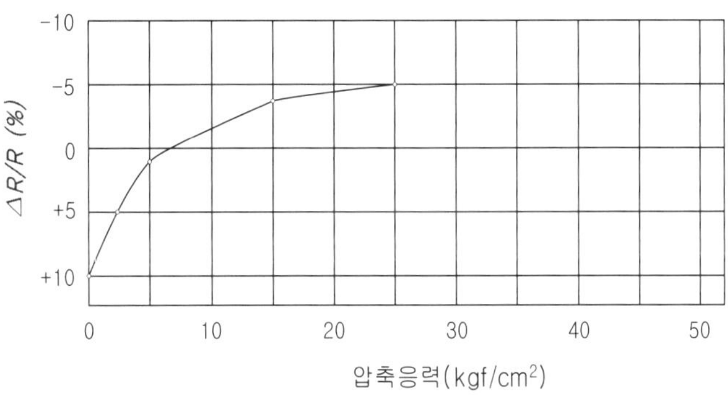

그림 6.15 압축응력에 따른 반발경도의 보정곡선

콘크리트는 함수율이 증가함에 따라 반발경도가 저하되므로 가능하면 표면이 젖어 있지 않은 상태에서 시험하여야 한다. 그러나 습윤상태를 피할 수 없는 경우에는 다음 일본 토목연구소에서 제시하고 있는 방법에 따라 반발경도를 보정하는 것이 바람직하다. 측정 위치가 습하고 타격의 흔적이 보이는 경우 보정값으로 3을 더하고, 측정 위치가 완전히 젖어 있는 경우 보정값으로 5를 더한다.

콘크리트 재령이 경과함에 따른 반발경도와 압축강도의 상관관계는 변한다. 콘크리트의 탄산화는 콘크리트 표면을 단단하게 하여 표면과 내부의 반발경도가 상이하게 되며, 이를 고려하여 재령보정계수를 사용하여 평가해야 한다. 재령에 대한 보정은 다음 표 6.11의 값을 측정된 평균반발도에 곱하여 사용하기도 한다.

표 6.11 재령에 의한 보정계수

재령(일)	10	20	28	50	100	150	200	300	500	1000	2000	3000
α	1.55	1.15	1.00	0.87	0.78	0.74	0.72	0.70	0.67	0.65	0.64	0.63

주) 장기재령 시의 콘크리트강도를 추정할 때는 재령 28일의 강도추정식에 의하여 구한 강도에 표시한 재령계수를 곱함.

표면 반발도로부터 콘크리트강도 추정은 측정 대상과 같은 종류의 콘크리트에 대하여 미리 구해 놓은 압축강도와 반발도의 상관관계로부터 구하여 시행하는 것을 원칙으로 한다. 품질관리를 목적으로 시행하는 경우에는 콘크리트 타설과 더불어 제작된 공시체를 이용하고, 내구진단을 목적으로 하는 경우에는 코어를 이용하여 상관관계를 얻을 수 있다. 그러나 상관관계를 구할 수 없는 경우에는 신뢰할 수 있는 반발도-압축강도 상관관계식을 이용한다.

표 6.12 반발경도와 압축강도의 상관관계식

연 구 자	추 정 식	비고
한국도로공사	$f_c = a + (b \cdot R) + (c \cdot R^2)$	측정온도 등 고려
US Army시험소	$f_c = (-120.6 + 8.0R + 0.0932R^2) \times 0.098$	
일본재료학회	$f_c = -18.0 + 1.27R$	
동경도 건축재료검사소	$f_c = (10R - 110) \times 0.098$	
일본건축학회	$f_c = 110 - 7.3R$	보통콘크리트
	$f_c = 2 + 10.1R$	경량콘크리트

6.3.3 초음파 전달속도법

초음파 전달속도법은 음향적 방법인 공진법과 음속법 및 음향방출(Acoustic Emission, AE) 검사법 중 음속법의 하나로 초음파의 투과속도가 콘크리트 밀도 및 탄성계수에 따라 변화하는 것을 이용하며, 콘크리트를 통과하는 시간을 측정하여 이로부터 콘크리트의 강도, 결함의 유무, 균열 및 콘크리트의 내부분리, 공동현상 등을 추정하는 비파괴방법이다. 그러나 강도추정의 정확도는 높지 않으며 일반적으로 콘크리트의 강도 및 품질 비교 또는 균열깊이를 판정하는 수단으로 이 방법을 사용하고 있다.

이 시험장비는 기본적으로 전기적 펄스 발생회로, 한 쌍의 탐측자(발진자, 수진자), 수진 증폭기, 디스플레이 유닛, 시간측정회로 및 연결케이블로 구성된다. 그림 6.16은 펄스속도시험 장치의 개념도를 나타낸 것이다.

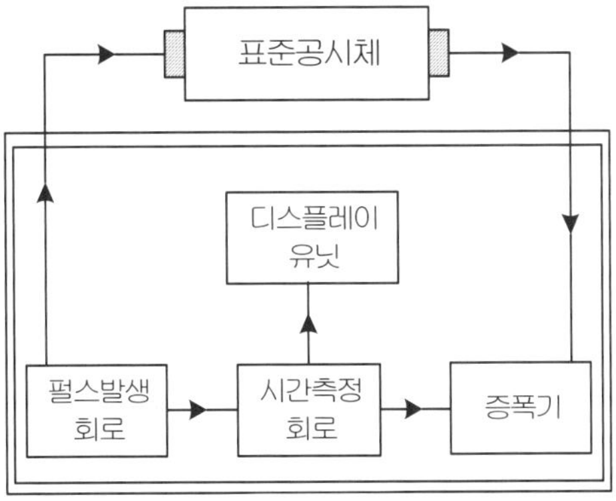

그림 6.16 펄스속도시험 장치의 개념도

이 장비의 작동원리는 초음파 속도를 이용한 비파괴검사법으로 발진자와 수신자에 의해 콘크리트를 통과하는 초음파펄스의 전달시간을 측정하여 초음파 속도로 변환하고 콘크리트강도와의 상관관계를 도출하여 압축강도를 추정할 수 있다.

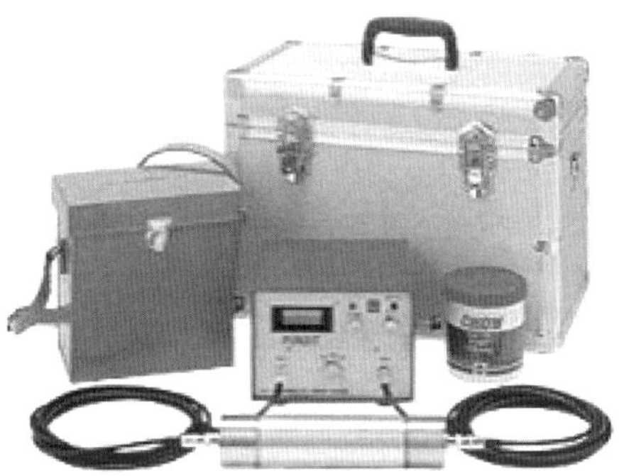

(a) Pundit

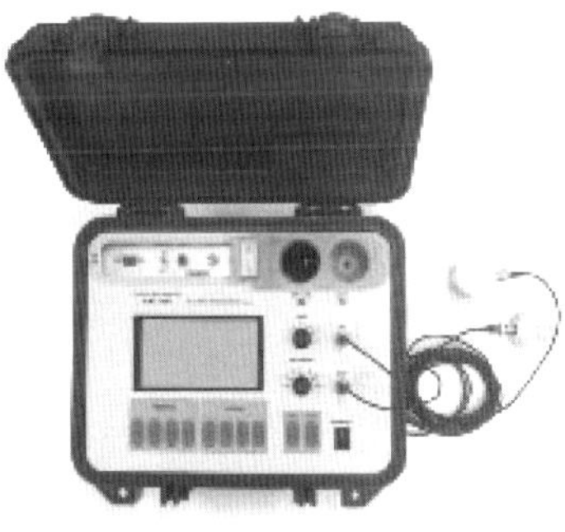

(b) TR300

사진 6.8 초음파 속도측정기

초음파시험에 있어서 측정 대상 콘크리트는 다음의 조건을 만족해야 한다. 첫째, 측정거리는 콘크리트의 이질적인 성질이 영향을 미치지 않도록 충분히 길어야 한다. 둘째, 최소 투과거리는 사용골재의 최대 호칭치수가 20mm 미만인 콘크리트의 경우 100mm 이상이어야 하고, 골재의 최대 호칭치수가 20~40mm인 콘크리트의 경우 150mm 이상을 원칙으로 한다. 셋째, 탐측자와 접촉하는 콘크리트면은 평활하게 하고 서로 마주보는 면에서의 측정(직접법)이 가능한 위치를 원칙으로 하지만 현장여건이 용이하지 않은 경우 간접법으로 측정하고 적절한 보정을 해야 한다. 넷째, 철근콘크리트에서는 원칙적으로 철근에 의한 음속의 영향을 받지 않는 위치에서 시험을 실시한다.

시험대상이 기 시공된 구조물인 경우 기둥, 보, 벽체, 바닥 및 기초 등 어디든지 가능하지만 구조물의 점검이나 진단 시 시험위치 선정은 외관조사 결과에 따라 결함으로 추정되는 부위와 구조물의 주요부재를 대상으로 실시해야 한다. 초음파 속도법에 의한 측정 시 측정면은 평탄하고 균열이 없는 곳을 선정하고, 콘크리트 표면에 페인트 도장이나 모르타르 등의 마감재로 덧씌운 곳은 표면을 제거하고 요철, 공극, 자갈 노출부는 피하여 위치를 선정한다. 그리고 표면을 처리할 때는 그라인더로 요철, 분말 등을 제거하고 측정 부위의 종횡방향으로 최소 500mm 이상을 그라인딩해야 하며, 습도가 높고 비가 내리는 경우나 구조체가 습윤된 경우는 가능하면 피하도록 한다.

초음파 속도에 영향을 미치는 요인으로는 콘크리트의 함수량, 콘크리트 온도, 측정거리, 시험체의 형상, 철근과 같은 매립물질, 접촉매질 등에 의해 영향을 받을 수 있으므로 초음파 속도를 보정해야 한다. 특히 콘크리트 함수 수분은 음속에 큰 영향을 미치며, 습윤상태일수록 파속은 커지게 된다. 연구문헌에 의하면 함수율이 1% 증가하면 음속은 약 50~100m/s 증대하므로 강우 등에 의해 콘크리트가 습윤된 경우에는 측정을 자제해야 한다. 또한 콘크리트의 온도변화에 따라 초음파 속도가 변하며, 고온상태에서 콘크리트는 수분 증발과 내부의 미세균열 발생으로 초음파 속도는 현저하게 저하된다. 저온으로 인해 콘크리트가 동결된 경우에는 초음파 속도가 증대하므로 이에 대하여 측정된 초음파 속도의 보정이 필요하다.

표 6.13 온도변화에 따른 초음파 속도의 보정

온도(℃)	초음파 속도에 대한 보정치(%)	
	건조콘크리트	습윤콘크리트
60	+5.0	+4.0
50	+3.5	+2.8
40	+2.0	+1.7
20	0	0
0	−0.5	−1.0
−4 이하	−1.5	−7.5

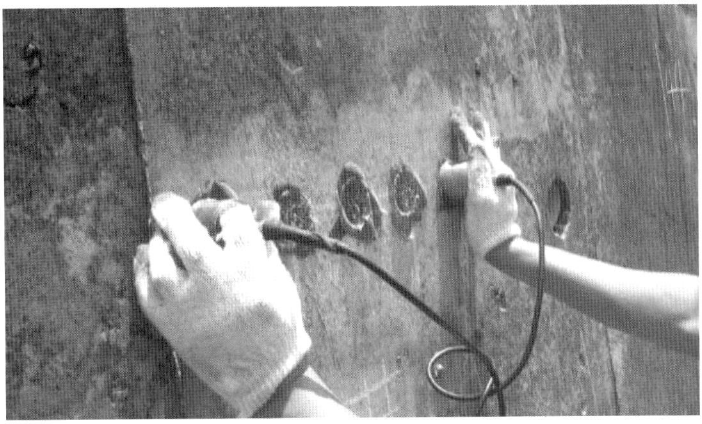

사진 6.9 초음파 강도시험

압축강도 추정은 측정된 자료를 분석하여 전파속도를 결정하고, 현장에 적합한 강도 추정식을 선정하여 평가한다. 분석된 초음파 전달속도에 의한 콘크리트의 압축강도 추정은 표 6.14와 같이 기존에 제안된 강도추정식을 이용하여 도출한다. 강도추정의 신뢰성을 높이기 위해 대상 구조물의 설계기준강도별로 최소한 3개소의 코어를 채취하여 측정한 코어강도와 비교하여 상관관계가 가장 양호한 추정식에 보정계수를 곱하여 보정한다. 초음파 속도와 압축강도의 상관관계를 도출한 제안식은 다음 표 6.14와 같다.

표 6.14 기존 제시된 강도추정식에 의한 강도추정

연 구 자	추 정 식(MPa)	비 고
일본건축학회식	$F_c = (215\,V_d - 620) \times 0.098$	V_d : 초음파전달속도 (km/s)
일본재료학회식	$F_c = (102\,V_d - 117) \times 0.098$	
J. Pysziak 제안식	$F_c = (92.5\,V_d^2 - 508\,V_d + 782) \times 0.098$	
谷川 제안식	$F_c = (172.5\,V_d - 499.6) \times 0.098$	

여기서, V_d는 직접속도이며, 측정된 값은 간접속도를 나타내므로 코어채취에 의한 직접속도에 대한 별도의 시험이 없으면 $V_d = 1.05\,V_i$를 적용한다.(단, V_i는 간접속도)

선정된 강도추정식에 다음과 같이 산출한 보정계수를 추정식에 곱하여 대상 현장의 압축강도를 평가한다.

$$C_t = \left(\sum_{i=1}^{k} \frac{R_{pr}}{R_{st}} \right) / k$$

여기서, C_t : 보정계수

R_{pr} : 코어압축강도(MPa)

R_{st} : 비파괴시험에 의해 평가된 강도(MPa)

6.3.4 조합법에 의한 강도추정

가. 개요

조합법은 콘크리트의 강도추정 시 신뢰성을 높이기 위하여 두 가지 이상의 비파괴검사 방법을 병행하여 실시하는 것으로서 여러 가지 조합이 있다. 즉 보통 반발경도법과 초음파 속도법을 병행하는 것이 가장 많이 쓰이고 있다.

조합법을 현장구조물에 적용하는 경우에는 콘크리트 강도추정을 위한 각 비파괴시험법들이 그러하듯이 콘크리트 배합조건, 사용이력 및 현장상태, 사용자의 전문성 등에 따라 압축강도와의 상관관계에 많은 영향을 미치므로 한계가 있다.

나. 적용 시 주의사항

일본건축학회의 '콘크리트 강도추정을 위한 비파괴시험방법 매뉴얼'에 의하면 조합법에 의한 압축강도의 추정은 10MPa 이상, 60MPa 이하의 콘크리트에 대해서만 적용하며 재령이 3개월 이상인 콘크리트에서의 반발경도(R)는 실측치의 0.9배로 하고 초음파 속도(V_p)는 직접법에 의한 측정값만을 사용하도록 하고 있으므로 표면법에 의한 V_p를 사용하는 경우에 보완하여 사용한다.

다. 강도 추정방법

지금까지 제안되어 온 실험식 중에서 대표적인 것은 다음과 같다.

RILEM CNDT소위원회 공동실험결과 제안식

$$F_c' = 8.2R_0 + 269\,V_p - 1,094$$

RILEM식

$$\log 10\,F_c = 0.3794\,V_p + 0.01149R_0 + 0.4332$$

$F_c' = 0.86F_c$

F_c' : 콘크리트 강도

R_0 : 슈미트 해머에 의한 보정 반발강도

V_p : 초음파 전달속도(km/sec)

6.3.5 코어강도시험

이 방법은 현장에서 코어를 채취하여 콘크리트의 압축강도를 추정하는 국부파괴시험으로 비파괴시험과는 구별되지만 구조물의 실제강도를 추정하는 데 있어 신뢰도가 가장 높다. 현장조사에서 필요한 수량만큼 코어를 채취하는 것은 구조물에 나쁜 영향을 끼칠 수 있으므로 비파괴시험에서 도출된 회귀식과 상관계수 적용에 필요한 수량만을 채취하게 된다.

코어의 수분 함유에 있어 포화건조상태는 공기중 건조상태에 비해 10~15% 정도의 낮은 값을 나타낸다. 따라서 실제 현장의 콘크리트강도를 결정할 때는 채취된 코어와 현장 콘크리트의 수분상태를 고려하여 시험하는 것이 중요하며 코어는 콘크리트의 각종 물성과 강도시험을 실시하고, 통상적으로 비파괴시험에 의한 분석자료와 비교하여 판단한다.

사진 6.10 코어압축강도시험

현장에서 채취한 코어는 실내에서 제작된 공시체와 다른 여러 가지 조건이 발생하므로 다음과 같은 영향을 고려하여 보정해 주어야 한다.

가. 공시체 크기의 영향

KS F 2405에서 사용되는 콘크리트강도 시험용 표준공시체는 ϕ150×300(mm)의 원주형 공시체를 사용하며, 최대치수 25mm 이하인 굵은골재를 사용한 콘크리트는 ϕ100×200(mm)의 원주형 공시체를 이용하여 시험해도 좋다고 하였으나 공시체의 형상이 닮은꼴이면 공시체의 치수가 작을수록 압축강도는 크게 나타나는 경향이 있으므로 설계기준에서는 ϕ100×200(mm) 코어공시체의 경우에는 강도보정계수 0.97을 곱하여 ϕ150×300(mm)의 공시체 압축강도로 보도록 규정하고 있다.

나. 높이와 직경의 영향

현장에서 코어를 채취할 때 현장여건에 따라 코어의 높이와 직경이 각각 다르게 채취된다. 일반적으로 높이/직경비가 작을수록 강도가 크게 되므로 KS F 2405에 의하며 코어강도시험 시 높이/직경비가 2인 코어의 사용을 표준으로 한다. 따라서 높이/직경비가 2가 아닌 경우, 표 6.15의 보정계수를 사용하여 코어강도를 보정해야 한다.

표 6.15 코어강도의 높이와 직경비에 의한 보정계수

높이/직경비(h/d)	보정계수	비고
2.00	1.00	h/d가 중간값인 경우에는 직선보간법을 이용하여 보정계수를 구한다.
1.75	0.98	
1.50	0.96	
1.25	0.93	
1.00	0.89	

다. 매립철근 지름의 영향

코어를 가로지르는 철근이 있는 경우에는 시험결과 5~10% 정도가 감소하며, 코어 비트에 따라 약간의 차이는 있으나 철근의 직경이 증가함에 따라 코어강도는 저하되는데, 건설교통부 교량관리체계 개선(1995) 보고서에 의거하여 철근의 직경에 따른 코어강도 영향은 그림 6.17과 같다.

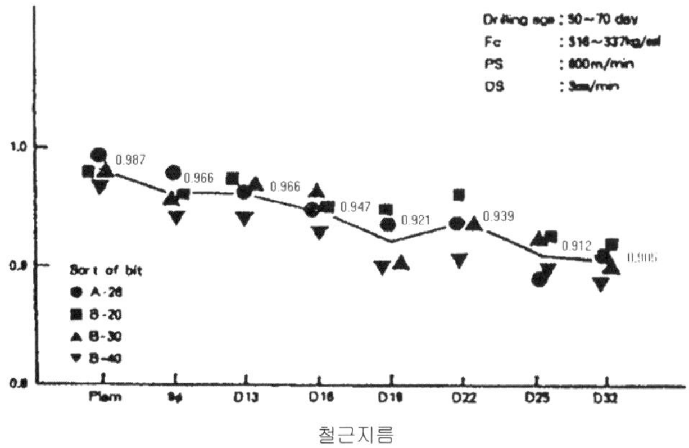

그림 6.17 코어강도/표준공시체 강도비에 미치는 철근지름의 영향

라. 코어 채취 위치와 방향의 영향

코어는 일반적으로 구조물의 최상단에서 가장 낮은 강도를 가지며 밑으로 깊이가 커질수록 코어의 강도는 증가하지만 300mm 이상의 두께에서는 더 이상의 강도 증가는 없는 것으로 보고되었다. 또한 수평방향으로 채취된 코어는 수직방향의 코어보다 큰 값으로 나타나며, 여러 연구결과에 의하면 평균오차 5~8% 정도로 보고되었다.

마. 재령의 영향

실제 구조물에서는 표준공시체의 양생조건과 동일한 양생방법을 기대할 수 없으므로 콘크리트구조물의 재령이 경과함에 따라 강도가 증가하더라도 표준양생한 공시체의 28일 압축강도보다 크지는 않다. 따라서 현장양생한 구조물의 코어강도는 표준공시체의 28일 압축강도와 같이 보는 것이 일반적이며, 코어강도에 대해서는 재령에 대한 보정을 하지 않는다.

6.4 철근탐사시험

일반적으로 철근배근상태 조사는 부재의 국부파괴법과 비파괴시험법이 있다. 부재의 국부파괴법은 경제적인 측면과 구조물의 피해 등을 발생시킬 수 있는 부정적인 영향이 있으므로 비파괴시험법을 통한 방법으로 구조물의 전반적인 철근배근상태를 확인하는 것이 일반적이다.

철근콘크리트구조체 내부에 배근되어 있는 철근의 위치, 방향, 피복두께 등을 추정하기 위하여 구조체 내부로 송신된 전자파가 전기적 특성이 다른 물질인 철근의 경계에서 반사파를 일으키는 성질을 이용한 측정기구가 철근탐사기이다. 철근탐사기는 자기감응원리에 의한 비파괴검사장비로 구조물의 슬래브, 벽체, 기둥 등에서 각 부재의 철근배근상태를 탐지한다.

철근탐사 장치는 현재 사용되고 있는 종류가 많으나 탐사원리에 따라 일반적으로 전자기유도방식인 ferroscan, profometer와 전자파레이더방식인 RC-Rader, Iron-seeker 등으로 크게 구분된다.

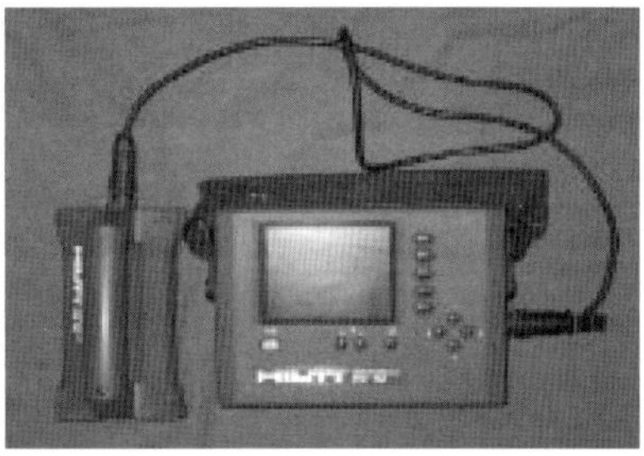

(a) Ferroscan

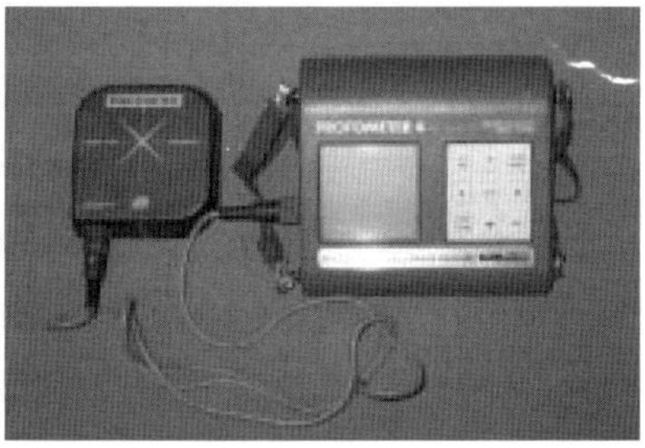

(b) Profometer

사진 6.11 전자기유도방식의 철근탐사장비

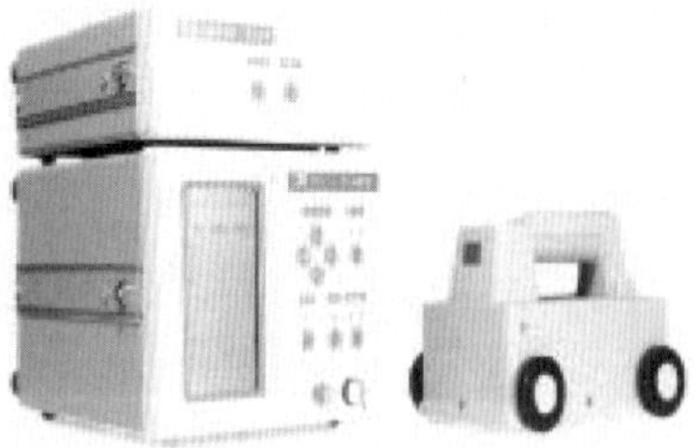

(a) RC-Rader

(b) Iron-seeker

사진 6.12 전자파레이더 방식의 철근탐사 장비

6.4.1 ferroscan

페로스캔(Ferroscan)의 원리는 한쪽의 센서 코일에서 1초당 11,000회의 전자기파를 발산하면 전자기파가 철근에 반사되어 다른 쪽의 센서 코일에 받아들여 피복두께, 철근 간격 및 직경을 구하는 자극유도원리(impulse induction principle)에 의하여 작동하며 이것이 모니터에서 영상으로 나타난다.

Ferroscan은 RV 10 모니터, RS 10 스캐너, RC 10 연결케이블, RG 10 모눈종이(600mm×600mm)로 구성되어 있다.

철근탐사 시 철근이 스캐너와 나란히 배근되어 있는 경우에는 탐지할 수 없기 때문에 탐사구역은 서로 직각방향으로 스캐너를 움직여야 한다. 철근의 직경은 철근배근 간격이 콘크리트 피복두께의 2배 이상인 경우에만 나타나며, 철근직경의 측정은 콘크리트 피복두께가 60mm 이내에서만 가능하다. 또한 측정 대상 철근의 지름은 D6 이상이어야 하며, 탐사면에 요철이 많은 장소는 결과의 신뢰성이 저하되고 복철근, 경사철근의 확인이 불가능하다.

철근탐사 방법은 다음과 같다. 먼저 RG 10 모눈종이를 찾고자 하는 철근과 평행하게 콘크리트 표면에 붙인 다음에 RS 10 스캐너를 모눈종이의 눈금과 평행하게 위치시킨다. RS 10 스캐너를 모니터에서 표시하는 방향으로 움직여서 스캐너를 수평, 수직으로 4회씩(150mm 간격) 작동시킨다. 이때 스캐너의 이동속도는 5~10m/min로 하고 측정방향은 철근의 직각방향으로 한다. 스캐너의 작업을 완료한 후 모니터상에 나타난 영상에서 철근의 직경, 배근간격을 분석한 뒤, 이 결과를 PC에 저장한다.

결과분석 시 출력전압과 피복두께의 곡선으로부터 피복두께를 추정하는 경우, 설계도서 등의 자료를 참고하여 철근의 직경을 미리 알아둘 필요가 있다. 피복두께에 대해 고정밀도의 데이터가 요구되는 경우에는 대표 개소를 깨내어 확인하는 방법 등으로 실측치와 추정치가 일치하도록 보정하는 것이 바람직하다.

사진 6.13 Ferroscan을 이용한 철근탐사

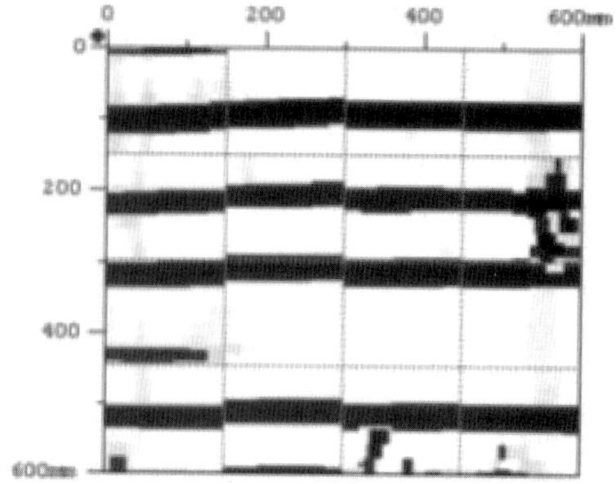

그림 6.18 철근탐사 결과 그래프

6.4.2 profometer

Profometer는 주어진 진동수의 교류감지기(probe) 전류가 코일을 타고 흐를 때, 전자장이 발생되어 철근의 피복두께와 직경에 따라 감지기의 전압이 달라지는 특성을 이용한 평형 공진회로의 탬핑(tamping)원리에 근거하고 있다.

탐사 가능 심도는 0~180mm이며, 철근직경이 16mm인 경우 64mm보다 피복두께가 두꺼우면 depth probe를 사용해야 한다. 그리고 철근직경을 탐사할 경우 diameter probe를 사용해야 한다. Ferroscan과 마찬가지로 이 시험장비도 탐사면의 요철이 많은 장소는 결과의 신뢰성이 떨어지고 피복철근의 확인은 곤란하며 철근이 probe와 평행인 경우 탐사가 불가능하다. Profometer의 측정 방법은 다음과 같다.

철근의 직경은 메인 메뉴의 'Bar diameter'에서 미리 설정한다. 교류감지기를 허공에 들고 'Reset'키를 누르고, 간간이 영점조정을 시행한다. 막대그래프가 오른쪽으로 이동하고 있으면(크기가 커지면) 교류감지기가 철근에 가까이 가고 있는 것이고 거의 변화가 없으면 철근 바로 위를 지나가고 있는 것이다. 교류감지가의 +선이 철근의 바로 위를 통과하면 '삑'하는 음향소리가 나고 좌측 하단의 사각창에 피복두께가 표시된다. 이때 철근의 피복두께, 즉 콘크리트 표면에서 철근까지의 거리가 'Memo'창에 표시된다.

6.4.3 RC-Rader

RC-Rader는 전자파레이더를 이용한 철근탐사시험기를 활용하여 철근콘크리트구조물에 배근된 철근의 간격과 콘크리트의 피복두께 측정을 위해 사용한다. 전자파레이더의 원리는 현재 널리 사용되고 있는 레이더와 동일하게 콘크리트에 100MHz~30GHz의 전자파를 안테나로부터 발사하여 콘크리트 내부에서 비전도율이 다른 물체(철근, 매설물, 공동 등)와의 경계에서 반사파를 일으키는 성질을 이용하여 반사파를 수신안테나에서 수신하여 왕복 전파시간으로 반사물체까지의 거리를 구하는 반사파의 영상을 해석함으로써 조사하는 방법이다. 콘크리트 내부의 전자파 속도는 다음 식과 같다.

$$V = \frac{C}{\sqrt{\varepsilon_r}} \quad (\mathrm{m/s})$$

여기서, C : 진공중에서 전자파의 속도(3×10^8m/sec)

ε_r : 콘크리트의 비유전율(6~10)

반사물체까지의 거리(D)는 송신시각으로부터 수신시각까지의 시간차(T) 측정치와 콘크리트 내의 전파속도(V)로부터 다른 물체(철근, 매설물 공동 등)의 철근피복두께를 구할 수 있다.

$$D = \frac{VT}{2}$$

시험 대상 구조물의 콘크리트 피복두께의 측정깊이는 200mm 이내이어야 하며, 측정 대상 철근의 지름은 D6 이상이어야 한다.

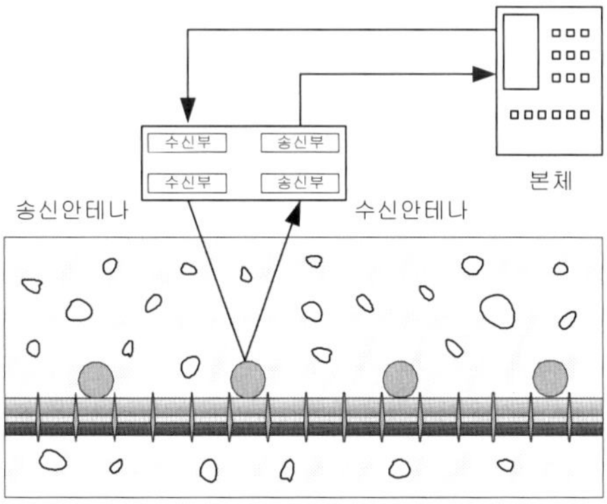

(a) RC-Radar 원리

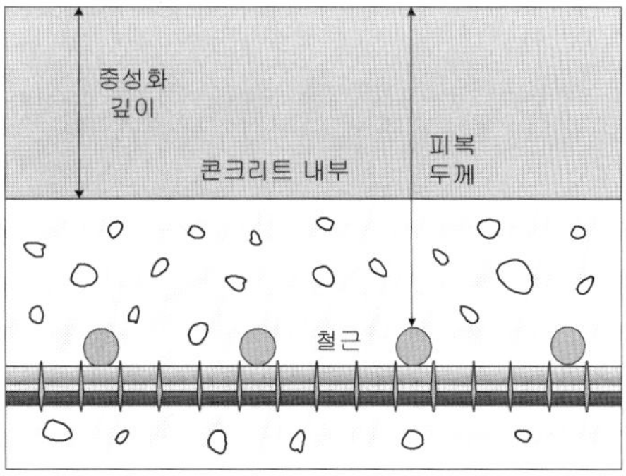

(b) 철근 피복두께 정의

그림 6.19 RC-Radar원리 및 철근 피복두께 정의

측정방법은 안테나가 움직인 거리에 따른 결과를 획득하는 '거리송출'방법과 일정 시간마다 레이더를 주사하여 결과를 획득하는 '시간송출'방법으로 구분되며, 대부분 진단현장에서는 '거리송출'방법을 이용하고 있으며, 거리송출에 의한 측정 방법은 다음과 같다.

안테나를 검출하고자 하는 철근방향과 직각방향으로 위치하게 하고 본체 또는 안테나의 측정버튼을 눌러 측정을 시작한다. 안테나의 바퀴는 대상면에 반드시 접지해야 하고 측정속도는 5~10m/min 내외가 되도록 한다. 안테나 이동에 따른 본체의 화상을 확인하면서 측정을 실시하는데 의심 부위에서는 표시하며 측정하고, 측정이 완료되면 측정버튼을 다시 눌러 종료한다. 콘크리트 피복두께 산정은 콘크리트상태에 따라 비유전율이 달라지므로 콘크리트의 타설 상황이 같은 부위 단위로 최초에 철근탐사기에 의해 획득된 피복두께를 드릴에 의해 실제 피복두께와 비교하여 적정한 비유전율을 정하는 것이 바람직하다. 비전유율을 선정한 후 반사파에 의한 잔상을 제거하고, 특정 위치에 커서를 위치하게 하여 자료를 저장 또는 출력하고, 그 자료를 반사파형 표시모드로 출력하여 정리한다.

상기 방법으로 출력된 일반적인 결과, 화상은 그림 6.20과 같으며 이는 측정시점부터 거리에 따른 철근피복두께를 표시하게 된다. 측정 후 배경의 잡음을 처리하지 않을 경우 목표물로부터 반사파가 콘크리트 표면에서 반사파와 중첩되기 때문에 피복두께의 위치를 확인할 수 없다. 따라서 배경잡음을 제거하면 피복두께의 화상 위치가 확실하게 나타난다. 철근은 맨 위에 있는 초승달 모양의 중심 위치가 된다. 초승달 모양의 화상이 3개 정도 수직방향으로 연달아 있는 경우 전부 하나의 물체로부터 반사된 신호를 나타내므로 최상부의 초승달형 화상 중심이 철근의 피복두께 위치이다.

사진 6.14 RC-Radar를 이용한 철근탐사 시험

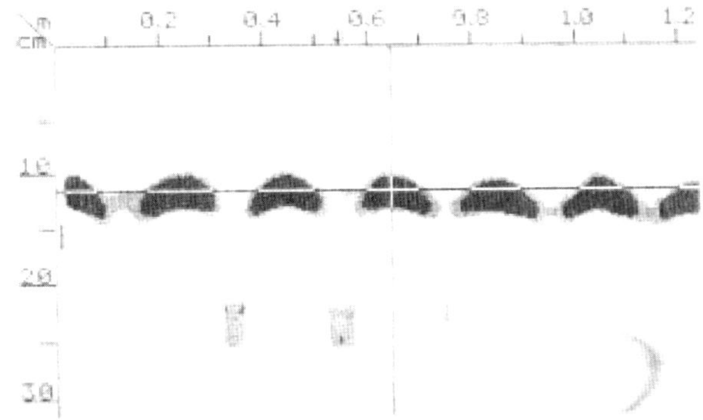

그림 6.20 RC-Radar를 이용한 철근탐사 결과

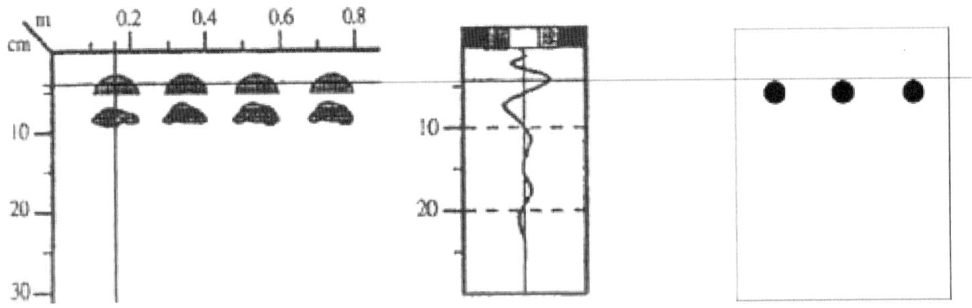

(a) 수직단면 표시모드 (b) 반사파형 표시모드 (c) 실제 배근현황

그림 6.21 측정화상과 철근배근현황 비교

철근 배근간격 및 피복두께를 측정하기 위한 철근탐사의 측정 부위는 가급적 콘크리트 반발경도 시험 부위와 동일하게 선정하여 실시하고, 철근탐사 결과분석은 각 시설물에 대한 철근탐사 측정 결과 및 철근간격과 피복두께에 대한 분석을 검토한다.

일반적으로 피복두께가 작으면 위치에 따라 단기적으로는 부재의 유효깊이가 증가하여 단면의 저항력 증가로 구조적 측면에서 유리하지만 장기적으로는 콘크리트의 중성화 및 철근 부식이 쉽게 발생되므로 내구성 및 구조적 측면에서 불리하다.

각 부재별 피복두께가 일정한 값을 나타내고 있는지를 검토하며, 위치별 평균 피복두께를 검토한다. 또한 피복두께 측정결과에서 피복두께가 다소 부족한 부분을 조사하고 비록 피복두께를 측정하지 않았더라도 철근노출 발생 구간도 조사되어야 한다. 주철근의 평균 배근간격은 특히 중요하다. 배근간격은 부재별로 검토해야 하며, 설계간격과 비교·검토한다.

참고문헌

- 모래내고가도로 정밀안전단보고서, 서울특별시, 2001.
- 시설물의 안전 및 유지관리에 관한 특별법, 국토교통부, 2021. 9.
- 열적외선 장비를 활용한 건축물 진단기법, 2004.12.
- 진단장비 활용·관리 매뉴얼, 한국시설안전기술공단, 2006.12.
- 콘크리트 및 강재 비파괴시험 매뉴얼, 한국시설안전기술공단, 2006.12.
- 콘크리트 및 강재비파괴시험 매뉴얼, 한국시설안전기술공단, 2006.12.
- 콘크리트구조물의 비파괴검사 및 안전진단, 한국콘크리트학회, 1995.3.
- 콘크리트진단 및 유지관리, 한국콘크리트학회, 2003.5.
- 화랑고가도로 정밀안전진단보고서, 서울특별시, 2005.

제 7 장

콘크리트구조물의 보수·보강 공법

7.1 보수·보강의 목적과 정의

콘크리트구조물은 예상하지 못했던 과다한 하중과 재료분리, 건조수축, 온도변화, 동결융해, 철근부식, 화재 등의 원인으로 구조부재에 균열이 발생하게 되고 시간이 지남에 따라서 균열의 크기가 커지고, 콘크리트 단면 탈락 및 박리로 이어져 콘크리트 열화현상을 촉진시킨다. 이처럼 열화된 콘크리트구조물을 치유하는 방법은 일반적으로 보수공법과 보강공법으로 구분할 수 있다.

보수(Repair)는 열화와 결함으로 인해 손상된 콘크리트구조물의 내구성, 방수성 등 내력 이외의 기능을 원상복구하거나 사용상 지장이 없는 상태까지 회복시키는 것을 말하며, 철근부식으로 발생한 부재의 변형과 내하력의 저하를 개선하여 초기 상태로 회복시키는 것을 말한다.

보강(Rehabilitation)은 부재 혹은 구조물이 여러 가지 결함으로 저하된 콘크리트구조물의 내하력이나 강성 등의 역학적 열화를 회복하거나 성능을 향상시킬 목적으로 실시하는 대책이다. 역학적인 성능저하로는 주로 재료의 손상이나 과대한 하중의 재하에서 발생된다.

따라서 보수·보강은 전혀 다른 차원에서 콘크리트구조물을 유지·관리하는 것으로, 사용하는 재료와 공법의 종류도 다르다. 보수·보강 공법 선정은 그 목적과 효과의 평가, 기술신뢰도 및 각종 조건설정에 따라 선택폭도 크다.

보수·보강 공사를 할 때는 부재 또는 구조물의 열화 원인과 열화 정도에 맞는 적절한 보수·보강 공법과 재료를 선택해야 한다. 현재 실시되고 있는 보수·보강 공법은 일반적으로 구조물의 열화원인, 열화기구, 열화 정도에 따라 몇 개의 공법을 병행하여 실시된다. 이처럼 보수공사는 적합성은 물론 보강 후 구조물의 내구성을 고려하여 공법이나 재료를 선정하는 것이 중요하다.

본 절에서는 여러 가지 원인에 의하여 손상된 콘크리트구조물을 성능목표 상태로 복원시키기 위하여 많이 사용하고 있는 보수재료 및 공법을 소개하고자 한다. 그리고 구조적인 원인에 의하여 손상을 입은 콘크리트구조물의 성능을 회복시키거나 기존 구조물의 내하력을 증진시키기 위하여 노후화된 콘크리트에 적용되고 있는 보강공법의 원리와 적용성을 알아보도록 한다.

7.2 보수·보강 재료

7.2.1 보수재료의 이해

최근 콘크리트구조물의 생애주기(life cycle) 분석시스템이 구조물 평가에 도입되었다. 환경부담을 줄이는 하나의 방안으로 구조물의 사용기간을 연장하는 것이 바람직하다는 의견이 제시되고 있으며, 기존 건설구조물에 대한 유지·보전의 필요성이 대두되고 요구가 증가함에 따라 보수 및 개수의 개념이 새롭게 인식되고 있다. 부실설계 및 시공에 의한 보강뿐만 아니라 최근 국내외에서 빈번히 발생하고 있는 지진에 대비한 기존 구조물에 대한 보강의 중요성도 높아지고 있는 실정이다.

이처럼 노후된 콘크리트구조물에는 효과적으로 사용할수 있는 보수재료의 종류가 극히 제한되어 있는데, 그 중 주로 사용되어 온 재료는 원래의 콘크리트와 같은 물성을 지닌 시멘트 모르타르(무기계)이다. 최근에는 무기계와 유기계의 장점을 최대한 이용하기 위한 폴리머 시멘트 모르타르가 많이 사용되고 있으며, 유기계로만 이루어진 보수재료 역시 균열 주입에서 접착제까지 다양하게 사용되고 있다.

보수재료를 적절하게 노후 구조물에 적용하기 위해서는 우선적으로 기존 콘크리트와 거동을 일체화하기 위하여 부착력, 수축성, 열팽창성 등이 유사한 재료를 선택해야 한다. 또한 보수의 기본 목적인 구조물의 수명을 연장시키기 위해서는 내구성이 우수한 보수재료를 사용하여야 한다. 따라서 보수공사의 품질을 향상시키기 위해서는 이러한 재료의 특성을 사전에 철저히 분석한 후 적절한 보수재료를 구조물의 종류 및 특성에 따라 사용하는 것이 중요하다. 보수재료는 기존 콘크리트와 일체화가 이루어질 수 있도록 하기 위해서 기존 콘크리트와 유사한 수치의 안정성, 열팽창계수, 탄성계수, 투수성, 내충격성 등이 강조된다.

가. 안정성

보수재료의 선정에서 안정성은 매우 중요하다. 기존 콘크리트구조물과 확실하게 접합시키기 위해서는 경화 전후에 수축을 일으키지 않는 재료가 필요하기 때문에 보수재료는 기존 콘크리트보다 수축 및 크리프가 낮은 재료를 사용하는 것이 좋다. 예를 들면 시멘트계 그라우트재에서는 블리딩이 작고, 경화수축이나 건조수축을 상쇄시킬 수 있는 팽창성 성분이나 발포성 성분을 적절하게 배합한 무수축 그라우트재가 사용된다.

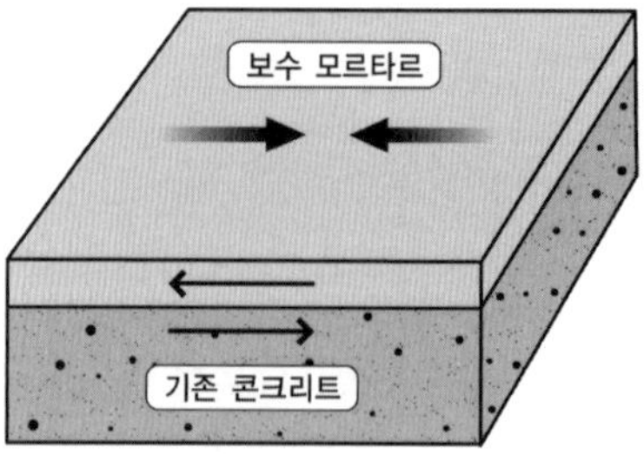

그림 7.1 기존 콘크리트와 보수재의 변화

나. 열팽창계수

가능하면 기존 콘크리트와 유사한 열팽창계수의 재료를 사용하여야 하며, 국내의 경우 여름에 직사일광을 받으면 콘크리트구조물의 표면온도가 60℃ 이상에 달하기도 하므로 사계절의 온도차를 고려한 재료 선정이 필요하다. 유기질계의 단면보수재를 사용할 경우에는 바탕 콘크리트와의 계면에서 열팽창 수축에 따른 결함이 발생할 수 있다. 즉 보수면적의 두께가 얇거나 길이가 짧을 때 또는 덧씌우는 경우에는 부피팽창으로 인하여 접착부분과 강도가 낮은 재료에서 하자가 발생하는 것이다.

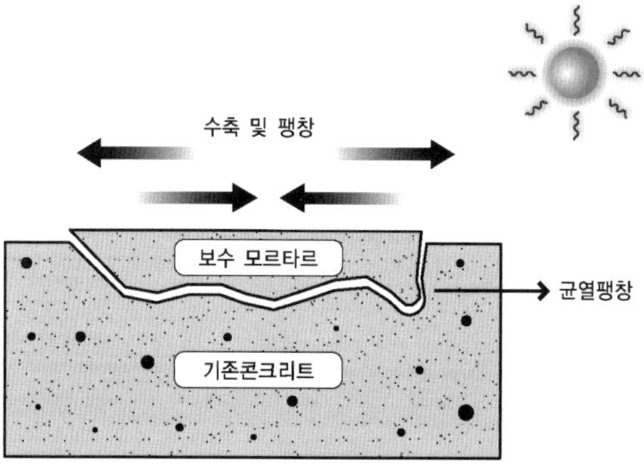

그림 7.2 열팽창으로 인한 균열

다. 탄성계수

보수재료 선정 시 기존 콘크리트와 유사한 탄성계수를 갖는 재료를 사용하여야 한다. 특히 동하중을 받는 부재 및 구조부재의 단면복구를 하는 경우 탄성계수가 큰 부분에 응력이 집중하게 되므로 탄성계수에 관하여 특별히 고려해야 한다. 또한 탄성계수가 현저하게 다른 보수재료를 동시에 사용하게 되면 수축 및 열팽창으로 접착파괴를 일으킬 가능성이 있으므로 주의하여야 한다. 그림 7.3과 같이 탄성계수가 다른 재료가 나란히 놓인 상태에서 하중이 가해지면 낮은 탄성계수를 가진 재료가 먼저 파괴되는데, 특히 동하중이 작용할 때에는 그 손상이 더 커지게 된다.

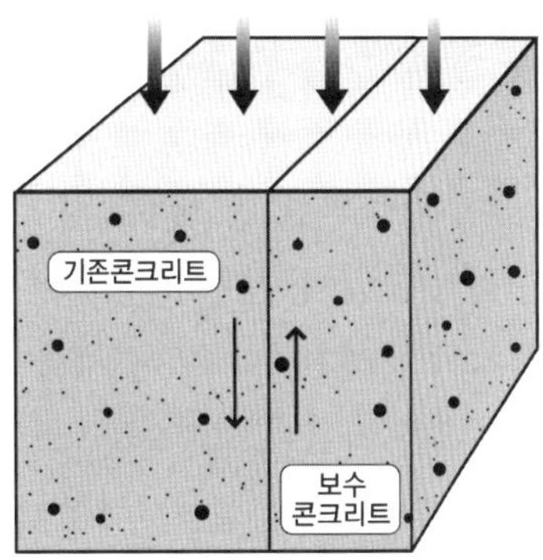

그림 7.3 탄성계수가 다른 재료의 파괴 형태

라. 투수성

콘크리트에서 누수나 수분이 보수재료와 기존 콘크리트의 경계면에 집중되면 표면피복재 등의 접착을 저해하므로 콘크리트와 유사한 투수성을 갖는 재료를 사용하는 것이 중요하다. 따라서 투수성이 매우 낮은 재료는 가능하면 단면복구용 콘크리트의 사용을 피하는 것이 좋다. 그러나 외부로부터 콘크리트에 나쁜 영향을 줄 수 있는 염소이온, 수분, 황산염 등과 같은 불순물 침입을 최대한 억제하기 위해서는 보수 모르타르 표면의 치밀성을 높여 침투성을 최소화하는 것이 보수단면의 내구성을 향상시킬 수 있으므로 보수단면의 내구성을 위해 보수 모르타르 표면을 별도로 코팅처리하는 것이 도움이 된다.

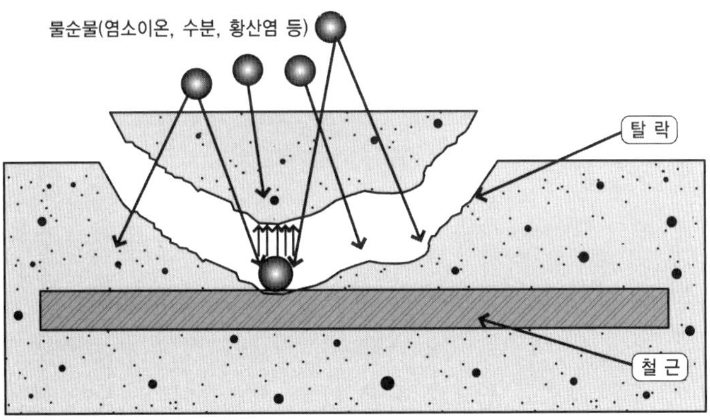

그림 7.4 공극을 통한 수분 및 염분침투

마. 부착력

외부의 환경변화와 작용하중에 저항하여 기존 콘크리트와 보수 모르타르가 같이 거동하기 위해서는 계면이 적절한 부착력을 가지고 있어야 한다. 따라서 일반적인 외부환경에서 계면의 부착강도는 최소 1MPa를 유지하고, 습윤지역에서는 0.8MPa, 열악한 환경에서는 0.5MPa를 유지하도록 규정하고 있다. 보수단면이 최소한의 부착강도를 유지하지 못하면 기존 콘크리트에서 탈락되므로 보수로 인한 내구성 증진 및 수명연장은 기대할 수 없다.

바. 내충격성 및 내마모성

차량이 많이 통행하는 도로나 교량에 사용되는 보수재료는 차량의 바퀴에 의하여 심한 충격이 가해지거나 오랜 시간이 지남에 따라 보수표면에 마모가 생기기 시작한다. 특히 산업화가 빠르게 진행되면서 많은 차량과 중차량으로 인하여 도로의 파손이 과거에 비해 많이 발생하므로 재료선택에 따라 보수 후에도 하자가 재발생하는 경우가 자주 있다. 그러므로 도로보수에 사용되는 재료는 보수표면의 마모성을 줄이기 위해 밀도 및 강도가 높고, 내충격성을 위해서 탄성적인 거동을 하는 재료를 사용하는 것이 바람직하다.

사. 자외선 저항성

최근 들어 외국과 국내에서 탄소섬유 및 유리섬유, 아라미드섬유 등과 같은 복합재료가 콘크리트구조물 보강공사에 많이 사용되고 있다. 이러한 재료는 기존의 철강제품보다 가볍고 부식되지 않는 장점을 지니고 있지만 건설자재의 보강재로 사용한 역사가 짧기 때문에 내구성이 아직 규명되지 않은 상태이다. 특히 복합재료를 콘크리트에 부착시키기 위해 접착제로 에폭시를 사용하고 있는데, 자외선(ultra violet)에 약하여 내구성이 현저히 떨어지는 경향이 있으므로 실외에서 사용하는 경우에는 이러한 점을 충분히 고려하여 재료를 선택해야 한다.

아. 기타

보수공사는 현장의 종류와 위치에 따라 매우 다양한 시공성을 요구하고 있다. 최근 인건비 상승과 교통 혼잡 및 공기단축에 대한 요구가 많아지게 되자 속경성이면서 슬럼프가 높고 부착력이 좋은 재료를 필요로 하고 있다. 특히 외부 노출이 많은 콘크리트구조물에서는 미관이 중요하기 때문에 보수재료 선택 시 고려해야 할 특징 중 하나이다. 그리고 구조부재의 종류에 따라 보수자재를 선택할 경우에는 다음과 같은 특징을 고려한 재료를 선택하여야 한다.

- 기둥 등 압축을 받는 부재 : 탄성계수와 크리프변형률이 유사한 재료 사용
- 벽체 : 건조수축이 작고, 압축강도가 높은 재료 사용
- 바닥 : 건조수축 및 열팽창계수가 유사한 재료 사용
- 상수도, 하수도 등 : 투수성이 낮고, 내화학성이 높은 재료 사용

- 수문 등 표면의 침식 및 마모가 우려되는 부재 : 고밀도, 고강도 재료 사용
- 콘크리트 도로 등 윤하중에 노출된 부재 : 고강도와 고부착성 재료 사용
- 슬래브 하면 : 부착성능이 우수한 재료 사용

7.2.2 보수·보강 재료의 요구조건

토목·건축구조물의 보수공법 선정 시 구조물의 열화 정도 및 구조물의 종류에 적합한 품질을 가진 재료와 보수공법을 선정하여야 한다. 또한 적절한 시험방법, 사용실적 또는 신뢰할 만한 자료를 통하여 그 품질과 성능이 확인된 것을 사용해야 한다. 예를 들어 콘크리트구조물의 균열을 보수하기 위한 재료 선정 시에는 사용 및 노출조건, 시공 및 양생조건, 시공법과 시공특성, 재료의 사용자 요구조건, 내하력 요구조건, 보수·보강 재료의 내구성능조건, 보수·보강 공사의 허용오차한계, 보수·보강 범위와 기하조건 등이 있으므로 재료 선정 시 이들을 충분히 고려하고 검정시험(mock-up test)의 결과에 따라 선정되어야 한다.

가. 보수재료의 일반적인 분류

보수공사에 따른 작업조건이 서로 다르고 작업상의 제약과 조기강도발현의 필요성, 내약품성 향상 등 이러한 작업조건에 대하여 철저히 검토한 후 보수방안이 결정되어야 한다. 보수재료는 시공의 용이성, 경제성, 작업성 등을 고려하여 정할 필요가 있으며, 보수재료 선정 시에는 보수조건, 보수재료의 성질, 시공에 필요한 기계설비 등에 관한 것을 전반적으로 고려하여야 한다.

일반적으로 보수재료는 수지계와 무기질재료계(시멘트계)로 크게 나눌 수 있다. 표 7.1은 균열보수에 사용되고 있는 보수재료의 종류와 각 보수공법의 관계를 나타낸 것이다. 콘크리트구조물의 결함에 대한 보수재료는 도포침투재료, 철근방청재료, 균열처리용재료, 바탕조정용 재료 및 바탕마감용 재료로 나누어진다. 표 7.2는 보수재료로 사용되는 에폭시 및 폴리에스터 수지계, 시멘트계 및 폴리머 시멘트계 재료의 물리적 성질을 나타낸 것이고, 표 7.3은 보수재료의 종류와 조성을 나타낸 것이다.

표 7.1 균열보수재료의 종류와 보수공법

구 분	보수재료의 종류	표면처리공법	주입공법	충전공법
수지계 재료	폴리머 모르타르			○
	에폭시수지		○	○
	가소성 에폭시수지		○	○
	탄성실링재	○		○
	도막 탄성방수재	○		
시멘트계 재료	폴리머시멘트 슬러리		○	
	폴리머시멘트 페이스트	○		
	폴리머시멘트 모르타르			○
	시멘트 충전재	○		
	팽창시멘트 주입재		○	

표 7.2 콘크리트 보수재료의 물리적 성능

항 목	에폭시수지 그라우트, 모르타르 및 콘크리트	폴리에스테르 수지 그라우트, 모르타르 및 콘크리트	시멘트계 그라우트, 모르타르 및 콘크리트	폴리머시멘트계 그라우트, 모르타르 및 콘크리트
압축강도(kgf/cm^2)	561~1,122	561~1,122	204~714	102~816
압축탄성계수(×10^{5}kg/cm^2)	0.05~2	0.2~1	2~3	0.1~3
휨강도(kgf/cm^2)	255~510	255~306	20~51	61~153
인장강도(kgf/cm^2)	92~204	82~173	15~36	20~82
파괴시 신장률(%)	0~15	0~2	0	0~5
열팽창계수(×10^6/℃)	25~30	25~35	7~12	8~20
흡수율, 25℃에서 7일간(%)	0~1	0.2~0.5	5~15	0.1~0.5
하중하에서의 최대 사용온도(℃)	40~80	50~80	30℃ 이상 (배합설계에 의함)	100~300
강도발현까지의 시간(20℃)	6~48시간	2~6시간	1~4주간	1~7일간

표 7.3 보수재료의 종류

<table>
<tr><th colspan="2">보수재료의 종류</th><th colspan="2">재료명 및 조성</th></tr>
<tr><td rowspan="6">콘크리트
구체처리재</td><td rowspan="5">도포함침재</td><td>침투성
흡수방지재</td><td>실리콘계, 실런트계, 변성폴리에스테르수지계 등</td></tr>
<tr><td>침투성 고화재</td><td>무기계 : 규산염계, 콜로이드실리카계, 규소화합물계 등</td></tr>
<tr><td>무기질
침투성 방수재</td><td>(시멘트, 규산소다, 수용성실리카, 알루미나, 산화칼슘 등의 혼합물)+(물) 또는 (폴리머디스펜션)</td></tr>
<tr><td>침투성알칼리성
부여재</td><td>규산리튬 등</td></tr>
<tr><td>도포용 방청재</td><td>아소산칼슘계, 아소산리튬계 등</td></tr>
<tr><td>폴리머함침재</td><td colspan="2">메타크릴산메틸모노마와 스티렌모노마에가교제, 개시제 등을 배합한 것</td></tr>
<tr><td rowspan="3">철근방청
처리재</td><td>폴리머시멘트계</td><td colspan="2">SBR계, PAE계 등의 폴리머시멘트(방청첨가제 포함)</td></tr>
<tr><td>합성수지계</td><td colspan="2">에폭시수지계, 아크릴수지계, 우레탄수지계 등의 합성수지계 프라이머와 도료</td></tr>
<tr><td>녹전환도제</td><td colspan="2">인산, 유기산, 킬레이트화제 등을 배합한 도료</td></tr>
<tr><td rowspan="3">단면복원재(
패칭재)</td><td>폴리머시멘트
모르타르</td><td colspan="2">SBR계, EVA계, PAE계 등의 폴리머시멘트모르타르(방청첨가제를 포함)
(재유화형 분말수지를 배합한 기조합제품의 이용 증가)</td></tr>
<tr><td>폴리머
모르타르</td><td colspan="2">폴리에스테르수지계, 에폭시수지계, 아크릴수지계 등의 폴리머모르타르(레진모르타르) (경량골재를 사용한 것이 많음)</td></tr>
<tr><td>시멘트 모르타르
또는 콘크리트</td><td colspan="2">보통포틀랜드시멘트, 조강포틀랜드시멘트, 초속경포틀랜드시멘트, 골재, 콘크리트혼화용 화학혼화제 등을 배합한 보통시멘트모르타르 또는 콘크리트</td></tr>
<tr><td rowspan="2">바탕조정
·보호재</td><td>폴리머시멘트
모르타르</td><td colspan="2">위와 같음</td></tr>
<tr><td>폴리머모르타르</td><td colspan="2">위와 같음</td></tr>
<tr><td rowspan="5">마감재
(피복재)</td><td>침투성
흡수방지재</td><td colspan="2">위와 같음</td></tr>
<tr><td>도료</td><td colspan="2">아크릴수지계, 아크릴우레탄수지계, 아크릴실리콘수지계, 불소수지계 등의 도료</td></tr>
<tr><td>마감도재</td><td colspan="2">시멘트계, 폴리머시멘트계, 합성수지에멀션계, 합성수지용제계 등의 얇게 바르는 마감도재, 두껍게 바르는 마감도재, 복층마감도재 등</td></tr>
<tr><td>도막방수재</td><td colspan="2">아크릴고무계, 우레탄고무계 등의 도막방수재와 폴리머시멘트모르타르와 폴리머시멘트계 도막방수재</td></tr>
<tr><td>성형품·
프리캐스트제품</td><td colspan="2">금속, FRC 및 GRC제 피복패널 및 폴리머시멘트모르타르와 폴리머함침콘크리트제의 버리는 거푸집(영구거푸집)</td></tr>
<tr><td rowspan="3">균열용
주입재</td><td>수지계</td><td colspan="2">주입용에폭시수지, 주입용가요성에폭시수지, 폴리머모르타르, 도막탄성방수재</td></tr>
<tr><td>시멘트계</td><td colspan="2">폴리머시멘트페이스트, 시멘트충전재, 팽창시멘트주입재, 폴리머시멘트슬러리, 폴리머시멘트모르타르</td></tr>
<tr><td>실링계</td><td colspan="2">실리콘계, 우레탄계, 폴리설파이드계 등</td></tr>
<tr><td rowspan="4">그 외의 재료</td><td>폴리머계 접착제</td><td colspan="2">에폭시수지계접착제, 폴리머디스펜션계 접착제, 폴리머시멘트계 접착제 등(모르타르 및 콘크리트의 타설, 균열 주입, 강판접착보강 등에 사용)</td></tr>
<tr><td>보강재</td><td colspan="2">에폭시수지 도장철근, 폴리머시멘트페이스트 도장철근, 보강섬유 등</td></tr>
<tr><td>전기방식용 재료</td><td colspan="2">백도금한 티탄네트, 탄소섬유네트, 溶射금속 등의 전극재료 등</td></tr>
<tr><td>방수재</td><td colspan="2">아스팔트 혼입 벤토나이트 방수재, 폴리머결정형 분말도포 방수재, 아스팔트 방수재, 합성고분자 시트방수, 도막방수재, 시멘트계 방수재, 콘크리트구체 방수재, 벤토나이트 방수재</td></tr>
</table>

1) 무기질(시멘트)계 재료

그림 7.5는 대표적인 공법의 공정 및 재료구성을 나타낸 것이다. 보수·보강은 손상 및 열화의 정도에 따라 다르지만 그림 7.5에 나타낸 바와 같이 사용되는 재료도 일련의 시스템으로 사용되는 경우가 많다. 현재 시멘트계 보수재료로 사용실적이 가장 많은 것은 폴리머 시멘트 모르타르계 재료이다. 폴리머 시멘트 모르타르계 재료는 물리적 성질이 바탕콘크리트와 유사하여 콘크리트구조물의 보수에 적당하며, 시멘트 혼화용 폴리머의 분산(分散) 혼입에 따른 볼베어링(ball bearing) 효과에 의한 콘크리트 유동성이 향상된다. 시멘트가 수화하는 과정에서 그 조직 중의 시멘트수화물과 폴리머와의 강한 복합체가 형성됨으로써 폴리머를 혼입하지 않은 콘크리트와 비교하면 중성화 억제 효과 및 차염성, 물 및 산소 확산 저항성이 높은 경화체가 얻어진다. 이러한 이유로 폴리머 시멘트계 재료는 건축·토목 구조물의 보수·보강 공사에 주로 사용되고 있다.

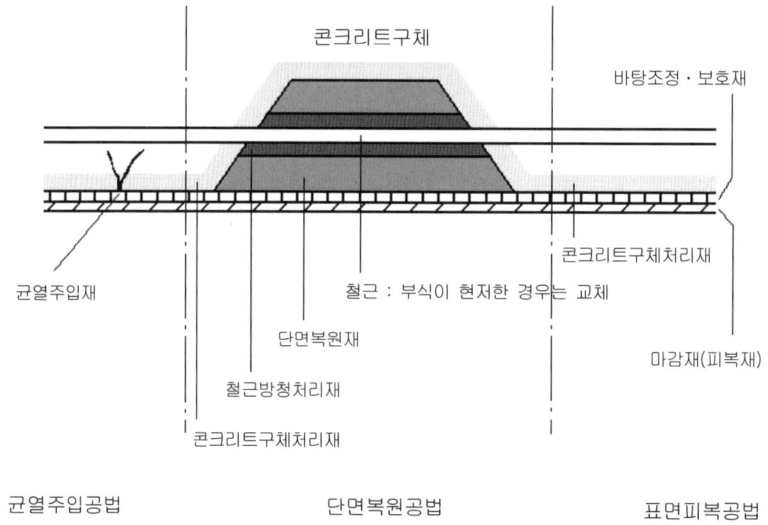

그림 7.5 보수공법의 대표적인 재료구성

표 7.4 보수공법과 재료

<table>
<tr><th>공법</th><th colspan="2">효용성</th><th>종류별</th><th>재료계</th><th>비고</th></tr>
<tr><td rowspan="5">표면
보호
공법</td><td colspan="2" rowspan="5">방수,
방습,
지수,
차염,
손상편의,
낙하방지,
염화방지</td><td>폴리머 함침공법</td><td>공극충전계
코팅계
수분발산계</td><td>메타크릴산,
메틸에폭시,
아크릴,
폴리에스테르계,
실리콘, 실런트계</td></tr>
<tr><td>코팅공법
(콘크리트 도장제)</td><td>수지계
아스팔트·타르계</td><td>에폭시,
폴리우레탄,
폴리에스테르
비닐에스테르계</td></tr>
<tr><td>라이닝공법
모르타르
스프레이공법</td><td>시멘트계
FRP계
아스팔트·타르계
모르타르</td><td>글라스파이트</td></tr>
<tr><td>시트공법</td><td>고무계, 수지계</td><td></td></tr>
<tr><td>판부착공법</td><td>타일, FRP, 강판</td><td></td></tr>
<tr><td rowspan="3">단면
보수
공법</td><td rowspan="3">박리,
박락,
공동,
열화,
취약부</td><td>교체공법
충전공법</td><td>시멘트계</td><td>보통시멘트 모르타르,
콘크리트,
초속경시멘트
(모르타르·콘크리트)
무수축모르타르</td><td>팽창시멘트</td></tr>
<tr><td>Patching
공법</td><td>복합계
시멘트+수지</td><td>폴리머시멘트·모르타르
폴리머시멘트·콘크리트</td><td>고무라텍스,
수지에멀션,
수용성계</td></tr>
<tr><td>프리팩트
콘크리트
공법</td><td>수지계</td><td>레진모르타르
레진콘크리트</td><td>에폭시,
폴리에스테르,
비닐에스테르계</td></tr>
<tr><td rowspan="2">균열
보수
공법</td><td colspan="2" rowspan="2">방수·보강</td><td>주입공법</td><td>시멘트그라우트
수지계</td><td>에폭시,
폴리우레탄계</td></tr>
<tr><td>충전공법</td><td>수지계
모르타르</td><td></td></tr>
</table>

2) 수지계 재료

일반적으로 사용되고 있는 수지계 보수재료로는 에폭시계, 폴리에스테르계, 폴리우레탄계, 고무, 아스팔트계 등이 있으며 최근에는 불소계의 수지가 사용되고 있다. 이러한 수지계 보수재료 용도로는 에폭시수지가 일반적으로 사용되고 있으며, 이 에폭시수지는 경화제에 의한 가교반응을 통하여 고리상의 구조에서 3차원의 망상구조로 변화하여 기계적인 특성을 발휘하는 열경화성수지이다. 특히 사용하는 경화제의 종류 및 조합방법에 따라 혼합물의 점도, 가사시간, 경화시간 등이 달라지고, 경화물의 성능이 크게 좌우되므로 사용목적, 피착재상태, 공법 및 작업현장의 환경 등을 고려하여 선택하여야 한다.

수지계 재료의 보수용 도로는 콘크리트구조물에 발생한 균열을 보수하는 주입재, 내력부족 등에 대한 강판 혹은 탄소섬유시트 등으로 대표되는 보강재의 접착재 또는 중성화, 염해 등 콘크리트의 성능저하를 방지 및 억제하는 표면피복재 등이 있다. 표 7.5는 에폭시계 수지의 규격, 표 7.6은 강판용 에폭시수지의 규격, 표 7.7은 탄소섬유시트 접착용 매트릭스 수지의 규격 예이고 표 7.8은 균열폭에 알맞은 수지 점도에 대한 표이다.

표 7.5 에폭시계 수지의 규격 예

시험항목	시험방법	시험조건	단위	실링 및 퍼티용 규격값	주입용 규격값
비 중	KS M 3015	20℃ 7일간		1.7±0.2	1.2±0.2
사용 가능시간	온도상승법	20℃	분	60 이상	30 이상
점 도	JIS K 6838	20℃	CPS	–	5,000 이하
압축항복강도	KS M 3015	20℃ 7일간	kgf/cm^2	600 이상	600 이상
휨강도	KS M 3015	20℃ 7일간	kgf/cm^2	350 이상	400 이상
인장강도	KS M 3015	20℃ 7일간	kgf/cm^2	200 이상	200 이상
압축탄성계수	ASTM D 695	20℃ 7일간	kgf/cm^2	(1.0–6.0)×10	(1.0–6.0)×10
인장전단강도	KS M 3722	20℃ 7일간	kgf/cm^2	100 이상	100 이상
충격강도	KS M 3015	20℃ 7일간	$kgf \cdot cm/cm^2$	1.5 이상	7.0 이상
경 도	ASTM D 2240	20℃ 7일간	shore D	80 이상	80 이상

표 7.6 강판용 에폭시수지 규격 예

항 목	시험방법	규격값
비 중	20℃주제, 경화제 혼합물 고체	1.1~1.9 허용오차 5%
점 도	B형 회전점도계	강판압착공법에 적합한 점도 35,000~65,000cps
사용가능시간	온도상승법 Gardner식법	60분 이상
인장강도	20℃, 7일 양생	200kgf/cm^2
휨강도	20℃, 7일 양생	400kgf/cm^2
압축강도	20℃, 7일 양생	항복점 700kgf/cm^2 이상
인장전단강도	20℃, 7일 양생	150kgf/cm^2 이상
충격강도	20℃, 7일 양생	2.0kgf/cm^2 이상
인장탄성계수	20℃, 7일 양생	10,000kgf/cm^2 이상
휨탄성계수	20℃, 7일 양생	10,000kgf/cm^2 이상
압축탄성계수	20℃, 7일 양생	10,000kgf/cm^2 이상

표 7.7 탄소섬유시트접착용 매트릭스 수지규격 예

항 목	규 격	비 고
점 도	40,000 CPS 이하	JIS K-6833
비 중	1.17±0.05	JIS K-7112
사용가능시간	40분 이상	온도상승법
경화시간	12시간 이하	
압축강도	700kgf/cm^2 이상	JIS K-7208
휨 강 도	400kgf/cm^2 이상	JIS K-7203
인장강도	300kgf/cm^2 이상	JIS K-7113
인장전단강도	100kgf/cm^2 이상	JIS K-6850
경 도	7.5HD-D 이상	JIS K-7215
압축탄성계수	15,000kgf/cm^2 이상	JIS K-7208

표 7.8 균열폭에 알맞은 수지 점도

형 상		점도(20℃, cp)	주입 가능한 균열폭
액상	저점도	500±200	0.1mm 전후
	고점도	1,500±200	0.2mm 전후
Gel 상태		6,000±1,000	0.5~5mm 전후

나. 보강재료의 종류

보강공법을 크게 나누면 표 7.9와 같이 해당 부재에 보강대책을 실시하는 직접적인 방법과 해당부재의 작용하중을 경감시킴에 의한 구조계로서의 보강대책을 세우는 간접적인 방법이 있다.

보강재료로 현재 많이 사용되고 있는 것은 주로 부착재로 사용되는 수지계와 보강재료로 사용되는 강재, 섬유제품(탄소섬유, 아라미드섬유, 유리섬유), 시멘트재료 등을 들 수 있다. 각 재료는 특성에 맞게 적절히 선택 사용해야 하지만 어떤 경우라도 모체와의 접착효과를 얻기 위한 작업, 즉 대상이 되는 콘크리트면의 불순물(기름, 쓰레기 등)을 충분히 제거함과 동시에 취약한 부분과 박리되어 뜬 부분 등을 완전히 제거할 필요가 있다. 동시에 표면을 거칠게 하기 위한 작업과 청소, 필요에 따라 건조 혹은 습윤, 프라이머도포 등의 바탕처리가 절대적이라고 할 수 있다. 물론 피접합재의 접합면 처리는 말할 필요도 없다.

표 7.9 보강공법과 재료

구분	공 법	종 류 별	개 요	사용 재료
직접적 방법	강판접착공법	압착공법	보강용 강판을 접착용 수지에 의해 콘크리트면에 압착시킨다.	강판, 접착용 수지
		주입공법	보강용 강판과 콘크리트 사이의 주변을 충전하고 수지를 압입한다.	강판 주입용 수지
	FRP접착공법	–	콘크리트면에 FRP를 접착하여 기존 부재와 일체화시킨다.	FRP
	프리스트레싱 공법	–	부재 외면에 PS케이블을 배치하여 보강한다.	PC강재, 콘크리트
	콘크리트 덧붙이기공법	합성보공법	기존 콘크리트면에 RC단면을 증가시켜 보강한다.	철근, 모르타르
		철근증설 모르타르 스프레이공법	보충철근을 기설철근에 추가하고 모르타르를 뿜어 두께를 증가시켜 보강한다.	철근, 콘크리트
		단면증가공법	압축측에 콘크리트를 덧붙여 단면을 증가시켜 보강한다.	콘크리트
		착근공법	콘크리트를 덧붙인 면에 착근하여 덧붙인 부분의 철근을 연결하여 신·구 콘크리트를 일체화시킨다.	철근, 콘크리트

표 7.9 보강공법과 재료(계속)

구분	공 법	종 류 별	개 요	사용 재료
직접적 방법	보 겹치기공법	–	콘크리트보에 강철계보 또는 콘크리트보를 겹쳐 신·구보를 겹침보로 한다.	강재, 콘크리트
	콘크리트 교체보강공법	부분 교체공법	열화·손상된 부분을 제거하고, 새로운 콘크리트로 교체하여 보강한다.	콘크리트
		전면 교체공법	열화·손상을 입은 부재 전체를 새로운 콘크리트로 교체하여 보강한다.	콘크리트
간접적 방법	보증설공법	–	세로보, 가로보 등을 증설하여 내하력을 증대시킨다.	강재
	기둥증심공법	–	가설보의 중간에 기둥을 증설하여 내하력을 증대시킨다.	강재, RC PSC

1) 보강용 강재

보강용 강재는 일반적으로 일반구조용 강재로서 철판, 철근, H형강, I형강, PC강재 등이 있으며, 접합용 강재로는 접착재 수지와 일반볼트 및 앵커용 볼트 등이 있다. 각종 보강공법에 따른 보강재료를 분리하면 표 7.10과 같으며, 보강량도 부재의 최대 인장철근량 이내의 범위에서 사용하는 것이 바람직하다.

표 7.10 각종 보강공법별 사용재료

보 강 공 법	보 강 재 료
강판접착공법	강판, 에폭시수지, 앵커볼트
섬유시트접착공법	섬유, 에폭시수지
프리스트레싱공법	PC강재, 정착도구
단면의 증가공법	철근, 콘크리트, PC강재, 에폭시수지, 그라우트재
부재의 증설공법	철근, 콘크리트, H형강, 에폭시수지, 그라우트재, 앵커볼트

2) 시멘트계 재료

시멘트계 재료의 품질은 체적변화가 작고 필요한 강도, 강성, 유동성, 내구성이 우수하고 기존 콘크리트와의 뛰어난 일체성을 갖고 있어야 한다. 특히 부재의 증설공법에 쓰이는 콘크리트는 구 콘크리트와의 일체성을 확보하기 위해 접착제 및 앵커철근을 이용하거나 또는 프리스트레스공법과 병용하는 경우도 있으나 다져 넣는 콘크리트는 가능한 건조수축 및 수화열이 적은 것이 바람직하다.

3) 수지계 재료

보강재료로 사용되는 수지계 재료는 폴리에스테르수지, 에폭시수지가 있고, 콘크리트와의 접착성이나 시멘트에 대한 내알칼리성 등의 우수한 에폭시수지 접착제가 적합하다. 표 7.11은 합성수지의 일반적인 성질 및 용도이다.

표 7.11 합성수지의 일반적인 성질 및 용도

수지		비중	강도(kgf/cm^2)				특징	용도
			인장	압축	휨	전단		
1) 열경화성수지	에폭시수지	1.83	700	900~1,400	900~1,200	150~300	내수, 내약품, 고강도, 고가	구조용 접착, 코팅재, 라이닝재, 실링재
	불포화 폴리에스테르수지	1.10~1.65	300~700	900~2,500	550~1,300	50~200	상온경화, 내약품성 약간 적음	구조용 접착, 코팅재, 라이닝재, 실링재
	페놀수지	1.25~1.45	250~650	800~2,500	500~1,100	70~150	내수, 내열성(50~150℃), 염가	합판, 집성재 등의 접착실재, 코킹재, 구조용
	레진수지	1.25~1.45	250~650	800~2,500	500~1,100	70~150	내수, 내구성 큼	옥외용 합판, 내수 합판의 접착, 구조용
	요소수지	1.4~1.52	400~900	1,750~2,800	700~1,100	80~110	내수, 내열성 적음	일반용 합판, 샌드위치판
	푸란수지	1.75	200~300	700~900	400~600	–	내약품성 큼	코킹재, 라이닝재
	폴리우레탄 수지	–	10~15	–	–	150~200	내연, 내약품성 큼	실링재
2) 열가소성수지	초산비닐 수지(PVA)	1.18~1.20	350	–	–	–	팽윤성, 내열 적음	타일 등의 접착, 샌드위치판, 비구조용
	비닐알코올	–	–	–	–	–	수용성	미장용 모르타르 첨가제
	부틸수지	1.05	35~210	–	–	–	내수성	페놀수지와 혼용한 구조용

주) 1) 열경화성수지 : 가열하거나 용제에서도 다시 용해되지 않는 수지류
2) 열가소성수지 : 가열하거나 용제에 녹여서 자유로 가공할 수 있는 수지류

4) 섬유재료

섬유재료의 종류는 탄소섬유, 아라미드섬유, 강섬유, 유리섬유 등이 있으며, 탄소섬유가 현재 보강재로서 가장 널리 사용되고 있다.

표 7.12 각종 섬유의 특성

구 분	탄소섬유				아라미드섬유		유리섬유	
	PAN제품		Pitch제품					
	High Strength	High Modulus	GP	HP				
인장강도 (tf/cm²)	25~45	20~28	7.8~10	3~7.5	28	31	35~36	18~35
탄성계수 (tf/cm²)	2,000~2,400	3,500~4,500	380~400	400~800	1300	770	740~750	700~760
신장률 (%)	1.3~1.8	0.4~0.8	2.1~2.5	0.4~1.5	2.3	4.4	4.8	2~3
밀도 (g/cm³)	1.7~1.9	1.8~1.9	1.6~1.7	1.9~2.1	1.45	1.39	2.6	2.27

7.3 보수재료의 평가

보수재료는 구조물 사용자의 요구조건, 구조물의 사용조건 및 환경조건, 보수공사의 작업조건 등에 따라 요구수준을 만족하지 않으면 안 된다. 일반적으로 각종 조건하에서 요구성능을 설정하고, 이 요구성능에 대응하는 재료의 구체적인 특성치(품질)가 요구수준을 만족시키는가를 현장검정시험(Mock-up test)에 의해 확인되어야 한다.

7.3.1 보수재료의 특성

재료의 성능을 구체적으로 평가하기 위한 특성과 그 요구수준은 각종 조건에 따라 다르기 때문에 조건별로 필요한 특성을 정리하는 것이 이해하기 쉽다. 재료 특성을 평가해야 할 주요 요인은 표 7.13과 같다.

표 7.13 보수재료의 특성 분류

영향을 미치는 조건	보수재료의 특성 (혹은 구체적인 특성치가 설정 가능한 성능)	특성평가의 주된 요인
구조물의 기본성능	건조수축률, 크리프	특성치
	압축강도, 부착력, 열팽창계수, 탄성계수	보수 부위의 콘크리트
	마모특성, 충격특성	동적 하중의 작용
사용조건 및 환경조건	내후성, 내약품성, 균열저항성, 동결융해성, 내오염성	경년에 대한 안정성
	내투수성, 내투습성, 내염화물침투성	초기의 특성치
	열팽창계수	보수 부위의 콘크리트
작업조건	저건조수축성, 유동성, 점착력, 접착력, 조강성, 사용가능 시간, 시공가능 두께	작업성의 우열
경제적 조건	가격	유지관리계획

7.3.2 보수재료 평가에 관한 고려 방법

보수재료의 성능을 평가하기 위하여 재료특성치를 순위로 분류한다. 순위설정 방법에 따른 각 재료특성치의 차이는 다음과 같으며, 그 예는 표 7.14와 같다.

가. 특성치만으로 우열을 결정하는 것

일반적으로 건조수축과 크리프 등 체적변화에 관한 보수재료의 특성은 가능한 높은 수준(체적변화가 적은 성능)의 것이 요구된다. 보수 부위의 콘크리트는 건조수축과 크리프가 종료되어 안정화된 상태이기 때문에 보수 부위의 콘크리트와 일체화하는 것이 부착력의 저하와 박리 및 보수재료의 지지력 저하 등을 피하는 데 중요하다.

나. 보수 부위의 콘크리트 품질을 기준으로 우열을 결정하는 것

강성계수와 온도계수 등 치수변화에 관한 재료특성에서는 보수 부위의 콘크리트와 동등한 특성치가 요구된다. 보수 부위의 콘크리트와 보수재료의 강성계수가 달라지면 탄성계수가 큰 쪽의 응력이 크게 되고 과잉응력이 생길 위험성이 있다. 또 열팽창계수가 다르면 온도변화에 대한 거동이 변하기 때문에 박리와 균열의 원인이 된다.

따라서 보수 부위의 콘크리트 특성치를 기준으로 하고, 기준치에 대한 보수재료 특성치의 상대값을 사용하여 성능수준을 설정할 수 있다.

다. 경년에 대한 안정성에 의해 결정하는 것

재료로의 장기간에 걸친 열화작용과 반복열화작용에 저항하는 특성은 공용기간을 고려하여 평가할 필요가 있다. 대상이 되는 특성은 부착성, 내자외선성, 내수성, 내산화성, 내약품성, 균열저항성, 동결융해 등에 관련된 것이다.

구체적으로는 내구연한에 대한 특성치 유지율과 동결융해에 대한 내구성지수 등이다. 또 열화모델이 있으면 내구연한과 비교하여 성능을 직접 평가할 수 있다.

라. 경년변화의 초기치에 의해 결정하는 것

투수성, 투습성, 투기성, 염분침투성 등 물질투과에 관계하는 특성을 대상으로 한다. 여기서는 이들 성능의 경년변화는 앞에 나타낸 재료열화에 따라 발생하는 것으로 생각하고 경년변화 후의 물질투과성능은 그 초기성능과 앞에 나타낸 재료의 경년열화를 조합하여 상정한 열화모델로 평가할 수 있는 것으로 가정한다. 따라서 본 항목의 재료특성은 초기치로 평가되는 것으로 한다.

마. 작업성의 우열에 의해 결정하는 것

시공기간과 양생기간 동안 각종 조건에 기인하여 발생하는 시공 손상과 균열 등을 피하기 위해 요구되는 특성이다. 대상이 되는 특성은 건조수축성, 보수성, 슬럼프, 점착력, 접착력, 조강성, 사용가능 시간 등이다.

표 7.14 특성치 순위 설정의 예

순위설정의 요인	순위와 그 설정 예			
특성치(예 : 저건조수축성, 크리프 특성 등 체적변화에 관한 특성)	특성치로 성능이 평가됨			
	평점	내용	(예) 건조수축률과 재료 예	
	5	극히 양호	프리팩트 콘크리트	
	4	양호	0.05% 이하 에폭시모르타르	
	3	사용 가능	0.05~0.10% 폴리머시멘트모르타르, 시멘트모르타르, 시멘트콘크리트	
	2	약간 떨어짐		
	1	사용 불가	0.10% 이상	
보수 부위의 콘크리트(탄성계수, 열팽창계수 등 거동에 따른 특성 등)	보수 부위의 콘크리트 품질과 비교하여(비율 등으로) 특성이 평가됨			
	평점	내용	평점	내용
	5	보수 부위의 콘크리트와 동등	2	보수 부위의 콘크리트와 약간 다름
	4	보수 부위의 콘크리트와 거의 동등	1	사용 불가
	3	보수 부위의 콘크리트에 가까움(사용가)		
경년안정성(내후성, 내약품성, 균열저항성, 동결융해 저항성 등 재료의 열화에 관한 특성)	내구연한과의 비교 등으로 특성이 평가됨			
	평점	내용		
	5	구조물의 내구연한에서 충분하게 그 특성을 유지함		
	4	구조물의 내구연한과 재료의 내구연한이 동등함		
	3	다른 재료와의 조합에 의해 구조물의 요구 성능이 만족됨		
	2	내구성이 떨어지고 고성능인 재료와의 조합이 필수적임		
	1	내구성을 완전히 기대할 수 없음		
경년변화 초기 특성치(투수성, 투습성, 투기성, 염분침투성 등)	경년에 따른 재질 변화에 영향을 미치는 특성을 대상으로 함. 특성은 초기치로 나타내고, 경년열화는 위의 내구성으로 평가함			
	평점	내용	평점	내용
	5	극히 양호	2	허용성능 수준과 동등
	4	양호	1	사용 불가
	3	적용 가능		
작업성의 우열(건조수축성, 슬럼프, 점착력, 접착력, 조강성, 사용 가능 시간)	시공결함 및 균열 등이 발생하지 않도록 특성치를 설정함			
	평점	내용	평점	내용
	5	극히 양호	2	시공에 특별한 주의가 필요
	4	양호	1	적용 불가
	3	적용 가능		

7.4 보수·보강 공법

7.4.1 일반

손상된 콘크리트구조물의 보수·보강 필요 여부는 조사 및 원인추정의 결과를 신중히 검토하여 판정하는 것이 기본이다. 다시 말하면 균열의 보수에 있어서 조사, 원인 추정 및 보수 여부 판정에 기인하여 보수 목적에 가장 적합한 방법을 채택해야 한다. 균열의 보수는 철근부식, 누수, 오염, 위험감 등의 성능저하와 열화현상을 회복하기 위하여 균열부에 대해서 적절한 공법을 적용하여 콘크리트 내부로의 공기·수분·염분 및 황화수소 등의 침입을 막고, 내부철근의 부식과 균열 주변부 콘크리트의 열화진행 억제를 목적으로 하는 것이다.

7.4.2 보수설계

보수를 할 때에는 콘크리트구조물의 결함원인, 보수범위와 규모, 환경조건, 안전, 공사기간, 경제성 등을 고려하여 계획한 보수목적이 달성되도록 보수설계하고 적절한 보수재료, 보수공법, 보수시기를 선정한다. 즉 보수설계는 열화된 구조물의 기능 및 내구성 회복의 목적에 따라 적절한 보수재료 및 보수시기를 선정하는 것이 중요하다. 보수설계는 그림 7.6에 따르며 보수설계를 할 때는 다음과 같은 사항을 고려하는 것이 좋다.

- 보수 여부 판정에 기초하여 보수범위와 규모(구조물 전체 혹은 부재)를 설정한다. 또한 필요에 따라서 현장 재조사를 실시한다.
- 열화의 원인, 균열의 발생상황(균열 폭, 깊이, 패턴 등), 구조물의 중요도 및 환경조건(일반환경, 공장지역, 염분환경지역, 해안, 한랭지, 특수용도지역)을 파악한다.
- 보수의 목적 및 회복목표를 명확히 결정하고, ②의 환경조건을 고려하여 보수에 가장 적당하다고 생각되는 보수재료, 보수공법, 보수시기를 선정한다.

일반적으로 보수공법으로는 중성화 보수공법, 철근부식 보수공법, 균열 보수공법, 누수 보수공법, 표면열화 보수공법, 동해 보수공법 등이 있다.

7.4.3 보수범위 선정

보수범위는 복원 목표 수준, 보수공법 등에 따라 구조물의 내하력에 영향을 미치지 않도록 설정해야 한다.

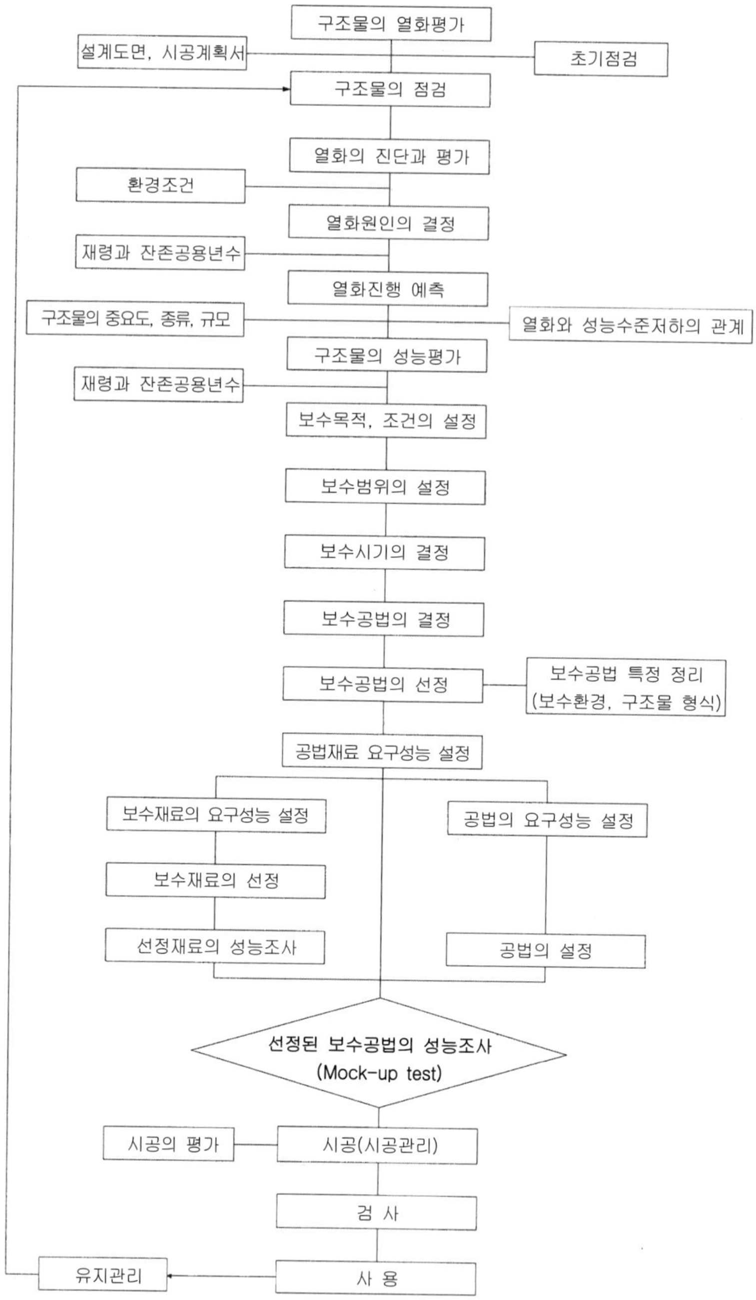

그림 7.6 기본적인 보수설계의 흐름도

- 부분적인 보수는 보수 대상 부위 중에서 부식된 철근 주변의 콘크리트와 부식된 부분 전체를 제거하는 것을 원칙으로 한다.

• 전면적인 보수는 콘크리트 균열이나 박리가 나타나고, 철근이 부식된 부위 및 녹물이 있는 부위는 물론 그 주변에 대해서도 테스트 해머로 타격하여 탁음이 발생하는 콘크리트는 들뜬 범위를 표시하고, 그 주위를 전동드릴이나 정 등으로 제거하며, 염화물에 기인한 철근부식에 관해서는 부식 한계 염화물이온량을 초과하는 부분은 전부 제거하고 보수해야 한다.

7.5 보수시기의 결정

7.5.1 주입 및 충전공법의 적용시기

균열 보수를 위한 주입 및 충전공법의 목적은 균열이 존재함으로써 초래되는 성능저하(철근부식·누수·위험·오염 등)를 방지하기 위해 균열이 존재하지 않은 상태(성능·기능)에 최대한 가깝게 보수하는 것으로서, 그림 7.7은 사용기간에 따른 열화의 정도 및 이에 따른 보수공법의 적용 가능한 시기에 대한 설명으로 주공법은 잠복기에 적용하며 진전기에는 주공법의 성능을 유지하기 위해 추가적인 보조공법의 적용이 필요하다.

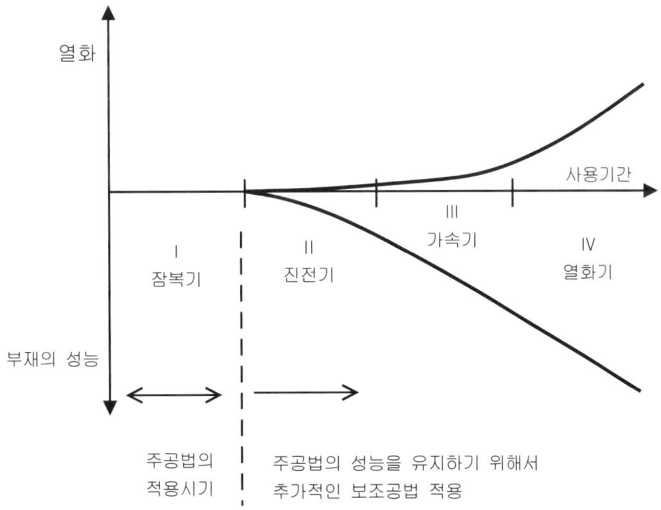

I(잠복기) : 콘크리트 속으로 외부염화물이온의 침입 및 철근 부근에서 부식발생 한계량까지 염화물이온이 축적되는 단계
II(진전기) : 물과 산소의 공급하에서 계속적으로 부식이 진행되는 단계
III(가속기) : 축방향 균열발생 이후의 급속한 부식단계
IV(열화기) : 부식량이 증가하고, 부재로서의 내하력에 영향을 미치는 단계

그림 7.7 보수공법의 적용시기

7.5.2 표면처리공법의 적용시기

표면처리공법의 목적은 외부염화물이온 등 부식성 물질의 침투를 막고, 철근 부근의 염화물이온량을 부식발생 한계량 이하로 억제하는 것, 또는 이미 염해가 진행되고 있는 경우에는 철근 부식속도의 저하, 균열 등에 의한 위험성 제거, 박락에 의한 장해를 방지하기 위한 것으로서 그 적용 가능한 시기는 그림 7.7에 따른다.

7.5.3 단면복원공법의 적용시기

단면복원공법의 목적은 피복콘크리트의 박리·박락에 의한 강재보호성능 저하를 복원하고 부재단면을 복원하는 것으로서 그 적용 가능한 시기는 그림 7.7에 따른다.

7.6 보수공법 선정

7.6.1 공법선택의 기본

보수공법은 균열현상 및 발생원인을 고려하여 선정해야 한다. 균열이 발생한 구조물에 보수공법을 적용하는 경우는 구조물의 열화속도를 억제 혹은 정지시키는 것과 함께 그 열화에 의해 발생한 모든 요구성능의 저하를 회복시키는 것을 원칙으로 한다. 원칙적으로는 우수한 성능을 갖는 공법이 적용구조물의 형식과 환경조건에 따라 그 성능이 충분히 발휘되지 않는 경우가 있다. 따라서 보수공법 선택 시 구조물의 중요도, 형식, 환경조건 혹은 보수 후의 내용연수 등을 고려하고 공법이 그 성능을 충분히 발휘할 수 있는지 확인해야 한다.

저수구조물에서의 누수원인이 되는 균열은 누수량이 적다고 생각되는 경우나 균열이 그 자체에 의한 변화로 다시 닫히는 징후가 있는 경우를 제외하고 보수하는 것이 좋다. 저수구조물이 만수상태일 때는 지수를 위한 보수작업이 어렵다.

균열이 미관을 손상시키는 경우에도 보수할 필요가 있으며, 균열의 위치가 쉽게 보이는 경우는 미관상 표면 전체를 도포하는 것이 좋다. 철근부식에 의한 열화를 최소한으로 하기 위해서는 습윤환경에 있는 균열은 보수하는 것이 좋으며, 균열에 따른 보수공법 선정은 표 7.15에 따른다.

표 7.15 균열에 따른 보수공법의 분류

<table>
<tr><th rowspan="3">보수목적</th><th rowspan="3" colspan="2">균열현상·원인</th><th rowspan="3">균열폭*
(mm)</th><th colspan="5">보수공법**</th></tr>
<tr><th rowspan="2">표면처리
공법</th><th rowspan="2">주입
공법</th><th rowspan="2">충전
공법</th><th colspan="2">그밖의 공법</th></tr>
<tr><th>침투성방수제
도포공법</th><th>기타</th></tr>
<tr><td rowspan="4">방수성</td><td rowspan="4">철근부식이
되지 않은
경우</td><td rowspan="2">균열폭의
변동이
작은 경우</td><td>0.2 이하</td><td>○</td><td>△</td><td></td><td>○</td><td></td></tr>
<tr><td>0.2~1</td><td>△</td><td>○</td><td>○</td><td></td><td></td></tr>
<tr><td rowspan="2">균열폭의
변동이
큰 경우</td><td>0.2 이하</td><td>△</td><td>△</td><td></td><td>○</td><td></td></tr>
<tr><td>0.2~1</td><td>△</td><td>○</td><td>○</td><td></td><td></td></tr>
<tr><td rowspan="9">내구성</td><td rowspan="6">철근부식이
되지 않은
경우</td><td rowspan="3">균열폭의
변동이
작은 경우</td><td>0.2 이하</td><td>○</td><td>△</td><td>△</td><td></td><td></td></tr>
<tr><td>0.2~1</td><td>△</td><td>○</td><td>○</td><td></td><td></td></tr>
<tr><td>1 이상</td><td></td><td>△</td><td>○</td><td></td><td></td></tr>
<tr><td rowspan="3">균열폭의
변동이 큰
경우</td><td>0.2 이하</td><td>△</td><td>△</td><td>△</td><td></td><td></td></tr>
<tr><td>0.2~1</td><td>△</td><td>○</td><td>○</td><td></td><td></td></tr>
<tr><td>1 이상</td><td></td><td>△</td><td>○</td><td></td><td></td></tr>
<tr><td>철근부식</td><td></td><td>–</td><td></td><td></td><td>○</td><td></td><td></td></tr>
<tr><td>염해</td><td></td><td>–</td><td></td><td></td><td></td><td></td><td>●</td></tr>
<tr><td>반응성
골재</td><td></td><td>–</td><td></td><td></td><td></td><td></td><td>●</td></tr>
</table>

* 균열폭 1.0mm 이상의 균열은 구조적인 결함을 수반하는 일이 많으므로 여기에 표시하는 보수공법뿐만 아니라 구조내하력의 보강을 포함하여 실시하는 경우가 보통이다.

** ○표는 적당하다고 생각되는 공법

△표는 조건에 따라 적당하다고 생각되는 공법

●표는 연구단계에 있는 공법

7.6.2 보수재료의 선정

보수재료의 요구조건과 평가에 합격한 재료를 대상으로 보수재료 선정은 그림 7.8에 따른다.

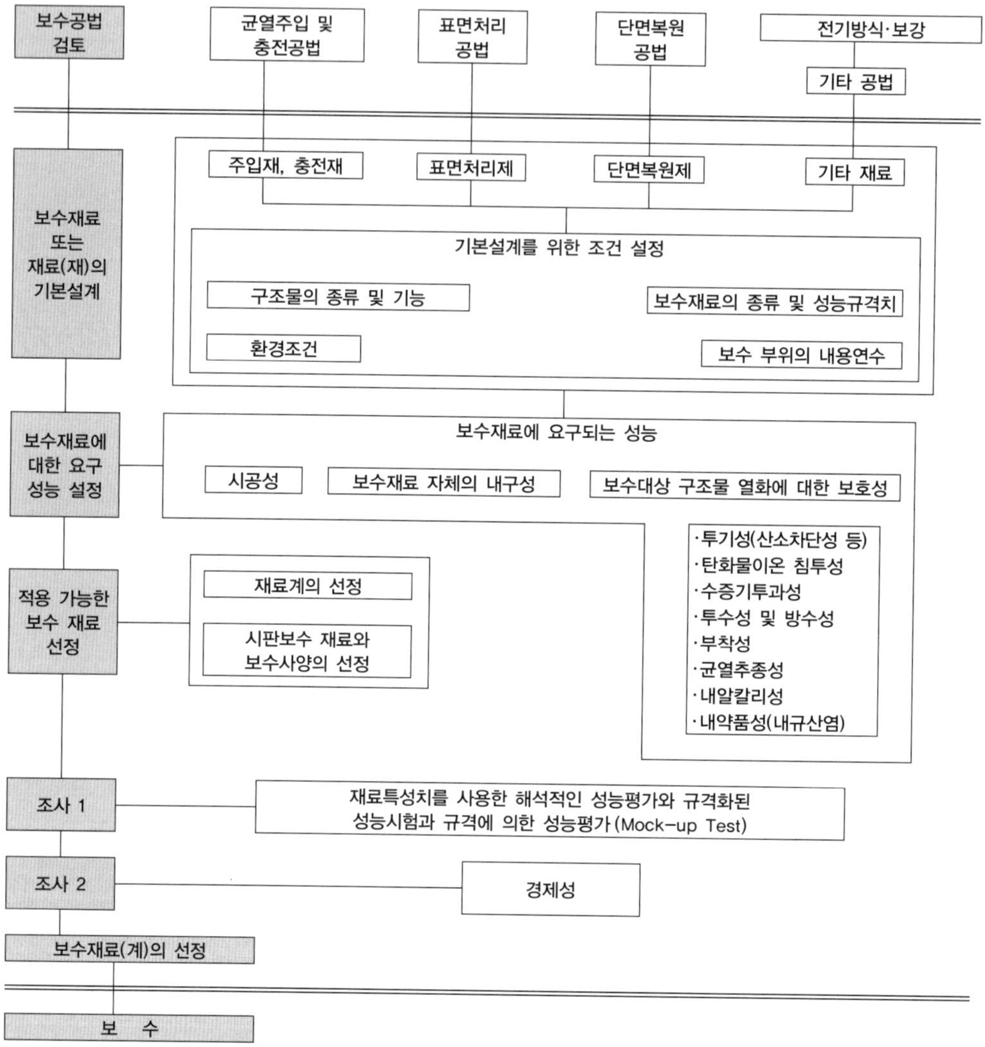

그림 7.8 보수재료의 선정 흐름도

7.7 보수공법

콘크리트구조물의 보수공법은 표면처리공법, 균열주입공법, 충진공법, 치환공법 등이 있으며 보수대상의 형태는 그림 7.9와 같다. 방수성과 내구성을 목적으로 보수공법을 선정하는 경우와 균열폭 0.3mm(경우에 따라서 0.2mm) 이하의 변동성이 적은 균열에 대해서는 주로 표면처리공법을 적용하고 있다. 균열폭 0.3mm 이상의 변동성 균열이 발생된 경우에는 주입공법이 적절하며, 단면이 탈락된 경우에는 손상된 부위를 제거하고 콘크리트 및 모르타르로 단면을 복구하는 공법을 적용한다. 그리고 외부의 열악한 환경에 노출되어 철근부식의 직접적인 원인이 되는 중성화의 위험성이 높은 경우에는 중성화처리공법을 적용한다.

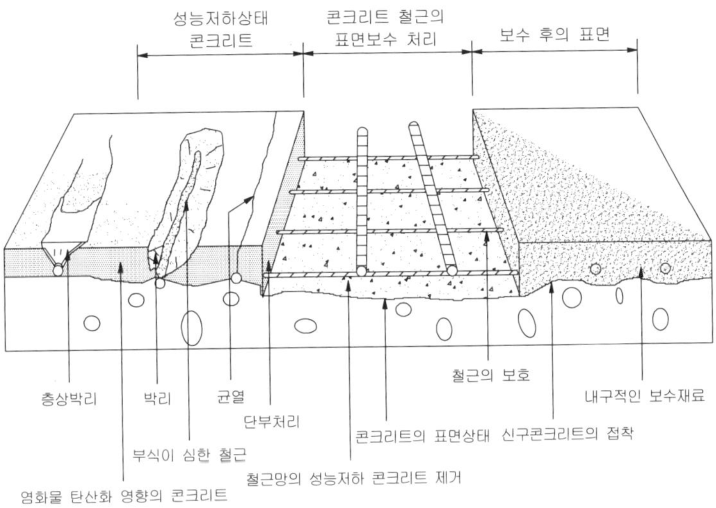

그림 7.9 보수대상의 형태

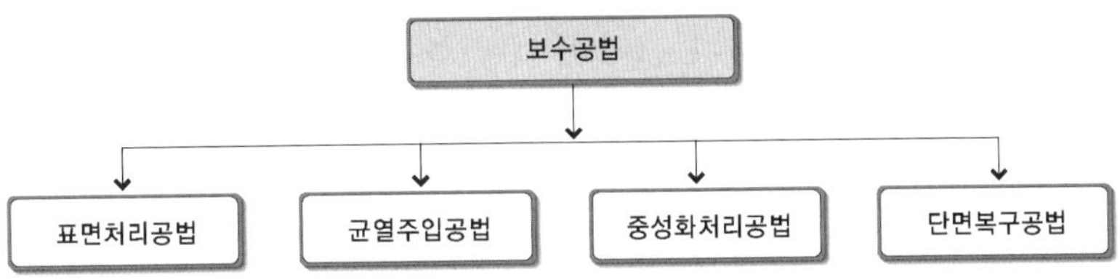

그림 7.10 보수공법의 종류

7.7.1 표면처리공법

표면처리공법은 일반적으로 0.2mm 이하의 미세한 균열에 대한 방수 및 내구성을 보완할 목적으로 실시하는 보수공법으로서 균열부분만 피복하는 표면처리공법과 일반마감공법 등이 있다. 또한 균열폭이 작은 균열이 콘크리트의 표층 전부위에 걸쳐 발생했을 경우 콘크리트의 내구성, 방수성, 미관성을 확보하기 위해 전체면을 피복하는 전면처리공법이 있다. 균열부 표면처리공법은 균열의 변동이 적은 경우에 실시하는 공법(그림

7.11a)과 균열의 변동이 큰 진행성 균열의 경우에 사용하는 공법(그림 7.11 b)으로 구분할 수 있다.

표면처리공법에 사용되는 보수재료는 일반적으로 탄성방수재, 폴리머시멘트 페이스트, 시멘트 충전재 등이 있으며, 사용 시 모재와의 부착성 검토가 필요하다. 아울러 피복재가 외부에 주로 사용되며 두께가 얇기 때문에 사용연수에 따른 성능저하에 주의할 필요가 있다.

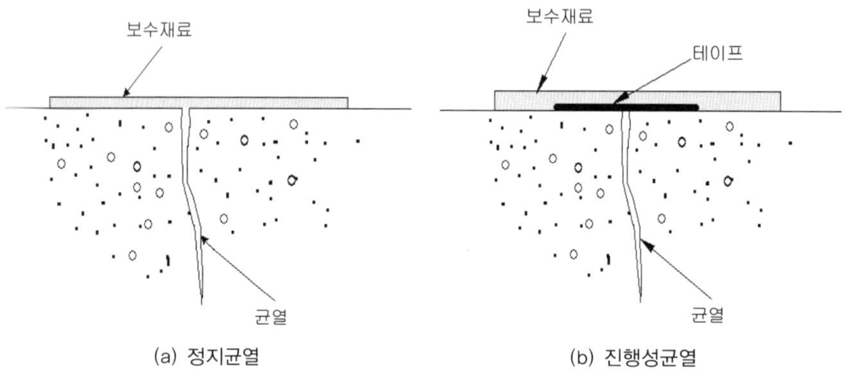

그림 7.11 표면처리공법

보수공사 시에는 우선 콘크리트 표면을 와이어 브러시, 그라인더 등으로 문질러 표면을 거칠게 함과 동시에 표면의 이물질을 제거하고 물 등으로 세척하여 충분히 건조시킨 후 일반적으로 사용되는 시멘트계나 폴리머 시멘트계를 사용하여 표면처리한다. 정지균열과 같이 균열폭의 거동이 작은 경우에는 에폭시수지를 사용하고, 균열폭 변동이 큰 진행성 균열의 경우에는 균열 표면에 탄성테이프를 부착한 다음, 유연성 에폭시, 폴리우레탄을 이용하여 보수한다(그림 7.12). 그리고 균열이 콘크리트 전 표면에 발생하였을 경우에는 보수공법으로 시공한 후 미관 및 내구성 향상을 위하여 미장, 타일, 뿜칠공법을 이용하여 표면을 마감한다.

그림 7.12 표면처리공법 시공순서

7.7.2 주입공법

주입공법은 균열에 수지계 또는 시멘트계 재료를 주입하여 방수성, 내구성을 향상시키는 공법으로 마감재가 콘크리트 모체로부터 들떠 있는 경우에도 적용할 수 있다. 주입방법에는 기계주입, 수동주입, 유입, 저압수지주입 등이 있는데, 균열의 폭에 따라 주입효과가 떨어지므로 적절한 방법으로 선택하여 사용하여야 한다(표 7.16). 수지계는 주입성, 접착성 등이 우수한 특징을 지니고 있으나 탄성계수와 열팽창계수가 콘크리트와 다른 것이 단점으로 지적되고 있다. 그러나 무기계인 시멘트계를 사용하면 균열 표면과 시멘트계의 주입재 부착력이 수지계보다 떨어진다. 이 공법을 적용함에 있어서 시공위치, 시공시기에 맞는 작업시간 및 균열폭에 대응한 점도의 재료를 선정하는 것이 중요하다. 최근에는 확실한 주입을 위해 21kgf/cm^{2}의 압력까지 주입을 하는 경우가 많다. 이 주입공법은 모든 균열 및 줄눈 등의 보수에 사용될 수 있다.

표 7.16 균열에 따른 주입공법 분류

조건 \ 공법		기계주입 공법	수동주입 공법	유입공법	저압수지 주입공법
시공 위치	수평면(상)	●	●	●	●
	수평면(하)	●	●		●
	수직면	●	●		●
균열폭 (mm)	0.25 이하	●			●
	0.25~2.00		●	●	●
	2.00~7.00		●	●	
	7.00 이상			●	

표 7.17 주입재의 종류

구 분	주입재의 종류
수지계	에폭시수지, 폴리머모르타르
시멘트계	시멘트 페이스트, 팽창시멘트
실링계	실리콘, 우레탄

일반적으로 수지계 중에서 에폭시가 균열주입재로 가장 널리 사용되고 있다. 에폭시를 균열 부위에 효과적으로 주입시키기 위해서는 에폭시 점도를 균열의 크기에 따라 조정해야 하는데, 균열폭에 따른 에폭시의 적절한 점도는 표 7.18과 같다.

표 7.18 균열폭에 따른 수지의 점도

형 상		점 도(cps)	주입 가능한 균열폭
액 상	저점도	500 ± 2,000	약 0.1mm
	고점도	1,500 ± 5,000	약 0.3mm
겔 상 태		6,000 ± 10,000	약 0.5~5mm

또한 진행중인 균열의 경우에는 변형성이 작은 에폭시수지(일반적으로 2% 정도)를 사용하면 보수한 균열 부근에 새로운 균열이 발생하는 경우가 많으므로 가요성(flexibility) 에폭시수지를 사용하거나 충전공법을 사용할 필요가 있다.

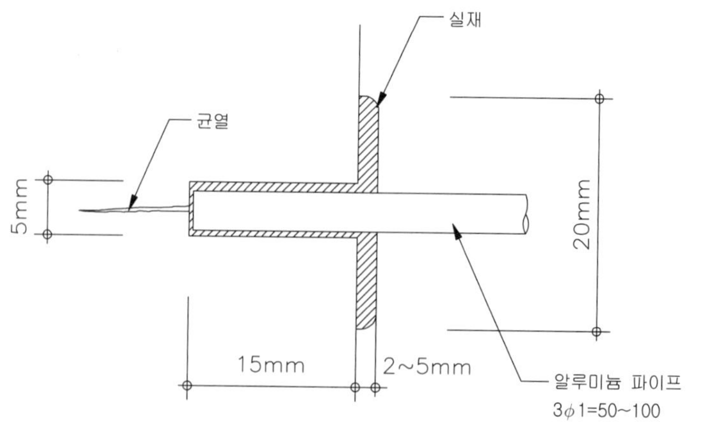

그림 7.13 균열 주입공법

에폭시 주입공법을 시공하는 경우 균열부에 에폭시를 주입하기 전에 균열 주위를 실링재로 표면을 봉함하여 주입되는 에폭시가 균열 밖으로 유출되지 않도록 해야 한다. 에폭시 주입재가 새는 것은 실링재가 제대로 시공되지 않았기 때문이다. 일반적으로 에폭시 주입 시 실링재에 작용하는 압력은 에폭시 주입압력이 커질수록, 균열의 넓이가 커질수록 높아진다. 그러나 실링재의 봉함이 제대로 이루어졌다면 실링재에 작용하는 압력이 실링재의 부착력보다 상대적으로 낮기 때문에 에폭시가 표면 밖으로 나오는 현상은 발생하지 않게 된다. 따라서 에폭시가 균열 밖으로 나오지 않게 하고 균열을 에폭시 주입재로 90% 이상 채우기 위한 올바른 균열 주입공법이 되기 위해서는 다음 그림 7.14와 같은 적절한 시공 절차가 필요하다.

특히 누수균열 부위에 대한 주입공법을 시공하는 경우에는 균열 부위를 통해 누수되는 부분을 폴리우레탄(polyurethane)을 이용하여 관통된 균열의 뒷부분을 막은 다음에 에폭시를 주입하는 공법으로 우선적으로 진행성 균열인가 혹은 비진행성 균열인가를 판단해야 한다. 즉 지반의 전도나 융기(heaving)에 의하여 생긴 균열은 진행성 균열이므로 균열을 단단한 재료로 주입하면 주입 후에 균열이 다시 발생한다. 그리고 균열 부위가 건조한지 혹은 습한지를 판단하여야 한다. 습한 경우에는 습윤성 균열 주입재를 주입하고, 균열의 크기가 큰 경우에는 셀 타입의 수지를 사용하는 것이 좋다.

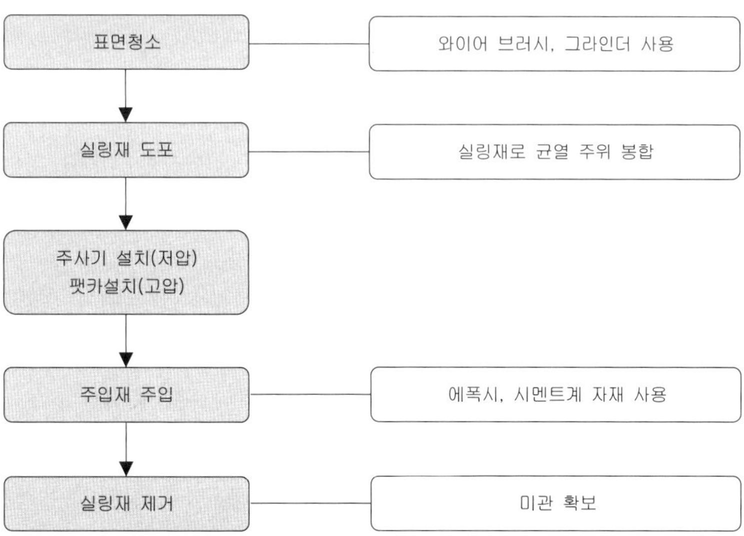

그림 7.14 균열 주입공법 시공순서

7.7.3 충전공법

충전공법은 균열의 폭이 0.5mm 이상으로 비교적 균열폭이 큰 균열의 보수에 적합한 공법으로서 균열을 따라 모르타르마감 또는 콘크리트를 절단하여 그 부분에 보수재를 충전하는 방법이다. 이 공법은 철근의 부식 여부 및 균열의 변동 여부에 따라 보수방법을 달리한다. 또한 일반적으로 콘크리트는 타설 후 수년이 경과하더라도 수분을 함유하고 있으므로 모체 콘크리트가 습윤상태인 경우 보수재로 개발된 에폭시수지계의 보수재료를 사용하는 것이 바람직하다. 단, 구조내력상 필요한 경우는 어떠한 경우라도 에폭시수지 주입으로 일체화시켜야 한다. 철근이 부식되지 않았을 때는 그림 7.15와 같이 균열선을 따라 약 10mm 폭으로 콘크리트를 U형 또는 V형으로 절단한 후 절단부분에 탄성용 에폭시수지나 폴리머 시멘트 모르타르를 충전한다. V형 절단방법은 충전재료의 박리현상이 우려되므로 U형 절단방법을 사용하는 것이 바람직하다.

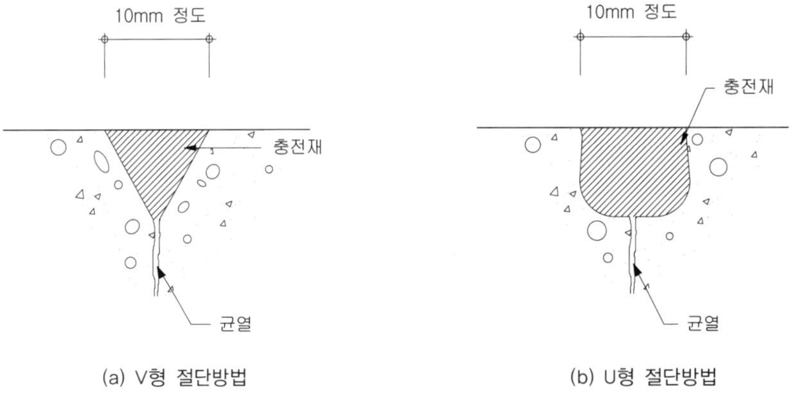

그림 7.15 철근이 부식하지 않은 경우의 충전법

철근이 부식된 경우 그림 7.16과 같이 철근이 녹슬어 부식한 부위는 철근이 드러나도록 제거하고 철근에 방청처리(폴리시멘트계, SBR계, PAE계 등)한 후 콘크리트에 프라이머도포 후 에폭시 수지 모르타르나 폴리머시멘트 모르타르를 충전한다.

또한 진행성 균열의 경우에는 균열선을 따라 약 10mm를 한 변으로 하는 V형으로 절단하여 제거한 후 균열에 에폭시 수지를 주입하여 충전하고, 겔 상태의 에폭시를 충전하여 마감한다.

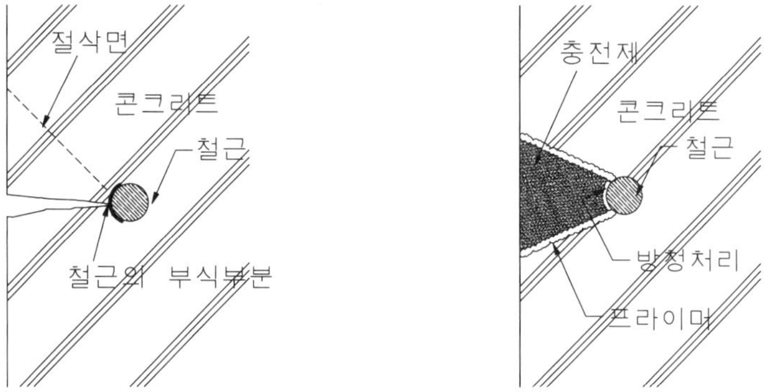

그림 7.16 철근이 부식된 경우의 충전공법

누수 또는 용출수가 있는 경우 이를 차단하게 되면 수압에 의해 구조체에 문제가 생기거나 보수한 부근에 누수가 발생할 수도 있기 때문에 그림 7.17과 같이 전단부 구석에 투수성 스펀지, 집수정 파이프와 도수용 호스를 설치하고 급결성 시멘트 모르타르로 임시로 막아놓은 다음, 몇 군데 설치된 파이프를 한 곳으로 모아 배수시키는 방법을 이용한다. 임시용 급결성 시멘트 모르타르는 장기간의 수압에 견디지 못하므로 외부에 습윤용 프라이머를 도포한 다음 에폭시 폴리머 모르타르로 보완해 주어야 한다.

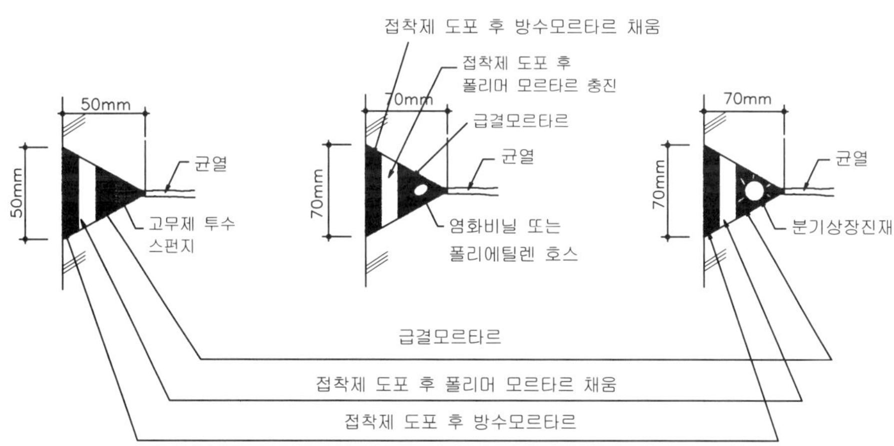

그림 7.17 누수중인 균열보수 예

7.7.4 기타 공법

가. 침투성 도포방수제에 의한 누수방지

이 공법은 표면이 전반적으로 성능저하되어 있거나 0.2mm 정도 이하의 미세한 균열이 있는 경우에 적용되며 최근 우리나라에 널리 이용되고 있는 보수공법 중의 하나이다.

나. 염화물에 의한 철근부식으로 발생한 균열의 보수

콘크리트의 염화물에 의해 철근이 부식되고, 이로 인하여 균열이 발생한 경우는 충전공법에 제시된 '철근이 부식된 경우의 균열보수'와 같은 방법으로 보수한다. 콘크리트 속의 염화물이 바닷모래 사용 정도인 경우는 균열 부분을 전술한 방법에 따라 보수한 후 콘크리트 표면에 수지 라이닝하여 철근부식의 원인인 물과 산소를 차단시키도록 한다. 그러나 염화물이 대량으로 콘크리트 속에 있는 경우는 철근 뒤쪽까지 콘크리트를 제거하여 충전공법으로 보수하고, 표면부를 수지 라이닝 등을 할 필요가 있다. 한편 시공성, 내구성, 경제성 등을 고려하여 전기방식 시스템의 적용도 바람직하다.

다. 반응성 골재에 의하여 발생한 균열의 보수

반응성 골재에 의한 균열은 일반적으로 진행성이며, 특히 보강철근량이 적은 경우는 균열폭이 크게 되는 특징이 있다. 이러한 경우 가요성 에폭시수지의 주입 및 방수효과가 있는 도포재를 도포하여 외부로부터의 수분침입을 막는 방법이 있다.

알칼리-골재 반응을 외부로부터 수분침입을 막아 억제했으나 내부에 포함되어 있는 수분만으로도 반응이 진행되는 경우가 있으므로 반응성 골재에 의한 균열보수는 외부로부터의 수분침입 차단과 동시에 콘크리트 내부의 수분을 증발시킬 수 있는 대책도 병행하여야 한다.

7.7.5 균열 보수공법 비교

현재 국내에는 많은 보수공법들이 현장에 사용되고 있다. 특히 국토해양부에서 건설기술의 활성화를 목적으로 건설신기술제도를 도입한 이후 외국의 공법을 도입·개량하거나 국내에서 직접 개발된 공법들이 사용되고 있다. 그러나 현장에서 많이 적용되고 있는 신기술은 종류와 관계없이 유사한 특징을 지니고 있으며, 품질에 대한 규명 및 검사방법에 대한 검증이 불분명하기 때문에 공법의 우열을 가리기가 어려운 형편이다. 다음은 현재 국내에서 가장 많이 쓰이는 균열보수공법의 특징을 비교·분석한 것이다.

표 7.19 콘크리트 균열보수공법 비교

공법	습식 에폭시 주입공법	무기계 슬러리 주입공법	수성 에폭시 주입공법
개요도	콘크리트 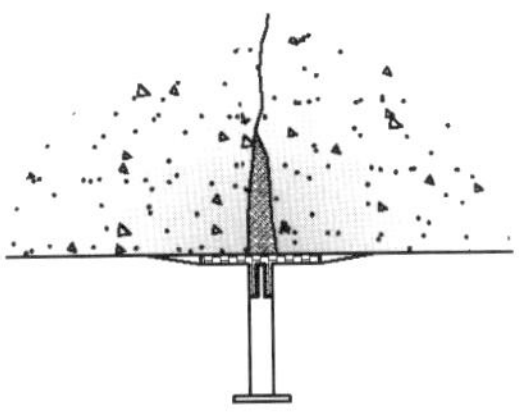 습식 에폭시 주입	콘크리트 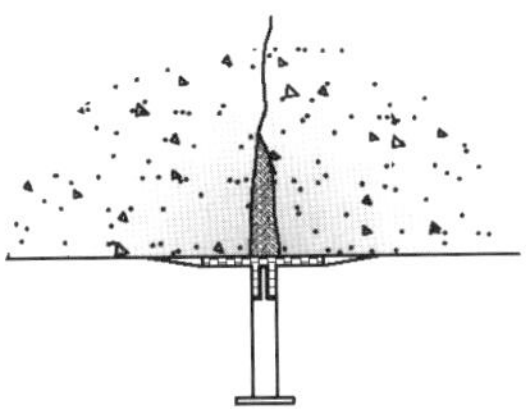 무기계 슬러리 주입	콘크리트 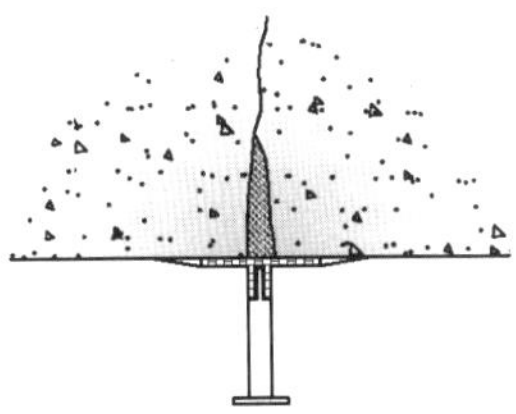 수성 에폭시 주입
공법 개요	균열부에 주입기 설치 후 습식용 저점도 에폭시를 주입하여 균열선단까지 침투시켜 구조물의 내구성을 향상시키는 보수공법	균열 부위에 무기계 슬러리를 주입기를 통하여 주입하는 공법	콘크리트의 균열 부위에 유기계와 무기계 재료인 수성 에폭시를 주입기를 통하여 주입하는 공법
시공 순서	1. 표면처리 2. 주입기 설치 3. 균열부 실링 4. 습식 에폭시 주입 5. 주입기 제거 6. 표면처리	1. 표면처리 2. V커팅 3. 주입기 설치 4. 균열부 실링 5. 무기계 슬러리 주입 6. 표면처리	1. 표면처리 2. V커팅 3. 주입기 설치 4. 균열부 실링 5. 수성에폭시 주입 6. 표면처리
장점	·시공성 양호 ·접착성 우수 ·수밀성 증진 ·철근 부식 억제 ·미세한 균열에 주입 가능 ·경화시간 단축	·시공실적 보통 ·시공성 양호 ·모체와 탄성계수 및 물성 동일	·미세균열 주위 콘크리트 강도 증가 ·내화학성 우수 ·경화속도가 무기계에 비해 빠르다.
단점	·주입압력 조절 필요 ·수지재료로 온도 및 경화 시간주의	·습윤면 시공 불가능 ·균열폭이 미세한 경우 주입 난이	·주입압력 조절 필요 ·수지재료로 온도 및 경화 시간 주의

7.8 보강공법

단순한 보수작업만으로 구조체의 내구성 및 사용성을 기대하기 어려운 경우에는 보강을 실시하여야 한다. 보강공법은 철저하게 분석된 자료를 바탕으로 구조체의 내력을 검토하여 부족한 내력을 시공성과 경제성 등을 고려하여 정해야 하며, 공법의 종류는 철근 보강강판 접착, 프리스트레싱, 단면의 증가, 부재증설 등이 있다.

콘크리트구조물은 장기간에 걸친 과다하중, 사하중 및 활하중에 의하여 구조물에 열화와 손상이 발생할 수 있고, 콘크리트에 매립되어 있는 철근을 부식시킬 수 있는 인자의 외부유입에 의하여 철근이 부식되고 체적이 팽창함으로써 콘크리트 단면이 탈락된다. 따라서 구조적으로 문제가 발생한 구조물은 적절한 보강공법을 선택하여 보강하는 것이 중요하다.

현재 국내에서 많이 사용되고 있는 공법은 강판접착공법, 보강섬유 접착공법, 외부강선을 이용한 보강법, 단면증설공법, 교체공법, 앵커공법 등이 있으며 최근에는 유리섬유나 아라미드섬유 등의 화학재료를 이용한 섬유봉이나 섬유플레이트를 이용한 보강공법도 사용되고 있다. 그리고 국내에서 사용되고 있는 공법의 대부분은 선진국에서 도입된 공법으로 초창기에는 사용자재들을 외국에서 수입하여 사용하였으나 기술이 축적됨에 따라 현재에는 국산 자재를 많이 사용하고 있다. 본 절에서는 현재 국내에서 많이 사용하고 있는 보강공법을 소개하고 공법의 특징 및 장단점을 비교·설명하고자 한다.

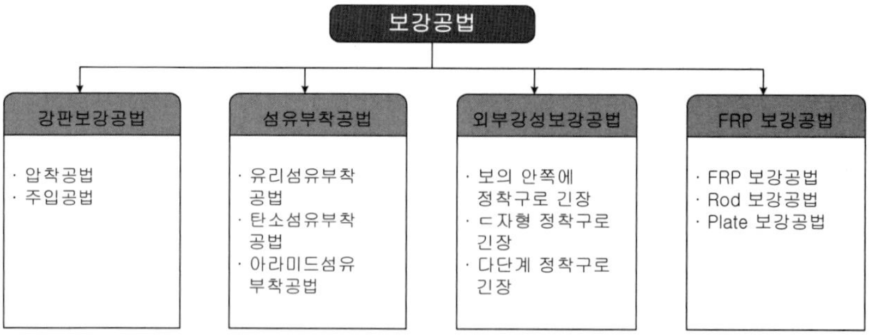

그림 7.18 보강공법의 종류

7.8.1 보강설계

보강 시에는 균열의 원인, 하중조건, 필요한 내력, 보강의 범위와 규모, 환경조건, 안전, 공사기간, 경제성, 관리의 용이성 등을 고려하여 계획한 보강 목적이 달성되도록 보강방법, 보강시기 및 보강재료의 단면이나 부재설계를 한다. 또한 보강된 부재내력의 산정은 구조의 형식, 부재단면의 재원 및 재료의 역학적 특성에 맞게 적절한 방법으로 행하며, 보강된 부재의 안전성은 내력 및 작용하중을 적절하게 결정하여 확인한다.

7.8.2 강판접착공법

콘크리트구조물의 인장측 표면에 강판을 접착하여 기설구조물과 일체화시킴으로써 내력 향상을 도모하는 공법이다. 그림 7.19는 강판접착공법의 개요를 나타낸 것이다. 강판접착공법에는 주입공법(그림 7.20(a))과 압착공법(그림 7.20(b))의 2종류가 있으며, 각각의 개요를 표 7.20에 나타냈다.

강재는 탄성계수, 열팽창계수 등 물리적 특성이 콘크리트와 유사한 성질을 지니고 있어서 체적 및 길이변화가 콘크리트와 같이 거동하므로 타 보강 재료에 비해 성능이 우수한 편이다. 그러나 섬유부착공법과 같은 다른 공법에 비하여 인장강도가 떨어지기 때문에 보강시 상대적으로 많은 양의 재료가 필요하고, 자중이 타 재료에 비하여 크므로 시공성이 다소 떨어지는 측면이 있다. 내구적 측면에서는 철근이 손상되면 부식이 발생하여 강재 직경의 체적팽창을 유도하고 콘크리트가 노후되어 인장력이 저하된 단면에서는 단면탈락이 발생하고, 단면의 손실로 인하여 부재력이 감소하여 설계 시 제시된 충분한 강도를 발휘할 수 없는 단점을 지니고 있다. 그리고 강판이 불투명하기 때문에 시공 후 품질관리차원에서 육안 및 시험에 의한 접착상태 확인이 곤란하므로 유지관리에 어려운 점이 있다.

이 공법 선정 시에는 콘크리트 표면상태, 시공조건 등에 따라 종합적으로 판단해야 하지만 강판접착에 의한 보강효과는 시공 여부에 의해 좌우되므로 적절한 접착제 선정과 충분한 시공관리가 필요하다.

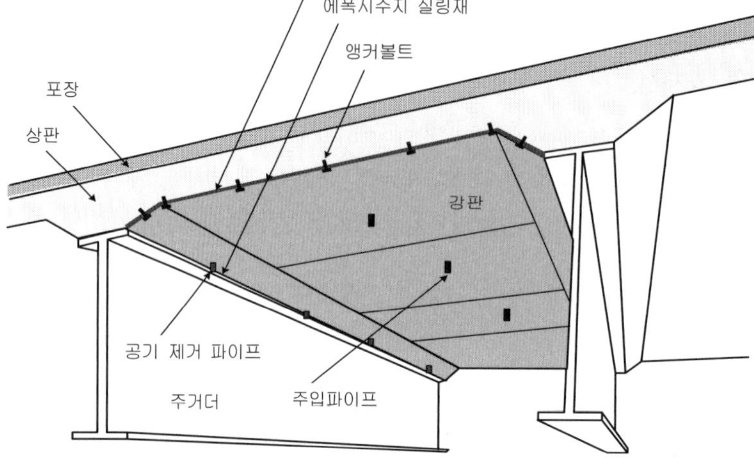

그림 7.19 강판접착공법의 개요

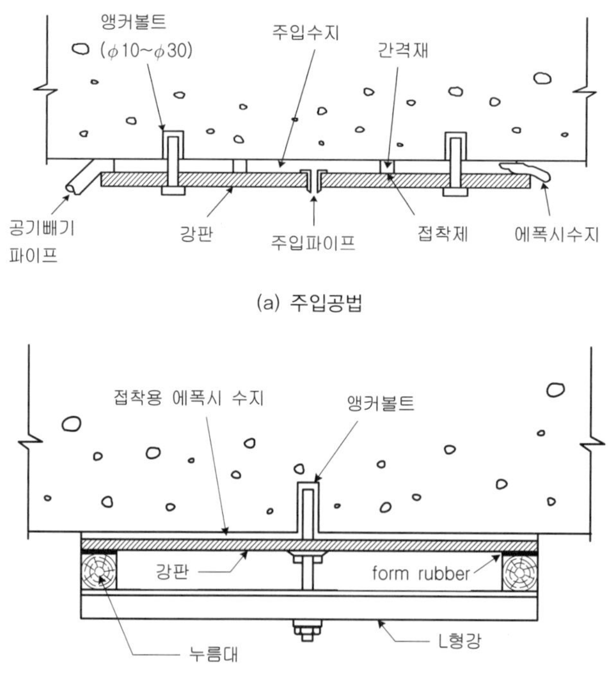

그림 7.20 강판접착공법의 종류

표 7.20 강판접착공법의 개요

항 목	주입공법	압착공법
적용 조건	콘크리트면이 평탄하지 않고 일부 또는 전체적으로 곡면이 포함된 경우	콘크리트면이 평탄하여 요철이 없고 콘크리트면에 압착용 앵커로 고정할 수 있는 부위
에폭시수지의 도포 및 주입	콘크리트면과 강판면 사이에 간격재 등에 의해 3~5mm 정도의 간격을 유지하여 주변을 실링하여 주입함	콘크리트면 및 강판 접착면에 1~2mm 정도씩 균일하게 도포함
공기제거	한 쪽에서 주입하면서 공기를 빼냄	강판은 콘크리트면에 고정된 앵커류를 이용해 압착하고 에폭시 수지를 밀어냄과 동시에 접착면에 함유된 공기를 내보냄
장점	시공면에 제약이 없음	공기가 남는 일은 거의 없어 접착효과가 좋음
문제점	약간의 기포가 남을 우려가 있어 주입에 상당한 기간을 필요함	시공면에 제약을 받음

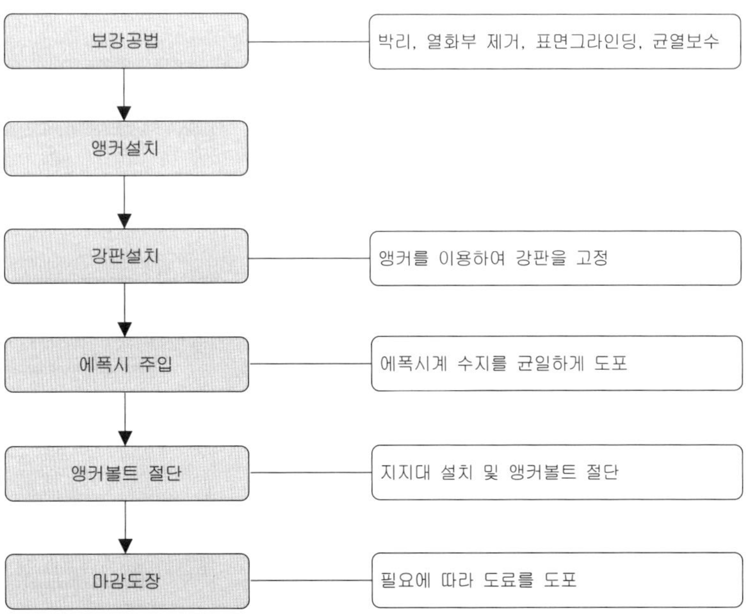

그림 7.21 강판접착공법의 일반 시공순서

표 7.21 강판접착공법 시공순서

구 분	시 공 순 서 도
주입공법	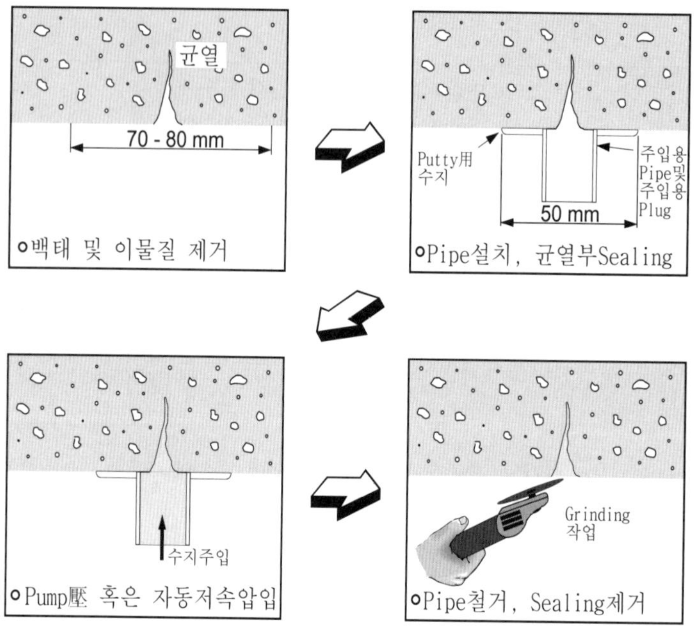
압착공법	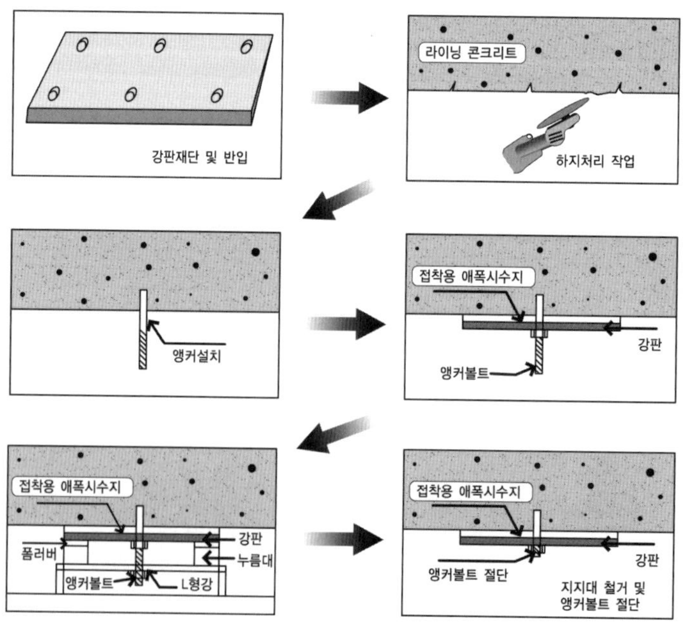

7.8.3 보강섬유접착공법

강판은 자체 무게로 큰 부위에 설시한 경우 용접개소 증가의 문제가 있어 이후에 개발된 재료가 보강섬유(Fiber Reinforced Plastics, FRP)이다. 보강섬유는 시공이 단순하며 재료의 무게가 경량이며 가공성이 우수하고 부식되지 않기 때문에 심한 부식환경에서도 적용할 수 있는 재료이다. 그러나 재료의 특성상 파괴 후 거동이 취성적인 경우가 있으므로 유의해야 하며, 보강섬유는 전적으로 에폭시 접착제에 의해 구조거동이 좌우되므로 보강섬유의 전용 에폭시 사용이 중요하다. 균열용 에폭시나 강판접착용 에폭시를 사용할 경우에 기대하는 보강효과를 얻지 못할 수 있으므로 유의해야 한다. 일반적으로 보강섬유에는 유리섬유, 탄소섬유, 아라미드섬유 등이 있으며, 이들 섬유는 방향성이 있으므로 보강하고자 하는 방향으로 보강섬유가 배치되도록 접착해야 한다. 그림 7.22는 보강섬유접착공법의 개요이다.

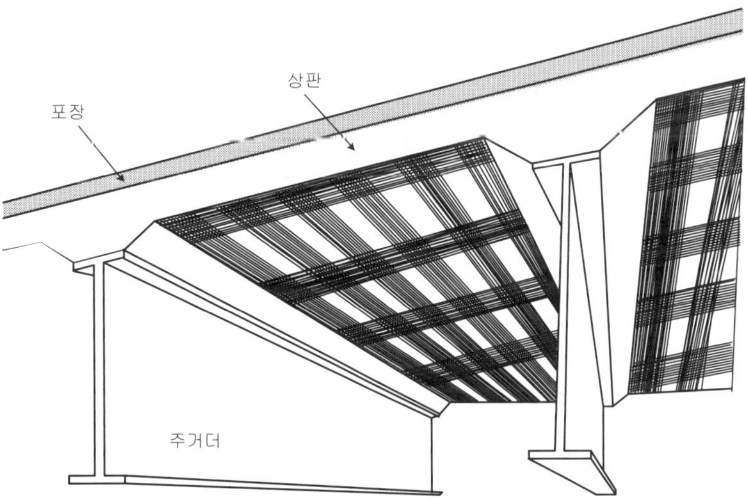

그림 7.22 보강섬유접착공법의 개요

섬유보강재를 이용한 보강공법의 시공순서는 섬유의 종류와 관계없이 유사하고, 시공순서는 그림 7.23과 같으며, 섬유시트를 이용한 보강개요는 그림 7.24와 같다.

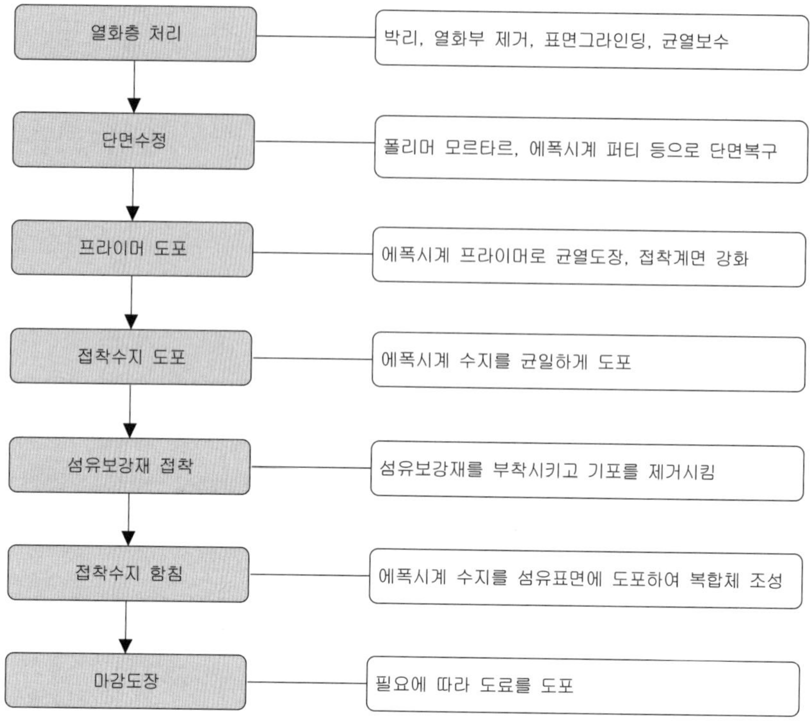

그림 7.23 보강섬유접착공법의 순서도

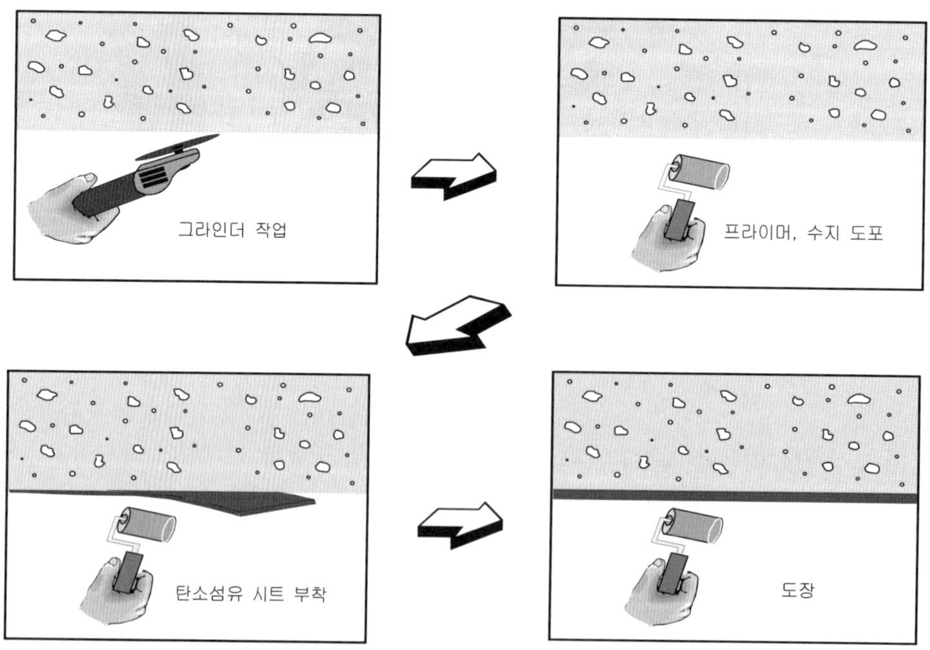

그림 7.24 섬유시트 보강공사 시공도

최근 보강공사에 많이 사용되고 있는 FRP 보강공법은 공장에서 섬유를 에폭시에 함침시켜 필요한 두께의 패널이나 로드(rod), 플레이트(plate)를 제작하여 보강이 필요한 구조물부재에 사용하는 것으로서 목적에 따라 보강재의 두께 및 형상을 자유로이 할 수 있다는 장점이 있다. 최근 들어 선진국을 중심으로 FRP 복합재에 대한 관심이 높아지고 있으며 많은 연구가 이루어지고 있어서 사용량이 늘고 있다.

FRP에 사용되는 재료는 주로 탄소섬유, 유리섬유, 아라미드섬유 등이 사용되고 있으며, 재료는 섬유부착공법에서 사용한 재료와 동일한 재료를 사용하기 때문에 물성치도 유사하다. FRP의 시공순서는 그림 7.25와 같으며, 그림 7.26은 섬유보강재를 이용한 보강개요를 나타낸 것이다.

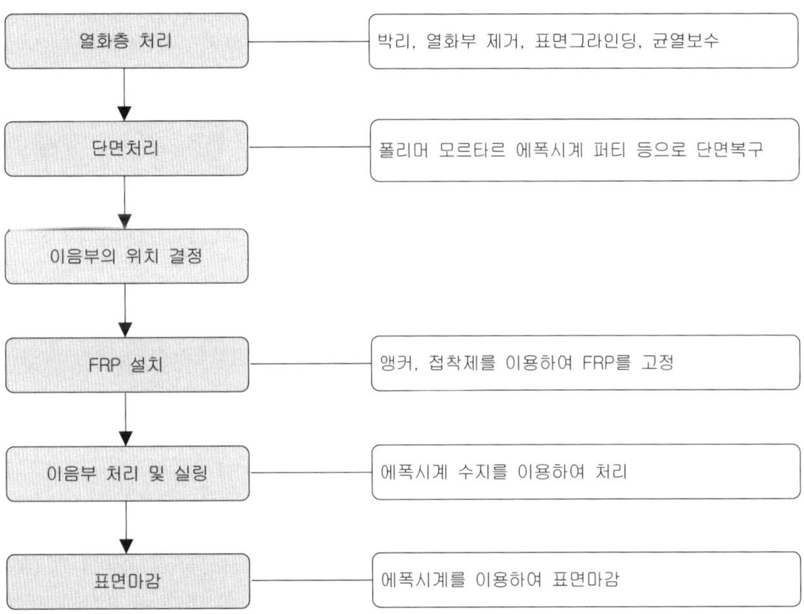

그림 7.25 FRP 시공순서도

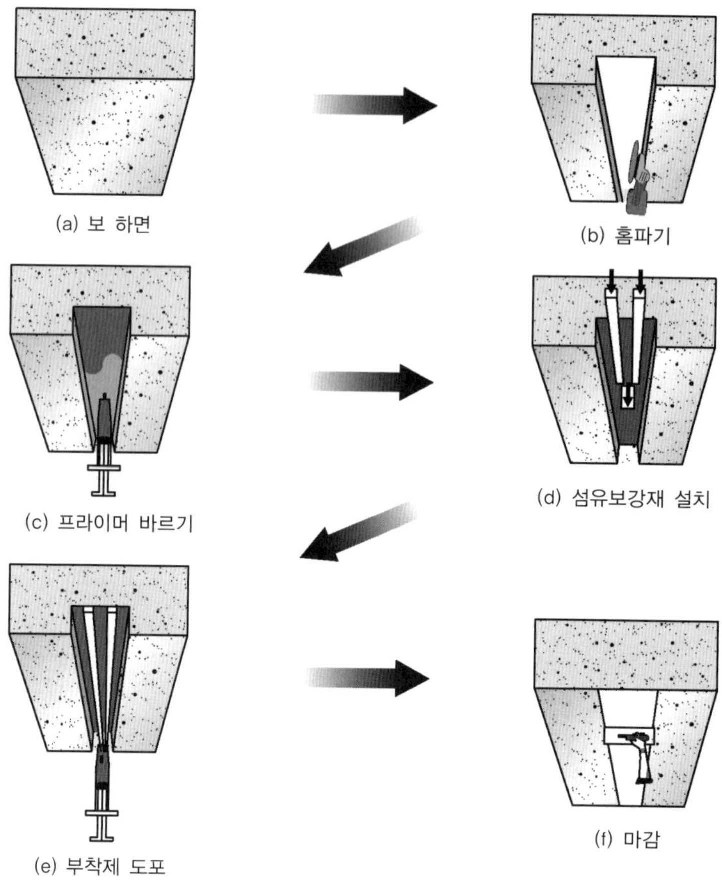

그림 7.26 섬유보강재 보강공사 시공도

7.8.4 프리스트레싱공법

프리스트레스 도입에 따른 보강은 기존 시설물에 프리스트레스(긴장력)를 부여함으로써 부재에 발생하고 있는 인장응력을 감소 또는 개선시켜 균열을 복귀시킬 뿐만 아니라 압축응력을 부여하는 것을 목적으로 하는 공법으로 구조물의 내력 및 강성 증강, 균열폭 감소 등이 가능하다.

이 공법은 구조물의 국부적인 보강보다는 오히려 부재 전체 또는 구조물 전체에 걸쳐 휨모멘트, 전단력, 축력의 작용상태를 변화시키고 때로는 변형상태를 개선시키는 것을 목적으로 이용하는 경우가 많으므로 일반적으로 공사의 규모가 커지며 다른 공법보다 넓은 작업공간을 필요로 하며 설계와 시공도 다른 공법에 비해 다소 복잡하다.

외부강선을 이용한 프리스트레스 보강법은 기존 신설구조물에 사용하고 있는 PS콘크리트와 같은 요령으로 설계한다. 그러나 신설구조물과 달리 강선이 외부에 설치되므로 강선 정착구를 외부에 설치해야 한다. 따라서 외부강선을 이용한 정착구는 주로 정착구의 위치에 따라 공법의 특징이 결정된다. 외부강선에 사용하는 긴장재는 주로 강선(strand), 강봉(PT Bar), 단선(wire)으로 이루어져 있으나 전체의 75% 이상을 강선이 차지하고 있으며, 국내에서도 시공성과 가격이 저렴한 강선이 포스트텐션재료로 사용되고 있다.

프리스트레싱공법의 시공방법은 구조물의 종류나 본 공법 적용의 목적에 따라 여러 방법이 취해지고 있어서 공사의 긴급도, 공사기간, 안전성 및 경제성 등을 종합적으로 판단하여 결정할 필요가 있다. 예를 들어 이 공법은 화재나 인적 재해에 따른 적절한 대책이 필요하며, 특히 설계 시 단부 정착부 설계와 단부 정착부에 집중되는 응력에 대한 조치가 완벽하게 이루어져야 한다.

외부강선을 이용한 프리스트레싱공법의 일반적인 시공순서는 다음 그림 7.27과 같으며, 각 부재별 프리스트레싱 보강공사 방법은 그림 7.28, 그림 7.29와 같다.

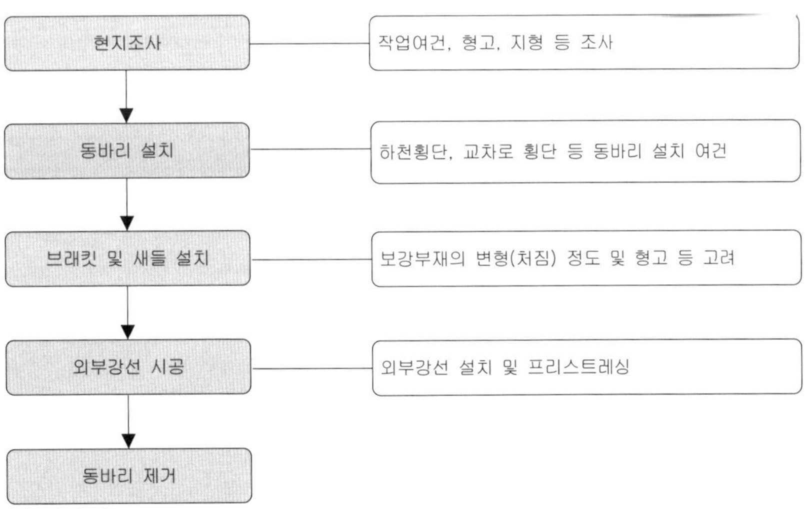

그림 7.27 프리스트레싱공법 시공순서

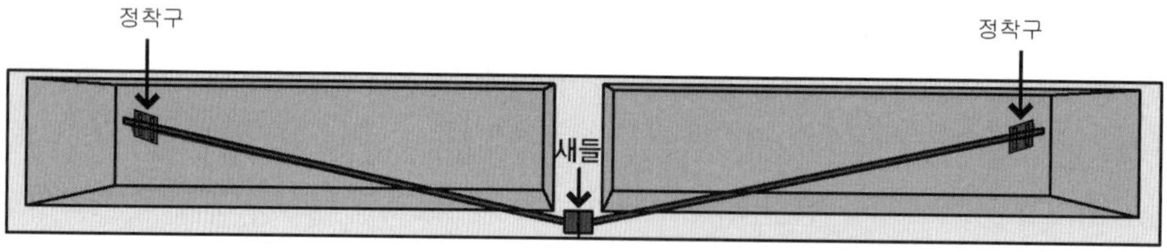

(외부강선 설치 및 프리스트레싱)

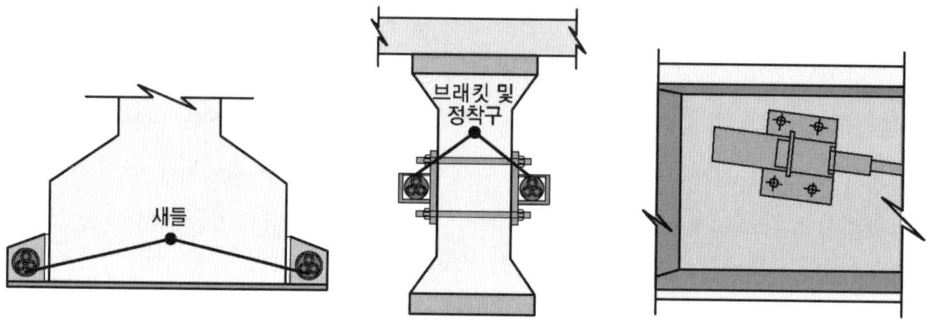

(새들 및 정착구 설치)

그림 7.28 상부주형 프리스트레싱 보강공사

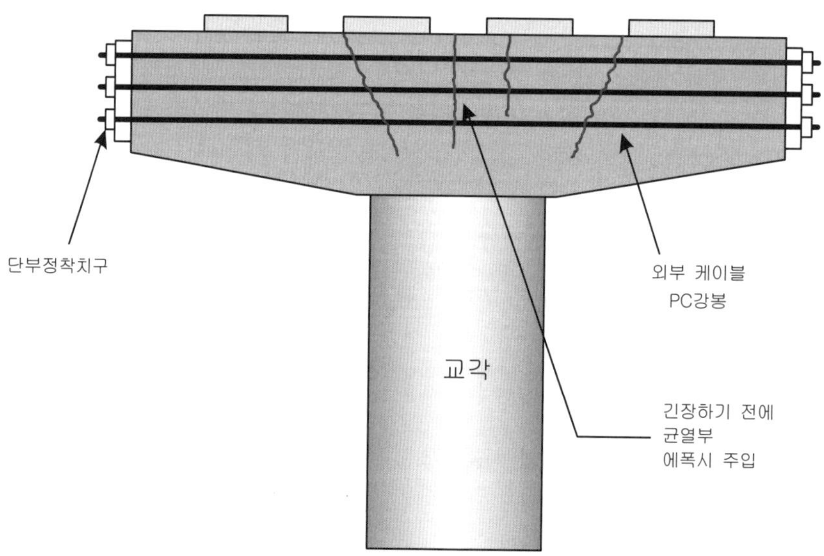

그림 7.29 하부교각 프리스트레싱 보강공사

7.8.5 단면증설공법

단면증설공법은 심한 균열로 콘크리트의 일부가 떨어져 나갔거나 설계변경, 증축시공 등으로 단면이 부족한 경우 및 손상열화를 받은 부재의 상면에 콘크리트와 모르타르 등을 두껍게 하는 보강공법이다. 예를 들면 도로교와 철도교 등에서 피로열화에 따라 변형이 증가하여 기능이 저하한 경우에 상부면에 콘크리트를 타설함으로써 상판두께를 크게 하여 내하력과 강성을 회복시키는 공법이다. 유사한 공법으로는 기존의 보 사이에 신설 보를 증설하여 내하력과 강성을 회복시키는 공법이 있다. 그러나 이 공법은 신·구 콘크리트 사용으로 탄성계수, 건조수축, 크리프(creep), 단면증가 등으로 부착 및 내력의 문제가 발생하거나 내부응력을 유발시킬 가능성이 있으므로 각별히 유의하여야 한다. 단면증설공법이나 신설 보 증설공법은 상판의 단면내력을 회복시키기도 하고, 보강에 가장 효과적인 방법이다. 그림 7.30은 일반적인 단면증설공법의 개요를 나타낸 것이고, 그림 7.31은 기둥, 그림 7.32는 보와 슬래브 단면증설공법의 한 예이다.

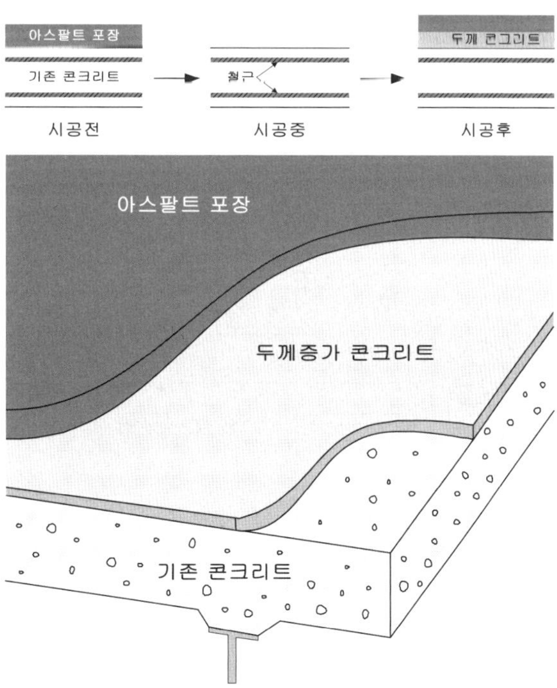

그림 7.30 단면증설공법의 개요

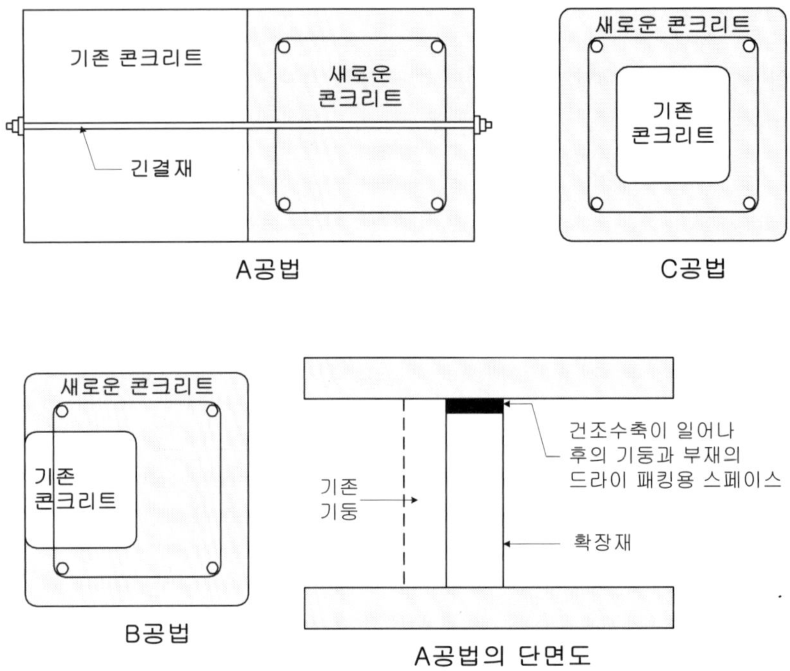

그림 7.31 기둥의 단면증설공법 예

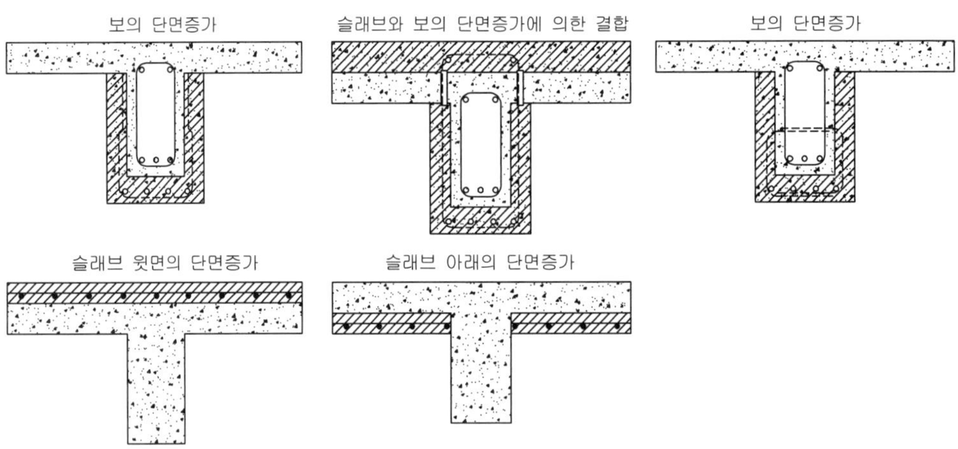

그림 7.32 보·슬래브의 단면증설공법 예

7.8.6 교체공법

교체공법은 손상되어 있는 부분만을 제거하고 콘크리트를 새롭게 타설하여 손상받지 않은 다른 부분과 같은 정도의 기능으로 회복시키는 부분교체공법과 부재를 전면적으로 제거하고 새로 교체하는 전면교체공법이 있다. 두 공법 모두 내하력과 강성을 회복시키는 효과는 확실하다.

상판이 전반적으로 손상을 받은 경우에 상판을 전면 제거하여 프리캐스트판(precast plate)으로 교체할 수 있고, 교통소통을 조기에 할 수 있다는 이점이 있다. 그림 7.33은 교체공법의 개요를 나타낸 것이다.

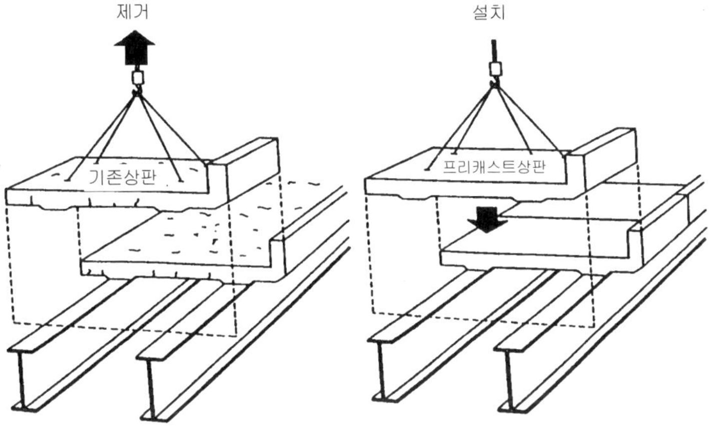

그림 7.33 교체공법의 개요

7.8.7 앵커공법

앵커공법은 균열이 구조내력에 지장을 주는 경우 균열부분을 강봉 등으로 봉합하여 내하력을 회복시키려는 것이다. 이 공법은 보강해야 할 부위가 넓지 않은 경우에 적용하는 방법으로 배근량이 부족하여 철근을 배근할 필요가 있을 때 사용한다. 슬래브의 상부면을 철근이나 강판이 매립될 정도로 콘크리트를 제거하고 철근이나 강판을 매립한 후 제거된 부위의 홈에 에폭시 수지 접착제로 철근을 고정시키는 공법이다. 이 경우 보강 부위 주변의 균열은 에폭시 수지로 보강해야 한다. 그림 7.34는 앵커공법의 개요를 나타낸 것이다.

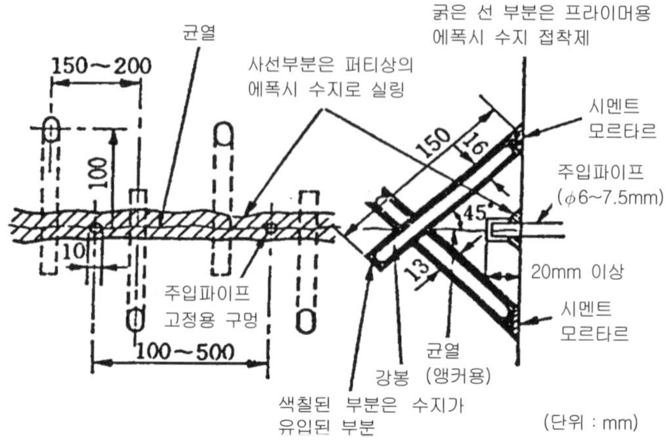

그림 7.34 앵커공법의 개요

7.8.8 부재증설공법

부재증설공법은 H형강과 같은 철골보(beam)를 슬래브 하부 및 보 하부에 설치하여 슬래브의 경간을 줄이거나 보의 하중을 분산시키는 방법이다. 이외에도 경사재나 기둥을 신설하는 방법도 있다. 그림 7.35는 슬래브의 철골보강 예이고, 그림 7.36은 경간을 줄이는 공법 예이다.

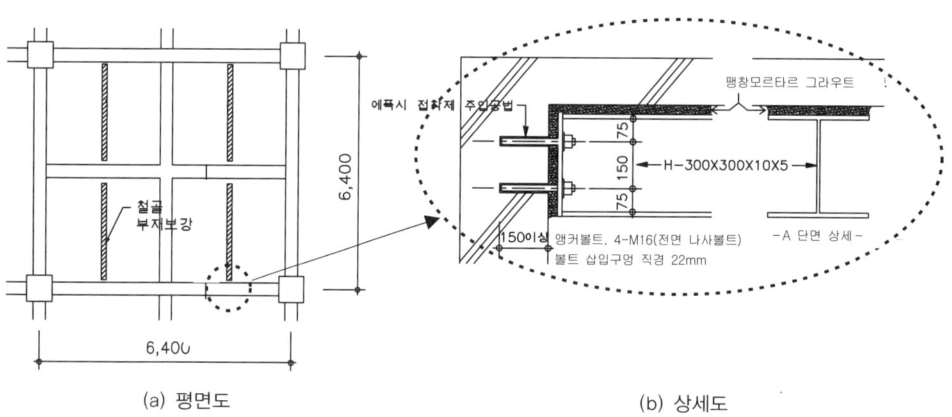

그림 7.35 슬래브의 부재증설공법

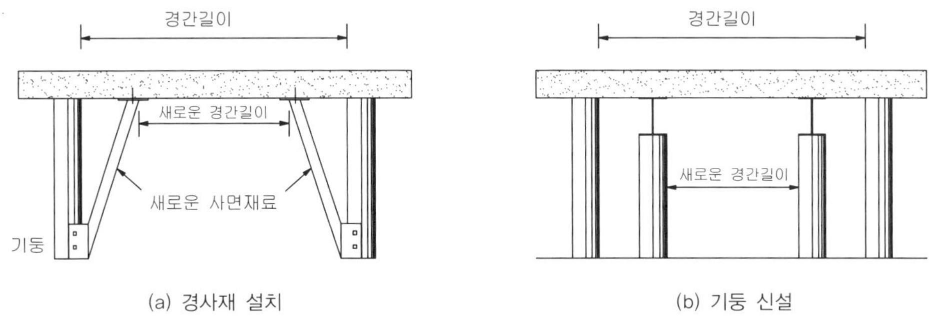

그림 7.36 경간을 줄이는 공법 예

7.9 내진을 고려한 보수·보강 공법

7.9.1 내진보강

내진보강이란 기존의 구조물을 가능한 해체하지 않고, 내진성능이 부족한 구조물의 내진성능을 향상시키기 위해 수행되는 보수공사 및 보강공사를 통칭하는 것으로 기존 구조물의 내진보강 목적은 내진평가를 통해 내진성능을 확보하고 있지 못한 것으로 평가된 구조물의 존치기간 중 지진발생 시 인명피해, 구조물 붕괴, 구조물의 기능상실 등 중대한 피해를 최소화하기 위해 구조물의 내진성능을 향상시키는 것이다. 기존 구조물의 내진성능 향상을 위한 보강방안으로는 작용외력에 저항할 수 있는 강도를 확보하는 하중개념과 시설물 구성요소의 비탄성거동을 허용하되 붕괴는 방지하도록 하는 변위개념을 적용할 수 있다.

가. 내진보강의 기본방향

기존 구조물의 내진보강은 일반적으로 강도를 높이는 방법, 변형능력을 높이는 방법 혹은 두 가지를 병행한 방법 등이 있으며, 내진성능을 향상시키고 구조물의 지진에 대한 안전성을 향상시키기 위하여 고려되는 기본적인 방법은 다음과 같다.

① 구조물의 형태상 개선

② 구조물의 강도, 파괴형식 및 연성을 개선하여 구조물의 보유 내진성능의 향상

③ 구조물의 손상복원

나. 내진보강공법 선정

내진보강설계는 내진성능 조사결과에 대한 평가, 보강계획, 기본설계, 상세설계, 보강효과 검토 순으로 행해지며, 보강공사가 필요한 내진성능치를 만족시키지 못하는 경우에 내진진단 결과 평가로부터 반복한다. 내진보강에 적용되는 공법은 그 효과를 신뢰할 수 있으며, 필요한 내진성능치를 만족할 수 있도록 기존 구조물의 구조특성을 고려하여 강성분포 개선, 연성 향상, 지진내력 증가 등 적합한 공법을 선정하여야 한다.

1) 구조물의 형상 개선

구조물 형상의 복잡성 및 강성의 불균등분포를 개선하기 위해 면진 혹은 제진기구 설치, 신축이음 설치 등의 공법이 적용된다.

2) 구조물의 보유 내진성능 향상

구조물의 보유 내진성능을 향상시키는 기본적인 방법으로는 보강공사를 통해 강도저항형 구조물로 하는 것, 연성저항형 구조물로 하는 것, 강도저항형과 연성저항형의 중간 구조물로 하는 것 등이 있으며, 강도저항형 구조물의 경우에는 취성파괴기둥과 전단파괴기둥이 생기지 않도록 유의해야 한다. 또한 연성저항형 구조물의 경우에는 지진 후 다수의 균열과 잔류변형이 남는다는 점에 유의하여 구조물의 전체중량을 과다하게 증가시키지 않는 공법을 사용하는 것이 중요하다. 시간경과에 따라 구조물의 변형, 노후화 등의 구조적 결함이 발생하여 구조물의 내진성능을 저하시켜 보강조치를 했더라도 필요한 내진성능치를 만족시키기 어려울 수도 있다. 따라서 화재나 부등침하 등의 손상을 입은 구조물이나 20년 이상된 구조물은 주요 구조부재의 성능을 복원시키는 공법을 적용해야 한다.

7.9.2 건축구조물

가. 철근콘크리트 기둥 보강

철근콘크리트 기둥 보강공법은 그 보강 목적에 따라 강도를 높이는 방법과 인성을 높이는 방법, 강성을 균등화하는 방법 등으로 나눌 수 있다. 구조물의 충분한 내진보강 효과를 얻기 위해서는 내진성능에 필요한 모든 기둥을 보강하는 것이 중요하다. 여기에서는 기둥보강기법에 대하여 설명하기로 한다.

첫 번째 방법인 기둥의 강도를 높이는 방법은 구조물의 내진성능을 개선하는 것으로 날개벽 증설이나 기둥 단면의 증대에 의한 보강공법 등이 있다. 이 방법은 전단파괴형의 기둥내력 부담이 크고, 기둥의 강도 개선에 적당한 충분한 보강이 가능한 구조물, 휨파괴 선행형 보가 많지만 인성에는 기대할 수 없는 건물, 벽이 적은 기둥으로 인성은 있으나 변형과대가 예상되는 구조물 등에 적용 가능하다. 날개벽을 증설하는 공법은 기존의 구조물 기둥에 내진벽으로서 취급되지 않을 정도의 비교적 작은 깔도리를 증설하여 기둥과 일체화하는 공법이다.

기둥에 날개벽을 증설하여 기둥의 강도를 증대시킴으로써 내진성능을 향상시키는 방법은 일부의 기둥에만 날개벽을 증설하는 경우 강성의 불균형을 초래하므로 날개벽을 평면과 입면에 균형 있게 배치해야 한다.

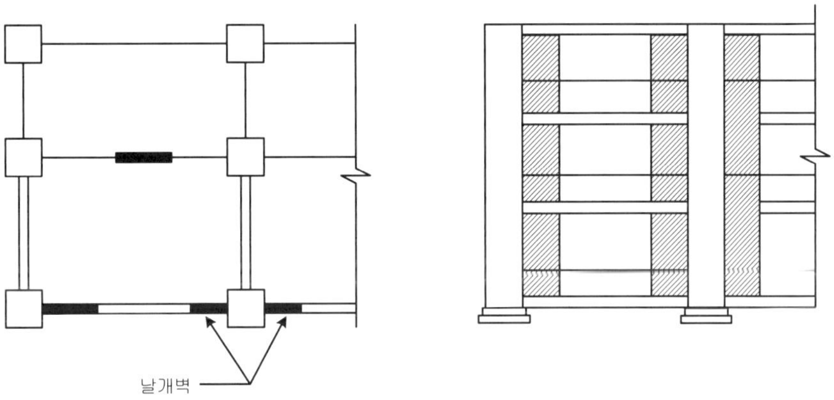

그림 7.37 기둥 주위에 날개벽을 붙이는 공법

기둥 날개벽 증설공법에는 다음의 두 가지가 있다. 기둥 콘크리트의 일부를 제거하고 날개벽의 횡보강 철근을 충분히 배근한 후 콘크리트를 타설하여 기존 기둥과 일체화되도록 시공하는 방법과 앵커를 이용하여 증설 날개벽을 기존의 보와 기둥에 정착시키는 방법이 있으며, 그림 7.38은 기둥 날개벽을 증설하여 기둥의 내력을 증강시키는 공법 상세를 나타낸 것이다.

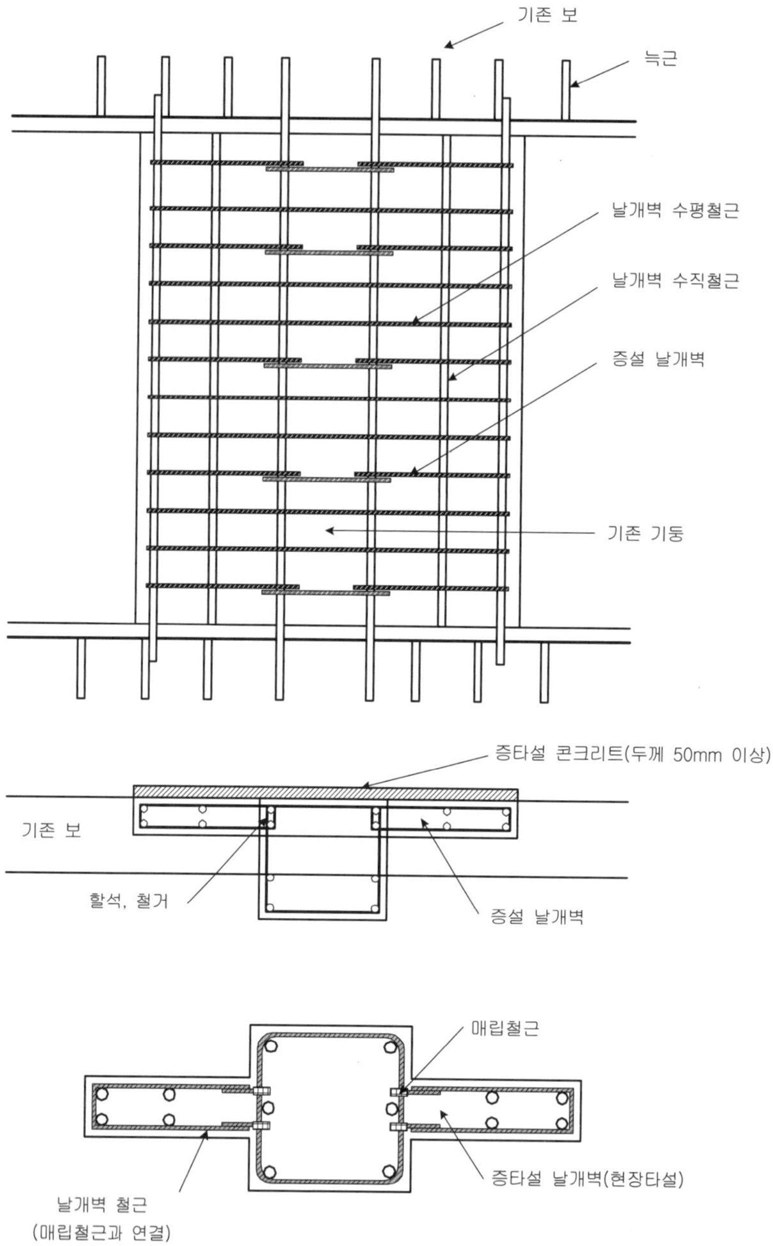

그림 7.38 날개벽 증설공법 상세

기둥단면을 증설시키는 공법은 주철근과 전단보강철근을 기존 기둥의 외부에 배근하여 콘크리트 또는 모르타르를 타설하는 공법이다. 이 공법은 기존 콘크리트 기둥을 거칠게 만들어 시공하는 작업이 중요하다.

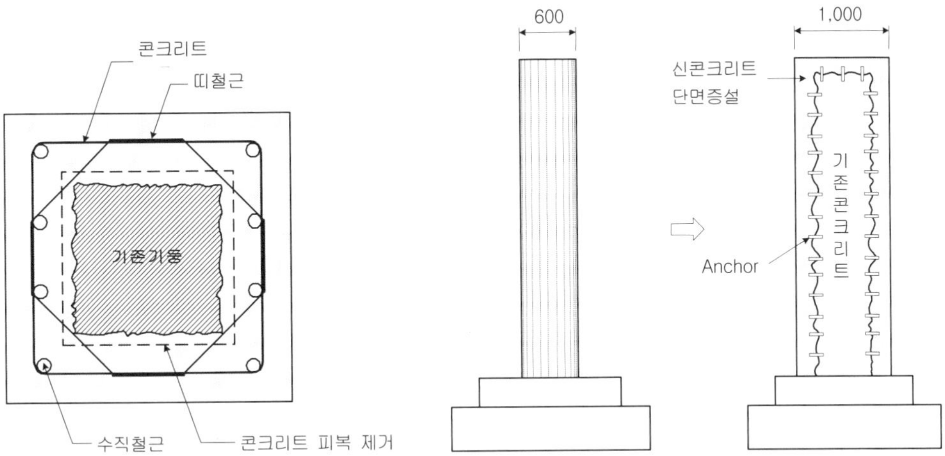

그림 7.39 기둥 콘크리트 덧씌우기 공법

두 번째 방법인 인성을 높이는 방법은 전단보강을 실시함으로써 기둥의 파괴형식을 전단파괴에서 휨파괴로 유도하여 인성을 높이는 방법이다. 이 방법은 사용재료에 따라 용접철망, 용접폐쇄형 후프, 철판, 띠판, 연속섬유 등을 감는 공법으로 구분할 수 있으며, 각 공법은 다음과 같다.

- 기둥에 용접철망감기 후 모르타르 혹은 콘크리트 타설법
- 기둥에 용접폐쇄형 후프감기 후 모르타르 혹은 콘크리트 타설법
- 기둥에 강판감기 후 기둥과 철판 사이에 모르타르 혹은 에폭시 충전법
- 기둥에 띠철판 감는 방법
- 기둥 둘레 탄소섬유 부착방법

상기의 방법에 적합한 구조물로는 벽이 적은 기둥 주체 구조물로 기둥의 전단내력이 휨내력에 비하여 낮고 인성이 부족한 건물 등이다. 그림 7.40은 각 기둥 보강공법의 개념도를 나타낸 것이다. 강판 또는 섬유복합체를 기존 부재에 보강하는 공법은 기존 콘크리트구조물과 일체화가 가능하도록 하여 완전부착시켜 일체거동할 수 있도록 하여야 한다.

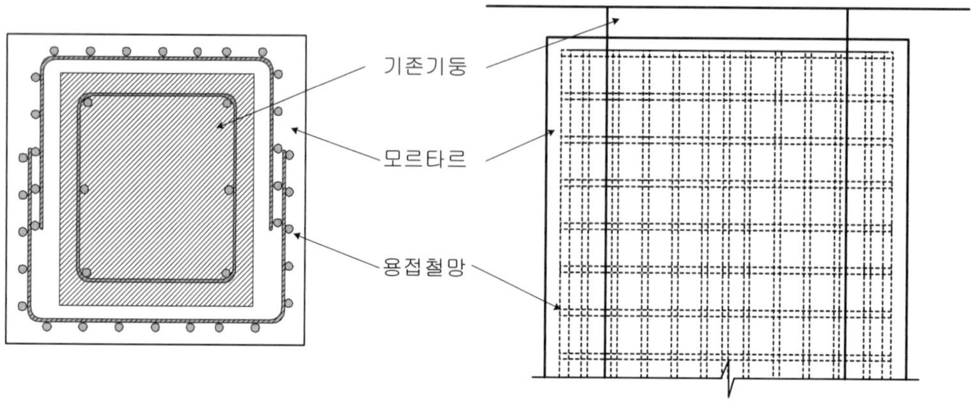

(a) 용접철망 감기공법

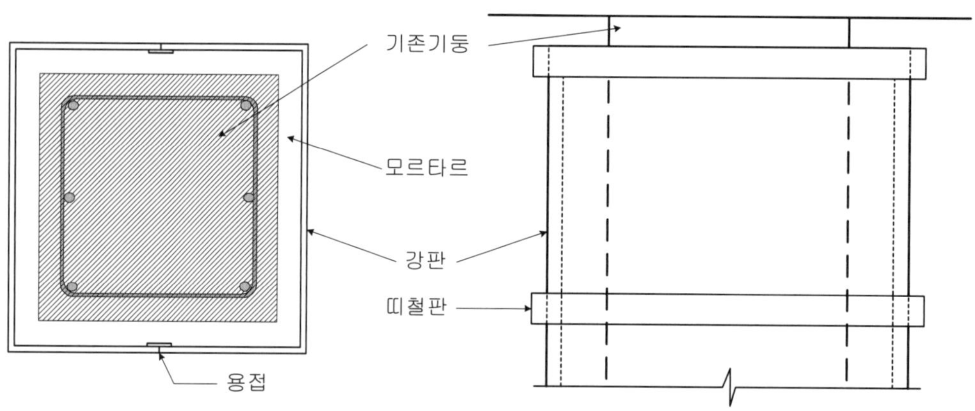

(b) 강판감기공법

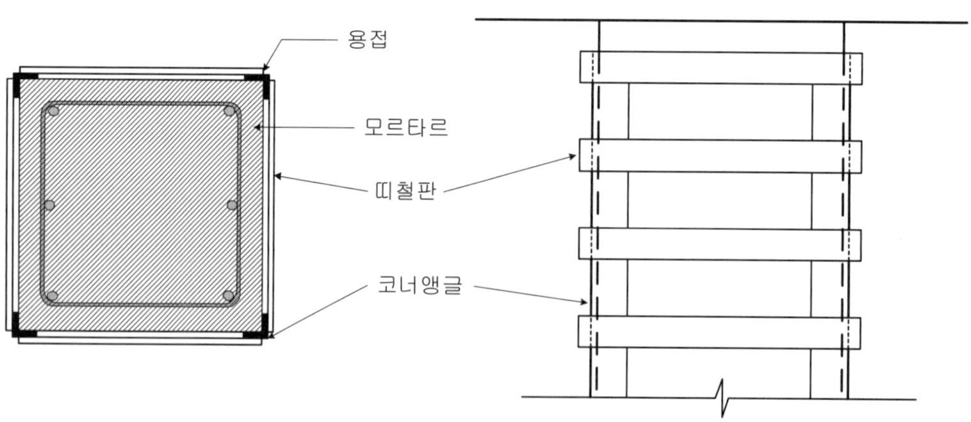

(c) 띠철판 감기공법

그림 7.40 기둥 내진성능 향상 공법

섬유를 감는 공법은 탄소섬유나 아라미드섬유와 같이 연속섬유로 된 시트 등을 기존 기둥의 외부에 수지를 함침시켜 감아주는 공법이다. 섬유시트를 현장에서 수지에 함침시켜 부착하면 경화하여 강도특성이 발휘되기 때문에 현장에서의 품질관리가 중요하다.

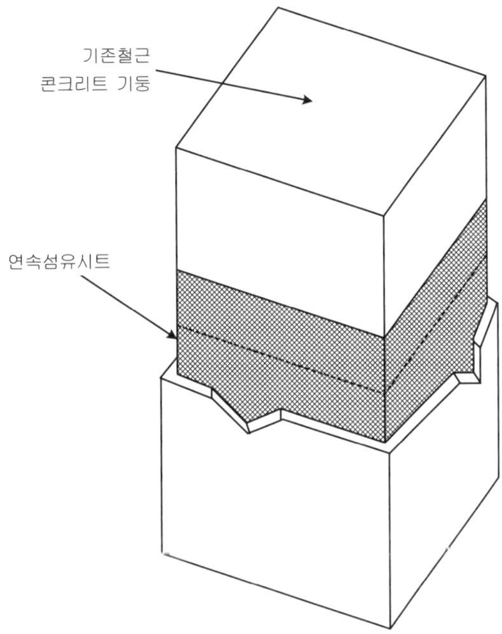

그림 7.41 연속섬유를 감는 공법

강성을 균등화하는 방법은 장주와 단주가 혼재된 경우 각 기둥의 전단력 부담률 차이를 작게 하고 해당 기둥의 변형 능률을 증대시켜 내진성능을 향상시키는 공법이다. 전단내력이 부족한 경우 인성을 높이는 방법도 병용할 필요가 있다. 징두리판벽·늘어진 벽을 제거하는 공법과 징두리판벽·내진벽에 슬릿을 마련하는 공법 등이 있으며, 이 공법은 징두리판벽이나 내진벽이 기둥에 부착되어 단주화됨으로써 전단파괴되기 쉬운 기둥에 대하여 비내력벽과 연결하는 공법이다.

그 외에 기둥보강공법으로는 사전에 후프모양으로 가공된 고강도 스파이럴 철근을 기존 기둥에 삽입하고 그 위에 모르타르를 소정의 두께로 뿜칠하여 흙손으로 마무리하는 공법이다. 사전에 L자형으로 가공한 탄소섬유 성형판으로 기존 기둥을 둘러싸고 빈틈 사이에 모르타르를 채우며, 그 후 성형판 맞춤부를 탄소섬유 시트로 후붙임하는 공법 등이 있다.

나. 벽체보강

벽체보강은 응력전달이 단순하고 신뢰성이 높으며 강성과 강도가 높기 때문에 내진성능이 현저하게 부족한 경우에도 적용될 수 있으며, 만일 기둥이 파괴되어 수직력의 지지성능을 잃을 경우에도 건물자중을 지탱할 수 있다. 그러나 벽체의 보강은 콘크리트를 사용하므로 내진보강 후 중량이 증가하는 경향이 있고 용도상의 제약 및 채광이나 통풍면에서도 건물의 기능이 문제될 수 있다.

증설내진벽이란 내진성능을 높이기 위하여 철근콘크리트조 건물을 구성하는 기둥, 큰보의 공간스팬을 내진벽으로 구조·변경하는 것이며, 칸막이벽체를 신설하는 공법이 있고, 가장 많이 사용되는 공법은 현장에서 거푸집을 조립하고 재래공법 또는 압입공법으로 현장치기 콘크리트를 타설하여 벽체를 만드는 방법이다. 기둥이나 보 및 벽체의 일체화를 도모하고, 효율적으로 강도를 얻기 위해 현장치기 콘크리트의 건조수축이나 침하로 상부 보와 벽 사이에 빈틈이 생기는 것을 막는 것이 중요하다. 이것은 수평력이 작용할 때 생기기 쉬운 접합부의 어긋남 변형을 최소화할 수 있다.

기존의 내진벽에 콘크리트를 붙임타설하는 방법도 있다. 기존 구체와의 접합방법으로는 기존 구체를 깎아서 요철을 만들고, 그 위 벽체에 접하는 부분에 후시공하는 앵커를 사용하여 이형철근을 설치한 다음에 콘크리트를 타설하여 일체화하는 방법이 있다. 기존 구체와의 접합부 경계면에서 전단력 전달, 벽내 전단보강철근을 기둥과 보 안에 정착시키는 역할을 한다. 기둥이나 보의 기존 콘크리트와 벽체경계면에 요철이 있고 틈새도 생기지 않도록 콘크리트와 접촉되어 있으면 전단력이 전달된다. 충분한 양의 케미컬 앵커나 접착수지가 이어붓기면에 접착되어 있으면 시공 시 발생하기 쉬운 현장치기 콘크리트의 건조수축이나 침하로 틈새가 있어도 확실하게 전단력을 전달시킬 수 있다.

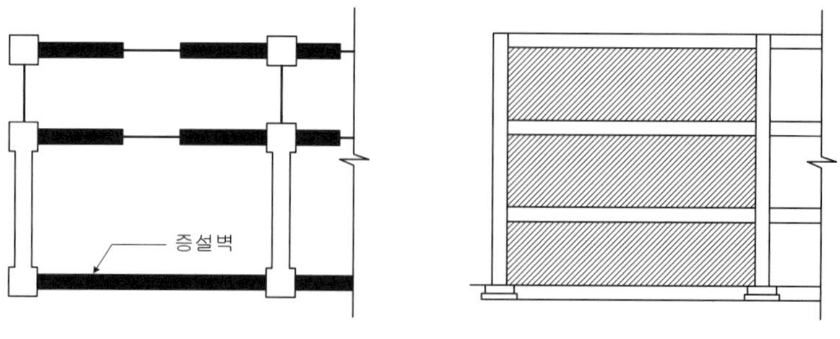

그림 7.42 전단벽의 추가설치 공법

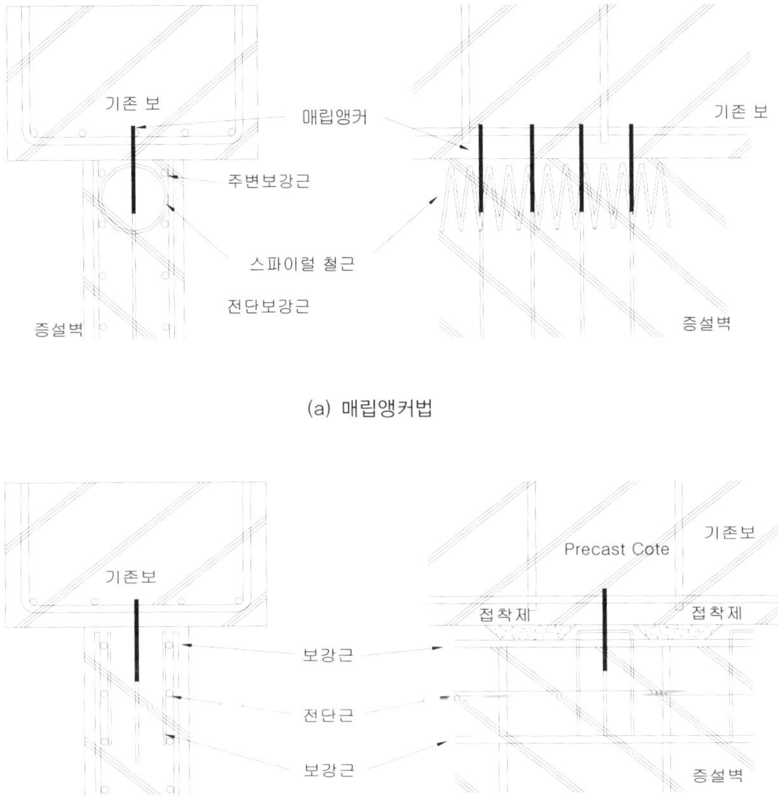

(a) 매립앵커법

(b) 접착코트법

그림 7.43 기존 부재와 증설전단벽의 일체화 공법

다. 철근콘크리트보

건물의 용도 변경 또는 지진하중 증가로 인하여 보에 과도한 하중이 작용할 경우에 보의 내진성능을 향상시켜야 한다. 이때 대표적인 보의 내진성능 향상법은 보강재료에 따라 강판보강법과 탄소섬유보강법으로 구분된다. 이와 같은 보강설계 시 유의사항으로는 새로운 재료들이 기존의 재료와 일체되도록 시공하여야 하며, 덧씌운 부위에서는 연성을 증가시키기 위한 상세가 제공되어야 하고 보강된 보의 강도는 인접 기둥 부재 혹은 접합부의 강도를 초과하지 않아야 한다.

강판보강법은 보의 하단에 강판을 붙여 보의 휨강도를 향상시키거나 보의 측면에 강판을 붙여 전단강도를 향상시키는 보강법이다.

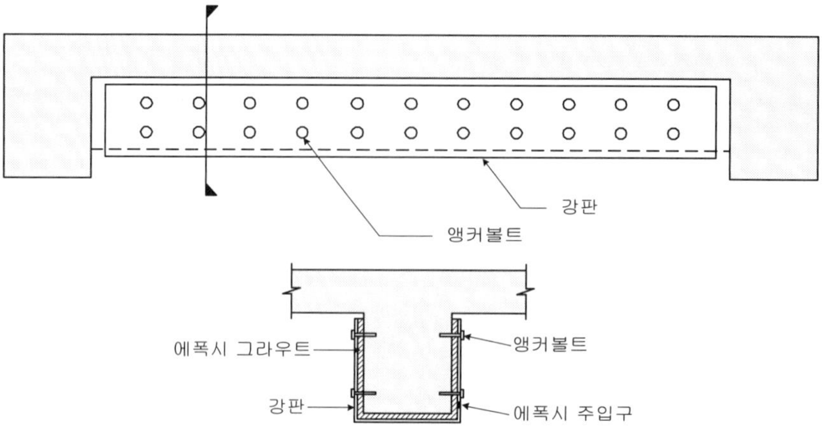

그림 7.44 보의 내진성능 향상 공법(강판보강법)

철근콘크리트 병렬 전단벽구조에서는 기존의 보를 제거하고 크게 보강된 철근콘크리트 보를 설치하여 연결보를 보강한다.

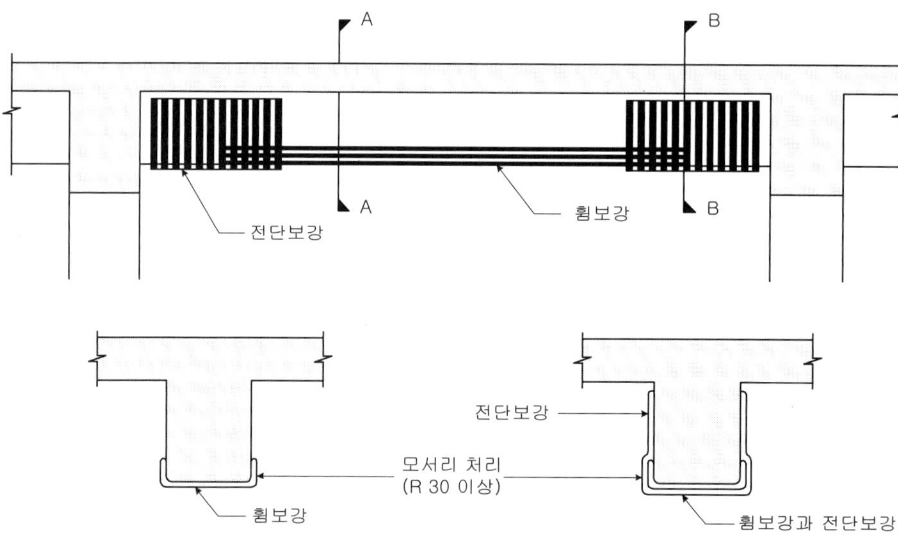

그림 7.45 보의 내진성능 향상 공법(탄소섬유보강법)

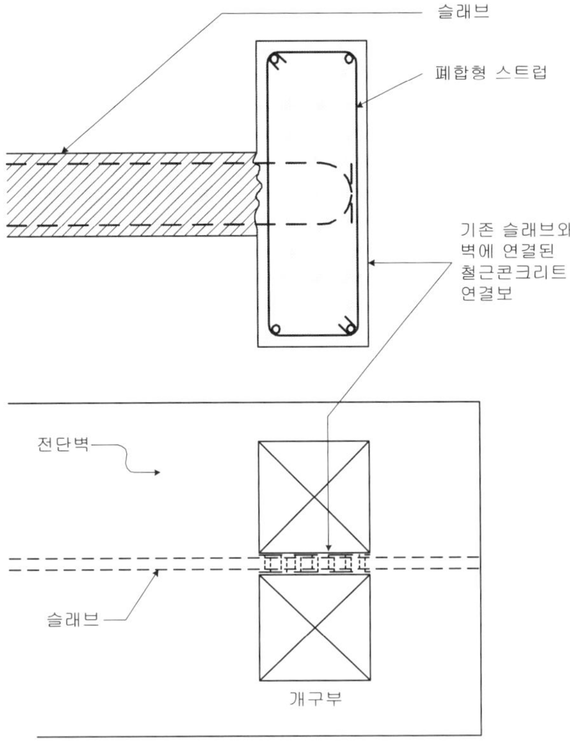

그림 7.46 커플링(Coupling) 보의 보강공법 상세

라. 철근콘크리트 슬래브

철근콘크리트 슬래브에 내진성능을 향상시키는 방법은 각 부재의 철근을 추가하거나 다이어프램의 두께를 크게 하여 강도를 증가시키는 방법으로 크게 구분할 수 있다. 다만, 다이어프램의 두께증가는 자중의 증가로 인한 지진하중의 증가와 기초하중 증가의 우려가 있으므로 주의해야 한다.

1) 철근콘크리트를 이용한 기존 슬래브의 두께 보강공법

기존 구체와 새로 타설된 슬래브가 일체화 거동을 할 수 있도록 기존 벽체에 천공하여 다우얼바(dowel bar)를 설치해야 한다. 또한 기존 슬래브의 접촉면은 불순물이 포함되지 않도록 깨끗이 하고, 거칠게 표면처리하여야 한다.

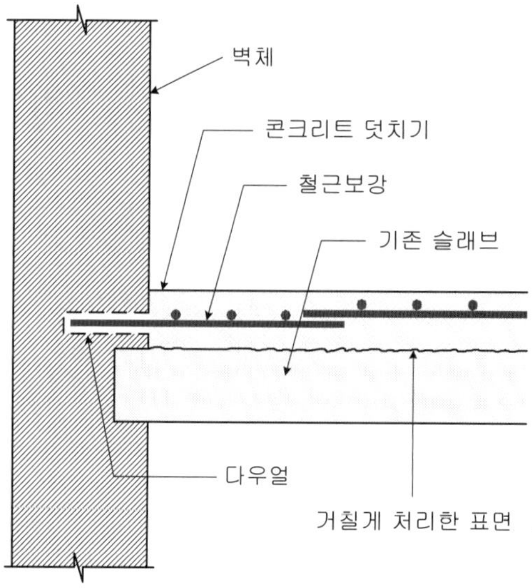

그림 7.47 슬래브의 두께 보강공법

2) 슬래브와 수직부재 접합부의 보강공법

기존 슬래브의 상부나 하부에 새로운 철근콘크리트 또는 강재를 설치하는 경우로서 새로이 타설한 콘크리트가 충분한 강도를 발휘할 수 있을 때까지 지주를 설치하여 보강한다. 그리고 연결재를 다이어프램 아래에 설치하여 다이어프램과 벽체 접합부에 대한 응력집중을 감소시켜야 한다. 아울러 기존 다이어프램 – 벽체 접합부의 성능을 향상시키기 위해 드릴로 천공한 후 다우얼바(dowel bar)를 추가하여야 한다.

7.9.3 토목구조물(교량)

기존 교량의 내진보강 목적은 설계지진 발생 시 인명피해, 교량붕괴, 노선상 주요 교량의 기능상실 등 중대한 피해를 최소화하기 위함이다. 기존 교량의 내진성능 향상을 위한 보강방안으로는 작용외력에 저항할 수 있는 강도를 확보하는 하중개념과 교량구성요소의 비탄성거동을 허용하되 붕괴는 방지하도록 하는 변위개념의 보강으로 구분할 수 있다. 따라서 설계지진하중을 이원화하여 교량의 예상수명 동안 발생 가능한 지진규모에 대해서는 하중개념을 적용하고 그보다 상당히 큰 지진규모에 대해서는 변위개념을 적용하는 것이 합리적이라 할 수 있다. 변위개념의 사용을 위해서는 각 교량부재의 연성능력에 의존해야 하고 단면강도뿐만 아니라 변형성능 확보가 매우 중요하다.

여기에서는 하중개념과 변위개념의 기존 교량의 내진보강공법에 대해 설명하기로 하며, 특히 최근 도로교설계기준에 추가된 지진격리장치를 이용한 내진성능 향상방법에서는 주요 지진격리장치에 대해 간단히 언급하기로 한다.

가. 철근콘크리트 교각 및 교대

여러 교량형식 중 특히 일점고정 다경간연속교의 고정단 교각은 중·소규모의 지진 시에도 상부구조의 교축방향 관성력이 집중되어 작용하므로 특히 지진에 취약하다. 교각이 외력에 대해 저항 단면강도를 확보하도록 하는 하중개념에서는 지진하중이 큰 경우 상당한 단면 크기가 요구된다. 특히 기존 교각의 내진성능 향상을 위해 붕괴방지 수준의 지진규모에 대비한 하중개념에 따른 보강은 소요경비 및 공사의 어려움을 고려하면 비현실적이다.

일반적으로 철근콘크리트 교각의 파괴모드는 휨파괴, 전단파괴, 휨-전단파괴로 구별할 수 있다. 휨파괴는 발생 휨모멘트가 부재의 항복강도를 초과하여 소성힌지가 발생한 후 추가하중저항 능력을 상실한 상태에서 변형이 계속 발생하는 파괴모드이다. 전단파괴는 휨항복 발생 전에 작용전단력이 전단강도를 초과하는 경우의 파괴모드로서 급격한 취성파괴가 발생하며, 휨-전단파괴는 휨항복 후 소성힌지부의 전단강도가 저하되어 전단파괴가 발생하는 파괴모드이나. 국내 기존 교각의 보강으로는 단면강도 증대보다는 변형성능 확보를 위한 방안이 적절하며, 교각단면의 변형성능 확보를 위한 보강방안으로는 강재 또는 복합신소재를 기존 교각에 적용하여 콘크리트의 구속효과를 증대시키는 방안을 고려할 수 있다.

내진보강공법은 다수의 공법이 있고 공법의 분류에 대해서도 확정된 것은 없지만 주요한 내진보강공법으로는 단면증설, 보강재 피복, 보강재 삽입 공법 등으로 구분·가능하며 다음과 같다.

부재 단면증설보강공법에는 콘크리트 피복 타설, 모르타르 부착, 프리캐스트 패널 부착공법 등이 있다. 이 공법은 콘크리트계 재료에 의한 단면증가공법이며, 콘크리트나 모르타르 부착에 이용되는 재료는 수축이 작고 내구성이 우수한 품질을 사용하고 있다.

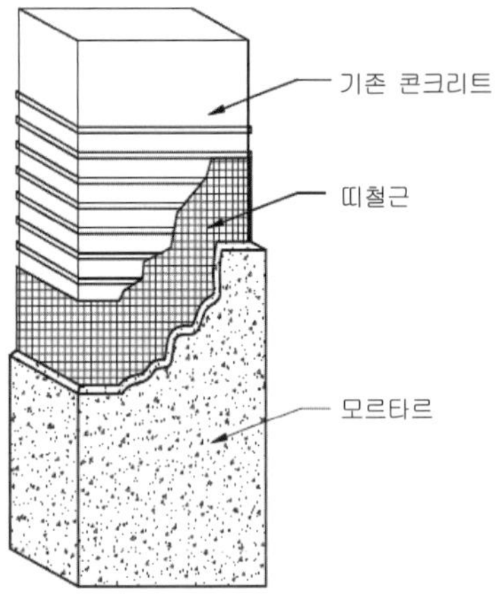

그림 7.48 모르타르 뿜어치기 공법

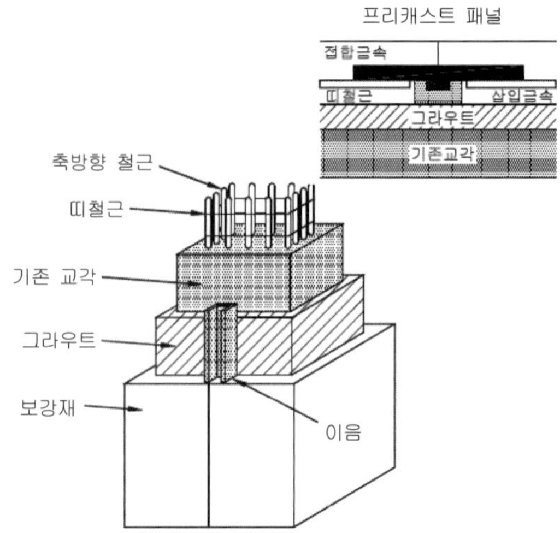

그림 7.49 프리캐스트 패널 부착공법

보강재 피복에 의한 보강으로는 강판피복, FRP(탄소섬유, 아라미드섬유) 시트피복, FRP부착공법 등이 있다. 이 공법은 콘크리트계 외의 재료로 부재 표면을 피복함으로써 구조물의 소요내구성이 확보되도록 배려하는 보강법이며, 시공 후 소요성능이 확보되도록 시공기준에 따라 시공관리를 실시해야 한다.

이외에 철근이나 PC강봉과 같은 보강재를 삽입하는 공법이 있으며, 이 공법은 기존 부재를 천공하여 내부에 보강재를 삽입하여 보강한다. 또 증설벽, 브레이스, 기둥증설 등 부재를 증설하는 공법도 있다. 이들 공법은 단독으로 보강되기도 하지만 하나 이상의 공법과 병용되는 시공사례가 많으며, 주로 콘크리트피복공법과 강판피복공법, 철근삽입공법과 콘크리트피복공법, PC강봉삽입공법과 강판피복공법 등이 병용되어 시공되고 있다. 이들 공법 외에도 소요 내진성을 확보하기 위하여 여러 가지 공법의 병용이 가능하다.

위의 내용과 같이 교각보강공법별로 구분하여 표 7.22와 같이 정리할 수 있다.

표 7.22 교각보강공법

분 류	보강공법	보강공법의 개요
부재단면 증가	콘크리트피복공법	기존 부재에 철근을 배근하고 콘크리트를 보완 타설하여 단면을 증가시켜 보강하는 공법. 비교적 큰 단면의 교각을 보강하는 데 적용되며, 철근 대신에 PC강봉을 이용하는 경우도 있음.
	모르타르부착공법	기존 부재에 띠철근이나 나선철근을 배근하고 모르타르를 뿜어붙여 일체화하는 공법. 일반적으로 콘크리트피복공법보다 부재단면의 증가를 줄일 수 있으므로 라멘교 등에 적용이 용이하며 PC강선을 이용하는 경우도 있음.
	프리캐스트 패널 조립공법	내부에 띠철근을 배근한 프리캐스트 패널을 기둥 주위에 배치시키고 접합하여 폐합함. 기둥과 패널의 공극에 그라우트를 주입하여 일체화시키는 공법.
보강재 피복	강판피복공법	기설 부재에 강판을 씌워 강판과 교각 사이에 무수축모르타르나 에폭시를 충전하여 전단 및 연성도를 보강함. 휨보강을 기대하는 경우 부재결합부나 기초부에 강판을 정착함.
	FRP(탄소섬유, 아라미드섬유)시트 접착공법	탄소섬유시트 또는 아라미드섬유시트 등의 신소재를 이용하여 부재 표면에 접착시켜 보강하는 공법. 크레인과 같은 중기가 필요하지 않고 보강도 얇아 건축한계 등의 지장이 작음.
	FRP부착공법	유리섬유와 수지를 스프레이건으로 직접 부재 표면에 뿜어 붙여 보강하는 공법. 보강두께가 얇아 건축한계에 지장이 없음. 스틸크로스 등을 병용하여 보강효과를 높일 수 있음.
보강재 삽입	철근삽입공법	기설 교각에 천공한 후 철근을 삽입하고 모르타르 등을 충전하여 구체 단면 내에 소요철근량을 증가시켜 전단강도 및 연성도를 보강함.
	PC강봉삽입공법	상기의 철근 대신에 PC강봉을 삽입. 필요에 따라 프리스트레스를 도입함.
부재증설	벽증설	라멘교 등의 교각 사이에 벽을 증설하여 휨 및 전단강도를 대폭적으로 증가시키는 공법.
	브레이스 증설	라멘교 등의 교각 사이에 브레이스를 증설하여 휨 및 전단강도를 대폭적으로 증가시키는 공법.
병용공법	콘크리트 피복+강판피복	대단면의 교각에 있어서 휨 보강은 철근 콘크리트 피복에 의해 전단 및 연성도를 강판 피복에 의해 보강.
	철근삽입+콘크리트피복	대단면의 교각에 있어 콘크리트의 구속효과를 향상시키기 위해 철근콘크리트 증설공법에 철근삽입공법을 병용하는 경우
	PC강봉삽입+강판피복	대단면의 교각에 있어 강판피복공법에 의한 콘크리트의 구속효과를 높이기 위해 PC강봉을 삽입하여 강판을 연결하는 경우

1) 강판보강공법

이 공법은 원래 원형단면 교각에 대하여 개발된 공법이다. 단면보다 12.5~25mm 정도 큰 반경의 강판을 쉘모양으로 제작하고 종방향으로 나누어 강판을 교각과 약간의 간격을 유지하여 배치하고 강판의 종방향이음은 용접으로 연결한 후 교각구체와 강판 사이에 시멘트 그라우트나 시멘트 모르타르를 주입한다. 또한 강판과 거더 사이는 50mm 정도의 간격을 두어 큰 회전각이 발생한 경우 강판과 기초 또는 강판과 거더가 서로 접촉하여 강판에 압축력이 작용하는 것을 방지해야 한다. 이와 같이 함으로써 소성힌지영역의 휨내하력이 증가하게 되고 기초나 거더의 휨모멘트 및 전단력이 증가하는 것을 막을 수 있다.

이런 피복공법은 수동적인 구속으로 압축영역에서는 축압축변형의 작용에 의해 또한 인장영역에서는 이음부 파괴의 초기단계에 이음부가 팽창하는 작용에 의해 콘크리트가 횡방향으로 팽창하려면 이를 구속하기 때문에 콘크리트 내에 횡구속력이 발생한다. 이때 구속력의 크기는 강판의 강도와 강성에 의해 결정된다.

사인장균열의 발생에 의해 콘크리트 횡방향으로 팽창하는 것을 구속하는 경우에도 동일한 현상이 발생하며, 소성힌지부를 구속하는 경우나 전단보강의 경우에도 강판은 연속된 띠철근으로 간주할 수 있다.

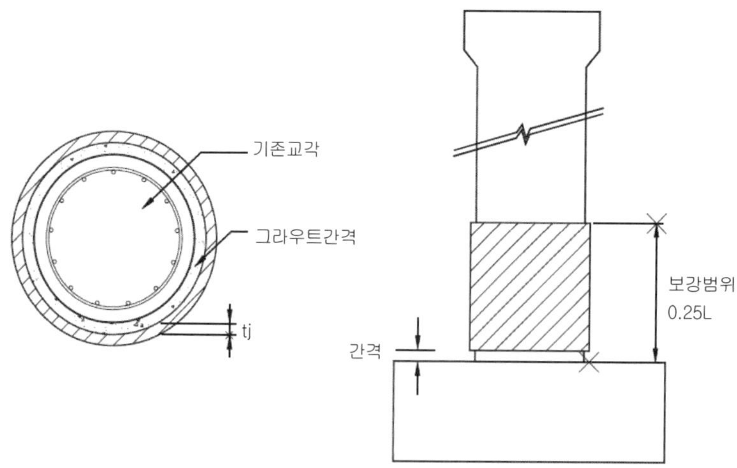

(a) 원형교각

그림 7.50 강판보강공법

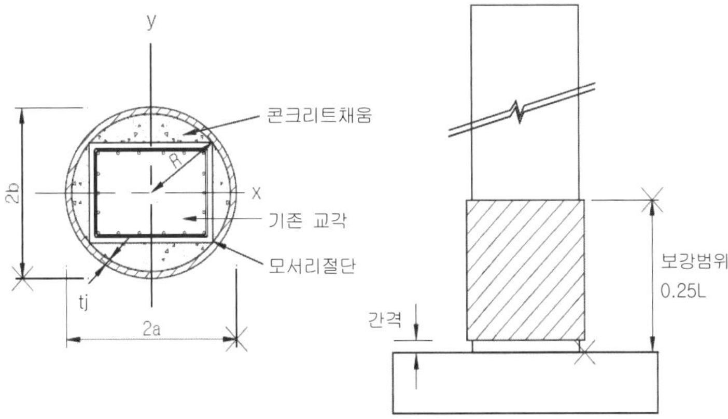

(b) 구형교각

그림 7.50 강판보강공법(계속)

2) 콘크리트보강공법

교각의 내하력, 연성도, 전단강도를 향상시키기 위해 교각 주위에 띠철근을 배근하고 콘크리트를 덧씌우는 공법이다. 이 공법은 교각보다 건축물의 기둥보강에 널리 이용되어 왔지만 일본에서는 교각의 보강에도 널리 쓰이고 있다.

교각의 휨강도를 향상시키기 위해서는 철근강도가 충분히 발휘 가능하도록 정착장을 충분하게 축방향철근을 기초부에 정착시켜야 한다. 단, 이 경우에는 기초를 보강하고 휨 및 전단내하력을 향상시켜 소성힌지가 확실하게 교각에 발생하도록 해야 한다.

철근콘크리트 증설 최소두께는 콘크리트의 확실한 충전 및 철근의 배근을 고려하여 적용하여야 하고 피복두께가 커지는 경우에는 교각하중의 증가에 의한 기초공의 영향 및 건축한계 등에 유의하여야 한다.

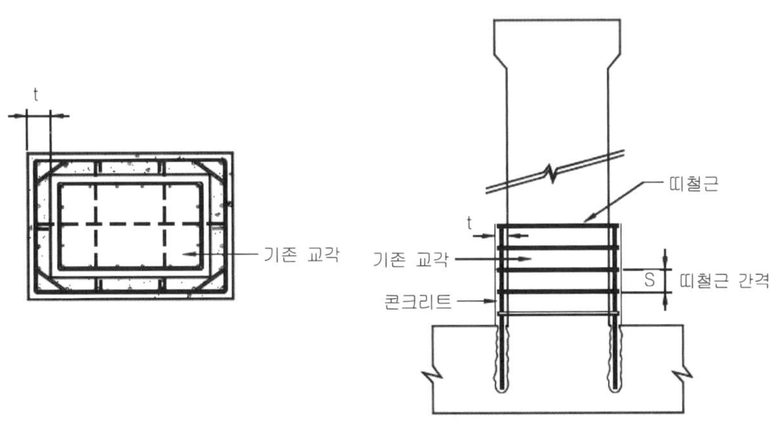

그림 7.51 콘크리트증설공법

3) 신소재 보강

교각의 내진보강공법으로는 주로 강판 또는 철근콘크리트 부재를 덧씌우는 공법이 사용되고 있지만 최근에 탄소섬유 및 아라미드섬유, 유리섬유 등의 신소재를 이용한 보강공법도 개발되어 사용되고 있다. 각각의 물성은 서로 다르지만 모두 경량이기 때문에 보강에 의한 교각의 중량을 줄일 수 있어 시공성이 좋은 공법이다. 이 중에서도 탄소섬유는 고강도, 고탄성이기 때문에 보강재료로 가장 많이 사용되고 있다.

교각과 달리 교대의 손상은 지반의 액상화에 따른 낙교의 발생이 대부분이며, 지진력에 대해 교각구체는 강체로 저항하므로 교대구체의 손상은 매우 적다. 내진보강방안으로 낙교방지장치, 지반보강, 교대와 기초지반을 일체화하는 방안 등이 있으며, 낙교방지장치에 의한 보강은 '라'절에서 언급하기로 한다.

교대와 기초지반을 일체화하는 방안으로는 슬래브의 마찰을 이용하는 공법, 슬래브에 현장타설 말뚝을 이용하는 공법, 교대배면 잡아주기(abutment tieback) 등이 있다.

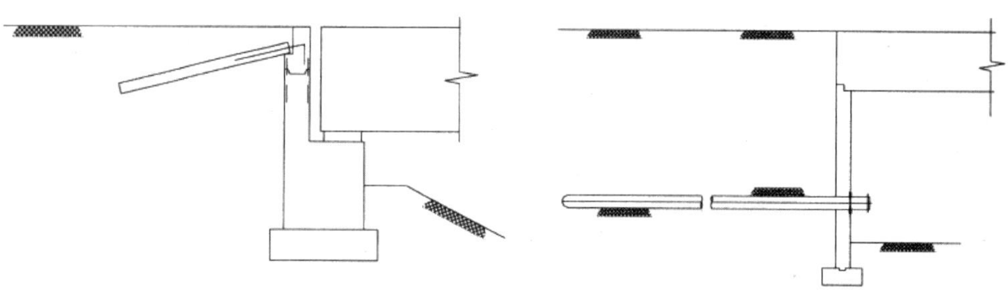

그림 7.52 교대보강

나. 기초 및 지반의 내진보강

기초의 내진보강은 교량의 내진보강 중에서 비용이 가장 많이 드는 공사이므로 현 상태의 구조가 손상될 가능성이 있는지의 여부 예측과 기초에 손상이 발생한 경우에 이것이 교량 전체에 악영향을 끼치는지의 여부를 신중히 검토해야 한다. 기초의 내진보강은 손상 사례도 적지만 고가이므로 다른 부재에 비하여 기초의 내진보강설계법의 개발이 늦다.

기초 및 지반을 보강하기 위해서는 흙을 파내야 하고 경우에 따라 교통통제가 필요하기 때문에 다른 보강에 비해 비용이 많이 소요된다. 따라서 국내의 지진규모나 교량특성을 고려하면 기초 및 지반의 보강보다는 낙교방지장치나 지진격리장치를 사용하여 낙교를 방지하고, 기초에 작용하는 관성력을 줄이는 방법이 합리적이다. 그러나 매립지 등의 연약지반상의 교량과 말뚝기초 두부에 내진성능이 충분하지 않은 경우 보강을 고려하여야 한다.

기초는 말뚝기초 두부가 취약하며, 철근량, 교각 주철근의 갈고리 부족에 의해 휨파괴 및 전단파괴가 발생할 수 있다. 그림 7.53은 기초보강의 대표적인 예이며, 기초판의 확대 및 증대, 기초 잡아주기 현장타설 말뚝 시공, 말뚝의 증설, 지중연속벽이나 지중연결로 기초판 간의 하중분담, 어스앵커에 의한 하중분담 등의 보강이 있다.

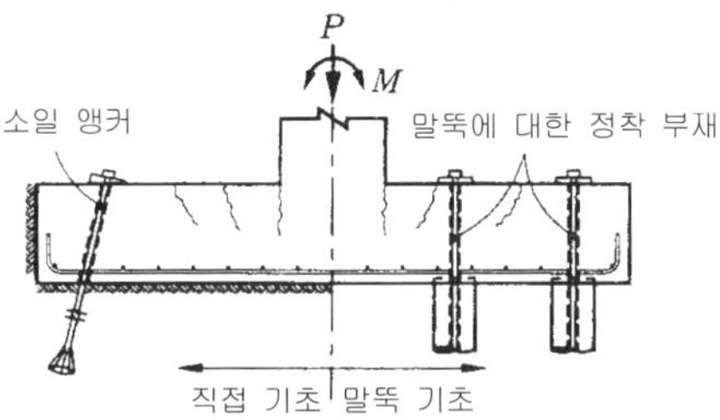

(a) 상양력(上揚力)에 대한 내진 보강

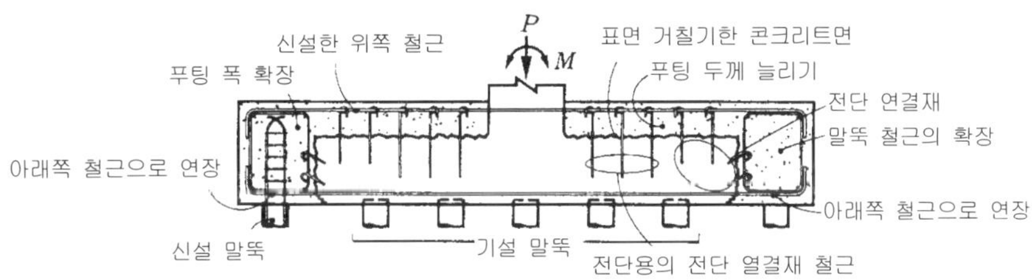

(b) 푸팅 두께 늘리기와 폭 확장

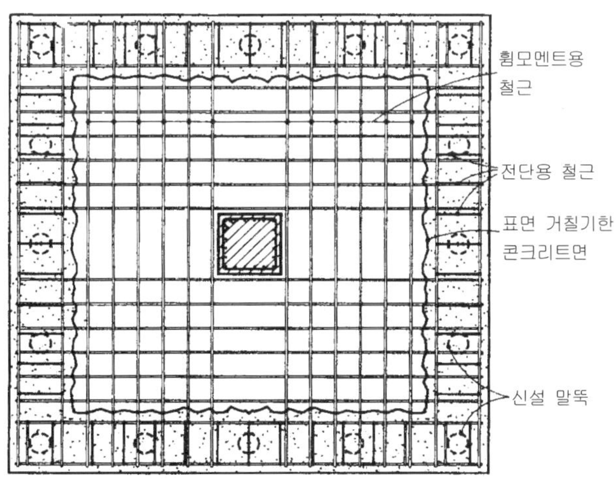

(c) 두께 늘리기와 폭을 확장시킨 푸팅의 평면도(위쪽에서)

그림 7.53 기초의 내진보강

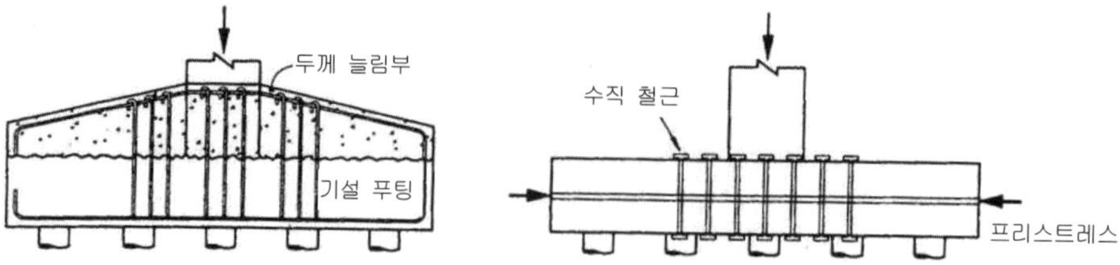

(a) 두께 늘리기와 긴 전단연결재 철근 (b) 수직철근 배치와 푸팅에 대한 프리스트레스 도입

그림 7.54 교각과 기초접합부의 전단내력 부족에 대한 내진보강공법

다. 받침장치 및 받침부 보강

교량받침 부위별 내진보강공법은 표 7.23과 같다.

표 7.23 받침보강공법

부 위	상 태	공 법
받침 본체	롤러 탈락 받침판 균열	받침 및 파손부의 교체
받침과 상하부 구조의 연결부	앵커볼트 파손 볼트 너트의 누락	교체
	받침 모르타르 파손	경미한 균열 시 균열확대 방지 모르타르 재시공
	받침 콘크리트 파손	받침부 확대
이동제한장치 및 부상방지장치	기능상실	교체

1) 받침장치 본체

교량 받침장치에는 지진발생 시 수평력이 작용하게 되므로 이에 대한 하중저항능력 또는 변형능력이 확보되어야 한다. 기존의 롤러, 록커, 평면받침들은 지진발생 시 그 피해가 많았으므로 내진성능이 우수한 탄성고무받침 또는 포트받침 및 LRB, HDRB와 같은 지진격리받침으로의 교체가 요구된다. 그러나 일시적으로 모든 받침을 교체하는 것은 비현실적이므로 노후된 받침교체 시 내진성능이 우수한 받침으로 점차 교체하는 것이 바람직하다.

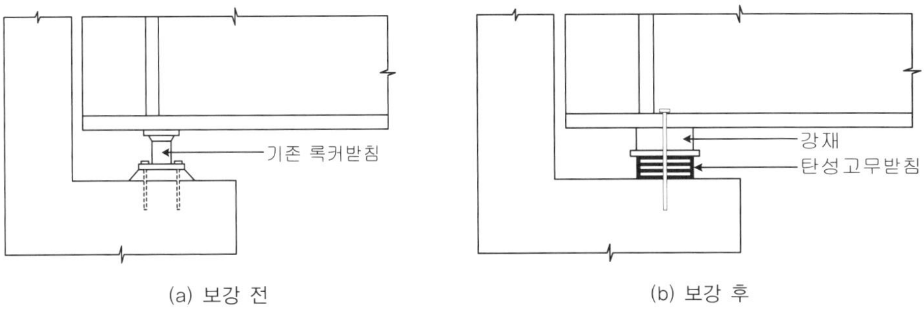

그림 7.55 받침교체 보강

2) 받침과 상하부 구조의 연결부

기존 교량의 노후화된 받침모르타르 및 받침콘크리트와 앵커볼트는 일반적인 보수방법에 따라 보수를 수행하여 지진에 대한 안전성을 확보하여야 한다. 받침 모르타르 및 콘크리트의 경미한 균열에 대해서는 에폭시계 수지 등을 충전하고 균열의 확대를 방지하여야 한다. 받침모르타르가 불량하여 침하한 경우에는 그림 7.56과 같이 받침모르타르를 재시공하여야 한다.

그림 7.56 받침모르타르 보수공법

또한 받침 콘크리트의 수평철근이 부족하여 연직방향에 균열이 발생함으로써 받침단부가 탈락한 경우 낙교방지를 목적으로 받침 콘크리트를 확폭하는 공법도 고려할 수 있다.

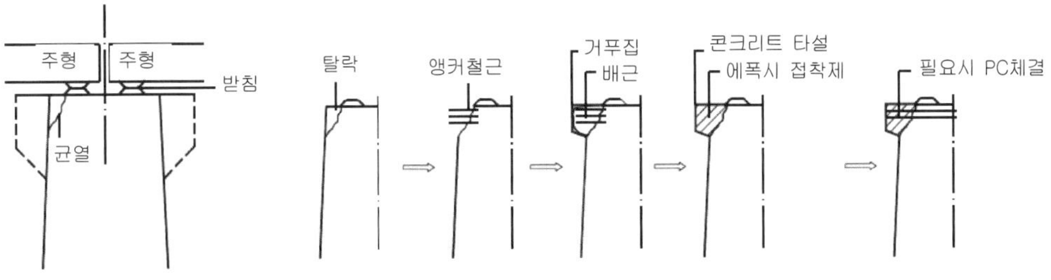

그림 7.57 받침콘크리트 보강

라. 가동부 거더 끝의 내진보강

가동단의 변위가 과대해지는 경우의 내진보강으로는 상대변위를 감소시키기 위해 조인트에 인접한 거더 사이를 서로 연결하는 방법과 거더 끝 부분의 이동 가능량을 향상시키는 방법이 있다. 그림 7.58, 그림 7.59는 콘크리트교와 강교에 사용된 케이블 연결재를 나타낸 것이고, 그림 7.60은 교축방향의 이동 가능량을 크게 하기 위한 교좌폭 확장공법을 나타낸 것이다.

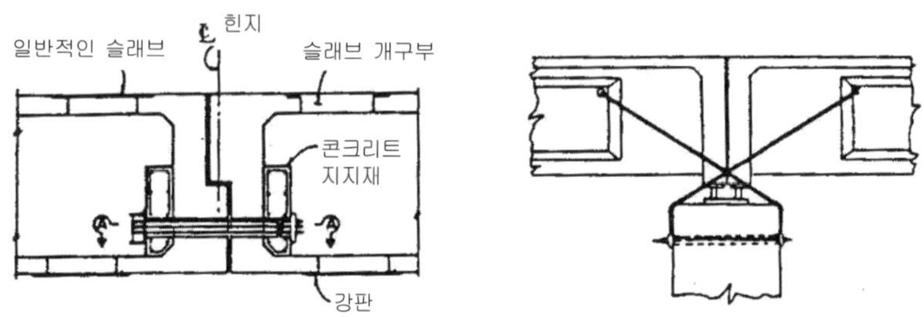

(a) 박스형 거더교 (b) I형 거더교

그림 7.58 조인트가 있는 콘크리트교에 사용하는 케이블 연결재

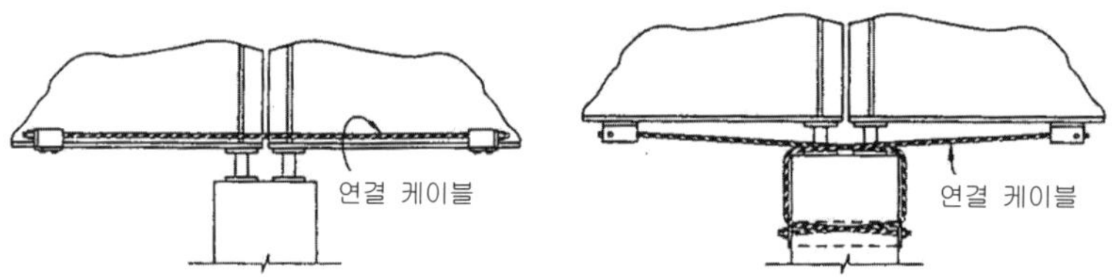

(a) 직선 케이블 (b) 가로보 정부에 감아 붙인 케이블

그림 7.59 조인트가 있는 강교에 사용하는 케이블 연결재

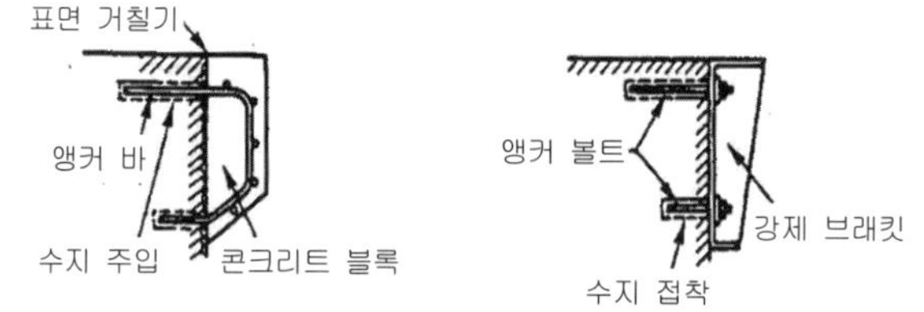

(a) 받침에 거더가 지지되어 있을 때 사용하는 코벨(corbel)과 브래킷(bracket)

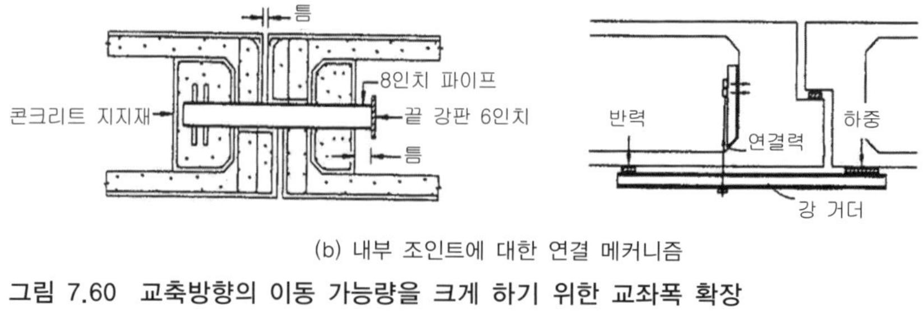

(b) 내부 조인트에 대한 연결 메커니즘

그림 7.60 교축방향의 이동 가능량을 크게 하기 위한 교좌폭 확장

마. 낙교방지대책

지진발생 시 낙교방지를 위한 최소 받침지지길이가 확보되지 않아 낙교가 발생할 수 있는 교량에 대해 낙교방지장치를 설치하여 보강해야 한다. 특히 사교나 곡선교, 교각의 높이가 높아 고유주기가 긴 교량, 지반이 액상화 발생 가능성이 있는 교량, 교각코핑부의 폭이 작은 단주의 경우 낙교방지장치 설치를 고려해야 한다. 또한 지진격리받침을 설치한 경우 변위 증가에 따른 낙교 발생 가능성을 검토하여야 한다.

상부구조의 낙교를 방지하기 위한 방안으로는 표 7.24와 같이 케이블 구속장치, 이동제한장치, 받침지지길이 확대 등이 있으며 각 방법에 대해 알아보기로 한다.

표 7.24 낙교방지장치

보강공법	보강공법의 개요
케이블 구속장치	거더와 하부구조, 거더와 거더를 연결하여 과도한 수평변위를 제한하며 거더의 이탈을 억제함.
이동제한장치	거더 또는 하부구조에 돌기를 설치하여 지진발생 시 과도한 수평변위 및 영구 잔류변위를 제한하여 거더의 이탈을 억제함.
받침지지길이 확대	노후화된 받침부의 콘크리트가 파손된 경우와 받침지지길이가 부족한 경우, 하부구조 연단 콘크리트를 증가 타설하거나 브래킷을 설치하여 받침지지길이를 확보함.

1) 케이블 구속장치

상부구조의 낙교에 따른 교량 피해 결과를 고려하면 비교적 적은 비용으로 낙교를 방지할 수 있는 보강방안의 사용이 바람직하다. 케이블 구속장치는 이미 미국 캘리포니아주에서 사용되어 지진발생 시 그 효과가 검증된 것으로서 국내에도 다수의 교량에 시공되었다.

케이블 구속장치는 상하부구조의 변위차를 억제하며 낙교를 방지하는 기능이 있다.

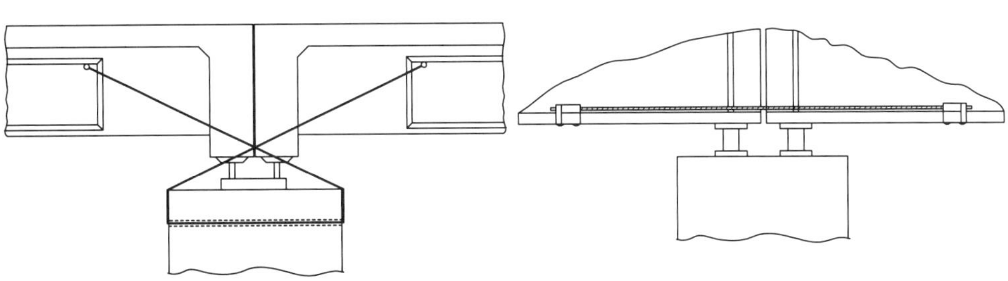

그림 7.61 케이블 구속장치

2) 이동제한장치

이동제한장치는 상부구조가 연속교인 경우 고정단교각 하부의 비탄성거동이 발생하는 경우와 지진격리받침을 사용하는 경우 비탄성거동에 따른 수평변위 및 지진 후 영구잔류변위를 제한하는 데 효율적으로 사용할 수 있다. 수평변위는 받침지지길이에 따른 낙교방지와 지진격리 받침의 안정성 확보를 위하여 제한되어야 하며, 영구잔류변위는 지진발생 후 비탄성거동에 따른 손상부의 보수가 가능한 범위 내로 제한되어야 한다.

최대 수평변위 및 영구변위를 제한하기 위한 이동제한장치는 양측 교대 또는 중간가동단 교각에 설치가 가능하며 온도변화, 차량의 급제동력, 기능수행 수준의 지진 등에 대한 이동은 허용하고 붕괴방지 수준 이상의 지진에 대해서는 변위제한 역할을 할 수 있어야 한다. 이동제한장치와 상하부구조의 충돌이 발생할 때 이동제한장치에 과도한 충격력이 발생할 수 있으므로 충격력 완화를 위해 고무 및 기타 완충재를 설치하여야 한다.

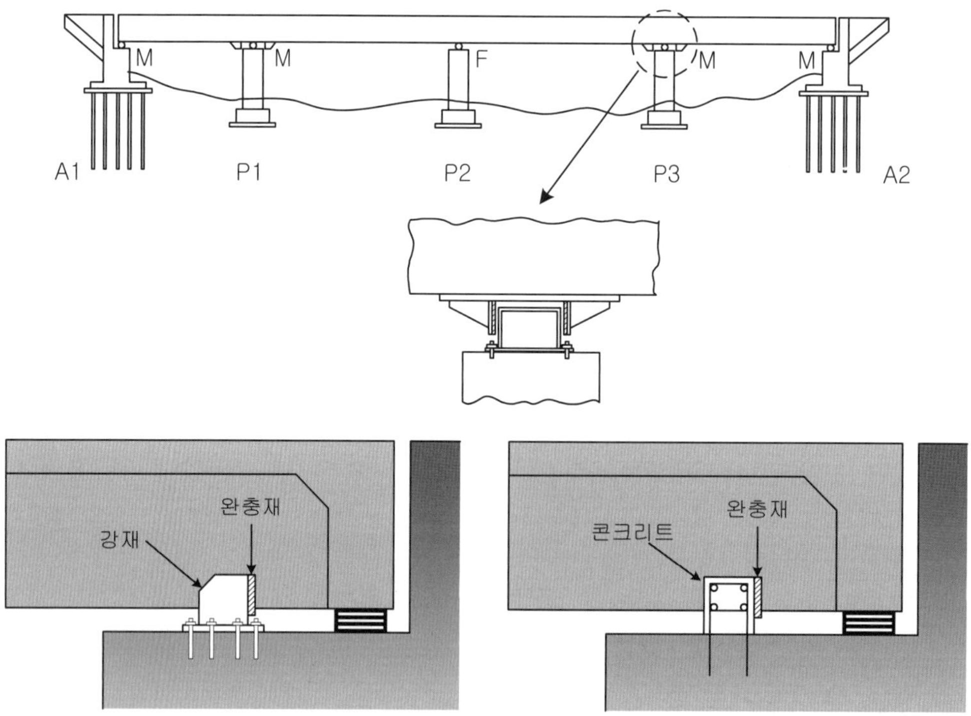

그림 7.62 이동제한장치(전단키)

3) 받침지지길이 확대

노후화된 받침부 콘크리트가 파손된 경우와 받침지지길이가 부족한 곡선교 및 사교의 경우, 하부구조 연단의 콘크리트를 증가 타설하거나 브래킷 등을 설치하여 받침지지길이를 확보하여야 한다. 그림 7.63은 받침부 콘크리트의 받침지지길이 확대 설치시공 예이다.

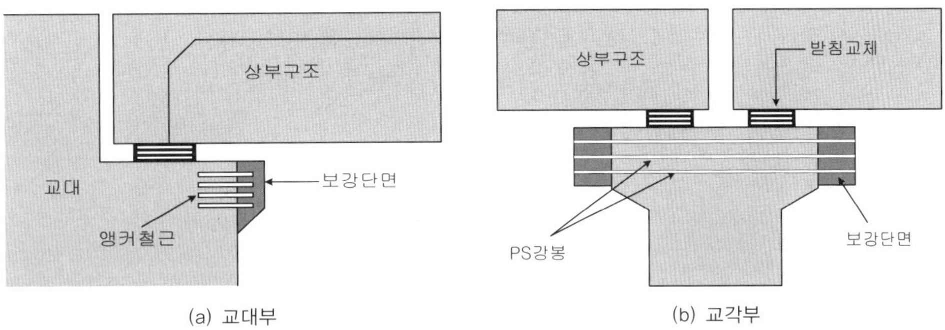

그림 7.63 받침지지길이 확대

참고문헌

- 건축구조재료 노후화 유형분류 및 평가기법에 관한 연구, 한국시설안전기술공단, 1999.
- 관련시설물 정밀안전진단보고서, 한국시설안전기술공단, 1995~2006.
- 교량 및 그 외 구조물 손상 사례집, 한국시설안전기술공단 역, 1982.
- 교량 유지관리 매뉴얼, 국토교통부·한국시설안전기술공단. 2014. 12,
- 교량점검 매뉴얼, 한국시설안전기술공단, 1999.12.
- 교좌장치에 관한 연구, 한국도로공사, 1993.
- 시설물별 안전취약요소 발굴 및 대책방안, 한국시설안전기술공단, 2006.
- 시설물유지관리사 교육교재, 한국구조물진단학회, 2007.
- 시설물의 손상 및 보수·보강 사례, 한국시설안전기술공단, 2006.
- 시설물의 안전 및 유지관리실시 세부지침(성능평가 편), 국토교통부·국토안전관리원, 2021.12.
- 시설물의 안전 및 유지관리실시 세부지침(안전점검·진단 편), 국토교통부·국토안전관리원, 2021.12.
- 안전점검 및 정밀안전진단과정 교육교재, 한국시설안전기술공단, 2007.
- 안전점검을 통한 시설물 손상 및 보수 사례, 서울특별시동부건설관리사업소, 1998.
- 이진용, 박윤제, 콘크리트구조물 유지관리, 구미서관, 2007.
- 일본도장공업회 편, 콘크리트 토목구조물의 보수매뉴얼, 기보당출판, 1995.
- 추영수, 콘크리트의 균열조사, 보수보강지침, 도서출판 건설도서, 1992.10.
- 콘크리트 건설 제요령, 한국콘크리트학회, 2000.5.
- 콘크리트 진단기술(기초편), 일본콘크리트공학협회, 2003.
- 콘크리트구조물의 균열·누수 보수·보강 전문시방서 개발, 한국시설안전기술공단, 1999.
- 콘크리트내구성 평가절차 수립, 한국시설안전기술공단, 1999.
- 콘크리트의 균열조사 보수보강지침, 일본콘크리트공학협회, 2003.

제 8 장

구조물의 내진·면진·제진

8.1 서론

최근 들어 인도네시아를 비롯한 동남아시아 일대의 빈번한 지진발생과 일본 니가타현의 지진발생으로 교량 및 건축물, 원자력발전소 등이 정지되는 사고가 발생하면서 국내에서도 중요산업시설의 지진에 대한 안전성 여부가 관심의 초점이 되고 있다.

우리나라는 환태평양지진에서 벗어난 대륙에 위치해 있으므로 강력한 지진발생은 없으나 20세기 한반도에서 발생한 중규모 이상의 지진인 황해지진(1910년 M6.7), 지리산지진(1936년 M5.0), 홍성지진(1978년 M5.0), 속리산지진(1978년 M5.2), 울진앞바다지진(2004년 M5.2), 오대산지진(2007년 M4.8) 등의 기록은 국내도 지진재해가 발생할 수 있음을 시사하고 있다.

최근 발생한 아이티지진과 규모 8.0의 중국 쓰촨성지진(2008년 5월 12일)이 발생하여 엄청난 인명과 재산상의 피해를 입었으며, 현재까지도 그 피해규모가 정확히 파악되지 못한 실정이고, 국내 지진·지질학자들은 우리나라도 국내에서 발생한 예전의 지진보다 큰 규모의 지진발생 가능성이 있으므로 이에 대한 대비를 해야 한다고 경고하고 있다. 이에 따라 우리나라를 포함한 세계 각국에서는 중요한 산업시설물 및 공공시설물에 대한 내진설계규정을 제정하고 시설물의 설계 및 시공 시 이를 적용하고 있다.

본 장에서는 우리나라 교량 및 건축물 내진설계의 기본이 되는 국내 지진발생현황과 내진설계개념의 지진안전성 확보 방안에 대해 소개하고자 한다.

8.1.1 국내외 지진발생현황

가. 지진의 발생원인

지진이란 지구 내부에 쌓인 에너지가 순간적으로 방출되면서 그 에너지 일부가 지진파 형태로 전달되는 자연현상을 말한다. 즉 지구의 힘에 의하여 땅 속의 거대한 암반이 갑자기 갈라지면서 그 충격으로 땅이 흔들리는 현상을 말하며, 지구 내부에서 급격한 지각변동이 생겨 그 충격으로 생긴 파동인 지진파(seismic wave)가 지표면까지 전해져 지반을 진동시키는 것이다. 일반적으로 지진은 넓은 지역에서 거의 동시에 느껴지는데 각 지역마다 흔들림의 정도, 즉 진도(seismic intensity)는 갈라짐이 발생한 땅속 바로 위의 지표인 진앙(epicenter)에서 흔들림이 가장 세고, 그 곳으로부터 멀어지면서 약해져 어느 한계점을 지나면 느끼지 못하게 된다.

지진현상을 가장 논리적으로 설명하는 판구조론은, 지구가 두께 100km 정도인 10여

개의 지진판으로 이루어져 있는데, 이들 판 하부의 맨틀에서 발생하는 대류현상에 의해 매년 수 cm 정도로 대규모 수평이동을 하면서 축적된 탄성에너지가 판구조 중에서 가장 취약한 부위에 집중되다가 어느 한계를 넘는 순간 그 취약 부위가 어긋나면서 에너지가 방출되어 지진을 일으키는 것이라고 한다.

지진은 땅속의 화약폭발이나 지하핵실험 등으로 일어나는 유사지진인 인공지진과 사람의 영향과 무관한 자연지진으로 나누어진다. 자연지진은 발생원이나 형태를 기준으로 구조지진, 화산지진, 함몰지진의 3가지로 분류한다. 대부분의 지진은 구조지진으로서 지구 내부에서 대규모 변형을 일으키는 힘의 원동력인 구조력(tectonic force)에 의하여 축적된 탄성에너지가 일시에 방출되는 현상에 기인하여 발생하는 지진이며, 함몰지진은 지각 내부의 연약한 지반이나 공동이 내려앉으면서 발생하는 지진이다.

구조지진은 판 경계부에서 발생하는 판구조형 지진과 판 내부에서 발생하는 내륙형 지진으로 구분할 수 있다. 대부분의 지진활동이 판 경계에서 일어나고 있는데, 일본은 4개의 판인 유라이사판, 인도판, 태평양판, 필리핀판이 만나는 곳에 위치해 있어 세계에서 대규모의 판구조형 지진이 가장 활발한 지역에 해당된다. 내륙형 지진은 판 경계 부위인 단층에 의한 소규모 지진이 대부분으로서 유라시아판 내부에 위치한 우리나라는 이에 해당하는 경우이다. 지면 활성단층 부분에 변형에너지가 축적되었다가 이 에너지가 한계를 넘을 때 활성단층 부분이 급격히 파괴되어 어긋나면서 지진이 발생한다.

그림 8.1 한반도 주변의 판구조 및 지진발생 원인

나. 지진의 크기

지진발생 위치로 진원(hypocenter)과 진앙(epicenter)을 사용하는데, 진원이란 지진을 일으키는 지반의 파괴가 시작된 곳으로서 지진파가 발생한 지중의 지점을 의미하며 진앙은 진원의 바로 위 지표면의 지점을 의미한다.

지진의 크기는 주로 절대적 개념의 규모(magnitude)와 상대적 개념의 진도(intensity)로 나타낸다. 1935년 미국의 지진학자 리히터(C. Richter)는 지진의 강도를 1에서 9까지 숫자로 표시하였는데 이것을 리히터 규모(Richter scale)라고 한다. 지진발생 시 진동에너지의 총량에 대응되는 것으로서 지진 자체의 크기를 대표한다. 규모는 지진계에 기록된 지진파형의 진폭과 진앙까지의 거리 등을 변수로 산출하며 소수점 한자리까지 나타낸다. 지진파 에너지 E와 규모 M과의 관계는 다음과 같다(Gutenberg와 Richter, 1956).

$$\log E = 11.8 + 1.5M$$

여기서, M은 단위가 없으며 E는 erg 단위를 갖는다. 이 식에 의하면 지진규모가 1 증가할 때 에너지는 약 32배로 커지게 된다(그림 8.2 참조).

진도는 어느 장소에서 나타난 지진동의 세기를 사람의 느낌이나 구조물의 흔들림 정도를 계급화하여 정수단위로 나타내는 척도이다. 따라서 규모와 진도는 1대 1 대응이 성립하지 않으며, 하나의 지진에 대하여 규모는 지진감지지역 어디에서나 동일수치이지만 진도계급은 달라질 수 있다. 지진 규모와 진도의 상관관계는 표 8.1에 나타냈다. 진도는 계급값을 쓰는 대신 가속도단위(cm/sec^2)로 나타내기도 하고, 중력가속도 단위 g(1g = 980gal ; 1gal = $1cm/sec^2$)를 사용하기도 한다. 우리나라는 8계급의 일본 기상청 진도계급인 JMA를 사용하다가 2002년부터 12단계 정수로 나타내는 미국의 수정 메르칼리 진도(Modified Mercalli scale, MMI)를 사용하고 있다. 이 밖에 동유럽과 구소련을 중심으로 발달한 12계급의 MSK진도(Medvedev, Spouheur, Karnik)와 서유럽의 RF진도계급이 있다. 이렇게 진도계급은 세계적으로 통일되어 있지 않으며 나라마다 실정에 맞는 척도를 채택하고 있는 것이다.

참고로 규모는 소수점 한자리까지 아라비아숫자로 표기하고 진도는 정수단위인 로마숫자로 표기하는 것이 관례이며, 잘못된 표현 중 흔한 것으로 '리히터지진계로 진도 5.6 지진'의 경우 '리히터 스케일 혹은 리히터 규모 5.6의 지진'또는 단순히 '규모 5.6의 지진'이라 표현해야 옳은 표기법이다. '강도'라는 표현은 결국 '진도'에 해당하는 뜻으로 이해할 수 있으나 사용하지 않는 용어이다. '리히터 지진계'라는 기계 또한 존재하지 않는다.

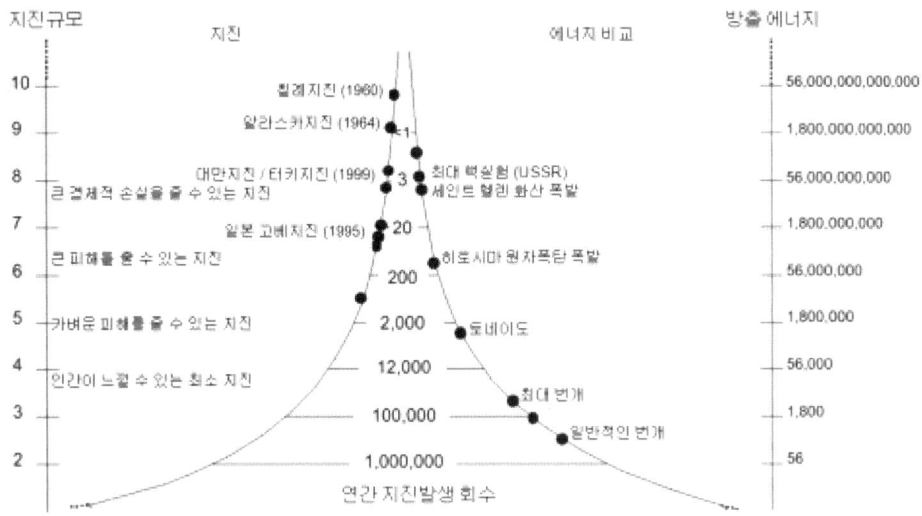

그림 8.2 지진의 규모 및 방출에너지량 비교

표 8.1 규모-진도-지반가속도의 상관관계

리히터 규모(M)		MMI	JMA	지반가속도(g)	비고
1		I	0	(0.001)	
2	2.3		1		
		II		0.0014	
3	3.0	III	2	(0.003) 0.0032	
4	3.7	IV		0.0072 (0.01)	
	4.3	V	3	0.0144	◁ 오대산지진 M=4.8
				(0.025)	
5	5.0	VI	4	0.0323	
6	5.7	VII	5약	0.00722 (0.06) (0.1)	◁ 홍성지진 M=5.0
	6.3	VIII	5강	(0.14)	
7	7.0	IX	6약	0.1441 (0.25) 0.3227	◁ 고베지진 M=7.2
8	7.7		6강	(0.45)	
	8.3	X	7	0.7224 (0.3)	◁ 인도네시아지진 M=9.0
9	9.0	XI		1.4414	
		XII		3.2268	

진도는 지진의 규모와 진앙거리, 그리고 진원깊이에 따라 크게 좌우될 뿐만 아니라 그 지역의 지반특성과 구조물의 형태 및 거주상황에 따라서도 달리 평가될 수 있다. 즉 경우에 따라 규모가 큰 지진이라도 피해가 적을 수 있고, 작은 지진에서도 큰 피해를 입을 수 있다. 피해규모가 큰 대표적인 지진의 예를 몇 가지 들면, 1906년 리히터 규모 8.3의 미국 서부 샌프란시스코 지진은 진앙지와 그 주변 도시의 수많은 건물이 파괴되고 발생한 화재로 도시 전체가 완전히 폐허가 되었다. 그리고 1976년 규모 7.9의 중국 당산 지진은 당산의 주민 70만 명 가운데 24만 명이 사망하고 건물의 98%가 붕괴되는 대참사를 당했다. 이밖에 1985년 멕시코시에서 약 350km 떨어진 태평양연안에서 발생한 규모 8.1의 지진(6,000명 사망, 건물 200여 채 이상 전파), 1988년 규모 6.8 아르메니아 지진, 1995년 규모 7.2의 고베지진 등이 모두 큰 규모의 지진으로 인명과 재산상 큰 피해를 입었다. 작은 규모의 지진으로 큰 피해를 입은 경우는 1996년 이란 아르데빌지진으로 규모 5.5에 불과했지만 사망자가 3,000여 명에 달하고, 110개 마을이 파괴되었다. 한밤중에 지진이 일어나 주민 대부분이 집안에 있었고 건물이 흙 블록으로 쌓은 구조물이었기 때문에 일어난 대참사였다. 반면, 같은 해 일본 아이치현에서 발생한 규모 5.6 지진의 경우 피해는 미미했고, 1989년 규모 7.1의 강진이 일어난 미국 캘리포니아의 경우도 역시 큰 피해가 발생하지 않았다. 이는 과거의 경험을 바탕으로 지진에 대한 준비를 함으로써 그 피해를 줄일 수 있었던 좋은 사례들이다.

다. 우리나라의 지진

우리나라의 경우 1905년 최초의 지진계 설치 후 계기지진 기록이 가능해졌고, 그 이전에는 주로 삼국사기, 고려사, 조선실록 등의 역사기록에 의존하여 지진의 피해정도를 보고 진도를 추측할 뿐이었다.

국내에서 관측된 지진 중 규모가 가장 큰 것은 1980년 1월 평북 삭주에서 발생한 규모 5.3지진이며, 1978년 9월 규모 5.2의 속리산지진, 1936년 7월 규모 5.0의 지리산지진 등을 들 수 있다. 지진계가 없던 시절의 역사지진은 서기 2년(고구려 유리왕 21년)부터 찾을 수 있는데, 진앙지나 크기 등에 대한 직접적인 언급 없이 “평양에서 땅이 흔들려 담장이 무너졌다”는 식으로 피해를 주로 기록하고 있다. 역사지진 기록의 몇 가지 예를 들면 백제 온조왕 45년(AD 27년), “경기도 광주에서 땅이 흔들리고 사람이 사는 집들이 기울어졌다”(삼국사기), 고려 고종 10년(1223년) “평양에서 땅이 크게 흔들리고 그 다음날에도 또한 같았다”(고려사), 조선 중종 14년(1519년) “강원 평창에서 지진이 일어나 땅이 요동하고 놀던 꿩들이 울어댔다”(조선실록) 등이 있다.

계기지진 기록 이후 가장 큰 지진피해 기록으로는 1978년 홍성지진과 1996년 영월지진을 들 수 있다. 1978년 10월 7일 오후에 발생한 홍성지진은 홍성군청을 중심으로 반경 500m 이상에 집중되었으며, 리히터 규모 5.0인 지진의 규모에 비해 상대적으로 피해가 컸다. 이는 사람이 밀집되어 사는 지역에서 발생했고 진원의 깊이가 얕았기 때문으로 판단된다. 그러나 무엇보다 당시에 이 지역에서 지진에 대한 대책이 없었던 것이 가장 큰 원인이라 여겨진다. 영월지진은 1996년 12월 13일 오후에 발생하였는데 한낮에 발생했기 때문에 발생 당시의 주변 상황이 비교적 잘 알려져 있다. 피해 내용은 주로 진앙지 부근의 10여 개 구조물에서 균열이 발생하거나 도로변에 낙석이 떨어진 정도였다. 그 밖에 1983년과 1993년에 일어난 일본 부근의 해저지진으로 인한 지진해일이 발생하여 동해안 일대에 인명과 재산피해를 가져온 사례가 있었다. 또한 2004년 5월 울진에서 80km 떨어진 해상에서 일어난 리히터 규모 5.2 지진의 경우 지진피해가 전혀 발생하지 않았다. 이렇게 지진은 진원지의 깊이와 진앙지의 거리 등에 따라 같은 규모의 지진이라도 그 피해 정도가 다양하게 나타난다.

역사기록을 보면 주로 인구밀도가 높은 경주, 서울, 평양 일대에서 지진기록을 많이 찾아 볼 수 있으며, 이는 인구밀도가 낮은 지역에 비해 그 피해를 심하게 입어 기록이 잘 된 것으로 판단된다. 1905년 지진계측이 가능해진 후의 기록으로 보면 우리나라 진앙지 분포는 평안남도 남부와 황해도 북부일대에 집중되어 있음을 알 수 있다.

8.1.2 지진 대처 현황

현재 국내외에서 적용되고 있는 일반적인 내진설계는 구조물의 높은 강성(stiffness)과 감쇠비(damping ratio)가 요구되고, 강진 발생 시 구조물에 대한 손상이 유발되므로 발전소, 교량, 건축물 등 중요 구조물의 안전에 심각한 영향을 줄 우려가 있다. 이러한 이유로 새로운 개념의 내진설계가 요구되어 왔는데 최근 구조물 내진설계 방법으로 구조물의 진동을 제어하는 제진과 구조물을 지진하중에서 격리시키는 면진설계법이 연구되어 왔다. 이 중 면진설계는 구조물을 지진하중으로부터 거의 완벽하게 보호하며 구조물의 지진취약성을 감소시킬 수 있는 설계방법이다.

지진격리(면진, Seismic isolation)는 지진에 저항하기보다는 진동을 제한함으로써 지진으로부터 구조물을 안전하게 보호하는 것에 목적을 둔 혁신적인 내진설계방법이다. 기존의 내진설계는 지진에 의해 발생되는 관성력에 저항하기 위해 구조물에 충분한 강도(strength), 변형성 및 에너지 소산능력을 부여하는 개념으로써 구조물의 최대 응답가속도(peak acceleration response)는 종종 지반운동의 최대 가속도보다 큰 경우가 발생하였다. 반면에 유연한 장치가 대부분의 지반수평운동에서 구조물을 분리시킨다는 지진격리의 개념은 지진에 의해 발생되는 피해를 제한할 수 있게 되며, 구조물의 응답가속도는 보통 지반가속도보다 작아지게 된다. 지진격리 구조물에 전달되는 힘(관성력)은 지진에너지를 감소시키는 감쇠장치에 의해 더욱 줄어든다. 지진격리장치(기초분리장치, 면진장치)는 구조물과 지반 사이에 설치하여 다른 구조부재의 파괴를 방지하고 지진에너지를 지진격리장치를 통해 소산하고자 하는 목적에서 고안된 장치이다. 건축물과 같이 지반 위에 구조물을 직접 건설하는 경우는 지반과 구조물 사이에 지진격리장치를 설치하여 구조물을 보호하게 된다. 그러나 교량과 같이 상부 및 하부구조물로 분리되는 구조물의 경우에는 일반적으로 상부구조물과 하부구조물 사이에 설치하여 지진에너지를 소산하게 된다.

지진격리장치의 개념은 그 독특한 구조적 특징과 관련된 일련의 구조적인 이점 때문에 교량의 경우에는 매우 유용하다. 대부분의 경우 교량들은 지진발생 후에도 그 역할을 유지해야 하는 전략적인 구조물이다. 따라서 손상을 쉽게 조사하고 교체할 수 있는 몇 개의 역학적 요소에 집중되도록 하는 것이 편리하다. 더욱이 교량의 질량 대부분은 상판에 집중되어 있으며 상판은 지진하중에서 탄성을 유지하도록 설계된다. 연속적인 상판과 교각, 그리고 교각에서 상판을 지지하는 받침장치가 일반적인 교량형식이다. 이 경우에 받침장치의 탄성강성, 항복강도, 그리고 항복 후 강성 등을 선택하여 지진격리장치로 설계할 수 있다. 이 방법은 특히 기존 교량의 내진성능을 향상시키는 데 매우 적절하다.

교량에 지진격리장치를 도입하는 경우에는 일반건물과 달리 여러 변수들이 존재한다. 우선 지진격리장치의 설치 위치는 교각의 하부, 중간부, 상부에 설치할 수 있으며, 일반적으로 가장 많이 도입하는 교각 상부에 설치하는 지진격리의 경우는 교각에 의하여 증폭된 지진동을 대상으로 해야 하기 때문에 일반건물의 지진격리보다 어려운 점이 있다. 또한 응답변위가 지나치게 큰 경우에는 교량의 신축이음장치와 낙교방지장치 등이 기술적으로 뿐만 아니라 경제적으로도 큰 부담으로 작용한다.

이러한 지진격리장치가 실제 구조물에 사용된 것은 비교적 최근의 일이지만 이 장치의 기본개념이 도입된 것은 1900년대 초반으로, 미국 등에서 특허를 받은 것으로 알려져 있다. 1908년 Italia의 Messina-Reggio에서 발생한 강진으로 많은 인명피해가 있었으며, 대부분 파괴된 건물더미에 깔려 희생되었다. 이 지진으로 인하여 1909년 일선 기술자와 대학 교수들을 주축으로 지진대책위원회가 구성되었고, 그 위원회는 피해지진을 교훈으로 두 종류의 설계기준을 제시하였다. 하나는 모래층이나 롤러(roller)를 사용하여 건물을 기초와 분리하자는 의견이었고, 다른 하나는 고정기초였다. 위원회는 고정기초를 선정하여 몇 가지의 건물 세부기준을 만들었는데, 그 중에는 건물은 적어도 전체중량의 8%에 해당하는 수평력에 견디도록 설계한다는 규정이 있으며, 오늘날까지도 건축 법규(building code)는 Messina-Reggio 위원회의 결정에 따르고 있다. 그러나 이러한 방법은 지진에 의한 구조적 손상이 잔류하게 된다는 간과할 수 없는 단점이 있다. 같은 시기인 1909년 영국의 의사 Calantarients는 모래나 실트(silt)층에 의해 기초와 건물을 분리하는 내진설계방법을 제안하였다. 그가 제안한 방법은 최근에 발달된 고무기술에 의해 실제적인 적용이 가능하게 되었다. 그러나 초기에는 지진격리장치에 대한 이해가 부족하였으며, 또한 시공상의 문제점으로 시공된 사례가 거의 없었다.

지진격리장치에 대한 기본개념을 최초로 적용한 사람은 Frank Lloyd Wright로서, 1921년 동경의 Imperial Hotel에 도입하였다. 2.4m 두께의 양호한 지층 하부의 부드러운 진흙이 있는 지반에서 진흙 상층부에 짧은 파일을 촘촘히 박아서 건물의 기초로 사용함으로써 진흙이 지진으로부터 건물을 격리시키도록 했다. 이는 '해양에 전함을 띄우듯 건물을 띄운다'는 발상을 적용했던 것이다. 1923년 관동대지진 당시 이 건물은 예상대로 거동하여 지진피해를 완벽히 면할 수 있었다. 문헌상 최초로 지진격리된 건물은 1928년 세워진 일본의 시모노세키에 있는 후도은행 건물이다. 이 기본개념을 밝힌 문헌 중 최초라고 할 수 있는 것은 1927년 Martel이 발표한 논문 「The Effects of Earthquake on Buildings with a Flexible Story」에 나타난 내용으로 일반적인 'Soft Story'의 구조를 의미한다. 이 논문에서 구조물 1층 기둥의 강성을 감소시켜 구조물의 고유주기가 지진 고유주기의 2~3배가 되면 1층 이상의 구조물에 발생하는 가속도가 지반가속도보다 75% 이상 줄어드는 현상을 밝혀냈다. 또한 구조물의 고유주기가 지진파의 주기보다 짧게 되면 상부구조물의 응답이 오히려 증폭된다는 것도 밝혔다. 이는 지진의 영향을 줄이기 위해 구조물의 고유주기를 이동해야 된다는 것을 시사한다.

이후 많은 연구를 토대로 1층 기둥의 강성이 매우 적어야 상부구조물에 대한 지진피해를 최소화할 수 있음을 알았다. 1960년대 Green 등은 1층 기둥 수평강성이 다른 층 기둥의 강성보다 적게 설계하여 지진 진행 시 수평변형이 1층 기둥에만 제한되도록 하는 설계법을 제안하였으나, 1층 기둥의 수평강성 저하로 전체 구조물의 구조적인 문제가 발생하였다. 기둥이 대부분의 지진에너지를 소산시키더라도 결과적으로 매우 큰 수평변형이 일어나며, 이로 인해 구조물의 붕괴를 초래한 것이다. 이에 구조물의 강성을 바꾸지 않고 추가적인 부재 또는 감쇠를 이용하여 구조물의 고유주기를 이전하는 방법을 연구한 결과 오늘날의 지진격리장치를 개발하게 되었다. 그 후 근래까지 사용되고 있는 Roller Bearing System이 개발되었다. 이 방법은 구형의 받침을 구조물 바닥과 기초 사이에 넣는 방법인데, 감쇠작용이 없고 복원력이 없으며 수평변형에 저항하지 못하므로 풍하중 저항과 에너지 흡수장치가 추가로 필요하다. Crimea의 Sebastopol에 7층의 철근콘크리트구조물이 Roller Bearing System 위에 건설되었다. 이때 사용된 Roller Bearing은 완전 구형이 아닌 타원형의 형태이며 구조물의 주기는 0.5초에서 3초로 이동되었다. 오늘날 지진격리구조에는 고무가 널리 사용되고 있는데, 세계 최초의 고무받침(rubber bearing)이 사용된 건물은 1969년 유고슬라비아에 있는 페스탈로치 초등학교 건물이다. 이때 사용된 받침은 보강용 철판이 들어 있지 않은 천연고무로서 수직, 수평방향의 강성은 동일한 것이었으며, 상부구조물의 중량으로 인해 큰 횡부풀음(bulge sideway)이 일어났다. 그러나 고무받침이 구조물에 사용되기 시작한 것은 훨씬 이전부터이다. 세계 최초로 고무받침이 교량에 사용된 시기는 1889년으로 오스트레일리아의 멜버른 철도교(강교)에 방진 및 소음대책용으로 천연고무 재질의 단층고무받침을 사용하였다. 이 교량의 받침은 100년이 지난 현재까지 사용되고 있으며, 최근의 조사결과에 따르면 표면에서 5mm 정도까지는 오존 및 산소에 의한 열화현상으로 균열이 발생했지만 내부는 거의 변하지 않은 상태인 것으로 밝혀졌다.

또한 세계 최초로 적층고무받침이 교량에 사용된 예로는 1955년 영국 링컨시의 펠햄교로서 천연고무계통의 적층고무받침이 32개 사용되었다. 일본의 경우에는 1961년 적층고무받침이 설치된 동북본선 귀노천교량에 최초로 사용되었으며, 17년간 사용 후 조사한 결과 고무의 제반 물성치를 유지하고 있었다.

1970년대까지는 고무와 같은 탄성재료를 이용하여 구조물의 고유주기를 이전시키는 방법에 대해 활발한 연구가 이루어졌다. 특히 고무의 횡부풀음을 막고, 수직방향의 강성을 증가시키기 위해 강재보강판을 사용한 받침에 대한 연구가 시작되었으며, 1970년대 후반부터 실제 구조물에 적용되기 시작하였다. 그러나 고유주기 이전만으로는 지진에너지를 완전히 소산시키지 못하고 구조물의 과도한 변위 제어가 또다른 문제로 대두되었다. 이에 1970년대부터는 구조물의 고유주기를 이전시키는 기능을 가지고 동시에 탄-소성 이력거동에 의한 지진에너지 소산이 가능하며 구조물의 응답변위 제어가 가능한 이선형(bilinear) 이력곡선을 갖는 지진격리장치에 대한 연구가 활발하게 진행되었다. 특히 뉴질랜드의 PEL(the Physics and Engineering Laboratory)에서는 1967년부터 지진격리장치에 관한 연구를 시작하여 현재 사용되고 있는 대부분의 지진격리장치에 대한 실험과 그 적용에 관한 많은 연구를 수행하였다. 그 후 1981년부터 건물과 교량에 지진격리장치를 장착하여 시공하였으며, 일부 역사적인 구조물에 대한 보수보강에도 사용하였다. 미국과 일본은 1980년대 중반부터 지진격리장치를 사용한 구조물을 시공하고 있으며 그 수는 점점 증가하고 있다.

오늘날 지진격리장치의 역학적 거동이 첨단실험장비에 의한 실험결과로 확인되었으며 컴퓨터의 혁신적인 발전으로 과거에 엄청난 시간이 소모되던 비선형 시간이력해석이 짧은 시간 내에 이루어져 수학적 모델의 형성이 가능하게 되었다.

토목 및 건축구조물의 내진보강방안으로 제7장에서 설명한 일반적인 방법 이외에도 지진저감장치(earthquake protective systems)를 사용하여 보강하는 방법도 있다. 지진에 저항하는 구조물을 보호하는 장치로는 지진발생시 진동의 방향에 따라 저항하는 수동제어장치(passive control device)와 진동의 반대방향으로 인위적인 제어력을 가하여 지진력을 감소시키는 능동제어장치(active control device)로 구분할 수 있다. 경간이 비교적 긴 장대교량의 특수한 경우를 제외한 일반적인 교량의 보강은 비용이 비교적 저렴한 수동제어장치인 지진격리장치(isolation bearing)를 사용하고 있다. 또한 지진수평력에 의한 충격을 가동단 교각으로 분산시키는 충격전달장치(shock transmission unit) 등이 사용되고 있다.

여기에서는 이와 같이 지진력을 저감시키는 내진 및 면진, 제진장치의 종류와 특성에 대해 설명하기로 한다.

8.2 내진·면진·제진의 구분

최근 자주 발생하는 지진이나 바람 등의 동적하중에 의해 발생하는 구조물의 과도한 응답을 제어하기 위한 방법으로 면진·제진기술이 연구단계를 넘어 기존의 내진구조에 대한 대안으로 널리 적용되고 있다. 지진이나 태풍과 같은 진동에 저항하는 구조물의 형식에 따라 표 8.2와 같이 내진·면진·제진이라는 명칭으로 구분하여 사용하고는 있지만 아직까지도 각 설계형식에 따라 명확하게 구분하지 못하고 있는 실정이다.

표 8.2 지진 및 바람에 대항하는 구조물의 형식

구조물의 형식	특 징
내진구조	일반적인 구조물의 구조를 지진에 견딜 수 있게 설계한 구조
면진구조	구조물의 상부와 기초를 분리하여 구조물의 상부에 입력되는 지진동을 저감하는 구조
제진구조	구조물이 지진 혹은 태풍으로 인한 진동을 특별한 장치로 제어하는 구조

내진구조(Seismic structure)는 기둥과 보로 구성된 간단한 프레임이 지진으로 인해 붕괴되는 것을 방지하기 위해 공사비가 증가하더라도 보와 기둥의 단면을 크게 하여 설계하면 된다. 그러나 대지진에 대비하여 프레임을 강하게 한다면 비경제적이다. 이에 대한 대안으로 내진연구자들은 빈번히 발생하는 중·소규모의 지진에 대해서는 부재의 강도(strength)로 저항을 하고, 확률이 희박한 대지진에 대해서는 부재의 재료가 가지는 연성(ductility)으로 저항하도록 하는 것이 바로 내진설계법의 개념이라 할 수 있다.

이처럼 기존의 내진설계는 크게 강도 증가와 연성 증가의 두 가지 방법으로 분류될 수 있다. 이 가운데 강도 증가에 의한 내진설계의 경우 지나치게 큰 부재가 설계되어 비경제적이며 구조물의 갑작스런 취성파괴 양상에 의해 큰 인명피해를 유발할 수 있다. 연성 증가에 의한 내진설계는 구조부재의 소성변형으로 지진에너지를 흡수함으로써 지진하중의 크기를 효과적으로 줄일 수 있도록 하는 방법이지만 지진발생 이후의 보수보강이 어렵고 비용도 많이 든다.

면진구조(Isolation structure)는 상부구조물과 기초 사이에 고무와 보강철판 등을 이용한 면진장치를 이용하여 구조물과 지진의 고유주기를 다르게 하여 진동을 피하는 것이다. 즉 고무와 같은 탄성 절연재료를 이용하여 지진으로 인한 지면의 심한 흔들림을 상부의 구조물로 전달시키지 않도록 진동 자체를 절연한 것이다. 면진구조에서는 구조물의 고유주기를 크게 하고, 에너지감쇠가 가능하여 지진 시의 진동에 효과적으로 대응할 수 있다.

반면에 내진구조는 구조물의 연성을 통해 대지진시 구조물의 손상을 허용하기 때문에 지진 후의 피해손상복구비용이 많이 소요된다. 예를 들어 1994년에 미국에서 발생한 노스트리지(Northridge)지진과 1년 후 일본에서 발생한 고베(Kobe)지진의 경우 구조물의 완전붕괴는 면했지만, 피해가 커서 구조물서의 기능을 상실하여 결국에는 철거 후 재건축한 경우가 많았다.

반면에 면진구조는 내진구조와 다르게 진동과 구조물을 격리시켜 구조물의 피해를 최소화할 수 있지만, 면진구조물의 경우 별도의 격리장치를 설치하여 진동을 제어하기 때문에 건설 초기 건설공사비가 다소 증가한다. 그러나 대지진 발생 시 구조물의 손상을 최소로 줄여주어 내진구조와 같은 별도의 유지관리가 불필요한 경우가 많아 장기적으로는 경제적이라 할 수 있다.

내진 및 면진구조 이외에도 진동제어 방법으로는 제진구조가 있다. 제진구조는 형식에 따라 진동감쇠를 이용하여 진동을 제어하는 에너지흡수기구형 제진장치, 부가적으로 설치한 질량을 이용한 제진장치, 그리고 감쇠와 강성을 동시에 제어하는 제진장치로 나눌 수 있다. 일반적으로 내진구조, 면진구조, 제진구조는 표 8.3과 같은 방법으로 분류 가능하다.

표 8.3은 구조물에 입력된 진동에너지가 주로 어디로 어떻게 흡수되는가에 따라 분류하는 방식으로서 구조물에 입력된 진동에너지를 공진현상, 강성, 항복내력, 감쇠 등의 차이에 따라 발생하는 물리적 현상을 이용하여 어느 요소에 진동에너지를 집중시켜 진동을 저감시키는 수동형 제진구조와 센서 등에 의해 감지된 진동을 기계적 메커니즘을 이용하여 진동에너지에 대응하는 에너지를 인공적으로 구조물에 투입시키는 능동형 제진구조로 분류할 수 있다.

표 8.3 내진·면진·제진구조의 분류

<table>
<tr><th>구조형식</th><th>진동제어</th><th>시스템·장치</th><th>특 징</th><th>응답제어형태</th></tr>
<tr><td rowspan="2">내진구조</td><td>탄성변형에너지
저항형</td><td>강도저항형
보·기둥의 강도</td><td>탄성설계법</td><td rowspan="10">수동형 제진</td></tr>
<tr><td>소성이력감쇠에너지
흡수형</td><td>보·기둥의 소성힌지
브레이스</td><td>탄소성설계법</td></tr>
<tr><td rowspan="8">면진구조</td><td rowspan="3">적층고무받침</td><td>천연고무계 적층고무+댐퍼</td><td rowspan="8">면진장치된 구조물의 장주기화로 인한 가속도응답의 저감 및 부가감쇠력으로 인한 응답치의 저감</td></tr>
<tr><td>고감쇠고무계 적층고무</td></tr>
<tr><td>납 적층고무</td></tr>
<tr><td rowspan="5">미끄럼 및 구름받침</td><td>미끄럼 감쇠면진장치</td></tr>
<tr><td>모래 면진</td></tr>
<tr><td>테프론 면진</td></tr>
<tr><td>롤러받침+댐퍼</td></tr>
<tr><td>전동식 구름받침+댐퍼</td></tr>
</table>

표 8.3 내진·면진·제진구조의 분류(계속)

구조형식	진동제어	시스템·장치	특 징	응답제어형태
제진구조	이력감쇠	강재탄소성댐퍼	진동에너지를 에너지흡수부재 혹은 장치에 흡수시켜 응답저감	수동형 제진
		납댐퍼		
	마찰감쇠	마찰댐퍼		
	점성감쇠	오일댐퍼		
		점성댐퍼		
		점탄성댐퍼		
	부가질량기구	TMD, TLD	구조물에 부가한 별도의 소형진동계의 운동으로 인한 구조물의 진동에너지를 흡수하여 응답저감	하이브리드형 제진
		HMD, ATMD, APTMD		
		AMD		능동형 제진
	가변강성 감쇠기구	AVS	진동응답이 최소화되도록 강성과 감쇠를 제어	
		AVD		

8.3 내진구조

8.3.1 내진의 기본개념

내진설계에서 고려하는 구조물의 성능은 강도(stiffness)와 연성(ductility)개념이다. 철근콘크리트의 주재료인 철근에 인장하중이 가해질 경우 하중과 변형은 그림 8.3과 같이 된다. 하중이 작은 구간에서는 하중과 변형이 비례하는 탄성거동을 하지만 하중이 어느 항복점(항복하중)에 도달하게 되면 하중의 증가는 거의 나타나지 않지만 변형만 급격히 증가하는 소성구간이 나타난다. 이 구간에서 하중을 더욱 크게 하면 하중은 약간 증가하고 곧 최대하중에 도달한 뒤, 하중이 감소하면서 결국에는 파단하게 된다. 항복점으로부터 파단에 이르기까지의 변형($\delta_u - \delta_y$)은 항복점까지의 변형(δ_y)보다 약 1,000배 정도 커서 연성이 크다고 할 수 있다.

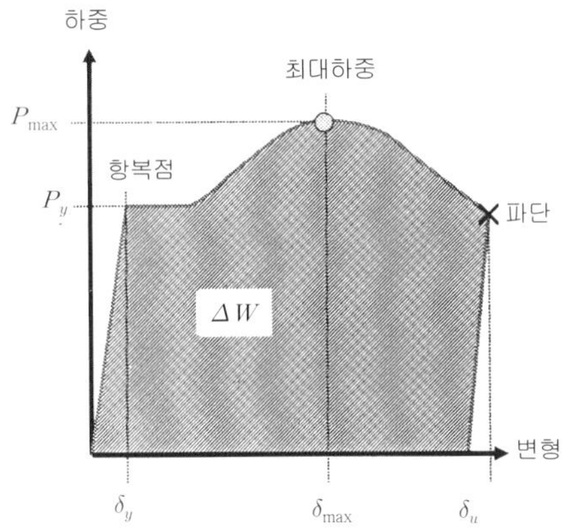

그림 8.3 철근의 복원력 특성

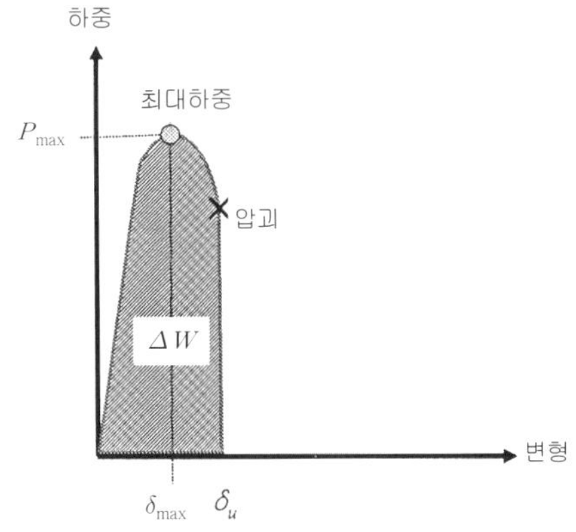

그림 8.4 콘크리트의 복원력 특성

콘크리트를 압축하면 그림 8.4와 같은 하중-변형관계를 얻을 수 있으며, 이 경우에는 최대하중에 도달하자마자 철근과 달리 곧 압축파괴되어 취성적인 성질을 나타낸다. 그림 8.3과 그림 8.4의 내부면적은 재료가 파괴할 때까지 한 일의 양을 나타내고 있다. 연성이 풍부한 재료는 최대강도(P_{max})에 대한 일의 양(ΔW)의 비가 크고, 취성적인 재료는 이 값이 작다.

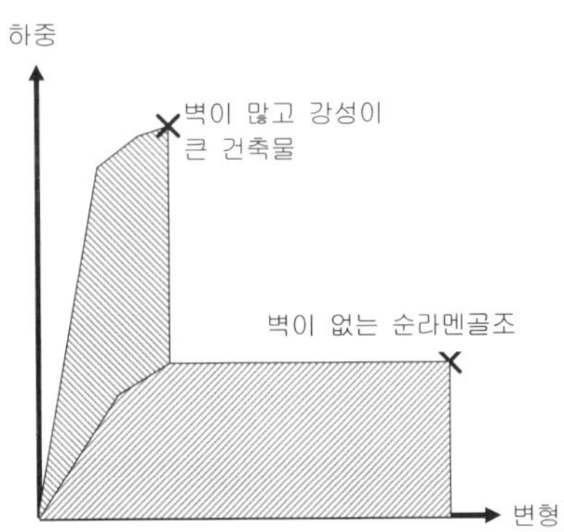

그림 8.5 구조물의 하중과 변형 관계

구조물을 예로 들면 동일하게 설명할 수 있다. 구조물의 최상층부에 수평력을 작용하면 그림 8.5와 같은 하중-변형 관계가 나타나고, 건축물의 경우 벽체가 많고 강성이 큰 구조물은 취성적 성질을 나타낸다. 반면에 벽체가 적고 기둥 전단보강이 충분한 순수라멘형 골조는 강도는 작지만 연성이 풍부한 성질을 나타낸다. 현재의 내진설계에서는 이와 같이 변형성능이 서로 다른 구조물의 내진성능을 강도와 연성기능으로 평가하고 있다. 따라서 구조물이 넘어지거나 붕괴할 때까지 구조물이 하는 일의 양이 같다면 구조물의 성능은 같다고 할 수 있다. 또한 내진설계법에서는 강주약보(weak beam-rigid column)의 개념이 중요하다. 다시 말해 보의 소성화에 의한 구조물의 전체 붕괴기구에 도달하는 것을 보증할 수 있는 설계이어야 한다는 점이다. 그림 8.6은 구조물의 대표적인 붕괴형상을 나타내고 있다. 그림 8.6(a)은 기둥항복에 의한 층 붕괴기구가 형성되었고, 그림 8.6(b)은 보항복에 의한 전체 붕괴기구가 형성된 예이다. 두 구조물이 동등한 수준의 내진성능을 보유하고 있다고 가정할 경우 수평하중(지진하중) P_g가 작용하는 중심 위치의 수평변위 소성변형량을 δ_g라 하면 $P_g\delta_g$는 같다고 할 수 있고 δ_g는 같다. δ_g와 동반하여 발생되는 소성힌지의 회전각은 층 붕괴형 기둥에서는 $\theta_{ci} = \delta_g / h$가 되지만 전체 붕괴형태의 보에서는 $\theta_{bi} = \delta_g / 3h$가 되어 약 1/3이 된다. 즉 보의 소성변형능력은 높은 내진성능을 확보하기 위해 필수적이다. 그림 8.6의 보 붕괴형을 보증하기 위해서는 보에 비해 기둥이 충분히 강할 필요가 있으며, 이것이 강주약보의 개념이다.

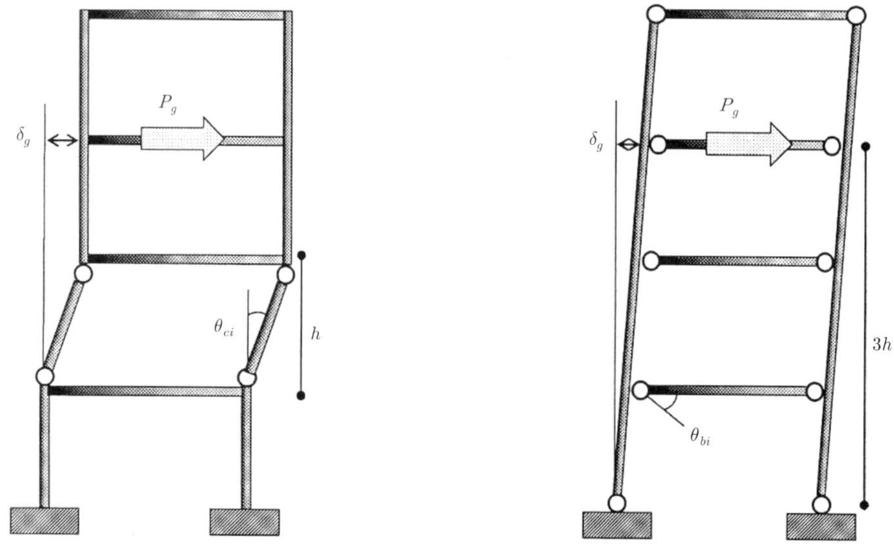

(a) 기둥항복에 의한 층붕괴형

(b) 보항복에 의한 전체 붕괴형

그림 8.6 최대변위 일정설

8.4 면진구조

8.4.1 면진의 기본개념

지진의 진동 성질에는 단주기의 성분은 강하고 장주기의 성분은 약한 특성이 있다. 면진구조물이란 이러한 지진동의 특성을 이용하여 구조물의 고유주기를 인위적으로 길게 하여 구조물에 입력된 지진력의 크기를 줄이는 개념이다. 고층건물이나 교각이 긴 교량 구조물은 고유주기가 길어지므로 그 자체가 면진구조물의 역할을 하게 되지만 저층건물은 구조형식상 고유주기를 늘일 수 없으므로 지반과 건물의 연결부에 적층고무받침 등의 지진격리장치를 삽입하여 구조물의 고유주기를 인위적으로 늘이는 방법이다. 그림 8.7은 내진설계와 면진설계 시 지진발생에 따른 거동을 비교한 것이다. 그림 8.7(a)와 같이 내진설계한 구조물의 경우 지진동이 구조물에 도달할 경우 상부구조물이 소성거동을 함으로써 구조물의 높이가 증가함에 따라 변위가 증가하여 피해 정도가 증가한다. 그러나 면진설계구조물의 경우는 기초에 설치된 지진격리장치에 의해 지진동과 구조물을 효과적으로 격리하여 지진격리장치의 변위에 따라 진동을 제어하여 상부구조물에는 변위발생이 줄어들어 피해를 줄일 수 있다.

(a) 지진 시 상부구조물 소성거동 (b) 지진 시 상부구조물 탄성거동

그림 8.7 지진발생 시 내진·면진건축물의 거동 비교

지진격리장치의 기본개념은 주기의 이동으로 지진력을 감소시키는 것으로 지진수평력을 제어하기 위해 갖춰야 할 3가지 기본적인 요소는 다음과 같다.

- 구조물의 고유진동 주기를 증가시키고 지반운동의 입력가속도를 감소시켜 응답력을 줄이기 위한 유연성(flexibility)
- 구조물의 과도변위를 방지하기 위한 에너지 소산능력(energy dissipation)
- 비하중 변위(온도, 건조수축 등)에 대한 수평강성(lateral stiffness)

가. 유연도(flexibility)

주기(유연성)의 증가에 따른 지진수평력 감소는 그림 8.8의 가속도 응답스펙트럼에서 알 수 있다. 구조물에서 가속도는 힘과 비례하므로 진동주기를 늘여 지진에너지가 강한 구역의 주기대역을 벗어나게 함으로써 구조물에 작용하는 지진력을 크게 감소시킬 수 있다. 그러나 유연성 증가는 변위의 증가를 유발하므로 큰 변위응답 제어가 필요하다. 그림 8.9의 변위응답 스펙트럼은 주기 증가에 따른 변위 증가를 보여준다. 이에 적극적인 감쇠력을 부여함으로써 변위응답을 크게 줄일 수 있다.

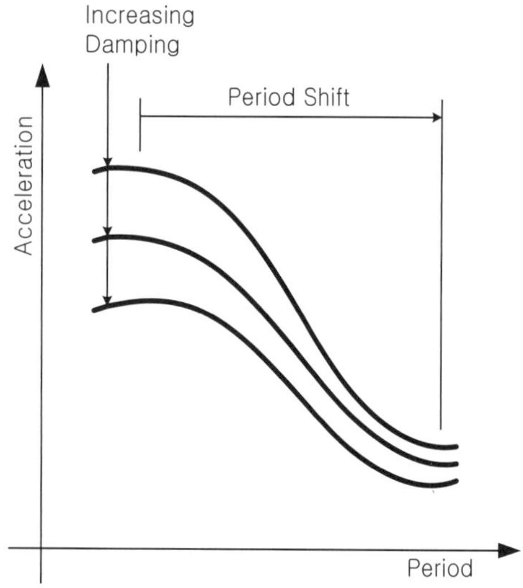

그림 8.8 가속도 응답스펙트럼

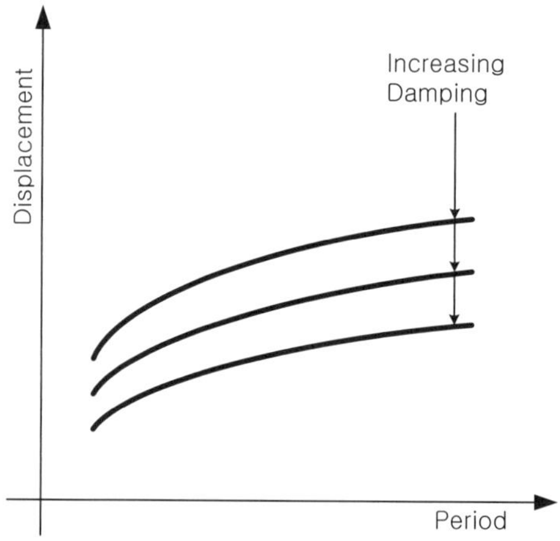

그림 8.9 변위 응답스펙트럼

나. 에너지 소산

구조물에 감쇠효과가 제공될 때 가장 효과적인 기능은 에너지 소산현상을 통하여 지진수평력을 감축시키는 것이다. 그림 8.10은 지진격리장치의 하중재하시 힘-변위이력곡선을 나타낸 것이다. 이와 같은 거동을 만족시키기 위해 납(lead)과 연강 등 재료의 고안이 계속 발전되어 왔으며, 납의 압축과 전단을 이용한 감쇠기 고안과 그 이론도 계속 발전되어 왔다. 많은 재료에 있어서 특별한 충전물 등의 첨가를 통하여 재료의 고유성을 유지하고, 이력특성을 증가시키는 것이 가능한 경우 이러한 기술은 감쇠에 유용하게 이용될 수 있다.

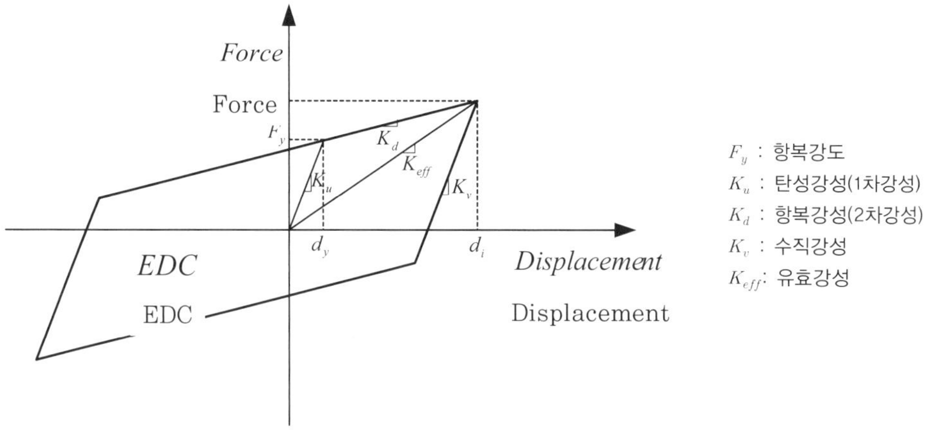

그림 8.10 힘-변위이력(hysteretic)곡선

다. 작은 상시하중에서의 안전성

앞에서 설명한 유연성은 지진격리장치에 필수적으로 요구되지만 약한 지진 및 풍하중, 교통하중과 같이 주기적으로 발생하는 하중에 대하여 심하게 진동하는 것은 바람직하지 못하므로 이에 대한 안정성 및 사용성을 확보하여야 한다.

지진격리받침의 동적해석에는 3차원 비선형시간이력 해석이 필요하나 해석방법을 적용하기 어려우므로 등가선형해석방법인 AASHTO 설계법을 사용하는 것이 일반적이다. AASHTO에서는 하부구조나 교대에 대한 비탄성변형에 의한 손상을 최대한 줄이거나 제거할 목적으로 1991년에 채택되었다. AASHTO 설계방법은 등가탄성해석방법에 의해 지진격리교량의 지진응답을 결정하는 것으로 지진격리받침의 등가점성감쇠비를 이용하여 비탄성설계스펙트럼을 탄성스펙트럼으로부터 직접 유도하고 있다. 도로교 설계 시 AASHTO로 설계된 경우에 지진격리교량의 응답은 일반교량에 비해 3~10배 감소되며 교각과 기초의 건설비용은 10% 절약이 가능한 것으로 알려져 있다.

건축물의 경우 지진격리장치를 도입하면 구조물은 장주기화되어 가속도응답저감과 동시에 면진층의 감쇠성능에 의한 지진입력 에너지를 흡수함으로써 구조물의 수평변형을 제어하여 응답전단력을 저감시키는 것이 특징이다. 건축구조물의 면진원리는 그림 8.11과 같이 기초면진과 중간층면진으로 분류된다. 상부구조의 강성은 면진층에 비하여 충분히 강하여 질점을 형성하므로 면진구조는 전체적으로 1질점계를 구성하게 되는 것이 특징이라 할 수 있다.

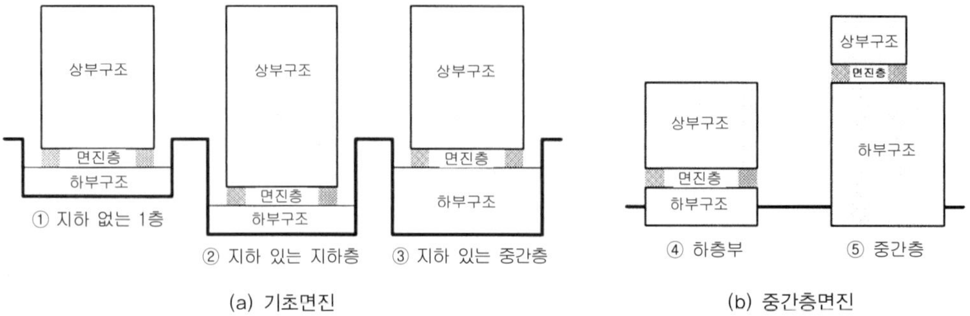

그림 8.11 면진층의 위치

한 층 이상의 고무와 철판이 교차된 형식의 지진격리장치인 경우 높은 수직지지력과 탄성변형능력으로 면진구조물의 주기를 4초가 넘는 장주기도 가능하게 한다. 또한 면진층은 면진장치의 탄성과 댐퍼의 조합에 의하여 효율성 있는 에너지흡수기능도 하게 된다. 현재 일반적으로 사용되고 있는 면진받침의 종류는 그림 8.12와 같으며 고무를 주재료로 이용한 장치가 대다수이다.

면진구조에 있어서 지진격리장치는 기둥과 같이 장시간에 걸친 구조물의 하중을 지지해야 하며, 지진 시에는 일반기둥에 비하여 보다 큰 수평변형에 대응할 수 있는 성능이 요구된다.

일반적으로 지진격리장치라고 함은 격리기능을 하는 면진받침과 에너지흡수기능을 하는 댐퍼를 총칭하여 지칭하는 경우이고, 지진격리받침의 경우에는 적층고무계 격리장치와 미끄럼 마찰받침, 롤러베어링 등의 분리장치를 지칭한다. 지진격리장치의 요구성능은 수직지지성능, 수평변형성능, 복원성능, 감쇠성능 등이 있으며 이상의 지진격리장치 종류와 요구성능은 표 8.4와 같다.

(a) 납면진장치　(b) 고감쇠 고무받침　(c) 적층고무받침

(d) 마찰포트받침　(e) 탄성마찰포트받침　(f) 평면구름운동장치

그림 8.12 지진격리장치의 종류

표 8.4 지진격리장치 종류 및 요구 성능

지진격리장치의 종류		수직지지 성능	수평변형 성능	복원 성능	감쇠 성능
적층고무 방식	천연고무받침	○	○	○	×
	고감쇠고무받침	○	○	○	○
	납 고무받침	○	○	○	○
미끄러짐 방식	저마찰형 받침	○	○	×	×
	PTFE	○	○	×	○
	탄성강체와 저마찰형 지주의 직렬결합방식	○	○	○	×
	오목형 받침	○	○	○	×
롤러 방식	롤러형 받침	○	○	×	×
	볼 베어링 받침	○	○	×	×
	오목형 받침	○	○	○	×

지진격리장치는 상시하중에 대한 지지능력과 경년변화에 따른 성능열화에 대하여 허용범위 안에 있어야 하며, 변형성능에 대해서는 지진격리장치에 요구되는 변형량까지 연직하중을 지지하면서 견뎌내야 한다. 이때 수직하중은 상시하중의 2배 정도까지 고려해야 할 필요가 있다. 그리고 큰 변형성능을 가지고 있어도 구조물을 원래의 위치로 복원시키는 강성이 필요하다. 복원능력의 정도는 지진 후에 잔류변형의 크기에 영향을 미치게 되며, 면진성능도 높여야 할 필요가 있으므로 가능한 부드러운 수평강성을 가지는 것이 유리하다. 수평강성과 복원력의 특성이 축력의 변동에 따라 크게 영향을 받지 않도록 하는 것이 면진구조물의 해석 및 설계의 신뢰성을 높일 수 있는 방법이다. 또한 적은 변형에서 파단에 이르기까지의 이력특성과 면압과 속도 등에 의한 의존성도 포함하여 정량적으로 파악하는 것이 중요하다. 역학적 특성과 내구성뿐만 아니라 면진부재로서 품질의 안전성은 매우 중요하다. 품질로서는 지진격리장치의 제작 정밀도, 수평강성과 한계변형의 균일성이 요구된다.

라. 내진설계와 면진설계의 차이점

내진설계(Seismic design)는 구조물의 강성을 지진에 견딜 수 있도록 충분히 크게 설계함을 의미하고, 면진설계(isolation design)는 구조물의 고유주기를 길게 하여 구조물에 전달되는 수평력을 감소하는 설계개념이다. 교량에 있어서 STU(Shock Transmission Unit)와 같은 내진장치(seismic device)를 이용한 내진설계는 상시에는 가동단인 교각을 지진 시에는 고정단이 되도록 하여 전 교각에 하중이 균등하게 분포하도록 하는 설계개념이다. 이것을 면진장치와 비교하면 내진설계와 면진설계의 차이점을 비교할 수 있다.

하중분배에 있어 내진장치와 면진장치는 모든 교각에 하중을 배분하는 측면에서는 동일한 기능을 수행한다. 즉 각 교각에 잠금장치로 작동하는 내진장치는 모든 교각의 강성으로 상부구조물을 지지하게 되므로 고유주기가 짧게 되어 큰 지진력을 유발하지만 지진력을 배분함으로써 효과적으로 대처하고자 하는 것이다. 반면에 면진장치는 고유주기를 길게 하여 적게 유발된 지진력을 각 교각에 균등하게 배분한다. 따라서 하중의 크기면에서는 면진장치가 유리하다고 할 수 있으며, 변위 측면에서는 내진장치가 유리하다고 할 수 있다.

일반적으로 교량의 경우 모든 교각이 동일한 높이로 설계되는 것은 지형의 특성상 어렵다. 따라서 길이가 상이한 교각에 내진장치가 설치된 경우에 모든 교각이 동일한 전단력을 받지 않고 수평력의 대부분을 짧은 교각이 받게 되며, 실제 지진피해에서도 교대부에 가까운 짧은 교각에 많은 피해가 발생하고 있다. 그러므로 내진장치 적용에 있어서 각 교각의 높이에 따라 내진장치의 용량을 적절히 결정하여 각 교각에 동일한 전단력을 받을 수 있도록 설계할 필요가 있다. 그러나 변위 측면에서 보면 내진장치는 하부구조와 상부구조와의 상대변위가 적어 변위제어 측면에서는 유리하지만 면진장치는 하부구조와 상부구조와의 상대적 변위가 크게 되므로 인접 교량상판 및 교대에서는 상하부구조의 변위를 충족시킬 정도로 충분한 유간 확보가 필요하다. 다음 그림 8.13은 내진 및 면진설계시 교량의 거동에 대하여 비교하여 나타낸 것이다.

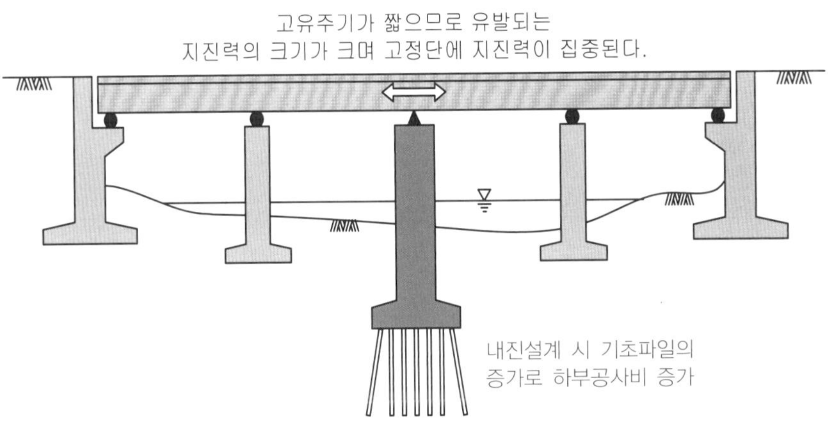

(a) 내진설계

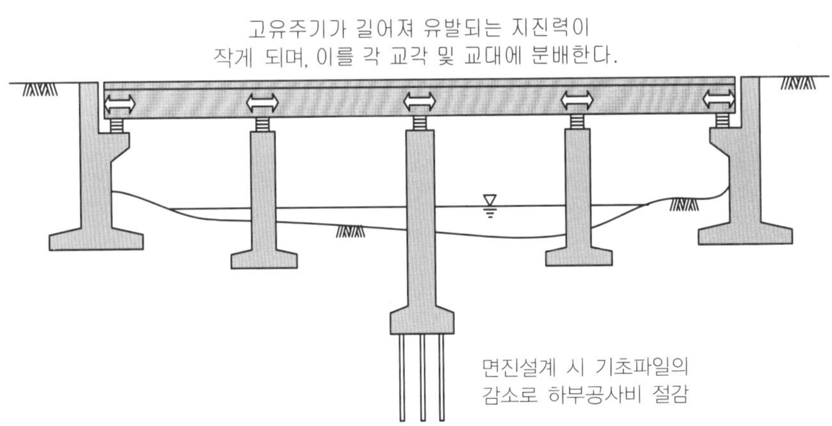

(b) 면진설계

그림 8.13 내진 및 면진 교량 비교

마. 면진설계 적용대상

면진설계는 적용구조물의 특성에 따라 타당성이 달라질 수 있지만 일반적으로 어느 정도의 건설비용 상승을 감수하더라도 구조물의 내진성능 향상이 요구되는 다음과 같은 구조물에 적용 가능할 것으로 본다.

① 높은 거주성을 요구하는 건물

면진구조는 호텔, 고층아파트와 같이 지진발생 시 인명피해가 클 우려가 있는 주거용 건축물 및 지진 시의 안전성 측면 외에도 공포감을 제거해 주어야 하는 대형극장, 병원 등과 같은 다중이용시설에 적합하다. 또 정밀작업장과 같이 미세진동에 대하여 특별한 조치가 필요한 건물에도 면진설계를 적용할 수 있다.

② 내부기기 및 실비의 보호가 요구되는 구조물

컴퓨터 센터, 병원, 방재거점설비, 박물관, 통신시설 등 지진에 대하여 특별한 보호조치가 반드시 요구되는 구조물에 면진구조가 적합하다.

③ 도시기능 유지에 필요한 구조물

도로교나 철도교, 에너지공급시설과 같이 사회 전체에 미치는 영향이 큰 구조물에 면진설계를 적용할 필요가 있다.

④ 매우 높은 내진성이 요구되는 구조물

원자력설비와 같이 절대적으로 지진의 피해를 최소화시켜야 하는 구조물에 적용 가능하다.

⑤ 기존 구조물의 내진보강

문화재, 역사적 건축물 및 내진설계기준 도입 이전에 건설된 기존 건축구조물의 내진성능이 부족한 경우에 이를 보강하기 위한 방법으로 면진설계 적용이 가능하다.

8.4.2 건축물의 면진설계

가. 개요

면진건축물이란 지진동의 특성을 이용하여 구조물의 고유주기를 인위적으로 길게 하여 구조물에 입력되는 지진력의 크기를 줄이는 발상이다. 그러나 연약한 갈대는 강풍에 부러지지 않지만 많이 흔들리는 것처럼 유연한 구조로 되는 면진구조물은 가속도는 적게 발생되지만 구조물의 변위가 커지는 단점이 있다. 이러한 단점을 보완하기 위하여 건물의 진동에너지를 소산하여 변위를 제어하는 감쇠장치를 여러 가지 형태로 고안하여 구조물에 설치하게 된다. 이러한 면진장치는 적층고무의 내구성과 감쇠장치의 효율성이 중요시되고 있으나 대형 구조물의 경우에는 '고무(rubber)라는 유연한 물질로 구성된 적층고무(laminated rubber)가 구조물의 자중을 견딜 수 있을까?'하는 우려로 대형의 면진구조물에 대한 실용화가 1980년대 초반까지는 그다지 진척되지 못했다. 그러나 화학공업의 발달로 적층고무의 내구성이 입증되고 면진장치의 종류가 다양화됨에 따라 외국의 경우 관공서, 병원, 박물관, 연구소, 학교 등과 같은 대형구조물과 중요시설물에도 적용되어 실용화되고 있을 정도로 일반화되었다. 특히 건축물의 경우 각 건물의 구조가 서로 상이하므로 구조물의 내진성능 및 경제성을 최적화하기 위하여 여러 가지 면진장치를 혼용하여 설계하고 있다. 그리고 전체구조물에 대한 내진설계뿐만 아니라 건물 내부에 설치된 대형 전산시스템과 같은 중요한 기기들을 보호하기 위하여 그 층만 면진설계를 적용하는 층면진이 사용되는 경우도 있다.

면진구조물과 기존 내진구조물의 차이점은 그림 8.14와 같은 진동형상의 차이를 들 수 있다. 이러한 진동형상의 차이는 구조물 자체의 안전성을 논의하기 이전에 구조물 내부시설 및 기기의 안전성이 더욱 중요한 문제점으로 지적되고 있다. 즉 지금까지의 내진설계란 건축물을 구성하는 주요부재에 부분적인 파손이 발생하더라도 완전 붕괴에 이르지 않으면 설계조건을 만족하는 것이라고 할 수 있다. 그러나 실제의 지진피해를 살펴보면 중요부재의 완전한 파손에 의한 인명손실보다는 내부시설 및 기기의 파손에 의한 부상자, 가스관 파손으로 인한 화재나 수도관 파손으로 인한 2차적인 재해가 훨씬 많다. 이에 비해 면진설계는 구조물 자체의 안전뿐만 아니라 내부시설 및 기기의 안전성이 더욱 중요한 박물관, 소방서, 관공서, 병원과 같이 지진에 대한 안전성을 보다 강조하고 있는 구조물에 대하여 사람들의 관심이 집중되고 있다.

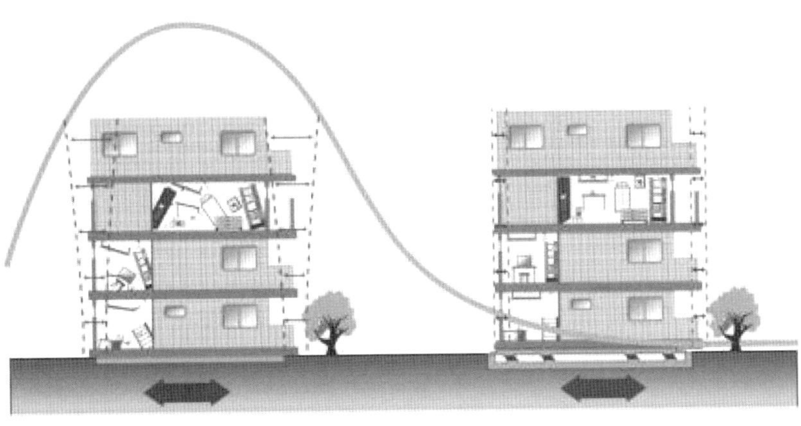

(a) 내진설계 (b) 면진설계

그림 8.14 지진발생 시 건축물의 지진격리 효과

나. 국내 면진 적용사례

Northridge지진(미국, 1994)과 Kobe지진(일본, 1995)이 발생된 이후 지진피해에 대한 심각성이 확대됨에 따라 국내 건축물에 면진장치를 이용하는 것이 고려되기 시작했다. 국내 최초 면진장치를 적용한 건축구조물은 충남 천안시 소재 기업체의 기술연구소 건물이다. 이 건축물은 1999년도에 완공되어 10여 년이 지난 지금도 사용되고 있으며, 지하와 옥상에 가속도계와 변위계가 설치되어 지진동에 대한 응답을 상시계측 가능하도록 설계되었다. 이 건축물은 납 면진받침(LRB)을 이용하여 면진설계되었으나, 당시 국내에 면진설계에 대한 규정이 없어 UBC 97-Earthquake Regulation for Seismic-Isolated Structure 및 ASSHTO 91-Guide Specification for Isolation Design에서 제시하는 규정을 토대로 면진장치 설계 및 시공이 수행되었다. 그 후 서울시 서초동에 '트라움하우스'로 불리는 고급빌라 건물에 볼베어링(ball bearing)과 납 면진받침(LRB)을 적용하여 면진설계하였으며, 이 건물은 국내 최초 주거용 면진건축물이다. 세 번째 면진건축물은 대한주택공사에 의하여 2005년 충남 서산시에 시공된 주민복지센터이며, 이 건물은 주거용 건축물에 면진기술을 적용하기 위한 실험적 프로젝트였다. 최근에는 일반 고층아파트에 면진기술을 이용하여 건설함으로써 면진건축물의 일반화를 가져왔으며, 이 면진설계의 고층아파트는 김포시에 소재하며 면진장치로는 납 면진받침(LRB)을 이용하여 면진설계하였다. 또한 서울시 양재동에 사무용 건축물에 면진장치를 적용한 건축물이 완공되어 사용되고 있다. 이와 같이 우리나라에서도 면진기술에 대한 연구가 활발하게 이루어지고 있으나 아직까지 건축물의 면진에 대한 설계기준이 마련되어 있지 않아 건축물의 면진설계에 IBC와 ISO의 기준을 적용하여 설계되고 있다. 이처럼 국내에서도 건축물에 대한 면진설계가 점진적으로 진행되고 있으나 아직까지는 면진에 대한 인식이 설계자 및 시공자에게 잘 알려지지 않아 적용 실적이 미비한 실정이지만 가까운 일본의 경우 거의 모든 신축 건축물에 면진장치를 적용하여 시공하고 있으며, 기존 건축물에 대한 면진보강 또한 활발한 실정이다.

면진기술에 대한 이해를 돕기 위하여 앞에 언급했던 면진시스템 적용 건축물에 대하여 소개하였다.

1) 유니슨 기술연구소

이 건축물은 순수 국내기술로 설계·제작된 면진시스템이 적용된 국내 최초 건축물이다. 이 건물에 사용된 면진장치는 납 면진받침(LRB)과 고무받침(RB)을 이용하였다. 사진 8.1은 국내 최초 면진건물의 전경이고, 사진 8.2는 지진격리장치가 기둥 위에 설치된 현황이다. 이 건축물은 설계 당시 우리나라 설계기준이나 면진기술에 대한 규정이 없어 내진설계기준을 따르기 위해 고정기초로 가정하고 설계되었으므로 대상 건축물은 내진설계기준의 요구수준보다 훨씬 더 큰 지진에 대해서도 큰 피해 없이 견뎌낼 수 있을 것으로 판단된다.

사진 8.1 유니슨 기술연구소 전경

사진 8.2 기둥 위의 납면진받침(LRB)

2) 트라움하우스Ⅲ

트라움하우스Ⅲ는 국내 최초 주거용 면진건축물로서 사진 8.3과 같다. 이 아파트는 지상 12층, 지하 3층으로 구성되어 있고, 그림 8.15와 같이 1층 바닥 위에 면진장치가 설치되어 있다. 이 건물의 면진설계는 면진장치를 포함하여 모든 구조설계는 일본 기술자에 의해 수행되었다.

사진 8.3 트라움하우스Ⅲ 전경

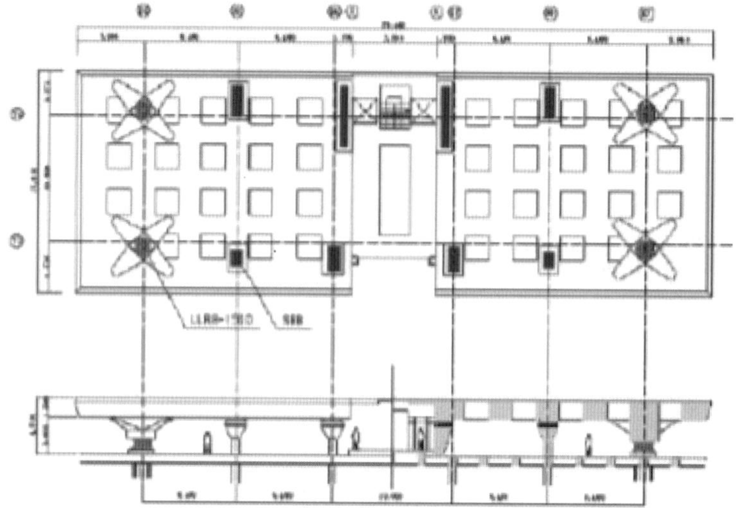

그림 8.15 납면진받침과 볼베어링받침 배치도

이 건물의 면진을 위하여 8개의 볼베어링(ball bearing)과 4개의 납 면진받침(LRB)을 함께 사용하였고, 이것은 면진효과를 위하여 수평강성을 낮추면서 수직하중에 대해 충분한 저항능력을 확보하기 위함이며, 사진 8.4는 기둥 위에 설치된 납 면진받침이다.

사진 8.4 기둥 위에 설치된 납 면진받침

3) 충남 서산시 주민복지센터

2005년 충남 서산시에 대한주택공사가 건설한 지상 2층 지하 1층 주민복지센터 건물은 주거용 건축물에 면진기술을 적용하기 위한 실험프로젝트였다. 대한주택공사는 앞으로 공동주택의 내진성능과 사용성을 향상시키는 방법을 개발하기 위하여 면진장치를 시험 적용한 것으로서 이 건물은 면진시스템에 가해지는 중력하중을 감소시키기 위하여 슬라이딩 베어링과 적층고무받침을 같이 사용하여 지진에 저항하도록 하였다.

사진 8.5 주공아파트 주민복지관

4) 김포 고촌 현대아파트

2007년에 김포시 고촌면에 건설한 현대아파트는 그림 8.16과 같이 다수의 고층아파트 중 3단지 4개 동에 대해서만 면진설계가 적용되었다. 면진장치는 1층 기둥 상단에 설치되었으며, 사진 8.6은 기둥 위에 면진장치가 설치되어 건설된 현황이다. 이 건물은 지진이 발생한 경우에도 엘리베이터에 문제가 발생하지 않도록 하기 위해 엘리베이터를 지지하는 구조물은 지하 부분까지 모두 지반과 분리되게 설계된 우리나라 최초의 주거용 건축물이다.

그림 8.16 현대아파트 조감도

사진 8.6 면진아파트 시공 장면

5) 윈앤피(Win&P) 사옥

서울시 양재동에 소재한 이 건물은 사무실 용도의 건물로서 지하 2층 지상 6층 규모로서, 지하 1층에 LRB와 RB를 사용하여 설치하였다. 또한 지진 시 수평변위를 고려하여 지반과 건축물에 이격을 두어 설치하였다.

그림 8.17 윈앤피(Win&P) 사옥

8.4.3 교량의 면진설계

가. 개요

지진격리장치가 설치된 교량이나 건물은 유연성과 에너지감쇠효과에 의하여 지진발생 시 지반운동에 의한 수평력을 차단함으로써 지진의 피해로부터 구조물을 보호할 수 있다. 이러한 지진격리장치가 구조물의 밑면에 설치되면 지진격리장치의 유연성으로 인하여 지진발생 시 구조물에 피해가 적은 안전한 주기로 고유주기를 증가시켜 응답가속도를 줄일 수 있다. 그러나 구조물의 유연성 증가로 인하여 지반과 구조물의 상대변위가 커지는 문제가 발생하며, 이러한 지진격리장치는 다음과 같은 기본적인 기능을 요구한다.

표 8.5 지진격리장치의 일반적인 요구기능

항 목	내 용
유연성	구조물의 주기를 장기로 이동하기 위한 특성
에너지 소산능력	구조물과 지반 사이의 상대 변위를 줄이기 위해 필요
초기강성	풍하중, 차량하중 등 상시하중에 대하여 사용성을 위한 강성이 요구됨
사용성	온도, Creep 등의 변형, 복원성, 교체 가능, 경제성

그림 8.18은 지진발생 시 지진격리장치가 적용된 교량과 기존 교량의 거동을 비교한 것이다. 기존의 교량은 고정단에서 지진력을 모두 받게 되지만 지진격리장치가 설치된 경우는 지진력이 분산되고 감쇠력과 주기가 증가함으로써 전체적으로 교각에 전달되는 지진력이 현저히 감소하게 된다. 즉 지진발생 시 비지진격리(non isolation) 상태의 경우에는 교각의 큰 수평하중이 교량받침에 집중되기 때문에 교량받침 파괴, 상부구조 이탈 및 이에 따른 상부구조 붕괴 등이 초래되어 막대한 인명 피해 및 재산상의 피해가 발생할 가능성이 있다. 그러나 지진격리장치가 설치된 경우에는 교량의 주기를 지진의 안전대역으로 이동시키고, 지진격리장치의 감쇠로 인하여 지진에너지가 상당히 감소된다. 또한 교량운동의 진폭이 커짐으로써 교각에 작용하는 수평지진력(전단력)을 크게 줄일 수 있다. 이는 지진에너지가 비지진격리 상태에서는 변위에너지로 소산되지만 지진격리상태에서는 관성에너지로 변화하기 때문이다. 따라서 교량의 피해를 현저하게 줄일 수 있다.

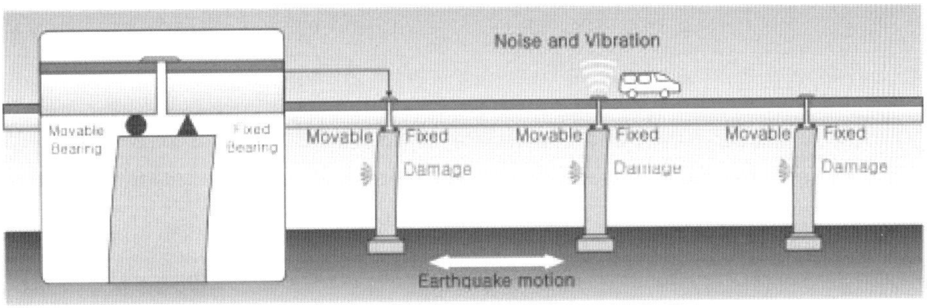

(a) 일반 교량의 거동

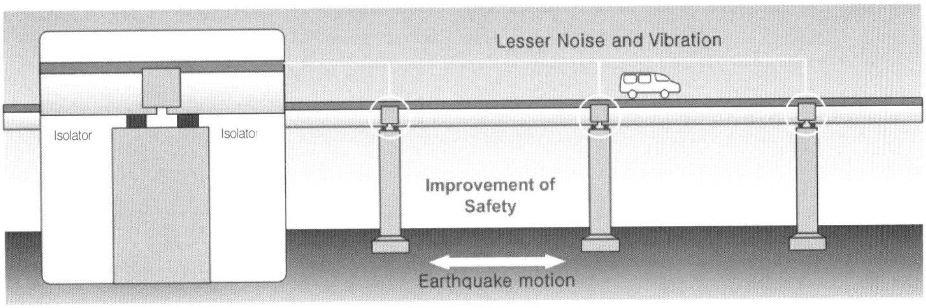

(b) 지진격리 교량의 거동

그림 8.18 지진 시 지진격리장치를 적용한 교량의 거동비교

구조물의 감쇠를 키우는 효과적인 수단으로는 감쇠장치의 이력에너지 소산을 이용하는 것이다. 이력에너지 감쇠는 구조재료의 비탄성변형을 통해 소산되는 에너지의 양을 말하며, 행해진 일은 하중을 제거하더라도 완전히 회복되지 못하고 그 차이는 열로서 소산된다.

지진격리장치를 사용한 면진구조물은 건축물에서 먼저 시도되어 왔으나 점차 교량구조물로 확대되고 있다. 교각의 높이가 그다지 높지 않는 일반적인 교량구조물의 경우에 상부하중을 지탱할 수 있는 정도의 교각 단면으로는 교량구조물의 고유주기를 지진에너지가 강한 주기대역을 벗어나게 할 수 없으므로(일반적인 교량구조물의 교축직각방향 고유주기는 0.3초~0.6초 정도임) 고무와 같은 수평강성이 약한 재료를 사용하여 교량구조물의 고유주기를 인위적으로 길게 하여 지진파의 강한 주기대역을 벗어나게 하는 방법을 생각할 수 있다. 그러나 순수한 고무받침만으로는 교량구조물과 같이 큰 사하중에 대하여 좌굴현상이 발생될 우려가 있으므로 고무와 고무 사이에 보강용 강판을 수평으로 설치하여 수직하중에 대하여 안정적으로 견디면서 수평하중에 대해서는 고무의 유연성을 유지하여 상부구조물의 고유주기를 인위적으로 길게 하는 고무받침이 고무재실의 발달과 더불어 실용화되게 되었다. 그러나 교량상판의 하부에 수평방향으로 강성이 약한 고무받침을 설치하게 되면 바람하중이나 차량의 제동하중에 의하여 교량상판이 많이 흔들릴 수 있다. 주기가 긴 구조물의 단점이라 할 수 있는 이러한 변위를 억제하지 않으면 상시 하중에 의한 변위로 인하여 구조물의 사용성에 문제가 발생할 수 있으며, 지진 시 과대한 상대변위는 구조물의 안전성에 영향을 미친다. 그러므로 물체의 속도에 비례하여 저항력이 커지는 점성댐퍼나 재료의 소성거동으로 진동에너지를 소산하여 진동변위를 억제하게 하는 감쇠장치의 필요성이 요구된다. 이와 같은 진동에너지를 소산하고 변위응답을 제어하는 방편으로써 적층고무받침의 내부에 납봉을 삽입하여 적층고무받침에 의한 구조물의 고유주기를 늘여주는 기능과 납의 소성거동으로 진동에너지를 소산하는 기능을 갖춘 납면진받침(LRB)과 고무 자체에 감쇠에너지를 소산시키는 고감쇠 고무받침(HDRB) 등이 개발되었다.

나. 적용사례

1980년도에 IBRD차관의 물자지원으로 일본에서 탄성받침이 도입된 이후 국내에서도 탄성받침의 형상을 모방하여 제작하기 시작하였는데, 우리나라에 있어서 본격적인 면진교량이라고는 할 수 없으나 탄성받침이 최초로 교량에 적용된 실례라 볼 수 있다. 그러나 초창기에 생산된 탄성받침은 형상 모방 수준으로서 고무의 품질이 확립되지 못한 관계로 교량의 자중에 의한 수직하중으로 인하여 철판과 고무가 박리되는 사례가 발생하여 기 설치된 탄성받침을 모두 제거하는 소동이 발생하였으며, 국내의 토목기술자들에게 고무제품은 불신을 받아 한동안 사용되지 못하였다. 그러다가 1987년에 탄성받침에 대한 한국표준규격(KS F 4420)이 제정되어 고무제품의 품질이 보증되어 국내 교량에도 사용되기 시작했다. 국내기술로 생산된 탄성받침은 1987년에 최초로 남원시 광한루 앞에 있는 승사교에 시공되었으며, 이 교량은 현재도 건재하고 있다. 이러한 초창기의 탄성받침은 교량의 고유주기를 길게 하기 위한 면진교량의 기능보다는 차량의 충격하중을 흡수하고 소음에 유리하다는 고무재질 측면에서 탄성받침이 사용되었으며, 현재까지 수많은 교량이 탄성받침으로 시공되고 있다. 특히 최근에는 강재받침에 비해 소음 및 충격에 강한 고무받침의 일상적인 사용성의 우수성이 인식되어 철도교를 중심으로 점차 증가되고 있다.

사진 8.7 승사교 설지현황(탄성받침, 1987)

국내에서 본격적으로 지진격리시스템을 교량의 내진설계에 적용한 것은 1997년부터라 할 수 있다. 국내에서 면진교량에 크게 관심을 갖게 된 이유는 미국과 일본에서 면진교량이 일반화되고 있다는 시공사례와 함께 기존의 강재받침으로는 고정단에 지진하중이 집중되어 다경간의 연속교로 설계하기에는 수평력을 처리하기 어렵기 때문에 면진받침의 하중배분 효과를 이용하고자 하는 측면에서 시도되었다. 교량을 단순교보다는 연속교로 처리함에 따른 장점으로는 신축이음장치(expansion joint)가 감소하여 차량의 주행성이 향상되고 신축 부위에서의 방수 및 소음문제와 같은 유지보수 측면에서 편리하다는 점이 있다.

국내에서 납 면진받침은 시공의 편리성과 경제성 때문에 교량상판을 순차적으로 밀어내는 ILM(Increment Launching Method)공법을 널리 사용하고 있다. 이러한 ILM공법은 교량받침이 고정된 상태에서 추진되어야 하지만 전단변형을 수용하는 고무받침의 특성으로는 영구받침으로 사용하지 못하고 가설받침을 설치해야 하는 문제점으로 제기된 적이 있다. 따라서 면진받침을 가설받침과 겸용하기 위하여 면진받침의 측면에 전단변형을 억제하는 구속장치를 설치하여 시공하는 방법도 고안되어 시공되고 있다. 국내에서 납 면진받침을 적용한 최초의 면진교량은 부산광역시 광안동에 소재하는 광안대교의 와

렌트러스 구간이다. 본 면진교량은 현수교의 양쪽 진입로에 해당하는 120m의 3경간으로 구성된 접속교 구간에 적용되었고, 본 교량의 주경간부는 약 5,000톤 용량의 받침 크기가 요구되었으나 당시의 제조 가능한 납 면진받침의 최대 크기 및 현장여건에 따른 제약으로 4개를 조립하는 형식으로 설치되었다. 광안대교는 시공단계에서 설계·변경하여 면진교량으로 추진되었으나 설계단계부터 면진설계가 반영된 교량은 당산철교 교체공사가 국내에서는 처음이다. 당산철교는 해상부의 주경간은 납 면진받침으로 육상부는 탄성받침으로 설계되었다. 당산철교는 철도레일의 변형이 없어야 한다는 철교도의 특성으로 교축방향으로는 면진설계의 개념이 교축직각방향에 대해서는 내진설계의 개념이 적용되었다. 다음으로 국내에서 널리 사용되고 있는 ILM공법을 적용한 최초의 면진교량으로서 각 교각에 하중배분의 개념이 도입된 장안교 가설공사이다. 그리고 장안교는 납 면진받침을 가설받침과 겸용인 영구받침으로 사용하기 위하여 받침측면에 전단변형 방지장치를 부착하여 시공하고, 시공완료 후에는 전단변형 방지장치를 제거하는 방식으로 시공되었다. 이외에도 신공항 여객터미널 전면 고가교량을 시작으로 국내에서도 면진교량이 본격적으로 적용되고 있다.

사진 8.8 완공된 광안대교

사진 8.9 면진장치 설치

사진 8.10 원래 당산철교

사진 8.11 새로 건설된 당산철교

8.4.4 대형 유체저장시설의 면진설계

가. 개요

물, 가스 및 석유 등 유체를 대량으로 저장하기 위한 대형 유체저장탱크 시설 분야에서는 지진에 대비하여 대형 유체저장시설의 파손을 방지하고, 내진성능 향상을 위한 연구개발 및 그 적용이 활발하다. 지진 발생 시 대형 유체저장탱크 자체의 과도한 진동 및 슬로싱(sloshing)을 방지하기 위한 방법으로 면진(seismic isolation) 및 내진보강으로 크게 구분된다.

일반적으로 내진설계에서는 지진이 발생하는 경우에 구조물이 견딜 수 있도록 부재의 강도(强度)를 증가시키거나 연성(延性)을 증가시켜서 부재의 소성거동으로 인한 에너지 소산 방법을 이용한다. 그러나 강도를 증가시키는 방법은 초기 건설비용이 많이 들며, 규모가 큰 지진이 발생하였을 경우에는 구조물이 붕괴될 우려가 있다. 반면에 연성을 증가시켜 소성거동을 이용하는 방법에서는 구조물의 붕괴를 방지할 수 있으나, 발생한 소성힌지를 보수·보강하기가 쉽지 않고 비구조재의 피해로 인하여 보수비용도 많이 든다.

따라서 바람직하지 못한 구조적 피해가 발생하는 경우와 기존의 중요 구조물에 대한 내진성능 향상이 요구되는 경우에는 면진기술 적용이 매우 강력한 대안이 되고 있다. 면진구조물의 초기 건설비용은 일반구조물과 비슷한 수준이거나 약간 높은 편이지만 지진 후의 보수비용을 현저히 저감할 수 있다. 이 기술은 지진이 발생하는 경우에 구조물을 지반과 격리시키는 것이다. 이에 대형 유체저장시설의 저장탱크 하부와 기초 사이에 면진장치(seismic isolator)를 설치하여 상부로 전달되는 지진에너지를 효과적으로 감소시켰고, 저장탱크와 기초지반을 분리시킴으로써 상부로 전달되는 지진력 역시 감소시켰다.

나. LNG 저장탱크 적용사례

국내 기술력으로 LNG 저장탱크에 면진장치를 설계 적용한 사례는 점차 증가하고 있다. 최근 적용된 사례로는 한국가스공사와 한국가스기술공사 등 컨소시엄이 개발에 참여한 멕시코 만사니오 LNG 기지이다. 멕시코 만사니오 LNG 기지는 수도인 멕시코시티에서 남쪽으로 7km 떨어진 Lagoon Cuyutlan에 위치하고 있으며, 이 지역은 환태평양 지진대로 지진계수가 국내와 비교 시 월등히 커서(0.2g → 0.6g) 내진성능 향상이 강력히 요구됨에 따라 LNG 저장탱크 면진설계에 따른 지진해석, 면진장치 설치, 본설비와 저장탱크 상부로 연결되는 수직배관의 특수장치 배관, 철 구조물을 포함한 저장탱크와 연결된 배관에 특수장치 등을 설치하여 완전 방호식 LNG 저장탱크를 적용하였다.

2008년 멕시코 전략청(CFE)이 발주한 멕시코 만시니오 LNG인수기지 사업은 삼성물산, 가스공사와 일본의 미쯔이상사가 컨소시엄을 구성하여 건설·소유 운영(Build-Own-Operate, BOO) 방식의 LNG 인수기지 지분투자 및 건설을 포함한 20년간(2011년~2031년) 운영사업으로, 15만kl급 저장탱크 2기 및 기화송출설비 건설 후 인근 CFE 발전소와 과달라하라 시에 20년 간 공급하게 된다.

LNG 저장탱크는 면진장치에 의하여 보호되는 반면 지면의 설비들은 발생하는 지진의 변위에 따라 움직임이 발생하게 되는데 이때 저장탱크와 지면의 설비에 연결된 배관은 두 개의 서로 다른 변위를 흡수하여야 한다. 이를 만족하기 위하여 flexible joint (gimbal joint)를 사용하게 되는데, 이는 수직방향과 수평방향의 변위를 효과적으로 흡수하여 지진충격 시 완충역할을 함으로써 설비를 보호하게 된다.

그림 8.19 멕시코 만사시오 LNG기지 위치

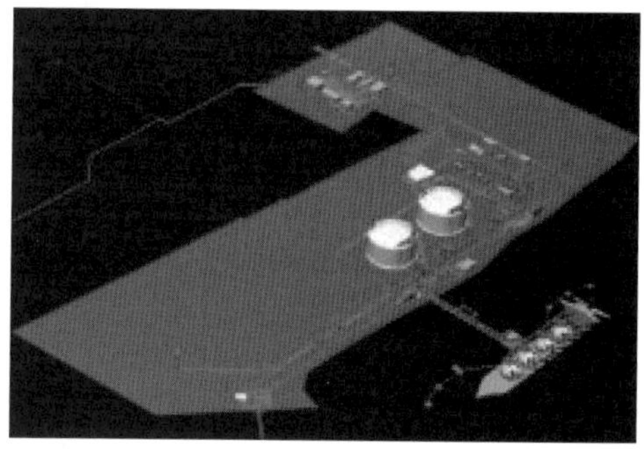

그림 8.20 멕시코 만사시오 LNG기지 설계도

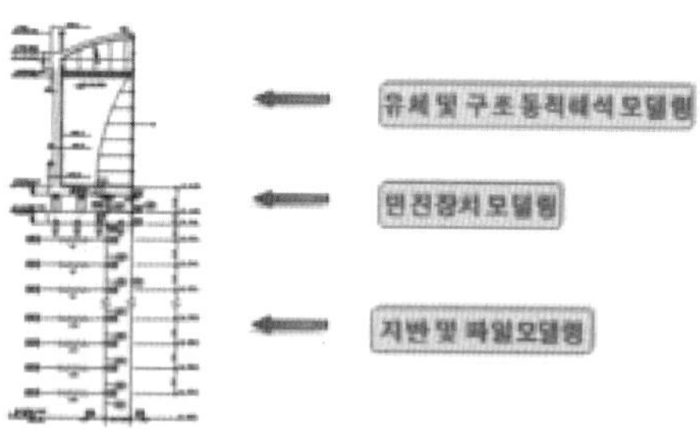

(a) 수평방향 모델

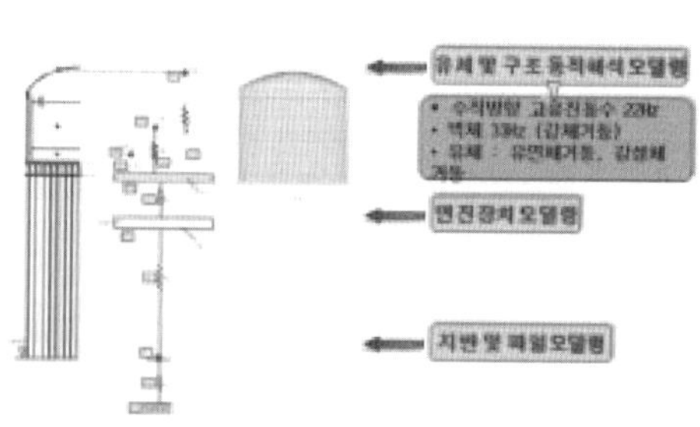

(b) 수직방형 모델

그림 8.21 LNG 저장탱크 해석 모델 및 해석

사진 8.12 LNG 저장탱크 외부전경

사진 8.13 설치된 면진장치

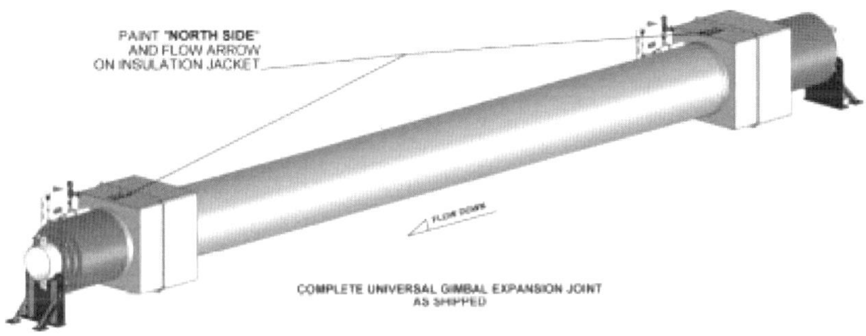

그림 8.22 저장탱크 배관용 flexible joint(gimbal joint)

다. 물 저장탱크 적용사례

물 저장탱크는 식수 또는 공업용수, 농업용수 등 물을 많이 사용하는 시설에서 대량으로 물을 비축하기 위한 저장시설을 통칭한다. 이러한 물 저장탱크는 주로 공동주택이나 병원, 학교, 공장 또는 소방서 등과 같이 물을 많이 사용하는 시설에 설치되어 사용되고 있다. 국내에서는 80년대부터 상수도 보급이 전면 확대되어 물 급수가 직결수 방식으로 변경되어 현재는 상수용 물 저장탱크의 수요는 감소하는 추세이다. 그러나 대형시설물에서는 현재도 물 공급의 원활성과 확보 안전성을 고려하여 대용량 물 저장탱크를 많이 사용하고 있다. 국외의 경우 우리나라처럼 상하수도 인프라 구축이 미비하여 상수용 및 공업용 물의 확보를 위해 물 저장탱크의 수요 및 그 사용이 대폭으로 증가하고 있는 실정이다. 이에 대응하여 국내 기업에서도 물 저장탱크 완제품 또는 패널 부속품 등을 해외로 많이 수출 및 시공하고 있다.

또한, 2016년 경주지진과 2017년 포항지진의 발생으로 인하여 학교 및 주택의 파손이 발생하고, LNG 복합화력 발전소 4호기 고장 등의 피해가 발생하였다. 그리고 물 저장탱크의 파손으로 세대 침수 및 식수 유실로 인하여 많은 사람들이 2차적 피해를 입었다. 따라서 물 저장탱크 분야에서도 지진 발생으로 인한 피해를 최소화하기 위하여 내진성능 향상을 위한 연구개발이 활발히 진행되었고, 현재는 물 저장탱크 하부에 면진장치를 적용하는 사례가 증가하고 있다.

국내에서 최초로 물 저장탱크에 면진장치를 적용하여 면진시스템을 적용한 기업은 '주식회사 문창'이다. 이 기업에서 개발 적용된 면진장치는 저경도 고무와 보강철판이 복수로 적층 형성된 적층고무받침이다(그림 8.24 참조). 그림 8.23과 같이 적층고무받침을 물 저장탱크의 바닥판 하부와 기초 상부 사이에 설치 적용하여 지진으로 인한 지진동의 전파를 방지하고, 지진에너지를 저감시켜 물 저장탱크의 파손을 방지하였다.

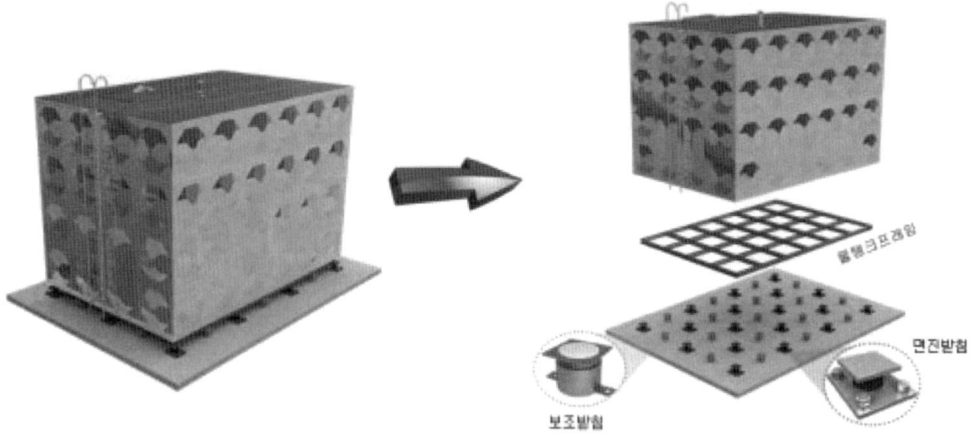

그림 8.23 물 저장탱크의 면진시스템 적용 개념도

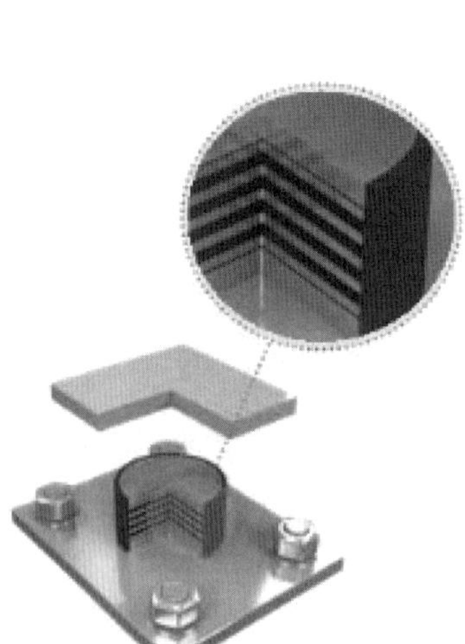

그림 8.24 적층고무받침의 단면도

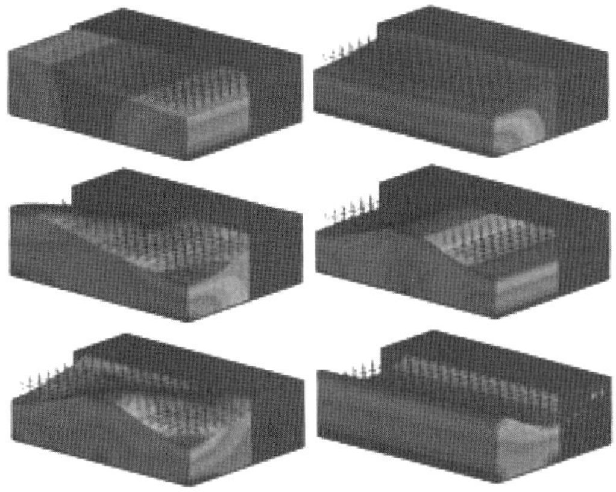

그림 8.25 유한요소(ANSYS, FEM) 해석 결과

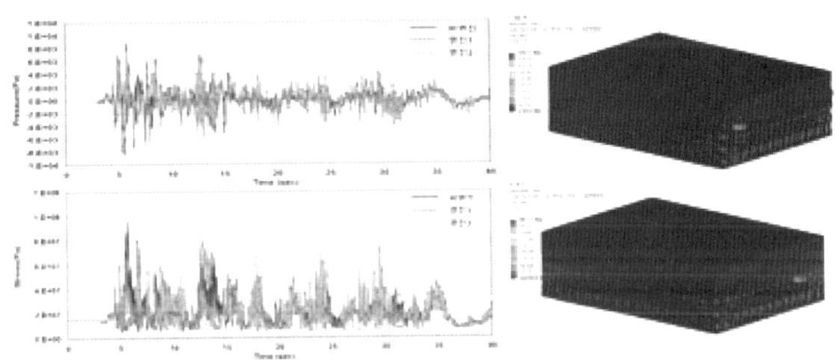

그림 8.26 내진해석 결과

사진 8.14 면진장치 배치

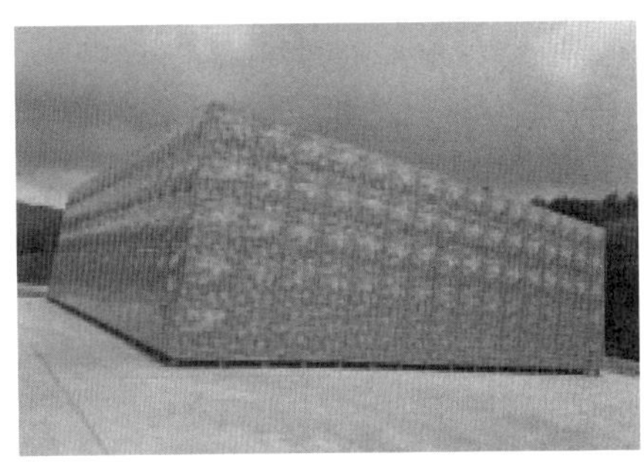

사진 8.15 면진장치가 적용된 물 저장탱크

8.5 제진구조

8.5.1 개요

최근 지진발생이 빈번한 지역에서는 제진구조를 이용한 건축물의 사례가 늘고 있다. 제진(制震)구조란 문자 그대로 진동을 제어하는 구조이고, 진동을 제어하기 위해 특별히 고안된 장치나 기구를 구조물에 설치하는 것을 말한다. 건축물의 경우에는 그림 8.19와 같이 지진이나 강풍 등에 의한 횡하중에 대하여 발생하는 진동을 제어하는 데 주로 이용된다. 건물이 바람과 지진에 의해 흔들리기 시작했을 때 진동에너지를 흡수하여 허용범위 내로 진동을 제어하는 것을 제진이라 한다. 진동을 유발시키는 외력으로서 바람의 경우는 지속시간이 길고 에너지 입력은 완만하지만 지진의 경우는 단시간에 급격하다.

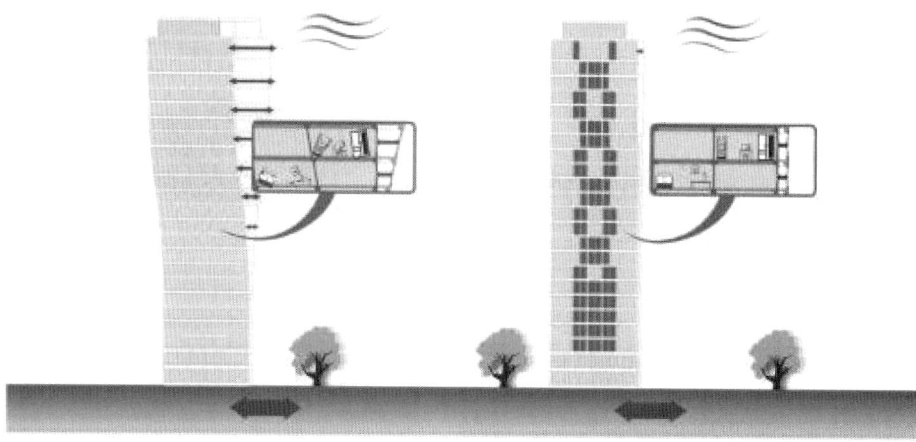

(a) 내진설계　　　　(b) 제진설계

그림 8.27 내진 및 제진건축물의 거동비교

구조물의 내풍안정성이 문제로 제기되고 주목을 받게 된 데는 1940년의 Tacoma Narrows Bridge의 붕괴 영향이 크다. 이 교량은 준공 4개월 만에 초속 19.5m의 그다지 강하지 않은 바람에 의해 공진현상이 발생하여 1시간 정도 흔들리다가 결국에는 무너지고 말았다. 그 사고 이후 장대교량, 고층건물, 타워 등 가늘고 높아서 고유주기가 긴 장대구조물들은 풍하중에 의한 안정성을 검정하기 위하여 풍동실험 등을 행하게 되었고, 내풍안정성의 향상을 위한 갖가지 제진대책이 연구되었다. 그 방법으로는 크게 공기역학적인 방법과 기계적인 방법으로 나눌 수 있는데, 공기역학적인 방법이란 구조물 주위에 흐르는 기류의 형태를 변화시켜 진동을 완화시키는 방법이다. 즉 구조물의 모서리를 둥글게 하거나 작은 장치를 부가하여 물체 주위의 공기흐름을 제어하는 것이다. 한편 시공중인 짧은 기간에만 필요한 경우와 단면의 수정 혹은 공기역학적인 방법으로는 내풍성 향상이 충분하지 못한 경우에 동조질량감쇠기(tuned mass damper), 능동질량감쇠기(active mass damper) 등이 사용된다. 이러한 장치는 주로 풍하중에 의한 진동제어만을 대상으로 하였으나 점차 그 적용범위가 확대되어 고층건물에 적용된 많은 능동질량감쇠기들은 풍하중뿐만 아니라 중·소규모의 지진 시 응답을 제어하는 곳에 이용되고 있다. 또한 전산시스템과 같은 정밀기기 등의 보호를 위하여 실내의 바닥진동을 대상으로 하는 제진도 많이 실현되고 있는데, 지진 시 기기의 전도 및 충격으로 인한 시스템 중단을 막기 위한 방법이다.

그림 8.28은 세계 최초로 능동질량감쇠기가 적용된 동경 소재의 11층 건물이다. 1989년에 완공된 이 철골건물은 그 폭이 3m인데 반하여 높이가 33m이다. 토지가격이 높은 동경의 좁은 공간의 이용을 극대화한 예라고 할 수 있다. 가늘고 긴만큼 태풍 시에는 배멀미를 일으키는 수준의 진동이 발생하지만 능동질량감쇠기로 그 진동을 비제진 시의 30% 이하로 제어하고 있다. 그림 8.29는 세계 최대의 능동질량감쇠기가 장착된 70층 건물이다. 개당 1,700kN에 이르는 능동질량감쇠기 두 개가 최상층에 설치·운용되고 있다. 이 두 건물의 능동질량감쇠기는 바람과 중·소규모 지진에 대하여 진동을 제어한다. 제진장치의 경우 주로 일본에 그 적용 예가 많다.

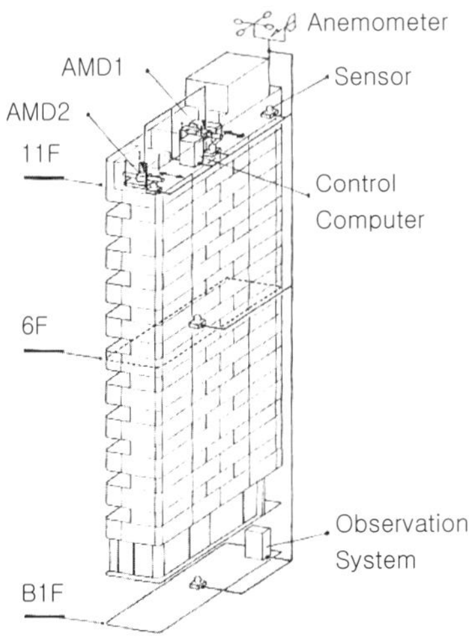

그림 8.28 경교성화(京橋成和) 빌딩

그림 8.29 요코하마 Landmark Tower

국내도 근래에 들어 초고층 건축물과 초장대교량의 건설이 증가됨에 따라 진동제어를 위한 수단으로 제진장치를 적용한 사례가 점차 증가하고 있다. 국내에 적용된 건축물 및 교량에 대한 사례는 나중에 다시 언급하기로 한다.

일반적으로 건축구조물에서 제진구조를 사용하는 목적은 다음과 같다.

- 거주성 향상 및 확보
  지진이나 강풍 시의 진동에 대하여 건물 내부에 있는 사람이 불쾌감을 느끼지 않도록 하는 등 구조물의 사용성(serviceability)을 향상시킨다.
- 기능성 향상 및 확보
  건물 내부의 기능이 지진이나 강풍에 의하여 손상되지 않도록 한다.
- 안정성 향상 및 확보
  구조물의 골조 혹은 내부의 비구조부재가 손상되는 것에 따라 건물 내·외부에 있는 사람이 위험하지 않도록 하며 구조물의 자산가치를 보존한다.
- 경제성 향상
  지진에 의하여 파괴·손상된 건물과 설비 등의 복구비를 줄여준다.

일반적으로 내진설계에서는 골조의 강도를 높이거나 소성화시켜, 즉 연성을 고려함으로써 골조 자체에서 진동에너지를 흡수하는 것으로 건물의 안정성을 확보할 수 있었지만 이러한 경우에는 구조물을 손상시키지 않고 진동 그 자체를 저감시키는 것은 어려운 일이다. 이에 비하여 제진구조는 구조물을 지진하중에 대하여 손상시키는 것이 아니라 특별한 장치를 사용하여 에너지를 흡수함으로써 앞서 언급한 목적을 달성하는 것으로 최근 주목받고 있는 기술이라 할 수 있다.

8.5.2 제진장치의 기본원리

제진장치의 기본거동 원리는 에너지 소산작용에 의해 구조물에 유입되는 지진이나 바람에 의한 외부 에너지를 흡수함으로써 구조체에 발생하는 변형을 감소시키는 역할을 한다. 이를 동역학적으로 표현하면 구조물 전체의 감쇠능력을 향상시키는 것이고 결과적으로 그림 8.30에서 볼 수 있듯이 변위감소의 효과를 얻게 된다.

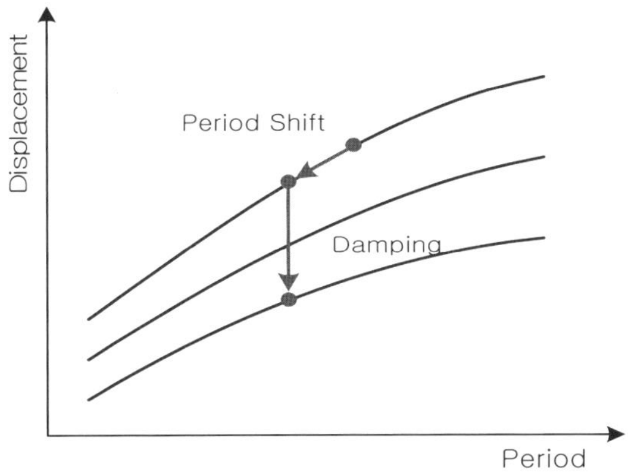

그림 8.30 제진장치의 효과

제진장치의 에너지 소산능력은 등가의 감쇠비를 통해 표현될 수 있으며, 이는 에너지 소산량을 나타내는 이력곡선의 면적에 비례한다. 그림 8.31은 조화하중을 받는 단자유도 구조물이 등가감쇠비를 정량화하는 방법을 설명하고 있다. 그러나 실제 지진하중은 단일 진동수의 조화하중이 아닌 여러 진동수 성분이 섞여 있고, 진폭도 복잡하게 변화하며 제진장치의 비선형성으로 인해 단순히 감쇠비를 통한 선형탄성해석을 수행하는 것은 한계점을 지니고 있으므로 비선형해석을 통해 설계된 제진장치의 성능을 검증할 필요가 있다.

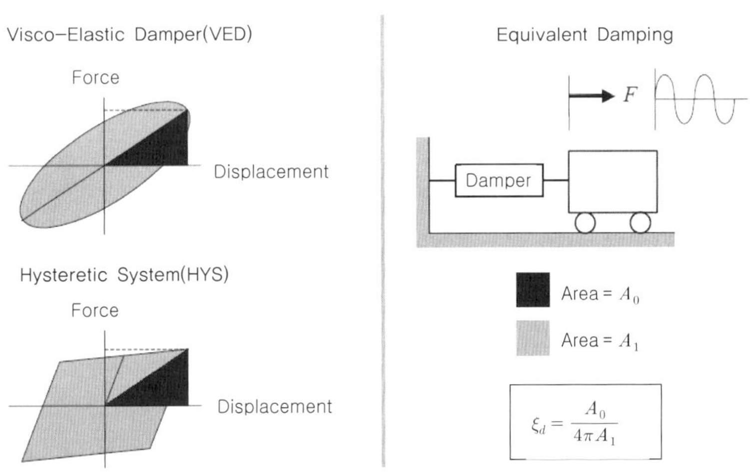

그림 8.31 감쇠장치에 의한 유효감쇠

제진장치는 변형에 의해 에너지를 소산시키는 작용을 하므로 구조물의 변위가 크게 발생하는 곳에 설치하게 되며 일반적으로 층과 층 사이에 가새형태로 설치하게 된다. 일반적인 구조용 가새와 제진용 가새의 차이점은 구조용 가새의 경우 강성을 증가시킬 목적으로 사용되지만 제진용 가새는 감쇠를 증가시킬 목적으로 사용하게 된다는 것이다. 강성의 증가는 주기를 감소시키기 때문에 변위는 감소하더라도 구조물에 작용하는 지진하중을 증가시키게 된다. 반면 감쇠의 증가는 구조물의 변위와 지진하중을 모두 감소시키는 방향으로 작용한다는 점에서 보다 긍정적이라고 할 수 있다.

8.5.3 제진의 종류 및 특징

구조물의 과대 진동을 제어하는 방법은 크게 ① 에너지흡수기구형 제진장치, ② 별도의 부가 질량을 이용한 제진장치, ③ 감쇠와 강성을 동시에 제어하는 제진장치로 크게 3가지로 구분할 수 있다.

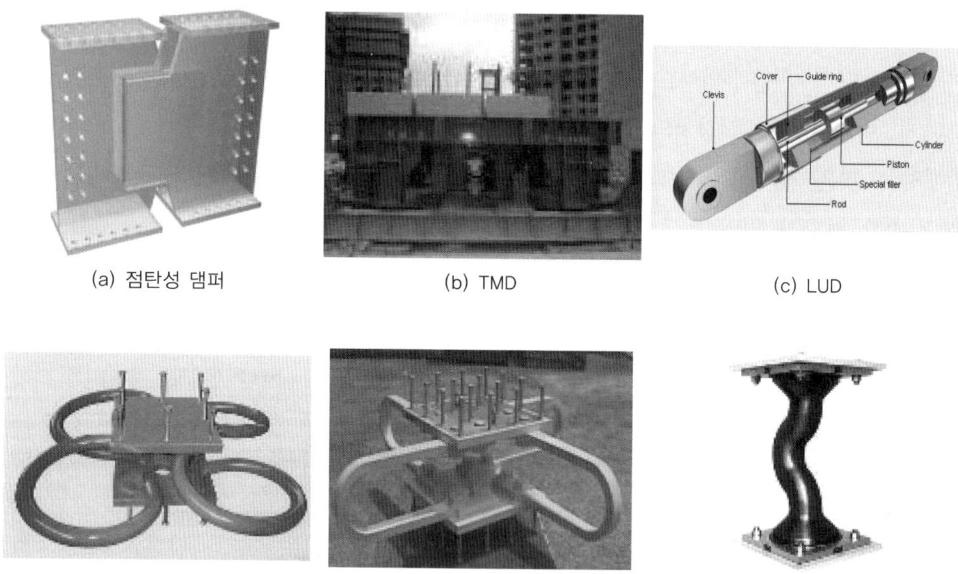

(a) 점탄성 댐퍼 (b) TMD (c) LUD

(d) 루프형 강재댐퍼 (e) U형 강재댐퍼 (f) U형 납 댐퍼

그림 8.32 제진장치의 종류

에너지흡수기구는 면진장치로 사용되는 댐퍼를 이용한 것이 가장 많으며, 지진 시의 진동에너지를 흡수하여 구조물의 진동응답을 감소시킨다. 금속재료의 소성이력 감쇠에너지와 마찰감쇠에너지로 변환되는 이력감쇠형이 있다(그림 8.32 (b),(d),(e),(f) 참조). 또한 유체의 점성과 점탄성체의 변형을 이용하여 열에너지로 변환되는 점성감쇠형이 있다

(그림 8.32 (a),(c) 참조). 에너지흡수기구는 주로 구조물에 생기는 층간변형차 등을 이용하여 댐퍼에 변형과 속도를 발생시켜 진동에너지를 흡수하도록 하는 장치이다. 에너지흡수기구는 단독으로 사용하는 것도 있지만 하나 이상의 다른 장치와 조합하여 사용하는 예도 많다. 단독 사용의 경우에는 저층부터 고층에 이르기까지 폭넓게 사용 가능하며, 구조물 내부뿐만 아니라 구조물 간의 상대변형을 이용하여 진동을 감소시키는 구조물 간의 댐퍼도 제안되고 있다. 그림 8.33와 그림 8.34은 제진장치 구조거동 원리와 제진장치 설치형태를 나타낸 것이다.

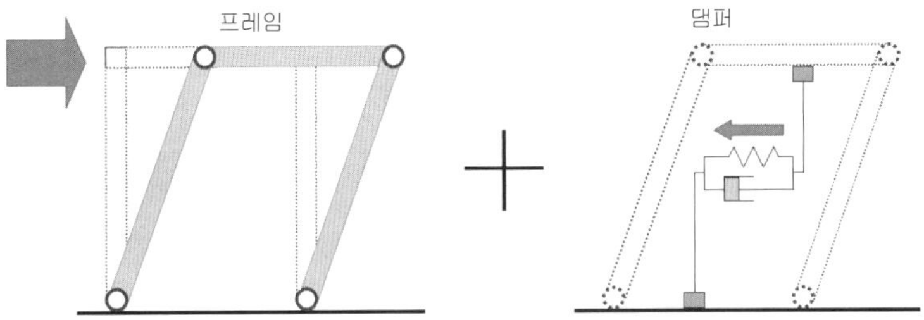

(a) 수평력저항 불가 (b) 수평력에는 장치가 저항

그림 8.33 댐퍼를 이용한 제진구조

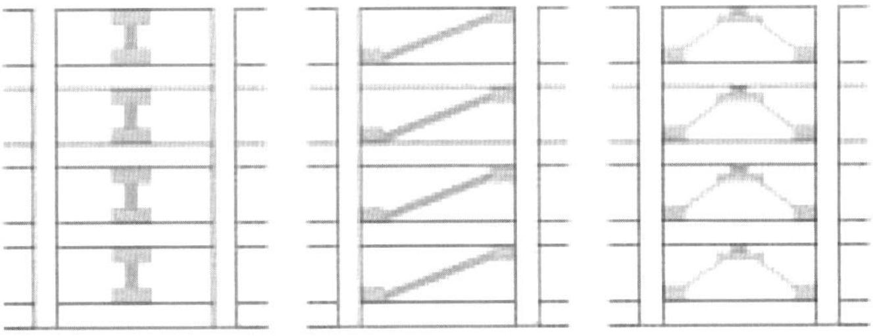

(a) 스터드 타입 (b) 브레이스 타입 1 (c) 브레이스 타입 2

그림 8.34 댐퍼의 배치

부가 질량기구는 지진으로 인해 발생한 구조물의 진동에너지를 공진현상을 이용하여 내부에 부가적으로 설치한 진동계의 진동에너지로 변환시켜 구조물의 응답을 제어하는 기구이다. 진동에너지로 변환하기 위해서는 가동질량을 진동시키는 일이 필요하기 때문에 질량효과기구라고도 한다. 질량효과기구의 능력은 지진으로 인한 진동에너지를 부가 진동계의 진동에너지로 변환시키는 양에 의해 결정된다. 즉 건물의 질량에 대한 부가 가동질량의 비율은 감쇠효과와 관련이 있고, 부가 가동질량의 진동진폭에 여유가 크면 큰 진동까지 효과를 발휘하게 된다. 이때 부가 가동질량의 진동에너지는 일시적으로 진동에너지를 축적해 놓았을 뿐이며 진동에너지를 소비하기 위해서는 댐퍼가 장착된다. 부가 가동질량에서 진동에너지가 구조물에 역류되는 것을 막는 것과 부가 가동질량에서 과도하게 발생하는 진폭을 제어하는 것도 댐퍼의 역할이다. 패시브타입으로 TMD(Tunned Mass Damper)와 TLD(Tunned Liquid Damper)가 있으며, 하이브리드타입으로는 TMD에 액추에이터나 서브모터 등의 구동장치를 부가하여 TMD를 보다 효율적으로 작동시키는 것으로 HMD(Hybrid Mass Damper), ATMD(Active Tunned Mass Damper) 등이 있다. 또한 TMD의 제어가진을 위하여 TMD 위에 액티브타입의 일종인 AMD(Active Mass Damper)를 설치하여 진동을 이중으로 흡수하는 APTMD(Active Passive composite Tunned Mass Damper) 등이 있다.

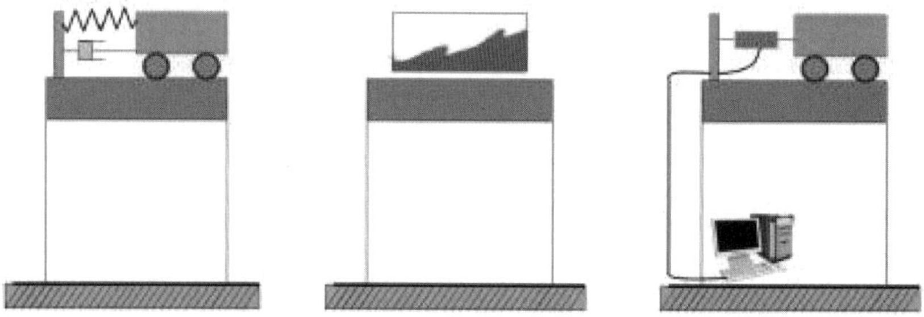

(a) TMD (b) TLD (c) AMD

그림 8.35 부가질량기구를 이용한 제진구조

가변강성·감쇠기구는 센서를 이용하여 지진동이나 구조물의 진동을 계측하고 계측정보를 바탕으로 제어목표에 따른 구조물의 진동응답이 최소가 되도록 구조물의 강성과 감쇠특성을 제어하는 것이다. 가변강성기구는 구조물의 강성을 제어하여 진동응답을 저감하는 것으로서 지진동의 특성을 이용하여 비공진화시키는 AVS(Active Variable Stiffness) 등이 있다. 가변강성기구는 각종 세미액티브형 장치로서 실현 가능하다. 또한 가변감쇠형은 가변강성기구와 마찬가지로 센서의 계측정보를 바탕으로 감쇠력을 가변시키는 것으로 제어장치의 구성에 따라 각종의 제어 효과를 얻을 수 있는 것이 특징이며 AVD(Active Variable Damping)가 있다.

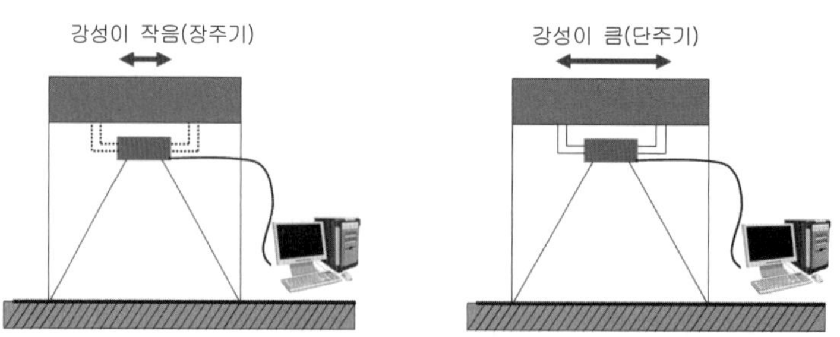

(a) 브레이스 off (b) 브레이스 on

그림 8.36 가변강성기구의 개념

8.5.4 적용사례

가. 건축물 적용사례

건축물에서의 진동은 구조물의 사용성은 물론 안정성까지 약화시킬 수 있기 때문에 구조 기술자가 해결해야 할 주요 문제이다. 현재 우리나라에서 진동제어장치가 설치된 건축물로는 HMD(Hybrid Mass Damper)가 설치된 인천신공항 관제탑, TMD(Turned Mass Damper)가 설치된 양양국제공항 관제탑 및 부산 센텀파크, TLD(Turned Liquid Damper)가 설치된 부산의 하이페리온, 점탄성 감쇠기가 설치된 갤러리아 팰리스 등이 있다.

1) HMD(Hybrid Mass Damper)

인천국제공항 관제탑의 경우 건물의 높이(100.9m)는 그리 높지 않지만 세장비가 크고 상층부에 무게가 집중되어 있어 풍하중에 의한 진동이 상대적으로 발생하기 쉽다. 풍동실험 결과 구조적인 안정성에는 문제가 없으나 관제사가 진동을 감지하는 정도가 크게 나타나므로 진동제어장치를 제안하였다. 관제탑 상층부에 2개의 HMD를 설치한 결과 진동가속도가 약 75%로 감소되어 쾌적한 관제업무가 가능하게 되었다. 사진 8.16은 국내 최초로 제진장치가 적용된 인천국제공항과 설치 완료된 제진장치이다.

(a) 인천공항 관제탑

(b) 설치 완료된 HMD

사진 8.16 국내 최초 제진구조물과 HMD

2) TMD(Tuned Mass Damper)

양양공항 관제탑의 경우 인천공항 관제탑의 경우와 같이 특성상 세장비가 크고 상층부의 무게가 집중되어 있어 풍하중에 의한 진동발생 가능성이 높다. 풍동실험 결과 관제탑의 진동이 ISO권장기준치를 초과하게 되어 진동제어장치를 제안하여 관제탑의 상층부에 1개의 TMD를 설치한 결과 진동가속도를 약 40% 감소시켰으며, 국내 최초의 수동형 제진장치를 적용한 사례이다.

(a) 양양공항 관제탑

(b) 풍동실험 모형 설치된 TMD

사진 8.17 TMD가 설치된 양양공항

또한 TMD가 설치된 초고층의 국내 최초 주거용 건축물은 부산 해운대구에 건설된 센텀파크이다(사진 8.18 참조). 이와 같은 초고층 건물은 일반 거주자가 항시 상주하는 생활공간이므로 풍하중에 의한 진동이 거주성에 매우 민감하게 영향을 미친다. 풍하중에 의한 건물 진동은 단독건물은 물론 주변건물과의 배치에 의해서도 진동이 발생할 수 있다. 이 건축물에 대한 풍동실험 결과, 인접 건물의 웨이크(weaken)의 영향을 받아 일부 건물동에서 ISO 권장기준치를 초과하는 진동발생이 예상되어 진동제어장치를 제안하여 옥상층에 TMD를 설치해서 진동가속도를 감소시키며 주거용 건축물로는 국내 최초로 제진장치를 적용하였다.

(a) 부산 센텀파크

(b) 설치 완료된 TMD

사진 8.18 국내 최초 주거용 건축물 제진 적용사례

3) 점탄성 댐퍼(V-E Damper)

일반적인 축변형으로 진동을 제어하는 방법 대신에 건축물의 특성을 고려하여 감쇠기의 전단변형으로 진동을 제어하는 새로운 방식을 택한 갤러리아 팰리스의 감쇠기 적용사례를 예를 들어 설명하고자 한다. 갤러리아 팰리스는 46층 주상복합건물로 큰 풍하중이 작용할 경우 거주자들의 편안한 생활환경을 확보하기 위하여 특별한 형태의 점탄성감쇠기가 개발되었다.

갤러리아 팰리스는 3개의 타워로 구성된 46층 아파트 건물이다. 그림 8.37에서 볼 수 있는 바와 같이 타워 B는 독립적으로 세워진 반면에 타워 A와 C는 서로 연결되어 있다. 풍동실험에 기초하여 태풍과 같은 큰 바람이 불 경우 타워 A, B, C는 각각 0.009g, 0.011g, 0.009g 정도의 가속도가 발생하며, 이것은 타워 B가 다른 두 타워에 비하여 20% 정도 큰 수평진동이 발생함을 예측할 수 있다. 그래서 타워 B의 사용성을 향상시키기 위하여 특별한 형태의 점탄성감쇠기가 도입되었다.

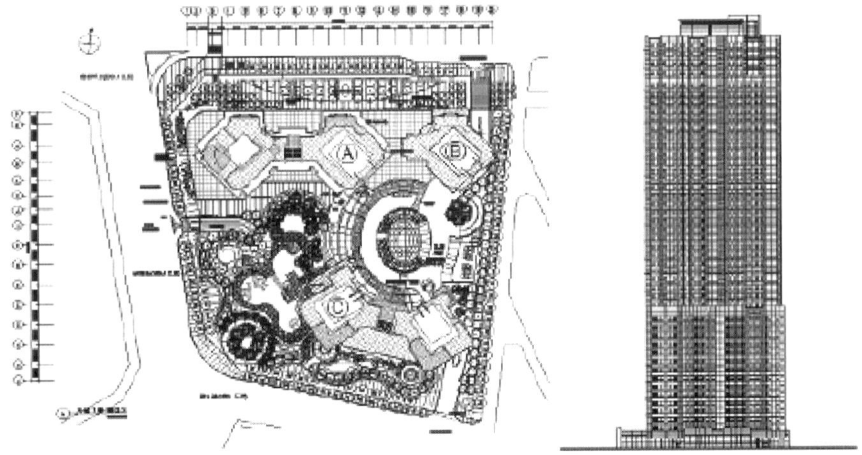

그림 8.37 갤러리아 팰리스 배치도 및 입면도

건축물에 일반적으로 사용되는 점탄성감쇠기는 층간변위를 줄일 목적으로 설계되므로, 대각으로 설치된 점탄성감쇠기가 그림 8.38과 같이 축방향으로 변형할 것이다. 따라서 설치 가능한 42층에 5개의 감쇠기가 설치되었으며, 수평변위 크기는 타워 B가 20% 정도 진동이 줄어들어 타워 A, C와 거의 유사한 수준이 되었다.

그림 8.38 축변형 타입과 전단변형 타입 감쇠기의 변형상태

사진 8.19 설치된 점탄성 감쇠기

나. 교량 적용사례

1) 서해대교

서해대교는 길이가 7.31km로 2001년 시공 당시 우리나라에서 가장 긴 해상교량이었다. 이 교량은 사장교, FCM, PSM 등 3종류의 교량형식으로 구성되어 있다. 처음 설계된 1980년대 후반에는 교량에 대한 내진설계가 의무화되지 않았지만 1992년에 내진설계가 요구되기 시작하여 새로 도입된 내진설계기준을 만족하는지 검토한 결과 사장교 부분과 FCM교 구간은 내진설계기준을 만족하였으나 PSM교의 일부는 내진성능이 부족한 것으로 판정되어 적절한 내진보강이 요구되었다. 이에 두 가지 보강공법이 채택되었는데 하나는 고정베어링 수를 증가시킴으로써 지진하중을 여러 개의 교각으로 분배시키는 방법이었고, 다른 하나는 사진 8.20(b)와 같이 점성액체 감쇠기를 사용하여 지진하중을 저감시키는 방법이었다. 이 교량의 내진성능 향상을 위해서는 지진하중을 수평 및 수직방향으로 저감시킬 수 있는 3차원의 면진장치가 필요하여 마찰포트받침(friction pot bearing)이 개발되어 마찰력 증가에 따른 에너지 소산효과를 얻기 위하여 사용되었다. 마찰포트받침의 복원력을 통하여 구조물과 교각의 상태적인 위치를 유지할 수 있도록 하

기 위하여 사용되었다. 또한 서해대교에서는 바람에 의하여 발생하는 케이블의 지나친 진동을 줄이기 위해 사진 8.21과 같은 케이블 감쇠기(cable damper)를 도입하였다.

(a) 서해대교

(b) 점성액체감쇠기

사진 8.20 서해대교와 설치된 점성액체감쇠기

(a) 서해대교 케이블

(b) 설치된 케이블 감쇠기

사진 8.21 서해대교의 케이블과 설치된 케이블 감쇠기

2) 제2진도대교

현수교나 사장교는 케이블로 지지되는 장대교량으로 휨강성과 비틀림강성이 비교적 작아서 풍하중에 대하여 민감하게 거동하고 구조적 특성이 매우 복잡하여 설계, 제작 및 가설의 각 단계에서 발생하는 각종 오차는 구조물의 형상, 장력, 응력 등에 영향을 주는 요인을 유발한다. 따라서 이러한 오차를 허용범위 내로 제한하여 구조물의 안전성 확보와 시공정밀도의 향상을 위한 대책 강구의 필요성이 증대하고 있다. 특히, 현수교의 시공단계에 있어 풍하중에 의하여 주탑에 발생되는 응력은 때로는 구조물의 완성단계에서 발생되는 응력보다 큰 경우가 발생하여 국부적으로 주탑 부재에 손상을 줄 수 있다. 또한 교량의 주형이 FCM과 같은 공법으로 건설되는 경우 가설단계에서 주형은 외팔보 상태를 유지하게 되며, 완성단계에 비하여 상대적으로 풍하중에 취약한 구조이다. 특히 Key Segment 폐합 직전에는 내풍안정성이 가장 크게 요구되는 시기이지만 풍하중에 의한 수평방향의 정적·동적 거동이 크게 나타날 것으로 예상되어 이에 대한 대책이 필요하다.

교량 주형의 진동을 제어하는 방법에는 교량의 크기나 단면형상을 변경하는 구조적인 방법과 인위적인 제진장치를 사용하여 진동을 억제하는 기계적인 방법이 있다. 구조적인 방법은 완성단계 교량에 대하여 적절하지만 가설 동안에는 구조가 완성되지 않아 다른 방법이 필요하다. 대안으로써 가설 중 제진을 위하여 제진장치를 이용한 기계적인 방법이 최근 들어 적극적으로 검토·적용되고 있다. 이를 위해 제2진도대교에서는 교량 주형의 진동을 제어할 목적으로 사진 8.23(a)와 같은 동조질량감쇠기(Tuned Mass Damper, TMD)를 적용하였다.

또한 가설공사나 상판에 케이블이 설치되기 전 사장교의 주탑이 독립적으로 서 있는 경우나 타워 크레인과 같이 매우 세장한 구조물의 경우 타 부재 및 부속구조물과 연결되기 전 완공기간에 비하여 짧은 시간이지만 독립적으로 유지되는 경우가 있다. 이러한 구조물은 외부하중에 매우 민감하며, 특히 와류진동에 의하여 진동이 쉽게 발생할 수 있다.

사진 8.22 제2진도대교 전경

이와 같은 와류진동에 의한 진동은 구조적으로 치명적인 영향을 미치지는 않지만 국부적인 손상이나 공기지연 등 가설공사에 영향을 미치기 때문에 이에 대한 진동저감대책이 필요하다. 이를 위해 사진 8.23(b)과 같이 독립 주탑에 케이블로 연결되는 슬라이딩 블록을 설치하여 제어하였다. 그리고 주탑에 케이블 정착 후 바람 등에 의한 케이블의 진동을 저감시키기 위해 사진 8.24과 같이 케이블 정착부에 댐퍼를 설치하여 진동을 저감한다.

(a) TMD (b) 슬라이딩 블록

사진 8.23 제2진도대교의 TMD 및 슬라이딩 블록

사진 8.24 케이블 댐퍼 정착부 및 임시 고무패드 설치 모습

다. 기타 구조물 적용사례

근래에 들어 제진장치는 건축구조물과 대형 교량뿐만 아니라 중·소형의 보도육교와 기타 시설물에도 적용되고 있다. 특히 보도육교의 경우 기존의 개념과 다르게 특수형태의 교량형식으로 설계·시공되고 있어 경간장이 길어지면서 보행자의 통행에 의한 진동이 증가하여 사용성에 문제가 발생한 경우가 있다. 이에 대한 대책으로 보행가진력에 의하여 발생된 가속도가 선정된 사용성 기준을 초과하여 진동이 예상되는 경우에는 TMD설치를 통한 진동제어방법이나 구조계 변경을 통한 방안을 모색할 수 있다. 보도육교와 TMD가 결합된 구조물은 외부하중에 의한 진동에너지를 TMD가 흡수하여 본 구조물의 진동을 저감하는 원리로 작용한다. 이때 TMD에 흡수되는 진동에너지는 구조물의 진동모드가 가장 크게 발생하는 위치에 설치될 때 효과적이다. TMD가 보도육교에 설치된 사례는 다음과 같다.

1) 대전월드컵 경기장 진입보도교

2002년 월드컵 경기장에 설치된 보도육교의 구조형식은 강박스구조로 41m의 경간장을 가진다. 월드컵 경기장 진입 보도교는 수직방향의 1차 진동수가 2.1Hz였으나 설치 후 가속도는 약 57%, 진폭은 약 60% 이상 감소되었다.

사진 8.25 대전월드컵 경기장 진입보도육교

2) 수원역 A백화점 앞 진입보도교

이 보도육교는 2003년에 건립되었으며, 경간장은 33.2m이고 강박스형식의 보도교이다. 이 보도교의 수직방향 1차 진동수는 2.74Hz이었으나 TMD 설치 후 측정 결과 진폭이 약 56% 이상 저감되었다.

사진 8.26 수원역 A백화점 진입보도육교

3) 선유도공원 보도육교

2002년에 건설된 선유도공원 보도육교는 지간장 120m인 아치교이고, 고성능콘크리트를 사용한 Ductal아치교이다. 이 교량의 수평방향 1차 진동수는 0.67Hz이고, 수직방향 2차 진동수는 1.26Hz, 연직방향의 3차 진동수는 1.99Hz로서 각각에 대하여 수직 TMD와 수평 TMD가 설계되었으나 2차모드의 경우는 실제 시공 시 반영되지 않았다.

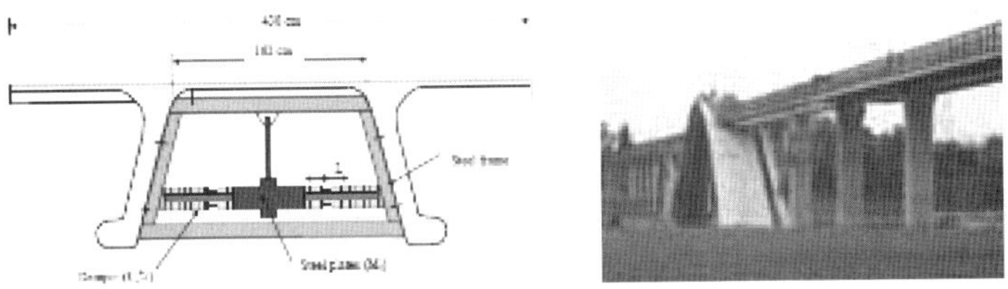

(a) 수평방향 TMD

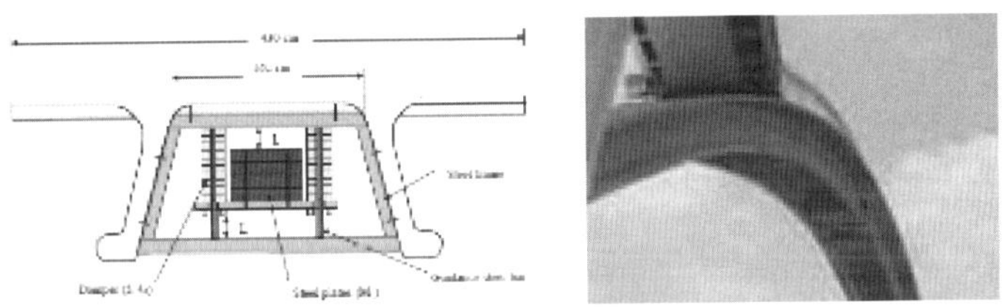

(b) 수직방향 TMD

사진 8.27 선유도 보도육교의 TMD

4) 군산 은파보도교

이 보도육교는 지간장 58.6m이고 강재와 목재를 사용하여 2006년도에 건설되었다. 이 보도교의 수직방향 진동수는 1.768Hz이었으나 제진장치 설치 후 수직가속도는 약 60~60% 감소 효과가 있었다.

사진 8.28 은파보도교에 설치된 TMD

5) 화성동탄 자전거입체시설

화성동탄 보도교는 케이블을 사용하여 미관상 수려한 특징을 가지며 아치를 교축에서 7° 경사지게 배치하여 경관적 측면 및 구조적인 안전성을 고려하였다. 본 교량은 지간중심부가 케이블로 지지되어 있지만 장지간과 경량의 철골구조물로 설계되어 있어서 시공완료 후 보행자에 의한 수직 및 수평진동에 대한 사용성 문제가 우려되었다. 따라서 본 보도교에는 수직진동제어용 TMD 4기, 수평진동제어용 TMD 2기가 설치되었다.

(a) 보도육교 전경

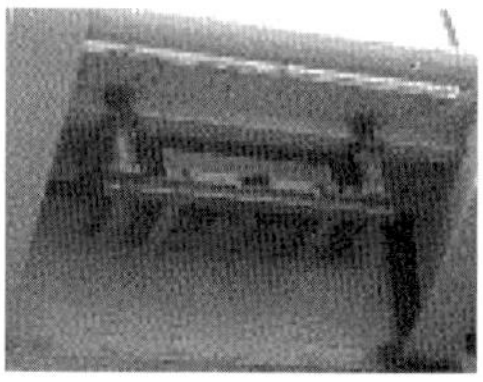

(b) 수직방향 TMD

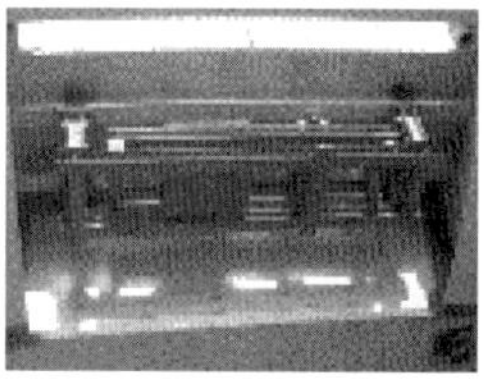

(c) 수평방향 TMD

사진 8.29 화성동탄 보도육교 및 TMD

참고문헌

- 기존 교량의 내진성능 평가요령, 건설교통부, 2004.
- 기존 교량의 내진성능 향상요령, 건설교통부, 2004.
- 기존교량의 내진보강방안 연구, 한국지진공학회, 1999.
- 기존교량의 내진성평가 및 보강방안, 시설안전기술공단, 1999.
- 김재관, 김익현, 임현우, 이지훈, 강판보강에 의한 RC교각의 내진성능 향상, 한국지진공학회 논문집, 제4권, 1호, 2000, pp.341~348.
- 내진설계기준연구, 건설교통부, 1997.
- 도로교 설계기준, 건설교통부, 2005.
- 도로교 표준시방서, 건설교통부, 1996.
- 도로교 표준시방서, 건설교통부, 2004.
- 신문기사, 면진형 STS 물탱크 개발, 철강신문, 2017년 12월 26일.
- 안영훈, 지진계수가 높은 LNG 저장탱크, 설비건설, 제267호, 2012년, pp.80~83.
- 이지훈, 전귀현, 이동제한 장치가 있는 교량의 지진응답 특성, 전산구조공학, 제11권, 4호, 1998, pp.331~240.
- 전귀현, 이지훈, 기존 철근 콘크리트 교각의 내진성 평가, 한국지진공학회 논문집, 제2권, 4호, 1998, pp.155~168.
- 전귀현, 이지훈, 다경간 연속교의 교축방향 이동제한장치의 설계방법, 한국지진공학회 논문집, 제2권, 4호, 1998, pp.145~153.
- 주식회사 문창, http://www.moonwt.com
- 道路橋 實用診斷學, 現代理工學出版, 1994.
- 道路橋支承便覽, 日本道路協會, 1996.
- 道路橋示方書·同解說 V 耐震設計編, 日本道路協會, 1995.
- 新田 昌宰, '道路橋의 支承 및 落橋防止構造 被害의 總括', 橋梁과 基礎, 1996~8.
- 兵庫현 南部地震의 被害 및 道路橋 復旧에 관한 仕様 準用에 관한 參考資料(案), 日本道路協會, 1995.
- 大濠 久哲 外 3人, '斜橋의 水平地震動에 의한 回傳擧動解析', 土木學會 論文集, No. 570, I-40, 1997, pp.315~324.
- B. A. Allred and R. Shepherd, 'Ultimate Restraint Considerations in Base-Isolated

Bridges,'Proceedings of the 3rd U.S.-Japan Workshop on Earthquake Protective Systems for Bridges, Berkeley, California, 1994.

- Ang Beng Ghee, M. J. N. Priestley, & T. Pauley, 'Seismic Shear Strength of Circular Reinforced Concrete Columns', ACI Structural Journal, Vol. 86, No. 6, Jan.-Feb. 1989, pp.45~59.
- J. M. Bracci, S. K Kunnath, and A. M. Reinhorn, 'Seismic Performance and Retrofit Evaluation of R.C structures', Journal of Structural Engineering, Vol. 123, No.1, January, 1997.
- Chai, Y. H., Priestley, M. J. N., & Seible, F., 'Seismic Retrofit of Circular Bridge Columns for Enhanced Flexural Performance', ACI Structural Journal, Vol. 88, No. 5, Sep.-Oct. 1991, pp.572~584.
- Y. Goto, T. Kikuchi, T. Kimishima, F. Matsumoto, D. Ozaki, and A. Tsukamoto, 'Development of Expansion Joint, Stopper and Knock-off Abutment for Menshin Bridges', Proceedings of the 2nd U.S.-Japan Workshop on Earthquake Protective Systems for Bridges, Tsukuba, Japan, 1992, pp.255~273.
- Grossmayer, R. L., 'Stochastic Analysys of Elasto-Plastic Systems', Journal of the Engineering Mechanics Division, Vol. 107, 1981, pp.97~117.
- K. Kawashima, G. A. Mac Rae, J. Hoshikuma, and K. Nagaya, 'Residual Displacement Response Spectrum', Journal of Structural Engineering, Vol. 124, No.5, May, 1998, pp.523~530.
- Kunio Fukuyama, Yasuo Higashibata, & Yasuyoshi Miyauchi, 'Studies on repair and strengthening methods of damaged reinforced concrete columns', Cement & Concrete Composites, Vol. 22, 2000, pp.81~88.
- R. Ma, Y. Xiao, & K. N. Li, 'Full-scale testing of a parking structure column retrofitted with carbon fiber reinforced composites', Construction and Building Materials, Vol. 14, 2000, pp.63~71.
- P. K. Malhotra, 'Dynamics of Seismic Pounding at Expansion Joints of Concrete Bridges', Journal of Engineering Mechanics, Vol. 124, No.7, 1998, pp.794~802.
- Mander, J. B., Priestley, M. J. N. & Park. R., 'Theoretical Stress-Strain Model for Confined Concrete', Journal of Structural Division, ASCE, Vol. 114, No. 8, 1998, pp.1804~826.
- Mander, J. B., Priestley, M. J. N. & Park. R., 'Observed Stress-Strain Model for

Confined Concrete', Journal of Structural Division, ASCE, Vol. 114, No. 8, 1998, pp.1827~849.

- R. L. Mayes, I. G. Buckle, T. E. Kelly, and L. R. Jones, 'AASHTO Seismic Isolation Design Requirements for Highway Bridges', Journal of Structural Engineering, Vol. 118, No.1, January, 1992, pp.284~303.
- Miranda, E., 'Site-Dependent Strength-Reduction Factors', Journal of Structural Engineering, Vol. 119, No.12, pp.3503~3519.
- Priestley, M. J. N., Benzoni, G., 'Seismic Performance of Circular Columns with Low Longitudinal Reinforcement Ratios', ACI Structural Journal, Vol. 93, No.4, pp.474~485.
- Priestley, M. J. N., Ravindra Verma, & Yan Xiao, 'Seismic Shear Strength of Reinforced Concrete Columns', Journal of Structural Engineering, ASCE, Vol. 120, No. 19, Aug. 1994, pp.2310~2329.
- Priestley, M. J. N., Seible, F., & Calvi, G. M., 'Seismic Design and Retrofit of Bridges', John Wiley & Sons, Inc.(Editor), 1995, 672pps.
- Priestley, M. J. N., Seible, F., Yan Xiao, & Ravindra Verma, 'Steel Jacket Retrofitting of Reinforced Concrete Bridge Columns for Enhanced Shear Strength-Part 1 : Theoretical Considerations and Test Design', ACI Structural Journal, Vol. 91, No. 4, July-Aug. 1994, pp.394~405.
- Priestley, M. J. N., Seible, F., Yan Xiao, & Ravindra Verma, 'Steel Jacket Retrofitting of Reinforced Concrete Bridge Columns for Enhanced Shear Strength-Part 2 : Test Results and Comparison with Theory', ACI Structural Journal, Vol. 91, No. 5, Sep.-Aug. 1994, pp.537~551.
- Priestley, M. J. N., Verma, R., and Xiao Yan, 'Seismic Shear strength of Reinforced Concrete Columns', Journal of Structural Engineering, Vol. 120, No. 8, 1994, pp.2310~2329.
- Reichman, A. M. Reinhorn, 'Extending the Seismic Life Span of Bridges Analytical Evaluation of Retrofit Measures', Structural Engineering Review, Vol. 7 No.3, pp.207~218.
- H. Saadatmanesh, M. R. Ehsani, & M. W. Li, 'Strength and Ductility of Concrete Columns Externally Reinforced with Fiber Composite Straps', ACI Structural Journal, Vol. 91, No. 4, Jul.-Aug. 1994, pp.434~447.

- H. Saadatmanesh, M. R. Ehasani, & Limin Jin, 'Seismic Strengthening of Circular Bridge Pier Models with Fiber Composites', ACI Structural Journal, Vol. 93, No. 6, Sep.-Oct. 1996, pp.639~647.
- R. Ivan Skinner, William H. Robinson and Graeme H. McVerry., An Introduction to Seismic Isolation, John Wiley&Sons Inc., 1993.
- P. Trochalkis, M. O. Eberhard, and J. F. Stanton, 'Design of Seismic Restrainers for In-Span Hinges', Journal of Structural Engineering, Vol. 123, No.4, April, 1997.
- T. J. Wipf, F. W. Klaiber & F. M. Russo, 'Evaluation of Seismic Retrofit Methods for Reinforced Concrete Bridges Columns', Technical Report NCEER-97-0016, December, 1997.
- '1994 Northridge Earthquake', NIST Special Publication 862.
- 'The January 17, 1995 Hyogoken-Nanbu(Kobe) Earthquake', NIST Special Publication 901.
- 'Performance of Structures During the Loma Prieta Earthquake of October 17, 1989', NIST special publication 778.
- Second U. S.-Japan Workshop on Seismic Retrofit of Bridges, University of California at Berkeley, 1997.
- 'Seismic Design and Retrofit Manual for Highway Bridges', U. S. Department Transportation Federal Highway Administration Report No. FHWA-IP-87-6, 1987.
- 'Seismic Design of Highway Bridges', Imbsen&Associates, inc, 1997.
- 'Seismic Design References', California Dept of Transp., 1997.
- 'Seismic Retrofitting Manual for Highway Bridges', U. S. Department Transportation Federal Highway Administration Report No. FHWA-RD-94-052, 1994.

부록

용어설명

【ㄱ】

가동단(movable end) : 단순지지구조물에 있어서 온도변화나 화물적재에 의한 각변화(角變化) 등에 대해 자유로운 지지점. 가동단에는 가동받침이 사용되며 이와 같은 구조를 단순보 또는 단순거더라 함.

가동받침(movable bearing) : 교각이나 교대 위에서 교체의 신축에 따라 움직일 수 있게 만든 받침. 교량받침 형식의 하나로 받침점에서의 회전이 자유로우며, 받침면과 수평방향의 이동이 가능한 구조로 되어 있는 받침. 온도변화, 휨, 부재변형 등으로 인해 생기는 지간의 변화를 구속하지 않는다. 슬라이딩받침, 평면받침, 롤러받침, 로커받침 등이 있음.

가속도계수(acceleration coefficient) : 내진설계에 있어서 설계지진력을 산정하기 위한 계수로서 지진구역과 재현주기에 따라 그 값이 다름.

강거더교(steel beam bridge) : 강거더를 주구조로 하는 교량. 트러스, 아치와는 달리 메인거더가 휨모멘트와 전단력을 담당하며, 거더의 구조에 따라 I형 거더, H형 거더, 플레이트 거더, 격자 거더, 박스형 거더로 분류

강성(stiffness) : 변형하기 어려운 정도, 쉽게 말하여 빳빳한 정도. 구조부재나 구조물 차원에서 고려

강판접착공법(steel plate attach method) : 콘크리트구조물의 인장측 표면에 강판을 접착시켜 기존 구조물과 일체화시킴으로써 내력향상을 도모하는 공법

개량보전(modernization) : 열화 및 성능이 저하된 구조물의 기능을 내진개선 등의 대규모 구조개선이나 용도변경 등 기능을 개선하고 향상시켜 준공 시 수준 이상으로 하거나 새로운 기능을 부가하려는 행위

거더(girder) : 구조물에서 수직방향으로 작용하는 집중하중을 떠받치는 수평으로 된 지지들보

거동(behavior) : 구조물의 의인화하여 표현한 지진에 대한 구조물의 반응, 즉 힘과 변형의 관계

건조수축(drying shrinkage) : 콘크리트가 경화할 때 부피가 줄어드는 현상 또는 기타 재료가 건조하여 오므라드는 현상

건축면적(Building area) : 보통 1층이 차지하는 건축물의 면적. 법적으로 여러 층의 건축일 때에는 수평투영면적으로 최대가 되는 면적

건폐율(the building-to-land ratio) : 대지면적에 대한 건축면적의 비율. 건폐율을 규제하는 목적은 대지 안에 최소한의 공지를 확보함으로써 건축물의 과밀을 방지하여 일조, 채광, 통풍 등 위생적인 환경을 조성하고자 하는 것이며, 아울러 화재, 기타의 재해 발생시에 연소의 차단이나 소화, 피난 등에 필요한 공간을 확보하는 데 목적이 있음.

결로(dew condensation) : 습한 공기를 냉각시키면 노점에 도달하여 수증기가 물방으로 되는 현상. 벽이나 다용도실 등에 수분이 응결·부착되어 이슬 같은 물방울이 생기는 것. 실내 대기중의 수증기가 온도차이가 심한 벽면이나 창유리 등에 접촉되었을 때 물방울이 맺히는 현상

결함(defect) : 계획, 설계 및 시공단계에서 목표와는 다르게 비정상적으로 축조되어 부정적으로 작용하는 불완전한 초기 하자상태

경년변화(secular change) : 재료의 상태가 시간이 경과함에 따라 일어나는 물리·화학적 변화

고유주기(natural period) : 구조물의 재료, 크기, 형상, 경계조건에 따른 구조물의 고유한 주기. 기본주기라고도 함.

곡선교(curved bridge) : 곡선의 도로, 선로 등을 통과하기 위해 주형이 평면 위에서 곡선형으로 되어 있는 다리. 평면형에 따라 교량을 분류하면 직교(直橋)와 사교(斜橋), 직선교와 곡선교로 나뉨 곡선교에는 교량 거더는 직선이지만 노면이 곡선인 경우와 교량 거더와 노면 모두가 곡선인 경우가 있음 곡선교는 항상 큰 비틀림 모멘트를 받기 때문에 메인 거더가 I형인 경우는 튼튼한 수평 거더가 들어간 격자구조로 한다거나 비틀림강성이 큰 박스 거더를 이용하며 또는 강상판(鋼床版)을 고려하여 전교(全橋) 단면의 변형을 방지하는 구조로 해야 함. 또한 받침(bearing)도 탄성변형의 방향과 온도변화에 의한 신축방향이 일치하지 않고 지간(span)이 클 때는 온도응력의 검토도 필요함.

골재분리(separating the aggregate) : 수분이 과하거나 과진동된 콘크리트의 경우 비중차이에 의해 무거운 골재는 아래로 가라앉고, 상대적으로 가벼운 골재들이 표면 상층으로 이동하여 수평층으로 분리되는 현상.

공기량(air content) : 콘크리트 공극의 체적은 일반적으로 시멘트 풀, 모르타르 또는 콘크리트 총체적의 백분율로 나타냄.

공시체(test piece, specimen) : 재질의 역학적인 시험(압축시험, 인장시험, 휨시험, 전단시험, 크리프시험 등)을 위하여 일정한 규격(KS규격)에 따라 만들어진 시험재료

공진(resonance) : 진동계의 강제진동에서 외력의 크기를 일정하게 한 채로 주파수를 변화시킬 때 진동계의 고유진동수 부근에서 변화하여 속도, 압력 등이 극대치가 되는 현상

공진법(resonance method) : 콘크리트 재료 또는 구조부재 비파괴검사법의 하나로 공진진동수를 측정하여 동탄성계수 또는 강성을 추측하는 수법

과하중(over load) : 구조물의 설계 상정하중보다 큰 작용하중. 설계 또는 실험 등에서 미리 정한 하중을 초과하는 하중

관리주체(管理主體) : 시설물의 '소유자' 또는 '법적 관리자' 와의 계약에 의해 관리를 담당하는 '관리책임자' 를 가리키며, 공공관리주체와 민간관리 주체로 구분함

교각(bridge pier) : 교량 하부구조의 하나. 2경간 이상인 경우 중앙부에서 교대 또는 다른 교각과 함께 상부구조를 지지하는 구조물

교대(abutment) : 교량의 하부구조로서 교량의 양단에 설치하여 상부구조하중을 아래쪽 지반으로 전달함과 동시에 배면에서 작용하는 토압을 지지하는 구조물. 교량의 양끝을 받치는 구조물

교량 설계하중(design load) : 교량의 설계활하중으로서 DB 24(1등교), DB 18(2등교), DB 13.5(3등교) 또는 기타 하중으로 구분됨.

교량 총폭(total width) : 교량 상부구조에서 교축 직각방향으로 최연단까지의 폭(차도+연석+인도부)

교량경간(span) : 구조물을 지지하는 지점 사이의 거리. 교대나 교각 전면 사이의 거리. 강지보공이나 록볼트의 간격

교량받침(bridge bearing, shoe) : 상부구조와 하부구조를 연결하는 구조부분으로 상부구조로부터의 모든 힘은 이 받침을 통해 하부구조에 전달됨. 가동받침(roller), 힌지받침(hinge), 고정받침(fixed) 등이 있음.

교장 : 교량 양측 교대의 흉벽 사이를 교량 중심축에 따라 측정한 거리

교체공법(change method) : 손상되어 있는 부분을 제거하고 새로운 부재나 재료를 설치하여 손상을 받지 않은 다른 부분과 같은 정도의 기능으로 회복시키는 부분교체공법과 전면적으로 제거하고 새로 교체하는 전면교체공법이 있음.

구속균열(restraint crack) : 용접에 의한 팽창 · 수축 등의 변형이 억제되었을 때 발생하는 구속응력에 의해 발생하는 균열

구조내력(structural resistance) : 구조물이 발휘할 수 있는 저항력. 일반적으로 같은 구조물이라도 하중의 작용방법에 따라 그 크기는 다름.

국부응력(local stress) : 구조물에 국부적으로 생기는 응력

국부파괴(local collapse, local failure) : 구조물이 외력으로 인하여 국부적으로 소성파괴가 되는 현상

균열(cracking) : 부분적으로 콘크리트가 분리되는 것을 말하며 길이, 방향, 폭, 깊이 또는 진행성(active) 여부로 조사됨. 콘크리트의 비진행성(dormant) 균열은 시공오류, 건조수축, 콘크리트 내부온도의 차이, 충격파 등에 의해 생길 수 있으며, 진행성 균열은 대기 또는 콘크리트 내부온도의 차이, 수분의 흡수, 철근의 부식, 화학반응, 부등침하 또는 재하상태의 변동에 따라 생길 수 있음.

그라우팅(grouting) : 지반의 개량, 누수 방지 등을 목적으로 토사 또는 암반의 틈새 등에 시멘트페이스트 등의 그라우트재를 주입하는 것. 시멘트 풀, 모르타르와 같은 그라우트재를 펌프를 사용하여 암반 등의 틈에 가압 주입하는 것.

긴장재(tendon) : PC강재를 단독 또는 몇 개를 다발로 하여 기존 콘크리트에 프리스트레스를 주기 위하여 사용된 PS강선, PS강봉, PS스트랜드와 같은 강재

【ㄴ】

나선근(spiral hoop) : 철근콘크리트 원기둥의 주근 주위에 나선상으로 감아 붙이는 띠철근. 나선근은 띠철근과 마찬가지로 전단력에 저항하고, 주철근이 부푸는 것을 방지하는 것이 목적임.

날개벽(wing wall) : 교대나 수문 등에 접하여 양측방의 토사를 지지하는 옹벽

납-고무받침(lead rubber bearing) : 적층고무받침의 중앙을 관통하는 원형 구멍을 뚫고 납을 충전하여 만든 베어링

내구성(durability) : 구조물이 처해 있는 환경조건에 대한 조사와 비파괴시험에 의한 균열, 철근부식 등 열화손상조사를 바탕으로 평가된 환경외력에 의한 저항능력

내구연한(endurance period) : 재료나 부재 또는 구조물을 보수하지 않고 사용할 수 있는 연한

내마모성(durability of abrasion) : 마모에 견디는 성질

내진구조(aseismatic structure, earthquake proofing construction) : 지진의 파괴작용에 의해서 진해(震害)를 받지 않도록 설계된 구조. 지진에 견딜 수 있도록 설계된 구조. 내진구조에는 유구조(柔構造)와 강구조(剛構造)의 두 방식이 있음.

내진보강(aseismatic reinforcement) : 기존의 구조물을 가능한 한 해체하지 않고, 내진성능이 부족한 구조물의 내진성능을 향상시키기 위해 수행되는 보수공사 및 보강공사를 통칭함. 기존 구조물의 내진보강 목적은 내진평가를 통해 내진성능을 확보하고 있지 못한 것으로 평가된 구조물의 존치기간 중 지진발생 시 인명피해, 구조물의 붕괴, 구조물의 기능상실 등 중대한 피해를 최소화하기 위하여 구조물의 내진성능을 향상시키는 것.

내충격성(impact resistance) : 사람, 기물의 충돌 등으로 생기는 충격력에 대하여 전체적 또는 부분적인 파괴, 손상, 마모 등을 일으키는 일 없이 견디는 성질

내하력(load carrying capacity) : 구조물 또는 구조부재가 견딜 수 있는 하중 또는 힘의 한도. 구조물에 작용하는 실하중의 조사와 비파괴시험에 의한 부재강도 조사, 정적.동적 재하시험에 의한 부재강도 및 변형률, 변위, 진동특성 등을 기초로 평가된 작용외력에 대한 저항능력

노후화(deterioration) : 시간이 흐르면서 인위적이나 자연적인 원인으로 인하여 건축물 전체 또는 일부의 성능이나 기능이 저하되는 것.

【ㄷ】

다우얼바(dowel bar) : 콘크리트의 타설이음 부분에 전단 및 인장보강을 위해 삽입하는 철근. 특히 전단력이 큰 위치에 타설이음매를 만드는 경우의 다우얼은 환강에서는 그 길이가 직경의 40배 이상으로 하고 양끝을 구부린 다음 길이의 절반씩 신구 콘크리트에 묻히게 함.

다이어프램(diaphragm) : 박스형 상형교, 트러스, 아치계 구조물에서 상형단면 부재 중 부재 내부를 몇 개로 격리 · 밀폐하여 단면을 정확히 유지하도록 설치한 판 또는 판구조

단면증설공법 : 심한 균열로 콘크리트 일부가 떨어져 나갔거나 설계변경, 증축시공 등으로 단면이 부족한 경우 및 손상열화를 받은 부재에 콘크리트와 모르타르 등 구조재를 두껍게 하는 보강공법

단순보(simple girder, simple beam) : 가동단(可動端)과 고정단을 갖는 단순하게 지지된 거더. 보의 한 끝은 활절지점이고 다른 끝은 이동지점으로 된 보

단순지지(simple support) : 한쪽 끝은 핀, 한쪽 끝은 롤러로 지지하는 지지형식. 회전단과 이동단으로 된 구조물의 지지상태

단위시멘트량(cement content) : 콘크리트의 단위시멘트량은 일반적으로 콘크리트의 단위 체적에 따른 시멘트의 중량으로 표현하며, 단위시멘트량은 수화반응 중에 발생하는 수화열과 콘크리트의 건조수축에 중요한 요인으로 작용

대수선(major repair) : 건축물의 주요 구조부에 대한 수선 또는 변경과 건축물의 외부형태 변경으로서 대통령령에서 정하는 것을 말함. 건축법 시행령에서 정의한 대수선은 근본적으로 '해체하여 수선하거나 변경하는 행위' 로 볼 수 있음. 형태상의 변화 또는 구조의 안전상 위험할 정도의 수선으로 증축 또는 개축에 해당하지 않는 것.

동결융해(freezing and melting) : 물이 동결되거나 융해되는 것. 이 현상이 콘크리트, 흙 등의 재료 속에서 일어나면 물이 얼음으로 될 때의 체적팽창 때문에 큰 빙압이 생겨서 재료파괴의 원인이 된다. 지반 등의 간극부에 존재하는 수분이 외기온도의 변화와 더불어 동결과 융해를 반복하는 것. 이 작용에 의해 기암(基岩) 등이 서서히 파괴됨.

동바리(support, staging, timbering) : 거푸집의 일부로 소정의 형상과 치수의 콘크리트가 되도록 거푸집 판을 고정 또는 지지하기 위한 지주. 터널공사에서 굴착 후 라이닝을 완료할 때까지 그 사이에 토압 등을 하중을 지지하도록 굴착단면을 유지하는 구조물

동하중(dynamic load) : 지진력, 풍압력, 기계의 진동과 같이 힘의 크기나 방향 등이 변화하여 구조물에 진동을 발생시키는 외력

동해(freezing damage) : 지면의 동상(凍上), 건물 각부 재료의 동결과 융해의 반복작용에 의한 파손, 파괴 등 동결에 기인하는 해. 일반적으로 재료는 저온 시에 수축 · 취약화하고, 흡수수분은 동결 · 팽창하는 등 동해를 받음. 건물의 피해상황은 콘크리트, 석재류의 균열, 동괴(凍壞), 표면이나 모서리의 박리 결손, 기와, 타일, 모르타르, 위생도기의 박락, 균열, 수도관의 파열 등이 있음.

등방성(isotropy) : 물질의 구성요소 성질이 모든 방향에 대하여 같은 것.

띠철근(hoop, tie hoop, lateral tie, tie bar) : 기둥의 축방향 좌굴을 방지할 목적으로 배치한 철근을 둘러싸고 횡방향을 보강하는 보조철근

【ㄹ】

라이닝(lining) : 관이나 수조 등을 보호하기 위해 피복하는 것. 터널을 파낸 후 지압에 견딜 수 있도록 주위를 둘러싸는 것.

리모델링(remodeling) : 건축물의 노후화 억제 또는 기능 향상 등을 위하여 대수선 또는 일부 증축하는 행위

【ㅁ】

마찰계수(coefficient of friction) : 하나의 물체가 다른 물체의 표면에 따라 운동하고 있을 때 그 운동을 방해하려고 하는 힘과 그 면에 수직한 반력에 대한 비. 접촉된 두 면에 수직으로 작용하는 힘. 하나의 물체가 다른 물체의 면에 따라 운동을 시작하려고 할 때 또는 운동을 계속하고 있을 때 양 물체의 면 사이에 작용하고 있는 운동을 저해하려고 하는 힘(마찰력)의 대소를 보여주는 계수. 접촉면 면적의 대소에는 관계가 없고, 양면의 성질에 의해 결정

마찰력(frictional force) : 미끄러짐을 방해하는 힘

말뚝기초(pile foundation) : 지반강화를 위해 미리 제작되어 있는 말뚝을 박거나 현장타설 말뚝으로 기초를 말뚝으로 만든 것.

무기질 재료계(inorganic materials) : 탄소를 주체로 하는 화합물을 유기물이라 하고, 그 밖의 것을 무기물이라 한다. 무기물을 토목재료로 사용한 것을 무기재료라 함.

무수축 모르타르(non-shrinkage mortar) : 블리딩침하나 건조수축에 의한 체적변화를 매우 작게 한 모르타르. 일반적으로 시멘트, 분말의 감수제, 건조 세골재 및 팽창재를 혼합한 제품으로서 판매되고 있음.

물-시멘트비(water-cement ratio) : 혼합한 콘크리트 또는 모르타르에 있어 골재가 표면건조포화상태로 할 때의 시멘트 페이스트 속의 물과 시멘트의 중량비. 보통 백분율로 나타내며, 기호는 W/C로 표시함. 물시멘트의 대소는 강도와 직접 관계가 있음.

미끄럼 베어링(sliding bearing) : 구조물이 미끄러지므로 지진력이 구조물로 유입되는 양을 줄이고자 고안한 미끄럼판을 포함한 장치

【ㅂ】

박락(spalling) : 콘크리트 덩어리가 국부적으로 조각조각 떨어지는 현상으로 내부온도의 변화, 철근의 부식, 화학반응, 풍화 또는 부실설계 등이 그 원인이 됨. 충격파 또는 한 번의 내부온도 변화가 비진행성 박락현상을 일으킬 수 있음.

박리(scaling) : 경화된 콘크리트나 모르타르의 표면이 국부적으로 얇게 일어나거나 벗겨지는 현상

반력(reaction) : 외력을 받아도 구조물이 이동 또는 회전하지 않도록 지점을 두었을 때 외력에 대한 저항력으로 지점에 생기는 힘

반응성골재(reactive aggregate) : 시멘트 속의 알칼리와 반응하여 이상팽창을 일으키는 골재

발포성 성분(foaming agent) : 열, 화학반응에 의해 가스체를 발생하여 다공질의 물체를 만드는 약제. 시멘트에는 알루미늄, 아연분말, 카세인 등, 고무에는 가황온도로 분해하는 암모니아 염류가 쓰임.

방수(waterproofing) : 물의 침입 또는 투과를 방지하는 것. 방수공사에는 외방수(外防水)와 내방수가 있으며, 방수공법으로는 아스팔트방수, 모르타르방수, 도포(塗布) 또는 도막방수 등이 있음.

방청처리(rust-proof) : 녹이 나는 것을 방지하기 위하여 화학처리 또는 도막처리함.

배력철근(transverse reinforcement, distribution bar) : 주철근을 갖는 슬래브(일방향 슬래브)에 있어 응력을 분포시킬 목적으로 주철근의 위치를 확보하고, 콘크리트의 건조, 수축, 온도변화 등에 의하여 생기는 균열을 방지하기 위하여 정철근 또는 부철근에 직각방향으로 배치하는 보조철근. 철근콘크리트 슬래브에서 주근과 직각방향으로 배치하는 철근. 일반적인 슬래브에서는 긴 쪽 방향에 해당. 주근의 위치를 확보하고 직각방향으로도 응력을 전하는 역할을 함.

백태(efflorescence) : 비바람에 바랜 콘크리트면에 자주 생기는 백색의 결정표층. 콘크리트 중의 황산칼슘, 황산마그네슘, 수산화칼슘 등이 물에 녹아 내려 공기 중의 탄산가스와 화합한 것. 벽돌의 표면에 나타난 흰 가루. 백화라고도 함. 석재나 콘크리트 표면에 생기는 흰 결정. 석재인 경우는 석재 중 소량의 알칼리금속이 시멘트 속의 석고나 공기 중의 아황산가스와 반응하여 황산소다가 되는 것이고, 콘크리트인 경우는 주로 시멘트의 가수분해에 의해 생기는 수산화석회 때문임.

백화(efflorescence) : 백태. 콘크리트 등의 표면에 생기는 흰색 결정. 벽돌 표면에 생기는 흰색 가루

백화(efflorescence) : 일반적으로 콘크리트 표면에 생기는 흰색의 수용성 침전물

변단면(member of non-uniform section) : 단면이 똑같지 않고 위치에 따라 변하는 부재

변형능력(deformation capacity) : 내력저하가 생기지 않는다고 간주되는 범위에서 소성변형할 수 있는 능력

보강(rehabilitation) : 부재 혹은 구조물이 여러 가지 결함으로 저하된 콘크리트구조물의 내하력이나 강성 등의 역학적 열화를 회복하거나 성능을 향상시킬 목적으로 실시하는 대책임. 역학적인 성능저하로는 주로 재료 손상이나 과대 하중의 재하에서 발생됨. 따라서 보수와 보강은 전혀 다른 차원에서 콘크리트구조물을 유지관리하는 것으로 사용하는 재료와 공법의 종류도 다름.

보강섬유접착공법(sheet attach method) : 강판은 자체 무게 등으로 큰 부위에 설치할 경우 용접개소 증가 등의 문제가 있으며, 이후에 개발된 재료로 탐소섬유, 유리섬유 등이 있음. 보강섬유는 시공이 단순하며 재료의 무게가 경량이고 가공성이 우수하고 부식되지 않기 때문에 심한 부식환경에서도 적용할 수 있는 재료임. 그러나 재료의 특성상 파괴 후 거동이 취성적인 경우가 있으므로 유의해야 하며 보강섬유는 에폭시 접착제에 의해 전적으로 구조거동이 좌우되므로 보강섬유 전용 에폭시의 사용이 중요함.

보수(repair) : 기능을 회복시킬 목적으로 하는 행위. 열화와 결함으로 손상된 콘크리트구조물의 내구성, 방수성 등 내력 이외의 기능을 원상복구시키거나 사용상 지장이 없는 상태까지 회복시키는 것을 말하며, 철근부식으로 발생한 부재의 변형과 내하력 저하를 개선하여 초기상태로 회복시키는 것.

복철근(web reinforcement) : 철근콘크리트보나 슬래브에 있어서 절곡철근과 스터럽으로 구성되어 경사인장응력에 저항하기 위한 철근. 경사방향 콘크리트의 균열을 방지함. 철근콘크리트구조의 보에서 압축철근과 인장철근의 중간에 재축(材軸)방향으로 배치하는 철근

복합구조(hybrid structure, mixed structure) : 상이한 재료의 부재나 판을 조합시켜 하나의 가구(架構)로서 작용하도록 형성된 구조

볼베어링(ball bearing) : 굴대와 축받이 사이에 몇 개의 강철 알을 넣어 점 접촉을 이용하여 마찰을 적게 하는 베어링

부동태(passivation) : 금속이 보통상태에서 나타내는 반응성을 잃은 상태. 철이나 크롬과 같이 산과 쉽게 반응하는 금속은 진한 질산에 담근 후 산과 반응하지 않는 현상을 보이는데, 이것은 산화물의 얇은 막이 금속의 표면을 덮고 있기 때문임.

부등침하(unequal settlement, differential settlement) : 구조물의 상호 혹은 기초 상호간에 상대적인 침하량의 차이나 그 현상을 부등침하(부동침하)라고 함. 구조물에 있어서 문제가 되며 균열(crack)과 경사 등의 폐해를 일으킴. 구조물이 같은 모양으로 침하하지 않고 부위에 따라 침하량이 다른 것을 말함.

부반력(negative reaction) : 원칙적으로는 주로 생기는 반력과 역방향으로 생기는 반력을 말하지만 일반적으로는 구조물이 위쪽으로 변형하는 것을 방해하는 방향으로 작용하는 힘을 부반력이라 하는 경우가 많음.

부식(corrosion) : 물건이 썩거나 녹이 슬어 모양이 변형되는 것을 말함. 목재는 균류(菌類)의 번식이 원인으로 부식하고, 금속은 산화에 의한 녹, 금속간의 이온화경향의 차에 의한 전식(電蝕) 등으로 부식함.

불소계 수지(fluorocarbon resin) : 불소원자를 포함한 수지의 총칭으로 내후성 고분자의 하나. 내약품성, 내열성이 뛰어나고, 마찰계수도 작으며, 외장재나 내후도료에 이용되고 있음.

붕괴기구(collapse mechanism) : 항복힌지 혹은 항복선이 발생하여 불안정상태로 되어 있는 구조. 구조물에 필요한 수의 소성힌지가 발생하여 운동 가능하게 된 기구

붕괴유발부재(Fracture Critical Members, FCM) : 강교에서 인장을 받는 부재 또는 한 요소가 피로균열로 인하여 파손되면 구조물 전체가 붕괴하는 무여유도 부재(non-redundant members)를 말함. 여기서 여유도(redundancy)란 여러 개의 부재가 있는 구조물에서 한 부재가 붕괴될 때 이 부재가 받고 있던 하중이 다른 부재로 재분배될 수 있는 기능임. 따라서 구조물이 여유도가 있다는 것은 한 부재가 붕괴될 때 손상되지 않은 다른 부재가 추가하중을 받아줌으로써 구조물의 완전붕괴를 막을 수 있음을 의미함. 즉 여유도가 없을 때 주요 하중을 지탱하는 부재, 즉 단재하경로구조물의 인장부재를 붕괴유발부재라 할 수 있음.

브레이스(brace) : 목구조나 철골구조의 벽체에서 사선방향으로 빗대어 수평방향의 힘을 보강하는 경사부재. 압축가새와 인장가새가 있음.

블리딩(bleeding) : 굳지 않은 콘크리트 또는 모르타르에서 수분이 분리되어 상승하는 현상. 압밀이나 온도상승 등으로 인하여 다져진 아스팔트 콘크리트 표면에 잉여 아스팔트가 부상하는 현상. 아직 굳지 않은 콘크리트, 모르타르 또는 그라우트에 있어서 물이 상승하는

현상. 이 상승하는 물은 시멘트, 기타의 미립자를 표면으로 운반하여 레이턴스를 만든다든지 굵은골재의 아래면에 미소한 공극을 만듦.

비틀림 강성(torsional rigidity) : 비틀림에 대한 부재단면 혹은 구조물의 저항 크기. 단위각을 비틀기 위해 필요한 모멘트로 나타냄.

【ㅅ】

사각(skew angle) : 사교(斜橋)에 있어서 메인 거더 중심선과 받침선이 이루는 각도

사교(skew bridge) : 메인 거더와 하천 등의 중심선이 이루는 각도가 90°가 아닌 교량. 즉 메인 거더의 방향과 받침선의 방향이 서로 90°가 아닌 교량. 하부통로나 하천의 방향이 상부통로와 비스듬히 만났을 때 그것에 맞추어 경사지게 만든 교량

사용성(serviceability) : 불안하거나 불쾌하지 않고 편안하게 사용할 수 있는 상태

사용하중(application load) : 사하중 및 활하중과 같이 시방서에서 규정하는 각종 하중으로서 하중계수를 곱하지 않은 실제의 하중을 말하며 작용하중이라고도 함.

사인장균열(diagonal crack) : 인장력에 의하여 발생하는 경사진 균열

산도(acidity) : 콘크리트는 화학적으로 pH 13을 가지며 pH 7 이하의 산정에서는 철근을 부식시킴.

상대변위(relative deformation) : 구조부재 사이 또는 구조부재 안의 이쪽과 저쪽 간 변형의 차이

설계변위(design displacement) : 지진격리시스템 설계에서 요구되는 수평방향의 지진변위.

설계수명(design fatigue life) : 설계를 위한 특정부재나 접합부의 수명값

설계하중(design load) : 구조물의 설계나 계산을 위하여 산정한 하중

세굴(scour) : 하천이나 강바닥이 유수에 의해 깎여 무너지는 것. 즉 흐르는 물의 침식작용에 의한 결과로서 하천 바닥이나 제방으로부터 파인 물질이 이동되는 현상으로 하상재료의 구성에 따라 서로 다른 세굴양상을 보임.

소성(plasticity) : 재료를 탄성한도를 넘어 변형시키면 마치 점성이 큰 유체와 같은 성질을 나타내며 또 재료에서 훅의 법칙이 성립하지 않는데, 이 같은 성질을 소성이라고 함. 이 경우 힘을 제거해도 변형은 본래대로 회복되지 않고 영구변형으로 남음. 재료가 외부에서

가해진 하중에 의해 변형하고 하중을 제거했을 때, 원래로 되돌아가지 않는 변형이 남는 성질. 이 변형을 소성변형이라 하며, 영구변형이라고도 함. 이와 같은 성질을 가진 것을 소성체라 함.

소성힌지(plastic hinge) : 소성모멘트가 작용하여 구조부재에 형성되는 항복부분. 보통의 힌지와 같이 회전이 가능하며, 또한 그 힌지에서는 소성모멘트가 내재되어 있음.

소울판(sole plate) : 플레이트 거더의 하부플랜지 끝의 받침과 접하는 위치에 배치된 강판. 고정단용(固定端用)과 가동단용이 있음.

수명연한 : 교량이나 건축시설물이 기능을 충분히 발휘하여 안전하게 사용되는 시간을 말하고, 내용연한이라고도 하며 물리적, 경제적인 면에서 규정됨.

수밀성(watertightness) : 물질이 얼마만큼의 물을 흡수 혹은 투과하는가를 나타내는 성질

수축균열(contraction crack, shrinkage crack) : 콘크리트나 모르타르가 응결 및 경화에 따라 수축할 때 생기는 균열

수화열(heat of hydration) : 수화작용에 의해 수화물로 바뀔 때 발생 또는 흡수하는 열. 시멘트와 물의 화학반응을 수화반응이라 하고, 응결과 경화는 수화반응에 의해 이루어지는데 이때 수화열을 발생함.

슬럼프(slump) : 슬럼프 콘에 시공 시 사용하는 콘크리트를 충전하고, 탈형했을 때 자중에 의해 변형하여 상면이 밑으로 내려앉는 양. 콘크리트의 유동성 정도를 표시

슬럼프값(slump value) : 슬럼프시험을 했을 때 콘크리트가 내려앉은 치수를 cm로 나타낸 것.

시공이음(construction joint) : 굳은 콘크리트에 새로운 콘크리트를 쳐서 잇기 위해 만든 이음매. 시공이음에는 그 방향에 따라 수평시공 이음과 연직시공 이음이 있음. 콘크리트 시공상의 형편에 따라 만드는 줄눈

시멘트-골재 반응(cement-aggregate reaction) : 반응은 비수화성 황산성분, 제오라이트의 2차수화, 점토성분의 흡수, 가용성 물질, 산화물, 황산염, 아황산염을 포함하는 알칼리-실리카와 알칼리-탄산염을 제외한 골재와 시멘트 사이에서 발생. 이러한 내부적인 반응 부산물은 사용중에 있는 콘크리트에 대하여 균열과 이상팽창을 일으킬 수 있음.

시스관(sheath pipe) : PS콘크리트 시공 시 텐던 덕트를 형성하기 위한 금속 원형 덕트

신축이음장치(expansion joint) : 신축을 자유롭게 하기 위해 만든 특수한 이음. 신축이음으로 하여 만든 콘크리트 상판 등의 절단 부분. 콘크리트 및 철근콘크리트 등의 구조물은

온도 또는 건습변화에 의해 늘어나고 줄어들기도 하는데, 그 이동이 제한되고 있는 경우 내부변형이 생겨 균열 등이 일어나는 경우가 있기 때문에 적당한 위치에 적당한 길이마다 신축줄눈을 만든다. 벽돌쌓기, 돌쌓기, 콘크리트포장 등에서 신축이 가능한 줄눈. 도로교 등 온도변화에 의한 구조물의 신축, 하중에 의한 변화 등 변형에 견디도록 단부에 설치하는 장치

실란트(sealant) : 프리캐스트 콘크리트 부재 사이 또는 프리캐스트 콘크리트 부재와 인접한 재료 사이의 접합부를 주로 방수를 위하여 채우는 재료의 총칭. 채움재

실링재(sealing compound material) : 새시 둘레, 프리패브재의 접합부, 건축물의 줄눈 주위에 충전하는 고무상 물질. 합성수지 등의 총칭. 종류로는 유성코킹, 탄성실재 등이 있음.

쐐기(wedge) : 일반적으로 측단면은 3각형, 다른 단면이 구형인 뿔모양으로 물건을 벌이거나 고정시키는데 사용함. 목조접합에서 긴결도를 높이기 위해 양 재료 간에 박아 넣는 것. 석재를 쪼개서 성형하기 위한 도구의 하나.

쓰나미(tsunami) : 해저에서 일어나는 지진이나 화산폭발 등에 의해 발생하는 해일파를 말함. 쓰나미파가 대륙연안 쪽으로 접근하면 얇은 바닥과의 접촉으로 인한 마찰력이 증가하여 파속은 점차 감소하게 된다. 이때 파의 주기는 일정하므로 파속이 점차 감소되면 결국 파장은 짧아지면서 파고는 증가하게 되고 이에 따라 연안에서의 물은 10~15분 동안 30m 정도까지 상승하게 된다. 이러한 해수면의 상승이 일어난 뒤 대륙붕의 물은 진동을 시작하는데 이 진동으로 인해 대부분의 피해가 발생함.

【ㅇ】

아라미드섬유(aramid fiber) : 고분자화합물 폴리아라미드에서 만들어진 고강도섬유. 경량이고, 탄력성 및 내열성이 뛰어나기 때문에 이들을 보강재로 사용 및 연구 · 개발되고 있음.

안전점검(安全點檢) : 일정 자격을 갖춘 기술자가 '육안 또는 점검기구 등' 에 의하여 검사함으로서 시설물의 위험요인을 조사하는 행위

안정성(soundness) : 균열, 결함, 터짐, 허용오차로부터의 고체의 자유도

알칼리-골재 반응(alkali-aggregate reaction) : 어떤 종류의 골재에서 시멘트의 수화반응 중에 생기는 유리(遊離)알칼리에 의해 이상팽창을 일으키는 반응. 플라이애시를 시멘트와 함께 사용하면 유리알칼리와 플라이애시가 화합하기 때문에 이 반응을 방지할 수 있음.

알칼리–실리카 반응(alkali–silica reaction) : 알칼리–골재 반응의 일종. 시멘트 중의 알칼리 (Na_2O, K_2O)와 골재 중에 포함된 반응성 실리카가 물이 있음으로써 반응하여 팽창을 일으키는 현상

알칼리–실리케이트 반응(alkali–silicate reaction) : 알칼리–골재 반응의 일종. 골재 중의 활성도가 높은 실리카질과 시멘트, 기타에 포함된 나트륨분과의 반응으로 콘크리트를 팽창 파괴시키는 현상

알칼리–탄산 반응(alkali–carbonate reaction) : 포틀랜드시멘트 내부의 알칼리와 석회질 돌로마이트나 돌로마이트 석회석 같은 석탄을 함유한 암석 또는 광물 사이에서의 반응이며, 반응의 부산물은 사용중에 있는 콘크리트에 이상팽창이나 균열을 일으킬 수 있음. 콘크리트 내부의 시멘트와 골재 사이에서 또는 외부적으로 시멘트와 주위에 있는 실리카질의 암석 또는 광물 사이에 알칼리–카보네이트 반응이 발생할 수 있음.

압괴(compression failure) : 압축력에 의하여 파괴되는 현상

압력구근(pressure bulb) : 여러 깊이의 평평한 면에 분포하는 수직방향의 응력으로 크기가 같은 점을 연결하여 얻은 곡선

압축강도(compressive strength) : 콘크리트, 철근콘크리트 및 프리스트레스트 콘크리트는 주로 콘크리트의 압축강도를 이용하기 때문에 콘크리트의 압축강도는 콘크리트의 가장 중요한 성질의 하나이다. 콘크리트의 압축강도를 알아보기 위해서는 일반적으로 구조부재의 콘크리트를 만듦과 동시에 채취한 원기둥 공시체를 이용하며, 28일간 표준양생(20℃ 전후의 수중 또는 습도 100%에 가까운 공기 속)한 후의 강도를 기준으로 함.

압축응력(compressivie stress) : 외부에서 가해지는 압축력에 의해 부재 내부에 생기는 힘. 즉 압축에 의한 응력. 압축응력도를 줄여 압축응력이라고도 함.

앵커(anchor) : 지반 속에 인장재(PC강봉, PC강선, 스트랜드 등)를 타설하고, 이것을 긴장함으로써 구조물로부터의 하중을 지반에 전하는 구조체를 말함. Earth anchor, 선박, 폰툰(pontoon), 계선부표(繫船浮漂) 및 고정 시 케이슨(caisson) 등을 정점(定點)에 계류하기 위한 침추(沈錘) 및 닻을 말함. 앵커에는 콘크리트 블록에 앵커 링을 붙인 것이나 강철제 앵커가 있으며, 스톡 앵커, 편(片) 갈고랑이 앵커 등도 있음.

앵커볼트(anchor bolt) : 구조물과 기초 부분을 연결하기 위해 이용하는 볼트. 뽑혀 나가지 않도록 하기 위해 하부가 일부 굽어져 있음. 구조물을 지지하는 콘크리트구조체에 정착시키기 위하여 쓰는 볼트

양생(curing of concrete) : 콘크리트를 친 후 충분히 경화하도록 콘크리트를 보호하는 것. 햇빛이나 비바람에 대하여 콘크리트를 보호하고 충격이나 과대한 하중을 받지 않도록 하며, 충분한 습기와 적당한 온도를 주는 것. 콘크리트는 타설 후에 수화작용을 충분히 진행시키기 위해 일정한 기간을 적당한 온도로(습윤상태) 유지할 필요가 있는데, 이 작업을 양생이라 함.

양생조(curing tank) : 콘크리트를 수중에서 양생하기 위한 탱크

에폭시 수지 접착제(epoxy resin adhesive) : 접착강도가 강하고, 내약품 · 내열 · 내수성능이 뛰어난 접착제. 콘크리트의 균열보수나 금속의 접착에도 사용됨.

에폭시 수지(epoxy resin) : 열경화성 수지의 일종. 하나의 분자 속에 에폭시기를 2개 이상 함유하는 화합물. 원료는 석유, 천연가스 또는 코크스(cokes)의 부생성물에서 얻는다. 토목관계로는 접착제, 라이닝용 도료, 주입제 등 각종 구조물의 보수, 개수, 방수, 방식라이닝 등 각종 용도에 널리 쓰임.

에폭시 앵커(epoxy anchor) : 앵커 볼트를 고정하는 방법. 콘크리트에 드릴로 구멍을 뚫고, 볼트를 삽입하여 주위를 에폭시 수지로 굳힘.

연단거리(edge distance) : 강구조물에 있어서 볼트 등 중심에서 모재 단부(端部)까지의 거리. 연단거리가 너무 작으면 볼트의 강도보다도 모재 단부쪽이 약해지며 또 연단거리가 너무 크면 부재의 상호 밀착이 나빠지는 약점이 생기기 쉽다. 따라서 시방서에는 연단거리의 최소와 최대가 정해져 있음.

연성(ductility) : 끊어지거나 부서지지 않고, 즉 강함을 유지하면서 변형할 수 있는 능력

연성(ductility) : 탄성한계 이상의 힘을 받아도 파괴되지 않고 가늘고 길게 늘어나는 성질

연성파괴(ductile fracture) : 구조부재에 인장력이 걸린 경우 지속적으로 큰 변형이 진행하여 어떤 면을 따라 크게 미끄러진 것처럼 파괴되는 경우를 말함. 이 경우 파단면은 심한 요철을 가진 파면을 가지게 됨.

연속보(continuous beam) : 2스팬(경간) 이상에 걸쳐 연결되어 있는 보. 받침의 상태에 따라 고차(高次)의 부정정으로 됨.

연행공기(entrained air) : AE제, 감수제 등의 혼화제에 의해 콘크리트 중에 혼입된 공기로서 콘크리트의 내구성 향상이나 작업성을 향상시키는 데 이용

열경화성(thermosetting) : 열을 가함으로써 화학적 반응을 일으켜 고체로 되는 성질. 한 번 고화한 것은 재가열해도 용융상태로는 되지 않음.

열팽창(thermal expansion) : 온도변화에 따라 재료의 길이, 체적 등이 커지는 현상

열화현상(degradation) : 시간의 경과에 관계없이 물리적, 화학적, 생물적 요인으로 인하여 성능이 저하되는 것.

염분함량(chloride content) : 콘크리트에서 자유염화물의 양은 체적당 중량으로 표현하며 철근부식의 활성화 정도를 측정하는 중요한 기준이 됨.

염소이온(chorine ion) : 물에 녹아 있는 염소화합물 중의 염소. 대부분은 지질의 영향에 의한 것으로 해안지대에서는 해수의 영향에 의한 경우가 많지만 하수, 공장폐수, 분뇨 등의 혼입에 의해서도 증가되므로 이런 의미에서 염소이온은 오염의 하나로 지표가 됨.

염해(chloride attack) : 염소와 암모니아, 마그네슘 및 철분의 질산염은 콘크리트에 손상을 주게 되는데 암모니아의 경우가 가장 심함. 염분은 화학적으로 콘크리트에는 무해하지만 철근부식의 주요 원인이 됨.

염해(chloride-induced corrosion, salt pollution, salt damage) : 대기중 염화물이온(Cl^-)의 침입에 의해 야기되는 철근콘크리트구조물 내의 철근부식. 건축물에서 염해는 강재의 부식이나 송전선의 단락 등이 있음.

영구변형(permanent strain, plastic deformation, permanent deformation) : 외부의 압력을 제거해도 남아 있는 변형. 소성역에서 가력(加力)을 제거하여도 회복하지 않고 잔류하고 있는 변형

예방보전(豫防保全) : 구조물을 사용하면서 시간의 경과에 따라 예상되는 시설물의 노후 징후를 예측하여 성능저하에 적극적으로 대처함으로써 구조물의 수명을 극대화시키고 이로 인하여 구조물의 생애주기비용(Life Cycle Cost, LCC)을 최소화시킴으로써 구조물의 가치를 높이는 일련의 공학적 행위방식. 이를 위하여 각종 점검을 통한 결함의 조기발견과 즉각적인 보수보강 시행이 중요함.

예지보전(銳智保全) : 구조물의 기획 설계단계에서부터 향후 완공될 구조물의 사용상 유익한 유지관리를 감안하여 설계에 반영하는 기법을 말함. 즉 사용중 시설물의 점검, 수선, 교체 등을 용이하게 설계하거나 수요자가 요구하는 내구년한을 충족시킬 수 있도록 계획한 내구설계 등으로 해당 시설물의 전체 생애주기비용(LCC)을 줄임으로써 구조물의 가치를 높이는 유지관리의 공학적 행위방식

용적률(floor space index) : 건축물 총면적의 부지면적에 대한 비율

우각부 보강(diagonal reinforcement for corner of opening) : 콘크리트벽의 개구 우각부에 생기기 쉬운 경사균열을 방지하기 위해 균열 발생방향에 대하여 거의 직각으로 배치한 철근

유리석회(free lime) : 시멘트 제조 도중에 소성(燒成) 부족에 의하여 석회와 다른 성분과의 화합이 불완전하여 남은 것.

유리섬유(glass fiber) : 유리섬유보강 시멘트에 쓰이는 내알칼리성 섬유. 불연성, 성형성, 내후성이 뛰어나고 고강도, 경량의 섬유

유지보전(maintenance) : 시설물과 부대시설의 기능을 보존하고 이용자의 편익과 안전을 도모하기 위하여 일상적으로 또는 정기적으로 시설물의 상태를 조사하고 손상부에 대한 조치를 취하는 일련의 행위. 특히 구조물의 보유기능에 대하여 점검하고 보수하여 열화로 성능이 저하된 구조물의 기능을 준공 시 수준으로 유지하려는 행위

유효강성(effective stiffness) : 지진격리시스템이 최대 수평변위를 일으키는 순간의 수평력을 최대 수평변위로 나눈 값

응결(setting) : 시멘트가 물을 만나 수화작용이 진행되는 과정에서 시멘트풀이 어느 정도의 소성을 나타내는 상태. 응결이 끝나고 경화됨으로써 강도를 내게 됨.

응답스펙트럼(response spectrum) : 구조물의 응답을 구조물의 기본주기 또는 기본주파수의 함수로 나타낸 그래프

응력집중(stress concentration) : 구조재료 내에 작용하는 응력이 그 재료형상의 급변이나 주위 조건에 기인하여 국부적으로 커지는 것. 강판에 뚫은 구멍의 주위, 고르지 않은 용접선 부근, 결절부 등의 형상이 그 대표적인 원인이다. 집중적으로 커진 응력과 평균적인 응력과의 비를 응력집중계수라 함.

이동하중(moving load) : 열차나 자동차의 하중과 같이 구조물 위를 이동하는 일정한 크기의 하중

이방성(anisotropy) : 물질의 구성요소 성질이 방향에 따라 다른 것. 그 성질이 방향성이 없으면 등방성이라고 함. 고체를 구성하는 요소가 기하학적으로 정연하게 배치되어 있기 때문에 그 역학적 성질이 방향에 따라 다른 것. 층상 암반, 다층계 지반의 역학적 성질은 이방성의 좋은 예

이어치기(placing joint) : 경화한 콘크리트 또는 경화하기 시작한 콘크리트에 접하여 새로 콘크리트를 이어 붓는 것.

인장강도(tensile strength) : 재료가 인장력을 받아 파단할 때의 세기. 최대 인장력을 그 재료의 원단면적으로 나누어 단위면적당 힘으로서 나타냄. 인장력에 대한 강도

인장응력(tensile stress) : 부재의 재축(材軸)방향으로 신장을 일으키도록 외력이 작용했을 때 그에 저항하여 부재 내에 생기는 재축방향의 내력. 인장력이라고도 함.

인장철근(tension reinforcement) : 휨을 받는 철근콘크리트부재의 인장측에 배치한 철근. 인장응력을 받는 주철근

【ㅈ】

자중(self-load) : 구조물 자신의 중량. 마감중량을 더하여 고정하중으로서 다룸.

작용하중(working load) : 실제로 구조물에 작용하고 있는 하중. 작용기구에 변동이 있는 경우에 설계 상정하중과 구별하기 위해 사용

잔류변형(residual deformation) : 하중을 적재한 후 하중을 제거해도 변형은 적재 전의 상태로 되돌아가지 않는다. 이때의 변형을 잔류변형이라 함.

재령(material age) : 콘크리트 또는 모르타르를 타설한 날로부터의 경과시간 및 일수. 일반적으로 재령 28일을 콘크리트의 강도기준으로 삼고 있음.

재료분리(segregation) : 운반할 때 또는 부어넣을 때 비빈 콘크리트 재료가 분리되어 균일한 혼합상태가 무너지는 것.

저수조(water tank) : 수압이 낮거나 고층건물의 위층에 급수가 불가능할 때 옥상 또는 지하층에 설치하는 물을 모아두기 위한 탱크.

적재하중(live load, movable load) : 사람, 가구, 짐, 기타 건축물에 싣는 물체에 의한 하중.

적층고무받침(laminated rubber bearing) : 지진력이 구조물로 유입되는 양을 줄이고자 얇은 고무판과 얇은 철판을 교대로 여러 겹 붙여 만든 장치. 지진력의 크기를 줄이는 대신 고무베어링은 크게 변형하게 됨.

전기화학적 부식(electro chemical corrosion) : 강재 내에 있는 불순물 또는 강재와 접촉하는 재료와의 사이에 전위차를 일으켜 전기화학적으로 강재가 부식되는 작용

전단(shear) : 물체 내의 임의의 면을 경계로 하여 양측이 역방향으로 어긋나는 현상

전단균열(shear crack, diagonal tension crack) : 전단력에 기인하는 균열. 기둥, 벽 등에

서는 보통 재축(材軸)과 경사방향으로 발생하는 균열. 주로 콘크리트부재에 생기는 경사진 균열로 전단력에 의해 발생하며 경사장력의 방향이 약하기 때문에 생기는 균열

전단력(shearing force) : 재료 내의 서로 접근한 두 평행면에 같은 크기이며 반대방향으로 어긋나게 작용하는 힘. 부재에 힘을 가해 변형을 일으키는데 부피는 변화시키지 않고 형태만 변화시키려는 힘

전단보강철근(stirrups bar, shear reinforcement bar) : 철근콘크리트에서 콘크리트만으로 전단저항하도록 하지 않고 보다 많은 전단력을 저항할 수 있도록 보강한 철근. 사인장철근

전단응력(shearing stress) : 물체의 어떤 면에서 어긋난 변형이 일어날 때 그 면에 평행인 방향으로 작용하여 원형을 지키려는 힘

전단철근(shear reinforcement) : 전단 또는 사인장력에 저항하도록 설계된 철근. 전단연결재는 전단보강철근이라고도 함.

전단파괴(shear failure) : 전단력에 의해 구조물이나 부재가 파괴되는 형식

전면처리공법(full coating method) : 균열폭이 작은 균열이 콘크리트의 표층 전부위에 걸쳐서 발생했을 경우 콘크리트의 내구성, 방수성, 미관성을 확보하기 위해 전체면을 피복하는 공법이 있음.

전석(boulder) : 지하 깊은 곳의 연속된 암체(기반암)에 대하여 이와 연속되지 않고 표면에 퇴적한 암괴. 보링시굴을 할 때 전석을 기반암으로 오인하거나 구조물 기초의 터파기에서 기초 및 깊이를 잘못 보아서 설계 · 시공에 실수를 범하여 구조물의 안정을 해치는 경우가 있음.

점검(inspection) : 시설물의 물리적, 기능적, 환경적 상황을 시설물의 이상에 대하여 신속하고도 적절한 조치를 취하기 위해 실시하는 조사

정밀안전진단(情密安全診斷) : 시설물의 물리적 · 기능적 결함을 발견하고 그에 대한 신속하고 적절한 조치를 취하기 위해 구조적 안전성 및 결함의 원인 등을 조사 · 측정하고 평가하여 보수 · 보강 등의 방법을 제시하는 행위

정착(anchorage, anchoring) : 구조물을 견고한 암석 또는 지면에 정착시키는 것. 부재를 다른 견고한 것에 고정시키는 것.

정착구(anchorage device) : 프리스트레스트 콘크리트부재의 단부(端部)에 긴장재를 정착하기 위해 사용하는 정착구, 정착부 콘크리트, 보강근 등의 총칭

정착길이(anchorage length) : 설계단면에서 철근의 설계강도를 전달하기 위하여 필요한 철근을 묻어 넣은 길이. 철근콘크리트구조에서 철근을 정착시키는 데 필요로 하는 길이

정하중(static load) : 자중, 적재하중과 같이 일정한 상태를 유지하든가 또는 변동속도나 변동상태가 작은 정역학적인 하중

제동하중(braking load) : 열차나 자동차를 제동시킬 때 구조물에 작용하는 하중. 차량이 급정지할 경우 가던 방향으로 하중이 작용함. 특히 열차하중의 경우에 크며 자동차의 경우는 고려하지 않는다. 철도교에서는 활하중의 15%로 하고 있음.

조강성(high-early-strength) : 빨리 경화하는 성질

조강포틀랜드시멘트(high-early-strength portland cement) : 일반 포틀랜드시멘트에 비하여 빨리 경화하는 시멘트. 일반적으로 재령 7일에서 보통 포트랜드시멘트 재령 28일 정도의 강도를 나타냄. 겨울철 공사, 긴급공사, 수중공사에 적합함.

조합법(combination method) : 두 가지 이상의 비파괴 검사방법을 병행하여 실시하는 것으로 여러 가지 조합이 있음. 즉 이러한 조합법은 콘크리트의 강도 추정시 신뢰성을 높이기 위하여 두 가지 이상의 비파괴 검사방법을 병행하여 수행하는 것으로서 보통 반발경도법과 초음파속도법을 병행하는 것이 가장 많이 쓰이고 있음.

존치기간(term of retention) : 존치기간은 타설된 콘크리트가 소요강도를 확보하여 외력 또는 자중에 충분히 견딜 수 있을 때까지의 기간을 의미함. 존치기간은 콘크리트강도에 중대한 영향을 미치므로 시방서에 지정한 날짜는 반드시 엄수해야 함.

좌굴(buckling) : 가늘고 긴 기둥에 하중을 작용시키면 허용압축응력도의 범위 내에서 구부러지기 시작하여 그로 인해 파괴되는 현상을 말한다. 이때 재료의 허용압축응력도에 대한 허용좌굴응력도의 비를 좌굴계수(buckling coefficient)라 하고, 긴 기중은 하중이 어떤 값이 되면 급격히 구부러지기 시작하여 파괴되는데 그 때의 한계하중을 좌굴하중(buckling load)이라 함.

주각(column base) : 기둥의 최하부로 기둥이 받는 힘을 기초로 전하는 부분

주근(main reinforcement bar) : 철근콘크리트구조에서 주로 휨모멘트에 의해 생기는 장력에 대하여 배치된 철근. 슬래브에서는 짧은변 방향의 인장철근을 말한다. 주철근

주기(period) : 한 사이클(cycle) 진동하는 데 걸리는 시간으로 단위는 초(second), 주파수의 역수

주두(capital) : 기둥의 상부

주입공법(grouting method) : 균열에 수지계 또는 시멘트계의 재료를 주입하여 방수성 및 내구성을 향상시키거나 지반개량을 위하여 공극을 채우는 공법

주파수(frequency) : 1초 동안에 진동하는 사이클수로서 단위는 헤르츠(Hz)이며 주기의 역수

주형(girder, beam) : 상부구조의 주체를 이루는 부분으로 상판을 지지하며 상부구조에 작용하는 모든 하중을 지점에 전달하는 역할을 함.

중공교각(hollow pier) : 내부에 공간이 있는 교각

중립축(neutral axis) : 중립면을 재축(材軸)에 대하여 직각인 평면으로 절단했을 때 나타내는 축. 이 선상에서 수직응력도는 '0' 임.

중성화(carbonation, neutralization) : 모르타르나 콘크리트가 공기 중에 있는 탄산가스의 작용을 받아 서서히 알칼리성을 잃어가는 현상. 중성화가 진전하여 철근 위치까지 도달하면 철근에 녹이 발생할 위험이 생김.

증설벽(wall addition) : 필요에 의하여 추가로 부설하는 벽체

증축(extension, addition) : 기존 건축물이 있는 대지 안에서 건축물의 건축면적, 바닥면적, 용적 또는 높이를 증가하는 것.

지반개량(soil improving) : 원지반의 토질 그 자체를 개량하는 것의 총칭. 주로 연약지반의 지지력을 높여 침하성상을 변화시키고, 투수성을 저하시키는 등의 목적으로 다지기, 강제압밀, 탈수, 고결, 주입, 치환 등을 하는 것.

지압(bearing, bearing pressure) : 두 개의 물체가 서로 접하여 압축력을 받는 것. 리벳이나 볼트의 축부와 주위의 강판 또는 목재의 맞댄 면에 작용하는 힘

지압(ground pressure) : 땅 속의 물체가 그것의 무게나 외부 힘의 영향으로 내부로 또는 다른 물체를 향하여 누르는 힘.

지압응력(bearing stress) : 접촉해 있는 두 물체 사이에 압축력이 작용할 때 그 접촉면에 작용하는 압력으로 인하여 생기는 응력

지압판(bearing plate, anchor plate) : 부재에 직접 외력이 작용하는 부분에서 외력을 면외의 휨저항으로 전달시키는 강판

지지력(bearing capacity) : 지반, 말뚝 등이 지지할 수 있는 최대 하중 또는 하중강도

지진격리받침(seismic isolation bearing) : 지진격리 교량이 지진 시 수평방향으로 큰 축방향 변형을 허용할 수 있도록 수평방향으로는 유연하고, 수직방향으로는 강성이 높은 교량받침

지진격리시스템(seismic isolation systems) : 수직강성, 수평유연도, 그리고 감쇠를 경계면으로부터 시스템에 제공하는 모든 요소의 집합

직접기초(spread foundation) : 구조물의 하중이 직접 지반에 전달되는 기초. 비교적 기초가 얕으므로 얕은기초라고도 함. 말뚝이나 케이슨을 쓰지 않고 구조물 저면으로 직접 지반에 하중을 전달하는 기초

진도(seismic intensity) : 지진의 세기를 사람들의 느낌, 동물들의 반응, 사물의 현상 등을 보고 정성적(qualitative)으로 표현한 것으로 측정대상에 따라 상대적으로 변화함.

【ㅊ】

초음파법(ultrasonic test) : 금속 내 결함부 검사법의 하나. 강구조물의 용접이음에 있어서 내부결함을 검출하는 비파괴검사에 적용되는 검사법. 초음파가 내부결함의 경계에서 반사되는 것을 이용하여 결함을 탐지하는 실험법

충전공법(filling method) : 균열의 폭이 0.5mm 이상으로 비교적 균열폭이 큰 균열의 보수에 적합한 공법으로 균열을 따라 모르타르 마감 또는 콘크리트를 절단하여 그 부분에 보수재를 충전하는 방법

취성파괴(brittle fracture) : 구조부재가 인장을 받은 경우 어떤 단면이 분리된 상태로 파괴되는 것을 말하며, 파괴까지의 변형량이 작은 것이 특징임. 재료 속의 극히 미세한 균열 등이 원인이 되며, 그 밖에 노치(notch) 또는 저온상태도 취성파괴를 일으키는 원인이 된다. 특히 유리나 세라믹재료 등은 가해지는 힘에 비례하여 탄성변형을 하며, 소성변형 없이 파괴되는데, 이와 같은 재료를 완전취성재료라 하고 그 파괴를 탄성파괴라고도 함.

층분리(delamination) : 일반적으로 콘크리트 표면 근처에서 표면을 따라 콘크리트부재가 수평으로 분리되는 할열 또는 균열현상을 말하며, 주로 슬래브에서 발견되며 철근의 부식 또는 동해에 의하여 발생됨. 박락 또는 필링과 유사하지만 층분리는 큰 부위에 걸쳐 나타나는 것이 특색

침식(erosion) : 유독성 가스, 유체 또는 고체 등에 의한 마모나 공극 등으로 발생되는 콘크리트 표면이 점진적으로 해체되는 현상

침하균열(settlement crack) : 콘크리트 타설 후, 상단 철근 등의 상부를 따라 콘크리트 표면에 발생하는 균열. 블리딩(bleeding)에 의한 콘크리트 상면이 침하하기 때문에 생김.

【ㅋ】

칸막이벽(partition wall) : 건물 내부를 여러 칸으로 분할하여 가로막는 벽. 방의 독립성을 만들고자 하거나 시선차단, 차음, 방화용으로 쓰임.

케이슨(cassion) : 수중의 구조물 또는 기초를 구축하기 위하여 미리 지상에서 만든 철제 또는 철근콘크리트제의 구조물. 소정의 위치까지 인양하고 침강시켜 속을 채움. 우물통, 공기케이슨을 총칭하여 케이슨이라 하기도 함. 방파제 또는 안벽공사에서는 철근콘크리트 상자를 육상에서 만들어 이것을 현장에 설치하여 구조물의 주체로 하는 경우가 있음.

코어공시체(test piece, core specimen) : 재료의 성질을 시험하기 위해 일정한 규격(KS규격)에 따라 만든 시험용 코어

코어보링(core boring) : 코어를 채취하면서 삭공(削孔)하는 로터리식 보링을 코어보링이라 하며, 지질조사용이나 그라우팅 등에 널리 사용되고 있음.

코핑(coping) : 콘크리트 옹벽 등 정부(頂部)의 단면을 일부 크게 하여 이것을 덮도록 만든 부분으로 형틀의 부정(不整) 등에 의한 콘크리트 전면이 다소 고르지 못함을 커버할 뿐만 아니라 경관면에서 구조물의 화장용으로도 이용된다. 목교(木橋)의 난간 부분 정부(頂部)에 있는 횡목(橫木) 또는 새집이나 문 등의 위에 걸치는 횡목

콘크리트양생(curing of concrete) : 콘크리트 타설 후 그 경화작용을 충분히 발휘하도록 콘크리트를 보호하는 작업. 햇빛, 비바람 등에 대하여 콘크리트의 노출면을 보호하는 것. 충격이나 과대하중을 주지 않도록 보호하고 충분한 습도 및 온도를 주는 것 등. 습윤양생, 막양생, 증기양생, 전열양생 등이 있음.

콘크리트의 중성화(neutralization of concrete) : 경화한 콘크리트가 공기 중의 탄산가스 작용을 받아 점차 알칼리성을 상실하는 현상

크리프(creep) : 지속하중으로 인하여 콘크리트에 일어나는 장기 소성변형. 부재에 응력이 일정할 때도 변형률이 시간경과에 따라 증가하는 현상

【ㅌ】

탄산칼슘(carbon dioxide calsuim) : 칼슘의 탄산염. 대리석, 석회석, 종유석(鐘乳石), 조개껍질 등의 주성분. 탄산의 용액에 녹음.

탄성변형(elastic deformation) : 탄성체가 탄성한도 내의 외력작용에 의해 변형되거나 힘을 제거하면 변형이 없어지는 변형. 구조물, 부재 등이 외력의 작용을 받을 때의 탄성범위 내에서의 변형

탄소섬유(carbon fiber) : 각종 복합재로서 사용되며 탄성, 강도의 면에서 뛰어나 보강재로 사용됨.

텐던(tendon) : PS콘크리트에 프리스트레스를 가하기 위하여 설치되는 강재

투수성(water permeability) : 재료가 물을 통과시키는 성질

【ㅍ】

파괴(failure) : 재료 및 구조물이 파단하거나 망가져서 외력에 저항할 수 없게 된 상태

파라펫(parapet, breast wall) : 주 구조물에서 돌출시켜 구조물을 받치기 위한 벽 모양으로 된 난간. 다리구조에서 다리의 양끝을 받치는 구조물의 상부 내외측 본체에 이어 만든 벽체, 흐르는 물로 인한 침식으로부터 보호하기 위해 그 비탈에 설치한 호안에서 파의 흩어지거나 튀어 오르는 물방울이 육지로 침입하지 않도록 설치한 벽

판구조(flat slab construction, mush room construction) : 바닥을 형성하는 철근콘크리트의 슬래브를 직접 기둥으로 받게 한 철근콘크리트구조

팝아웃(pop outs) : 내부압력에 의하여 콘크리트 표면의 일부분이 떨어져 나가는 현상으로 전형적인 원추형의 얕은 홈을 남김. 이 현상도 보통 철근의 부식, 알칼리-골재의 반응, 동결 · 융해작용에 의하여 발생

펀칭전단(punching shear) : 집중하중 또는 그와 유사한 하중에 의해 콘크리트부재에 생기는 전단력

편심 모멘트(eccentric moment) : 편심하중에 의해 생기는 모멘트. 그 크기는 하중과 편심거리의 곱으로 나타냄.

편심(eccentricity) : 세로방향력의 작용선이 물체 가로단면의 중심을 지나지 않는 것. 힘의 작용이 재축(材軸)에서 벗어나 작용하는 것.

포트홀(pot hole) : 아스팔트포장의 공용 시 포장표면에 생기는 국부적인 작은 구멍. 발생원인은 시공 시의 전압(轉壓) 부족, 혼합물의 품질 불량 외에 배수구조 불량 등이 있다. 보

수방법으로는 불량 개소의 패칭(patching), 국부 재포장, 배수불량인 경우는 배수구조의 개량이 필요함.

표면처리공법(surface treatment method) : 통상 0.2mm 이하의 미세한 균열에 대하여 방수 및 내구성을 보완할 목적으로 실시하는 보수공법으로서 균열부분만 피복하는 표면처리공법과 일반 마감공법 등이 있음.

프라이머(primer) : 기존 재질과 후속 재질의 접착력을 높이기 위한 전처리제

프리스트레스(prestress) : 외력에 의하여 일어나는 인장응력을 소정의 한도로 상쇄할 수 있도록 미리 계획적으로 주는 응력

프리스트레스트 콘크리트(prestressed concrete) : 외력에 의하여 일어나는 응력을 소정의 한도까지 상쇄할 수 있도록 미리 인공적으로 그 응력의 분포와 크기를 정하여 내력을 준 콘크리트를 말하며, PS콘크리트 또는 PSC라고 약칭하기도 한다. 프리스트레스를 주는 방식에 따라 프리텐션(pretension)방식과 포스트텐션(post tension)방식의 두 가지가 있음.

프리스트레싱공법(prestressing method) : 프리스트레스 도입에 따른 보강은 기존 시설물에 프리스트레스(긴장력)를 부여함으로써 부재에 발생하고 있는 인장응력을 감소 또는 개선시켜 균열을 복귀시킬 뿐만 아니라 압축응력을 부여하는 것을 목적으로 하는 공법으로 구조물의 내력 및 강성 증강, 균열폭 감소 등을 가능하게 함.

프리캐스트 콘크리트(precast concrete) : 공장에서 제조된 콘크리트 또는 콘크리트 제품. 공기단축, 공사비절감, 품질관리의 용이, 내구성 증대 등의 장점이 있음.

프리캐스트(precast) : 콘크리트 블록이나 슬래브 등을 공장에서 미리 성형하는 것. 기존의 제품인 PC말뚝이나 RC말뚝 등은 전부 프리캐스트 말뚝임.

플랜지(flange) : 일반적으로 부재 전체 둘레에 걸쳐 돌출한 형상의 가장자리. 예를 들면 I형강. 플레이트 거더 등의 단면 상하 양두부(兩頭部), 관이음부의 돌출 부분 등

피로(fatigue) : 반복응력을 받아 재료의 강도가 감소하는 현상. 재료에 반복하중을 작용시킬 때 그것에 의한 응력이 허용응력도 범위보다 상당히 낮아도 반복작용되고 있으면 파괴됨. 기계 등의 파괴는 대부분 이 피로가 원인임.

피복두께(cover thickness) : 콘크리트 바깥면과 철근 표면 사이의 최소거리

【ㅎ】

하상(regime) : 하천 1구간의 일반적인 상황. 하도의 평면형상, 종횡단형상, 유량, 유속, 수위, 하상재료, 하상변동상황 등의 요소가 객관적으로 고려됨.

하상변동(river bed evolution) : 토사의 퇴적 혹은 세굴(洗掘)에 의한 하상의 높이, 형상, 위치의 시간적 변화

할렬시험(splitting test) : 원주 공시체를 가로로 놓고 압력을 가해 쪼개지는 하중으로서 콘크리트의 인장강도를 간접으로 알아내는 시험

함수율(water content in percent of total weight) : 함수량을 나타내기 위하여 쓰이는 지수의 하나. 어떤 흙 속에 함유되는 물의 무게와 그 흙 전체의 무게와의 비를 백분율로 나타낸 것.

함수율과 함수비(moisture content, water content) : 함수율은 물질의 전체 중량에 대하여 그 중에 포함되어 있는 물의 중량 비율을 백분율로 나타낸 것. 100%에서 함수율을 뺀 값이 고형분 또는 고형물량. 함수비는 수분의 고형물에 대한 비.

함수율(%)＝수분량/전체중량×100 함수비(%)＝수분량/고형물량×100

합성수지(synthetic resin) : 분자량이 매우 큰 고분자화합물. 대표적인 것으로서 플라스틱이 있다. 형상, 치수가 자유이며 정확하게 성형할 수 있다. 또한 경량이며 고강도이고, 내수성, 내식성이 우수하다. 열가소성 플라스틱은 관, 판, 줄눈재, 시트 등에 사용하며, 열경화성 플라스틱은 접착제, 도료 등에 사용함.

항복(yield) : 재료가 탄성영역에서는 소성영역으로 넘어가는 상태, 즉 탄성한계에 이른 상태

항타시험(pile driving test) : 말뚝을 박을 때 타격에너지와 말뚝의 침하량으로부터 지지력을 추정하는 시험

허용오차(allowance) : 허용할 수 있는 오차의 한계. 크기는 측량의 목적, 요구 정밀도에 따라 다름.

헌치(haunch) : 연속보의 지점부나 라멘의 절점 부근에서 특히 휨모멘트가 작용하므로 응력집중의 완화를 위하여 부근의 단면을 중앙부보다 더 크게 하는 부분

현수교(suspension bridge) : 케이블이나 체인 등을 오목형상으로 당겨 매달린 구조의 교량. 장대(長大)경간에 적합. 교상(橋床)이 바람의 영향을 강하게 받기 때문에 트러스, 거더 등으로 보강(補剛)할 필요가 있음.

현장타설(concreting in site) : 콘크리트를 공사현장에서 소정의 거푸집 내에 타입하는 것.

혼합수(water for mix) : 모르타르나 콘크리트를 비비는 데 사용하는 물

혼화재(additive) : 시멘트, 골재, 물, 이외의 재료로서 혼합할 때 필요에 따라 콘크리트의 한 성분으로 더 넣는 재료

활하중(live load) : 구조물에 작용하는 이동 가능하며 비영구적인 하중. 환경하중이나 사하중은 포함하지 않고, 건물 또는 구조물의 사용 등에 의해 발생하는 하중으로 자동차하중, 군중하중, 가구 · 설비 · 기계에 의한 하중 등이 포함됨.

회절(diffraction) : 음, 광파, 전파 등이 장애물에 의하여 진로를 바꾸는 현상. 파랑이 방파제나 섬 등의 장애물에 부딪쳐 파랑 에너지가 기하학적 그늘부분까지 전파되는 현상

후타재(back sealing material) : 뒷채움재

휨(bending) : 부재가 휘는 현상. 휨은 부재단면에 작용하는 모멘트에 의하여 중립축을 경계로 단면의 한쪽은 압축되고 다른 쪽은 인장됨으로써 일어남.

휨강성(bending rigidity) : 부재에 가해지는 휨모멘트와 그에 따른 가요성 변형곡률 변화의 선형관계식에서 비례계수. 탄성계수와 단면 2차 휨모멘트의 곱. 부재가 휨변형에 저항하는 능력

휨모멘트(bending moment) : 부재를 휘게 하는 모멘트. 보에 하중이 걸려 보를 휘려고 하는 휨작용이 일어났을 때, 한 단면에서의 휨작용 크기를 그 단면에 관한 한 쪽만의 힘의 모멘트로 표현한 것.

콘크리트구조물 진단 및 유지관리

2010년 8월 30일 1판 1쇄 발행
2022년 6월 30일 2판 1쇄 발행
2024년 9월 25일 2판 2쇄 발행

저 자 | 오 주, 정병열
발행처 | 기문당
주 소 | 서울시 성동구 무학봉28길 4-1
전 화 | 2295-6171~2
팩 스 | 6971-8188
홈페이지 | http : // www.kimoondang.com
ISBN | 978-89-6225-511-9 93540

기문당

기문당은 1976년 창립이래 반세기동안 쌓아 온 건설 전문 콘텐츠를 바탕으로 도서출판 분야를 넘어서 전자책, 온라인 강의 등 디지털 교육 분야로 나아가고 있습니다.
건설분야 최고의 지식 콘텐츠 프로바이더로서 건설인 여러분에게 더욱 전문적인 지식과 풍부한 정보들을 다양한 방식으로 전달하겠습니다.

건설분야 최고의 전문가로 성장할 수 있는 콘텐츠와 환경,
기 문 당에서 제공해 드립니다.

KMD PLUS 기문당의 이러닝 교육 서비스는 KMD PLUS를 통해 제공됩니다.

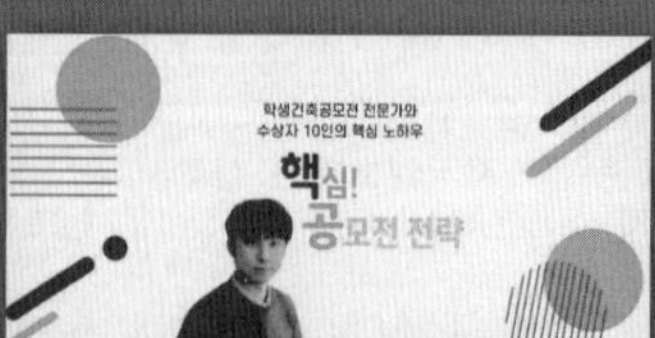

홈페이지에서 더 많은 강의를 확인해보세요. www.kmdplus.net